双季稻绿色丰产节本增效关键技术与应用模式

周清明　　张玉烛　　高志强　　黄　敏　　方宝华
王学华　　吴朝晖　　赵正洪　　郑重谊　　郑华斌
穰中文　　张海清　　周文新　　周　斌　　吕艳梅
敖和军　　唐启源　　王立峰　　王　悦　　郭夏宇
彭志红　　余政军　　任　勃　　佘　玮　　丁　彦　◎著
李绪孟　　黎　娟　　戴　力　　黄凤林　　郭立君
孟　栓　　常硕其　　胡雅辉　　陈安磊　　鲁艳红
谭放军　　宋海星　　熊海蓉　　陈佳娜　　李　旭
卢俊玮　　刘龙生　　李祖胜　　周　昆　　黄思娣

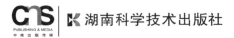

湖南科学技术出版社

图书在版编目（ＣＩＰ）数据

双季稻绿色丰产节本增效关键技术与应用模式 / 周清明等著. － 长沙 ： 湖南科学技术出版社，2022.1

ISBN 978-7-5710-1177-2

Ⅰ．①双… Ⅱ．①周… Ⅲ．①双季稻－高产栽培－栽培技术 Ⅳ．①S511.4

中国版本图书馆CIP数据核字(2021)第174914号

SHUANGJIDAO LÜSE FENGCHAN JIEBEN ZENGXIAO GUANJIAN JISHU YU YINGYONG MOSHI

双季稻绿色丰产节本增效关键技术与应用模式

著　　者：周清明　张玉烛　高志强　黄　敏　等
出 版 人：潘晓山
责任编辑：王　斌
出版发行：湖南科学技术出版社
社　　址：长沙市湘雅路276号
网　　址：http://www.hnstp.com
湖南科学技术出版社天猫旗舰店网址：
　　　　　http://hnkjcbs.tmall.com
印　　刷：湖南省众鑫印务有限公司
　　　　　（印装质量问题请直接与本厂联系）
厂　　址：湖南省长沙市长沙县榔梨街道保家村
邮　　编：410129
版　　次：2022年1月第1版
印　　次：2022年1月第1次印刷
开　　本：889mm×1194mm　1/16
印　　张：32
字　　数：800千字
书　　号：ISBN 978-7-5710-1177-2
定　　价：288.00元
（版权所有·翻印必究）

序

粮食生产在我国农业和农村经济的发展过程中占有极其重要的战略地位。确保粮食安全是我国农业可持续发展的永恒主题。水稻是我国最重要的粮食作物，对确保粮食安全具有特殊的重要作用。湖南是一个以水稻为主的产粮大省，对促进我国粮食生产的稳定发展，确保国家粮食安全做出了重大贡献。

"十三五"期间湖南承担主持了国家重点研发计划"粮食丰产增效科技创新"重点专项的 2 个项目。湖南农业大学周清明教授主持 2017 年度项目"长江中下游南部双季稻周年水肥高效协同与灾害绿色防控丰产节本增效关键技术研究与模式创新"，湖南杂交水稻研究中心张玉烛研究员主持 2018 年度项目"湖南双季稻周年绿色优质丰产增效技术集成与示范"，2 个项目近 200 名水稻专家共同构成湖南省项目联组，实现了项目间无缝对接和科技资源开放共享，通过项目联组成员的团结协作、协同创新和多学科联合攻关，取得了一批创新性成果，获得了显著的经济、生态、社会效益。

研发和构建的"1+3"双季稻丰产节本增效技术模式，即长江中下游南部双季稻区共性技术模式和三大双季稻优势产区的区域性生产模式，适应性强，突出了水稻生产的规模化、机械化、轻简化、信息化、绿色优质化的共性和区域特色，从理论和实际的结合上率先研创水稻新型种植方式及其相配套的生产技术体系。

集成已有的水稻 6 大技术和研发创新的 10 大关键技术，并在此基础上整合成 6 大核心关键技术，针对性强，技术效果明显，受到稻农等新型经营主体的欢迎，应用推广进度快。特别是全程机械化生产技术、绿色防控技术、水肥药高效利用技术、集中育秧新技术、避灾减灾技术、水稻生产经营信息化服务技术等，其技术的标准化，能有效促进水稻生产专业化、质量安全化，组装形成的水稻新型丰产优质高效栽培技术体系，实现了技术创新，达到了大幅度提高水稻综合生产能力的目的，满足了当前和今后一段时期水稻生产的需要，推动了水稻栽培的科技进步。

高产攻关和示范推广，提高了水稻生产大面积高产水平，提升了水稻种植效益，对恢复和发展双季稻做出了重大贡献。落实和体现了"藏粮于地、藏粮于技"的战略举措。

该书内容丰富，特色鲜明，技术先进，可读性强，是广大农村基层干部、农业技术推广工作者、新型经营主体及作物学师生难得的参考书。我相信本书的出版对湖南乃至我国南方水稻主产区水稻生产持续、稳定、协调、绿色发展具有重要的指导意义和巨大的应用前景。

中国工程院院士 袁隆平

2021 年 1 月 18 日

前　言

无农不稳，无粮则乱。为了有效落实"坚持以我为主，立足国内，确保产能，适度进口，科技支撑的国家粮食安全战略"，科技部"十三五"国家重点研发计划"粮食丰产增效科技创新"重点专项，围绕粮食丰产增效可持续发展，聚焦3大粮食作物（水稻、小麦、玉米）、突出3大主产平原（东北、黄淮海、长江中下游的13个粮食主产省）、注重3大目标（丰产、增效与环境友好）、强化3大功能区（核心区、示范区与辐射区）建设，衔接3大层次（基础理论、共性关键技术、区域集成示范），开展科技创新。在这批项目中，湖南农业大学周清明教授承担主持了2017年度项目"长江中下游南部双季稻周年水肥高效协同与灾害绿色防控丰产节本增效关键技术研究与模式创新"（2017YFD0301500），湖南省杂交水稻研究中心张玉烛研究员承担主持了2018年度项目"湖南双季稻周年绿色优质丰产增效技术集成与示范"（2018YFD0301000）。湖南将这2个项目组成湖南项目联合攻关组，捆绑实施、协同推进，形成了系列双季稻绿色丰产节本高效生产技术和模式。在项目结题之际，将其编撰成册，题为《双季稻绿色丰产节本增效关键技术与应用模式》，以进一步促进技术的推广应用。

该书针对目前湖南水稻生产的共性问题和区域性生产问题，吸纳了早稻工厂化育秧技术、双季稻品种搭配技术、测土配方施肥技术、耕地质量提升技术、病虫害生态防控技术、水稻机械化生产技术等6大前期研究成果积淀，实施了水肥高效协同机制与调控技术、超级稻穗粒均衡机制与调控技术、双季稻全程机械化生产技术、双季稻水肥药高效利用、双季稻病虫草害绿色防控与气象灾害避灾减损技术、水稻生产过程监测技术等6大技术攻关，实现了水肥一体化简易场地无盘育秧技术、杂交稻单本密植大苗机插栽培技术、全程机械化条件下双季稻茬品衔接技术、机直播双季稻增苗减氮栽培技术、抑芽－控长－杀苗生物控草技术、双季稻周年水肥协同调控技术、超级稻增穗增粒养分调控技术、双季稻药肥药高效协同利用技术、双季稻气象灾害避灾减损技术、稻谷全产业链大数据采集技术等10大技术创新，并集成出集中育秧工程化应用技术、双季稻全程机械化生产技术、双季稻病虫草害绿色防控技术、双季稻气象灾害避灾减损生态调控技术、双季稻水肥药高效利用技术、稻谷生产经营信息化服务技术6大关键技术。综合利用关键技术研究成果，针对长江中下游南部双季稻区及其所属的三大双季稻优势产区，构建了"1+3"模式体系：长江中下游南部双季稻区共性技术模式（双季稻绿色丰产节本增效技术模式）和湘北环湖平丘区双季稻全程机械化高效生产模式、湘中东丘岗盆地区双季稻超高产绿色生产模式、湘南丘岗山区双季稻耐逆稳产轻简化生产模式。这些关键技术和模式的推广应用，对推进长江中下游南部双季稻生产规模化、机械化、标准化、信息化发挥了重大作用。

本书是国家重点研发计划"粮食丰产增效科技创新"重点专项湖南省项目联组的部分研究成果，是湖南省项目联组全体成员集体智慧的结晶。著名水稻专家邹应斌教授和青先国研究员对本书给予了宏观指导和具体修改，在此一并致谢！。

周清明
2021 年 8 月 5 日

目　录

第一章　绪　论

　　湖南省地处长江中下游南部地区，是全国 13 大粮食主产省之一，2016 年水稻播种面积 6128 万亩（1 亩 ≈ 667 m^2，全书同），其中早稻 2131 万亩、晚稻 2188 万亩、中稻 1809 万亩。湖南双季稻面积约占水稻播种面积的 70%，占全国双季稻面积的 1/4。压实湖南"米袋子工程"，提高湖南在保证国家粮食安全的地位和贡献，践行"藏粮于地、藏粮于技"战略，

第一节　项目实施背景

一、湖南水稻生产概况

　　湖南水稻生产历史悠久，清代湖南已成为著名稻米产区，有"湖广熟、天下足"之说，清代末期水稻种植面积 130 万 hm^2，占耕地面积 75% 以上。民国时期，湖南省建设厅采取了推广水稻良种、改善水利、减糯增籼、增施肥料、防治病虫、推广双季稻等措施，水稻生产有了较大的发展，面积突破 200 万 hm^2，总产量突破 500 万 t。1932 年湖南稻谷产量 538.9 万 t，占全国稻谷总产量的 11%，居全国第三（仅次于广东、四川）。中华人民共和国成立以后，湖南积极兴修水利改善灌溉条件，历经改一季稻为双季稻、改农家品种为地方良种和改良品种、改高秆品种为矮秆品种、改常规稻为杂交稻、改普通稻为优质稻、再生稻迅速发展等一系列发展演变历程，铸就了湖南的稻谷大省地位。目前，湖南稻谷播种面积超过 3000 万 hm^2，稻谷总产量超过 2 亿 t，全省平均单季单产 6000 ~ 7600 kg/hm^2，双季稻产量近 12000 kg/hm^2。

二、湖南水稻生产的生态条件

　　湖南为大陆性亚热带季风湿润气候，气候具有三个特点：第一，光、热、水资源丰富，三者的高值又基本同步。第二，气候年内变化较大。冬寒冷而夏酷热，春温多变，秋温陡降，春夏多雨，秋冬干旱。气候的年际变化也较大。第三，气候垂直变化最明显的地带为三面环山的山地。尤以湘西与湘南山地更为显著。湖南年日照时数为 1300 ~ 1800 h，湖南热量丰富。年气温高，年平均温度在 15 ~ 18℃。湖南冬季处在冬季风控制下，而东南西三面环山，向北敞开的地貌特性，有利于冷空气的长驱直入，故一月平均温度多在 4 ~ 7℃，湖南无霜期长达 260 ~ 310 d，大部分地区都在 280 ~ 300 d。年平均降水量为 1200 ~ 1700 mm，雨量充沛，为我国雨水较多的省区之一。

　　根据湖南境内生态条件和耕地资源差异特征，2000 年将湖南省水稻生产分为短类：①双季稻区。共 85 个县级行政区，包括常德、益阳、岳阳 3 市以及长沙、湘潭、株洲、衡阳、永州、郴州、邵阳、娄底等市的部分县区。②双、单季稻混作区。包括辰溪、溆浦、麻阳、洪江、安化、炎陵、北湖、苏仙、临武、资兴、江永等县区。③单季稻区。包括龙山、永顺、保靖、花垣、古丈、凤凰、吉首、泸溪、慈利、

桑植、永定、武陵源、绥宁、城步、中方、沅陵、会同、新晃、芷江、靖州、通道等22个县级行政区。

三、湖南双季稻生产问题探究

（一）劳动力资源困境

20世纪90年代开始，大量农村青壮年劳动力外出务工、经商，为农民脱贫致富开辟了广阔空间，但同时也带来农村留守儿童、农村留守妇女、农村空巢老人等社会问题，导致农村人口老龄化、农民兼业化、村庄空心化等现象，也带来了前所未有的农业生产劳动力资源困境。劳动力资源困境表现在两个方面：一是劳动力数量不足，双季稻生产的季节性很强，每年3月下旬早稻育秧、4月下旬早稻移栽、6月份晚稻育秧、7月下旬早稻收获和晚稻移栽、10～11月收获晚稻，都需要使用大量劳动力资源，农村青壮年劳动力大量外出，导致农忙时节出现劳动力资源匮乏，7月中下旬"双抢"期间尤为突出。二是劳动力素质问题，大量青壮年劳动力外出，农村可用的劳动力资源主体为老年农民，既有体力不足的实际困难，更有科技文化素质严重偏低问题，影响农业新技术应用效果和水稻生产总体效益。

（二）机械化作业困境

转变农业发展方式，推进现代农业建设，双季稻全程机械化生产是水稻产业提质升级的当务之急。但是，湖南双季稻生产仍面临一些机械化作业困境。

（1）丘陵山区耕地细碎化问题严重，阻碍农业机械化发展进程。经过20世纪70年代初的田园化建设和近年的高标准农田建设，洞庭湖区和其他地区的小平原或盆地区的大部分稻田实现了机耕道整修和水利设施整修，为双季稻全程机械化提供了良好条件。但是，大部分丘陵地区和山区的耕地细碎化现象仍然存在，小田块使农机无法下田作业、田块形状不规则导致农机作业受阻，严重影响农业机械化发展总体进程。

（2）农业机械设备利用率低、使用寿命短。调查发现拖拉机、插秧机、抛秧机、收割机等农业机械每年平均时间仅60～120 d，大部分时间处于闲置状态，利用率很低。农业机械的田间作业特征和闲置期间的锈蚀，使农业机械的使用寿命普遍较低，一般只能使用3～5年，形成了极高的年折旧率。

（3）现有农业机械设备的技术先进性没有明显改善，操作农业机械仍然是一种重体力劳动。

（三）资源利用效率不高

在劳动力价格迅速抬升的背景下，双季稻生产已基本不使用有机肥，厩肥、堆肥、塘泥、火土灰等农家肥下田已成为历史，取而代之的是大家使用化学肥料，导致生产成本上升，农业面源污染日益严重。为此，中央提出"一控两减三基本"，即控制农业用水总量，减少化肥农药施用总量，基本实现畜禽排泄物、农作物秸秆、农业投入品残屑等的资源化利用和无害化处理。化肥、农药等农业投入品的过量使用，不仅降低农业投入品的利用率和利用效率，同时还带来环境污染、土壤理化性质变劣。

（四）粮食生产效益偏低

改革开放以后，我国逐步放开粮食市场，却使2003年粮食作物播种面积跌入历史低谷，引起了决策高层的警觉，随后出台粮食最低收购政策、农产品临时收储政策，使粮食生产得以回升。2017年以后粮食最低收购价格下调，对粮农的种粮积极性形成了一定程度的挫败。表1-1是项目组的稻谷生产经营信息化服务云平台利用湖南省38县1111个稻谷生产类经营主体（家庭农场或农民专业合作社）实时上报的农业面板数据资源分析得到的稻谷生产成本/效益情况，稻谷生产者风里来、雨里去、泥里趟，辛辛苦苦种水稻，每亩单季收入仅200～500元（未扣除土地流转费）。

表 1-1　2019 年湖南省 38 县 1111 个经营主体稻谷生产的成本 / 效益分析

指标	每亩劳动用工 / 天	每亩人工成本 / 元	每亩物化成本 / 元	平均单产 /（kg / 亩）	每 50 kg 销售价格 / 元	平均亩产值 / 元	亩纯收入 / 元
早稻	1.83	251.38	482.2	412.49	118.69	979.19	245.62
晚稻	1.81	243.68	520.61	469.19	135.24	1,269.06	504.77
中稻	2.3	348.97	591.56	531.6	135.3	1,438.53	498
再生稻 – 头茬	1.94	259.58	590.22	549.49	121.41	1,334.23	484.42
再生稻 – 二茬	0.68	88.01	164.03	189.53	148.33	562.27	310.23
再生稻	2.62	350.34	754.25	739.02	—	1,896.50	791.9

（五）生产成本刚性抬升

表 1-1 同时也呈现了稻谷生产的人工成本和物化成本，生产成本刚性抬升不容忽视。2019 年国家发改委统计全国农业劳动力平均日工资为 29.5 元，2020 年稻谷生产经营信息化服务云平台在线统计湖南农业生产临时雇工的平均日工资为 142 元，劳动力价格不断抬升，使农业生产经营者面临巨大的人工成本压力；农业生产资料价格持续上涨，稻谷生产的物化成本迅速抬升，每亩单季水稻物化成本达400—600 元。也正是由于人工成本和物化成本迅速抬升，反向刺激了近年来双季稻面积渐减，再生稻面积迅速增加，使湖南不少传统双季稻区出现了"双改单""双改再"等现象。

（六）规模化生产延长"双抢"农耗时间

近年来，政府积极推进土地流转，发展适度规模经营的新型农业经营主体，双季稻规模化生产在体现规模效益的同时，也带来了"双抢"农耗时间延长的新问题，在抢收早稻、抢插晚稻的这段时间，规模经营必然带来劳动力调度和农机作业调度困境，忙不过来就耽误了 7 月下旬至 8 月上旬间光热资源丰富的宝贵时间，影响双季稻总产量。

（六）移栽成为全程机械化生产的技术瓶颈

目前，双季稻的机耕、机收、机烘技术已基本普及，机械移栽成为双季稻全程机械化生产的技术瓶颈。现有机插秧技术主要适应小苗机插，导致秧龄期缩短，影响双季稻的大田生育期潜力挖掘。2020 年，项目组积极推广杂交稻单本密植大苗机插技术，秧龄延长 10 ～ 15 d，对挖掘双季稻生产潜力具有重大意义。中联重科研发的水稻有序抛栽机械 2020 年在湖南大面积推广，有序抛栽缩短返青时间，在挖掘双季稻增产潜力方面另辟天地，技术发展潜力大。

（七）避灾减损与面源污染的冲突

洪涝、干旱、三月寒潮、五月低温、九月寒露风是湖南双季稻区的典型自然灾害，如何科学地避灾减损，是摆在湖南水稻专家们面前的重大课题。二化螟、纵卷叶螟、稻瘟病、纹枯病、稻曲病和稻田杂草是典型的病虫草害，防治病虫草害不可避免要使用杀虫剂、灭菌剂、除草剂，同时也带来农业面源污染，病虫草害的绿色防控技术仍需继续攻关。

（八）信息化服务水平急待提升。

自下而上的逐级上报统计数据制度，既有时效性问题，不可避免也会带入一些主观影响，如何利用互联网和移动互联网，实时采集农业面板数据资源，这是信息化服务急待解决的现实问题。新品种、新技术、新材料、新模式的推广应用，如何利用现代信息技术迅速传播到广大稻谷生产经营者，既可减少水稻专家们上门推广的工作量，同时可大大提高推广应用效益和覆盖面。数字农业建设、精准农

业实践和智慧农业探索，必须实时采集和有效积累农业大数据资源，必须加速农业大数据资源平台
建设。

第二节　项目实施方案

一、项目来源

项目来源系"十三五"国家重点研发计划"粮食丰产增效科技创新"重点专项。国家重点研发计
划由原来的国家重点基础研究发展计划（973 计划）、国家高技术研究发展计划（863 计划）、国家科技
支撑计划、国际科技合作与交流专项、产业技术研究与开发基金和公益性行业科研专项等整合而成，
是针对事关国计民生的重大社会公益性研究，以及事关产业核心竞争力、整体自主创新能力和国家安
全的战略性、基础性、前瞻性重大科学问题、重大共性关键技术和产品，为国民经济和社会发展主要
领域提供持续性的支撑和引领。

（一）"粮食丰产增效科技创新"重点专项 2017 年度项目湖南专项

（1）项目名称。长江中下游南部双季稻周年水肥高效协同与灾害绿色防控丰产节本增效关键技术
研究与模式构建。

（2）研究内容。针对长江中下游南部双季稻区域生态特点和生产问题，重点开展双季超级稻丰产
稳产水肥高效协同利用关系及调控、单双季超级稻穗粒均衡协同机制与调控、全程机械化、水肥药一
体化、病虫草害绿色防控、水稻规模化生产智能服务平台集成等关键技术研究；集成超级杂交稻丰产
栽培技术体系和双季稻丰产栽培技术体系，构建长江中下游南部双季稻周年水肥高效协同与灾害绿色
防控节本丰产增效关键技术模式。

（3）考核指标。【约束性指标】在长江中下游南部湘中东丘岗盆地区、湘北环湖平丘区和湘南丘
岗山区三个双季稻生产的主要优势区域建设双季稻超高产攻关田 50 亩，亩产分别达到 1250 kg；核心
区 1 万亩，亩产达 1150 kg；筛选出双季稻节本丰产增效品种 5 ~ 6 个；创新双季稻药、肥高效利用和
环境友好关键技术 3 ~ 4 项，构建稻作系统丰产增效技术模式 3 ~ 4 套，并制定相应技术规程 3 ~ 4
项；创新双季稻机械化生产及节肥省药丰产技术 3 ~ 4 项，形成物化产品 6 项以上，获得专利 4 ~ 5
件；肥料和农药利用效率提高 10% 以上，光热资源利用效率提高 15%，气象灾害与病虫害损失显著降
低 2% ~ 5%，双季稻机插秧率提高 10%，节本增效 100 元 / 亩。【预期性指标】攻关田和核心试验区粮
食品质显著改善，机械化、信息化、标准化、轻简化水平显著提升，有效控制本区域粮食生产肥水资
源过度利用，耕地质量逐步得到提升，生产效率（节省人工）显著提升。

（二）"粮食丰产增效科技创新"重点专项 2018 年度项目湖南专项。

（1）项目名称。湖南双季稻周年绿色优质丰产增效技术集成与示范。

（2）研究内容。针对湖南湘北环湖平丘区、湘北平湖区、湘南丘岗区、湘北湘中平原区生态特
点和绿色优质丰产增效生产问题，开展双季稻品种筛选与搭配，集成秸秆还田培肥、深耕轮耕与冬季
绿肥水旱轮作、双季软盘育秧、机直播、适期定量播种、缓控释肥、水肥一体化运筹、避灾抗逆和抗
倒伏、病虫绿色防控等等技术，形成湖南湘北环湖平丘区、湘北平湖区、湘南丘岗区、湘北湘中平
原区双季稻周年绿色优质丰产高效技术模式，并进行大面积示范应用。建立湖南双季稻攻关田 – 核

心区 – 示范区 – 辐射区技术应用体系和科技特派员 + 新型农业经营主体 + 信息化智能化推广技术服务平台的技术服务体系,对湖南双季稻周年产量、资源效率和生产效率进行经济技术分析和生态效益评价。

（3）考核指标。【约束性指标】建设双季稻示范区 150 万亩、辐射区 1500 万亩,亩产分别达到 1000 kg 和 950 kg;项目区单产平均提高 5% 左右,项目区技术应用累计 4950 万亩,增产粮食 123.75 万吨,增加经济效益 22.5 亿元。集成配套湖南不同生态区双季稻绿色优质丰产增效技术模式 4 ~ 5 套、示范推广模式与评价体系 1 ~ 2 套。【预期性指标】示范区、辐射区粮食品质得到显著改善,耕地质量逐步提升,机械化、信息化、标准化、轻简化水平显著提高,双季稻机插秧率提高 10%,水资源和化肥利用效率分别提高 10% 以上,光热资源利用效率提高 15%、气象灾害与病虫害损失率降低 2% ~ 5%,生产效率提升 18%,节本增效 100 元 / 亩。

（4）课题分解。项目共设置 6 个课题,其中 2 个共性技术集成课题、3 个区域技术集成课题、1 个总体性课题。具体包括：①优质稻绿色丰产技术集成与示范。主要进行 4 个方面的技术集成研究与示范：双季优质稻广适丰产品种筛选、绿色稻米生产技术、高档优质有机稻米生产技术、"早加晚优"高效栽培技术。本课题为共性关键技术集成课题,集成优质稻绿色丰产增效技术体系,为本项目工程化示范内容之一。②超级稻绿色优质丰产技术集成与示范。重点开展 4 项技术集成研究与示范：超级稻绿色超高产技术、均衡优质丰产标准化技术、绿色丰产提质增效技术和"一季超级稻 + 再生"周年绿色丰产技术。本课题为共性关键技术集成课题,集成超级稻绿色丰产增效技术体系,为本项目工程化示范内容之一。③湘北水稻生态优质技术集成与示范。主要进行 4 个方面技术集成与示范：湘北区域早直播晚抛栽技术、水肥减量协同丰产技术、病虫草害绿色防控技术与水稻生态高效栽培技术。本课题为区域技术集成课题,主要为本区域规模化示范,同时为本项目工程化示范内容之一。④湘中东水稻绿色丰产技术集成与示范。主要进行 5 个方面技术集成与示范：湘中东区域双季稻适期定量播种技术、双季超级稻绿色高产技术、双季稻主要害虫绿色防控技术、双季稻田地力提升技术与合理耕作技术。本课题为区域技术集成课题,主要为本区域规模化示范,同时为本项目工程化示范内容之一。⑤湘南水稻绿色轻简技术集成与示范：主要进行 4 个方面技术集成与示范：湘南区域双季稻茬口衔接技术、机械化育插秧、绿色轻简肥料高效施用、抗逆稳产等技术集成创新,构建适用湘南区域的双季稻绿色轻简化技术体系。本课题为区域技术集成课题,主要为本区域规模化示范,同时为本项目工程化示范内容之一。⑥水稻周年绿色增效模式技术构建与示范。主要开展 5 个方面模式技术构建与示范,水稻周年规模化生产模式技术、周年地力绿色培肥标准化模式技术、生产信息化服务模式技术、生产社会化服务模式技术,开展水稻周年绿色丰产优质增效技术工程化示范。本课题为项目工程化示范课题,总体按照标准化、规模化、信息化、社会化的要求,结合区域特点,在全省不同生态区开展工程化示范。

二、技术攻关与模式构建

（一）拟解决的关键科学问题

（1）双季超级稻水肥高效协同机制。针对长江中下游南部双季稻区周年水肥资源利用效率方面存在的空间,从丰产节本增效品种筛选、减氮增苗、肥水管理、光能利用、抗逆栽培等方面,系统研究双季超级稻周年水肥高效协同利用机制及调控技术,挖掘周年资源高效利用潜力,实现双季超级稻水肥高效协同丰产稳产。

（2）超级稻穗粒均衡协同机制。针对现有超级稻品种大穗型难多穗、多穗型增粒难的现实矛盾，以大穗型、多穗型、穗粒兼顾型品种为研究对象，探索大穗型品种增穗数、多穗型品种增粒数、穗粒兼顾型品种双增的群体配置、水肥调控等栽培技术机理，为进一步挖掘超级稻品种高产潜力提供理论支撑。

（3）双季稻增密减氮丰产栽培机理。探明增密减氮高光效双季稻群体形成的生理生态基础，为双季稻丰产增效栽培技术创新提供理论支撑。

（二）拟解决的关键技术问题

（1）双季稻全程机械化丰产节本增效技术。提出机插、机直播双季稻高产高效栽培的合理种植密度、肥水管理措施，研发出适用于机插、机直播双季稻高产高效栽培技术及其配套的物化产品。

（2）全程机械化条件下双季稻茬口衔接技术。提出双季稻机插、机直播合理的品种搭配方式及适宜的育秧方式和秧龄。

（3）双季稻水肥药综合高效利用技术。重点研究双季稻周年水肥药高效利用调控技术、水肥药高效利用运筹技术及水肥药综合高效利用优化管理模式。

（4）周年水肥协同调控技术。提出周年水肥协同调控的技术策略和实施技术。

（5）穗粒均衡协同调控技术。提出穗粒均衡协同调控的技术策略和实施技术。

（6）双季稻病虫草害绿色防控技术。提出天敌配合诱杀剂/灯控虫、植物源诱抗剂诱导抗病、减小杂草种子库源头控草的病、虫、草害绿色防控技术。

（7）双季稻区避灾减损技术。建立气象灾害预报指标体系，研发配施抗灾喷剂复壮减损技术。

（三）主要研究内容

（1）双季超级稻水肥高效协同利用机制。揭示双季超级稻生产系统的水分利用机制、养分利用机制和水肥协同高效利用机制，探索水肥高效协同利用条件下双季超级稻的高光效调控途径，为双季超级稻的水肥协同调控提供理论支撑。

（2）双季稻周年水肥高效协同利用调控技术。探明双季超级稻营养特性和需水特性，探索双季超级稻丰产稳产高效施肥关键技术和高效灌溉技术。集成水肥高效协同的双季超级稻品种、高效施肥技术、高效灌溉技术、高光效调控技术以及抗逆生产技术，构建双季稻丰产稳产水肥高效协同生产技术体系。

（3）超级稻穗粒均衡协同机制。探明大穗型、多穗型、穗粒兼顾型超级稻穗发育灌浆期光合产物积累、分配特性和籽粒灌浆机制，以及大穗攻多穗、多穗攻大穗、穗粒双增主要限制因素。

（4）超级稻穗粒均衡协同调控关键技术。重点研究大穗型超级稻攻多穗、多穗型攻大穗、穗粒兼顾型双增高产栽培技术。

（5）双季稻增密减氮高光效栽培机理。重点研究增密减氮栽培对机插、机直播双季稻群体质量与产量形成、碳代谢与光能利用率及氮代谢与氮肥利用率等的影响。

（6）双季稻全程机械化丰产节本增效关键技术。重点研究双季稻机插、机直播条件下的品种搭配、育秧方式、秧龄、水肥管理等栽培技术，并开发相关物化产品。

（7）双季稻水肥药综合高效利用关键技术。重点研究稻田土壤扩库增容水肥高效运筹技术，对应高产群体的节水、节肥的优化新模式，研究适应水肥一体化栽培模式的药肥新技术和新产品，构建适宜双季稻作区水肥药综合高效利用关键技术模式。

（8）双季稻病虫草害绿色防控关键技术。主要研究赤眼蜂控制稻纵卷叶螟和二化螟技术、农田生境调控繁育天敌技术、水田恶性杂草抗药性机理、减小杂草种子库源头控草技术、双季稻低温、低温寡照、高温和寒露风等气象灾害防抗减损技术。

（9）双季稻避灾减损关键技术。在全程机械化条件下，系统研究双季超级稻对低温、干旱、倒伏、土壤逆境等的生理响应机制，构建双季稻主要气象灾害测报技术。

（10）农业信息化支撑技术。研究如何利用物联网、移动互联、卫星遥感影像等多源信息智能感知、数据获取、大数据处理等稻田生产过程智能监测技术。

（11）区域性模式构建。构建湘中东丘岗盆地区、湘北环湖平丘区、湘南丘岗山区的双季稻绿色丰产节本增效双季稻绿色丰产节本增效技术模式。

（12）长江中下游南部双季稻绿色丰产节本增效技术集成。集成项目研究成果，构建长江中下游南部双季稻绿色丰产节本增效技术体系。

（四）主要研究方法

（1）作物栽培生理研究方法。田间试验、单项技术试验、多点联合试验等是作物栽培学与耕作学的基本方法。本项目已安排了双季超级稻区域化品种筛选比较试验等 32 个各类田间试验、单项技术试验和多点联合试验，全方位采集科学数据。

（2）全程机械化作业的多点联合试验。为研究长江中下游南部双季稻绿色丰产节本增效的支撑理论和技术体系，在湘中东丘岗盆地区、湘北环湖平丘区、湘南丘岗山区 3 大双季稻优势产区设置全程机械化作业的多点联合试验，各课题在 3 大双季稻优势产区布设 3 个或 3 个以上的试验点，构建区域内联合试验和区域间联合试验体系，通过实测土壤环境指标、作物生理指标、作物农艺性状等和实时采集物联网智能监测大数据，系统采集稻田资源环境、作物响应、生境变化、农艺性状等科学数据（表1-2）。

表 1-2　全程机械化作业的多点联合试验及其布点情况

项目	具体内容
实施目的	采集稻田养分资源、作物响应、农艺性状等科学数据
试验设计	设区域内联合试验和区域间联合试验
数据采集	实测土壤养分指标、作物生理指标、作物农艺性状等和智能监测大数据
试验布点	超高产攻关多点联合试验：长沙县、赫山区、衡阳县 核心试验区多点联合试验：长沙县、浏阳市、醴陵市、赫山区、湘阴县、沅江市、衡阳县、安仁县、冷水滩

（3）全程机械化作业的长期定位试验。为了深入研究长江中下游南部双季稻绿色丰产节本增效的支撑理论和技术体系，构建双季稻全程机械化长效研究机制，在湘中东丘岗盆地区（长沙）、湘北环湖平丘区（岳阳市农业科学研究所）、湘南丘岗山区（衡阳市农业科学研究所）设置全程机械化作业的长期定位试验，系统研究稻—稻—肥、稻—稻—油、稻—稻—冬闲 3 种模式，双季稻机插和机直播 2 个处理，按 3 次重复设计大区田间试验，通过实测土壤环境指标、作物生理指标和作物农艺性状等，长年采集双季稻农业资源、作物响应、生境变化、农艺性状等方面的科学数据，探索全程机械化作业条件下的变化规律。

（4）农业信息技术支撑的大数据平台。依托课题 1 建设的超高产攻关田和项目建设的万亩核心试验区，布设农业传感器采集稻田资源环境大数据，构建地面实测和卫星遥感影像关系模型实现双季稻种植面积遥感测算和遥感估产，实时采集水稻生产经营面板数据，构建水稻规模化生产智能服务平台。同时，依托课题 6 所安排的海量存储设备，实现实验室测试数据、田间小区试验数据、长期定位试验数据、多点联合试验数据、超高产攻关田实施数据、万亩核心试验区实施数据、稻田资源环境物联网监测大数据、稻田遥感监测大数据，水稻生产经营监测面板数据等多源信息的项目层汇聚和共享，构建特色化的数据汇聚流程（图 1–1）。

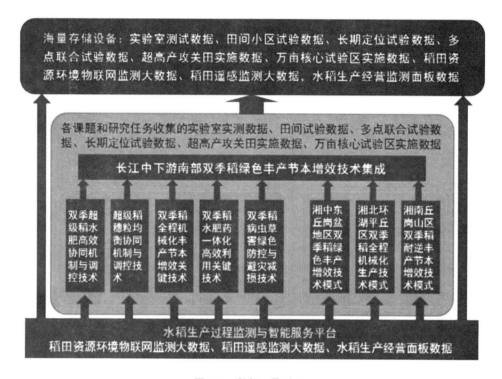

图 1–1　数据汇聚流程

（五）基本技术路线

针对长江中下游南部双季稻生产水肥利用效率不高，播种、移栽、病虫草害防治等机械化程度不高，规模化、机械化生产条件下双季稻"双抢"农耗时间延长、季节矛盾更为突出，气象灾害发生频繁且不确定性增加，以及双季稻生产经营的比较效益偏低等问题，组织省内水稻栽培研究及推广的优势单位，以作物栽培、土壤肥料、植物保护、农业工程等多学科传统研究方法为基础，以农艺、农机技术融合为引领，以现代生物技术、农业物联网监测技术、农业遥感监测技术等现代化手段为支撑，在湘中东丘岗盆地区、湘北环湖平丘区、湘南丘岗山区三大双季稻优势产区建设超高产攻关田和核心试验区，探明制约长江中下游南部双季稻区绿色丰产节本增效的科学问题，攻克主要关键技术，创新双季稻三大优势产区的区域性技术模式，构建水稻规模化生产智能服务平台，实现双季稻绿色丰产节本增效技术集成与模式构建的总体研究目标（图 1–2）。

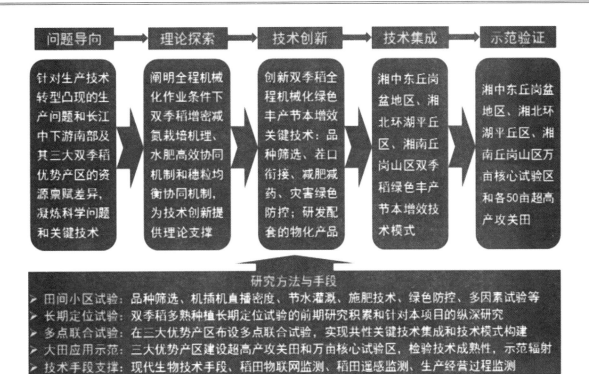

图 1-2　项目实施的技术路线

（六）项目任务分解与课题设置

项目共设置 7 个课题，其中 5 个理论研究与技术创新课题，1 个农业信息化技术支撑课题，1 个技术集成研究课题。具体包括。

（1）双季超级稻水肥高效协同机制与调控技术。主要研究双季超级稻水肥高效协同利用机制、双季超级稻水肥高效协同调控技术。

（2）超级稻穗粒均衡协同机制与调控技术。主要研究超级稻穗粒发育形成机理、超级稻穗粒均衡调控技术。

（3）双季稻全程机械化丰产节本增效关键技术。主要研究双季稻增密减氮丰产栽培机理和双季稻全程机械化丰产节本增效关键技术。

（4）双季稻水肥药综合高效利用关键技术。主要研究双季稻水肥药高效利用的技术机理和关键技术。

（5）双季稻病虫草害绿色防控与避灾减损技术。主要研究天敌配合诱杀剂/灯控虫、植物源诱抗剂诱导抗病、减小杂草种子库源头控草的病、虫、草害绿色防控技术，建立气象灾害预报指标体系，研究配施抗灾喷剂复壮减损技术。

（6）水稻生产过程监测与智能服务平台建设。主要研究水稻规模化生产条件下的稻田多源信息感知技术和基于卫星遥感影像的农业遥感技术，并建设物联网监测系统、遥感影像分析系统、远程服务搓合系统、生产经营面板数据采集系统，构建水稻规模化生产智能服务平台。

（7）长江中下游南部双季稻绿色丰产节本增效技术集成。集成创新长江中下游南部双季稻绿色丰产节本增效技术体系，构建湘中东丘岗盆地区、湘北环湖平丘区、湘南丘岗山区 3 个双季稻优势产区的区域性技术模式。

（七）课题间的逻辑关系

项目设置的 7 个研究课题形成了特定的逻辑关系：课题 1 ~ 5 是兼顾理论探索、技术原理和单项关键技术研发，课题 6 在课题 1 的超高产攻关田和课题 7 的核心试验区建设农业物联网，项目研究提供大数据支撑，同时为湖南水稻规模化生产经营提供技术服务和信息服务；第 7 课题是项目层面整合资源的综合性课题，既有统筹前 6 个课题的责任，也能汇聚前 6 个课题的资源进行综合性研究，形成区域性技术模式，最终达成项目研究目标。

（八）课题研究方案

1. 课题 1：双季超级稻水肥高效协同机制与调控技术

（1）研究目标。针对长江中下游双季稻区水肥资源利用效率不高、光热资源周年利用不充分等问题，在湘中东丘岗盆地区、湘北环湖平丘区和湘南丘岗山区 3 个双季稻生产优势区域开展相关研究：①探明双季超级稻对水肥的响应机制，明确超级稻水分高效、养分高效和水肥高效协同的生理机制、土壤环境机制。②阐明双季超级稻水肥协同高光效的生理特征指标体系及调控机制。③筛选出丰产节本增效品种资源。④提出双季稻水肥高效协同调控技术。

（2）主要研究内容。①在双季稻生产的主要优势区域开展水分高效、养分高效和水肥协同高效的节本丰产增效双季超级稻品种筛选试验。②分析双季超级稻的需水规律，研究灌溉量和灌溉方式对土壤水分耗散、根系生长、作物群体生长及产量、水分利用效率等的影响，探讨双季超级稻水分高效利用机制；研究施肥量、施肥形态、肥料配比对土壤养分变化、作物群体及产量构成、氮代谢及氮素利用效率等影响，探明双季超级稻养分高效利用机制；开展水肥耦合试验，重点分析水肥协同下土壤水分耗散、土壤养分变化、作物群体生长及产量、水肥利用效率等的影响，阐明双季超级稻水肥协同高效利用机制，提出双季超级稻水肥协同高效利用途径。③研究有机肥和无机肥配合、大中微量元素合理配比、调理剂应用等技术对减少 N、P 施用量、提高化肥利用率的影响；针对双季超级稻长期淹水栽培，两季耗水多，灌溉水生产率低等问题，研究双季超级稻水分特征和节水高效的灌溉技术；研究双季稻田土壤养分供应特征及周年演变规律。④针对双季超级稻光热资源周年利用不充分等问题，研究不同灌溉方式、施氮量、氮素形态对双季超级稻光合特性的影响，测定光合作用相关酶活性、冠层结构、光合有效辐射截获量、光能利用率、光谱特征等指标，探讨双季超级稻高光效调控机制；研究高低温胁迫对双季超级稻光合作用的响应机制，筛选光合作用相关基因和蛋白，构建调控表达网络；研究稀土元素（La）、生物炭还田、有机肥施用、群体密度对双季超级稻光能利用率的影响，考查群体质量、产量、产量构成、碳代谢和光能利用、氮代谢和氮素利用等指标，提出双季超级稻光能高效利用技术。⑤研究双季超级稻机插壮苗早发技术，探索精量播种、抗寒剂、钵状育苗的对早稻育秧的壮苗效果及影响机制，并研究适宜植株配置方式的壮苗早发效果及机制；研究双季超级稻抗旱稳产技术，探索晚稻秸秆覆盖还田、深耕改土、化学调控的抗旱稳产效果，结合抗旱品种筛选结果，集成晚稻抗旱稳产技术体系；研究双季超级稻抗倒稳产技术、抗土壤逆境稳产技术。

（3）拟解决的重大科学问题或关键技术问题。①双季超级稻水肥高效协同利用机制。②双季超级稻水肥高效协同利用调控技术，双季超级稻抗逆稳产技术。

（4）考核指标及评测手段 / 方法。筛选出丰产节本增效品种 6 ~ 9 个，发表论文 15 篇，申请专利 2 项，培养研究生 8 ~ 10 名，在 3 大双季稻优势产区建设各 50 亩超高产攻关田。评测手段与方法：第三方根据考核指标进行定性评议和定量评价。其中：专家现场评议超高产攻关田实施效果（达到 1250

kg/亩），提交年度科技报告呈现相关研究成果。

2. 课题 2：超级稻穗粒均衡协同机制与调控技术

（1）研究目标。针对长江中下游南部双季稻区的生态特点和超级稻穗粒均衡协同困境，在湘中东丘岗盆地区、湘北环湖平丘区和湘南丘岗山区 3 个双季稻生产优势区域开展相关研究：①研究超级稻穗粒发育形成机理，探明大穗型、多穗型、穗粒兼顾型超级稻发育关键期光合产物积累、分配特征及穗粒均衡协同的主要限制因子。②研究超级稻穗粒均衡协同调控技术，研创大穗型超级稻增穗、多穗型超有稻壮穗、穗粒兼顾型超级稻双增的技术措施。

（2）主要研究内容。①大穗型超级稻发育关键期光合产物积累、分配特性和多分蘖主要限制因素研究；差异化氮素调控对多穗形成及产量的影响。②多穗型超级稻穗发育关键期光合产物积累、分配特征和壮穗、大穗形成的主要限制因子研究；适期氮素与水分供应对产量构成因子的影响。③穗粒兼顾型超级稻穗粒形成、籽粒灌浆及弱势粒形成的生理生化机制；穗粒双增高产调控技术研究。④不同穗粒型超级稻生态适应性研究；研创集成大穗型超级稻增穗、多穗型超级稻壮穗、穗粒兼顾型超级稻双增高产栽培关键技术。

（3）拟解决的重大科学问题或关键技术问题。①探明大穗型、多穗型、穗粒兼顾型超级稻穗粒发育形成机制，挖掘品种丰产潜力。②研发超级稻穗粒均衡协同调控技术。

（4）考核指标及评方法手段/方法。形成不同穗粒型超级稻穗粒协同调控关键技术 3 项，研创集成不同穗粒型超级稻高产栽培技术 3 项，制定不同穗粒型超级稻高产栽培技术规程 3 套，在长江中下游南部 3 大双季稻优势产区建设超级稻穗粒均衡调控核心试验区 2000 亩，发表论文 6～10 篇，申请专利 1～2 项，在湘中东丘岗盆地区、湘北环湖平丘区和湘南丘岗山区 3 个双季稻生产优势区建设穗粒均衡协同调控核心试验区 2000 亩。评测手段与方法：专家现场评议核心试验区实施效果（达到 1150 kg/亩，水分利用率提高 10% 以上，肥料利用率提高 10% 以上），科技报告呈现相关研究成果。

3. 课题 3：双季稻全程机械化丰产节本增效关键技术

（1）研究目标。针对长江中下游南部双季稻机械化栽培程度不高、水肥光热资源利用不充分、现有栽培技术不能适应水稻生产向规模化转型期等问题，在湘中东丘岗盆地区、湘北环湖平丘区和湘南丘岗山区 3 个双季稻生产优势区域开展相关研究：①探明增密减氮栽培对机插、机直播双季稻群体质量与产量形成、碳代谢与光能利用率及氮代谢与氮肥利用率等的影响，明确机插、机直播双季稻增密减氮栽培丰产增效协同机理，为长江中下游南部双季稻水肥高效协同与节本丰产增效关键技术模式构建提供理论依据。②探明品种搭配、水肥管理等栽培因子对机插、机直播双季稻产量形成、光能利用率、水分利用率和氮肥利用率等的影响，明确机插、机直播双季稻高产高效栽培关键技术指标，研发机插、机直播双季稻栽培配套物化产品，集成优化双季稻机插、机直播高效栽培技术，为长江中下游南部双季稻水肥高效协同与节本丰产增效关键技术模式构建提供技术支撑。

（2）主要研究内容。①机插、机直播双季稻增密减氮栽培产量形成特点和光氮利用特性研究。重点研究增密减氮栽培对机插、机直播双季稻群体质量与产量形成、碳代谢与光能利用率及氮代谢与氮肥利用率等的影响。②机插双季稻高产高效关键技术指标研究。重点研究品种搭配、育秧方式、秧龄、水肥管理等栽培因子对机插双季稻产量形成、光能利用率、水分利用率和氮肥利用率等的影响。③机直播双季稻高产高效关键技术指标研究。重点研究品种搭配、种子处理（种子引发和种子包衣）、水肥管理等栽培因子对机直播双季稻产量形成、光能利用率、水分利用率和氮肥利用率等的影响。④机插、机直播双季稻配套物化产品研发与应用。重点开展机插双季稻泥浆机、定位播种器研发与应用，机插、机直播双季稻缓释肥研发与应用，机直播双季稻种子引发剂和包衣剂研发与应用等工作。

（3）拟解决的重大科学问题或关键技术问题。①探明机插、机直播双季稻增密减氮丰产增效协同机理。②明确机插、机直播双季稻高产高效栽培关键技术指标，研发出适用于机插、机直播双季稻高产高效栽培的配套物化产品。

（4）考核指标及评测手段 / 方法。集成双季稻机械化高产高效栽培技术 2 ~ 4 项，制定双季稻机械化高产高效栽培技术规程 2 ~ 4 套，出版著作 1 部，发表论文 10 篇以上，授权发明专利 2 ~ 4 项，形成物化产品 2 ~ 4 个，在湘中东丘岗盆地区、湘北环湖平丘区和湘南丘岗山区 3 个双季稻优势产区建设双季稻全程机械化核心试验区 2000 亩。评测手段 / 方法：第三方根据考核指标进行定性评议和定量评价。其中：专家现场评议核心试验区实施效果（达到 1150 kg/ 亩，水分利用率提高 10% 以上，肥料利用率提高 10% 以上，节本增效 15% 以上），科技报告呈现相关研究成果。

4. 课题 4：双季稻水肥药综合高效利用关键技术

（1）研究目标。针对双季稻区水稻生产上水、肥、药等生产要素用量大、利用率低、环境污染严重等问题，开展双季稻水肥药综合高效利用关键技术研发。

（2）主要研究内容。①稻田土壤周年扩库增容与水肥运筹关键技术研究。通过双季稻冬季绿色生物覆盖、不同土壤耕作方式与肥水运筹技术研究，提出双季稻周年蓄水保肥、合理耕作、扩库增容、水肥运筹关键技术。②对应双季稻高产群体节水节肥关键技术研究。利用长期定位试验研究减量施肥对目标产量群体构建的影响，探明双季稻关键生育期需水规律及对应的水分管理措施，提出基于高产群体构建基础上的节水节肥技术模式。③适应双季稻丰产节本增效的药肥新技术与新产品研发。重点研究不同药肥对双季稻产量、品质及抗病抗虫性的影响，研究与开发适应双季稻丰产增效的药肥新产品。④双季稻周年水肥药综合高效利用技术研究。研究双季稻种植模式下水肥要素与病虫害发生的关系及响应机制，筛选双季稻水肥药协同高效利用技术产品，集成双季稻水肥药综合高效利用关键技术，构建双季稻周年水肥药协同高效利用技术模式。

（3）拟解决的重大科学问题或关键技术问题。稻田土壤扩库增容水肥运筹关键技术；对应双季稻高产群体的节水节肥关键技术；适应双季稻丰产节本增效的药肥新技术；双季稻水肥药综合高效利用关键技术。

（4）考核指标及评测手段 / 方法。创新双季稻水肥药一体化高效利用关键技术 2 ~ 4 项，发表论文 5 ~ 8 篇，申请专利 2 ~ 4 项，形成物化产品 1 ~ 2 个，制订地方标准（规程）1 ~ 3 个，在湘中东丘岗盆地区、湘北环湖平丘区和湘南丘岗山区 3 个双季稻优势产区建设双季稻水肥药综合高效利用核心试验区 2000 亩。评测手段 / 方法：第三方根据考核指标进行定性评议和定量评价，其中：专家现场评议核心试验区实施效果（达到 1150 kg/ 亩，水分利用率提高 10% 以上，肥料利用率提高 10% 以上，节本增效 15% 以上），科技报告呈现相关研究成果。

5. 课题 5：双季稻病虫草害绿色防控与避灾减损关键技术

（1）研究目标。针对长江中下游南部双季稻区病虫草害常年发生严重、气象灾害频繁、农药和除草剂用量过高等问题，研究双季稻病、虫、草害绿色防控关键技术和双季稻区气象灾害避灾减损技术。

（2）主要研究内容。①在现有"蜂 – 蛙 – 灯"技术的基础上，重点突破赤眼蜂和蛙类优良种群及高效繁殖技术、农田生态环境优化及天敌保育调控技术、健身栽培与生物诱导抗病技术，配套生物农药高效控害技术、益害分离扇吸式诱虫灯控害保益技术和优质高产多抗水稻新品种筛选与示范，实现对稻螟虫、稻纵卷叶螟和稻飞虱等三大害虫及稻瘟病、纹枯病等主要病害的全程生物防控。②调查长江中下游南部主要水稻生产区杂草发生情况及其除草剂抗性水平，阐明主要杂草的抗药性机理；开展减小杂草种子库与降低杂草发生量的源头控草技术研究；筛选克草化感植物资源与控草微生物资源，分离鉴定控草活性物质；探索创制生物源控草制剂及田间应用技术。③设计田间试验，筛选低温、阴雨寡照、高温、干旱和寒露风等双季稻主要气象灾害指标，创建具有区域特点的双季稻主要气象灾害预报指标体系。采用多元回归分析、时间序列分析和聚类、相关、判别等数理统计方法，综合研究区域历史气候数据、水稻生物学性状监测资料、气象灾害预报指标和稻田实时气象数据与水稻生物学特征量，构建双季稻主要气象灾害测报技术；在双季稻气象灾害发生的敏感期或关键期，开展田间温、光和水控制试验，进行稻田小气候调节技术研究；针对不同气象灾害，开展"喷施宝"类抗灾喷剂施用技术研究。④筛选丰产多抗高档优质稻品种，选择自然生态条件优良地区集成病虫草害全程绿色控制技术、双季稻防灾预警与避灾减损技术，形成特色区域高档优质稻有机栽培模式；筛选抗逆广适的超高产优质水稻品种，集成水肥耦合丰产管理技术、健身抗病栽培技术、生物防控与绿色农药相结合的病虫草害绿色防控技术、稻田小气候调节及抗灾喷剂施用技术研究，形成水稻增苗、控肥减药、避灾减损的绿色丰产栽培模式。

（3）拟解决的重大科学问题或关键技术问题。天敌配合诱杀剂/灯控虫、植物源诱抗剂诱导抗病、减小杂草种子库源头控草的病、虫、草害绿色防控技术；构建气象灾害预报指标体系，研究配施抗灾喷剂复壮减损技术。

（4）考核指标及评测手段/方法。构建水稻主要病虫草害绿色防控技术体系 1 ~ 2 套、主要气象灾害防控技术体系 1 套，示范基地化学农药用量减少 10% 以上，水稻产量和病虫害防控效果与化学防治相当；申请专利 2 ~ 4 项，发表 SCI 论文 4 篇以上；培养研究生 10 ~ 20 人。在 3 大双季稻优势产区建设双季稻绿色防控核心试验区 2000 亩。评测手段/方法：第三方根据考核指标进行定性评议和定量评价。其中：专家现场评议核心试验区实施效果（达到 1150 kg/亩，气象灾害和病虫草害损失降低 2% ~ 5%），科技报告呈现相关研究成果。

6. 课题 6：水稻生产过程监测与智能服务平台建设

（1）研究目标。依托项目建设的超高产攻关田和项目建设的万亩核心试验区，布设农业传感器采集稻田资源环境大数据，构建地面实测和卫星遥感影像关系模型实现双季稻种植面积遥感测算和遥感估产，实时采集水稻生产经营面板数据，研制稻谷生产经营远程服务系统，构建水稻规模化生产智能服务平台。

（2）主要研究内容。①水稻生产物联网监测：在课题 1 建设的湘中东丘岗盆地区、湘北环湖平丘区、湘南丘岗山区 3 片超高产攻关田和课题 7 建设的 3 片集术集成核心试验区共布设 6 个智能监测区，每个监测区分别布设 3 个视频监测点（200 万像素以上红外球机实时采集监测数据）、5 个稻田资源环境监测点（农业传感器实时监测气象指标、土壤指标、生物指标）；②水稻生产经营遥感监测。通过对双季稻生长期间的高光谱地面实测、航拍实测和外购卫星遥感影像数据，构建地面实测、航拍实测和遥感影像数据的关系模型，实现双季稻种植面积遥感监测和遥感估产。③稻谷生产经营远程服务系统研发。面向家庭农场、农民专业合作社等新型农业经营主体，研发水稻规模化生产远程服务系统，实现水稻文化传播、技术咨询服务、市场对接服务、专家在线咨询、专家远程诊断等水稻规模化生产的全方位远程服务。④研制稻谷生产经营监测信息网上直报系统。面向家庭农场、农民专业合作社等新型农业经营主体，实现种植计划、实际产量、劳动用工、物质费用、销售情况、收购价格、经营效益及异常情况的实时动态监测。⑤构建水稻规模化生产智能服务平台。整合水稻生产过程物联网监测体系、遥感监测体系和稻谷生产远程服务系统、稻谷生产经营监测信息网上直报系统，构建水稻规模化生产智能服务平台并在湖南省内应用。

（3）拟解决的重大科学问题或关键技术问题。①稻田多源信息智能感知技术。②水稻生产过程遥感监测技术。③稻谷生产经营远程服务对接技术；④稻谷生产经营监测信息网上直报技术。

（4）考核指标及评测手段/方法。研发物化产品2项，申请专利2项、取得计算机软件著作权5项，发表论文5篇，制定技术规程1套，构建水稻规模化生产智能服务平台。评测手段/方法：根据考核指标进行定性评议和定量评价。其中：专家现场评议水稻生产过程监测体系和智能服务平台实施效果，科技报告呈现相关研究成果。

7. 课题7：长江中下游南部双季稻绿色丰产节本增效技术集成

（1）研究目标。集成项目资源和阶段性研究成果，提炼共性关键技术，建立长江中下游南部双季稻绿色节本丰产增效技术体系；构建湘中东丘岗盆地区、湘北环湖平丘区、湘南丘岗山区的双季稻绿色丰产节本增效技术模式。

（2）主要研究内容。①双季稻绿色丰产节本增效技术集成。整合双季稻水肥高效协同机制与调控技术、超级稻穗粒均衡协同机制与调控技术、双季全程机械化丰产节本增效关键技术、双季稻水肥药综合高效利用关键技术、双季稻病虫草害绿色防控与避灾减损技术、水稻生产过程监测与智能服务平台的研究成果，集成创新双季稻绿色丰产节本增效技术体系。②针对湘中东丘岗丘地区的资源禀赋、生态特点和生产问题，构建湘中东丘岗盆地区双季稻绿色丰产节本增效技术模式。③针对湘北环湖平丘区的资源禀赋、生态特点和生产问题，构建湘北环湖平丘区双季稻绿色丰产节本增效技术模式。④针对湘南丘岗山区的资源禀赋、生态特点和生产问题，构建湘南丘岗山区双季稻绿色丰产节本增效技术模式。

（3）拟解决的重大科学问题或关键技术问题。长江中下游南部双季稻绿色丰产节本增效共性关键技术；三大双季稻优势产区的双季稻绿色丰产节本增效技术模式。

（4）考核指标及评测手段/方法。构建双季稻作系统丰产增效技术模式3~5套，制定技术规程3~5项，发表论文5~10篇，申请专利3~5项，完成专著1部，培养研究生5~10名。建设双季稻绿色丰产节本增效核心试验区2000亩。评测手段/方法：根据考核指标进行定性评议和定量评价。其中：专家现场评议双季稻绿色丰产节本增效核心试验区(达到1150 kg/亩，肥料和农药利用率提高10%以上，光热资源利用效率提高15%，气象灾害与病虫损失降低2%~5%，双季稻机插秧率提高10%，节本增效100元/亩)，科技报告呈现相关研究成果。

三、技术集成与应用示范

（一）拟解决的关键科学问题

（1）缩小超级稻大面积实际产量与潜力产量之间的差距。超级稻大面积产量与潜力产量之间差距巨大，研究产量差距形成机制，通过品种适配、壮秧早发、稳健生长、综防病虫、节肥减排等技术集成研究，构建不同季别、不同生态区特点的超级稻丰产优质、绿色高效关键技术体系，促进超级稻大面积均衡增产增效。

（2）实现水稻生产优质与高产高效协同。水稻高产与优质、高产与高效难协调，通过开展品种筛选及搭配、配套物化技术、种植方式优化技术集成研究，构建水稻丰产优质绿色高效关键技术体系，实现水稻高产与优质、高产与高效的协同。

（3）提高稻田周年资源利用率。针对水稻生产化肥与农药施用过多、肥料利用效率低以及周年温光资源利用不充分的问题，开展稻草还田、合理轮作、有机无机肥料配施、平衡施肥与缓控施肥、双季品种搭配等关键技术研究，探明稻田周年资源利用率提高的机制与途径。

（二）拟解决的关键技术问题

（1）优质稻绿色丰产增效技术。提出双季稻品种搭配、种植方式、群体调控、水肥耦合、蜂 – 蛙 – 灯联合控虫、生物防治、生态种养结合等管理措施，集成优质稻绿色丰产增效技术。

（2）超级稻绿色超高产、大面积均衡优质丰产技术。提出良种选用、综合运筹肥水、增库扩源、绿色防控病虫等管理措施，研发出超级稻绿色超高产、大面积均衡丰产技术及物化产品。

（3）双季稻周年茬口优化配置丰产技术。筛选生育期适于双季稻两熟制与双季稻冬季作物三熟制的高产优质品种，组配不同早、晚稻搭配模式，集成双季稻周年茬口优化配置丰产技术。

（4）双季稻机械化丰产节本增效技术。提出机插双季稻适宜的播种量、秧龄期、育秧方式、栽插方式、种植密度、水氮管理方式、化学调控措施等，建立双季稻双机插绿色高效栽培技术体系。

（5）稻田地力提升与水肥高效利用技术。提出稻草还田、合理轮作、有机无机肥料配施、平衡施肥与缓控施肥等稻田地力提升与水肥高效利用技术措施。

（6）双季稻病虫草害绿色防控技术。提出天敌配合诱杀剂 / 灯控虫、植物源诱抗剂诱导抗病、减小杂草种子库源头控草的生物防治与生态种养相结合的双季稻病、虫、草害绿色防控技术。

（三）主要研究内容

（1）水稻绿色防控优质安全生产技术。通过优质稻品种筛选、赤眼蜂寄生防治稻纵卷叶螟和二化螟、扇吸式益害分离诱虫灯保益控害、稻田养蛙（鸭）辅助防治飞虱、诱抗素诱导抗病、功能菌肥控草、稻田天敌保护及生境调控等技术，分别集成优质稻绿色稻米生产和有机稻米生产技术模式并示范。

（2）超级稻均衡高产与提质增效技术。以良种选用、增施有机肥、合理耕作、综合运筹肥水、增库扩源、群体质量调控、绿色防控病虫等技术为核心，集成超级稻绿色超高产和均衡优质高产技术体系并示范；通过强再生力超级稻品种筛选，防御高、低温的物化产品及其栽培技术研发等，构建适宜不同区域的"超级杂交稻 + 再生稻"种植模式并示范。

（3）水稻机械化轻简高效技术集成与示范。水稻机械化生产条件下组装双季稻品种搭配、软盘育秧、适期定量播种、增苗节氮、穗肥施用、水肥耦合、防衰壮籽等技术，优化集成茬口衔接合理、肥水管理简便、群体调控平衡、养分高效利用的双季稻轻简高产栽培技术体系并示范。

（4）以水肥高效利用为核心的资源高效利用技术。开展水肥一体化运筹技术、缓控释肥施用技术集成研究，构建双季稻节水节肥及水肥合理运筹丰产技术体系并示范；研究一季超级稻再生丰产技术、稻田生态种养技术，实现水资源和化肥利用效率、光热资源利用效率、生产效率的提高。

（5）以改土培肥为核心的地力提升与可持续生产技术。通过实施秸秆还田培肥、深耕轮耕、冬季绿肥养地、有机无机配施肥料运筹等技术，改善土壤耕性，增加土壤库容量，提升稻田整体质量，集成适宜不同生态区特点的单、双季稻作区稻田合理耕作绿色丰产技术并示范。

（6）水稻抗逆避灾稳产技术。明确湖南双季稻逆境发生特点及规律，重点集成机插一季稻抽穗灌浆期抗高温、双季稻抗"两低一高"（早稻秧苗期和晚稻灌浆结实期抗寒，早稻高温逼熟）等逆境稳产技术，单双季水稻季节性抗旱和抗倒伏稳产技术，集成湖南水稻避灾抗逆稳产栽培技术并示范。

（7）水稻区域化节本丰产增效技术。针对不同生态条件和生产条件，因地宜地开展旋免耕、品种搭配、适期机械精量播种（机直播）、软盘育秧、机械插（抛）秧、监控精准施肥、群体质量调控等关键技术，集成适宜不同生态区单、双季水稻节本增效作业技术体系并示范。

（8）水稻规模生产社会化服务模式技术。针对种粮大户规模生产模式、专业合作组织规模生产模式、股份合作规模生产模式、龙头企业规模生产模式共 4 套模式进行优化并示范；集成水稻生产过程物联网监测系统、水稻生产过程遥感监测系统、稻谷生产经营远程服务系统、稻谷生产经营信息采集系统，形成水稻规模化生产智能服务平台并在湖南省全面应用；搭建现代农业服务平台，拓宽服务领域，从订单式环节对接服务、托管式生产服务、全程式一条龙产业服务等方面，探索新型农业经营主体开展农业社会化服务。

（四）项目采取的研究方法

（1）作物栽培生理研究方法。田间试验、多点联合试验等是作物栽培学与耕作学的基本方法。本项目安排各类技术集成田间试验、多点联合试验，根据田间试验方法和研究目标确定试验设计和考察项目，依据农作物田间观测方法进行取样和相关生理指标测定；运用植物生理、生物化学研究方法和作物分析技术进行室内分析；采用 Excel、SPSS 等软件对数据结果进行必要的处理与统计分析。

（2）全程机械化作业的多点联合试验。在湘中东丘岗盆地区、湘北环湖平丘区、湘南丘岗山区 3 大双季稻优势产区设置全程机械化作业的多点联合试验，构建区域内联合试验和区域间联合试验体系，通过实测土壤环境指标、作物生理指标、作物农艺性状等和实时采集物联网智能监测大数据，系统评估全程机械化作业的的优缺点和适用性及其发展方向。

（3）农业信息技术支撑的大数据平台。依托"粮食丰产增效科技创新"重点专项 2017 年度项目"长江中下游南部双季稻周年水肥高效协同与灾害绿色防控丰产节本增效关键技术研究与模式构建"课题 6"水稻生产过程监测与智能服务平台建设"，集成水稻生产过程物联网监测系统、水稻生产过程遥感监测系统、稻谷生产经营远程服务系统、稻谷全产业链监测信息采集系统，构建稻谷全产业链监测预警工作平台并在湖南省内应用，形成水稻生产信息化服务技术集成与示范。

（五）基本技术路线

项目实施的基本技术路线如图 1–3 所示。技术路线的可行性分析表现在：①研究团队的前期研究基础为项目研究提供了保障。本项目汇集了湖南水稻研究的优势高校和科研院所（湖南杂交水稻研究中心、湖南农业大学、湖南省水稻研究所、湖南省土壤肥料研究所等）及 10 家农业企业（袁隆平农业高科技股份有限公司等），涵盖了"九五"至"十三五"期间承担国家粮食丰产科技工程项目的主持单位和主要参加单位，这些单位均具有良好的研究基础和丰富的研究经验，形成了各具特色的粮食作物栽培与耕作学方面的研究成果。项目组汇集了部分在湖南省水稻栽培领域具有较大影响的科技创新领军人才及一批中青年科技人才，为项目研究提供了强劲支撑。②项目的顶层设计充分考虑了技术路线的实施可行性。本项目以规模化技术构架为核心，首先开展关键技术集成创新，构建标准化技术；然后开展区域技术体系集成创新，构建区域化技术；再辅以信息化服务和社会化服务，实施水稻周年绿色丰产增效示范工程，最终实现湖南水稻生产绿色安全、优质丰产、资源高效、产业增效和可持续发展。③项目的顶层设计充分考虑了技术路线实施的操作性，将 3 年全研究过程分为"1+1+1"，第一年为各课题关键技术研究与小面积示范，第二年技术集成熟化与验证示范，第三年为集成技术大面积示范，最终达成项目研究目标。技术路线的先进性分析：①研究方法先进性：多学科协同攻关。在广泛利用作物学研究方法和研究手段的前提下，开展栽培学、生态学、土壤肥料学、植物保护学、农业信息学、农业工程学等多学科协同研究，重点突破现代信息技术与作物学的技术融合、形成项目研究的宏观视野与微观突破相结合的新格局。②技术手段先进性：现代生物技术＋现代信息技术。项目应用现代生物技术开展关键技术研究，同时也体现了大数据、云计算、物联网的现代信息技术在农业科研和农业生产上的应用（图 1–3）。

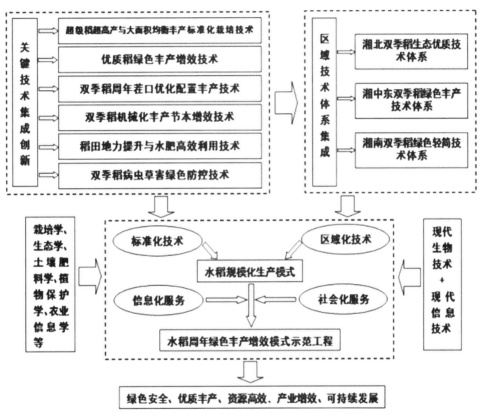

图 1–3 项目实施技术路线

（六）任务分解与课题设置

项目共设置 6 个课题，其中 2 个共性技术集成课题，3 个区域技术集成课题，1 个总体性课题。具体包括：

（1）优质稻绿色丰产技术集成与示范。主要进行 4 个方面的技术集成研究与示范：双季优质稻广适丰产品种筛选、绿色稻米生产技术、高档优质有机稻米生产技术、"早加晚优"高效栽培技术。本课题为共性关键技术集成课题，集成优质稻绿色丰产增效技术体系，为本项目工程化示范内容之一。

（2）超级稻绿色优质丰产技术集成与示范。重点开展 4 项技术集成研究与示范：超级稻绿色超高产技术、均衡优质丰产标准化技术、绿色丰产提质增效技术和"一季超级稻＋再生"周年绿色丰产技术。本课题为共性关键技术集成课题，集成超级稻绿色丰产增效技术体系，为本项目工程化示范内容之一。

（3）湘北水稻生态优质技术集成与示范。主要进行 4 个方面技术集成与示范：湘北区域早直播晚抛栽技术、水肥减量协同丰产技术、病虫草害绿色防控技术与水稻生态高效栽培技术。本课题为区域技术集成课题，主要为本区域规模化示范，同时为本项目工程化示范内容之一。

（4）湘中东水稻绿色丰产技术集成与示范。主要进行 5 个方面技术集成与示范：湘中东区域双季稻适期定量播种技术、双季超级稻绿色高产技术、双季稻主要害虫绿色防控技术、双季稻田地力提升技术与合理耕作技术。本课题为区域技术集成课题，主要为本区域规模化示范，同时为本项目工程化示范内容之一。

（5）湘南水稻绿色轻简技术集成与示范。主要进行 4 个方面技术集成与示范：湘南区域双季稻茬口衔接技术、机械化育插秧、绿色轻简肥料高效施用、抗逆稳产等技术集成创新，构建适用湘南区域的双季稻绿色轻简化技术体系。本课题为区域技术集成课题，主要为本区域规模化示范，同时为本项目工程化示范内容之一。

（6）水稻周年绿色增效模式技术构建与示范。主要开展 5 个方面模式技术构建与示范，水稻周年规模化生产模式技术、周年地力绿色培肥标准化模式技术、生产信息化服务模式技术、生产社会化服务模式技术，开展水稻周年绿色丰产优质增效技术工程化示范。本课题为项目工程化示范课题，总体按照标准化、规模化、信息化、社会化的要求，结合区域特点，在全省不同生态区开展工程化示范。

（七）课题之间的逻辑关系

本项目以规模化技术构架为核心，首先开展关键技术集成创新，构建标准化技术；然后开展区域技术体系集成创新，构建区域化技术；再辅以信息化服务和社会化服务，实施水稻周年绿色丰产增效示范工程。项目设置的 6 个研究课题形成了特定的逻辑关系：课题 1 ～ 2 属共性技术集成课题，不限于区域研究；课题 3-5 属区域技术集成课题，分别根据湘北、湘中东、湘南双季稻实际情况开展研究；课题 6 属总体性课题，是项目层面整合资源的综合性课题，既有统筹前 5 个课题的责任，也能汇聚前 5 个课题的资源，再加上其自身的规模化、信息化、社会化服务模式，共同推进水稻周年绿色丰产增效示范工程，最终达成项目研究目标。

（八）课题研究方案

1. 课题 1：优质稻绿色丰产技术集成与示范

（1）研究目标。利用湖南优质稻的优势，以优质稻绿色、高产、增效为目标，通过开展品种筛选及搭配、壮秧早发、稳健生长、综防病虫草、节肥减排等技术集成研究，配套不同季别、不同生态区特点的优质稻绿色、丰产、高效关键技术体系，突破优质稻生产中有效穗不足、结实率低、倒伏风险较大，以及优质与高产难协调等难题，为优质稻在全省快速普及推广提供强力支撑，促进优质稻大面积高产增效。

（2）主要研究内容。①优质稻品种筛选及搭配技术。比较双季优质稻品种的耐逆性（耐高、低温）和稳产性（丰产性、稳产性），筛选出适合湖南不同生态区域种植的双季优质稻品种，优化早晚稻搭配模式；研究不同种植方式（早直晚抛、双季抛秧等）的组合，优化双季优质稻种植模式；对优化的优质稻品种搭配、种植方式进行集成，形成光温资源高效利用技术模式并进行示范。②双季稻绿色稻米生产技术。选用二等以上（含二等）优质稻品种，以赤眼蜂寄生防治稻纵卷叶螟和二化螟技术为主，配套扇吸式益害分离诱虫灯保益控害技术、稻田养蛙（鸭）辅助防治飞虱技术、稻田天敌保护及生境调控等技术，辅助生物农药防病技术及生物肥防草害控制技术，集成双季稻绿色稻米生产技术模式并示范。③高档有机稻米生产技术。以高产广适型优质稻品种为基础，病虫草害绿色防控与有机肥高效利用为核心,集成蜂-蛙-灯联合控虫、诱抗素诱导抗病、功能菌肥控草、高产绿肥培地、天敌保育调控生态等关键技术,形成具有实用性、可操作性、标准化的水稻有机生产技术体系。同时以市场需求为导向,因地制宜,有机组装稻田养蛙、稻田养鱼、稻田养虾等原生态养殖技术,构建高档优质有机稻米生产技术模式,并建立大面积生产示范基地。④"早加晚优"高效栽培技术。针对早稻品质提升难的生产问题,采取早稻种植专用加工稻、晚稻搭配高档优质周年丰产增效模式,优化双季稻的品种搭配方式,满足社会多元需求,形成早稻专用品种、配套丰产肥水管理、群体调控平衡、晚稻重施有机肥、增苗减肥、蜂-蛙-灯联合控虫等提质增效技术,集成早稻加工稻丰产、晚稻优质稻提质增效技术体系并示范。课题选在赫山区、浏阳市、株洲县、湘阴市等地建立核心面积连片125亩示范基地4个,逐步辐射带动周边地区大面积示范。

(3)拟解决的重大科学问题。实现水稻生产优质与高产高效协同。

(4)拟解决的关键技术问题。优质稻品种筛选及搭配技术、双季稻绿色稻米生产技术、高档优质有机稻米生产技术、"早加晚优"丰产高效栽培技术。

(5)考核指标:①提出基于轻简化机械化方式的双季优质稻品种搭配及量质同升技术模式1~2套;形成对水稻主要虫害具有周年及多年长期防治效果的双季优质稻绿色生产技术体系1套。②建立核心示范基地4个,技术示范面积单、双季稻分别5万亩、20万亩,平均亩产分别达750 kg、1000 kg;辐射面积单、双季稻分别50万亩、150万亩,平均亩产分别达700 kg、950 kg,技术应用累计800万亩。③项目区较实施前3年平均单提高5%,化学农药使用量减少50%以上,肥料利用率提高10%,光能利用率提高12%,节本增效10%以上。④发表论文2篇以上,申请发明专利1~2项。⑤培育带动适度规模经营的新型农业经营主体6~8个,培训农技人员200人次,培训新型职业农民500人次。

(6)评测手段与方法。申请第三方根据考核指标进行定性评议和定量评价。其中:专家现场评议示范田实施效果,提交年度科技报告呈现相关研究成果。

2. 课题2:超级稻绿色优质丰产技术集成与示范

(1)研究目标。利用湖南超级杂交稻的独有优势,探明超级稻产量差异形成机制和超级稻再生高产机理,集成超级稻绿色超高产、均衡优质高产、提质增效技术、一季稻再生高产关键技术体系,解决超级稻高产生态适应性欠佳,需肥量大、有效穗不足、结实率不稳、倒伏风险较大,及高产与优质、高产与高效协调难等技术难题,大幅度缩减超级稻实际产量与潜力产量差距,保障超级稻大面积均衡优质高产增效。同时,为突破湖南省部分地区温光资源一季有余、两季不足的季节矛盾提供技术标准。

(2)主要研究内容。①超级杂交稻绿色超高产技术。根据超级稻超高产需肥较多、倒伏风险较大、有效穗不足、结实率不稳、生态适应性较弱等生产问题,通过稻田有机培肥和合理耕作,选用超高产品种、综合运筹肥水、增库扩源,配套绿色防控病虫等技术,集成超级杂交稻绿色超高产技术体系;拟在隆回县、溆浦县、龙山县等地建立3个以上核心示范基地,3年累计面积达到1500亩,技术示范面积达到8万亩;技术辐射面积达到40万亩。②超级稻均衡丰产技术。湖南省超级稻发展迅速,但存在大面积实际产量与品种潜力产量差距大,通过融合超级稻选用良种、缓控释肥、增苗节肥、群体质量提升等技术,集成不同生态区超级稻优质均衡高产技术体系,并大面积示范应用;拟在隆回县、永顺县、汉寿县、衡南县等地建立3个以上核心示范基地,3年累计面积达到2000亩,技术示范面积达到8万亩;技术辐射面积达到100万亩。③超级杂交稻绿色提质增效技术。基于超级杂交稻产量与品质难以协调,肥药用量偏高,病虫害严重等难题,通过筛选优质超级稻品种,研发提高稻米内在品质的物化技术,组装绿色培肥、精准施肥、防衰壮籽、绿色防治病虫等技术，集成超级杂交稻绿色提质增效技术体系并示范；拟在武冈县、桃源县、醴陵市、澧县等地建立 3 个以上核心示范基地 1500 亩，技术示范面积达到 8 万亩；技术辐射面积达到 40 万亩。④超级杂交稻再生周年高产技术。超级稻生育期长，再生稻存在安全齐穗风险，以及再生稻产量年际间差异大等技术难题，通过筛选生育期适中、再生能力强的品种，集成头季稻防衰高产栽培技术、再生苗快发壮苗技术和再生季稳产关键技术，构建适宜不同区域种植的超级杂交稻再生周年高产技术体系，并开展大面积示范。拟在醴陵市、衡阳县、大通湖区等地建立 3 个核心示范基地面积 1000 亩，技术示范面积 5 万亩、辐射区面积 20 万亩。

（3）拟解决的重大科学问题。缩小超级稻大面积实际产量与潜力产量之间的差距，周年光温同效利用。

（4）拟解决的关键技术问题。超级杂交稻绿色超高产技术、超级杂交稻均衡丰产技术、超级杂交稻绿色提质增效技术、超级杂交稻再生周年高产技术。

（5）考核指标。①超级稻绿色优质丰产技术 1 套；以超级稻为核心的周年丰产增效技术模式 1 套。②建立核心基地 10 ~ 15 个，核心示范基地面积 6000 亩 (第一年 1200 亩、第二年 3000 亩、第三年 6000 亩)，技术累计示范面积 30 万亩，技术示范区一季稻单产达到 750 kg；技术 (含模式) 累计辐射 200 万亩以上，技术辐射区单产达到 700 kg，技术应用累计 800 万亩。③项目区较"十三五"项目实施前三年平均提高 5% 左右，肥料利用效率提高 10%，光热利用率提高 12%。④申请专利 5 ~ 6 项；发表论文 5 ~ 6 篇以上；培养研究生 3 ~ 4 人。⑤培育带动适度规模经营的新型农业经营主体 10 个以上，培训农技人员 300 人次，培训新型职业农民 1000 人次。

（6）评测手段与方法。申请第三方根据考核指标进行定性评议和定量评价。其中：专家现场评议示范田实施效果，提交的学术论文、年度科技报告呈现相关研究成果。

3. 课题 3：湘北水稻生态优质技术集成与示范

（1）研究目标。针对湘北稻作区稻米商品率高，双季稻生产季节紧和劳动力不足等特点，以及机械化、轻简化生产所面临的茬口矛盾突出、用种量偏大等新问题，集成双季稻生态优质关键技术，研制配套物化产品，构建湘北双季稻优势产区的生产技术模式，提高生产效益，促进生态优质稻米产业化发展。

（2）主要研究内容。①早直播晚抛栽技术。通过旋免耕、软盘育秧、机播盘秧、激光平地、合理施肥、机直播、机插、人工（机）抛秧、摆栽等措施，配套筛选品种、早晚稻品种合理搭配、精量播种、群体调控、水肥管理等技术，构建适于湘北平湖区水稻早直播晚抛栽增效技术体系，降低水稻生产成本以提高效益。②双季稻水肥减量协同丰产技术。集成双季稻增苗节氮、扩库增容、新型肥料施用与合理灌溉等水肥运筹技术，构建适用湘北区域的双季稻节水节肥丰产技术体系，解决稻田水肥利用率偏低等问题。③水稻轻简模式下病虫草害绿色防控技术。根据水稻轻简模式下病虫草害发生特点，集成病虫草害传统农业防治技术与现代生物防治技术，构建适用湘北平湖区域水稻病虫草害绿色防控丰产技术，降低病虫草害的损失率与防控成本；④水稻生态高效栽培技术。集成设施生态种养技术、平衡营养投喂技术、生物多样性技术，构建稻 – 虾 (鳖)、稻 – 鱼 (鳅)、稻 – 鸭 (鳅) 等种养模式，开展不同种养模式的环境评价研究，建立适用湘北不同区域的稻田生态种养产业化技术体系。并分别在赫山区、南县、汉寿县、桃源县、湘阴县等地建立 5 ~ 6 个核心示范基地，逐步辐射带动周边地区大面积示范。

（3）拟解决的重大科学问题。稻田肥料利用率、水分利用效率偏低，及本区域大面积水稻生产效益较低、生物多样性差、光热资源利用效率低等问题。

（4）拟解决的关键技术问题。早直播晚抛栽技术、双季稻水肥减量协同丰产技术、水稻轻简模式下病虫草害绿色防控技术、水稻生态高效栽培技术。

（5）考核指标。①集成双季早稻直播晚稻抛栽高效栽培技术、双季稻增苗节氮扩库增容关键技术、土壤培肥与节水灌溉水肥运筹技术、稻田高效生态种养技术、水稻轻简栽培模式下病虫草绿色防控技术等 1～3 套，制定双季稻全程机械化绿色高效栽培技术规程 1～2 套。②建立水稻生态优质技术示范区 5～6 个，示范单季稻 5 万亩、双季稻 20 万亩，亩产分别达到 750 kg、1000 kg；辐射面积单、双季稻分别 50 万亩、150 万亩，双季稻亩产达到 700 kg、950 kg，技术应用累计 800 万亩。③项目区单产较"十三五"项目实施前三年平均提高 5% 左右，化肥利用效率提高 10% 以上，生产效率提升 20%，节本增效 8% 以上，双季稻机插秧率提高 10%。④培养研究生 4～6 名；发表论文 6 篇以上；申请或授权专利 1～4 项。⑤培育带动适度规模经营的新型农业经营主体 10 个以上，培训农技人员 300 人次，培训新型职业农民 1000 人次。

（6）评测手段与方法。申请第三方根据考核指标进行定性评议和定量评价。其中：专家现场评议示范田实施效果，提交的学术论文、年度科技报告呈现相关研究成果。

4. 课题 4：湘中东水稻绿色丰产技术集成与示范

（1）研究目标。针对湘中东区域光温资源不均衡、部分地区二化螟发生严重等问题，集成以秸秆还田培肥、深耕轮耕与冬季绿肥水旱轮作、适期定量播种等技术为主体的绿色丰产技术体系，以品种优化配置周年绿色丰产和稻田培肥持续丰产技术为核心，集成双季稻适期定量播种、双季超级稻绿色高产、二化螟绿色防控、稻田地力提升、合理耕作等技术，构建适用湘中东区域的双季稻绿色丰产技术体系，实现稳粮增收、丰产增效。

（2）主要研究内容。①稻田合理耕作绿色丰产技术。以稻田深耕、翻耕与旋（免）轮耕结合的土壤扩库增容等为核心，集成品种优化配置、土壤培肥、水旱轮作等技术，形成双季稻田深耕与旋（免）轮耕结合土壤扩库增容绿色丰产技术体系，提高稻田可持续生产能力。②双季稻田地力提升持续丰产技术。以水旱轮作、用养结合为核心，集成稻草还田、生物养地（冬种绿肥、马铃薯、油菜、饲草等）、有机无机肥配施等技术，形成双季稻田地力提升持续丰产技术并示范。③双季稻适期定量播种丰产技术。根据本区域光温资源不平衡、品种繁杂等特点，以适期早播、精量播种为核心，集成减氮增苗、增穗扩库高产群体调控技术，构建双季稻适期定量播种丰产标准化技术，提高区域光温资源利用率。④水稻主要害虫绿色防控丰产技术。根据本区域水稻主要虫害发生特点，以二化螟为主要防治对象，以稻螟赤眼蜂防治技术为核心，集成诱虫灯、深水灭蛹，及稻田生态环境调控保护繁殖天敌技术，构建本区域水稻主要害虫绿色防控丰产技术体系。⑤双季超级稻绿色高产技术。以双季超级稻种植模式为主体，集成"双超"品种合理搭配、早稻软盘旱育、晚稻稀播壮秧、小苑密植、平衡施肥、氮肥后移、湿润灌溉、病虫无害化控制等技术，形成双季稻高产区"双超"绿色高产技术体系，实现双季超级稻周年丰产。并在湘中东区域的醴陵市、宁乡市、株洲县、湘潭县、浏阳市等地建立 200 亩连片的核心示范基地 5～6 个，逐步辐射带动周边地区大面积示范。

（3）拟解决的重大科学问题。提高稻田周年资源利用率和可持续丰产能力，及本区域温光资源充分合理利用等问题。

（4）拟解决的关键技术问题。稻田合理耕作绿色丰产技术、双季稻田地力提升持续丰产技术、双季稻适期定量播种丰产技术、水稻主要害虫绿色防控丰产技术、双季超级稻绿色高产技术。

（5）考核指标。①集成适用湘中东区域双季稻绿色丰产技术体系 1 套。②建立核心示范基地 5 ～ 6 个，双季稻示范面积 20 万亩，亩产达到 1000 kg；辐射面积单季稻 50 万亩，双季稻 200 万亩，单、双季稻亩产分别达到 700 kg、950 kg，技术应用累计 800 万亩。③项目区单产较实施前 3 年平均提高 5% 左右，水肥利用率提高 10%，光热资源利用效率提高 12%，生产效率提升 20%，节本增效 8%；④制订地方标准（规程）1 ～ 2 个；发表学术论文 5 ～ 6 篇；申请专利 3 ～ 4 项，授权专利 1 项。⑤培育新型农业经营主体 20 个，培训农技人员 400 人次、新型职业农民 1000 人次。

（6）评测手段与方法。申请第三方根据考核指标进行定性评议和定量评价。其中：专家现场评议示范田实施效果，提交的学术论文、年度科技报告呈现相关研究成果。

5. 课题 5：湘南水稻绿色轻简技术集成与示范

（1）研究目标。针对本区域丘岗面积大难以规模化生产、季节性干旱频发等问题，集成适宜多熟制机插的早、晚稻品种与茬口衔接技术，双季稻双机插绿色高效生产技术、缓控施肥技术，构建湘南双季稻规模化绿色轻简丰产技术；集成机插双季稻抗御早春低温、晚稻寒露风、夏秋季节干旱，及后期抗倒伏等技术，构建湘南水稻避灾抗逆稳产技术体系，实现双季稻绿色轻简、抗逆稳产。

（2）主要研究内容。①双季稻双机插品种筛选与茬口衔接技术。在双季稻双机插生产条件下，大规模筛选早、晚稻品种，组配不同早、晚稻搭配模式，从丰产性与季节性出发，根据双季稻两熟制与双季稻–冬季作物三熟制的要求，优化适宜多熟制机插的早、晚稻品种搭配与茬口衔接技术。②双季稻双机插绿色高效生产技术。优选育秧方式（钵秧、钵毯秧、毯秧）、机插方式（移栽、摆栽、抛栽）、适宜用种量、适宜秧龄、适宜密度、适宜取秧量的育插秧关键技术；集成"壮大密""三一栽培""双大栽培"和"早专晚优"等技术，构建双季稻双机插（全程机械化）绿色高效生产技术体系。③双季稻平衡施肥及缓控施肥技术。优化双季稻适宜施氮量、氮磷钾配比、肥料运筹、缓控释肥种类及其与单质氮肥的配施比例，集成双季稻平衡施肥、缓控施肥等技术，构建双季稻绿色轻简肥料高效持续丰产技术并示范。④水稻避灾抗逆稳产栽培技术。根据双季稻逆境发生特点及规律，以双季稻面临的低温、高温、干旱等突出逆境因素为主要对象，集成机插双季稻抗寒技术、时空避灾技术、早蓄晚灌抗旱稳产技术、抗倒稳产技术，实现湘南低山丘陵双季稻区避灾抗逆稳产。并在衡阳、安仁、冷水滩、祁东等地建立 4 ～ 6 个核心示范基地，逐步辐射带动周边地区大面积示范。

（3）拟解决的重大科学问题。水稻绿色机械化丰产、光热资源利用效率，抗逆避灾稳产等问题。

（4）拟解决的关键技术问题。双季稻品种筛选与茬口衔接技术、双季稻双机插绿色高效生产技术、双季稻平衡施肥及缓控施肥技术、水稻避灾抗逆稳产栽培技术。

（5）考核指标。①集成湘南双季稻茬口衔接技术、双季稻全程机械化绿色高效栽培技术、湘南双季稻绿色轻简肥料高效持续丰产技术、双季稻抗逆稳产栽培技术等 4 ～ 6 套，筛选适于机械化生产、抗逆性强、生育期适宜的早晚稻品种各 2 ～ 3 个；制定双季稻全程机械化绿色高效栽培技术规程 1 套。②建立 4 ～ 6 个双季稻绿色轻简化核心示范基地，技术示范单、双季稻示范面积分别达 5 万亩、20 万亩，亩产分别达到 750 kg、1000 kg；辐射面积单、双季稻分别达到 50 万亩、150 万亩，亩产分别达到 700 公斤、950 kg，技术应用累计 800 万亩。③项目区单产较实施前 3 年平均提高 5% 左右，化肥利用率提高 10%，光热资源利用效率提高 12%，气象灾害与病虫害损失率降低 2%–5%，节本增效 8% 以上，双季稻机插秧率提高 10%。④发表论文 8 ～ 10 篇，培养研究生 4 ～ 6 人。④申请专利 2 ～ 4 项，授权发明专利 1 ～ 2 项。⑤培育带动适度规模经营的新型农业经营主体 15 个以上，培训农技人员 400 人次，培训新型职业农民 1000 人次。

（6）评测手段与方法。申请第三方根据考核指标进行定性评议和定量评价。其中：专家现场评议示范田实施效果，提交的学术论文、年度科技报告呈现相关研究成果。

6. 课题 6：水稻周年绿色增效模式构建与示范

（1）研究目标。针对现有技术推广体系难以适应水稻生产新型经营主体对规模化生产技术的迫切需求的难题，通过在不同区域建立综合示范区，以专业合作社、种植大户、龙头企业等新型经营主体为载体，集成本项目共性技术与关键技术，形成水稻周年绿色增效标准化技术，构建以规模化生产技术模式、信息化服务平台和社会化服务体系等为主要内容的现代新型技术推广体系，开展水稻周年绿色增效模式的工程化示范，促进项目技术成果的普及率和水稻产业的绿色发展，实现稻谷增产、农民增收、产业增效。

（2）主要研究内容。①水稻周年绿色优质关键技术标准化示范。形成超级稻大面积均衡丰产技术、优质稻绿色丰产增效技术、双季稻周年茬口优化配置丰产技术、双季稻机械化丰产节本增效技术、稻田地力提升与水肥高效利用技术、双季稻病虫草害绿色防控技术等 6 大关键技术的区域化技术标准，分别在湘北地区赫山区、湘中东地区浏阳市、湘南地区衡阳县建立 3 个基地，开展 6 大关键技术标准化的集中示范。②水稻周年规模化生产技术集成与示范。在水稻规模化生产程度较高的地区，以提高生产效率增加经济效益为目标，优化集成不同经营主体（种粮大户、专业合作组织、股份合作、龙头企业等）的种植规模、种植制度、品种搭配、种植技术、劳动力和机械使用等经营要素，构建不同经营主体高土地生产率、高劳动生产率、高机械利用率的经营技术模式并示范。③水稻生产信息化服务技术集成与示范。依托"粮食丰产增效科技创新"重点专项 2017 年度项目"水稻生产过程监测与智能服务平台建设"的水稻生产过程物联网监测系统、水稻生产过程遥感监测系统、稻谷生产经营远程服务系统、稻谷生产经营信息采集系统等成果，形成水稻规模化生产智能服务平台并在湖南省全面应用，为水稻生产经营信息系统集成提供示范。④水稻生产社会化服务技术集成与示范。在水稻生产规模化程度较低的地区，散户经营仍是主体，存在技术普及率低，生产效益不高等问题，借鉴现代化新型经营主体规模化经营思路，选取能提供良种供应、稻田耕整、工厂育秧、机械移栽、肥水管理、病虫防治、机械收割、稻谷烘干、安全储存、产品销售等方面单一或全程的社会化服务主体，采取环节订单式或全程保姆式的社会化服务技术模式示范本项目研究成果。⑤水稻绿色丰产优质增效技术工程化示范。根据湖南省不同稻作区的区域特点，分别在湘北区域的汉寿县、赫山区开展 10 万亩"规模化 + 信息化"的工程化示范；在湘南区域的衡阳县、安仁县开展 10 万亩"社会化 + 信息化"的工程化示范，在湘中东区域的湘潭县、浏阳市开展 10 万亩"社会化 + 信息化 + 规模化"的三化合一工程化示范。

（3）拟解决的重大科学问题。提高水稻生产标准化、规模化、信息化和社会化服务水平。

（4）拟解决的关键技术问题。水稻周年规模化生产技术、水稻周年绿色优质标准化技术、水稻生产信息化服务技术、水稻生产社会化服务模式、水稻产后储存损失技术、绿色丰产优质增效技术工程化示范。

（5）考核指标。①集成示范周年规模生产高效模式 1 ~ 2 套；湖南农业社会化服务技术体系 1 套；构建水稻生产经营信息系统 1 套。②建立核心示范基地 6 个，双季稻示范应用 20 万亩以上，平均亩产达 1000 kg；单季稻示范应用面积 10 万亩以上，平均亩产达到 750 kg；辐射面积双季稻 350 万亩以上，平均亩产达 950 公斤，辐射单季稻 100 万亩以上，平均亩产 700 kg，技术应用累计 950 万亩。③项目区单产较实施前 3 年平均提高 5% 左右，化肥利用率提高 10%，光热资源利用效率提高 12%，气象灾害与病虫害损失率降低 2% ~ 5%，产后稻谷储存损失率降低 4% ~ 6%，节本增效 8% 以上，双季稻机插秧率提高 10%。④培养研究生 2 ~ 3 人，发表研究论文 4 篇以上，申报专利 3 ~ 4 项。⑤培育带动适度规模经营的新型农业经营主体 50 个以上，培训农技人员 500 人次，培训新型职业农民 1000 人次以上。

（6）评测手段与方法。申请第三方根据考核指标进行定性评议和定量评价。其中：专家现场评议示范田实施效果，提交的学术论文、年度科技报告呈现相关研究成果。

第二章　双季稻绿色丰产节本增效技术基础

湖南是传统的双季稻优势产区，历来重视双季稻生产技术研发。进入新世纪以来，农业面临农产品价格上顶"天花板"、生产成本刚性抬升、农业补贴政策逼近 WTO 约束"黄线"、资源环境亮起了"红灯"的"四面夹击"困局。为了有效应对农业困境，"十二五"期间，湖南省水稻专家和生产一线水稻生产经营者，积极探索双季稻绿色丰产节本增效技术，形成了一系列较成熟的实用技术，奠定了"十三五"期间双季稻丰产节本增效的技术基础。

第一节　早稻工厂化育秧技术

早稻育秧技术一直是湖南双季稻生产的焦点，面对三月低温的年度不稳定性和寒潮出现时间的不确定性，形成了三月下旬利用"冷尾暖头"播种育秧的传统田间育秧技术体系。近年来，随着机械移栽技术的推广普及，无论是机插、人工抛栽还是机械有序抛栽，都形成了独特的育秧技术体系，不仅增加了技术推广普及的难度，还需要专用设备设施和用具，包括播种流水线、专用秧盘、智能催芽室、运输传递设施等，分散的小户育秧已不能适应机械化生产的需要，必须推广工厂化育秧技术。

一、床土准备

（1）床土选择。床土应选择土壤肥沃、中性偏酸、无残茬、无砾石、无杂草（籽、根）、无污染、无病菌的壤土；耕作熟化的旱田土；秋耕、冬翻、春耖的稻田土；经过粉碎过筛、调酸、培肥、消毒等处理后的山黄泥或河泥等。

（2）床土要求。土质疏松、通透性好，土壤颗粒细碎、均匀，球径在 5 mm 以下，粒径 2 ~ 4 mm 的床土占总重量 60% 以上。床土含水率适宜，达到手捏成团，落地即散。床土最适 pH 值为 4.5 ~ 5.5。床土数量按 58 cm × 22 cm × 2.5 cm 标准秧盘，每盘备土 5 kg 或按每亩大田 200 kg 备土。

（3）床土培肥。培肥：根据床土种类和自身肥力情况进行培肥，如采用农业公司开发的育苗基质，可在后期进行追肥。肥量：每 100 kg 过筛细土中匀拌 0.050 ~ 0.075 kg 水稻壮秧剂或匀拌硫酸铵 0.10 ~ 0.13 kg、过磷酸钙 0.10 ~ 0.18 kg、氯化钾 0.04 ~ 0.10 kg 等。盖种用土（覆土）不培肥。

（4）床土消毒：早稻育秧为预防立枯病，床土必须用敌克松药剂消毒，消灭病原菌。消毒方法有 3 种：一是结合播种流水线播种洒水时按每盘 0.3 g 标准喷洒；二是播种前 7 d 每 1000 kg 床土用 40 ~ 60 g 敌克松 100 倍液直接喷洒闷堆消毒；三是播种后盖膜前用敌克松 500 倍液喷洒。早稻育秧床土必须消毒。

二、场地与材料准备

（1）保护地设施。采用连栋温室、塑料大棚等保护地设施育秧，可有效避开三月寒潮危害，从而使早稻育秧的播期大大提前。传统技术条件下，湖南早稻大田育秧必须在 3 月下旬选"冷尾暖头"的晴天下泥，采用保护地设施育秧可将早稻育秧播种期提前至 3 月 10 日左右，连栋温室或塑料大棚内可安排喷灌设施，实现水肥药一体化喷撒，大大改善了早稻育秧条件。

（2）催芽密室。近年来推广早稻育秧密室催芽技术，能有效提高发芽率和成秧率。

（3）材料与用具。机插秧可使用毯式秧盘或钵式秧盘育秧，机抛秧则采用专用机抛秧软盘育秧。

三、种子准备

（1）晒种。浸种前，根据种子的质量、含水率和天气情况，浸种前 2 ~ 3 d 将水稻种子在太阳下晒 24 ~ 48 h，增加种子活力，提高种子发芽率和催芽整齐度，脱芒过筛，去除枝梗枯叶。

（2）选种。常规品种采用盐水漂浮法选种，选种后用清水淘洗，清楚谷壳外盐分，晒干备用或直接浸种。杂交水稻采用风选法选种，用低风量扬去空瘪籽粒。

（3）浸种消毒。将晒过的种子倒入事先用烯效唑、杀菌剂、吡虫啉等配制好的溶液中浸种 2 ~ 3 昼夜（早稻 3 昼夜），再用清水淘洗干净后进行催芽。

（4）催芽。将吸足水分的种子上堆或装入湿麻袋，保持谷堆（湿麻袋）内外上下的温度在 35 ~ 38℃（必要时进行翻拌，使种谷间温度均匀），时间一般为 1 昼夜，待 90% 以上的种子破胸露白后进行适温催芽，然后将芽谷摊薄炼芽。手工播种的根、芽不超过 2 mm。

（5）晾干。催芽后将种子置于室内摊晾，达到内湿外干，不黏手，易散落状态。

四、机械播种

（1）调整播种机。调整播种流水线，使其处于正常工作状态。

（2）调节铺土量。盘内底土厚度为 20 ~ 25 mm，要求铺放均匀平整。

（3）调节洒水量。经洒水后秧盘的底土面积无积水，盘底无滴水，播种覆土后能湿透床土。

（4）调节播种量。播前用 10 ~ 12 只空盘试播，取其中正常播种的 5 ~ 6 盘的种子称重，平均计算盘播量，根据试播情况进行调整，达到确定的播种量。

（5）调节覆土量。覆土厚度为 3 ~ 5 mm，要求覆土均匀，不漏籽。

第二节　双季稻品种搭配技术

在全面分析长江中下游南部双季稻区（湖南）近 50 年来气候变化特点及其对双季稻生产影响的基础上，通过在不同双季稻区开展不同类型双季稻品种的适应性试验和不同熟期双季超级杂交稻品种的分期播种试验，结合品种适应性试验、分期播种试验、气候变化的安全生产影响，从而提出气候变化特点—安全生产季节变化—生产影响—技术对策—适应性品种类型—品种熟期搭配—播种期安排的技术模式。

一、品种搭配技术模式

长江中下游南部地区双季稻品种搭配技术模式可参见表 2-1。

表 2-1　南方双季稻区气候变化特点及双超品种搭配技术模式表

内容	双季早稻	双季晚稻
气候变化特点	平均气温、平均日最高气温、平均日最低气温、≥10℃积温的增加速率显著，日照时数的下降速率不显著。	平均气温、平均日最高气温、平均日最低气温、≥10℃积温的增加速率不显著，日照时数的下降速率显著。
安全生产季节变化	水育秧安全播种期明显提前，旱育秧安全播种期略推迟，安全移栽期明显提前。	杂交晚籼稻安全齐穗期略提前，常规晚籼稻安全齐穗期稍推迟，安全成熟期基本无变化。
生产影响	播种期提前、生长季节变长、产量与产量潜力增加。	生长季节缩短或无变化，且光照时数下降影响产量与产量潜力。
技术对策	选用生育期稍长的品种、提前播种、及早移栽、早发管理等挖潜型技术对策。	选用熟期适中型品种、适时播种、群体早发等稳产型技术对策。
适应性品种类型	超级杂交稻品种。	超级杂交稻品种。
品种熟期搭配	迟熟型品种。	湘北地区选用早熟或中熟型品种，湘中地区与湘南地区选用迟熟型品种。
播种期安排	湘北地区3月25日左右播种，湘中地区和湘南地区3月20日左右播种。	湘北地区6月25日左右播种，湘中地区与湘南地区6月20日左右播种。

二、双季超级杂交水稻的品种选择

典型多穗型代表品种：早稻株两优 819、陵两优 268、潭两优 215，晚稻盛创优华占、泰优 722、H 优 518。该类型品种的特征是总分蘖数多，平均每穗粒数早稻品种 90 ～ 110 粒，晚稻品种 110 ～ 130 粒，有效分蘖数早稻品种 24 万 ～ 28 万穗 / 亩，晚稻品种 22 万 ～ 25 万穗 / 亩。

穗粒兼顾型代表品种：早稻株两优 39、五丰优 286、株两优 173，晚稻桃优香占、五优 308、泰优 390。该类型品种的特征是分蘖能力与平均每穗粒数均比较适中，每穗粒数为 120 ～ 150 粒，有效穗 21 万 ～ 23 万穗。

大穗型代表品种：早稻中早 39、陆两优 996、中嘉早 17，晚稻 Y 两优 911、天优华占、隆晶优 1 号；该类型品种的特征是平均每穗粒数多，单穗重较大，早稻品种每穗粒数为 120 ～ 140 粒，有效穗 21 万 ～ 23 万穗，晚稻品种每穗粒数为 140 ～ 170 粒，有效穗 20 万 ～ 21 万穗。

三、双季超级杂交水稻的品种搭配

早晚稻组合的熟期搭配应根据当地气候和生态条件而定，温光资源较好的湘南地区应选择双季迟熟为主，而温光资源较差的湘西北地区应选择熟期相对偏短的组合。为充分利用光温资源，双季超级杂交水稻组合的熟期安排可在原来常规栽培条件下品种（组合）熟期搭配的基础上延长 5 ～ 6 d。适宜的生育期为：早稻播种至成熟的时间 + 晚稻播种至齐穗的时间 = 早稻开始播种至晚稻安全齐穗的天数 - 晚稻保证不早穗的秧龄 - 双抢农耗时间。

四、根据最佳抽穗扬花期确定适宜播种期

据多年气象资料，湘中生态区当地抽穗扬花的最佳时期，早季是 6 月中旬左右，早熟是 6 月 15 日左右，中熟 6 月 18 日左右，晚熟 6 月 20 日；根据所选组合的生育特性，从播种至齐穗约需 90 d，因此把早季播种时间定在：抛秧，3 月 15 日—3 月 20 日；旱育秧，3 月 10 日—3 月 15 日。晚季抽穗扬花最佳时期是 8 月底 9 月上旬。其中迟熟晚季是 9 月 10 日左右，早、中熟晚季是 8 月底。根据所选晚季组合的生育特性，从播种至齐穗约需 80 ～ 90 d，迟熟晚季播种在 6 月 16 日—6 月 18 日，早熟晚季 6

月 26 日左右，中熟 6 月 22 日左右。一季中稻抽穗扬花 8 月 20 日左右，播种选 5 月 25 日左右。

第三节　测土配方施肥技术

面对"一控两减三基本"的要求，怎样实现减少化肥使用总量但不减产，是双季稻生产的一项重大课题。测土配方施肥是以土壤测试和肥料田间试验为基础，根据作物需肥规律、土壤供肥特点和肥料效应，在合理施用有机肥的基础上，提出氮、磷、钾和中量元素、微量元素等肥料的施用品种、数量、施肥时期和施用方法。配方肥料是以土壤测试和田间试验为基础，根据作物需肥规律、土壤供肥性能和肥料效应，以各种单质化肥和（或）复混肥料为原料，采用掺混或造粒工艺制成的适合于特定区域、特定作物的肥料。实施测土配方施肥的好处就是节省开支，增加收入和增强地力，减少污染、病虫害的发生和浪费。

一、测土配方施肥的基本方法

按照定量施肥的不同依据，农业部将各地采用的配方施肥技术归纳为以下 3 大类型 6 种基本方法：

（1）地力分区（级）配方法。地力分区（级）配方法是按土壤肥力高低分为若干等级，或划出一个肥力均等的田块，作为一个配方区，充分利用土壤普查、耕地地力调查与质量评价成果，土壤监测资料，土壤肥料田间试验结果，结合当地农民的施肥实践经验，估算出这一配方区内比较适宜的肥料种类及其施用量。地力分区（级）配方法的优点是针对性强，提出的用量和措施接近当地实际，群众易于接受，推广的阻力比较小。但其缺点是：依赖于经验成分较多，存在地区局限性。该法适用于土壤地力与关产水平差异小、土肥技术基础较薄弱的地区。

（2）目标产量配方法。目标产量配方法是根据作物产量的构成，由土壤和肥料 2 个方面供给养分原理来计算施肥量。目标产量是实际生产过程中预计达到的作物产量，该产量是确定施肥量最基本的依据。目标产量确定以后，就可以根据其产量计算作物需要吸收多少养分来提出应施的肥料量。目前已发展为以下 2 种方法。①养分平衡法。养分平衡法又称目标产量法。其核心内容是作物在生长过程中所需要的养分是由土壤和肥料两个方面提供的。"平衡"之意被在于通过施肥补足土壤供应不能满足作物目标产量需要的那部分养分。该方法的优点是概念清楚，容易掌握。缺点是由于土壤具有缓冲性能，土壤有效养分是一个动态的变化值，因此，测定值只能代表有效养分的相对量，不能直接用来计算土壤供肥量，还需通过田间试验来获得土壤有效养分校正系数加以换算。②地力差减法。地力差减法是根据作物目标产量与基础（空白）产量之差，求得实现目标产量所需肥料量的一种方法。不施肥的作物产量称之为基础产量，它所吸收的养分全部来自土壤，反映的是土壤能够提供的该种养分量。从目标产量中减去基础产量，就应是施肥后所增加的产量。该方法的优点是不需要进行土壤测试，避免了养分平衡法每季都要测定土壤养分的麻烦，计算也较简单，但空白田产量不能预先获得，给推广带来了困难。同时，空白田产量是决定产量诸因子的综合结果，它不能反映土壤中若干营养元素的丰缺状况，只能以作物吸收量来计算需肥量，它只能应用在土壤无障碍因子和气候正常的地区。当土壤肥力愈高，作物对土壤的依存率愈大（即作物吸收土壤中的养分越多）时，需要由肥料供应的养分就越少，可能出现剥削地力的情况而不能及时察觉，必须引起注意。③田间试验法。通过简单的对比，或应用正交、回归等试验设计，进行多点田间实验，从而选出最优的处理，确定肥料的施用量。肥料效应函数法目的是用有限的施肥量处理，通过数学函数的方法，从产量反应中计算理论上达到最高产量和经济上合理产量时的施肥量。主要有以下 3 种方法：肥料效应函数法，养分丰缺指标法，氮、磷、钾比例法。

以上配方施肥的 3 个类型 6 种方法各有长短，互相补充，并不互相排斥。在制定具体配方施肥方案时，各地可根据当地实际情况，以一种方法为主，参考其他方法，配合起来运用。这样做的好处是：可以吸收各法的优点，消除或减少存在的缺点，在产前能确定更符合实际的肥料用量。

二、形成 100 kg 经济产量所需养分

作物在其生育周期中，形成一定的经济产量所需要从介质中吸收各种养分的数量称为养分系数。养分系数因作物产量水平、气候条件、土壤条件和肥料种类而变化。籼稻每生产 100 kg 稻谷的 N、P_2O_5、K_2O 养分需要量分别为 1.6 ~ 1.8 kg，0.5 ~ 0.6 kg，1.9 ~ 2.1 kg。

通过养分系数，就可以按下列公式分别计算出实现目标产量所需养分总量、土壤供肥量和达到目标产量需要通过施肥补充的养分量。

目标产量所需养分含量 = 目标产量 /100 × 100 kg 经济产量所需养分量；

土壤供肥量 = 基础产量 /100 × 100 kg 经济产量所需养分量；

施肥补充养分量 = 目标产量所需养分总量 – 土壤供肥量。

三、测土配方施肥实施步骤与方法

配方施肥技术推广应用涉及资料收集、土壤肥料测试、肥料肥效试验研究、数据统计分析、施肥技术指导、配方肥料研制与应用等诸多方面，是一项技术内涵深、牵涉面广的系统工程。

（1）田间土样采集。土样采集是测土配方施肥体系中往往最容易被人们所忽视而又十分重要的技术环节。对样点代表性的选择、采样深度、采样工具等方面都有严格的要求，湖南采样一般在秋收后进行。

（2）土壤分析和测试结果的解释和评价。分析项目以碱解氮（有效氮）、有效磷、速效钾、有机质和 pH 值 5 项为主。全省统一土壤有效养分提取剂，即土壤碱解氮采用碱解扩散法、有效磷碱解碳酸氢钠溶液（pH8.5）浸提比色法（Olsen 法）、速效数钾采用中性醋酸铵浸提火焰光度计法。湖南省稻田土壤肥力分级标准参见表 2–2。

表 2–2　湖南省土壤有机质、碱解氮、有效 P、速效 K 分级标准

级别	极高	高	中高	中	低	极低
有机质 /（g·kg⁻¹）	>40	30 ~ 40	20 ~ 30	10 ~ 20	6 ~ 10	<6
碱解氮 /（mg·kg⁻¹）	>150	120 ~ 150	90 ~ 120	60 ~ 90	30 ~ 60	<30
有效 P/（mg·kg⁻¹）	>40	20 ~ 40	10 ~ 20	5 ~ 10	3 ~ 5	<3
速效 K/（mg·kg⁻¹）	>200	150 ~ 200	100 ~ 150	50 ~ 100	30 ~ 50	<30

四、施肥技术

自 20 世纪 80 年代以来，我国土壤肥料科技工作者在测土配方施肥技术方面进行了大量的研究，提出了多种估算农田施肥量的方法。这里主要介绍 3 种常用方法。

（1）养分丰缺指标法：在取得土壤测试结果后，将测试值与该养分的分级标准进行比较，以确定测试土壤的该养分是属于哪一级，根据不同级别确定施肥量；

（2）目标产量法：根据一定的作物产量要求计算肥料施用量的方法。其计算公式为：$W=U-N_s/C \times R$

式中：W——肥料需要量（kg/hm^2）；U——一季作物需要吸收的总养分（kg）；

Ns——土壤供肥量（kg）；C——肥料中养分含量（%）；

R—肥料中该养分当季利用率（%）。

（3）以推广配方肥为载体的施肥方法：近年来，我国测土配方施肥进展的另一特色是全国各地肥料企业和农业部门兴办的配肥站开展了复混肥料、专用肥料、配方肥料的研制和推广应用。

第四节　耕地质量提升技术

耕地质量是确保国家粮食安全的物质基础，耕地质量保护与提升一直受到党中央和国务院的高度关注，2017 年农业部印发《耕地质量保护与提升行动方案》，加强耕地质量保护，促进农业可持续发展。湖南在耕质量提升技术领域形成了一系列研究成果。

一、双季稻秸秆还田土壤有机质提升技术

秸秆中蕴藏着巨大的养分资源，作物吸收的养分有近一半要在秸秆中。该技术主要包括秸秆覆盖、翻压和墒沟填埋等还田方式以及不同轮作制的秸秆还田技术模式下，土壤有机质消长与秸秆还田过程中的养分间的相互作用，增加土壤有机质含量、改善土壤理化性质和提高土壤生产力基础上的不同秸秆还田模式下的肥料施用技术。

双季稻草全量还田关键技术操作规程及技术要点：①早稻稻草利用：早稻收获采用高茬收获，留稻茬 40 cm 左右，将碎稻草拨匀。收获后 1 ~ 2 d 天除草剂喷施。②晚稻稻草利用：晚稻采用高茬收获，留稻茬 50 cm 左右，将碎稻草拨匀。

二、稻田紫云英高效利用技术

利用冬闲季节种植绿肥，可改善生态环境、减少化肥施用并培肥地力。主要包括绿肥－稻草协同高效生产利用技术、稻田绿肥干耕技术和最佳翻压时期调控技术、绿肥利用下养分运筹技术等。

（1）绿肥－稻草协同高效生产利用技术操作规程及技术要点。①在晚稻成熟期，采用联合收割机进行水稻收获，留 45 ~ 55 cm 高茬；用竹竿或耙子将堆积较厚的稻草分散开，使晚稻稻草全量均匀还田。②在晚稻收获后的 1 ~ 3 d，进行紫云英播种，播种量为每亩 2.0 ~ 2.5 kg；对未以前未播种紫云英的田块，紫云英播种之前对紫云英种子进行根瘤菌接种和磷肥拌种。1 kg 根瘤菌粉剂可拌紫云英种子 16 kg；根瘤菌接种和磷肥拌种的步骤如下，在室内阴凉处将依据根瘤菌商品说明将根瘤菌菌剂配成水溶液，用 37℃左右的温水浸泡 30 min 晾干后再接菌，将接种后的紫云英种子放在室内阴凉处略微晾干至不黏手，加入种子重量两倍的带黏性的湿潮泥土或泥粉后，使用种子包裹潮泥或泥糊后拌种种子重量相同的磷肥，并使用 5 mm 孔径左右的筛子将种子筛成泥球。此后，即可进行紫云英播种。③用开沟机在田间四周开好开好横沟、竖沟和围沟。在田间内每隔 5 ~ 12 m 开一条直沟，使稻田形成"十"字形或"井"

字形贯通的沟系。

（2）稻田绿肥干耕技术和最佳翻压时期、最适翻压量调控技术操作规程及技术要点。①紫云英生长期间，对紫云英种植大田的排水沟进行疏通和清理，使得田间田面最高水位不高于 0.5 cm；②在紫云英的盛花期间，保持田间田面水高度在 0.25 ~ 1.25 cm，并将紫云英翻耕；紫云英翻压完后，封住稻田排水口，视天气情况向稻田灌水，如 1 ~ 2 d 无有效降水，则向田间灌水，灌水深度是田面看不到积水。如 1 ~ 2 d 有降水，则无须灌水。③在紫云英翻耕后，保持田面有水且最高水位不高于 1.25 cm，使得紫云英沤 3 ~ 8 d，即可进行稻田耙平、施肥和早稻移栽的操作。

三、有机养分替代部分化肥地力培肥技术

有机肥料含有丰富的有机物和各种营养元素，具有数量大、来源广、养分全面、施用污染少等优点。施用有机肥料不仅是不断维持与提高土壤肥力、改善养分库容、提高土壤供肥容量、实现农业可持续发展的关键措施，也是农业生态系统中各种养分资源得以循环、再利用和净化环境的关键环节，有机肥还能持续、平衡地给作物提供养分从而显著改善作物的品质。主要包括有机无机肥配施技术、有机肥适宜用量调控技术等。

四、保护性耕作耕地质量提升技术

该技术主要解决长期耕作下农田土壤耕层变浅，土壤有机质表聚，土壤结构和质量下降，周年生产效益低下等问题，实现改善稻田土壤结构、提升稻田土生产力的保护性耕作技术。主要包括少免耕与翻耕结合的耕作的技术、现代土壤轮耕技术、以秸秆利用和生物覆盖为重点的保护性耕作技术。

五、区域与田块施肥技术推荐和养分精确管理技术

根据土壤养分释放和供应特性、明确不同区域农田养分丰缺状况，建立作物种植的土壤养分丰缺指标新体系和农田养分的评价指标体系，建立区域农田最佳养分管理决策系统。引进先进快速养分测定和诊断技术，利用信息技术将土壤养分资源、作物养分需求、肥料特性、作物品种、栽培配套技术等，实现田块养分精确管理技术。

六、重金属污染耕地分类治理技术

（一）安全利用中轻度污染耕地

（1）推广镉低积累水稻品种。推广镉低积累水稻品种，降低稻米镉积累的风险。各试点县市区根据当地生态环境条件和农民种植意愿，从湖南省《应急性镉低积累水稻品种指导目录》中选定采购。

（2）优化水分管理。推广淹水灌溉，降低土壤氧化还原电位（Eh），以降低镉的活性。按照《镉污染稻田安全利用 水稻田间水分管理技术规程》实施。

（3）施用生石灰。施用生石灰，提高土壤 pH 值，降低土壤镉的活性。按照湖南省农业委员会颁布的《镉污染稻田安全利用 石灰施用技术规程》，一般在早稻移栽前 20 d 结合翻耕整地施用。

（4）施用土壤调理剂。施用土壤调理剂，降低土壤镉的活性。土壤调理剂由试点县市区按照湖南省农委、省财政厅制定颁布的《土壤调理剂采购与使用指导意见》规定从《长株潭重金属污染耕地修复及农作物种植结构调整试点推荐产品（第一批）》中依法招标采购，并按照《镉污染稻田安全利用 土

壤调理剂施用技术规程》施用。

（5）喷施叶面阻控剂。喷施叶面阻控剂，阻控镉向稻谷运移。叶面阻控剂由各试点县市区从省农委、省财政厅制定颁布的《长株潭重金属污染耕地修复及农作物种植结构调整试点推荐产品（第一批）》中依法招标采购，在水稻分蘖盛期后段、灌浆期前段分别喷施。

（6）施用商品有机肥。施用商品有机肥，增加土壤环境容量，降低土壤镉活性。按照湖南省农委制定颁布的《镉污染稻田安全利用 有机肥施用技术规程》在早稻移栽前施用。

（二）严格管控重污染耕地

全面推行 PPP 模式（Public-Private Partnership），采用政府流转土地、企业申报实施的方式，替代种植非食用经济作物、低镉食用性作物、镉富集植物等，或开展退耕还草、休耕试点。

（1）开展农作物种植结构调整。依托新型农业经营主体，全面推行 PPP 模式，开展镉低积累瓜果蔬菜、油料作物、十字花科牧草、棉花、多用途桑麻、花卉苗木、设施农业等农作物替代种植，构建重金属污染耕地安全生产替代种植技术模式；开展生物质高粱等镉富集植物替代种植，配套生产农业机械设备，促进产业规模化、持续化发展，逐步移除、削减土壤中镉等重金属，并探讨替代种植中的生态补偿模式。

（2）治理式休耕试点。继续开展治理式休耕试点。休耕治理技术主要包括：施用石灰、重金属修复剂、种植绿肥，土壤重金属激活剂、植物修复等。

第五节　病虫害生态防控技术

一、稻田景观调控技术

（一）景观多样性及生物多样性的概念

景观多样性（Landscape diversity）就是指不同类型的景观要素或生态系统构成的景观在空间结构、功能机制和时间动态方面的多样化和变异性，主要研究地球上各种生态系统相互配置、景观格局及其动态变化的多样性。

人类活动是造成生物多样性丧失的主要原因。现代集约农业、畜牧业若忽视生物多样性尤其是遗传多样性，在某种程度上将增加生产的风险性。农业生产自身要求单一作物连片种植，以便于管理、收割，这使得生境日趋单一，有害生物处于这种同质的栖境条件下极易产生对作物抗性的适应性，从而使作物抗性失效；另一方面，单一作物系统中的害虫天敌物种多样性和丰盛度均大大低于多种作物混作的农田，加上不适当地使用化学农药，一些有害生物再生猖獗、暴发成灾的频率居高不下。

生物多样性是维持生态平衡的关键因素。生态平衡是生态系统中生物种群的组成和数量比例，以及系统的能量和物质流动的一种相对稳定的状态。在生态系统中，多样性的生物种类以及这些种类之间以食物链、网的形式以较稳定的比例关系存在着，是生态平衡的前提条件。研究表明，生态系统具有一定的维持生态平衡的自动调节能力，而这种调节能力的大小主要取决于生物多样化的程度。一般情况下，生态系统的类型越多，其内部生物种类越丰富，由各种生物构成的食物链也越复杂多样，因此其能量的流动和物质的循环可以通过多渠道进行。

（二）景观多样性配置

景观由基质（板块）、廊道和斑块三部分组成，景观中的基质和廊道数量越多，物种多样性和种群数量越大,越有利于系统的稳定。双季稻基质田种植过程为早稻,继而晚稻,冬春秋稻田转为紫云英绿肥、油菜、翻耕休闲及板田休闲。条状带的地理实体或称廊道有菜地、灌溉渠道、林带及路和遍布稻田的田埂。还有短期可以出现各种小面积斑块,它们有绿肥留种田、中稻田、早稻秧田、晚稻秧田以及冬春散置田边的残稻草堆。

明确生物多样性在维持农业生态系统结构与功能中的作用,包括景观格局内的物种组成、各成分间的相关关系、群落结构、作物布局以及其它作物、非作物栖境（道路、渠道、行道树等）对有害生物及其天敌转移、发生、抑制作用的影响,农业技术进步对生物多样性及其功能的影响等。包括推广生态农业,合理地采取作物间作、套种;采取有利于生物多样性的农业生产方式。

（1）绿色通道。绿色通道指遍及稻田内部的道路、田埂等稻田以外网络区域,这些网络区域必须配置有小型树木（大区域中也包括大型树木）、田埂植物（包括杂草）等,是天敌栖息和迁移的重要场所。当稻田进行耕作和淹水时期,这些区域成为天敌避难和栖息的场所,为天敌的保护和繁殖不可缺少的地带。田埂边种植大豆、玉米、小花木等都是良好的绿色通道作物,同时绿色通道不宜使用除草剂和"三光"除草,杂草过深可用割草机割短。

（2）水池与沟渠。对于水生天敌如蛙类、龙虱等在水稻晒田和收割期间,如果缺少将导致此类天敌的大量消亡。在田间缺水期,必须保持水池和沟渠内的水量,一般要求深度50cm以上,距离以50m内为宜。同时在水池与沟渠边种植搭架蔬菜如丝瓜、扁豆、苦瓜等作为阴棚,更有利于蛙类、蜘蛛等天敌的栖息,也可为天敌提供充足的食物。

（3）斑块作物。斑块作物式指在水稻生产区按一定比例种植一些其他作物,如蔬菜、玉米、瓜类等。这些斑块作物与水稻共危害的害虫种类较少,而可为稻田天敌提供良好的桥梁,在稻田害虫较少时为天敌提供食物和寄生卵,在收割期间提供避难场所。据黄志农等研究,早稻玉米相嵌田相距100m以外的蜘蛛数量仍有大幅度的提高,比相距200m的双季稻田百丛蛛量分别增加18.9 ~ 31.7%。研究表明,稻田斑快作物适宜的比例为1/30,以条状种植效率较高。

（4）冬季作物。冬季作物包括绿肥、油菜和蔬菜等是天敌越冬的重要场所,可为天敌在冬季提供食物和栖息场所,是春后稻田中的主要天敌源。

二、稻田蜘蛛保护技术

蜘蛛是稻田的高效优势捕食性天敌,专门捕食害虫而不为害水稻,利用蜘蛛治虫无副作用,是一项成本低廉、效果显著的农田绿色和有机栽培的关键技术。

（一）蜘蛛的主要类群

据湖南、湖北、江西、浙江、江苏、广东等省调查,稻田蜘蛛的种类一般有80 ~ 90种以上,蜘蛛的种群数量几乎占整个稻田捕食性天敌总数的60% ~ 80%,且广泛分布于稻株之间。稻田蜘蛛主要分为结网和不结网两大类。

一类是分布于稻株上、中部的结网型蜘蛛,能结网扑捉稻田各种有翅昆虫如蛾、蝶、蝇、蚊等害虫。结网型蜘蛛主要有肖蛸科中的锥腹肖蛸、圆尾肖蛸、华丽肖蛸等;圆蛛科中的茶色新圆蛛、黄褐新圆蛛、黄金肥蛛、四点亮腹蛛等;皿蛛科中的草间小黑蛛、食虫沟瘤蛛、隆背微蛛等;球腹蛛科中的背纹球腹蛛、八斑球腹蛛等。这些结网型蜘蛛常大量结网于水稻茎、叶之间,有的早、晚守候在网的中央,有的则隐蔽在张网的某株稻茎或稻叶上,利用丝网捕捉害虫,水稻抽穗后每天早晨人们常常可以见到田间稻株上密布的丝网。

另一类是不结网蜘蛛，又称为游猎型蜘蛛，住无定所，到处游走，过着游猎生活，平时虽不结网，但不少种类的成蛛常纺丝作巢，产卵其内。游猎型蜘蛛主要有狼蛛、盗蛛、猫蛛、跳蛛、蟹蛛、平腹蛛、管巢蛛等八个科中的多种蜘蛛，如拟水狼蛛、类水狼蛛、拟环纹豹蛛、丁纹豹蛛、斜纹猫蛛、猫跳蛛、棕管巢蛛、千岛管巢蛛、梨形狡蛛、三突花蟹蛛等。这类蜘蛛体形较大，性情凶猛，有的常游猎于地面、水面或水稻茎基部的稻丛间捕食稻飞虱等害虫，也有的游猎于水稻的茎叶间或稻叶间捕食稻纵卷叶螟等害虫。因此，水稻的上、中、下三层都有各类蜘蛛活动，有结网捕捉的蜘蛛类群，也有巡食游猎的蜘蛛类群，在稻田布下了捕食害虫的"天罗地网"，形成了一个完整的生态防御系统。

（二）稻田蜘蛛发生与环境的关系及其影响因素

（1）与食料的关系。食料因素直接关系到害虫的消长，进而影响到蜘蛛的消长。从栽培制度看。混栽稻区及同一地方的不同稻种的插花种植，给蜘蛛提供了良好生态环境和食料条件，以中稻为主地区田间生境变化不大，蜘蛛消长不明显，一直保持较高数量，直到水稻收割。同一品种水稻，早移栽早分蘖，有利于害虫、蜘蛛的发展，比迟插迟发的田蜘蛛入田早、密度高，能在早期控制害虫发生发展。水稻前作物类型不同，对蜘蛛种群影响较大，如草籽田和草籽留种田，蜘蛛密度最大。油菜田密度最小，常常相差 2 ~ 4 倍。不同水稻品种，蜘蛛数量差别不明显，但杂交水稻田，蜘蛛密度比一般常规稻田要高。

（2）与水的关系。第一，土壤水分。土壤中的水分状况与蜘蛛发生量有密切关系。选择稻田、沟、圳、塘边类型地段，分别为有水与无水两组类型地段作试验比较，拟水狼蛛在土壤湿度大的有水处，栖息密度大，一般比干燥无水区多41.56%。第二，灌溉水。蜘蛛在稻田发生期间，选择长期保持有水田与长期干湿田作对照比较，喜湿性的拟水狼蛛，在长期淹水的稻田种群数量较大，比干湿稻田栖息密度高 1.35 倍。但长期保持湿润灌溉的稻田相反，适宜于草间小黑蛛、食虫沟瘤蛛、八斑球腹蛛等发生，发生量分别比淹水的稻田多 0.46 倍、0.34 倍、0.33 倍。

（3）与气候的关系。①前期温暖高湿：稻田耕作条件一定时，稻田蜘蛛数量变动有一定规律，既取决于各种蜘蛛本身生物学特性，又取决于外界条件，当前期温暖多雨（4 月至 6 月平均气温在 23.3℃左右，雨量达 511.0 mm），草间小黑蛛和食虫沟瘤蛛，种群数量较大。②后期高温干旱（7 月至 8 月），平均气温为 29.0℃，降水量在 165.8 mm，草间小黑蛛、食虫沟瘤蛛种群数量分别比前期减少了 56.92%及 85.19%，八斑球腹蛛的发生，则与上述两种蜘蛛发生相反，后期高温干旱，比前期温暖多雨季节发生量多 85.36%，因而形成稻田中的草间小黑蛛和食虫沟瘤蛛前期数量多，后期八斑球腹蛛数量多。

（4）与耕作制度的关系和农事操作的影响。水稻田间操作对蜘蛛种群密度的影响较大，最重要的是前作的收割和土地翻耕、农田灌水等项工作可以杀伤大量的蜘蛛成体、幼体和卵囊。据各地调查，这些田间农事操作可以杀伤稻田蜘蛛 60% ~ 90%或更多。影响蜘蛛种群密度大幅度下降的另一个重要因素是化学农药的施用，常用农药无论是有机磷、有机氮或复合杀虫剂对各类蜘蛛杀伤力一般都在30% ~ 90%。其中有机磷农药的杀伤力一般大于有机氮农药，农药中又以触杀剂杀伤力较大，胃毒剂影响较小。微生物农药影响不大。施药后各类蜘蛛密度大量下降，在蜘蛛密度下降之后，其恢复期普遍地比害虫恢复期慢，因此常常形成害虫的再猖獗现象。田间管理对蜘蛛种群密度亦有一定影响，如田间干干湿湿有利于微蛛类不利于狼蛛类，田间长期有水则有利于水狼蛛。

（三）蜘蛛保护与利用

蜘蛛为肉食性的天敌，专捉虫子，不吃水稻，是利用防治稻虫的理想天敌。一般讲来，蜘蛛的利用有两个途径，一是保护和提高稻田蜘蛛的基数，充分发挥自然条件下蜘蛛捕食害虫的作用；二是大规模人工饲养释放不同类型的蜘蛛，有计划有目的控制某种害虫的发生为害。但目前技术条件还不成熟，有目的有计划的以蛛治虫还有困难。而稻田蜘蛛的保护利用是当前完全可以做到的，具体措施包括越冬期间、春耕春插和双抢期间的保护。

（1）越冬期间的冬种和小草堆保护。越冬蜘蛛这是来年蜘蛛繁殖的重要发源地，特别是成群越冬的地方要加以保护。种植绿肥油菜等冬季作物是最好的保护方法。冬闲田则应采取堆放小草堆助安全过冬方的方法，晚稻收割后，每亩堆放 2 ~ 3 堆小草堆，让蜘蛛作为越冬安全所。

（2）春季草把助迁。春插时，要做好蜘蛛的助迁转移工作，尤其是蜘蛛密度大的田块，如草籽田。翻耕后，灌水前，可将草把散放在田间，按每亩 10 个草把放置于田内，再灌水 1 ~ 2 d，然后翻耕，由于蜘蛛不能长期在水中生活，遇水，即爬上草把，待蜘蛛爬上草把后，即可移入已插稻田，蜘蛛即能在该稻田繁殖。也可以拍击草把，将蜘蛛抖落到已插稻田，草把仍可回收再用，这是提高早稻田间蜘蛛的一项重要措施。

（3）双抢期间，是早稻田间发展起来的蜘蛛遭受毁灭性杀伤的关键时期，必须人工采取措施进行助迁转移，这又是晚稻田蜘蛛能否很快回升发展的关键。为此，在早稻收割后，放水后，翻耕前，要散放草把收集蜘蛛，迅速转移。方法是在早稻收割后，放水翻耕前，沿田埂每隔 5m 挖一小坑，内放稻草，再用土覆盖上面，然后放水翻耕及抛栽晚稻，同时可采取草把助迁方法和在田埂种植大豆等作物，作为蜘蛛在翻耕灌水时的躲避场所。

（4）推广田埂种豆，田埂、渠道、路旁种植黄豆、绿豆可为稻田天敌由早稻田过渡到晚稻田创造栖息繁衍的生态环境，从而增加晚稻田的天敌数量，这是一项保护天敌的行之有效的措施。

三、赤眼蜂的饲养与释放技术

用赤眼蜂寄生产卵的特性防治水稻二化螟、稻纵卷叶螟、稻螟蛉稻稻苞虫和粘虫等害虫，对环境任何污染，对人畜安全，保持生态平衡，是绿色有机栽培的、实用性很强核心技术。

（一）赤眼蜂的生物学特性

赤眼蜂，顾名思义是红眼睛的蜂，不论单眼复眼都是红色的，属于膜翅目赤眼蜂属的一种寄生性昆虫。赤眼蜂的成虫体长 0.3 ~ 1.0 mm，黄色或黄褐色，大多数雌蜂和雄蜂的交配活动是在寄主体内完成的。它靠触角上的嗅觉器观寻找寄主。先用触角点触寄主，徘徊片刻爬到其上，用腹部末端的产卵器向寄主体内探钻，把卵产在其中。幼虫在蛾类的卵中寄生，因此可用以进行生物防治。便于实验室繁育的微小赤眼蜂已成功地用来防治各种鳞翅目农业害虫。

赤眼蜂喜欢找初产下来的新鲜卵寄生，它利用触角上的嗅觉器观寻找寄主。先用触角点触寄主，徘徊片刻爬到其上，用腹部末端的产卵器向寄主体内探钻，把卵产在其中。害虫在产卵时会释放一种信息素，赤眼蜂能通过这些信息素很快找到害虫的卵，它们在害虫卵的表面爬行，并不停地敲击卵壳，快速准确地找出最新鲜的害虫卵，然后在那里产卵、繁殖。赤眼蜂由卵到幼虫，由幼虫变成蛹，由蛹羽化成赤眼蜂，甚至连交配怀孕都是在卵壳里完成的。一旦成熟，它们就破壳而出，然后再通过破坏害虫的卵繁衍后代。

赤眼蜂的活动和扩散能力受风的影响较大，因此在放蜂时既要布点均匀，又要在上风头适当增加放蜂点的放蜂量。成虫寿命20℃ ~ 25℃时 4 ~ 7 d，30℃以上时 1 ~ 2 d。雌蜂平均产卵 40 粒左右，在害虫卵内产卵，幼虫孵化后取食卵液，杀死寄主卵，7～12 d 繁殖一代。雌蜂产卵 25℃～28℃，相对湿度 60%～90% 为宜。20℃以下以爬行为主，活动范围变小，水平扩散半径减小，25℃以上时，赤眼蜂水平扩散半径可达 10 m。放蜂 1～4 d 内降大雨，对寄生效果有不良影响。

（二）赤眼蜂品种的选择

赤眼蜂在自然界的种类很多，常见的有玉米螟赤眼蜂、松毛虫赤眼蜂、螟黄赤眼蜂、拟澳洲赤眼蜂、广赤眼蜂、稻螟赤眼蜂等 20 多种。稻螟赤眼蜂对稻田主要鳞翅目害虫均具有较好寄生能力，包括二化螟、稻纵卷叶螟、稻螟蛉、稻苞虫和粘虫，以及小菜蛾等害虫卵，同时因其飞行距离短其针对性优于松毛虫赤眼蜂等类群。我们对本地收集与外地引进稻螟赤眼蜂的比较研究，筛选出适合长江中下游双季稻稻区应用的 2 个稻螟赤眼蜂品种——台湾螟赤眼蜂和长沙稻螟赤眼蜂。

（1）台湾螟赤眼蜂。华南农业大学昆虫生态研究室从台湾螟寄生卵中收集筛选的赤眼蜂品种，具飞行距离短、寄生力强的特点，一般飞行距离为 8～10 m，雌蜂寄生率可达 40%～45%；

（2）长沙稻螟赤眼蜂。湖南省水稻研究所在高温季节于长沙地区田间收集筛选的赤眼蜂品种，具有飞行距离短、高温适应性强和田间繁殖能力强的特点，一般飞行距离 8～10 m，雌蜂寄生率 20%～25%，特别对夏季高温有较好的适应性，田间繁殖能力强，田间寄生卵的羽化率可达 40% 以上。

（三）赤眼蜂的释放方法

（1）放蜂前的准备。放蜂前首先要与当地植保站联系，调查分析稻田害虫羽化日期、产卵期、卵的发育历期、以及产卵习性，作出预测预报，以利合理安排放蜂适期。放蜂前应调查害虫发生密度和自然寄生率，作为决定放蜂量和放蜂效果检查的依据。进行繁蜂质量抽查，在各批放蜂前抽样取出卵粒，（每张蜂卡取数粒放在室内，待其羽化出壳，必要时加温催化）考查单粒羽化期、羽化率、雌雄比以及成蜂生活力，供分析放蜂效果参考。放入大田的蜂卡在成蜂羽化后，抽查实际羽化出壳率，以核实放出的实际蜂数。

（2）释放时期与释放量。放蜂次数和放蜂量应根据害虫、水稻、赤眼蜂的种类不同而异。应视害虫发生的密度、自然寄生率的高低、蜂体生活力的强弱和放蜂期间的气候变化等具体情况进行分析而定。原则上，保持害虫整个产卵期田间都有足够的赤眼蜂对付害虫卵，对防治发生代次比较重叠、产卵较多、虫口密度较高的害虫，放蜂次数应较多较密，每次放蜂量也应较大些；田间自然繁殖数量不足时应加大放蜂量。①低量繁殖释放法。早期低量放释放法主要是在防治目的害虫之前，释放少量的赤眼蜂并补充寄主，让其在自然界依靠其他害虫卵或工补充的寄主卵米繁殖，从而逐步扩大赤眼蜂种群数量，以达到在目的害虫出现之时田间有足够数量的赤眼蜂。这种释放方法需要的条件是在防蜂时田间有一定数量的害虫卵可供赤眼蜂寄生与繁殖。一是多年生态防控，田间昆虫类群多，赤眼蜂寄主卵丰富的的稻田；二是稻田间种植一定数量的其他作物斑块田，有其他作物的害虫卵可供赤眼蜂的繁殖与寄生，如豆荚螟、小菜蛾等；三是稻田的次要食叶害虫如稻螟蛉、稻苞虫等害虫卵是良好的繁殖赤眼蜂的中间寄主；四是在田间害虫卵不足的情况下，可人工释放易于人工繁殖的米蛾或麦蛾卵。早期低量放释放法特别适应长期生态防控稻田、次要害虫发生偏重的稻田和害虫发生不整齐、时代重叠的稻田。最佳释放时期为一般以水稻分蘖期鳞翅目害虫，包括二化螟、稻纵卷叶螟、稻螟蛉、稻苞虫和黏虫总蛾量达到每亩 100～200 只或者每亩可寄生的害虫卵总量达到 10000～20000 粒时开始放蜂。放蜂量每亩 5000～10000 粒。②动态控害释放法。动态控害释放法是针对二化螟和稻纵卷叶螟等害虫发生动态进行目标害虫控制，根据目标害虫主害代常年发生期和害虫发育进度，初步预测目标害虫的发蛾期，发蛾初期观察灯下害虫发蛾和田间发蛾量情况。释放最佳时期为害虫发蛾始盛期，释放量为"蛾量 ×30– 田间寄生卵量 ×70%"。一般亩蛾量 150 ~ 200 头时，每亩放蜂 10000 头，如放蜂后 4 ~ 7 d 内田间蛾量超过 300 ~ 400 只 / 亩且田间自然蜂量不足时需补放一次。赤眼蜂品种为台湾稻螟赤眼蜂，早稻 1 次或不释放，中晚稻 1 ~ 2 次。田间寄生卵量达到蛾量 30 倍以上时可不释放。③后期保效释放法。为确保功能叶片不受卷叶螟和稻螟蛉等叶片虫害危害，以及二化螟等蛀穗害虫对稻穗的危害，在孕穗末期至始穗期，须放一次保后蜂以确保后期水稻不受损害。此期是各种害虫的频发期，二化螟、卷叶螟和稻螟蛉等害虫几乎每年每季都有不同程度的发生，而在此后 10 ~ 15 d 后此类害虫已难以危害水稻。因此，此期为赤眼蜂释放的关键时期，无论虫量大小都有释放的必要，且均有显著的防治效果。此期的赤眼蜂释放量应根据害虫数量和田间赤眼蜂存量综合确定，一般每亩 10000 ~ 15000 头。赤眼蜂品种为长沙和台湾稻螟混合赤眼蜂，除早稻虫量很低不需防治外，一般按期释放。

（3）释放方法。在水稻田间主要采用卵卡释放法，把将要羽化蜂的卵卡，分别放入放蜂器内。在稻田放蜂器一般选用能防雨、防风、防日晒的一次性塑料杯或防水性较好的硬纸杯，把卵卡用透明胶纸贴于杯内。让蜂在放蜂器内（卵卡杯内）自行羽化，成蜂由放蜂器的开口处自由飞出，寻找寄主卵寄生。在叶片宽大的作物上，可利用叶片本身做为放蜂器，如玉米田在放蜂点上可选择一个离地 0.5 m 左右的玉米叶片，叶中部沿中脉基部撕开一条口子，把蜂卡放在叶片下边，经基部卷成一个小卷，用细绳扎起来，做成放蜂器。用卵卡放蜂简便，释放均匀，但易受蜘蛛等天敌侵袭，影响放蜂效果。把卵卡杯用粗线或细绳吊在 1.8 ~ 2 m 的竹杆上，放蜂杯离稻株约 30 ~ 50 cm，应随水稻的生长逐步升高。

（4）放蜂点。放蜂点的多少取决于赤眼蜂的扩散能力和卵卡数量的多少。赤眼蜂在田间的寄生活动是由点到面以圆形向外扩散的，有效半径 10 ~ 15 m，并以 8 ~ 10 m 的寄生率为最高。赤眼蜂的扩散范围与风向、风速、气温有关。顺风面赤眼蜂的活动范围会更大些。根据赤眼蜂的活动能力，稻田大面积放蜂一般每亩放 9 ~ 10 个点，每个点插一根挂有卵卡杯的长竹杆。释放时，应根据地形不同，要均匀，以梅花形分布较好，也可采用四方形。一般竹竿间距 8 ~ 9 m，田边距离 3 ~ 4 m，如果周边为化学防治区，因害虫对化学农药要一定的趋避性，附近的生态防治稻田一般密度较高，放蜂区四周的丘块须增加 1 倍的放蜂点。

（5）放蜂时间。放蜂应选择在阴天或晴天，雨天不宜放蜂。赤眼蜂有喜光和多在上午羽化，白天活动，晚上静止的习性。所以，应在 8 时左右散放赤眼蜂。因一般赤眼蜂释放后 1 ~ 3 d 方羽化，也可于下午释放。但不宜在高温时期的中午释放，这时赤眼蜂刚从冷藏条件出来，易于受到高温伤害。

（6）田间赤眼蜂量的估测。赤眼蜂寄生 4 ~ 5 d 后，卵粒呈黑色且有光泽，一般每亩调查 5 点 20 ~ 30 株，计算单株寄生卵数量，以此估算田间赤眼蜂数量，并根据当时的气候条件估算赤眼蜂的羽化率，如果每亩赤眼蜂寄生卵总量达到 15000 粒以上，特别是稻螟蛉寄生卵量达到 8000 粒以上时，一般可以节约一次放蜂。

（四）赤眼蜂的田间繁殖

田间自然繁殖的赤眼蜂活力强，并可大幅度降低成本，是一项经济有效的重要技术。一是田间四周种植其他种类植物（玉米、蔬菜豆类等），赤眼蜂可将这些植物的害虫卵作为中间寄主进行繁殖；二是保护对产量影响不大的害虫（稻螟蛉、稻苞虫等），在生长前期这些食叶害虫的危害对产量不会有明显的影响，利用这些害虫的卵繁殖一代赤眼蜂可大幅度减少放蜂量和确保控制效果；三是人工投放天敌饲料，在田间没有赤眼蜂其他食物且害虫发生高峰不明显时，需在释放赤眼蜂的同时放等量的米蛾（麦蛾）或其他鳞翅目害虫卵，达到田间繁殖一代赤眼蜂的目的。

（1）稻螟蛉在繁殖赤眼蜂中的重要作用。稻螟蛉在长江中下游地区一年发生 4～5 代，5～6 月为害早稻，7～8 月为害中、晚稻。以蛹在田边杂草或稻草叶苞中越冬。来年 4～5 月间羽化为成虫。成虫夜出活动，有趋光性。卵多产在禾叶中部，少数产在叶鞘上，一般有 5～6 粒排列成 1～2 行，也有个别单产，每雌平均产卵 500 粒左右。稻螟蛉在我省水稻上历年发生数量多，但危害却非常轻微：据观测资料表明，稻螟蛉各年 5～8 月诱虫灯下总蛾量均达千只以上，最多的达 8000 只以上。被害程度仅少数叶片呈轻微缺刻，对产量影响甚小。稻螟蛉的卵粒较大，是赤眼蜂很好的寄主，赤眼蜂对稻螟蛉的寄生率高、出蜂量多、适应性强，据调查，稻螟蛉卵粒的被寄生率一般在 75% 以上，高的可达 96% 以上。每粒卵出蜂数平均为 20 头左右，多的达 30 头以上，最少的也有 16 头。故稻螟蛉的发生对水稻仅造成轻度危害，而它的大量卵粒却是赤眼蜂赖以自然繁殖的良好寄主，这对稻螟赤眼蜂在稻田形成强大种群，控制后继害虫的危害，具有重要作用。特别在南方双季稻区，稻螟蛉的发生正好在二化螟和稻纵卷叶螟达发生前 7～10 d，利用稻螟蛉繁殖一代赤眼蜂，对田间形成强大的赤眼蜂群体有着重要的作用。稻螟蛉是南方稻区发生量较大的次要害虫，据临澧基地 2011 年观察结果，稻螟蛉自 5 月初开始发生，一直持续到 9 月下旬，共出现 3 次发生高峰，第一次小高峰出现在 6 月中下旬，每日灯下稻螟蛉蛾量为 13～15 头，，比稻纵卷叶螟的发生高峰早 8～13 d，第二次高峰出现在 7 月中旬，每日灯下稻螟蛉蛾量为 15～21 头，比稻纵卷叶螟的发生高峰早 10～15 d，至 8 月底 9 月初出现第三次小高峰，每日灯下稻螟蛉蛾量为 11～15 头。稻纵卷叶螟的发生高峰为 8 月 10 日左右，每日灯下稻纵卷叶螟成虫为 21～24 头，正好为寄生稻螟蛉的赤眼蜂的孵化高峰。同时，早稻生长期间的 4 月低至 6 月下旬齐穗的 60 d 时间内，有天诱虫灯下可以观察稻螟蛉成虫，晚稻 7 月中旬至 9 月下旬的 80 d 时间内观察稻螟蛉成虫，利用稻螟蛉的三次发生高峰完全可以进行自然赤眼蜂的田间自然繁殖，保持田间赤眼蜂的密度，到达持续控制稻纵卷叶螟的目的，因此，稻田稻螟蛉的利用对于降低赤眼蜂使用成本提高生态种植的效益意义重大。

（2）小菜蛾在繁殖赤眼蜂中的作用。小菜蛾成为南方及长江流域乃至全国的重要害虫，具有适应性强、世代周期短、世代重叠严重和繁殖能力强的特点。在长江流域菜区，小菜蛾一年可以发生 10～14 代，一年里完成一个世代最短的有 15～18 d，也有的长达 100 d，所以世代重叠现象十分严重，发生最早的和发生最晚的可达几代重叠一起，在气候适宜、食料充足的条件下，一只雌蛾产卵 200 粒左右，最多可产卵 589 粒。在菜地里随处可见成虫、卵粒、蛹和幼虫。小菜蛾是赤眼蜂良好的寄主，一般寄生率可达 80% 以上，因其发生量大、卵量足和世代重叠严重的特点，水稻生长的全过程都有小菜蛾卵供赤眼蜂繁殖，是稻田赤眼蜂理想的之间寄主，稻田和田埂种蔬菜对小菜蛾的发生和赤眼蜂繁殖非常有利。

（3）豆荚螟及玉米螟等昆虫卵在繁殖赤眼蜂中的作用。豆荚螟在长江中下游地区一年发生 6～9 代，从第二代就开始世代重叠危害，每雌蛾平均产卵 80 粒左右，对温度的适应范围广，7℃～35℃ 都能生长发育。玉米螟在长江中下游地区一年发生 3～4 代，一个雌蛾可产卵 350～700 粒。玉米螟和豆荚螟都是赤眼蜂良好的寄主，稻螟赤眼蜂对此两种害虫卵均有较好的寄生能力，可作为稻螟赤眼蜂的良好的中间寄主。

（4）诱虫灯下害虫卵收集对赤眼蜂的繁殖作用。诱虫灯下多数鳞翅目害虫卵都可以被稻螟赤眼蜂寄生，一盏诱虫灯一般一天可收集 50～100 头成虫，大发生时可多达 500 头以上，如果产卵条件好，可代替人工繁殖米蛾卵进行赤眼蜂室内或田间繁殖，可大大节省赤眼蜂繁殖成本，增加生态栽培效益。

（5）米（麦）蛾卵的补充繁殖作用。麦蛾繁殖容易，成本低廉，虽卵粒较小，繁殖一代赤眼蜂对寄生率影响不大，但连续繁殖将使赤眼蜂的寄生率大幅下降。一般在放蜂的同时每亩放置 10000 左右麦蛾卵于放蜂杯内，一般早春和秋后温度适宜时期寄生率可达 50%～70%。可基本保证 9～12 d 后的田间赤眼蜂有效存储量。

四、害虫灯光诱杀技术

灯光诱杀技术是利用害虫的趋光、趋波和趋色等生物学特性，利用对害虫成虫具有极强诱杀作用的光源、波长及频振高压电网来诱集触杀主要稻虫，它是一种应用现代物理技术来防控害虫的有效措施。

（一）主要产品简介

诱虫灯有很多种类型，主要有常规黑光灯、频振式杀虫灯和扇吸式诱虫灯等类型，能源利用有常规电源和太阳能两种类型。现主要介绍频振式杀虫灯和扇吸式诱虫灯两个产品。

（1）频振式杀虫灯。根据不同昆虫对不同波长光源的趋性，采用不同的生产工艺，配置能产生不同波长光线的荧光粉，生产波长为 320～400 nm 的光源，配高压电网，对害虫诱杀能力明显优于传统的黑光灯等杀虫灯。农业部推荐主要代表性为佳多频振式杀虫灯，有 PS-15 Ⅱ；PS-15 Ⅱ；PS-15 Ⅲ；PS-15 Ⅳ等多种型号。该杀虫灯对害虫诱杀效果好诱杀害虫种类多，可诱杀鳞翅目、鞘翅目、直翅目、半翅目、同翅目、膜翅目、双翅目、广翅目、毛翅目、革翅目、蜚蠊目等 11 个目的 180 余种害虫，比其他灯具多诱杀 5—12 种害虫。频振式杀虫灯诱杀各类害虫的数量一般是黑光灯的 2～5 倍，诱杀棉铃虫的数量是黑光灯的 3.3 倍，诱杀大地老虎数量是黑光灯的 2.9 倍，诱杀小地老虎是黑光灯的 3.0 倍。水稻上应用杀虫灯诱杀稻飞虱量占总诱杀虫量的 50%～80%，稻纵卷叶螟 10%～40%。频振式杀虫灯诱杀具有一定的选择性，根据不同昆虫对不同波长光源的趋性，首次采用不同的生产工艺，研制出能产生不同波长光线的荧光粉，生产波长为 320～400nm 的光源，佳多频振式杀虫灯外壳颜色采用了能驱避开天敌的波长，以及触杀网采用的特殊结构设计，均能够减少对天敌的诱杀。频振式杀虫灯诱杀的益害比为（1：14.9）～（1；463），黑光灯为（1；1.2）～（1；71.4），佳多频振式杀虫灯益害比远低于黑光灯，能有效保护害虫天敌。

（2）益害虫分离型扇吸式诱虫灯。扇吸式诱虫灯是一种新型的稻田诱虫装置，该诱虫灯具有诱虫量大，不伤害昆虫，安装方便和不需要每天清理等特点，更适合稻田应用。同时该诱虫灯安装有益害昆虫分离及益虫生存的装置，可有效消灭害虫和保护益虫。益害虫分离式高效诱虫灯的技术原理是利用害虫植食、益虫肉食的原理，混合收集趋光昆虫，营造通风湿润的良好的环境，使天敌舒适足食而生存，使害虫因饥饿、产卵和成为益虫食物而死亡。益害虫分离式高效诱虫灯的主要设置包括：①喜湿天敌保护区：在分离箱低部放置泥浆或保水材料。可防止步甲、龙虱和隐翅虫等天敌缺水而受到伤害。②小型天敌保护区：在在分离箱中部设有小型天敌避难区，防止大型天敌取食。并放置新鲜植株或秸秆供飞虱等害虫产卵作为黑肩绿盲蝽等小型天敌食物。③害虫产卵网纱：鳞翅目害虫产卵于网纱上，可用毛刷刷下，供赤眼蜂繁殖。④天敌歇息区：在诱虫量较大和遇大雨时，小型天敌保护区顶部可作为天敌的歇息区。

益害虫分离式高效诱虫灯诱虫效果一般可达到普通灯的 2～3 倍，还能利用害虫天敌取食害虫而达到消灭害虫、保存离益虫的目的，大大提高了益虫的存活率。此外，鳞翅目昆虫产下的卵为赤眼蜂繁殖提供了寄主，在很大程度上降低了室内繁蜂的成本，显著地增加了田间的害虫天敌数量，从而有效地控制了田间的害虫数量，减少甚至脱离化学药剂的使用，是一种生态农业的发展新型诱虫设备。该诱虫灯的安装方法同常规诱虫灯，一般每 40 ~ 50 亩安装一盏。

（二）诱虫灯的安装

根据稻田地理状况，一般每 40 ~ 50 亩安装 1 盏诱虫灯，灯距 100 ~ 150 m，安装程序如下：①将箱内吊环固定在顶帽的圆孔内旋紧（太阳能灯除外）。②将附带的边条用螺丝固定在接虫盘四周、接虫袋固定在接虫口上（最好采用专用接虫袋）。③将灯吊挂在牢固的物体上并固定，接虫口对地距离以 1 ~ 1.5 m 为宜；农作物超过 1.5 m 时，灯的高度可略高于农作物或诱杀特定昆虫时安装至特定高度。④按照灯的指定电压接通电源后闭合电源开关，指示灯亮，经过 30 s 左右整灯进入工作状态。⑤开灯和关灯时间因地而异。⑥使用、检查人员请注意做到线好、灯亮、有高压，接虫袋子标准挂，看线、试灯、验高压，网线干净，无短路。

（三）诱虫灯的使用方法

（1）开灯时间。生态栽培要求诱虫灯在杀灭害虫的同时，切实保护好有益昆虫和中性昆虫，开灯时间必须遵循这一原则。因此只有在田间主要害虫发蛾高峰期才有必要开启诱虫灯，而在田间虫量没有达到指标时则不宜开灯，以保证田间各种天敌的足够食物，才能确保田间天敌的高密度。

（2）频振式杀虫灯的使用方法。第一，灯下禁止堆放柴草等易燃物品。第二，接通电源后切勿触摸高压电网。第三，每天都要清理一次接虫袋和高压电网的污垢，清理时一定要切断电源，顺网横向清理。如污垢太厚，需更换新电网或将电网拆下，用清网剂清除污垢，然后重新绕好，绕制时一定注意两根高压电网不要短路。第四，雷雨天气不要开灯。第五，出现故障后务必切断电源进行维修。

（3）扇吸式诱虫灯的使用方法。第一，及时调整诱虫灯风扇的方向：诱虫灯风扇的方向最好与自然风风向相同，不宜逆风安装，不同季节注意及时调整方向。当扇吸式诱虫灯的风向处于逆风状态时，会抵消风扇的吸力，浪费电能且吸虫效率降低。第二，保持收虫瓶内良好的环境：随时注意收虫瓶内环境条件，保持瓶内通风、足够的湿度和适宜的温度，防止暴晒和缺水，以增强益虫的活力和生存能力。

（4）益害昆虫分离与益虫、害虫卵的回收方法。第一，益害昆虫分离益虫的回收方法。益害昆虫分离的原理是依据害虫植食和益虫肉食的原理，在环境适合的情况下，益虫因食物充足而可长时间生存，害虫因缺食在 2 ~ 3 d 内即死亡。取瓶的时间要依据瓶内吸虫量和外界温湿度条件而定。一般当瓶内虫量达到收虫瓶的 1/3 时就应取瓶，如虫量太多会影响天敌的生存环境导致部分天敌死亡。当外界温度在30℃以下的情况下，天敌和害虫的生命力都比较强，取瓶的间隔时间可在 7 ~ 10 d，而当温度高于 35℃时，天敌和害虫的生命力都会明显降低，需 2 ~ 3 d 回收一次。一般情况下，每 3 ~ 4 d 要将收虫瓶取下，换上备用的收虫瓶，换下的收虫瓶封口后放置于水稻田间，3 ~ 4 天后待害虫产卵或基本死亡后，及时将天敌放回大田。第二，害虫卵的回收和赤眼蜂的瓶内繁殖。多数昆虫一般在夜间产卵，在收集的昆虫量达时，应于每天（或隔天）收卵一次，方法时将收虫瓶横置于比其稍大的磁盘上，用毛刷将筛网上的虫卵轻轻刷下，刷完后再将瓶内昆虫及残体利用瓶内筛网再筛 1 ~ 2 次即可将昆虫卵收集用于赤眼蜂繁殖。昆虫卵的收集也可采用逐日回收的方法，即每天早晨将收集到的所有昆虫集中倒入体积较大的产卵厢内，再移入培养室集中产卵和收集，收集方法同上。这种方法更有利于昆虫卵的利用。当瓶内昆虫量较少时，则可利用收虫瓶直接繁殖赤眼蜂，方法是将收虫瓶置于有足够赤眼蜂的田间即可，如田间赤眼蜂不足，可再诱虫灯旁 1 ~ 3 m 范围挂赤眼蜂卵卡 1 ~ 2 张，提供蜂源。利用收虫瓶直接繁蜂如超过 10 d 应清扫一次，以利瓶内通风和新收昆虫的产卵。

五、稻田养蛙技术

稻田是蛙类的天然栖息场所，虫害多，水生物丰富，适于蛙类生活和生长。原本就是稻田害虫的主要天敌。近几十年来，由于农药的大量使用，加上人为捕食，使稻田蛙类面临灭顶之灾，目前，一般稻田很难见到有蛙类活动，只有少数环境保护较好的池塘内偶尔能见到屈指可数的青蛙。恢复稻田生态，蛙类有着不可替代的作用，稻田养蛙可有效控制稻田害虫，成本增加不多。而成熟的蛙类特别是个体大的牛蛙，可回收食用，增加种养效益，蛙类栖息的水沟和池塘边可种植有机蔬菜，也可产生可观的经济效益，同时相对稻田养鸭，蛙类对稻田优势天敌蜘蛛和黑肩率盲蝽等伤害很小，因此，稻 - 蛙 - 菜生态种养是一项绿色和有机稻米生产的重要技术。

（一）适合稻田养殖的蛙种

（1）牛蛙。牛蛙是一种适应性强、生长繁殖快大型蛙，成蛙体长可达 20 cm 左右，体重可达 500—2000 g，近年在南方诸省人工养殖发展迅速，但牛蛙的养殖仅作为一项经济养殖，靠人工投放饲料饲养，大量养殖是利用池塘，也有许多养殖专业户是利用稻田养殖的。牛蛙食量大，耐饥饿能力强，繁殖能力强是稻田最为适合的养殖种类。但牛蛙耐高温能力相对较差，且因个体大容易被人为捕捉，管理难度相对较大。

（2）青蛙。青蛙是稻田中最常见的种类，体长一般为 7 ~ 8 cm，体重约 200 g 左右。原本稻田中生长有大量青蛙，对气候条件具有很强的适应性，青蛙个体小，生长速度快，活动灵敏，捕虫能力强。且青蛙变态时间早，利用时间长，是稻田生态养殖优良类群。

（3）泽蛙。泽蛙广泛分布于中国秦岭以南的平原和丘陵地区。海拔 2000 m 的山区也有分布，是稻田中最习见的种类。外形似虎纹蛙而体形小，体长 50 ~ 55 mm，生活在稻田、沼泽、菜园附近，主要以有害昆虫为食。在南方，1 只雌蛙年产 2 ~ 3 批卵。泽蛙体形小，自然繁殖能力强，不易被人工捕捉，放养一次即可多年利用，主要依靠田间保护，是水稻生态栽培的理想种类。

（二）田间工程设施

（1）深水遮阳栖息区。牛蛙耐高温能力相对较差，喜阴凉处栖息，需要在稻田之内设深水遮阳栖息区，一般占稻田面积的 1% 左右，可在成型稻田的两排稻田中央设置一条深水沟，宽 1 ~ 1.5 m，深 50 ~ 60 cm，沟边种植藤本蔬菜如丝瓜、扁豆、豆角等，或用稻草等物质搭一条阴棚；深水遮阳栖息区也可在成片稻田中央，挖一个深 50 cm 以上的长方形水池，面积占稻田总面积的 0.5% ~ 1%，但管辖面积不宜过大，以活动半径 50 ~ 60 m 为宜，需在池塘四周种植藤本蔬菜或搭人工阴棚。

（2）田间栖息区。小块养蛙田可用围栏围起，还可用水泥板等护坡，以防田鼠、水蛇打洞，造成田埂塌陷渗漏和逃蛙。为保证稻田施肥、打药及晒田时牛蛙有回避场所，在稻田四周及中间开挖"日"字形水沟，水沟宽 50 cm、深 50 cm，面积约占稻田面积的 10‰，再在稻田进水口一侧，开挖一条与水沟相通的小型池子，面积占稻田面积的 3%。另外，在水池附近砌成 1 个长 1.5 m、宽 0.5 m，比田面高出 4 cm 左右的投料台。因牛蛙生长需要，田间水温最高不得超过 35℃，而养蛙稻田水较浅，盛夏季节受日光暴晒，水温较高，可在蛙沟旁种植藤类作物或用树枝、稻草等遮阳。

（三）日常饲养管理

（1）放养前的准备。可于放苗前 15 d 用生石灰 50 kg/ 亩对饲养沟进行彻底清沟消毒，以杀灭野杂鱼、敌害生物和致病菌。

（2）幼蛙放养。一般在秧苗移栽 7～10 d 返青后放蛙，放蛙时选择晴天无风且气温低于 20℃时进行。放养的幼蛙应体质健壮、无病残，同时要求规格整齐，以防大蛙食小蛙。放养规格控制在 50 g/尾以上。刚放养幼蛙时，稻田内昆虫少，天然饵料缺乏，必须每天补充 1～2 次饵料。投饵时定点、定时、定质、定量，以使蛙形成条件反射。饲料可用鲜鱼虾、切碎的动物内脏、蛙用配合饲料、颗粒膨化饲料以及无菌蝇蛆等，投喂量以蛙 4～6 h 吃完为度（注意不可一次投放太多，以免过度取食影响生长）。待 1 个月后，稻田内自然繁殖的昆虫、小鱼虾等可以满足牛蛙摄食需要时，可不再投喂饵料。

（3）日常管理。防止水质污染，经常清除池中残饵和腐烂的植物，及时换水和消毒。另外，盛夏水温高于 30℃时，除搭盖凉棚遮阳外，还可通过部分换水，控制适宜水温在 23℃～30℃。晒田时为了确保蛙的安全，应尽量短晒。晒田前，应注意清理沟池，并保证沟池里有一定深度的水。

（四）越冬管理

（1）越冬前要保膘。蛙类在冬眠期间全靠体脂供能，在冬眠前 15～30 d，要增加饵料的投喂量，对刚变态成的幼蛙更应加强护理。所以在冬眠前每天应投足营养价值高且较全面的饲料，有条件的可增喂一些蝇蛆、泥鳅等，保证牛蛙吃饱吃好，以蓄积冬眠所需的养料，减少死亡。

（2）越冬场所要避风。越冬期间，蛙大都有深藏水底钻泥的习性，根据这一特点，可在池底水平打凿一些 16.7 cm 深、直径 6 cm 的泥洞，也可在蛙沟上加盖塑料薄膜或稻草。或直接将越冬牛蛙移至室内进行人工加温越冬，加温越冬时水温至少要控制在 15℃以上。切忌在 10℃上下波动，蛙在这种温度下摄食较少，而活动量大，消耗营养多，常在越冬后期因体质较弱而大量死亡。

（五）疾病预防

幼蛙放养时，用 3%～4% 的食盐水溶液浸洗幼蛙 10 min。饲养管理中坚持对蛙池、工具、蛙体和食物的经常性消毒。在蛙病盛发季节之前或流行期，每隔 10～15 d 在稻田沟池中泼洒生石灰消毒。巡田时，发现敌害、污物、残饵时应及时清除，对行动迟缓、伏卧不动、厌食或有其他异常表现的蛙应及时捕捉检查，病蛙要及时隔离治疗，并采取有效措施防止牛蛙病情的发展和蔓延。

第六节　水稻机械化生产技术

一、稻田耕种机械化

（一）水稻秧田耕整技术要求

水稻大田在秧苗移栽前进行耕整，是水稻全程机械化生产技术中一项十分重要的内容，一般包括耕翻、灭茬、晒垡、施肥、碎土、耙地、平整等作业环节。由于机插秧采用中小苗移栽，对大田耕整质量等要求相对较高。耕整质量的好坏，不仅直接关系到机插质量，而且也关系到机插秧苗能否早生快发。耕整的技术要领包括精耕细耙，肥足田平，上烂下实，田面干净等，其具体技术要求，应做到"足、平、干、烂、实" 5 个字。足：翻耕前施足肥。根据土壤地力等因素，采用有机肥和速效化肥相结合施足基肥，再精耕细耙。平：田块平整。耕耙后的田块高低相差不超过 3 cm，插秧后达到"寸水棵棵到"。干：田面清洁干净。耕耙后的田块面应达到无杂草、无杂物。烂：田块耕耙后，上烂下实，插秧机作业时不陷机，不壅泥。实：为提高机插秧质量，避免栽插过深或漂秧，浮泥压秧，大田耙平后要进行沉实，沉实时间视土壤和季节而定。一般早稻田沉实 2～3 d，晚稻田沉实 1～2 d。沉实标准为沉淀不板结，泥软水清不浑浊，并要进行封杀灭草，用薄水插秧。

（二）大田耕作方法

（1）耕整方法。茬口地（空白茬）在春耕晒垡的基础上，机插前进行旋耕整地上水耙平。为提高前茬秸秆的深埋效果，应采用旋耕灭茬机灭茬，同时做到边灭边埋茬。在适宜的土壤湿度和含水量的情况下，可采用正（反）旋、浅耕、耙垡等方法灭垡，整个过程尽量避免深度耕翻。待旋耕后，进行干整拉平，并做好杂草、杂物的清除，整修沟渠、田埂等工作。上水后，待土垡完全吸足水分，再进行耙地垡平，高留茬地可先直接上水浸泡，最后用水田埋茬起浆机进行耕整作业。另外，冬油菜茬在上水耙地前应根据秧龄长短，在确保适期移栽的基础上，视天气情况可晒垡 2 ~ 3 d，利于改善土壤理化性状。

（2）施足基肥。基肥施用应根据土壤肥力、茬口等因素，并坚持有机和无机肥结合施用的原则，施用量一般为总施肥量的 20%，以满足水稻前、中期生长养分的供给。一般在移栽前 5 ~ 10 d 每亩施有机肥 1000 ~ 1500 kg 和 45% 复合肥 50 ~ 80 kg 用于培肥地力，也可结合旋耕作业每亩大田施人畜粪 15 ~ 20 担，氮、磷、钾复合肥 20 ~ 25 kg、碳铵 10 ~ 15 kg（或尿素 3 ~ 4 kg）。在缺磷土壤中应亩增施过磷酸钙 20 ~ 25 kg，对油菜秸秆还田较多的田块，在插秧前一天，需亩增施碳铵 10 ~ 15 kg 作面肥。避免秸秆在腐烂过程中形成"生物夺氮"，造成土壤中速效氮肥短时亏缺。

（3）泥浆沉淀与化除封杀。为提高机插质量，避免出现秧苗过深、漂秧、倒秧，大田耙地垡平后须经一段时间沉实。沉实时间的长短应根据土质情况而定。沙质土需沉 1d 左右，壤土一般需沉实 1 ~ 2d，黏土一般需沉实 3d 左右。对稗草、牛毛草等浅层杂草发生密度较高的田块，可结合泥浆沉淀，耙地后选用适宜除草剂拌湿润细土均匀撒施，施后田内保持 7 ~ 10 cm 水层 3 ~ 4 d，进行药剂封杀灭草，压低杂草发生基数，待泥浆完全沉淀后即可排水机插。

二、机械化移栽技术

（一）插秧机简介

插秧机是实现水稻机械化和标准化生产的关键设备，由于国家政策的扶持和企业研发能力的提升，插秧机的品质与构造已越来越好，产品类型也逐渐丰富多样化。目前国家推广支持的插秧机产品主要有：久保田农业机械（苏州）有限公司 SPU–68C 和 SPD–8 型号、洋马农机（中国）有限公司 VP6 和 VP8D 型号、江苏东洋机械有限公司 P600 型号、现代农装株洲联合收割机有限公司的 2ZZ–6 型号等。

（二）水稻机械化移栽技术

（1）机械化移栽择秧苗的基本要求。早稻机插秧要求苗齐、均匀、无病虫害、无杂株杂草、茎基粗扁、叶挺色绿、根多色白、根系盘结、提起不散，可整体放入秧箱内，才不会造成卡滞、脱空或漏插。

（2）栽插要求。插前床土绝对含水 35% ~ 55%，秧苗插前均匀度合格率≥85%，空格率≤5%。作业田块，泥脚深度不大于 30cm，水深 1.0 ~ 3.0cm，田块平整。

（3）机械化移栽的机械选择。目前有插秧机和有序抛栽机两大类机械。

（4）机械移栽技术。有机插技术体系和有序抛栽技术体系。

三、水稻收获机械化

（一）水稻收获作业

水稻收获作业是水稻生产过程中需要劳动量最多的田间作业项目之一，也是水稻生产过程的最后一个环节，直接影响水稻的产量和质量，还影响下茬作物的及时栽种，季节性强。水稻的机械化收获有利于减轻劳动强度，提高生产效率；有利于减少损失，抢农时；还有利于收获后继续进行的深加工和处理。因此，水稻收获机械化是水稻生产机械化中应优先考虑的环节之一。

水稻收获应满足如下农业技术要求：①收割干净，掉穗落粒损失小。②割茬低，便于后续耕作作业。③铺放整齐，以便于人工或机械捡拾，且不影响机具下一趟作业。④适应性好，能适应不同作物状况、不同田块条件（土质、泥深等）。

水稻机械化收获作业包括收割、脱粒、分离和清粮等步骤。

如果先用机械或人工将作物割倒，铺放在田间，然后在田间或打谷场用脱粒机进行脱粒，最后进行分离和清粮，这种收获工艺称为分段收获。分段收获使用的机具结构较简单，操作和维护方便，但在整个收获过程中要使用较多的人力从事打捆、运输、堆垛、喂入脱粒和扬场作业，劳动强度大，生产效率低，作物在多次搬动转运过程中的损失也较大。

用联合收割机在田间一次完成切割、脱粒、分离和清粮等作业，叫作联合收获。这种收获工艺机械化程度高，可以大幅度地提高劳动生产率，减轻劳动强度，减少收获损失，能及时收获和清理田地，以便下茬作物耕种。但联合收割机结构复杂，价格高，一次性投资大，每年机器利用率低，对操作技术、田块条件与作物成熟度等要求都较高。

（二）水稻收获机械

（1）收割机。收割机的功用是将作物的茎秆割断，并按后续作业的要求铺放于田间。按放铺方式不同，收割机械可分为收割机、割晒机和割捆机。收割机将作物割断后，把作物茎秆转到与机器前进方向基本垂直的状态进行铺放（"转向条铺"），便于后继人工捆扎。割晒机将作物割断后，将茎秆直接放铺于田间（"顺向条铺"），形成与机器前进方向基本平行的条铺，适用于装有检拾器的联合收割机进行检拾联合收获作业。割捆机将作物割断后进行机械打捆。按收割机与动力机的连接方式不同，水稻收获机有悬挂式和自走式两种，挂式应用较多，一般采用前悬挂的方式，便于工作时挂接和自行开道。按割台输送装置的不同，收割机割台可分为立式割台、卧式割台和回转式割台收割机。立式割台收割机工作时，利用作物被割断后的短瞬站立状态，由输送器输送并放铺，它结构紧凑，重量轻，机动性能好，适于田块较小的场合，但对倒伏作物的适应性较差。卧式割台收割机工作时，主要由拨禾轮配合切割并将割作物拨至输送带上，作物的输送过程比较稳定，对于倒伏作物的影响不像立式割台那样敏感，但它机组较长，重量较大，结构较复杂。回转式割台工作时，利用回转式切割器切割作物，集束放堆，便于直接打捆，工作较稳定可靠，但效率较低，刀片寿命较短，收割易落粒的水稻时损失较大，目前在水稻收获中已很少使用。

（2）联合收割机。水稻联合收割机在田间一次完成切割、脱粒、分离和清粮等项作业，直接获得清洁的谷粒。它要求作业田块较大，作物成熟度一致，才能充分发挥机器的作用。自我国实行农机购置补贴以来，收割机市场一直呈现出持续火热之势，收割机产销量急剧上升，保有量也迅速增大，但是，我国水稻收割机的发展及不平衡，吉林、辽宁等东北产区以及江、浙、沪等发达地区机械化程度较高，而其他水稻主产区（如四川和重庆等地）水稻机收率偏低。

五、稻谷烘干机械化

粮食烘干机是针对稻谷、玉米、小麦、高粱及豆类等粮食作物进行干燥的一种农业机械。目前，我国粮食烘干机主要有 2 种类型：连续式稻谷烘干机和循环式稻谷烘干机。连续式稻谷烘干机是利用全连续式烘干原理，稻谷在烘干机的顶端进料口流进塔体内，并在自身的重力作用下流进粮柱中，最终会在其对应烘干机的底部排出。而循环式稻谷烘干机是将相关的谷物从烘干机的顶端进入烘干机之后，再缓慢地经过其烘干机内部，烘干以及缓速冷却均是在烘干机内部经过数次的循环式展开的，直到其达到了最初的目标水分再将其排出。以上海三久机械有限公司 NP–120e 谷物干燥机和中国一拖集团有限公司 5H–15 粮食烘干机为例，介绍其主要配置和技术参数。

第三章　双季稻绿色丰产节本增效技术攻关

湖南是鱼米之乡,是双季稻主要产区。但目前湖南水稻生产面临生产成本刚性上升、面源污染日益严重、资源利用效率不高,劳动力资源不能适应现代农业发展需要等诸多困境,因此必须转变水稻产业发展方式、推进农业供给侧结构性改革,落实"藏粮于地、藏粮于技"发展思路,为保障国家粮食安全做出贡献。

第一节　水肥高效协同机制与调控技术攻关

2017—2020 年筛选出具有水肥高效协同利用的超级双季稻品种,适宜双季超级稻生产的水分灌溉技术、高效施肥技术和抗逆稳产栽培技术,通过田间试验分析检验双季超级稻水肥高效协同丰产稳产技术体系的作物生产、节水节肥、培育土壤、抗逆稳产能力,筛选出适合双季超级稻的水肥协同增效抗逆调控模式,形成具有水肥高效协同调控的丰产稳产技术体系(图 3-1)。

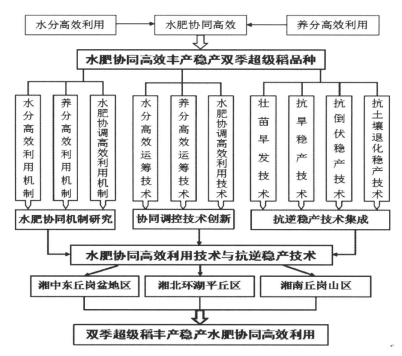

图 3-1　水肥高效协同机制与调控技术攻关技术路线

一、水肥高效协同利用的品种筛选

(一)双季超级稻丰产稳产品种筛选
针对项目要求在湘中东丘岗盆地区、湘北环湖平丘区和湘南丘岗山区三个双季稻生产的主要优势区域建设双季稻超高产攻关田 50 亩、亩产分别达到 1250 kg 目标，及项目要求筛选出双季稻节本丰产增效品种中关于丰产品种的筛选任务目标，开展丰产稳产双季超级稻品种筛选试验。

（1）供试品种。2017 年试验选择超级早稻 12 个：株两优 819、陵两优 268、陆两优 996、两优 287、金优 463、中早 39、中嘉早 17、淦鑫 203、五丰优 286、金优 458、中早 35、株两优 30。超级晚稻 12 个：五丰优 T025、深优 1029、天优华占、淦鑫 688、盛泰优 722、丰源优 299、H 优 518、天优 998、天优 122、五优 308、荣优 225、吉优 225。

（2）试验设计。试验在湘中东丘岗盆地区的长沙县路口镇明月村、湘北环湖平丘区的益阳市赫山区中塘村和湘南丘岗山区的衡阳县西渡镇梅花村同时进行，早稻施纯氮量 12 kg/ 亩，P_2O_5 6 kg/ 亩，K_2O 9 kg/ 亩，晚稻纯氮量 14 kg/ 亩，P_2O_5 7 kg/ 亩，K_2O 10 kg/ 亩，磷肥全部作为基肥，钾肥按基肥：穗肥为 1∶1 的比例施用，氮肥按基肥：分蘖肥：穗肥 =4∶3∶3，本试验不用任何复合肥，只用单质肥料，以尿素、过磷酸钙、氯化钾分别作为氮肥、磷肥和钾肥。其中基肥在移栽前 1 d 施用，分蘖肥于移栽后 5 ~ 7 d，穗肥于幼穗分化始期施用。每个品种种植 15 m^2，重复 3 次。

栽插密度按照早稻∶17 cm×20 cm，2.0 万蔸 / 亩，晚稻∶17 cm×26 cm，1.5 万蔸 / 亩，每蔸栽 2 粒谷苗，手工栽插。插好每一蔸苗，不插带病苗，栽插后 3 d 内及时查漏补缺，换掉返青不好的秧苗，确保不漏一蔸苗，扶正扶稳每一蔸秧苗，水分及病虫草害防治按超高产栽培措施统一进行。

（3）结果与分析。不同生态类型双季超级稻品种产量变化差异。表 3–1 所示，综合 3 个生态点试验早稻和晚稻产量的数据，超级早稻陆两优 996、株两优 819、陵两优 268 共 3 个品种和超级晚稻五丰优 T025、H 优 518、天优华占共 3 个品种表现出较好的丰产稳产性。

表 3–1　不同生态类型双季超级稻品种产量变化　　　　　　　　　　　　kg/hm²

品种	早稻产量				品种	晚稻产量			
	益阳赫山	长沙县	衡阳县	平均		益阳赫山	长沙县	衡阳县	平均
株两优 819	8029.5	7903.5	8202	8045	五丰优 T025	9607.5	9582	9829.5	9673
陵两优 268	7956.0	7998	8154	8036	淦鑫 688	9232.5	9138	8985	9118.5
陆两优 996	7993.5	7854	8346	8064.5	吉优 225	9024	9255	9379.5	9219.5
两优 287	7692.0	7503	7431	7542	天优 122	8460	8703	8554.5	8572.5
金优 463	7503.0	7404	7878	7595	荣优 225	8437.5	8997	8797.5	8744
中早 39	7795.5	7653	7752	7733.5	H 优 518	9511.5	9435	9624	9523.5
中嘉早 17	7669.5	7104	7629	7467.5	天优 998	9090	9126	8965.5	9060.5
淦鑫 203	7582.5	7003.5	8001	7529	五优 308	8775	9231	9265.5	9090.5
五丰优 286	7738.5	7654.5	7830	7741	天优华占	9375	9333	9568.5	9425.5
金优 458	7536.0	7504.5	7983	7674.5	丰源优 299	9075	9309	9312	9232
中早 35	7767.0	7299	8061	7709	深优 1029	9306	9003	9442.5	9250.5
株两优 30	7933.5	7803	8394	8043.5	盛泰优 722	8347.5	8613	8899.5	8620

（4）研究结论。超级早稻陆两优 996、株两优 819、陵两优 268 和超级晚稻五丰优 T025、H 优 518、天优华占表现出较好的丰产稳产性。

（二）双季超级稻水分高效品种筛选

当前湖南双季稻优势生产区传统栽培灌水量大，导致水资源利用效率低，因此从品种资源入手，对当前采用的灌溉方式开展水分高效利用超级稻品种筛选，以期达到节水增效目的。

（1）供试品种。2017年试验选择超级早稻12个：株两优819、陵两优268、陆两优996、两优287、金优463、中早39、中嘉早17、淦鑫203、五丰优286、金优458、中早35、株两优30。超级晚稻12个：五丰优T025、深优1029、天优华占、淦鑫688、盛泰优722、丰源优299、H优518、天优998、天优122、五优308、荣优225、吉优225。

（2）试验设计。试验设置2种灌水方式：淹灌/常规灌溉（W1）、节水灌溉/干湿交替灌溉（W2），其中1）淹灌/常规灌溉（W1）：返青后一直保持3 cm浅水层，分蘖末期晒田及收获前1周断水；2）节水灌溉/干湿交替灌溉（W2）：返青后采用干湿交替灌溉技术，即灌水1～2 cm，自然落干后再上浅层水1～2 cm，如此循环（分蘖末期晒田及收获前1周断水），2种灌水方式处理在返青活棵后施完分蘖肥后进行（移栽后5～7 d）。试验2种处理设置2个大区，每个大区种植12个品种，每个品种种植15 m²，重复3次。小区间做田埂（40 cm、宽25 cm）并覆膜，单独开口用于排灌水，小区面积早稻施纯氮量12 kg/亩，P_2O_5 6 kg/亩，K_2O 9 kg/亩，晚稻纯氮量14 kg/亩，P_2O_5 7 kg/亩，K_2O 10 kg/亩，栽插密度按照早稻:17 cm×20 cm，2.0万蔸/亩，晚稻:17 cm×26 cm，1.5万蔸/亩，每蔸栽2粒谷苗，手工栽插，病虫草害防治按超高产栽培措施统一进行。试验在湖南省衡阳县西渡镇梅花村进行。水分高效利用筛选方法参考吴振录等方法进行，具体计算方法为：

节水产量指数（DYI）=某品种节水处理产量/所有参试品种节水处理平均产量

淹灌产量指数（WYI）=某品种淹灌处理产量/所有参试品种淹灌处理平均产量

产量-水分高效利用指数（YHWUEI）=（DYI+WYI）/2，其中YHWUEI值越大，该品种的水分利用效率越高。

筛选的指标为节水产量指数、淹灌产量指数及产量–水分高效利用指数都大于1.05，且每轮试验筛选出的具有水分高效利用特性品种的数量以不超过参试品种数的10%～20%为标准。

（3）结果与分析。表3–2所示，节水灌溉/干湿交替灌溉栽培条件下超级早稻产量均高于淹灌/常规灌溉的产量，表明节水灌溉/干湿交替灌溉方式不仅有利于水稻产量的形成，且能够节水。节水灌溉/干湿交替灌溉栽培下株两优30产量最高，淹灌/常规灌溉栽培下陆两优996产量最高，依据节水产量指数、淹灌产量指数及产量-水分高效利用指数3个数据都大于1.05，每轮试验筛选出的具有水分高效利用特性品种数量以不超过参试品种数的10%～20%的标准，筛选出具有水分高效利用的超级早稻品种株两优30。

表3–2　水分高效利用超级早稻品种筛选

品种	节水灌溉产量 /（kg·hm⁻²）	淹灌产量 /（kg·hm⁻²）	节水产量指数	位次	淹灌产量指数	位次	产量–水分高效利用指数	位次
株两优819	8202	7845	1.0289	3	1.0352	3	1.0321	3
陵两优268	8154	7822.5	1.0229	4	1.0323	4	1.0276	4
陆两优996	8346	8062.5	1.0469	2	1.0640	1	1.0555	1
两优287	7431	7023	0.9322	12	0.9268	12	0.9295	12

续表

品种	节水灌溉产量 /（kg·hm⁻²）	淹灌产量 /（kg·hm⁻²）	节水产量指数	位次	淹灌产量指数	位次	产量 – 水分高效利用指数	位次
金优 463	7878	7693.5	0.9882	8	1.0153	6	1.0018	7
中早 39	7752	7182	0.9724	10	0.9477	10	0.9601	10
中嘉早 17	7629	7026	0.9570	11	0.9271	11	0.9420	11
淦鑫 203	8001	7591.5	1.0037	6	1.0017	7	1.0027	5
五丰优 286	7830	7713	0.9822	9	1.0177	5	1.0000	8
金优 458	7983	7492.5	1.0014	7	0.9887	9	0.9951	9
中早 35	8061	7528.5	1.0112	5	0.9934	8	1.0023	6
株两优 30	8394	7957.5	1.0530	1	1.0500	2	1.0515	2

表 3–3 所示，节水灌溉 / 干湿交替灌溉栽培条件下超级晚稻产量均高于淹灌 / 常规灌溉的产量，表明节水灌溉 / 干湿交替灌溉方式不仅有利于水稻产量的形成，且能够节水。节水灌溉 / 干湿交替灌溉栽培下五丰优 T025 产量最高，淹灌 / 常规灌溉栽培下 H 优 518 产量最高，依据节水产量指数、淹灌产量指数及产量 - 水分高效利用指数 3 个数据都大于 1.05，且每轮试验筛选出的具有水分高效利用特性品种的数量以不超过参试品种数的 10% ~ 20% 的标准，筛选出具有水分高效利用的超级晚稻品种五丰优 T025。

表 3–3　水分高效利用超级晚稻品种筛选

品种	节水灌溉产量 /（kg·hm⁻²）	淹灌产量 /（kg·hm⁻²）	节水产量指数	位次	淹灌产量指数	位次	产量 – 水分高效利用指数	位次
五丰优 T025	9829.5	9306	1.0663	1	1.060	2	1.0630	1
淦鑫 688	8985	8559	0.9746	8	0.975	8	0.9746	8
吉优 225	9379.5	8916	1.0174	5	1.015	7	1.0162	6
天优 122	8554.5	7989	0.9279	12	0.910	12	0.9188	12
荣优 225	8797.5	8283	0.9543	11	0.943	11	0.9487	11
H 优 518	9624	9391.5	1.0440	2	1.069	1	1.0566	2
天优 998	8965.5	8340	0.9726	9	0.950	10	0.9611	10
五优 308	9265.5	9003	1.0051	7	1.025	5	1.0151	7
天优华占	9568.5	9124.5	1.0380	3	1.039	3	1.0385	3
丰源优 299	9312	8986.5	1.0101	6	1.023	6	1.0166	5
深优 1029	9442.5	9067.5	1.0242	4	1.032	4	1.0283	4
盛泰优 722	8899.5	8518.5	0.9654	10	0.970	9	0.9676	9

（4）研究结论。超级早稻品种株两优 30 和超级晚稻品种五丰优 T025 表现出较好的节水效果。

（三）双季超级稻养分高效品种筛选

当前湖南双季稻优势生产区传统栽培施氮量高，导致养分流失严重，氮肥利用效率低，并带来富营养化等生态环境问题。因此从品种资源入手，设置不同氮肥施用量，开展养分高效利用超级稻品种筛选，以期达到节肥增效的目的。

（1）试验材料。2017年试验选择超级早稻12个：株两优819、陵两优268、陆两优996、两优287、金优463、中早39、中嘉早17、淦鑫203、五丰优286、金优458、中早35、株两优30。超级晚稻12个：五丰优T025、深优1029、天优华占、淦鑫688、盛泰优722、丰源优299、H优518、天优998、天优122、五优308、荣优225、吉优225。

（2）试验设计。试验设置3种施氮量：早稻设为低氮0 kg/亩（N1）、中氮6 kg/亩（N2）、高氮12 kg/亩（N3）；晚稻设为低氮0 kg/亩（N1）、中氮7 kg/亩（N2）、高氮14 kg/亩（N3）；试验3种处理设置3个大区，每个大区种植12个品种，每个品种种植15 m^2，重复3次。小区间做田埂（40 cm、宽25 cm）并覆膜，单独开口用于排灌水，早稻P_2O_5 6 kg/亩，K_2O 9 kg/亩，晚稻P_2O_5 7 kg/亩，K_2O 10 kg/亩，磷肥全部作为基肥，钾肥按基肥∶穗肥为1∶1的比例施用，氮肥按基肥∶分蘖肥∶穗肥=4∶3∶3。本试验不用任何复合肥，只用单质肥料，以尿素（46%）、过磷酸钙（12%）、氯化钾（60%）分别作为氮肥、磷肥和钾肥。其中基肥在移栽前1 d施用，分蘖肥于移栽后5～7 d，穗肥于幼穗分化始期施用。

栽插密度按照早稻：17 cm×20 cm，2.0万蔸/亩，晚稻：17 cm×26 cm，1.5万蔸/亩，每蔸栽2粒谷苗，手工栽插，病虫草害防治按超高产栽培措施统一进行。试验在湘北环湖平丘区的益阳市赫山区和衡阳县西渡镇梅花村同时进行。氮利用效率定义为作物籽粒产量除以供氮量，由于介质供氮量（包括土壤有效氮和肥料氮量）比较难以计算，在统一供氮水平时作物（相同生育期）产量可表征为氮利用效率；当不论介质供氮水平如何，水稻的产量均高于其同一生育期的水稻平均产量时，该水稻即可定义为氮高效基因型；反之则定义为氮低效基因型。由于土壤供氮能力、氮肥用量以及基因型与环境互作问题都会影响对氮素利用率的评价，所以采用两地同时进行，两地均达到氮高效利用的品种为氮高效型品种。氮高效利用筛选方法参考张亚丽等方法进行，以在低氮处理下的平均产量为横坐标，以在高氮处理下的平均产量为纵坐标进行象限分类，可分为双高效型、高氮高效型、双低效型和低氮高效型四个类型，其中双高效型、低氮高效型、双低效型和高氮高效型分别在第一、二、三、四象限，在2个不同生态区都表现出在低、中和高氮水平下的产量均高于所有供试品种的平均值，即为氮高效型品种。

（3）结果与分析。由表3-4和表3-5所示，在2个不同生态区，随着施氮量增加，超级早、晚稻的产量也呈递增趋势，表明增施氮肥有利于增产。以在低氮（0 kg/亩）处理下的平均产量为横坐标，以在高氮（早稻12 kg/亩、晚稻14 kg/亩）处理下的平均产量为纵坐标进行象限分类，可分为双高效型、低氮高效型、双低效型和高氮高效型四个类型；在2个不同生态区下，都表现出在低、中和高氮水平下的产量均高于供试品种的平均值，即氮高效型超级早稻品种为陆两优996、株两优819、陵两优268、株两优30，氮高效型超级晚稻品种为五丰优T025、H优518、天优华占。

表3-4　2个不同生态区不同施氮量下超级早稻产量　　　　　　　　kg/hm^2

品种	益阳赫山			衡阳县		
	N0	N6	N12	N0	N6	N12
株两优819	5992.5	7197.0	8029.5	5883.0	7417.5	8202.0
陵两优268	5937.0	7011.0	7956.0	5802.0	7368.0	8154.0

续表

品种	益阳赫山			衡阳县		
	N0	N6	N12	N0	N6	N12
陆两优 996	5878.5	7171.5	7993.5	5619.0	7449.0	8346.0
两优 287	5671.5	6804.0	7692.0	4905.0	6978.0	7431.0
金优 463	5439.0	6630.0	7503.0	4818.0	6768.0	7878.0
中早 39	5742.0	6885.0	7795.5	5205.0	6441.0	7752.0
中嘉早 17	5476.5	6481.5	7669.5	5484.0	6183.0	7629.0
淦鑫 203	5602.5	6816.0	7582.5	5541.0	6852.0	8001.0
五丰优 286	5799.0	6667.5	7738.5	5514.0	7182.0	7830.0
金优 458	5752.5	6999.0	7536.0	5442.0	6852.0	7983.0
中早 35	5776.5	6771.0	7767.0	5472.0	6717.0	8061.0
株两优 30	5997.0	7291.5	7933.5	5604.0	7314.0	8394.0
平均	5755.4	6893.8	7766.4	5440.8	6960.1	7971.8

表 3-5　2 个不同生态区不同施氮量下超级晚稻产量　　　　　　　　　　　kg/hm^2

品种	益阳赫山			衡阳县		
	N0	N7	N14	N0	N7	N14
五丰优 T025	7026.0	8145.0	9607.5	7167.0	8443.5	9829.5
淦鑫 688	6574.5	8062.5	9232.5	6627.0	8215.5	8985.0
吉优 225	6501.0	7822.5	9024.0	6537.0	7851.0	9379.5
天优 122	6351.0	7777.5	8460.0	6453.0	7864.5	8554.5
荣优 225	6175.5	7836.0	8437.5	6207.0	7839.0	8797.5
H 优 518	6829.5	8011.5	9511.5	7029.0	8460.0	9624.0
天优 998	6501.0	7935.0	9090.0	6567.0	7851.0	8965.5
五优 308	6250.5	7950.0	8775.0	6345.0	7972.5	9265.5
天优华占	6750.0	8055.0	9375.0	6684.0	8319.0	9568.5
丰源优 299	6624.0	7762.5	9075.0	6498.0	8238.0	9312.0
深优 1029	6249.0	7875.0	9306.0	6138.0	7878.0	9442.5
盛泰优 722	5724.0	7665.0	8347.5	5859.0	7878.0	8899.5
平均	6463.0	7908.1	9020.1	6509.3	8067.5	9218.6

（4）研究结论。超级早稻品种为陆两优 996、株两优 819、陵两优 268、株两优 30 为氮高效型品种；超级晚稻品种为五丰优 T025、H 优 518、天优华占为氮高效型品种。

（四）双季超级稻水肥协同高效品种筛选

水稻作为我国重要的粮食作物，提高水稻产量对保障粮食安全具有重要战略意义。为了提高水稻单产，自 1996 年我国正式启动了超级稻育种研究计划，至今实施 20 多年来先后培育了一批超级稻品种，产量也取得一系列重大突破。然而当前湖南双季稻优势生产区传统栽培灌水量大、施氮量高，导致水肥资源利用效率低，并带来富营养化等生态环境问题。当前开展的多是水分高效或肥料高效等单一高效品种的筛选研究，且在氮高效品种筛选研究中仍然存在标准不统一，筛选不科学等问题。在水稻实际生产上，水分与肥料是影响水稻生长与产量的两大重要因素，水分和养分之间存在水肥耦合效应，对水稻生产带来复杂的影响。因此从品种资源入手，同时设置不同灌溉方式的水分及不同氮肥施用量的耦合试验处理，开展双季超级稻水肥协同高效品种筛选，以期达到节水节肥增效的目的。

（1）试验材料。2017 年试验选择超级早稻 12 个：株两优 819、陵两优 268、陆两优 996、两优 287、金优 463、中早 39、中嘉早 17、淦鑫 203、五丰优 286、金优 458、中早 35、株两优 30。超级晚稻 12 个：五丰优 T025、深优 1029、天优华占、淦鑫 688、盛泰优 722、丰源优 299、H 优 518、天优 998、天优 122、五优 308、荣优 225、吉优 225。

（2）试验设计。试验采用裂区试验设计，以施氮量处理为主区，设置 3 种施氮量，灌溉方式为裂区，设置 2 种灌水方式，试验共 6 种处理，设置 6 个大区，每个大区种植 12 个品种，每个品种种植 10 m²，重复 2 次。2 种灌水方式：淹灌 / 常规灌溉（W1）、节水灌溉 / 干湿交替灌溉（W2），其中淹灌 / 常规灌溉（W1）：返青后一直保持 3 cm 浅水层，分蘖末期晒田及收获前 1 周断水；节水灌溉 / 干湿交替灌溉（W2）：返青后采用干湿交替灌溉技术，即灌水 1 ~ 2 cm，自然落干后再上浅层水 1 ~ 2 cm，如此循环（分蘖末期晒田及收获前 1 周断水），2 种灌水方式处理在返青活棵后施完分蘖肥后进行（移栽后 5 ~ 7 d）。3 种施氮量：早稻：低氮 0kg/ 亩（N1）、中氮 6kg/ 亩（N2）、高氮 12 kg/ 亩（N3）；晚稻：低氮 0 kg/ 亩（N1）、中氮 7 kg/ 亩（N2）、高氮 14 kg/ 亩（N3）；小区间做田埂（40 cm、宽 25 cm）并覆膜，单独开口用于排灌水，早稻 P₂O₅ 6kg/ 亩，K₂O 9kg/ 亩，晚稻 P₂O₅ 7 kg/ 亩，K₂O 10kg/ 亩，磷肥全部作为基肥，钾肥按基肥：穗肥为 1:1 的比例施用，氮肥按基肥：分蘖肥：穗肥 =4:3:3。本试验不用任何复合肥，只用单质肥料，以尿素（46%）、过磷酸钙（12%）、氯化钾（60%）分别作为氮肥、磷肥和钾肥。其中基肥在移栽前 1 天施用，分蘖肥于移栽后 5 ~ 7 d，穗肥于幼穗分化始期施用。

栽插密度按照早稻:17 cm × 20 cm，2.0 万蔸 / 亩，晚稻:17 cm × 26 cm，1.5 万蔸 / 亩，每蔸栽 2 粒谷苗，手工栽插，病虫草害防治按超高产栽培措施统一进行。试验在湘中东丘岗盆地区的长沙县路口镇明月村进行。

水分高效利用筛选方法参考吴振录等方法进行，具体计算方法为：

节水产量指数（DYI）= 某品种节水处理产量 / 所有参试品种节水处理平均产量

淹灌产量指数（WYI）= 某品种淹灌处理产量 / 所有参试品种淹灌处理平均产量

产量 – 水分高效利用指数（YHWUEI）=（DYI +WYI）/2，其中 YHWUEI 值越大，该品种的水分利用效率越高。

筛选的指标为节水产量指数、淹灌产量指数及产量 - 水分高效利用指数都大于 1.05，且每轮试验筛选出的具有水分高效利用特性品种的数量以不超过参试品种数的 10% ~ 20% 为标准。

氮利用效率定义为作物籽粒产量除以供氮量，由于介质供氮量（包括土壤有效氮和肥料氮量）比较难于计算，在统一供氮水平时作物（相同生育期）产量可表征为氮利用效率；当不论介质供氮水平如何，水稻的产量均高于其同一生育期的水稻平均产量时，该水稻即可定义为氮高效基因型；反之则定义为氮低效基因型。由于土壤供氮能力、氮肥用量以及基因型与环境互作问题都会影响对氮素利用率的评价，所以采用 2 地同时进行，2 地均达到氮高效利用的品种为氮高效型品种。

氮高效利用筛选方法参考张亚丽等的方法进行，以在低氮处理下的平均产量为横坐标，以在高氮处理下的平均产量为纵坐标进行象限分类，可分为双高效型、高氮高效型、双低效型和低氮高效型四个类型，其中双高效型、低氮高效型、双低效型和高氮高效型分别在第一、第二、第三、第四象限，在 2 个不同生态区都表现出在低、中和高氮水平下的产量均高于所有供试品种的平均值，即为氮高效型品种。

最后再对经过 2 个不同生态区的 3 种施氮量及任一生态区的 2 种水分处理筛选出的品种进行聚集，同时具有氮肥高效及水分高效的品种即为双季超级稻水肥协同高效品种。本研究通过对益阳赫山和衡阳县 2 个生态区同时筛选出的超级早稻陆两优 996、株两优 819、陵两优 268、株两优 30 和超级晚稻五丰优 T025、H 优 518、天优华占氮高效型品种的基础上，对水肥协同高效品种进行筛选。

（3）结果与分析。由表 3-6 和表 3-7 所示，在高、中、低 3 种施氮量下，节水灌溉/干湿交替灌溉栽培条件下超级早、晚稻产量均高于淹灌/常规灌溉的产量，表明节水灌溉/干湿交替灌溉方式不仅有利于水稻产量的形成，且能够节水。依据节水产量指数、淹灌产量指数及产量-水分高效利用指数 3 个数据都大于 1.05，且每轮试验筛选出的具有水分高效利用特性品种的数量以不超过参试品种数的 10%~20% 的标准，分析发现在 3 种不同施肥量下，超级早稻陆两优 996、超级晚稻五丰优 T025 是唯一同时在节水产量指数、淹灌产量指数及产量-水分高效利用指数 3 个指标都大于 1.05 的品种，因此超级早稻陆两优 996 及超级晚稻五丰优 T025 是具有水分高效利用特性的品种。经过对益阳赫山和衡阳县 2 个生态区同时筛选出的超级早稻陆两优 996、株两优 819、陵两优 268、株两优 30 和超级晚稻五丰优 T025、H 优 518、天优华占氮高效型品种的基础上，再经过 3 种氮肥 2 种水分协同处理，筛选出具有水肥协同高效的超级早稻品种为陆两优 996，超级晚稻品种为五丰优 T025。

表 3-6　不同水分及施氮量下超级早稻产量及水分利用指数

品种	淹灌产量 / (kg·hm^{-2})	节水灌溉产量 / (kg·hm^{-2})	淹灌产量指数	节水产量指数	产量-水分高效利用指数
		N0			
株两优 819	5553	6204	1.0257	1.0478	1.0367
陵两优 268	5674.5	6303	1.0481	1.0646	1.0564
陆两优 996	5703	6504	1.0534	1.0984	1.0759
两优 287	5353.5	5551.5	0.9888	0.9378	0.9633
金优 463	5302.5	5703	0.9795	0.9633	0.9714
中早 39	5103	5532	0.9426	0.9343	0.9385
中嘉早 17	5352	5683.5	0.9887	0.9599	0.9743
淦鑫 203	5302.5	5643	0.9796	0.9531	0.9663
五丰优 286	5152.5	5503.5	0.9519	0.9294	0.9407
金优 458	5502	5953.5	1.0165	1.0055	1.0110
中早 35	5352	6103.5	0.9887	1.0308	1.0098
株两优 30	5602.5	6357	1.0350	1.0738	1.0544
		N6			
株两优 819	6994.5	7213.5	1.0815	1.0602	1.0709

续表

品种	淹灌产量 / (kg·hm⁻²)	节水灌溉产量 / (kg·hm⁻²)	淹灌产量指数	节水产量指数	产量－水分高效利用指数
陵两优 268	6903	7303.5	1.0675	1.0733	1.0704
陆两优 996	6879	7353	1.0637	1.0807	1.0722
两优 287	6303	6703.5	0.9747	0.9852	0.9800
金优 463	6003	6502.5	0.9283	0.9557	0.9420
中早 39	6153	6603	0.9515	0.9705	0.9610
中嘉早 17	6103.5	6393	0.9438	0.9396	0.9417
淦鑫 203	5902.5	6052.5	0.9127	0.8896	0.9012
五丰优 286	6703.5	7003.5	1.0367	1.0293	1.0330
金优 458	6703.5	7012.5	1.0366	1.0307	1.0337
中早 35	6103.5	6403.5	0.9438	0.9411	0.9424
株两优 30	6853.5	7104	1.0598	1.0440	1.0519
N12					
株两优 819	7603.5	7903.5	1.0498	1.0459	1.0478
陵两优 268	7569	7998	1.0449	1.0584	1.0517
陆两优 996	7608	7959	1.0504	1.0532	1.0518
两优 287	7203	7503	0.9945	0.9929	0.9937
金优 463	6954	7404	0.9599	0.9797	0.9698
中早 39	7204.5	7653	0.9945	1.0128	1.0037
中嘉早 17	6753	7104	0.9323	0.9400	0.9362
淦鑫 203	6903	7003.5	0.9531	0.9268	0.9399
五丰优 286	7554	7654.5	1.0429	1.0128	1.0279
金优 458	7102.5	7504.5	0.9806	0.9930	0.9868
中早 35	7063.5	7299	0.9752	0.9658	0.9705
株两优 30	7654.5	7803	1.0567	1.0326	1.0447

表 3-7　不同水分及施氮量下超级早稻产量及水分利用指数

品种	淹灌产量 / (kg·hm⁻²)	节水灌溉产量 / (kg·hm⁻²)	淹灌产量指数	节水产量指数	产量－水分高效利用指数
N0					
五丰优 T025	6877.5	7227	1.1000	1.0990	1.0995
淦鑫 688	6454.5	6756	1.0324	1.0274	1.0299
吉优 225	6520.5	6741	1.0430	1.0251	1.0341
天优 122	6120	6312	0.9789	0.9599	0.9694
荣优 225	5950.5	6318	0.9518	0.9608	0.9563
H 优 518	6907.5	7101	1.1048	1.0798	1.0923
天优 998	6096	6357	0.9750	0.9667	0.9708

续表

品种	淹灌产量 /（kg·hm⁻²）	节水灌溉产量 /（kg·hm⁻²）	淹灌产量指数	节水产量指数	产量－水分高效利用指数
五优 308	6036	6369	0.9655	0.9685	0.9670
天优华占	6642	7017	1.0624	1.0671	1.0647
丰源优 299	6145.5	6699	0.9829	1.0188	1.0008
深优 1029	5847	6267	0.9352	0.9531	0.9441
盛泰优 722	5419.5	5754	0.8668	0.8750	0.8709
N7					
五丰优 T025	7932	8206.5	1.0507	1.0502	1.0504
淦鑫 688	7542	7890	0.9990	1.0098	1.0044
吉优 225	7473	7798.5	0.9899	0.9980	0.9939
天优 122	7567.5	7656	1.0023	0.9798	0.9911
荣优 225	7528.5	7717.5	0.9973	0.9876	0.9925
H 优 518	7804.5	8242.5	1.0337	1.0550	1.0443
天优 998	7153.5	7345.5	0.9476	0.9402	0.9439
五优 308	7621.5	7897.5	1.0096	1.0107	1.0101
天优华占	7753.5	8034	1.0270	1.0282	1.0276
丰源优 299	7590	7885.5	1.0054	1.0091	1.0073
深优 1029	7314	7546.5	0.9688	0.9659	0.9674
盛泰优 722	7399.5	7570.5	0.9801	0.9690	0.9745
N14					
五丰优 T025	9181.5	9627	1.0513	1.0528	1.0521
淦鑫 688	8701.5	9138	0.9963	0.9993	0.9978
吉优 225	8797.5	9255	1.0073	1.0121	1.0097
天优 122	8413.5	8703	0.9633	0.9517	0.9575
荣优 225	8713.5	8997	0.9977	0.9840	0.9908
H 优 518	8994	9435	1.0299	1.0318	1.0309
天优 998	8674.5	9126	0.9934	0.9980	0.9957
五优 308	8607	9231	0.9856	1.0095	0.9976
天优华占	9004.5	9333	1.0310	1.0206	1.0258
丰源优 299	8839.5	9309	1.0121	1.0181	1.0151
深优 1029	8736	9003	1.0003	0.9846	0.9925
盛泰优 722	8254.5	8613	0.9453	0.9420	0.9436

（4）研究结论。超级早稻品种陆两优 996 和超级晚稻品种五丰优 T025 为水肥协同高效品种。

二、双季稻化肥减量高产稳产高效施肥技术研究

2018—2020 年在湖南省益阳市赫山区笔架山乡实施了双季稻化肥减量高产稳产高效施肥技术试验。

（一）供试材料

早稻品种为陵两优 942，晚稻品种为 Y 两优 911。

（二）试验设计

设施氮量和移栽密度两个因素。采用裂区试验设计，以肥料处理为主区，密度处理为副区，重复 3 次，小区面积 60 m²，裂区面积 20 m²。

早稻：施氮量设 3 水平（N1、N2、N3），分别为 0 kg/hm²、120 kg/hm²、150 kg/hm²；密度设 3 水平（M1、M2、M3），分别为 13.3 cm×16.7 cm、13.3 cm×20 cm，16.7 cm×20 cm。共 9 个处理。每蔸插 2 粒谷秧。各处理统一施 P_2O_5 75 kg/hm²，K_2O 150 kg/hm²，磷肥全部作基肥，钾肥为基肥和分蘖肥各 50%。氮肥施肥方案为，基肥∶蘖肥∶穗肥 =5∶3∶2。

（三）主要研究结果

由图 3-2 可以看出，随着生育期的推进，N1、N2、N3 处理分别在孕穗期、乳熟期、乳熟期达到叶面积指数最大值。在同一移栽密度处理下，叶面积指数表现出的规律为：N3 > N2 > N1。在同一施氮水平处理下，叶面积指数随移栽密度的增加而递增，表现为：M1 > M2 > M3，且在生育前期这种规律表现的更加明显，而生育后期 M1 与 M2 之间的差异不显著。在肥密互作下，各时期叶面积指数最高处理分别为：N3M1、N3M2、N3M2、N2M2，在中等密度和中肥水平下，乳熟期能保持最大叶面积指数。

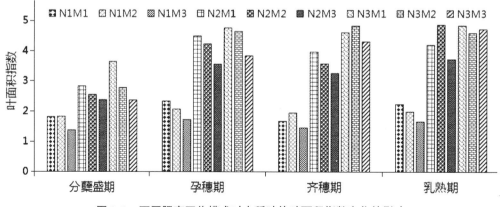

图 3-2　不同肥密互作模式对水稻叶片叶面积指数变化的影响

由图 3-3 可知，随着生育时期的推进 N1 与 N2 施氮水平的水稻叶片 SPAD 值呈现出先升后降的趋势，在齐穗期达到最大值，而 N3 表现为 SPAD 值持续递增并在乳熟期达到最大值。施氮处理的 SPAD 值明显高于不施肥处理对照组，全生育期，同一移栽密度处理下，SPAD 值表现为 N3 > N2 > N1；在同一施氮水平下，表现为 M2 处理略高于 M1、M3 处理，且 M3 与 M1 间的差异不是很显著。在肥密互作下，尤其是生育后期，N2M2 与 N3M2 处理间差异不显著，中等移栽密度和中高氮有利于叶片 SPAD 值的提高。

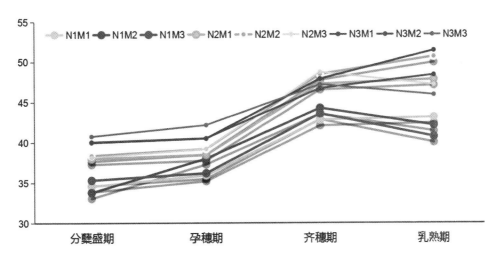

图 3-3　不同施氮水平及移栽密度对水稻叶片 SPAD 值的影响

三、大量元素与中微量元素肥料配合关键技术研究

2018—2020 年在湖南省益阳市赫山区笔架山乡实施了大量元素与中微量元素肥料配合关键技术研究试验。

（一）供试材料

早稻品种为株两优 819，晚稻品种为天优华占。

（二）试验设计

试验设置 6 个处理，分别为：

处理 1：施 N、P、K 化肥（早稻施 N 肥 11 kg/ 亩（施肥比例 5∶3∶2），N∶P_2O_5∶K_2O 为 1∶0.5∶0.6；晚稻施 N 13 kg/ 亩，N∶P_2O_5∶K_2O 为 1∶0.3∶0.7）；

处理 2：处理 1+ 石灰（60 kg）；

处理 3：处理 1+ 镁肥（15 kg）；

处理 4：处理 1+ 锌肥（1.0 kg）；

处理 5：处理 1+ 石灰 + 镁肥 + 锌肥；

处理 6：处理 1+ 石灰 + 镁肥。

重复 3 次，随机区组排列，每小区长 6 m，宽 5 m，面积 0.045 亩。

所有试验用肥料（包括基肥和追肥）按小区计算，早稻 3 月 15 日播种，4 月 15 日插秧，密度为 17140 蔸/ 亩。4 月 22 日施分蘖肥，5 月 20 日施穗肥（幼穗分化 3 期），在每次施肥后保持 3 ~ 4 d 不排水、以防肥料流失，7 月 18 日收割早稻。晚稻 6 月 17 日播种，早稻收割后各小区人工翻耕整平，7 月 20 日栽插晚稻，晚稻密度为 18950 蔸/ 亩，7 月 24 日施分蘖肥，8 月 25 日施穗肥（幼穗分化 2 期），11 月 9 日收割。

（三）研究结果

（1）中量元素与大量元素配施对土壤速效养分含量的影响。从表 3-8 可知，分蘖期各处理土壤碱解氮、有效磷、速效钾含量间均无显著差异，表明配施石灰、锌肥、镁肥在水稻分蘖期对土壤速效养分含量影响不显著。成熟期除处理 5 外，其余处理碱解氮含量无显著差异，处理 5 土壤碱解氮显著低于处理 1，但与其他处理无显著差异，其中处理 1 土壤碱解氮含量高于其他处理，与处理 1 相比，各处理土壤碱解氮含量分别下降了 2.69%、7.22%、5.03%、8.73%、7.38%；除处理 6 外，其余处理土壤有效磷含量无显著差异，其中处理 6 土壤有效磷含量显著高于处理 1、处理 3，与其他处理无显著差异，与处理 1 相比，除处理 3 土壤有效磷下降 0.71%，其余处理分别增加了 14.18%、11.11%、4.02%、20.57%；各处理的土壤速效钾含量均为显著差异，与处理 1 相比，除处理 4 土壤速效钾含量与处理相同外，其余处理分别增加了 9.01%、8.57%、15.01%、4.71%。配施石灰、锌肥、镁肥影响土壤速效养分的效果不明显。

表 3-8 不同处理对土壤速效养分含量的影响　　　　　　　　　　　　mg/kg

处理	分蘖盛期			成熟期		
	碱解氮	有效磷	速效钾	碱解氮	有效磷	速效钾
处理 1	161.50a	6.70a	124.50a	198.67a	4.23b	77.67a
处理 2	155.50a	6.65a	122.50a	193.33ab	4.83ab	84.67a
处理 3	144.00a	5.65a	112.50a	184.33ab	4.20b	84.33a
处理 4	175.00a	6.45a	112.00a	188.67ab	4.70ab	77.67a
处理 5	169.00a	5.65a	130.00a	181.33b	4.40ab	89.33a
处理 6	148.00a	6.55a	119.50a	184.00ab	5.10a	81.33a

（2）中量元素与大量元素配施对土壤有效锌含量的影响。由表 3-9 可知，分蘖期施锌肥处理土壤中有效锌含量显著高于不施锌肥处理，与处理 1 相比，处理 4、处理 5 土壤有效锌含量增加了 135.34%、78.95%，单施锌肥处理（处理 4）较配施石灰 + 镁肥 + 锌肥处理土壤有效锌含量增加了 31.51%；成熟期各处理土壤有效锌含量高于分蘖期，施锌肥处理土壤中有效锌含量显著高于不施锌肥处理，与处理 1 相比，处理 4、处理 5 土壤有效锌含量增加了 189.81%、96.60%，单施锌肥处理（处理 4）较配施石灰 + 镁肥 + 锌肥处理（处理 6）土壤有效锌含量增加了 47.41%。结果表明施入锌肥后，能显著增加土壤中有效锌的含量，单施锌肥对增加土壤的有效锌含量效果优于配施石灰 + 镁肥 + 锌肥处理。

表 3-9　不同处理对土壤有效锌含量的影响

处理	分蘖盛期				成熟期			
	均值	增幅 /（mg·kg⁻¹）	增长比率 /%	显著性 5%	均值	增幅 /（mg·kg⁻¹）	增长比率 /%	显著性 5%
处理 1	1.33	—	—	b	2.06	—	—	c
处理 2	1.38	—	—	b	1.85	—	—	c
处理 3	1.04	—	—	b	1.8	—	—	c
处理 4	3.13	1.8	135.34	a	5.97	3.91	189.81	a
处理 5	2.38	1.05	78.95	a	4.05	1.99	96.60	b
处理 6	1.07	—	—	b	1.67	—	—	c

（3）中量元素与大量元素配施对土壤交换性钙含量的影响。由表3–10可知，分蘖期各处理土壤交换性钙含量无显著性差异，施石灰处理土壤交换性钙含量高于不施石灰处理，与处理1相比，施石灰处理土壤交换性钙含量分别增加了9.22%、9.22%、13.19%；成熟期处理5、处理6土壤交换性钙含量高于其他处理，单施石灰处理土壤中交换性钙含量比处理1降低了2.31%，处理5、处理6与处理1增加了10.85%、25.24%。从分蘖期与成熟期土壤中交换性钙含量来看，单施石灰的处理低于配施镁肥、锌肥处理。

表3–10　不同处理对土壤交换性钙含量的影响（$1/2Ca^{2+}$）

处理	分蘖盛期				成熟期			
	均值	增幅 / (cmol·kg^{-1})	增长比率 /%	显著性 5%	均值	增幅 / (cmol·kg^{-1})	增长比率 /%	显著性 5%
处理 1	7.05	—	—	a	7.37	—	—	bc
处理 2	7.70	0.65	9.22	a	7.20	−0.17	2.31	bc
处理 3	7.40	—	—	a	7.23	—	—	bc
处理 4	7.00	—	—	a	6.23	—	—	c
处理 5	7.70	0.65	9.22	a	8.17	0.8	10.85	ab
处理 6	7.98	0.93	13.19	a	9.23	1.86	25.24	a

（4）中量元素与大量元素配施对土壤交换性镁含量的影响。由表3–11可知，分蘖期各处理土壤交换性镁的含量无显著差异，施镁肥处理土壤中交换性镁含量高于不施镁肥处理，与处理1相比，施镁肥处理土壤交换性镁含量分别增加了15.15%、11.11%、10.10%；成熟期各处理土壤中交换性镁含量低于分蘖期，施镁肥处理土壤交换性镁含量显著高于不施镁肥处理，施镁肥处理间土壤交换性镁含量无显著差异，与处理1相比，施镁肥处理土壤交换性镁含量分别增加了18.08%、19.36%、18.08%。研究结果表明水稻配施镁肥后能显著提高土壤中交换性镁的含量。

表3–11　不同处理对土壤交换性镁含量的影响（$1/2Ma^{2+}$）

处理	分蘖盛期				成熟期			
	均值	增幅 / (cmol·kg^{-1})	增长比率 /%	显著性 5%	均值	增幅 / (cmol·kg^{-1})	增长比率 /%	显著性 5%
处理 1	0.99	—	—	a	0.78	—	—	b
处理 2	0.99	—	—	a	0.79	—	—	b
处理 3	1.14	0.15	15.15	a	0.93	0.141	18.08	a
处理 4	0.97	—	—	a	0.81	—	—	b
处理 5	1.10	0.11	11.11	a	0.94	0.151	19.36	a
处理 6	1.09	0.1	10.1	a	0.93	0.141	18.08	a

（5）不同处理对植株全量氮磷钾含量的影响。由表3–12可知，分蘖期各处理植株全氮、全钾含量无显著差异，除处理3外其余处理植株全磷无显著差异，其中处理2植株全磷显著高于处理处理3，表明配施石灰、镁肥、锌肥在分蘖期对植株养分含量无明显影响。成熟期除处理5外，其余处理植株全

氮含量间无显著差异，处理 5 植株全氮含量显著高于处理 5、处理 6，单施石灰、镁肥、锌肥处理植株全氮含量高于彼此配施处理；除处理 6 外，其余处理植株全磷含量间无显著差异，处理 4 植株全磷含量显著高于处理 6，单施石灰、镁肥、锌肥处理植株全磷含量高于彼此配施处理；各处理植株全钾含量间无显著差异，单施石灰、镁肥、锌肥处理植株全钾含量高于彼此配施处理。与处理 1 相比，配施石灰、镁肥、锌肥对植株氮磷钾养分含量无明显影响，单施石灰、镁肥、锌肥处理植株全氮、全磷、全钾含量高于彼此配施处理。

表 3–12 不同处理对植株氮磷钾养分含量的影响

g/100g

处理	分蘖盛期			成熟期		
	全氮	全磷	全钾	全氮	全磷	全钾
处理 1	3.15a	0.482ab	2.63a	1.03ab	0.114ab	3.44a
处理 2	3.45a	0.595a	3.00a	0.96ab	0.103ab	3.49a
处理 3	3.50a	0.456b	2.98a	0.94b	0.103ab	3.66a
处理 4	3.61a	0.475ab	2.91a	1.07a	0.118a	3.43a
处理 5	3.34a	0.501ab	3.10a	0.91b	0.097ab	3.41a
处理 6	3.22a	0.459ab	2.81a	0.90b	0.093b	3.01b

四、灌溉方式和化学调控对双季稻产量形成及生理特性的影响

（一）供试材料

早稻品种为中嘉早 17，晚稻品种为盛泰优 018。

（二）试验设计

试验设置灌溉方式和化学调控双因素裂区试验。设四种灌溉方式：淹水灌溉（A1，分蘖期保持 2 ~ 3 cm 的水层，分蘖末期进行轻度搁田，其他各生育期保持 5 cm 水层）、间歇灌溉（A2，分蘖期保持 2 ~ 3 cm 的水层，分蘖末期进行轻度搁田，其他各生育期则采用间歇灌溉模式，即每次灌 5 cm 水层，任其自然落干到 70% 土壤饱和含水率再灌 5 cm 水层）、湿润灌溉（A3，分蘖期保持 2 ~ 3 cm 的水层，分蘖末期进行轻度搁田，其他各生育期则采用湿润灌溉模式，即始终保持田间无水层到 70% 土壤饱和含水率），使用土壤水分张力计监测土壤含水率，各处理均于收获前 7 d 排干田间水分。

设四种化学调控措施：壳寡糖（C2，湖南得译生物科技有限公司生产，100 g/ 包）：于返青后、分蘖盛期喷施，6 g/ 亩，兑水 15 kg；胺鲜酯（C3，东立信生物工程有限公司生产，200 mL/ 瓶）：于返青后、分蘖盛期喷施，20 mL/ 亩，兑水 20Kg；不调控（C4）：于返青后、分蘖盛期每亩喷施 15 kg 清水；天达 2116（C5，山东天达生物股份有限公司生产，20 mL/ 包）：于返青后、分蘖盛期喷施，20 mL/ 亩，兑水 15 kg。共计 12 个处理，每个处理设 3 次重复，共 36 个小区，每小区 20 m²。早、晚稻均采用手工插秧，插植规格均为 16.7 cm × 20.0 cm，于移栽前施复合肥 40 kg/ 亩作为基肥（N–P₂O₅–K₂O 含量为 15%–15%–15%），返青后施入分蘖肥尿素 10 kg/ 亩（N 含量 46%）。全生育期严格监测病虫草害，其余田间管理与高产田一致。

（三）研究结果

（1）早稻产量及产量构成因素。由表 3–13 可知，早稻产量在不同灌溉方式间实际产量表现为 W2 > W1 > W3 趋势，但各处理间并无显著性差异，原因可能是早稻期间雨水过多；不同化学调控处理间产量表现为 C3 > C5 > C2 > B4 趋势，且 C3 处理显著高于 C2 和 C4 处理，比 C4（不化控）处理增产 4.33%。12 个处理中，W2C3 处理最高，A3B4 处理最低。可见喷施胺鲜酯能够在一定程度上促进产量的提升。从有效穗上来看，不同灌溉方式间呈现 W2 > W1 > W3 趋势，可知间歇灌溉有利于有效穗数的提高；不同化控方式间有效穗数差异显著，呈现 C3 > C5 > C2 > C4 趋势，且 C3 显著高于 C2 和 C4 处理，分别比 C2 和 C4 处理高 3.29% 和 6.77%。12 个处理中，W2C3 处理最高，W3C4 处理最低。可见喷施胺鲜酯能够提高有效穗数。从每穗粒数上来看，不同灌溉方式间以 W3 处理最高，呈现 W3 > W1 > W2 趋势，且 W3 处理显著高于 W1 和 W2 处理；不同化控方式间以 C4 处理最高，表现为 C4 > C5 > C2 > C3 趋势，且 C4 显著高于 C3。12 个处理中，W3C4 处理最高，W2C3 处理最低。从结实率上来看，不同灌溉方式和不同化控方式各处理间均无显著差异。12 个处理中，W2C3 处理最高，W3C5 处理最低。从千粒重上来看，不同灌溉方式和不同化控方式各处理间均无显著区别。

表 3–13　灌溉方式和化学调控对 2020 年早稻产量及产量构成的影响

处理	每公顷有效穗数 / 万	每穗粒数	结实率 /%	千粒重 /g	理论产量 /（t·hm⁻²）	实际产量 /（t·hm⁻²）
W1	286.60ab	121.92b	73.51a	26.18a	6.72a	6.33a
W2	291.84a	120.08b	73.30a	26.48a	6.80a	6.43a
W3	274.31b	126.42a	72.46a	26.33a	6.61a	6.25a
C2	283.95b	121.33bc	73.03a	26.30a	6.62c	6.23b
C3	293.30a	119.78c	74.32a	26.43a	6.89a	6.50a
C4	274.71c	126.11a	72.56a	26.32a	6.60c	6.23b
C5	285.03b	124.00ab	72.45a	26.26a	6.72b	6.38ab
W1C2	289.81bcd	120.67cde	73.32bc	26.13a	6.71b	6.33b
W1C3	294.18b	119.00e	73.79b	26.35a	6.80b	6.39b
W1C4	277.46g	125.00b	73.02bcd	26.23a	6.64bc	6.23bc
W1C5	284.94def	123.00bc	73.89b	26.01a	6.72b	6.38b
W2C2	283.32defg	121.00cde	72.89bcd	26.49a	6.64bc	6.26bc
W2C3	305.28a	116.33f	75.22a	26.62a	7.11a	6.76a
W2C4	286.44cde	123.33bc	72.81bcd	26.24a	6.73b	6.34b
W2C5	292.30bc	119.67de	72.30cde	26.57a	6.74b	6.36b
W3C2	278.71fg	122.33bcd	72.88bcd	26.31a	6.53cd	6.13c
W3C3	280.45efg	124.00b	73.96b	26.32a	6.77b	6.36b
W3C4	260.24h	130.00a	71.84de	26.48a	6.44d	6.11c
W3C5	277.83fg	129.33a	71.15e	26.21a	6.71b	6.40b

注：不同小写字母表示同列数据差异显著（$p<0.05$）。下同。

（2）早稻株高。由表 3–14 可知，纵观水稻各个主要生育时期的株高，可以发现不同灌溉方式间无显著差别，可见不同灌溉方式对水稻株高影响不明显；不同化学调控处理间，均以 C2 处理最低，可见 C2（喷施壳寡糖）处理能够显著降低株高，成熟期 12 个处理中，W1C5 处理最高，为 105.13 cm，W3C2 处理最低，为 96.87 cm。

表 3–14　灌溉方式和化学调控对 2020 年早稻株高的影响　　　　　　　　　　　　　cm

处理	分蘖盛期	孕穗期	齐穗期	灌浆中期	成熟期
W1	76.85a	88.49a	98.78a	99.97a	103.03a
W2	75.91a	90.09a	97.39a	101.47a	102.65a
W3	76.48a	89.17a	97.60a	101.22a	102.12a
C2	73.30b	84.12b	93.27b	95.09b	97.29b
C3	77.48a	90.99a	99.59a	103.04a	104.51a
C4	77.57a	91.12a	99.56a	102.42a	104.07a
C5	77.30a	90.77a	99.29a	102.98a	104.52a
W1C2	73.77bc	84.03b	94.07a	94.83b	97.50b
W1C3	78.00a	89.60a	100.43a	101.87a	104.93a
W1C4	77.63a	90.80a	100.33a	101.50a	104.53a
W1C5	78.00a	89.53a	100.30a	101.67a	105.13a
W2C2	72.73c	84.40b	92.97b	95.27b	97.50b
W2C3	77.30a	93.20a	99.20a	103.83a	104.67a
W2C4	77.37a	90.80a	98.80a	103.10a	103.87a
W2C5	76.23ab	91.97a	98.60a	103.67a	104.57a
W3C2	73.40bc	83.93b	92.77b	95.17b	96.87b
W3C3	77.13a	90.17a	99.13a	103.43a	103.93a
W3C4	77.70a	91.77a	99.53a	102.67a	103.80a
W3C5	77.67a	90.80a	98.97a	103.60a	103.87a

（3）早稻叶片 SPAD 值。由表 3–15 可知，早稻叶片 SPAD 值呈现先升高后降低的趋势，孕穗期最大，齐穗期也维持了较高的 SPAD 值，为水稻生育中后期较强的光合作用提供了基础。早稻 SPAD 值在各灌溉方式间并无显著性差别，各化控方式间呈现 C3 和 C5 显著大于 C2 和 C4 处理的趋势，可见返青后、分蘖盛期后 C3（喷施胺鲜酯）和 C5（喷施天达 2116）处理能够显著提高整个生育时期叶片 SPAD 值，同时可知 C2（喷施壳寡糖）处理在提高叶片 SPAD 值方面的作用不明显。整体来看，喷施胺鲜酯和天达 2116 可以提高叶片 SPAD 值，为提高产量奠定了基础。

表 3–15　灌溉方式和化学调控对 2020 年早稻叶片 SPAD 值的影响

处理	分蘖盛期	孕穗期	齐穗期	灌浆中期
W1	40.19a	46.97a	44..20a	39.59a
W2	40.61a	47.51a	44.88a	39.98a
W3	40.02a	46.83a	44.36a	39.33a
C2	38.78b	45.48b	43.60b	38.34b

续表

处理	分蘖盛期	孕穗期	齐穗期	灌浆中期
C3	41.52a	48.98a	45.53a	41.04a
C4	39.13b	44.92b	43.20b	38.48b
C5	41.56a	49.02a	45.58a	40.68a
W1C2	38.47b	45.30b	43.03b	37.73d
W1C3	41.37a	48.77a	45.23ab	41.47a
W1C4	39.23b	45.10b	43.13b	38.83cd
W1C5	41.70a	48.70a	45.40ab	40.33abc
W2C2	39.33b	45.67b	43.93bc	38.97bcd
W2C3	41.90a	49.53a	45.93a	41.47a
W2C4	39.60b	45.20b	43.40b	38.63cd
W2C5	41.60a	49.63a	46.23a	41.00a
W3C2	38.53b	45.47b	43.83ab	38.33d
W3C3	41.30a	48.63a	45.44ab	40.33abc
W3C4	38.87b	44.47b	43.07b	37.97d
W3C1	41.37a	48.73a	45.10ab	40.70ab

（4）早稻叶片 SOD 活性。由表 3–16 可知，早稻叶片 SOD 活性呈现不断增大的趋势。早稻 SOD 活性在各灌溉方式间并无显著性差别，各化控方式间呈现 C3 和 C5 显著大于 C2 和 C4 的趋势，可见返青后、分蘖盛期后 C3（喷施胺鲜酯）和 C5（喷施天达 2116）处理能够显著提高整个生育时期叶片 SOD 活性，有助于增强植物的抗逆能力，同时可知 C2（喷施壳寡糖）处理在提高叶片 SOD 活性方面的作用不明显。

表 3–16　灌溉方式和化学调控对 2020 年早稻叶片 SOD 活性的影响　　　　U/g

处理	分蘖盛期	孕穗期	齐穗期	灌浆中期
W1	108.62a	190.29a	288.01a	378.48a
W2	110.45a	192.51a	290.56a	384.35a
W3	111.74a	189.40a	284.87a	377.70a
C2	109.07b	186.17b	283.47b	375.92b
C3	114.56a	196.50a	297.44a	389.57a
C4	104.65c	185.52b	276.85c	368.88c
C5	112.79ab	194.74a	293.49a	386.34a
W1C2	107.10bcd	186.31cd	282.29bc	374.46cd
W1C3	113.05a	195.55ab	298.44a	386.73ab
W1C4	102.97d	184.91d	278.95c	368.35d
W1C5	111.36ab	194.39abc	292.36ab	384.38b

续表

处理	分蘖盛期	孕穗期	齐穗期	灌浆中期
W2C2	109.64abc	188.71bcd	291.44ab	382.83bc
W2C3	115.47a	199.18a	299.10a	395.70a
W2C4	104.27cd	187.77bcd	276.13c	369.31d
W2C5	112.40ab	194.38abc	295.58a	389.57ab
W3C2	110.46ab	183.48d	276.67c	370.46d
W3C3	115.16a	194.76ab	294.79a	386.28ab
W3C4	106.70bcd	183.89d	275.18c	369.00d
W3C5	114.62a	195.46ab	292.54ab	385.05b

（5）早稻叶片 POD 活性。由表 3–17 可知，早稻叶片 POD 活性呈现不断增大的趋势。早稻 POD 活性在各灌溉方式间并无显著性差别，各化控方式间呈现 C3 和 C5 显著大于 C2 和 C4 的趋势，可见返青后、分蘖盛期后 C3（喷施胺鲜酯）和 C5（喷施天达 2116）处理能够显著提高整个生育时期叶片 POD 活性，有助于增强植物的抗氧化能力，同时可知 C2（喷施壳寡糖）处理在提高叶片 POD 活性方面的作用不明显。

表 3–17　灌溉方式和化学调控对 2020 年早稻叶片 POD 活性的影响　　U/（g·min）

处理	分蘖盛期	孕穗期	齐穗期	灌浆中期
W1	37.28a	58.67a	89.17a	110.33a
W2	37.71a	59.76a	91.61a	112.24a
W3	38.42a	58.23a	89.53a	109.28a
C2	35.82b	55.20b	84.98b	105.48b
C3	39.32a	62.97a	95.12a	115.27a
C4	35.84b	54.49b	84.16b	105.57b
C5	40.23a	62.89a	96.15a	116.14a
W1C2	35.82c	55.38b	85.47c	105.88b
W1C3	39.15ab	62.67a	92.01b	114.92a
W1C4	35.04c	54.42b	85.04c	105.09b
W1C5	39.09ab	62.20a	94.14ab	115.40a
W2C2	35.34c	55.98b	85.89c	106.59b
W2C3	38.57b	63.39a	97.47a	117.48a
W2C4	36.34c	55.41b	85.16c	106.81b
W2C5	40.56ab	64.26a	97.91a	118.09a
W3C2	36.29c	54.23b	83.56c	103.97b
W3C3	40.22ab	62.84a	95.87ab	113.40a
W3C4	36.14c	53.65b	82.29c	104.80b
W3C5	41.04a	62.20a	96.39ab	114.93a

（6）早稻叶片 CAT 活性。由表 3–18 可知，早稻叶片 CAT 活性呈现先升高后降低的趋势，孕穗期最大。早稻 CAT 活性在各灌溉方式间除孕穗期外其余各主要生育时期并无显著性差别，孕穗期 W2 处理显著大于 W1 和 W3 处理；各化控方式间呈现 C3 和 C5 显著大于 C2 和 C4 的趋势，可见返青后、分蘖盛期后 C3（喷施胺鲜酯）和 C5（喷施天达 2116）处理能够显著提高整个生育时期叶片 CAT 活性，有助于增强植物的抗氧化能力，同时可知 C2（喷施壳寡糖）处理在提高叶片 CAT 活性方面的作用不明显。

表 3–18　灌溉方式和化学调控对 2020 年早稻叶片 CAT 活性的影响　　　　　U/（g·min）

处理	分蘖盛期	孕穗期	齐穗期	灌浆中期
W1	22.18a	31.37b	26.15a	18.54a
W2	21.85a	34.55a	26.85a	19.01a
W3	21.73a	30.40b	26.09a	18.29a
C2	20.79b	30.00b	24.94b	16.66b
C3	22.95a	34.05a	27.82a	20.45a
C4	21.10b	30.27b	25.01b	17.07b
C5	22.84a	34.11a	27.68a	20.15a
W1C2	21.01c	29.54d	25.04ef	16.49de
W1C3	23.42a	33.24b	27.57bc	20.24bc
W1C4	21.30c	29.51d	24.77efg	17.19d
W1C5	22.99ab	33.20b	27.20c	19.85c
W2C2	20.72c	32.02c	25.22e	17.12de
W2C3	22.68ab	36.74a	28.32a	21.28a
W2C4	21.06c	32.43bc	25.92d	17.27d
W2C5	22.94ab	37.02a	27.93ab	20.75ab
W3C2	20.64c	28.45e	24.54fg	16.36e
W3C3	22.75ab	32.19c	27.58bc	19.84c
W3C4	20.95c	28.86de	24.35g	16.75de
W3C5	22.59b	32.11c	27.90ab	19.85c

（7）晚稻产量及产量构成因素。由表 3–19 可知，晚稻产量在不同灌溉方式间实际产量表现为 W2 ＞ W1 ＞ W3 趋势，且 W2 显著大于 W1 和 W3 处理，分别比 W1 和 W3 处理增产 5.59% 和 7.89%；不同化学调控处理间产量表现为 C3 ＞ C5 ＞ C2 ＞ B4 趋势，且 C3 和 C5 处理显著高于 C2 和 C4 处理，分别比 C4（不化控）处理增产 11.48% 和 10.50%。12 个处理中，W2C3 处理最高，A3B4 处理最低。可见喷施胺鲜酯和天达 2116 能够显著提高产量。从有效穗上来看，不同灌溉方式间呈现 W2 ＞ W1 ＞ W3 趋势，可知间歇灌溉有利于有效穗数的提高；不同化控方式间有效穗数差异显著，呈现 C3 ＞ C5 ＞ C4 ＞ C2 趋势，且 C3 和 C5 显著高于 C4 和 C2 处理，分别比 C2 和 C4 处理高 9.33%、9.74% 和 7.22% 和 7.62%。12 个处理中，W2C3 处理最高，W3C2 处理最低。可见喷施胺鲜酯和天达 2116 能够显著提高有效穗数。

表 3-19 灌溉方式和化学调控对 2020 年晚稻产量及产量构成的影响

处理	有效穗数 / ($10^4 \cdot hm^{-2}$)	每穗粒数	结实率 /%	千粒重 /g	理论产量 / ($t \cdot hm^{-2}$)	实际产量 / ($t \cdot hm^{-2}$)
W1	354.53b	122.43b	70.89b	25.60a	7.86b	7.51b
W2	365.06a	121.09b	73.44a	25.66a	8.33a	7.93a
W3	346.25c	127.04a	68.31c	25.67a	7.71b	7.35b
C2	340.20b	127.96a	69.62b	25.60a	7.76b	7.38b
C3	373.34a	118.60d	73.08a	25.71a	8.32a	7.96a
C4	341.47b	125.42b	68.66b	25.63a	7.53b	7.14b
C5	366.12a	122.10c	72.16a	25.64a	8.27a	7.89a
W1C2	337.84hi	128.02b	69.34e	25.56a	7.66d	7.28d
W1C3	372.27bc	116.68f	73.05c	25.70a	8.15b	7.79b
W1C4	342.53gh	125.32c	68.30f	25.51a	7.48e	7.12de
W1C5	365.49cd	119.71e	72.85c	25.64a	8.17b	7.83b
W2C2	349.02fg	125.17c	72.54c	25.68a	8.14b	7.75bc
W2C3	386.05a	117.30f	75.48a	25.73a	8.79a	8.45a
W2C4	347.42fg	120.83de	71.32d	25.64a	7.67d	7.25de
W2C5	377.76b	121.07de	74.42b	25.61a	8.72a	8.28a
W3C2	333.75i	130.70a	66.98g	25.57a	7.47e	7.12de
W3C3	361.69de	121.82d	70.71d	25.72a	8.01bc	7.63bc
W3C4	334.45hi	130.11a	66.35g	25.74a	7.43e	7.05e
W3C5	355.11ef	125.53c	69.21e	25.67a	7.92c	7.56c

从每穗粒数上来看，不同灌溉方式间以 W3 处理最高，呈现 W3 ＞ W1 ＞ W2 趋势，且 W3 处理显著高于 W1 和 W2 处理；不同化控方式间以 C2 处理最高，表现为 C2 ＞ C4 ＞ C5 ＞ C3 趋势。12 个处理中，W3C2 处理最高，W1C3 处理最低。从结实率上来看，不同灌溉方式间表现为 W2 ＞ W1 ＞ W3 趋势，不同化控方式间表现为 C3 ＞ C5 ＞ C2 ＞ B4 趋势。12 个处理中，W2C3 处理最高，W3C4 处理最低。从千粒重上来看，不同灌溉方式和不同化控方式各处理间均无显著区别。

（8）晚稻株高。

由表 3-20 可知，纵观水稻各个主要生育时期的株高，可以发现不同灌溉方式间无显著差别，可见不同灌溉方式对水稻株高影响不明显；不同化学调控处理间，均以 C2 处理最低，可见 C2（喷施壳寡糖）处理能够显著降低株高，成熟期 12 个处理中，W2C3 处理最高，为 108.77 cm，W1C2 处理最低，为 94.47 cm。

表 3-20 灌溉方式和化学调控对 2020 年晚稻株高的影响

cm

处理	分蘖盛期	孕穗期	齐穗期	灌浆中期	成熟期
W1	60.63a	91.03a	96.69a	101.93a	103.13a
W2	61.23a	92.34a	97.49a	102.58a	105.55a
W3	61.46a	91.38a	96.30a	101.13a	104.33a

续表

处理	分蘖盛期	孕穗期	齐穗期	灌浆中期	成熟期
C2	55.14b	85.31b	92.26b	93.16b	96.26b
C3	63.32a	93.46a	98.48a	104.82a	107.31a
C4	62.84a	93.66a	98.31a	104.58a	107.04a
C5	63.10a	93.90a	98.27a	104.96a	106.73a
W1C2	54.43b	84.67b	91.87b	94.03b	94.47b
W1C3	62.10a	92.90a	98.40a	104.97a	106.53a
W1C4	63.17a	92.93a	97.73a	103.97a	105.70a
W1C5	62.80a	93.60a	98.77a	104.73a	105.80a
W2C2	55.43b	85.50b	92.77b	93.37b	97.60b
W2C3	63.67a	94.77a	99.17a	105.30a	108.77a
W2C4	62.70a	94.43a	99.30a	105.97a	108.73a
W2C5	63.10a	94.67a	98.73a	105.67a	107.10a
W3C2	55.57b	85.77b	92.13b	92.07b	96.70b
W3C3	64.20a	92.70a	97.87a	104.20a	106.63a
W3C4	62.67a	93.60a	97.90a	103.80a	106.70a
W3C5	63.40a	93.43a	97.30a	104.47a	107.30a

（9）晚稻叶片 SPAD 值。由表 3-21 可知，晚稻叶片 SPAD 值呈现先升高后降低的趋势，孕穗期最大，齐穗期也维持了较高的 SPAD 值，保证了水稻生育中后期较强的光合作用。晚稻分蘖盛期 SPAD 值在各灌溉方式间并无显著性差别（由于分蘖盛期前未施加不同灌溉方式处理），其余各生育时期 SPAD 值均以 W2 处理最大，可见间歇灌溉有利于叶片维持较高 SPAD 值。各化控方式间呈现 C3 和 C5 显著大于 C2 和 C4 处理的趋势，可见返青后、分蘖盛期后 C3（喷施胺鲜酯）和 C5（喷施天达 2116）处理能够显著提高水稻整个生育时期叶片 SPAD 值，同时可知 C2（喷施壳寡糖）处理在提高叶片 SPAD 值方面的作用不明显。整体来看，喷施胺鲜酯和天达 2116 可以提高叶片 SPAD 值，为提高产量奠定了基础。

表 3-21　灌溉方式和化学调控对 2020 年晚稻叶片 SPAD 值的影响

处理	分蘖盛期	孕穗期	齐穗期	灌浆中期
W1	39.67a	46.34b	44.20b	39.70b
W2	39.58a	48.22a	46.58a	42.89a
W3	40.06a	45.43b	44.03b	39.18b
C2	38.39b	45.01b	43.64b	38.92b
C3	41.21a	48.33a	46.40a	42.41a
C4	38.51b	44.83b	43.36b	38.79b
C5	40.97a	48.48a	46.34a	42.23a
W1C2	38.30b	44.97d	43.03c	37.53c

续表

处理	分蘖盛期	孕穗期	齐穗期	灌浆中期
W1C3	41.20a	47.90c	45.57b	42.03b
W1C4	38.27b	44.33d	42.80c	37.60c
W1C5	40.90a	48.17bc	45.40b	41.63b
W2C2	37.97b	46.67c	45.10b	41.53b
W2C3	41.10a	49.87a	47.93a	44.47a
W2C4	38.43b	46.70c	45.07b	41.27b
W2C5	40.83a	49.63ab	48.23a	44.30a
W3C2	38.90b	43.40d	42.80c	37.70c
W3C3	41.33a	47.23c	45.70b	40.73b
W3C4	38.83b	43.47d	42.20c	37.50c
W3C5	41.17a	47.63c	45.40b	40.77b

（10）晚稻叶片 SOD 活性。由表 3–22 可知，晚稻叶片 SOD 活性呈现不断增大的趋势。晚稻分蘖盛期 SOD 活性在各灌溉方式间并无显著性差别（由于分蘖盛期前未施加不同灌溉方式处理），其余各主要生育时期 SOD 活性均以 W2 处理最大，可见间歇灌溉有利于提高叶片 SOD 活性，从而提高水稻的抗逆能力。各化控方式间呈现 C3 和 C5 显著大于 C2 和 C4 的趋势，可见返青后、分蘖盛期后 C3（喷施胺鲜酯）和 C5（喷施天达 2116）处理能够显著提高整个生育时期叶片 SOD 活性，有助于增强植物的抗逆能力，同时可知 C2（喷施壳寡糖）处理在提高叶片 SOD 活性方面的作用不明显。

表 3–22　灌溉方式和化学调控对 2020 年晚稻叶片 SOD 活性的影响　　　　　　　　　　　U/g

处理	分蘖盛期	孕穗期	齐穗期	灌浆中期
W1	100.24a	183.77b	266.94b	340.57b
W2	99.21a	190.66a	280.93a	361.72a
W3	101.37a	180.62b	261.95b	333.84b
C2	99.59b	179.39b	262.89b	334.56b
C3	104.00a	193.60a	280.16a	357.80a
C4	93.80c	176.34b	259.99b	332.67b
C5	103.70a	190.73a	276.70a	356.47a
W1C2	98.52bc	178.14d	259.71de	330.48c
W1C3	104.04ab	193.00ab	277.89bc	352.80b
W1C4	93.27c	174.85d	255.76e	326.99c
W1C5	105.11a	189.11abc	274.39c	351.99b
W2C2	98.56bc	187.31bc	273.22c	351.99b
W2C3	102.59ab	197.72a	292.36a	374.29a
W2C4	92.53c	181.21cd	270.86c	348.90b

续表

处理	分蘖盛期	孕穗期	齐穗期	灌浆中期
W2C5	103.15ab	196.38a	287.26ab	371.71a
W3C2	101.68ab	172.71d	255.75e	321.20c
W3C3	105.38a	190.09abc	270.23c	346.30b
W3C4	95.59c	172.96d	253.35e	322.12c
W3C5	102.84ab	186.71bc	268.46cd	345.72b

（11）晚稻叶片 POD 活性。由表 3–23 可知，晚稻叶片 POD 活性呈现不断增大的趋势。晚稻分蘖盛期和孕穗期 SOD 活性在各灌溉方式间并无显著性差别，齐穗期和灌浆中期 W2 处理的 SOD 活性显著大于 W1 和 W3 处理，可见间歇灌溉有利于提高叶片 SOD 活性，从而提高水稻的抗逆能力。各化控方式间呈现 C3 和 C5 显著大于 C2 和 C4 的趋势，可见返青后、分蘖盛期后 C3（喷施胺鲜酯）和 C5（喷施天达 2116）处理能够显著提高整个生育时期叶片 POD 活性，有助于增强植物的抗氧化能力，同时可知 C2（喷施壳寡糖）处理在提高叶片 POD 活性方面的作用不明显。

表 3–23　灌溉方式和化学调控对 2020 年晚稻叶片 POD 活性的影响　　　　U/（g·min）

处理	分蘖盛期	孕穗期	齐穗期	灌浆中期
W1	53.01a	75.69a	91.34b	101.91b
W2	54.61a	76.66a	96.95a	109.31a
W3	54.08a	73.92a	90.37b	100.24b
C2	50.30b	70.70b	88.30b	100.33b
C3	57.58a	80.04a	97.87a	108.16a
C4	49.27b	70.06b	88.09b	99.61b
C5	58.44a	80.90a	97.29a	107.18a
W1C2	50.31a	71.37b	86.31d	97.60c
W1C3	55.85b	80.74a	95.67bc	105.61b
W1C4	49.22c	70.11b	86.71d	97.65c
W1C5	56.65b	80.54a	96.66b	106.80b
W2C2	50.73c	71.94b	92.88bc	105.80b
W2C3	60.31a	82.52a	102.02a	112.92a
W2C4	49.67c	71.88b	91.93c	104.63b
W2C5	57.74ab	80.29a	100.99a	113.88a
W3C2	49.86c	68.79b	85.70d	97.60c
W3C3	59.17ab	79.43a	94.18bc	103.02b
W3C4	48.92c	68.18b	85.63d	96.54c
W3C5	58.36ab	79.28a	95.96bc	103.80b

（12）晚稻叶片 CAT 活性。由表 3–24 可知，晚稻叶片 CAT 活性呈现先升高后降低的趋势，孕穗期最大。晚稻分蘖盛期 CAT 活性在各灌溉方式间并无显著性差别（由于分蘖盛期前未施加不同灌溉方式处理），其余各主要生育时期 CAT 活性均呈现 W2 > W1 > W3 趋势，可见间歇灌溉有利于提高水稻叶片 CAT 活性，从而提高水稻的抗逆能力。各化控方式间呈现 C3 和 C5 显著大于 C2 和 C4 的趋势，可见返青后、分蘖盛期后 C3（喷施胺鲜酯）和 C5（喷施天达 2116）处理能够显著提高整个生育时期叶片 CAT 活性，有助于增强植物的抗氧化能力，同时可知 C2（喷施壳寡糖）处理在提高叶片 CAT 活性方面的作用不明显。

表 3–24 灌溉方式和化学调控对 2020 年晚稻叶片 CAT 活性的影响 　　　　　U/（g·min）

处理	分蘖盛期	孕穗期	齐穗期	灌浆中期
W1	17.37a	34.23b	20.56b	11.58b
W2	17.35a	36.61a	24.28a	13.94a
W3	16.69a	33.30c	19.45c	10.10c
C2	16.23c	33.13b	19.78b	10.17c
C3	18.52a	36.82a	23.38a	13.87a
C4	16.19c	32.69b	19.66b	10.45c
C5	17.47b	36.21a	22.91a	13.00b
W1C2	16.48de	32.87d	19.27d	10.21f
W1C3	18.45ab	36.21b	22.10b	13.62c
W1C4	16.62de	32.20de	18.89d	10.13f
W1C5	17.94bc	35.64bc	21.98b	12.36d
W2C2	16.40de	34.99c	22.36b	11.98de
W2C3	19.23a	38.63a	26.54a	16.33a
W2C4	16.42de	34.58c	22.21b	12.16de
W2C5	17.32cd	38.24a	26.02a	15.27b
W3C2	15.79e	31.52e	17.72e	8.34g
W3C3	17.87bc	35.63bc	21.48bc	11.65de
W3C4	15.52e	31.30e	17.87e	9.04g
W3C5	17.16cd	34.74c	20.73c	11.36e

五、化学调控与肥料运筹对双季超级稻产量形成及生理特性的影响

（一）供试材料

早稻品种为陆两优 996 和株两优 819，晚稻品种为 H 优 518 和盛泰优 018。

（二）试验设计

早晚稻均开展化学调控与肥料运筹两因素试验。化学调控设不调控、喷施多效唑、喷施壳寡糖等 3 种方式。肥料运筹（基蘖肥∶穗肥∶粒肥）7∶2∶1、6∶3∶1、5∶4∶1 等 3 种方式，各处理氮磷钾肥一致，

总氮量为 12 kg，磷 6 kg，钾 10 kg（氮肥用的是尿素 26.0 kg，钾肥用的是氯化钾 50.0 kg，磷肥用的是过磷酸钙 16.6 kg）。基蘖肥在返青后施用，穗肥在插秧后 35 d 施用，粒肥在齐穗期施用。多效唑和壳寡糖在拔节初期每小区 5 g 兑水 500 倍喷施。共 9 个处理，裂区试验设计。大田试验采用人工插秧栽培，每小区 30 m²，种植密度为早稻 20.0 cm×16.5 cm，晚稻 20 cm×20 cm。其他管理按当地高产习惯进行。

（三）研究结果

（1）早稻抗倒伏能力。弯曲力矩（BR）、抗折力（BM）和倒伏指数（LI）是标征茎秆抗倒伏能力的指标，其中，BR = 节间基部至穗顶的长度（cm）× 该节间基部至穗顶的鲜重（g）；BM：用茎秆强度测定仪测定；LI= 弯曲力矩 / 抗折力 ×100。其中，BR 越小、BM 越大、LI 越小，则抗倒伏能力越强。由表 22 可知，氮肥运筹各处理间，株两优 819 的弯曲力矩在 6：2：1 模式下最低，倒伏指数在 5：4：1 模式下最低；陆两优 996 的弯曲力矩在 5：4：1 模式下最低，倒伏指数在 6：3：1 模式下最低。化学调控各处理间，株两优 819，倒三节间的弯曲力矩（BR）均表现多效唑处理最低，3 种氮肥运筹方式下表现一致，其中 5：4：1 处理下多效唑处理显著低于壳寡糖和不调控处理；倒伏指数（LI），氮肥运筹 7：2：1 和 5：4：1 方式下表现多效唑处理最低，其中 5：4：1 处理下多效唑处理显著低于壳寡糖和不调控处理。倒四节间弯曲力矩（BR），氮肥运筹 6：3：1 和 5：4：1 方式下表现多效唑 < 壳寡糖 < 不化控趋势，氮肥运筹 7：2：1 方式下表现为多效唑 < 不调控 < 壳寡糖趋势。倒伏指数（LI），氮肥运筹 7：2：1 和 6：3：1 方式下表现为多效唑 < 不调控 < 壳寡糖趋势，但 6：3：1 方式下不调控和壳寡糖处理的倒伏指数相差不大。氮肥运筹 5：4：1 方式倒伏指数表现为多效唑 < 壳寡糖 < 不化控趋势，其中多效唑处理显著低于壳寡糖和不调控处理（表 3-25）。

表 3-25 早稻倒三、倒四节间抗折力、弯曲力矩和倒伏指数

品种	处理	倒 3 节间			倒 4 节间		
		抗折力 BR/g	弯曲力矩 BM / （cm·g⁻¹）	倒伏指数 LI / （cm·g⁻¹·g⁻¹）	抗折力 BR/g	弯曲力矩 BM / （cm·g⁻¹）	倒伏指数 LI / （cm·g⁻¹·g⁻¹）
株两优 819	N1	1012.41a	505.5a	50.2a	959.94a	616.4a	71.6a
	N2	867.21a	414.0a	53.4a	726.84a	483.6a	77.6a
	N3	930.21a	456.6a	49.9a	901.69a	549.1a	63.1a
	C1	915.50a	384.3b	45.9a	879.65a	468.0a	57.3b
	C2	956.60a	499.6a	53.8a	848.10a	596.0a	77.4a
	C3	938.51a	492.1a	54.0a	860.73a	585.3a	77.6a
	N1C1	1010.72a	438.4abc	42.8ab	975.91a	581.0ab	63.9ab
	N1C2	1062.95a	570.2a	55.5a	953.62a	667.0a	80.5a
	N1C3	963.56a	507.8abc	52.3ab	950.30a	601.2ab	70.4a
	N2C1	874.10a	383.1a	55.5a	774.57a	440.0ab	72.4a
	N2C2	810.79a	411.1abc	51.3ab	667.77a	492.0ab	80.9a
	N2C3	916.75a	447.6abc	53.2a	738.18a	518.9ab	79.4a
	N3C1	861.67a	331.4c	38.4b	888.46a	382.9b	35.5b
	N3C2	996.06a	517.4ab	54.6a	922.90a	628.8ab	70.9a
	N3C3	935.21a	520.9ab	56.6a	893.72a	635.7ab	82.9a

续表

品种	处理	倒3节间			倒4节间		
		抗折力 BR/g	弯曲力矩 BM / (cm·g^{-1})	倒伏指数 LI / (cm·g^{-1}·g^{-1})	抗折力 BR/g	弯曲力矩 BM / (cm·g^{-1})	倒伏指数 LI / (cm·g^{-1}·g^{-1})
陆两优 996	N1	839.21a	496.7a	63.7a	889.36a	573.7a	83.0a
	N2	864.98a	480.5a	58.5a	857.32ab	552.7a	74.7a
	N3	786.76a	467.9a	61.1a	754.70b	542.1a	88.3a
	C1	770.97a	351.3b	51.8a	829.12a	406.6b	70.6a
	C2	850.84a	533.8a	66.8a	854.10a	593.4a	83.6a
	C3	869.13a	560.1a	66.7a	818.16a	668.5a	91.7a
	N1C1	720.55a	385.6bc	61.4ab	866.87a	424.8c	96.2ab
	N1C2	929.63a	598.0a	69.4a	927.31a	686.8ab	80.5abc
	N1C3	867.43a	506.6ab	60.2ab	873.89a	609.6ab	72.2abc
	N2C1	868.05a	335.9c	43.2c	806.22ab	390.3c	56.2c
	N2C2	827.63a	511.3ab	65.1a	909.75ab	550.2bc	76.5abc
	N2C3	899.27a	594.4a	67.2a	855.98ab	717.6a	91.4abc
	N3C1	724.32a	332.4c	50.7bc	814.28ab	404.5c	59.2bc
	N3C2	795.26a	492abc	66.0a	725.24ab	543.3bc	94abc
	N3C3	840.70a	579.5a	72.7a	724.59ab	678.4ab	111.6a

陆两优 996，倒三节间的弯曲力矩（BR）均表现多效唑处理最低，3 种氮肥运筹方式下表现一致，其中 7∶2∶1 处理下多效唑处理显著低于壳寡糖处理；6∶3∶1 和 5∶4∶1 处理下均显著低于不调控处理。倒伏指数（LI），氮肥运筹 7∶2∶1 处理呈现壳寡糖＞多效唑＞不调控趋势，但处理间不存在显著性差异；6∶3∶1 和 5∶4∶1 下均表现为多效唑＜壳寡糖＜不化控，其中多效唑处理均显著低于不调控。倒四节间弯曲力矩的规律与倒三节间一致。倒伏指数（LI），氮肥运筹 7∶2∶1 处理呈现多效唑＞壳寡糖＞不调控趋势，但处理间不存在显著性差异；6∶3∶1 和 5∶4∶1 下均表现为多效唑＜壳寡糖＜不化控，在 5∶4∶1 模式下多效唑显著低于不调控处理。

整体来看，氮肥运筹模式对水稻的抗倒伏能力有一定的影响，在不同的品种中展现的规律不一致。化学调控可以提高陆两优 996 和株两优 819 茎秆抗倒伏能力，效果以多效唑最好，壳寡糖居其次；同时，壳寡糖增强水稻抗倒伏能力的效果与品种和氮肥运筹方式有一定关系。在陆两优 996 中效果明显，在株两优 819 中，氮肥运筹 5∶4∶1 方式下效果明显，而另两种氮肥运筹方式下有降低水稻抗倒性的趋势。

第二节　超级稻穗粒均衡协同机制与调控技术攻关

超级稻品种（组合）是通过理想株形塑造与杂种优势利用相结合选育的单产大幅度提高、品质优良、抗性较强的新型水稻品种组合，根据其穗、粒、重特性可分为"大穗型""多穗型"和"穗粒兼顾型"。目前，我国超级稻品种选育及其配套栽培技术世界领先，已经将近我国水稻种植面积的 1/4，但也存在穗粒均衡协同机制不明晰、弱势粒充实差和结实率不稳定、水分养分利用率低、生态环境适应性小等方面的问题，对于超级稻穗粒均衡机制的研究尚不多见。针对长江中下游南部超级稻品种在大面积生产中多穗与多粒难以有效协同提高、不同生态区品种间适应性差异大等问题，本研究团队在湘中东丘岗盆地区、湘北环湖平丘区和湘南丘岗山区3个双季稻生产优势区域开展相关研究。

一、大穗型超级稻增穗协同机制及高产关键技术

（一）不同施氮量对超级早稻光合特性及产量的影响

水稻是中国的主粮作物之一，在粮食生产和消费中具有举足轻重的地位。随着人口不断增加和耕地面积持续减少，粮食安全问题日益凸显，提高单位面积粮食产量是解决粮食问题的重要途径之一。为了确保国家粮食安全，中国于1996年启动超级稻计划，其目标就是提高水稻单产，持续增加粮食产量。此后众多高产品种获得农业部"超级稻"认定，截止到2020年，农业部冠名的超级稻示范推广品种133个（http:// www.ricedata.cn/variety/superice.htm）。科学合理施用氮肥是实现高产、释放超级产量潜力的有效措施，合理施用氮肥的水稻增产可达38.9% ~ 52.0%。

氮素对水稻生长发育的必要元素，不仅可调控水稻生长发育，还对其产量形成起到重要的作用。氮素影响叶片叶绿素含量、光合速率、暗反应主要酶活性以及光呼吸。氮素充足时，植物可合成较多的蛋白质，促进叶绿素的合成，叶面积增长加快，从而影响光合叶面积和功能期，直接或间接影响光合作用，最终影响生物量和籽粒产量。在生产实践中，氮肥施用量过高、施肥时期不合理和氮素利用率低等问题还广泛存在，难以满足生产高效、资源节约、环境友好的现代水稻种植要求。因此，明确水稻生长的氮素需求规律，并依据其规律进行氮素施用，是解决氮肥用量过多、施肥时间不合理、氮肥利用率低等的有效措施。

已有大量关于大穗型、重穗型、直立穗型水稻生长发育和养分需求的研究，结果均表明不同穗型、不同穗粒结构的水稻对养分需求的差异，特别是对氮素需求的不同，这就要求对不同穗粒结构型水稻的氮素运筹区别对待。这些研究中以超级稻产量为目标的研究较多，而超级稻中早稻、中稻、晚稻生长有不同的生育期和温光反应特性，生长期间的温、光资源有差异，对氮素的吸收利用也有不同。与中稻和晚稻相比，一方面由于早稻生长期低温阴雨天气较多，低温、寡照既影响了早稻生长发育，也不利于开展大田光合作用、物质积累等研究，另一方面由于早稻生育期短，缩短了干物质积累过程，也缩短了在野外环境下进行详细研究光合速率动态、光合产物积累、分配的时间，给相关研究带来诸多不便。这也是有关早稻养分调控光合作用，光合产物积累分配报道较少的原因。本研究选用多穗型超级稻陵两优268、穗粒兼顾型品种淦鑫203和大穗型品种中早39为材料，采用4种不同氮素调控方式，对生长期分蘖数、叶面积、相对叶绿素含量与光合作用参数和产量的影响进行研究，为不同穗粒类型早稻合理氮素调控提供理论依据。

1. 材料与方法

（1）试验地点与供试材料。试验于2019年3 ~ 8月在湖南省浏阳市沙市基地（28°32' N，113°41'E）进行。土壤类型为潴育型水稻土，0 ~ 20 cm耕层土壤pH值5.73，速效磷7.80 mg/kg，速效钾121 mg/kg，碱解氮118 mg/kg，有机质19.2 g/kg。从国家水稻数据中心（http://www.ricedata.cn/variety/）检索适宜湖南种植的3个超级稻早稻品种及对应的国审信息，依据穗粒结构（有效穗数和穗粒数）分为大穗型、多穗型和穗粒兼顾型，并对所筛选的品种在湖南省浏阳市、长沙县进行大田试验（表3–26），依据检索数据和早稻试验筛选结果，确定大穗型、多穗型和穗粒兼顾型三类供试品种为大穗型

品种中早39，多穗型品种陵两优268和穗粒兼顾型品种淦鑫203。

表3-26　不同类型超级早稻的穗粒结构

穗粒信息来源	每公顷有效穗数 / 万			每穗粒数 / 粒		
	陵两优268	中早39	淦鑫203	陵两优268	中早39	淦鑫203
国审信息	341.83	293.85	326.84	104.65	125.24	114.34
2017年浏阳	340.33	259.37	320.84	90.55	112.54	97.35
2018年浏阳	319.34	227.89	298.35	100.05	151.82	108.05
2018年长沙	371.81	218.89	316.34	119.54	145.23	132.23

（2）试验设计。试验设置4个氮素施肥处理：T1（纯N含量为0 kg/hm²）、T2（纯N含量为112.5 kg/hm²）、T3（纯N含量为150.0 kg/hm²）、T4（纯N含量为187.5 kg/hm²）。基肥在移栽前2 d施用，分蘖肥在移栽后8 d施用，穗肥于幼穗分化 Ⅳ 期施用。N、P_2O_5、K_2O比例为1∶0.6∶1.2，磷肥作基肥一次性施入，T2处理钾肥作基肥一次性施用，T3、T4处理钾肥按基肥和穗肥各50%，分两次施用。氮肥以尿素施入，尿素氮含量为46.67%。试验采用随机区组设计，3次重复，每小区面积42 m²，长7 m、宽6 m。3月21日播种，4月27日移栽，移栽规格为20 cm×20 cm，每穴2株。田间管理参照水稻模式化栽培。各小区间作田埂隔离，并用黑色塑料薄膜覆盖田埂体，单独灌溉。

（3）试验方法。①分蘖数、相对叶绿素含量和叶面积的测定方法。在分蘖期和齐穗期，每处理每品种选取3个观察点，每点确定10穴，调查分蘖数。分别在分蘖期、齐穗期、成熟期用便携式叶绿素测定仪（SPAD 502，Konica Minolta Optics, Japan），选择叶片中上部至距离叶尖5 cm出处进行相对叶绿素含量测定，每片叶测10个点，取平均值，测5片叶。在齐穗期、成熟期用便携式叶面积仪（Ci–203，CID bio–science inc，USA）测剑叶、倒2叶和倒3叶长、宽和面积，重复5次。上3叶叶面积衰减率（%）=（齐穗期 LAI － 成熟期 LAI）/ 齐穗期 LAI ×100%。②光合作用参数及叶绿素荧光参数测定方法。采用便携式光合作用系统 LI–6800（LI - COR Inc, Lincoln, NE, USA），采用荧光叶室（6 cm²），测定条件为气体流速均设定为500 µmol/s，CO_2浓度为400 µmol/mol，测定光强为1600 µmol/（m⁻²·s⁻¹），叶片温度设定为28℃，空气相对湿度设置为60%。测定时间为天气晴朗的9时至11时30分，选择向阳、生长均匀一致的叶片，测定净光合速率（A）、气孔导度（Gs）、蒸腾速率（E）和胞间 CO_2 浓度（Ci）等光合作用参数，重复5次。③产量及其构成因素测定。在成熟期，每小区选1 m²调查有效穗数，选取长势一致的12株水稻，测量株高，人工脱粒后，测定穗粒数、结实率、千粒重、穗长等。依据每小区实测产量，取小样，烘干，再按照13.5%含水量折算求得籽粒产量。收获指数 = 籽粒重量 / 全部水稻干物质重量。产量按照小区实测籽粒产量换算成每公顷籽粒产量，产量（kg/hm²）=（10000 m²/ 每处理每品种小区面积 m²）× 小区实测产量（kg）。④米质测定。参照食用稻品种品质（NYT593—2013）标准，将各供试水稻品种种子样品分别用糙米机脱壳，然后再用精米机去糙研磨成精米，分析各样品精米率、整精米率、垩白度等米质性状；再将各供试籽粒样品研磨成米粉，分析直链淀粉含量、胶稠度等米质性状。各水稻品种的各米质性状均重复分析3次，最后结果取其平均值。

（4）数据统计与分析。采用Microsoft Office 2019进行数据统计，DPS v 9.50单因素方差分析（ANOVA）进行数据比较，利用 Duncan's 新复极差法检验处理间差异的显著性水平（$p < 0.05$）。以 GraphPad

Prism 8.4.0 软件作图。

2. 结果与分析

（1）不同施氮量对超级早稻分蘖数的影响。在分蘖期，T2、T3、T4 分蘖数均高于对照 T1（图 3–4），就品种而言，陵两优 268 以 T2 分蘖最多，高出 T1 63.79%；中早 39 和淦鑫 203 则以 T3 分蘖数最多，分别高出 T1 38.30% 和 36.23%。可见，施氮素后，3 种类型超级早稻在分蘖期就表现出明显的分蘖优势。而到齐穗期，各处理分蘖数发生变化，其中陵两优 268 以 T4 分蘖数最多，高出 T1 26.25%；中早 39 则仍以 T3 分蘖数最多，高出 T1 21.82%；淦鑫 203 以 T4 分蘖数最多，高出 T1 31.70%，T4 与 T1、T2 相比具显著性差异。这表明增施氮肥有利于在齐穗期形成较多的有效分蘖数，为成熟期获得较高的有效穗数奠定了基础。综上所述，多穗型品种如陵两优 268，因分蘖能力强的品种特性，通过氮素分蘖肥、穗肥调控后，成熟期能增加有效穗数；而大穗型品种中早 39 则因分蘖力不强，分蘖数受氮素调控有限，建议在生产中适当增加基本苗数。

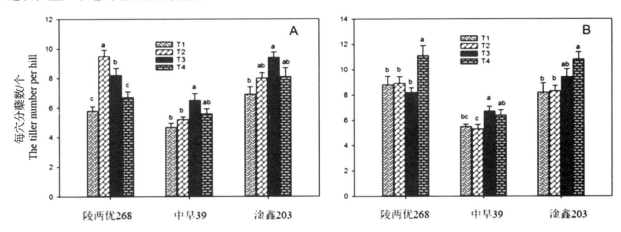

注：A 代表分蘖期，B 代表齐穗期。不相同字母代表在 5% 水平存在显著性差异；下表同。

图 3–4　不同施氮量对超级早稻分蘖数的影响

（2）不同施氮量对超级早稻齐穗期和成熟期上 3 叶叶面积的影响。各施氮处理（T2、T3、T4）的叶面积与 T1 具有显著性差异。陵两优 268 上 3 叶叶面积随施肥量增加而显著性增大（表 1.2），齐穗期 T2、T3、T4 剑叶分别高出 T1 20.10%、35.88% 和 57.97%，T2、T3、T4 倒 2 叶、倒 3 叶叶面积分别平均高出 T1 20.35% 和 22.21%；淦鑫 203 齐穗期 T2、T3、T4 剑叶分别高出 T1 85.65%、86.10% 和 81.00%，倒 2 叶面积平均高出对照 31.35%；中早 39 齐穗期 T2、T3、T4 剑叶分别高出 T1 21.8%、20.9%、22.2%，T2、T3、T4 倒 2 叶、倒 3 叶与 T1 叶面积没有显著性差异。施氮处理（T2、T3、T4）叶面积大的优势一直持续到成熟期，其中陵两优 268 的 T2、T3、T4 剑叶分别高出 T1 20.43%、12.71% 和 42.05%，倒 2 叶倒 3 叶平均值分别高出 T1 40.14% 和 1.9%；淦鑫 203 成熟期 T2、T3、T4 剑叶分别高出 T1 78.60%、91.32% 和 92.68%，倒 2 叶倒 3 叶分别平均高出 T1 35.18% 和 13.74%；中早 39 成熟期 T2、T3、T4 剑叶分别高出 T1 69.86%、85.21% 和 39.00%，倒 2 叶分别高出 T1 71.15%、67.98% 和 65.24%。不同氮素处理后，在齐穗至灌浆成熟期，上 3 叶维持较大叶面积是各氮素处理最显著性的表型特征。

（3）不同施氮量对超级早稻上 3 叶叶面积衰减率的影响。与中早 39 和淦鑫 203 相比，陵两优 268

各施氮处理均表现出更高的叶面积衰减率，其中剑叶平均为 34.27%（表 3–27），分别高出中早 39 和淦鑫 203 32.33% 和 21.80%，倒 2 叶平均为 23.90%，分别高出中早 39 和淦鑫 203 24.81% 和 5.95%；中早 39 各施氮处理的剑叶、倒 2 叶叶片片衰减率明显低于 T1 处理；淦鑫 203 剑叶和倒 2 叶同样呈现出衰减，但衰减速率低于陵两优 268，其剑叶衰减速率受施氮量影响也低于中早 39。

表 3–27 不同施氮量对超级早稻上 3 叶叶面积及衰减率的影响

叶位	处理	齐穗期叶面积 /cm²			成熟期叶面积 /cm²			叶面积衰减率 /%		
		陵两优 268	中早 39	淦鑫 203	陵两优 268	中早 39	淦鑫 203	陵两优 268	中早 39	淦鑫 203
倒 1 叶（剑叶）	T1	31.05c	44.26b	22.80b	21.88a	31.52c	19.25b	29.53	28.78	15.57
	T2	37.29bc	53.90a	42.33a	26.35a	53.54a	34.38ab	29.34	0.67	18.78
	T3	42.19ab	53.50a	42.43a	24.66a	58.38a	36.83a	41.55	−9.12	13.20
	T4	49.05a	54.07a	41.27a	31.08a	43.80b	37.09a	36.64	18.99	10.13
	均值	39.90	51.43	37.21	25.99	46.81	31.89	34.27	9.83	14.42
倒 2 叶	T1	43.29b	46.38a	36.83c	28.34b	28.08b	29.35a	34.53	39.46	20.31
	T2	50.54a	48.49a	46.34b	39.20a	48.06a	42.57a	22.44	0.89	8.14
	T3	50.47a	46.11a	52.65a	35.53ab	47.17a	42.62a	29.60	−2.30	19.05
	T4	55.28a	45.80a	46.14b	44.42a	46.40a	33.84a	19.65	−1.31	26.66
	均值	49.90	46.70	45.49	36.87	42.43	37.10	26.56	9.19	18.54
倒 3 叶	T1	28.31c	34.09a	37.11a	25.71a	30.86a	25.69a	9.18	9.47	30.77
	T2	30.72bc	34.67a	37.79a	27.11a	24.88a	26.39a	11.75	28.24	30.17
	T3	37.06a	33.26a	39.32a	23.53a	/	/	36.51	/	/
	T4	36.01ab	31.49a	36.96a	28.02a	32.55a	32.05a	22.19	−3.37	13.28
	均值	33.03	33.38	37.80	26.09	29.43	28.04	19.91	11.45	24.74

注：表中同列的不同小写字母表示 Duncan's 多重分析统计检验达 5% 显著性水平。部分叶片因测量部位枯萎无数据故用"/"表示。下表同。

（4）不同施氮量对超级早稻上 3 叶相对叶绿素含量的影响。分蘖期，陵两优 268、淦鑫 203 和中早 39 剑叶、倒 2 叶和倒 3 叶相对叶绿素含量均以 T2 最高（表 3–28），且与其他处理有显著差异。在齐穗期，3 品种剑叶、倒 2 叶、倒 3 叶相对叶绿素含量均为施氮的处理显著高于不施氮的对照，且 T3、T4 相对叶绿素含量也都显著高于对应的 T2。表明分蘖期增施氮素，能有效提高上 3 叶相对叶绿素含量。在成熟期，3 类品种剑叶相对叶绿素含量仍以 T3、T4 较高。

表 3–28 不同施氮量对超级早稻上 3 叶相对叶绿素含量（SPAD 值）的影响

叶位	处理	分蘖期			齐穗期			成熟期		
		陵两优 268	中早 39	淦鑫 203	陵两优 268	中早 39	淦鑫 203	陵两优 268	中早 39	淦鑫 203
倒 1 叶（剑叶）	T1	38.72b	45.22a	37.34b	42.16c	44.84b	41.83c	21.30ab	20.42b	21.52c
	T2	42.30a	44.68a	40.9a	44.37b	48.21b	45.29b	18.76b	18.34b	24.84bc
	T3	39.96b	41.88b	36.67b	46.56a	49.97a	47.20a	23.50a	23.48ab	28.10b

续表

叶位	处理	分蘖期			齐穗期			成熟期		
		陵两优268	中早39	淦鑫203	陵两优268	中早39	淦鑫203	陵两优268	中早39	淦鑫203
倒2叶	T4	39.92b	41.32b	36.42b	45.91a	49.24a	48.66a	21.18ab	28.68a	33.38a
	T1	42.68b	46.48a	37.64b	39.0b	39.99b	39.23d	18.46a	19.30a	19.1c
	T2	45.40a	47.36a	41.26a	40.61b	46.30a	42.58c	10.12b	14.98a	21.10c
	T3	44.04ab	44.44b	39.18ab	45.90a	47.23a	45.30b	17.90a	18.14a	27.30b
	T4	42.12b	42.86b	37.78b	44.29a	48.58a	47.58a	18.02a	20.16a	31.44a
倒3叶	T1	40.24b	45.92ab	37.06b	35.49b	35.53c	33.74c	15.56a	9.92ab	3.52c
	T2	44.60a	46.86a	40.38a	37.46b	40.24b	39.0b	12.40a	6.45b	7.28c
	T3	41.00b	43.46bc	37.80b	42.20b	46.95a	43.44a	12.00a	12.64ab	16.94b
	T4	40.26b	42.90c	38.02ab	43.99a	48.13a	45.93a	12.26a	15.78a	25.94a

（5）不同施氮量对分蘖期超级早稻净光合速率的影响。分蘖期各施肥处理的光合速率均高于T1，供试3类品种在分蘖期各处理倒1叶光合速率均以T2最高（图3-5），其中陵两优268净光合速率（A）最高为T2[35.69 μmol/（m²·s）]，最低为T1（25.81 μmol/（m²·s）]，从高至低依次为T2>T3>T4>T1，且T2、T3与T1、T4间具有显著性差异；中早39净光合速率以T2最高，为36.79 μmol/（m²·s）]，T1最低，为27.22 μmol/（m²·s）]，从高至低依次为T2>T4>T3>T1，且T2、T3与T4 T1间具有显著性差异；淦鑫203净光合速率最大值为35.18 μmol/（m²·s）]，最小值为T1（26.27 μmol/（m²·s）]，从高至低依次为T2>T3>T4>T1，且T2、T3、T4显著性高于T1，表明增施氮肥能提高叶片净光合速率。

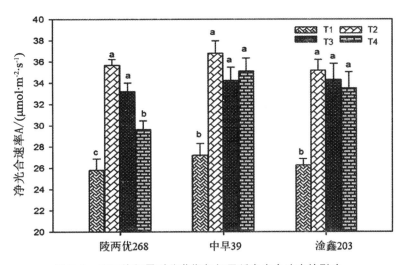

图3-5　不同施氮量对分蘖期超级早稻净光合速率的影响

（6）不同施氮量对成熟期超级早稻光合作用参数的影响。成熟期剑叶陵两优268 T3净光合速率为最高，显著性高于T1；中早39则以T4最高，为17.91 μmol/（m²·s）]，T1最低为9.98 μmol/（m²·s）]，净光合速率从高至低依次为T4>T3>T2>T1，且T3、T4显著高于T1；淦鑫203 T2、T3、T4净光合速率显著高于T1。因此，施肥处理显著提高了净光合速率，至成熟期T3、T4仍可保持较高净光合速率。

成熟期，陵两优 268、中早 39 和淦鑫 203 T3、T4 剑叶气孔导度（Gs）显著高性于 T1 和 T2（表 3-29），倒 2 叶、倒 3 叶呈现出相同的趋势，表明 T3、T4 能较好维持叶片气孔调控能力，蒸腾速率（E）较 T2、T1 高，这是其能维持灌浆后期较高光合速率的原因。

表 3-29　不同施氮量对成熟期超级早稻光合作用参数的影响

叶位	处理	净光合速率 A（$\mu mol \cdot m^{-2} \cdot s^{-1}$）			气孔导度 Gs/（$mol \cdot m^{-2} \cdot s^{-1}$）			蒸腾速率 E/（$mol \cdot m^{-2} \cdot s^{-1}$）		
		陵两优 268	中早 39	淦鑫 203	陵两优 268	中早 39	淦鑫 203	陵两优 268	中早 39	淦鑫 203
倒 1 叶（剑叶）	T1	12.38b	9.98c	13.68c	0.66b	0.27b	0.53b	0.0124a	0.0069ab	0.0095a
	T2	12.69ab	11.43bc	23.29a	0.62b	0.36b	0.76ab	0.0097a	0.0065b	0.0103a
	T3	16.05a	14.82ab	18.40b	0.96a	0.73a	0.95a	0.0126a	0.0104ab	0.0130a
	T4	14.68ab	17.91a	23.13a	0.74ab	0.73a	0.94a	0.0127a	0.0109a	0.0131a
倒 2 叶	T1	6.76a	8.13ab	10.03b	0.29ab	0.11a	0.36a	0.0066 a	0.0031a	0.0074a
	T2	4.69a	4.03b	14.77a	0.19b	0.21a	0.30a	0.0037b	0.0041a	0.0063a
	T3	6.58a	7.65ab	10.52b	0.45a	0.23a	0.41a	0.0074a	0.0041a	0.0075a
	T4	6.52a	9.71a	11.60ab	0.38a	0.37a	0.36a	0.0083a	0.0068a	0.0066a
倒 3 叶	T1	4.62a	3.48a	3.07a	0.12a	0.11a	0.11ab	0.0035a	0.0033a	0.0029a
	T2	1.84b	1.74 a	3.30a	0.15a	0.11a	0.05b	0.0026a	0.0023a	0.0017a
	T3	2.75ab	3.75a	4.59a	0.17a	0.12a	0.26a	0.0032a	0.0024a	0.0049a
	T4	2.40b	3.28a	6.28a	0.21a	0.14a	0.24a	0.0052a	0.0031a	0.0049a

（7）不同施氮量对超级早稻叶绿素荧光参数影响。3 类品种 T3、T4 上 3 叶电子传递速率（ETR）和实际量子产量（apparent quantum yield，AQY）都呈现出高于对应的 T2 和 T1 趋势（表 3-30）。表明通过 T3、T4 能保持叶片光合系统 Ⅱ 较高的电子传递速率和实际量子产量，这种优势在生长后期表现得更明显，证实增施氮肥能减缓水稻叶片衰老速度，延长叶片光合作用功能期，维持灌浆期上 3 叶较强光合作用速率。

表 3-30　不同施氮量对成熟期超级早稻荧光参数的影响

叶位	处理	电子传递速率（ETR）			实际量子产量（AQY）		
		陵两优 268	中早 39	淦鑫 203	陵两优 268	中早 39	淦鑫 203
倒 1 叶（剑叶）	T1	119.48b	123.39b	135.85c	0.17b	0.18b	0.20c
	T2	115.52b	146.41ab	169.23bc	0.17b	0.22ab	0.25b
	T3	155.89a	148.04ab	186.98ab	0.23a	0.22ab	0.28ab
	T4	173.39a	163.15a	209.72a	0.26a	0.24a	0.31a
倒 2 叶	T1	72.63b	103.88b	94.02b	0.11b	0.15a	0.14c
	T2	49.51c	136.07a	124.22a	0.07c	0.16a	0.16bc
	T3	126.96a	142.16a	134.26a	0.19a	0.20a	0.20ab
	T4	126.76a	122.11ab	149.04a	0.19a	0.18a	0.22a

续表

叶位	处理	电子传递速率（ETR）			实际量子产量（AQY）		
		陵两优 268	中早 39	淦鑫 203	陵两优 268	中早 39	淦鑫 203
倒 3 叶	T1	56.87c	62.20b	48.45b	0.09c	0.09b	0.07b
	T2	26.21d	77.02b	46.19b	0.04d	0.12b	0.07b
	T3	116.77b	125.17a	145.02a	0.17b	0.18a	0.21a
	T4	135.03a	115.32a	140.38a	0.20a	0.17a	0.21a

（8）不同施氮量对成熟期超级早稻株高的影响。氮素对水稻株高调控最为明显，中早 39 和淦鑫 203 各处理间表现出显著性差异（图 3–6）。中早 39 T3 的株高（95.83 cm）显著性高于其他处理；淦鑫 203 各施氮处理的株高均显著性高于 T1（87.00 cm）。而陵两优 2684 种处理间，株高基本一致，均未呈现出显著性差异，表明陵两优 268 株高对氮素响应不明显。

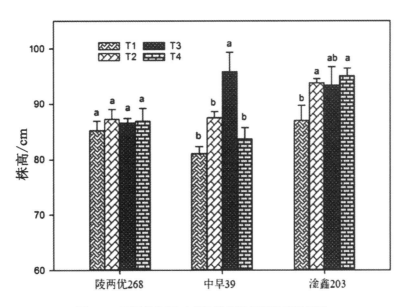

图 3–6　不同施氮量对成熟期超级早稻株高的影响

（9）不同施氮量对超级早稻产量构成因素的影响。3 品种各施肥处理 T2、T3、T4 每穴有效穗数均高于 T1（表 3–31），其中 T3 和 T4 显著性高于 T1。而就穗粒数而言，陵两优 268 在 4 个处理间没有显著性差异，淦鑫 203 T2、T3、T4 每穗粒数平均高出 T1 25.78%；中早 39 T3、T4 每穗粒数显著高于 T1。上述结果表明，3 品种其穗粒数对氮素调控响应不相同，多穗型品种陵两优 268 穗粒数受养分调控有限，穗粒兼顾型品种 T3、T4 平均穗粒数增加 27.35%，而大穗型品种则表现出在穗粒数较多的基础上 T3、T4 处理平均穗粒数增加 26.78%。中早 39 和淦鑫 203 随着施氮用量的增加表现出千粒重下降的趋势，而陵两优 268 各处理间千粒重没有显著性差异。在结实率方面，陵两优 268 T2 最高，而 T1、T3 和 T4 则接近一致，同样表现出较好的稳定性，而中早 39 的 T2、T3、T4 结实率均显著低于 T1，淦鑫 203 则依氮素施用量增加呈现出结实率下降的趋势。

表 3-31 不同施氮量对超级早稻产量构成因素的影响

处理	每穴有效穗数 / 个			穗粒数 / 粒			千粒重 /g			结实率 /%		
	陵两优268	中早39	淦鑫203	陵两优268	中早39	淦鑫203	陵两优268	中早39	淦鑫203	陵两优268	中早39	淦鑫203
T1	8.50b	5.11c	8.05b	129.56a	144.60b	117.31b	25.12a	26.16a	26.65a	75.06b	93.55a	85.15a
T2	9.8ab	5.42bc	8.68b	121.86a	161.48ab	143.84a	25.02a	25.10ab	24.87b	85.31a	81.33b	76.25b
T3	10.11a	6.16ab	10.21a	129.48a	184.54a	146.30a	24.51a	25.51ab	24.58b	73.32b	81.02b	72.84bc
T4	10.78 a	6.74a	10.42a	124.85a	182.11a	152.50a	24.28a	24.6b	24.58b	74.42b	80.56b	65.14c

（10）不同施氮量对超级早稻收获指数和产量的影响。供试的 3 品种在 4 种不同氮素处理条件下，T2 的收获指数（经济系数）最小（表 3-32），而中早 39 和淦鑫 203 T3 收获指数最高，分别高出对应 T2 5.48%和 5.91%，表明通过氮素运筹，能有效提高水稻收获指数。陵两优 268、中早 39 和淦鑫 203 产量均以 T3 最高，比最低产量 T1 分别高出 23.53%、31.41% 和 34.77%，表明通过氮素调控能提高超级稻产量，其中以 T3 最多，对多穗型品种陵两优 268、大穗型品种中早 39 和穗粒兼顾型类品种淦鑫 203 均有显著性增产效果。

表 3-32 不同施氮量对超级早稻收获指数和产量的影响

处理	收获指数			产量 / (kg·hm^{-2})		
	陵两优268	中早39	淦鑫203	陵两优268	中早39	淦鑫203
T1	0.63a	0.63ab	0.60ab	5819.25b	4779.60b	5235.45b
T2	0.61a	0.62b	0.59b	6521.85ab	5825.70a	6751.65ab
T3	0.63a	0.66a	0.63a	7193.10a	6280.6a	7055.70a
T4	0.61a	0.63ab	0.59ab	6564.45ab	6069.45a	6923.85a

（11）不同施氮量对超级早稻米质的影响。供试 3 品种的糙米率在各处理间没有显著性差异（表 3-33），中早 39 和淦鑫 203 则随着 T2、T3、T4 施氮量增加呈现出整精米率增加的趋势；与 T1 相比，陵两优 268 和中早 39 T2、T3、T4 垩白度有增加的趋势，而淦鑫 203 则表现出随施氮量增加而有下降的趋势。与 T1 相比，淦鑫 203 T2、T3、T4 胶稠度增加；陵两优 268、淦鑫 203 T2、T3、T4 的直链淀粉含量比 T1 表现出下降的趋势，而中早 39 各处理的直链淀粉含量基本一致。

表 3-33 不同施氮量对超级早稻米质的影响

品种	处理	糙米率 /%	整精米率 /%	垩白度 /%	透明度（级）	碱消值 / 级	胶稠度 /nm	直链淀粉 /%
陵两优268	T1	77.7	44	3.4	2	3.2	72	16.4
	T2	78.5	38.9	4.3	2	3.9	75	15.9
	T3	78.6	46	5.2	2	4.3	68	15.8
	T4	78.8	39.9	3.5	4	4.2	83	14.3
中早39	T1	79.2	49.7	7.8	2	4.7	64	24.1
	T2	79.5	53.9	8.7	3	5.0	60	24.0

续表

品种	处理	糙米率 /%	整精米率 /%	垩白度 /%	透明度（级）	碱消值 / 级	胶稠度 /nm	直链淀粉 /%
	T3	79.4	51.0	9.9	2	5.1	64	24.4
	T4	79.1	57.8	13.8	2	3.2	53	23.8
	T1	80.3	20.7	4.7	5	3.4	51	21.0
淀鑫 203	T2	79.7	36.4	3.7	3	3.3	69	20.8
	T3	79.9	35	3.4	3	3.3	64	20.9
	T4	80.4	35.8	2.2	5	3.6	63	19.6

3. 讨论与小结

（1）氮素调控对超级稻株形的影响。分蘖期作为水稻群体构建关键期，分蘖数量与质量决定了最终产量的形成。本研究选用的 3 种不同穗型超级早稻品种研究的结果均证实基肥和分蘖肥的施用能提高每穴分蘖数，适当增加氮肥则能提高齐穗后的分蘖数，从而增加了成熟期的有效穗数。这表明在超级早稻生产中，适当增加氮肥施用，能提高成熟期的有效穗数。叶长和叶宽决定了水稻叶面积，通过增施氮素能提高中、晚稻灌浆期上 3 叶叶面积，增强水稻灌浆期的光合生产能力。3 类品种在对氮素响应效果呈现出差异的结果表明，通过氮素调控群体结构，尤其是调控叶面积指数时，应根据不同类型的品种进行精准调控。到成熟期，造成 3 类品种叶片衰减率差异的原因有待进一步研究。

（2）氮素调控对光合作用的影响。合理施氮有利于维持叶绿体的正常结构，确保叶绿素的不断更新，增加叶绿体数目，提高叶绿体的表面积和体积，扩大叶绿体与外界能量、物质交换界面，进而增强了净光合速率。本研究结果显示，3 类品种倒 1 叶、倒 2 叶相对叶绿素含量在分蘖期均以 T2 最高，对应的其剑叶净光合速率也是最高，说明增施氮有利于提高光合速率，提高产量。到成熟期，3 类品种 T3、T4 剑叶仍维持较高的净光合速率，这与灌浆后期叶片中具有比 T1、T2 更高氮素有关，由于氮素含量相对较高，T3、T4 剑叶、倒 2 叶叶片显示出气孔导度较大优势。T3、T4 上 3 叶电子传递速率（ETR）和实际光量子产量（AQY）均显著性高于 T1 和 T2，进一步证明由于增施氮肥，维持了叶片灌浆中后期光合系统 Ⅱ 较高电子传递速率和实际量子产量，延长了叶片光合功能期，这是灌浆中后期光合产物合成充足、结实率较高、充实度较好的主要原因。

（3）氮素调控对株高、产量构成及籽粒产量的影响。株高作为重要农艺性状，也是作物栽培过程中研究氮素调控的重要内容。多数研究表明水稻株高受氮素影响，但其影响因研究材料不同具有较大差异。本试验结果表明，氮素对 3 类品种株高的影响也不相同，陵两优 268 处理间没有显著性差异，说明该品种的株高性状比较稳定，受氮素影响小。其原因与陵两优 268 母本湘陵 628S 携带来自 SV14S 中 SBI 基因有关，SBI 编码的 GA2 氧化酶可以将活性赤霉素转化为束缚态的赤霉素，使得水稻茎秆基部节中自由态赤霉素含量显著降低，从而抑制基部节间的伸长。中早 39 在各处理中以 T3 的株高最高；淀鑫 203 各施肥处理的株高都显著性高于 T1，氮素对该品种株高调控更为明显。T3、T4 有效穗数、每穗粒数均高于 T1，即使在千粒重和结实率无优势条件下，T3、T4 具有较高的大田产量，证明了增施氮肥对超级早稻增产的重要性。同时，大田籽粒产量并未出现随着 T3、T4 氮素施用量增加而增产，表明提高超级早稻产量不局限于氮素穗肥施用量多少，还与氮素基、蘖、穗肥合理搭配处理以及与钾肥合理搭配有关，对应的氮素基、蘖、穗肥具体搭配方式和比例有待进一步研究。

（4）氮素调控对超级早稻米质的影响。氮肥对籽粒品质的影响尚存在不同的观点，现有对氮肥用量的增加利于提高早稻品种中早 22 稻米的碾磨和外观品质，氮肥的合理施用，可以提升籽粒内蛋白质含量，在一定程度上有助于填满淀粉粒之间的孔隙，从而降低籽粒垩白度。氮素运筹和后移能提高精米率和整精米率，降低垩白度和垩白粒率。还有研究表明，不同水稻品种对氮素响应不同，有品种垩白度随施氮量增加而增大，而有的品种则随施氮量增加而减少。本研究结果再次证明了氮素调控对籽粒品质影响存在品种差异性，因此不同品种也许可以采取对应的氮肥运筹来达到优良米质和高产量的平衡。T2 在分蘖期有效增加水稻分蘖数与净光合速率，说明增施氮素，能有效增加大穗型、多穗型和穗粒兼顾型 3 类超级早稻品种分蘖数，提高叶片相对叶绿素含量，提高净光合速率。T3、T4 在灌浆期上 3 叶保持了较高的相对叶绿素含量、电子传递速率（ETR）和实际量子产量（AQY）和较高的光合速率。表明增施氮肥后在生长后期也可维持较高的光合利用率。T3、T4 具有较高的大田产量，但产量并未随着 T3、T4 氮素施用量增加而增产，而是以 T3 的产量最高，表明提高超级早稻产量不局限于氮素穗肥施用量多少，还可能与氮素基、蘖、穗肥合理搭配相关，具体的品种于对应搭配方式和比例有待进一步研究。不同穗型品种在氮素处理下呈现出差异：多穗型品种陵两优 268 和穗粒兼顾型品种淦鑫 203 冠层上 3 叶叶面积对氮素响应大于比大穗型品种中早 39；陵两优 268 表现出株高、穗粒数、千粒重不易受氮素调控的特性，中早 39 和淦鑫 203 株高、穗粒数和千粒重则对氮素响应更明显。本研究阐明了氮素调控对 3 种不同穗粒结构型早稻冠层上 3 叶面积、叶绿素含量、光合速率、产量和米质的影响，揭示了超高产早稻施用氮肥的必要性。

（二）不同生育期施氮比例对超级早稻光合特性及产量影响

早稻具有感温性强、感光性相对弱，全生育期相对较短的特性，主要种植于华南及长江中下游地区双季稻区。早稻籽粒具有农药残留少、耐储存性好、保存品质稳定的优点，因而常作为国家储备粮，在保障国家粮食安全上具有重要战略地位。

氮素是影响水稻产量形成的首要因素，也是提高水稻产量的关键因素。因而明确不同穗型超级早稻对氮素吸收利用的特性，指导不同穗型的水稻品种进行合理氮素调控，以充分发挥超级早稻产量潜力。超级稻对于氮素吸收量有前生育期低、中后期较高的"后期功能型"特点，特别是拔节至抽穗期吸氮量最高占总吸氮量的 45% ~ 47%，在这个时期维持较高的氮素吸收量有利于水稻穗分化的关键期维持良好的矿质营养，从而为抽穗后的物质积累提供保障。

在水稻栽培过程中，基、蘖肥能够促进分蘖原基的分化，但基、蘖肥过多会导致无效分蘖增多，前期群体增长速度过快，恶化中下部叶片受光环境，降低群体光能利用率，也会降低收获指数。而后期施氮量过大，水稻上部叶面积增大，降低群体透光率，影响水稻结实率。众多研究表明，适宜的氮肥运筹，可以促进水稻叶片氮素代谢，提高叶片光合能力，提高产量。

前人研究表明超级早稻的生长期遇到低温阴雨的天气较多，且早稻自身生育期较短、光合物质积累时间也较短。相比中、晚稻而言，早稻光合特性与氮素施用相互关系研究较少，而就不同穗型超级早稻进行物质积累与氮素调控的研究则更少见报道。前人的研究表明，合理氮肥运筹能有效地弥补超级早稻生育期短，生长发育过程中常遇低温多雨等不利因素。本研究在 2019 年超级早稻不同氮肥施入量试验的基础上，对纯 N 150 kg/hm² 采用 5 种不同生育期施氮比例，对多穗型、穗粒兼顾型超级早稻品种进行分蘖数、叶面积、相对叶绿素含量与光合作用参数和产量测定，以期为超级早稻的栽培调控提供理论依据。

1. 材料与方法

（1）试验地点与供试材料。试验于 2020 年 3 月 21 日至 7 月 24 日在湖南省浏阳市沙市基地（28°32' N，113°41' E）进行。土壤类型为潴育型水稻土，0 ~ 20 cm，土壤理化性质同 2.1.1。在前期的试验中，多穗型品种为陵两优 268 和穗粒兼顾型品种为淦鑫 203 为试验材料。

（2）试验设计。纯 N 含量为 150.0 kg/hm²，试验设置 5 个处理（表 3–34）。基肥在移栽前 2 d 施用，分蘖肥在移栽后 8 d 施用，穗肥于幼穗分化第四期施用。N、P_2O_5、K_2O 比例为 1：0.6：1.2，磷肥（P_2O_5）和钾肥（K_2O）作为基肥一次性施入。试验采用随机区组设计，3 次重复，每小区面积 42 m²，长 7 m、宽 6 m。3 月 21 日播种，4 月 27 日移栽，移栽规格为 20 cm × 20 cm，每穴 2 株。田间管理参照水稻模式化栽培。各小区间作田埂隔离，并用黑色塑料薄膜覆盖埂体，单独灌溉。

表 3–34　不同处理氮素施用比例

处理	氮素施入比例
A	不施肥
B	一次性施入
C	基肥：分蘖肥 =7：3
D	基肥：分蘖肥：穗肥 =6：3：1
E	基肥：分蘖肥：穗肥 =5：4：1

（3）目测定与方法。包括以下项目：

（A）叶片厚度、株形指标及光合作用参数测量方法。分别在齐穗期、成熟期选择叶片中上部至距离叶尖 5 cm 处进行叶片厚度测定，每片叶测 10 个点，取平均值，测 5 片叶采用测厚仪（YHT100195，精度 0.001 mm/0.00005）进行叶片厚度测定。分蘖数、上 3 叶叶面积、上 3 叶相对叶绿素含量、株高、光合作用参数测量方法同上。

（B）干物质重、各器官重量、产量构成和产量测量方法。干物质重和各器官重量，在成熟期，选取长势一致的 12 株水稻，称取植株干量；分样后称叶片、茎鞘、枝梗、籽粒、稻草干量。产量及产量构成测量方法同上。

（C）氮素含量和氮素利用率计算。氮含量采用凯氏定氮法测定。

氮素吸收量（kg·hm⁻²）= 单位面积全株地上部（茎、叶和穗）干物质重 × 植株含氮率（茎、叶和穗含氮的加权平均）；

氮肥吸收利用率（%）=（施氮区植株吸氮量—氮空白区植株吸氮量）/ 施氮量 ×100%；

氮肥农学利用率（kg·kg⁻¹）=（施氮处理产量—不施氮处理产量）/ 施氮量；

氮肥生理利用率（kg·kg⁻¹）=（施氮处理籽粒产量—不施氮处理籽粒产量）/（施氮处理植株吸氮量—不施氮处理植株吸氮量）；

氮肥偏生产率（kg·kg⁻¹）= 籽粒产量 / 施氮量。

2. 结果与分析

（1）不同生育期施氮比例对超级早稻分蘖数的影响。水稻生长前期"早生快发"是高产的特性之一。在分蘖初期，两品种均以处理 B 的分蘖数最多（表 3–35）。至抽穗期，两品种处理 B、C、D、E 分蘖数均显著高于处理 A（对照），陵两优 268 处理 B、C、D、E 间没有显著性差异，淦鑫 203 以处理 E 分蘖数最多，比处理 A、B、C、D 分别高出 65.25%、18.78%、22.18% 和 26.63%。成熟期，陵两优 268 和淦鑫 203 处理 B、C、D、E 有效穗数均显著性高于处理 A。两供试品种有效穗相比较，陵两优 268 各处理有效穗均高于对应的淦鑫 203 处理，平均高出 37.81%，这一结果也再次验证了陵两优 268 是多穗型超级稻的特性，即在产量构成中，陵两优 268 主要是靠有较多的有效穗实现高产。

表 3-35　不同生育期施氮比例对超级早稻每穴分蘖数和每穴有效穗数的影响　　　　个

处理	分蘖初期分蘖数		抽穗期分蘖数		成熟期有效穗数	
	陵两优 268	淦鑫 203	陵两优 268	淦鑫 203	陵两优 268	淦鑫 203
A	3.33b	3.18b	6.80b	8.00c	6.24b	4.55b
B	4.33a	4.55a	10.67a	11.13b	9.17a	6.80a
C	3.80ab	4.00ab	12.00a	10.82 b	10.07a	6.83a
D	3.38b	3.71ab	10.38a	10.44b	10.38a	7.37a
E	3.54ab	3.44ab	11.33a	13.22a	9.27a	7.20a

（2）不同生育期施氮比例对超级早稻上 3 叶叶面积及衰减率的影响。处理 B、C、D、E 不同施氮比例较 A 相比上 3 叶叶面积都显著增加，处理 D 和 E 随水稻生长发育的推移叶面积增大的优势逐渐显现，到生长后期仍保持了较大叶面积优势（表 3-36）。齐穗期，两供试品种氮肥按比例施用处理（C、D、E）倒 1 叶、倒 2 叶、倒 3 叶叶面积均大于处理 A、B。陵两优 268 倒 1 叶处理 D 叶面积最大，处理 C 和处理 E 次之，其中处理 D 较处理 A、B 叶面积分别增大 65.40% 和 65.50%，处理 C 较 A、B 叶面积平均增大 31.45%，处理 E 较处理 A、B 叶面积平均增大 22.47%。淦鑫 203 处理 C、D、E 倒 1 叶叶面积较处理 A 分别增长 150.05%、131.35% 和 78.40%，处理 C、D、E 倒 1 叶叶面积较处理 B 分别增长 62.53%、47.78% 和 15.50%。至成熟期，陵两优 268 倒 1 叶处理 E 叶面积最大为 41.75 cm^2，较处理 A、B、C 叶面积分别增长 94.01%、22.97% 和 23.59%，处理 D 次之，为 36.64 cm^2。淦鑫 203 处理 D 保持了较大的叶面积，倒 1 叶较处理 A、B、C、E 分别增大 181.33%、19.13%、7.32% 和 16.09%，上述结果表明不同的氮肥施用比例对水稻上 3 叶面积有着较大影响，而处理 D、E 的氮素运筹更有利于调控叶面积。就叶面积衰减率而言，供试品种淦鑫 203 处理都表现出较高的衰减率，各处理倒 1 叶平均衰减率为 30.34%，明显高于对应的陵两优 268（21.64%）。而淦鑫 203 各处理的倒 2 叶平均衰减率为 28.91%，也高于对应陵两优 268 25.82%。表明通过氮素调控在显著性提高淦鑫 203 倒 1 叶、倒 2 叶叶面积的同时，也会致使灌浆期叶面积较快衰减。

表 3-36　不同生育期施氮比例对超级早稻上 3 叶叶面积及衰减率的影响

叶位	处理	齐穗期叶面积 /cm^2		成熟期叶面积 /cm^2		衰减率 /%	
		陵两优 268	淦鑫 203	陵两优 268	淦鑫 203	陵两优 268	淦鑫 203
倒 1 叶（剑叶）	A	34.77c	20.51d	21.52c	11.62c	38.11	43.34%
	B	34.75c	31.68cd	33.95b	27.44b	2.30%	13.38%
	C	45.69b	51.49a	33.78b	30.46ab	26.07%	40.84%

续表

叶位	处理	齐穗期叶面积 /cm²		成熟期叶面积 /cm²		衰减率 /%	
		陵两优 268	淦鑫 203	陵两优 268	淦鑫 203	陵两优 268	淦鑫 203
	D	57.51a	47.45ab	34.64b	32.69a	39.77%	31.11%
	E	42.57bc	36.59bc	41.75a	28.16ab	1.93%	23.04%
	A	36.45b	34.22c	22.87c	20.41b	37.26%	40.36%
	B	42.72b	45.83b	33.25ab	23.91b	22.17%	47.83%
倒 2 叶	C	59.83a	50.78ab	26.63bc	44.48a	55.49%	12.41%
	D	40.01b	52.27a	40.55a	44.09a	−1.35%	15.56%
	E	43.63b	52.90a	36.86a	37.87a	15.525%	28.41%
	A	28.12c	34.10b	19.82a	19.45a	29.52%	/
	B	41.43ab	38.06b	/	/	/	/
倒 3 叶	C	44.79a	46.82a	/	/	/	/
	D	36.77b	25.68c	/	21.8a	/	14.80%
	E	45.95a	39.61b	22.69a	/	50.62%	/

（3）不同生育期施氮比例对超级早稻上 3 叶叶片厚度的影响。抽穗期，两供试品种倒 1 叶、倒 2 叶均呈现出施肥处理后的叶片厚度显著高于对照（处理 A）（表 3–37），而其中陵两优 268 处理 B、C、D、E 叶片厚度平均高出对照 14.33%，而对应的淦鑫 203 则高出对照 26.51%，倒 2 叶呈现出相同的趋势，陵两优 268 各施肥处理倒 2 叶平均厚度高出对照 8.81%，淦鑫 203 各施肥处理倒 2 叶平均厚度高出对照 18.84%。就两个品种而言，陵两优 268 处理 A 倒 1 叶、倒 2 叶厚度均高于对应的淦鑫 203，同时两优 268 所有处理倒 1 叶、倒 2 叶、倒 3 叶平均厚度分别比对应的淦鑫 203 低 5.61%、6.29% 和 12.70%。上述结果表明施肥能增加叶片厚度，叶片增厚幅度存在品种间和叶位间的在差异。成熟期，陵两优 268 各处理的叶片厚度倒 1 叶没有显著性差异，而倒 2 叶、倒 3 叶均以处理 A 叶片最厚。淦鑫 203 以处理 A 的倒 1 叶最厚，倒 2 叶、倒 3 叶均以处理 B 厚度最大。陵两优 268 各处理倒 1 叶平均值比对应的淦鑫 203 厚度低 12.01%，而各处理倒 2 叶与倒 3 叶平均值分别比对应的淦鑫 203 高 18.74% 和 4.44%。与抽穗期叶片厚度相比较，成熟期陵两优 268 倒 1 叶厚度降低 18.34%，倒 2 叶与倒 3 叶则分别增厚 11.16% 和 4.72%。成熟期淦鑫 203 各处理倒倒 1 叶、倒 2 叶、倒 3 叶平均厚度分别比抽穗期降低 12.39%、12.28% 和 12.47%，表明供试两品种在成熟期叶片厚度变化方面存在明显的品种间差异。

表 3–37　不同生育期施氮比例对超级早稻叶片厚度（μm）的影响

叶位	处理	抽穗期		成熟期	
		陵两优 268	淦鑫 203	陵两优 268	淦鑫 203
	A	272b	265b	258 a	330a
倒 1 叶（剑叶）	B	391a	394a	234 a	311a
	C	280b	319b	240 a	278ab
	D	277b	308b	254 a	242b

续表

叶位	处理	抽穗期		成熟期	
		陵两优 268	淦鑫 203	陵两优 268	淦鑫 203
	E	296b	320b	252a	246b
	A	278b	276b	419a	248b
	B	300b	399a	396a	348a
倒 2 叶	C	341a	305b	320b	247b
	D	272b	296b	267bc	259ab
	E	297b	312b	252c	291ab
	A	239c	367a	380a	355a
	B	378a	369a	279b	358a
倒 3 叶	C	253c	343a	289b	244b
	D	339ab	302a	308ab	272b
	E	296bc	343a	320ab	280b

（4）不同生育期施氮比例对超级早稻成熟期株高的影响。氮素对两品种株高调控有明显不同（图 3-7）。陵两优 268 各处理株高没有显著性差异，都在 82.60 ~ 86.47 cm，陵两优 268 品种的株高不易受施氮比例的影响；淦鑫 203 各处理株高均显著性高于处理 A，各处理株高由高至低依次为C>D>B>E>A。

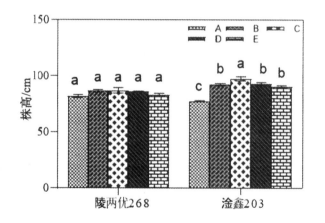

图 3-7　不同生育期施氮比例对成熟期超级早稻株高的影响

（5）不同生育期施氮比例对超级早稻上 3 叶相对叶绿素含量的影响。抽穗期，陵两优 268 倒 1 叶处理 E 相对叶绿素含量最高，较处理 A 高 35.65%，较处理 B 高 7.32%，倒 2 叶、倒 3 叶处理 C 相对叶绿素含量最高，施用穗肥的处理 C、D、E 都高于未施穗肥处理 A、B（表 3-38）。淦鑫 203 倒 1 叶、倒 2 叶、倒 3 叶均以处理 C 相对叶绿素含量最高，处理 D、E 次之，都显著高于处理 A、B，其中倒1 叶处理 D、E 较处理 A、B 相对叶绿素含量分别增长 20.16%、11.29%、16.69%、10.85%。表明施用穗肥后能有效提高抽穗期上 3 叶相对叶绿素含量，为灌浆期叶片保持较高光合速率奠定了基础。齐穗期，两品种处理 D、E 上 3 叶相对叶绿素含量较高，处理 D、E 倒 1 叶、倒 2 叶、倒 3 叶的相对叶绿素含量均显著性高于其他 3 处理。其中陵两优 268 处理 D 较处理 A、B、C 倒 1 叶相对叶绿素分别高出 18.67%、8.22%、12.46%，处理 E 较处理 A、B、C 倒 3 叶相对叶绿素增加 26.21%、11.04%、15.50%；淦鑫 203 倒 3 叶相对叶绿素处理 D 较处理 A、B、C 增加 8.38%、5.64%、7.05%。至成熟期，处理 C 表现出较高的相对叶绿素含量，且显著性高于其他处理，处理 D 次之。陵两优 268 处理 D 倒 3 叶相对叶绿素含量与处理 A、B、E 相比分别增长 89.37%、81.14%、15.62%；淦鑫 203 处理 D 倒 1 叶相对叶绿素含量与处理 A、B、E 相比分别增长 30.26%、58.30%、8.69%。

表 3-38　不同生育期施氮比例对超级早稻上 3 叶相对叶绿素含量（SPAD 值）的影响

叶位	处理	抽穗期		齐穗期		成熟期	
		陵两优 268	淦鑫 203	陵两优 268	淦鑫 203	陵两优 268	淦鑫 203
倒 1 叶（剑叶）	A	30.46c	29.36d	38.62c	39.38b	22.67d	28.62d
	B	38.50ab	31.70c	42.35b	40.40b	23.70d	23.55e
	C	37.63ab	42.93a	39.68c	39.87b	47.00a	42.88a
	D	35.48b	35.28b	45.83a	42.68a	42.93b	37.28b
	E	41.32a	35.14b	46.92a	42.66a	37.13c	34.30c
倒 2 叶	A	33.86d	34.32c	34.63c	36.18c	14.43c	20.15c
	B	40.28c	35.30c	41.03b	39.44b	12.44c	13.93d
	C	46.82a	45.60a	40.03b	41.43ab	43.28a	40.96a
	D	42.17bc	45.46a	45.02a	41.92a	40.86a	25.76b
	E	43.90b	42.46b	47.33a	42.42a	33.23b	28.45b
倒 3 叶	A	30.54d	31.10d	31.30d	32.42c	7.20d	11.20c
	B	40.20c	35.78c	42.72b	36.50b	13.00d	8.50c
	C	45.60a	43.85a	39.20c	37.22b	40.03a	35.73a
	D	42.64b	44.00b	45.00ab	40.96a	30.95b	16.67b
	E	44.83a	41.06b	47.50a	43.32a	22.83c	20.45b

（6）不同生育期施氮比例对抽穗期超级早稻光合作用参数的影响。抽穗期，不同氮肥施入方式对两供试品种光合速率作用明显，其中处理 D 净光合速率都为最高（表 3-39）。陵两优 268 处理 D 净光合速率 37.06 μmol/（$m^2 \cdot s$），较处理 A、B、C、E 分别提高 30.49%、34.22%、3.72%、9.58%，淦鑫 203 处理 D 净光合速率 33.36 μmol/（$m^2 \cdot s$）较处理 A、B、C、E 分别提高 16.36%、13.05%、4.18%、3.73%。表明处理 D 氮肥施入比例在抽穗期对提高叶片净光合作用最为有效，有利于抽穗期的物质积累。施用穗肥的处理（处理 D、E）蒸腾速率和气孔导度都高于处理 A、B，表明通过氮素后移，可以维持水稻叶片较高的气孔导度和蒸腾作用，保持叶片较强的净光合速率，为后期较高光合速率提供保障。

表 3-39　不同生育期施氮比例对抽穗期超级早稻光合作用参数的影响

处理	A/（μmol·m⁻²·s⁻¹）		E/（μmol·m⁻²·s⁻¹）		Ci/（μmol·mol⁻¹）		Gs/（mol·m⁻²·s⁻¹）	
	陵两优 268	淦鑫 203	陵两优 268	淦鑫 203	陵两优 268	淦鑫 203	陵两优 268	淦鑫 203
A	28.40c	28.67c	0.0132a	0.0125ab	324.08a	320.34a	1.04b	1.12c
B	27.61c	29.51bc	0.0113b	0.0127ab	319.24a	320.82a	1.19c	1.22bc
C	35.73ab	32.02ab	0.0145a	0.014a	307.87b	304.41c	1.40a	1.54a
D	37.06a	33.36a	0.0144a	0.0129ab	304.64b	303.63c	1.39a	1.29b
E	33.82b	32.16ab	0.0133a	0.0129ab	308.86b	311.68b	1.36a	1.34b

（7）不同生育期施氮比例对成熟期超级早稻光合作用参数的影响。至成熟期两供试品种处理 D 仍保持较高的净光合速率，与各处理相比净光合速率最高，且与处理 A、B 净光合速率具有显著性差异（表 3-40）。陵两优 268 净光合速率由高到低依次为处理 D>C>E>A>B，处理 D 与处理 A、B、C、E 相比净光合速率分别提高 79.98%、96.13%、4.42%、17.61%；淦鑫 203 各处理净光合速率由高至低顺序与陵两优 268 一致，处理 D 较处理 A、B、C、E 相比净光合速率分别提高 42.97%、63.74%、1.27%、44.96%。与其他氮肥处理相比，处理 D 蒸腾速率与气孔导度均保持了较高水平。表明通过穗肥施用，能维持灌浆期叶片较强的饱和净光合速率，各处理中又以处理 D 始终维持水稻叶片较好的光合功能，保持较高的净光合速率，这种氮素调控方式有利于光合物质积累从而提高产量。

表 3-40　不同生育期施氮比例对成熟期超级早稻光合作用参数的影响

处理	A/（μmol·m⁻²·s⁻¹）		E/（μmol·m⁻²·s⁻¹）		Ci/（μmol·mol⁻¹）		Gs/（mol·m⁻²·s⁻¹）	
	陵两优 268	淦鑫 203	陵两优 268	淦鑫 203	陵两优 268	淦鑫 203	陵两优 268	淦鑫 203
A	11.54c	16.71b	0.0089d	0.0145b	355.83b	350.86b	0.65b	1.11b
B	10.59c	14.59c	0.0115c	0.0146b	363.22a	358.98a	1.07a	1.34a
C	19.89a	23.59a	0.0160ab	0.0182a	339.79cd	332.21c	1.05a	1.11b
D	20.77a	23.89a	0.0184a	0.0186a	337.39d	324.73d	1.29a	1.01b
E	17.66b	16.48bc	0.0149b	0.0125c	344.32c	346.75b	1.14a	1.02b

（8）不同生育期施氮比例对超级早稻干物质重的影响。供试两品种单株干物质、籽粒、叶片、叶鞘和枝梗干量都以处理 D 重量最大（表 3-41）。其中陵两优 268 处理 D 单株重显著性高于处理 A、B，分别高出 51.90%、21.08%；淦鑫 203 各处理单株重由高到低依次为处理 D>C>E>B>A，处理 D 较处理 A、B、C、E 单株重依次增加 100.92%、26.08%、5.97%、13.80%。陵两优 268 各处理稻草重从高至低顺序与单株重相同，处理 D 与处理 A、B、C、E 稻草重相比依次增加 51.81%、18.48%、1.04%、14.42%。淦鑫 203 处理 D 稻草重比处理 A、B、E 分别高出 46.27%、33.78%、3.27%，表明通过穗肥施用，可以显著性提高水稻植株生物量。通过氮素运筹，尤其是穗肥施用（处理 D、E）显著性地增加了单株籽粒重量、叶片、茎秆及叶鞘重量。其中陵两优 268 处理 D 单株籽粒重比处理 A、B、C、E 分别提高 50.25%、22.75%、11.89%、12.17%；而淦鑫 203 处理 D 单株籽粒重比处理 A、B、C、E 分别增加 93.61%、28.45%、1.34%、10.47%；陵两优 268 施穗肥处理（处理 D、E）的平均叶片重量分别比处理 A 和处理 B 高 70.52% 和 17.90%；而淦鑫 203 施穗肥处理（处理 D、E）的平均叶片重量分别比处

理A和处理B高132.49%和37.54%，表明通过氮素运筹，可显著性提高超级稻主要光合器官—叶片的重量，有利于提高水稻后期光合速率，增加籽粒产量。穗肥施用处理（处理D、E）的叶鞘、枝梗重量也显著性高于对应的处理A和处理B重量，表明通过氮素运筹所提高的生物量，在各器官中都得到合理分配。

表3-41 不同生育期施氮比例对超级早稻干物质重及各器官重量的影响 g/穴

| 处理 | A | | B | | C | | D | | E | |
	陵两优268	淦鑫203	陵两优268	淦鑫203	陵两优268	淦鑫203	陵两优268	淦鑫203	陵两优268	淦鑫203
籽粒重量	17.67c	13.62c	21.63bc	20.53b	23.72ab	26.02a	26.55a	26.37a	23.67ab	23.87ab
稻草重量	10.77c	12.32c	13.47bc	35.43b	16.18a	19.78a	16.35a	18.02a	14.29ab	17.45ab
植株重	28.43c	21.75c	35.43b	34.66b	39.90ab	41.24a	42.90a	43.70a	38.63ab	38.40ab
叶片重量	2.42c	1.97d	3.50b	3.33c	4.13a	4.58ab	4.22a	5.03a	4.03ab	4.13b
茎秆重量	3.40b	2.30c	3.95ab	3.58b	4.60a	4.67a	4.53a	4.50ab	4.33a	3.88ab
叶鞘重量	3.93b	3.38c	5.13a	4.82b	5.62a	5.68ab	5.70a	6.05a	5.50a	5.43ab
枝梗重量	0.85c	0.53c	1.15b	0.87b	1.33ab	1.23a	1.45a	1.32a	1.37ab	1.17a

（9）不同生育期施氮比例对超级早稻穗长和产量构成因素的影响。陵两优268、淦鑫203穗长、穗粒数均以处理D穗长最长且穗粒数最多（表3-42），陵两优268处理D较A、B、C处理穗长分别增加9.15%、8.23%和4.05%；淦鑫203处理D较A、B、C处理穗长分别增加14.10%、9.70%、0.40%。陵两优268处理D穗粒数比处理A高23.46%，具有显著性差异；而淦鑫203处理D的穗粒数分别高出处理A、处理B 61.86%和27.86%，差异显著性；表明增施穗肥能有效提高超级稻穗长和穗粒数，而增加幅度以处理D最高，同时穗粒兼顾型品种淦鑫203的穗粒数表现出比多穗型品种陵两优268更容易被氮素调控的特点。增施穗肥虽然提高了两个供试品种的穗粒数，但千粒重和结实率却降低，陵两优268处理A的千粒重显著性高于其他处理；淦鑫203处理A千粒重显著性高于处理C、处理D和处理E，表明增施肥料不利于千粒重的增加。就结实率而言，两品种均以处理A结实率最高，都显著性地高于同一品种所对应的其他处理，两个供试品种均以处理E的结实率最低，呈现出随着氮素后移量的增加结实率降低的趋势，表明在进行氮素后移、增施穗肥等氮素调控措施时，要协调好氮素后移与结实率间的关系。

表3-42 不同生育期施氮比例对超级早稻穗长和产量构成因素的影响

| 处理 | 穗长/cm | | 穗粒数/粒 | | 千粒重/g | | 结实率/% | | 有效穗数/个 | |
	陵两优268	淦鑫203	陵两优268	淦鑫203	陵两优268	淦鑫203	陵两优268	淦鑫203	陵两优268	淦鑫203
A	18.79c	17.73c	99.20b	78.63c	25.92a	28.34a	94.01a	90.41a	6.24b	4.55b
B	18.95bc	18.44bc	111.17ab	99.54b	24.07b	26.90ab	83.23b	80.00bc	9.17a	6.80a
C	19.71b	20.15a	118.76a	119.31a	24.54b	25.81b	77.32bc	83.02b	10.07a	6.83a
D	20.51a	20.23a	122.47a	127.27a	24.50b	25.67b	78.47bc	77.33bc	10.38a	7.37a
E	19.46bc	19.09b	116.90a	114.70a	24.69b	25.46b	72.32c	76.14c	9.27a	7.20a

（10）不同生育期施氮比例对超级早稻产量的影响。陵两优 268 和淦鑫 203 产量均以处理 D 最高（表 3–43），与未施用穗肥的处理 A、处理 B 相比，处理 D 的陵两优 268 产量分别高出 61.70% 和 21.28%，差异显著性；而淦鑫 203 处理 D 分别高出处理 A、处理 B 70.59% 和 24.23%，具有显著性差异。以上结果均表明通过氮素运筹增加穗肥施用农有效提高超级早稻产量，各穗肥调控处理中以处理 D 处理最高，表现出对多穗型品种陵两优 268 和穗粒兼顾型类品种淦鑫 203 均有显著性增产效果。

表 3–43　不同生育期施氮比例对超级早稻产量的影响

处理	陵两优 268		淦鑫 203	
	小区产量 /kg	产量 /（kg·hm^{-2}）	小区产量 /kg	产量 /（kg·hm^{-2}）
A	7.05c	5035.71c	6.70c	4785.71c
B	9.40b	6714.29b	9.20b	6571.43b
C	9.83ab	7023.79ab	9.30b	6642.86b
D	11.40a	8142.86a	11.43a	8166.64a
E	10.00ab	7142.86ab	11.27a	8047.64a

（11）不同生育期施氮比例对超级早稻氮肥吸收量和氮肥利用率的影响。两供试品种不同处理氮肥利用率有明显不同见表 3–44，其中多穗型品种陵两优 268 处理 D 氮肥吸收率和氮肥吸收利用率最高，穗粒兼顾型品种淦鑫 203 氮肥吸收量和氮肥吸收利用率以处理 C 最高，处理 D 次之，但处理 C 较处理 D 仅高 2.37% 和 3.70%。农学利用率和偏生产率 2 品种都是处理 D 最高，陵两优 268 氮肥吸收利用率变化范围为 7.20% ~ 38.43%，农学利用率变化范围为 11.19 ~ 20.71 kg/kg；淦鑫 203 氮肥吸收利用率变化范围为 9.90% ~ 37.29%，农学利用率变化范围为 11.90 ~ 22.54 kg/kg，生理利用率等于农学利用率和氮肥吸收利用率的比值，处理 B、E 明显高于处理 C、D，表明处理 D 吸收的氮素不仅用于产生籽粒，也利于其他生物量的增加，最终提高生物产量。

表 3–44　不同生育期施氮比例对超级早稻氮肥吸收利用率的影响

处理	陵两优 268					淦鑫 203				
	氮素吸收量 /（kg·hm^{-2}）	氮素吸收利用率 /%	农学利用率 /（kg kg^{-1}）	生理利用率 /（kg kg^{-1}）	偏生产率 /（kg kg^{-1}）	氮素吸收量 /（kg·hm^{-2}）	氮素吸收利用率 /%	农学利用率 /（kg kg^{-1}）	生理利用率 /（kg kg^{-1}）	偏生产率 /（kg kg^{-1}）
A	39.42	—	—	—	—	30.33	—	—	—	—
B	50.21	7.20	11.19	155.46	44.76	45.18	9.90	11.90	120.26	43.81
C	84.85	30.29	13.25	43.75	46.83	86.27	37.29	12.38	33.20	44.29
D	97.06	38.43	20.71	53.90	54.29	84.27	35.96	22.54	62.68	54.44
E	62.65	15.49	14.05	90.68	47.62	62.58	21.50	21.75	101.16	53.65

3. 讨论与小结

（1）氮素调控对超级早稻株形的影响。良好的株形有利于提高水稻对太阳有效辐照截获，有利于提高水稻的光能利用效率。要构建较为理想的株形，一方面要求品种有较好的株形特征，另一方面可以通过氮素调控等生理调控措施，充分发挥品种株形优良特性。超级杂交 Y 两优 900 就是具有株形良好，叶片光合功能期长等特点，在品种特性的基础上，通过氮素运筹，调控其株形结构，优化群体结构，提高群体光合速率，实现了产量的提升，氮素调控表现为合理增加叶面积指数，提高对太阳光能的利用率，另外氮素调控加速了叶片等器官增大了，加速了细胞增长。本研究中陵两优268和淦鑫203通过合理氮素后移处理（处理D），调控幼穗分化期功能叶片的生长发育，保持着灌浆期有较大叶面积，因而增加了光能截获效率，提高了水稻群体对光能利用效率，实现了单株生物量和籽粒产量的增加。"长、直、窄、凹、厚"是对超级稻上3叶叶型经典的描述，表明叶片厚度是水稻株形的一项重要选择指标，其性状的改良对叶片形态乃至理想株形构建都具有重要意义。厚叶组织细胞中含氮量也相对较高，较厚的叶片也表现出较高单叶净光合优势。本研究结果显现供试的两个超级早稻品种一次性施肥的处理（处理B）的倒1叶在齐穗期较厚，而增施穗肥反而叶片较薄，其原因是增施穗肥的各处理，呈现出的叶面积大的优势。同时抽穗期陵两优268与淦鑫203处理B的倒1叶饱和光合速率显著性低于施用穗肥处理的C、D、E，其原因是前人的研究是相同处理下叶厚度与单叶净光合速率高度关联，根源在于较厚叶片氮素含量较高，其实质是氮素含量与叶片净光合速率紧密相关，而穗肥施用后，上3叶，尤其是倒1叶氮素含量得到提高，而未施用穗肥的处理则维持原有甚至更低叶片氮素含量，这是处理B叶片虽厚，但叶片净光合速率较低的原因。氮素对叶片厚度的影响还体现出品种差异，与陵两优268相比，淦鑫203的叶片厚度表现出对氮素更敏感，即与对照相比，各施肥处理的淦鑫203叶片厚增加幅度更大。而到成熟期，淦鑫203的叶片厚度降低，其幅度大于对应的陵两优268，叶片变薄是叶片可溶性糖类物质输出的结果，而后期叶片物质主要是输出到籽粒，这也是成熟期淦鑫203施用穗肥处理（处理D、E）单株籽粒产量较对照增幅较大的原因。

（2）氮素调控对超级早稻光合作用的影响。叶绿素含量可直观反应水稻氮素营养状况，水稻功能叶片中叶绿素含量的高低间接反应出水稻叶片光合能力。本试验结果显示，齐穗期叶绿素含量最高，到成熟期各处理基本都呈下降趋势。出现此现象是因为在水稻不同生长时期，叶绿素a、b及叶绿素总量都具有差异，且水稻叶片在成熟期的生理功能降低因而导致叶绿素含量减少。有研究结果表明，在幼苗期—分蘖期—成熟期会出现叶绿素含量下降趋势，这与本试验结果也基本一致。可根据不同时期叶绿素含量来调整氮肥施用。合理施氮有利于维持叶绿体的正常结构，确保叶绿素的不断更新，增加叶绿体数目，提高叶绿体的表面积和体积，扩大叶绿体与外界能量、物质交换界面，进而增强了净光合速率。第二章研究结果显示增施穗肥的处理维持了较高的光合速率，也延长了叶片光合功能期，灌浆中后期光合产物合成充足，最终提高产量。本研究中陵两优268和淦鑫203处理D在抽穗期和成熟期一直保持了较高净光合速率，说明处理D氮素施入比例更适宜。

（3）氮素调控对超级早稻产量及其构成因素的影响。由于陵两优268和淦鑫203处理D的有效穗数、穗粒数都高于其他处理，在千粒重和结实率不具优势的条件下，仍然保持了最高的大田产量，证明处理D施肥方式更利于超级早稻增产，其原因是两品种的处理D都具有光合优势，单株重量也得到提高，从而籽粒重量也显著性提高，表明合理氮素运筹对对超级早稻产量调控作用效果明显。试验各处理中，多穗型品种陵两优268和穗粒兼顾型品种淦鑫203均以处理D产量最高。本研究中处理D保持了较高成穗率，无效分蘖明显低于处理B和C；增加倒1叶叶片氮素含量；此外还调控了叶片在灌浆期保持了较大的叶面积与相对叶绿素含量，增加了功能叶片的光能截获率与光合功能期，因而提高水稻净光合速率，成熟期也一直保持了较高净光合速率，灌浆中后期光合产物合成充足，最终提高产量。氮素调控对不同穗型品种间仍存在差异，陵两优268除株高仍然表现出不宜调控特征外，在本章研究中，与淀鑫 203 相比叶片厚度也表现出对氮素较不敏感。淀鑫 203 各施肥处理叶片厚度增幅较大，到后期因叶片物质输出而导致叶片变薄幅度也大于陵两优 268，说明淀鑫 203 叶片厚度对氮素调控反应较陵两优 268 更为灵敏。本研究中陵两优 268 和淀鑫 203 处理 D 在抽穗期和成熟期一直保持了较高净光合速率，且处理 D 产量最高。说明基肥：分蘖肥：穗肥 =6：3：1 比例施入氮素（处理 D）更适宜。

（三）超级稻（晚稻）大穗发育养分调控机制研究

与普通水稻相比，超级杂交稻具有更高产量潜力优势，具体表现为穗大、粒多、结实率较高。而大穗型超级杂交稻除了上述特点，最显著的优势主要体现在穗粒数多。晚稻生育期比中稻短，生长发育环境也与中稻有显著差异，且品种间差异明显，现有的超级稻中稻大穗调控技术很难直接指导超级晚稻的生产，本研究在 2017 年试验基础上以多穗型品种盛泰优 722 为对照，对养分调控下的大穗型品种深优 1029 进行研究，为大穗型品种技术方案及示范推广提供技术支撑。

1. 材料与方法

（1）试验品种。深优 1029（大穗型）、盛泰优 722（多穗型）。

（2）试验设计。盆栽：半径 18cm（苗子成活，正常水深情况下贴近土壤表面测的平均值）；前期统一处理：基肥、分蘖肥、穗肥施用时间一致。

（3）试验处理。氮磷钾按照 1：0.6：0.8 施用，其中磷肥作基肥一次性施用，钾肥按基肥和穗肥 1：1 两次施入。纯氮基准设置如表 3–45。

表 3–45 试验处理设置

总用纯氮量 /（kg·hm⁻²）	180	160	140	120	CK	120	140	80	100
基肥、蘖肥、穗肥比例	48, 48, 84	48, 48, 64	48, 24, 68	48, 24, 48	不施肥	24, 48, 48	24, 48, 68	24, 24, 32	24, 24, 52

（4）调查及样本数。2 个品种，9 个处理，每个处理重复 6 盆，共 108 盆。测量数据样本数：测量 4–6 个重复的数值。盆栽环境：温度、湿度高于田间，土壤肥力较好。

2. 结果与分析

2018 年度对 9 个早稻、18 个中稻、11 个晚稻品种分蘖期、幼穗分化期、灌浆期株形（叶长、宽、叶面积、各叶片夹角、穗型）进行系统分析，并对于各时期水稻进行光响应曲线、叶片氮素含量的测定。对早中晚稻进行小区测产。在 2017 年分型试验基础上，对多穗品种盛泰优 722 和大穗型深优 1029（2017 年结果）进行了基肥、分蘖肥、穗肥差异性氮素试验，试图明确影响分蘖、有效穗多寡的氮素因子。盆栽试验表明在其他养分一致条件下，增施基、蘖肥能显著提高水稻分蘖数提高基肥施用量能有效提高分蘖数，基、蘖肥施氮总量相同的条件下，提高基肥比例，有利于增加分蘖数，结果表明，不论大穗型还是多穗型品种，增施基、蘖肥，特别增加基肥比例，能有效提高水稻的分蘖数（表 3–46），对映的叶片叶绿素含量优势明显（表 3–47），最终有效穗数多（表 3–48）。有趣的是多穗型品种盛泰优 722 和大穗型品种深优 1029 在增施基肥（基肥为纯 N48 kg/hm²），足施蘖、穗肥条件下有效穗数无显著差异，但是在基肥氮素减半的条件下蘖、穗肥不同施肥量处理呈现出差异，进一步表明在保证基肥充足条件下，配施蘖、穗肥是保证大穗、多穗型品种足够有效穗的条件，而在基肥减半处理中（基肥，纯 N24 kg/hm²）即使增加蘖肥、穗肥用量，均难以达到基肥充足条件下有效穗数的效果（表 3–49）。按不同批次、比例施用穗肥试验表明，施用穗能有效提高水稻有效数数，不同类品种呈现出差异：不同穗肥比例对多穗型品种盛泰优 722 有效穗数影响小，单对大穗型品种深优 1029 影响明显，提高第一次穗肥施用量能提高单株的有效穗数，表明早期（幼穗分化 4 期）充足的穗肥施用是提高大穗型品种有效穗数的关键。同时也对各处理的净光合速率进行分析，并未出现因氮素用量增加而出现单位面积光合速率明显增加的现象，通过结合冠层上 3 叶叶面积分析，在增加肥料用量的同时，供试水稻呈现出叶面积增大的趋势，特别是在低肥水平下最为明显。

表 3–46　基、蘖肥氮素差异化施用对多穗、大穗型水稻分蘖数的影响

品种	基肥氮素施用量 /（kg·hm^{-2}）	分蘖肥氮素施用量 /（kg·hm^{-2}）	单株（蔸）分蘖数	5% 显著性差异
盛泰优 722	48	48	25.95	a
盛泰优 722	48	24	25.43	ab
盛泰优 722	24	48	22.13	b
盛泰优 722	24	24	17.80	c
深优 1029	48	48	17.68	c
深优 1029	48	24	17.53	c
深优 1029	24	48	16.10	cd
深优 1029	24	24	14.40	d
CK（盛泰优 722）			15.38	cd
CK（深优 1029）			11.67	e

表 3–47　基、蘖肥氮素差异化施用对多穗、大穗型水稻叶绿素含量的影响

盛泰优 722			深优 1029		
处理（基、蘖肥氮素）/（kg·hm^{-2}）	叶绿素含量	5% 显著水平	处理（基、蘖肥氮素）/（kg·hm^{-2}）	均值	5% 显著水平
盛（48,48）	42.6833	a	深 48,48）	43.82	a
盛（48,24）	41.2889	a	深（48,24）	43.04	ab
盛（24,48）	40.22	ab	深 24,48）	41.36	bc
盛（24,24）	38.3	b	深（24,24）	40.68	c
CK 处理	34.9	c	CK 处理	35.2	d

表 3–48　基、蘖肥氮素差异化施用对多穗、大穗型水稻有效穗影响单株（蔸）有效穗

盛泰优 722			深优 1029		
施氮总量 /（kg·hm^{-2}）	基、蘖、穗肥比例	有效穗 / 株	施氮总量 /（kg·hm^{-2}）	基、蘖、穗肥比例	有效穗 / 株
180	48,48,84	17.79a	140	48,24,68	10.77a
160	48,48,64	17.19a	160	48,48,64	10.75a
140	48,24,68	15.71a	120	48,24,48	10.20a
120	48,24,48	15.69a	180	48,48,84	10.07a

续表

盛泰优 722			深优 1029		
施氮总量 / (kg·hm⁻²)	基、蘖、穗肥比例	有效穗 / 株	施氮总量 / (kg·hm⁻²)	基、蘖、穗肥比例	有效穗 / 株
120	24,48,48	14.38a	120	24,48,48	9.87a
140	24,48,68	13.92ab	100	24,24,52	9.81a
80	24,24,32	13.84ab	140	24,48,68	8.6ab
100	24,24,52	11.87b	80	24,24,32	7.87b

表 3–49　穗肥分批施用及比例对有效穗的影响

盛泰优 722		深优 1029	
两次穗肥比例	单株有效穗数	两次穗肥比例	单株有效穗数
3∶1	17.27a	4∶0	11.40a
4∶0	17.19a	3∶1	10.44ab
2∶2	15.93a	2∶2	8.54bc
1∶3	15.86a	1∶3	8.23c
不施	10.71b	不施	7.00c

注：基肥、蘖肥、穗肥施纯 N 量分别为：48 kg/hm²、48 kg/hm²、64 kg/hm²。穗肥第一次施用时间：幼穗分化 4 期，第二次施用时间：在第一次后 6 d 施用。

在较低肥力水平下水稻上 3 叶面积受分蘖肥影响较大，尤其以分蘖能力强的盛泰优 722 最为明显，深优 1029 也呈现出随分蘖肥施用量多，叶面积较大的趋势，但不如盛优 722 明显（表 3–50、表 3–51）。盛泰优 722 叶面积增加的主要原因是叶片长度增加。而穗肥对叶面积影响不明显。反之在较高肥料水平下盛泰优 722 和深优 1029 并未呈现出随分蘖肥施用量增加而呈现出面积增加的现象（表 3–52、表 3–53），这一试验结果能解释施足基肥条件下，叶片叶绿素含量高，光合叶面积大，合成光合产物较多，有效地提高了有效穗数。但增施氮素对增加叶面积，稳定单叶光合速率之间的相互关系有待进一步研究和分析。

表 3–50　低肥水平下不同施肥处理对乳熟期上 3 叶叶面积的影响

处理(基、蘖、穗肥氮素) / (kg·hm⁻²)	盛泰优 722/cm²			深优 1029/cm²		
	剑叶	倒 2 叶	倒 3 叶	剑叶	倒 2 叶	倒 3 叶
24,48,68	29.96a	50.42a	41.91a	36.49ab	43.57b	48.85a
24,48,48	29.52a	47.43ab	38.61ab	38.45a	56.03a	50.11a
24,24,52	21.76b	34.40c	34.33b	34.82ab	49.82ab	54.12a
24,24,32	23.968b	39.65bc	37.44ab	32.44b	45.50b	50.43a

表3-51 不同施肥处理对乳熟期上3叶叶片长度的影响

处理（基、蘖、穗肥氮素）/（kg·hm⁻²）	盛泰优722/cm²			深优1029/cm²		
	剑叶	倒2叶	倒3叶	剑叶	倒2叶	倒3叶
24,48,68	27.11a	47.58a	44.25a	28.01a	45.52a	44.28a
24,48,48	25.81a	45.89ab	42.39a	26.44a	40.84ab	43.80a
24,24,52	22.46b	36.42c	38.56a	25.04a	36.86b	42.11a
24,24,32	22.79b	40.13bc	41.65a	25.16a	38.25ab	42.73a

表3-52 较高肥力水平下不同施肥处理对乳熟期上3叶叶面积的影响

处理（基、蘖、穗肥氮素）/（kg·hm⁻²）	盛泰优722/cm²			深优1029/cm²		
	剑叶	倒2叶	倒3叶	剑叶	倒2叶	倒3叶
48,48,84	32.90a	44.38a	36.91a	40.84a	56.88a	50.86a
48,48,64	32.64a	49.79a	42.20a	42.28a	54.38a	49.66a
48,24,68	31.59a	46.20a	39.45a	38.66a	52.55a	49.55a
48,24,48	29.25a	43.79a	40.16a	33.31a	47.90a	48.88a

表3-53 较高肥力水平下不同施肥处理对乳熟期上3叶叶片长度的影响

处理（基、蘖、穗肥氮素）/（kg·hm⁻²）	盛泰优722/cm²			深优1029/cm²		
	剑叶	倒2叶	倒3叶	剑叶	倒2叶	倒3叶
48,48,84	28.56a	41.71a	40.44a	28.54a	42.91a	44.57a
48,48,64	26.0ab	43.42a	44.34a	29.29a	42.24a	44.24a
48,24,68	26.11ab	41.70a	42.37a	26.20a	38.63a	40.76a
48,24,48	24.75b	39.95a	42.87a	24.92a	38.92a	41.93a

3. 讨论与小结

和中稻穗肥作用不同，晚稻超级稻不论大穗型还是多穗型品种，通过施基、蘖肥，尤其是重施基肥后，分蘖期的分蘖数，冠层叶片叶绿素含量表现出优势，是确保有足够有效穗的保障。本研究发现多穗型品种盛泰优722和大穗型品种深优1029在增施基肥（基肥为纯N48 kg/hm⁻²），足施蘖、穗肥条件下对有效穗数数目没有影响，但在此基础上，通过基肥氮素减半后，而蘖、穗肥不同施肥量处理呈现出差异，进一步表明在保证基肥充足条件下，配施蘖、穗肥是保证大穗、多穗型品种足够有效穗的条件。而在基肥减半处理中（基肥，纯N24 kg/hm⁻²）即使增加蘖肥、穗肥用量，均难以达到基肥充足条件下有效穗数的效果。按不同比例处理的穗肥试验表明，施用穗肥有效提高水稻有效数数，不同类品种呈现出差异：不同穗肥比例处理对多穗型品种盛泰优722有效穗数影响小，但对大穗型品种深优1029影响明显，提高第一次穗肥施用量能提高单株的有效穗数，进一步证明合理穗肥施用能促进大穗型品种生长发育。同时也对各处理的净光合速率进行分析，并未出现因氮素用量增加而出现单位面积光合速率明显增加的现象，通过结合冠层上3叶叶面积分析，在增加肥料用量的同时，供试水稻呈现出叶面积增大的趋势，特别是在低肥水平下最为明显。

（四）不同超级稻（晚稻）产量对养分调控响应研究

与普通水稻相比，超级杂交稻具有更高产量潜力优势，具体表现为穗大、粒多、结实率较高。而大穗型超级杂交稻除了上述特点，最显著的优势主要体现在穗粒数多。晚稻生育期比中稻短，生长发育环境也与中稻有显著差异，且品种间差异明显，现有的超级稻中稻大穗调控技术很难直接指导超级晚稻的生产，本研究在 2017 年试验基础上以多穗型品种盛泰优 722 为对照，对养分调控下的大穗型品种深优 1029 进行研究，为大穗型品种技术方案及示范推广提供技术支撑。

1. 材料与方法

（1）大田试验设计。供试品种：盛泰优 722（超级稻晚稻杂交稻）、深优 1029（超级稻晚稻杂交稻）。试验用地：湖南省浏阳市沙市基地（28°32′N，113°41′E）进行；种植密度：20 cm × 20 cm。肥料总用量：N 12 kg、P_2O_5 8 kg、K_2O 14kg；其中基肥用量：N 6 kg、P_2O_5 8 kg、K_2O 7kg；其中蘖肥施用：N 1.2 kg、K_2O 1.4 kg。施肥时间：处理一（幼穗分化第 2 期一次：N 4.8 kg，K_2O 5.6 kg），处理二（幼穗分化第 4 期一次：N 4.8 kg，K_2O 5.6 kg），处理三（幼穗分化第 2、4 期各一次），处理四（对照：只施用基蘖肥，不施穗肥）。第一次（第 2 期穗肥：N 1.92 kg，K_2O 2.24 kg，40% 穗肥用量），第二次（第 4 期穗肥：N 2.88 kg，K_2O 3.36 kg，60% 穗肥用量）。试验取样：取长势一致的。调查指标：产量构成因素及其他参数：有效穗数、每穗粒数、千粒重、结实率、穗长、株高、粒长、粒宽等；生理指标：光合（AQ 曲线）、株形参数、生物量。

（2）盆栽试验设计。品种：深优 1029（大穗型）、盛泰优 722（多穗型）、吉优 225（穗粒兼顾型）。试验设计：盆栽，半径 18 cm（苗子成活，正常水深情况下贴近土壤表面测的平均值），前期统一处理：基肥、分蘖肥；穗肥：用量是一致的。试验处理：T1 处理，对照，不施穗肥（CK）；T2 处理，施 2 期穗肥；T3 处理，施 4 期穗肥；T4 处理，分 2 期（40%）、4 期（60%）施穗肥。调查及样本数：3 个品种，4 个处理，每个处理重复 4 盆，共 48 盆。测量数据样本数：测量 6 个重复的数值。网室环境：温度、湿度高于田间，土壤肥力较好。

2. 结果与分析

（1）大田试验。结果表明四种不同的穗肥处理中，处理三对多穗型超级稻盛泰优 722 生物量增加最为有效，与对照差异显著，而大穗型品种深优 1029 以处理一生物量最有优势（表 3–54），与对照相比，其他增施穗肥处理均能有效提高深优 1029 的穗长和粒数，并维持较高的结实率（表 3–55）。穗肥施用能提高多穗型品种盛泰优 722 的成穗率，反之对大穗型品种深优 1029 则不明显，通过对穗粒结构分析表明，处理三是能保持穗粒数不降低条件下，有效增加大穗型、多穗型品种结实率的一种调控方法，大田测产表明两次穗肥（处理三）能提高多穗型和大穗型超级稻的产量（表 3–56），其中以大穗型深两优 1029 最为明显，表明处理三的养分调控是不同类型超级稻有效施肥方法。

表 3–54　不同穗粒型品种成熟期生物量

g

处理	盛泰优 722		深优 1029	
	均值	5% 显著水平	均值	5% 显著水平
处理一	78.3167	ab	79.885	a
处理二	77.6417	ab	78.0091	ab
处理三	82.9917	a	73.7455	ab
处理四（CK）	69.2833	b	70.6636	b

表 3–55　穗粒结构及结实率

处理	深优 1029				盛泰优 722			
	穗粒数	千粒重 /g	结实率	穗长	穗粒数	千粒重 /g	结实率	穗长
处理一	174.19a	23.95b	85.11%b	22.78bc	128.85a	26.66b	82.87%b	24.36a
处理二	155.01ab	24.92b	88.08%ab	24.44a	122.46a	27.26ab	80.2%b	24.180a
处理三	169.53a	24.90b	92.09%a	23.74ab	112.81a	26.64b	90.33%a	24.74a
处理四（CK）	137.29b	25.10a	86.34%b	22.21c	117.03a	27.56a	80.12%b	23.12a

表 3–56　不同肥料处理大田产量　　　　　　　　　　　　　　kg/ 亩

处理	盛泰优 722	深优 1029
处理一	562.00ab	556.31b
处理二	563.13ab	613.73ab
处理三	596.15a	641.49a
处理四（CK）	511.76b	488.80c

（2）盆栽试验。由表 3–57 可知，在抽穗期和灌浆期，深优 1029 冠层上 3 叶叶绿素含量 T2、T3、T4 处理都显著高于对照 T1 处理，而 T2、T3、T4 处理间无显著性差异，T2 处理的叶绿素含量最高；到成熟期倒 2 叶和倒 3 叶的叶绿素含量最高为 T4 处理。说明穗肥调控对深优 1029 的上 3 叶叶片的叶绿素含量没有太大的影响。盛泰优 722 在抽穗期，T2、T3、T4 处理的叶绿素含量显著高于对照 T1 处理（表 3–58），T2 显著高于 T3、T4 处理。灌浆期和成熟期，T2、T3、T4 处理的叶绿素含量显著高于对照 T1 处理；随着穗肥的调控，冠层上 3 叶的叶绿素含量最大值出现在 T3、T4 处理。与盛泰优 722 和深优 1029 相比，吉优 225 冠层上 3 叶的叶绿素含量高很多（表 3–59）。抽穗期，T2、T3、T4 处理的叶绿素含量显著高于对照 T1 处理，T2 与 T3、T4 处理间无显著差异；灌浆期，倒 1 叶和倒 2 叶 T3 处理的叶绿素含量显著高于对照 T1 处理，与 T2、T4 处理间无显著差异；倒 3 叶 T2 处理显著高于对照 T1 处理，与 T3、T4 处理间无显著差异；而在成熟期 T3 处理显著高于 T1、T4 处理，高于 T2 处理但是无显著性差异。说明穗肥调控对盛泰优 722 和吉优 225 冠层上 3 叶的叶绿素含量有较大影响，穗肥后移，使叶绿素含量在后期能保持一个较高的水平。由表 3–60 可知，深优 1029 在抽穗期，倒 1 叶和倒 2 叶 T2 显著处理高于 T4 处理，与 T1、T3 处理无显著性差异，最小值为 T4 处理；倒 3 叶 T1 处理高于 T2、T3、T4 处理，无显著性差异，最小值为 T3 处理。灌浆期，倒 1 叶和倒 2 叶 T4 处理高于 T1、T2、T3 处理，最小值为 T3 处理；倒 3 叶 T2 处理高于 T1、T3、T4 处理，最小值为 T3 处理。在成熟期，倒 1 叶 T3 处理高于 T1、T2、T4 处理，无显著性差异，T1 处理为最小值；倒 2 叶 T2 处理高于 T1、T3、T4，最小值为 T3 处理；倒 3 叶 T2 处理高于 T3、T4 处理，无显著性差异，T4 处理为最小值。

表 3-57　氮素处理对水稻冠层上 3 叶叶绿素含量的影响

叶位	处理	抽穗期			灌浆期			成熟期		
		深优 1029	盛泰优 722	吉优 225	深优 1029	盛泰优 722	吉优 225	深优 1029	盛泰优 722	吉优 225
倒 1 叶（剑叶）	T1	37.80 ± 0.83b	37.68 ± 0.93c	38.62 ± 0.71b	36.12 ± 1.23b	38.45 ± 0.53a	43.38 ± 0.71b	28.50 ± 0.68b	31.05 ± 0.51b	35.07 ± 1.38c
	T2	41.30 ± 0.81a	42.43 ± 0.70a	42.30 ± 0.55a	43.78 ± 0.85a	42.63 ± 1.09a	45.38 ± 0.35ab	35.22 ± 1.29a	35.13 ± 0.74a	39.10 ± 0.79b
	T3	40.13 ± 0.47a	39.28 ± 0.81bc	40.33 ± 1.14ab	42.03 ± 0.46a	42.45 ± 0.74a	46.17 ± 1.00a	34.75 ± 0.88a	37.67 ± 0.65a	43.23 ± 0.51a
	T4	39.98 ± 0.54a	41.08 ± 0.81ab	41.93 ± 1.26a	42.37 ± 1.00a	43.72 ± 0.61b	44.68 ± 0.86ab	34.32 ± 1.47a	37.27 ± 1.49a	36.05 ± 1.21c
倒 2 叶	T1	37.48 ± 0.27b	34.18 ± 0.72c	39.77 ± 0.67b	31.97 ± 1.86b	31.55 ± 0.71b	37.45 ± 1.29c	13.92 ± 2.07b	17.50 ± 1.46b	28.58 ± 2.35b
	T2	41.32 ± 0.76a	40.47 ± 0.67a	43.50 ± 0.56a	41.27 ± 0.74a	39.20 ± 0.78a	44.35 ± 0.56a	29.25 ± 2.33a	29.45 ± 0.97a	35.80 ± 1.05a
	T3	40.13 ± 0.91a	38.85 ± 0.40ab	41.80 ± 1.01ab	40.50 ± 1.08a	40.65 ± 0.81a	45.32 ± 0.67a	29.65 ± 2.07a	33.63 ± 0.65a	39.13 ± 0.28a
	T4	40.60 ± 0.86a	38.07 ± 0.82b	42.93 ± 0.73a	40.95 ± 1.09a	38.65 ± 1.45a	41.00 ± 1.01b	30.00 ± 1.63a	28.97 ± 2.91a	30.77 ± 1.83b
倒 3 叶	T1	33.15 ± 1.77c	31.58 ± 1.89c	40.23 ± 0.67bc	23.50 ± 2.52b	23.28 ± 1.85c	29.65 ± 3.51b	/	10.60 ± 0.00b	19.33 ± 4.98b
	T2	42.53 ± 0.64a	40.62 ± 0.98a	44.30 ± 0.74a	36.28 ± 2.36a	33.77 ± 1.81ab	43.05 ± 1.29a	20.20 ± 1.29a	21.47 ± 2.63ab	31.35 ± 2.74a
	T3	37.73 ± 1.11b	36.30 ± 0.35b	38.13 ± 0.97c	35.18 ± 0.99a	38.22 ± 1.87a	42.92 ± 0.39a	13.50 ± 2.55a	27.53 ± 2.46a	34.68 ± 1.07a
	T4	38.17 ± 1.34b	36.10 ± 0.99b	42.47 ± 1.03ab	35.70 ± 1.34a	30.55 ± 1.71b	38.82 ± 0.52a	23.37 ± 5.39a	21.45 ± 2.59ab	21.22 ± 2.98b

表 3-58　氮素处理对水稻叶长的影响

叶位	处理	抽穗期			齐穗期			成熟期		
		深优 1029	盛泰优 722	吉优 225	深优 1029	盛泰优 722	吉优 225	深优 1029	盛泰优 722	吉优 225
倒 1 叶（剑叶）	T1	40.14 ± 2.15a	37.73 ± 2.02a	36.63 ± 1.59a	32.77 ± 1.54a	30.58 ± 3.31a	28.83 ± 1.99a	28.40 ± 2.21a	24.44 ± 1.71b	25.87 ± 2.94a
	T2	38.92 ± 1.99a	34.58 ± 1.53ab	32.05 ± 1.43ab	33.10 ± 1.88a	29.28 ± 0.64a	27.97 ± 1.39a	29.55 ± 1.33a	31.52 ± 1.50a	32.42 ± 3.37a
	T3	39.47 ± 3.32a	32.50 ± 1.89ab	34.13 ± 1.90ab	26.67 ± 2.34b	28.85 ± 2.43a	27.67 ± 1.98a	33.65 ± 2.45a	26.45 ± 1.84b	32.38 ± 4.91a
	T4	28.67 ± 1.42b	31.23 ± 1.79b	30.67 ± 1.85b	27.00 ± 1.51b	31.93 ± 1.71a	25.83 ± 2.03a	28.72 ± 1.22a	24.38 ± 1.50b	24.83 ± 2.61a
倒 2 叶	T1	48.66 ± 2.43a	43.33 ± 1.07a	52.97 ± 2.02a	44.47 ± 1.88a	41.23 ± 2.32a	45.53 ± 2.36a	41.87 ± 2.08a	35.73 ± 1.34ab	41.18 ± 3.22ab
	T2	48.13 ± 1.15a	43.18 ± 1.27a	45.78 ± 1.71b	43.95 ± 2.41a	41.00 ± 1.03a	40.28 ± 1.67ab	41.75 ± 2.45a	41.05 ± 3.03a	46.25 ± 1.95a
	T3	47.72 ± 2.81a	40.80 ± 2.20a	48.15 ± 1.19ab	40.57 ± 2.41a	38.30 ± 1.21a	42.67 ± 1.27ab	37.10 ± 3.56a	36.10 ± 2.43ab	40.77 ± 3.01ab
	T4	37.57 ± 1.50b	42.93 ± 3.16a	48.57 ± 1.89a	38.58 ± 1.56a	42.53 ± 2.25a	39.18 ± 2.39a	37.85 ± 2.05a	33.68 ± 2.11b	37.12 ± 2.95b
倒 3 叶	T1	46.98 ± 1.61a	42.50 ± 1.39a	44.93 ± 0.84a	45.05 ± 2.34a	38.78 ± 2.30ab	46.08 ± 1.40a	/	35.96 ± 0.96a	44.32 ± 2.10a
	T2	42.78 ± 1.45b	37.68 ± 2.48a	44.77 ± 1.37a	40.73 ± 1.67ab	40.52 ± 0.72a	38.82 ± 2.79a	43.28 ± 2.42a	36.83 ± 1.98a	44.45 ± 0.95a
	T3	45.97 ± 0.75ab	38.12 ± 1.38a	43.44 ± 1.47a	39.28 ± 1.92a	33.18 ± 2.29b	41.00 ± 1.39ab	25.73 ± 1.37b	36.48 ± 2.17a	36.95 ± 3.78b
	T4	42.37 ± 1.11b	38.32 ± 1.04a	42.05 ± 1.23a	38.72 ± 1.25b	38.27 ± 1.89ab	39.65 ± 1.25b	39.98 ± 1.93a	33.92 ± 1.00a	41.20 ± 1.23ab

表 3-59　氮素处理对水稻叶宽的影响

叶位	处理	抽穗期			齐穗期			成熟期		
		深优 1029	盛泰优 722	吉优 225	深优 1029	盛泰优 722	吉优 225	深优 1029	盛泰优 722	吉优 225
倒 1 叶（剑叶）	T1	1.86 ± 0.04ab	1.43 ± 0.03a	2.10 ± 0.07a	1.90 ± 0.09a	1.32 ± 0.04ab	1.92 ± 0.06a	1.78 ± 0.06ab	1.26 ± 0.04ab	1.89 ± 0.11ab
	T2	2.03 ± 0.06a	1.44 ± 0.05a	2.20 ± 0.17a	1.85 ± 0.08ab	1.39 ± 0.04a	1.87 ± 0.05ab	1.97 ± 0.04a	1.40 ± 0.03a	2.02 ± 0.08a
	T3	1.90 ± 0.06a	1.28 ± 0.02b	1.91 ± 0.06a	1.62 ± 0.06b	1.22 ± 0.02b	1.73 ± 0.04b	1.63 ± 0.06b	1.22 ± 0.05b	1.57 ± 0.06c
	T4	1.72 ± 0.06b	1.40 ± 0.04ab	1.89 ± 0.05a	1.71 ± 0.08ab	1.32 ± 0.04ab	1.73 ± 0.05b	1.82 ± 0.08ab	1.27 ± 0.05ab	1.77 ± 0.07bc

续表

叶位	处理	抽穗期			齐穗期			成熟期		
		深优 1029	盛泰优 722	吉优 225	深优 1029	盛泰优 722	吉优 225	深优 1029	盛泰优 722	吉优 225
倒 2 叶	T1	1.84±0.27a	1.22±0.05a	1.60±0.06a	1.59±0.05a	1.25±0.04a	1.62±0.06a	1.55±0.07ab	1.21±0.04ab	1.60±0.06ab
	T2	1.77±0.07a	1.26±0.06a	1.67±0.11a	1.59±0.04a	1.24±0.05a	1.52±0.04a	1.79±0.12a	1.27±0.04a	1.62±0.05a
	T3	1.67±0.04a	1.20±0.03a	1.58±0.05a	1.52±0.04a	1.12±0.04a	1.53±0.02a	1.50±0.04b	1.12±0.04b	1.48±0.07ab
	T4	1.54±0.07a	1.29±0.03a	1.51±0.06a	1.47±0.07a	1.26±0.04a	1.54±0.05a	1.65±0.07ab	1.16±0.04ab	1.43±0.04b
倒 3 叶	T1	1.31±0.06a	1.01±0.04ab	1.32±0.06	1.33±0.07a	1.14±0.04a	1.39±0.05a	/	1.11±0.04ab	1.39±0.06a
	T2	1.33±0.07a	1.17±0.10a	1.30±0.09	1.35±0.06a	1.17±0.05a	1.24±0.05a	1.45±0.12ab	1.17±0.04a	1.35±0.07a
	T3	1.21±0.04a	0.96±0.02b	1.26±0.07	1.40±0.05a	1.04±0.06a	1.30±0.06a	1.80±0.10a	1.01±0.03b	1.55±0.13a
	T4	1.33±0.07a	1.08±0.06ab	1.12±0.07	1.30±0.03a	1.11±0.05a	1.22±0.08a	1.36±0.11b	1.13±0.06ab	1.33±0.06a

表 3-60　氮素处理对水稻冠层上 3 叶叶面积的影响

叶位	处理	抽穗期			齐穗期			成熟期		
		深优 1029	盛泰优 722	吉优 225	深优 1029	盛泰优 722	吉优 225	深优 1029	盛泰优 722	吉优 225
倒 1 叶（剑叶）	T1	57.12±2.95a	42.74±2.56a	57.34±3.88a	32.71±4.94a	44.72±3.41a	40.61±4.29a	37.19±4.01a	23.99±2.36b	36.08±6.11a
	T2	58.79±3.14a	39.73±2.77ab	49.27±4.33ab	31.22±1.02a	45.18±4.14a	39.36±3.16a	41.56±2.69a	33.97±2.10a	49.70±7.00a
	T3	56.51±5.17a	33.08±2.54b	49.45±3.93ab	27.81±2.75a	31.84±4.12b	35.84±2.82a	41.73±3.62a	25.41±1.91b	38.79±6.27a
	T4	35.24±2.33b	35.11±2.58ab	43.99±3.61b	33.03±1.94a	33.48±2.98b	33.17±3.31a	37.72±2.66a	23.31±1.89b	32.77±5.10a
倒 2 叶	T1	59.54±4.05a	43.44±1.78a	67.06±3.36a	41.86±3.03a	55.28±3.27a	58.10±3.54a	44.90±3.16ab	34.79±1.58ab	52.61±5.48ab
	T2	64.54±2.15a	46.52±2.76a	59.43±4.60a	41.58±1.59a	54.96±4.25a	49.48±2.46ab	55.41±4.39a	42.53±4.36a	60.06±3.70a
	T3	61.82±3.61a	39.07±2.07a	60.29±1.77a	34.10±1.60b	48.64±3.94a	51.60±1.37ab	40.89±3.87b	32.68±2.66b	48.45±5.24ab
	T4	46.28±3.03b	45.08±3.06a	58.69±3.04a	43.27±2.17a	44.63±3.11a	45.05±3.27b	48.27±4.04ab	31.39±2.56b	42.40±3.81b
倒 3 叶	T1	49.89±3.42a	34.28±2.45a	46.87±2.52a	35.47±2.72a	46.77±4.59a	49.72±2.49a	/	25.29±1.99b	42.77±4.73a
	T2	45.77±3.12a	32.33±2.80a	46.82±4.24a	37.66±1.99a	43.62±3.56a	39.18±3.81b	41.10±1.10a	32.48±1.28a	45.43±3.15a
	T3	44.14±2.23a	29.52±1.78a	44.14±3.18a	26.63±2.47b	43.07±1.63a	42.29±2.93ab	37.80±5.10a	27.18±2.50ab	43.24±3.18a
	T4	44.79±2.90a	34.05±2.49a	37.19±2.12a	34.61±3.38ab	40.15±1.01a	37.81±3.39b	29.75±10.35a	28.60±2.89ab	41.77±2.03a

　　盛泰优 722 的株高在抽穗期时，T2 处理显著高于 T1、T3、T4 处理，且 T1、T3、T4 处理间无显著差异（图 3-8）；在成熟期 T2 处理仍高于 T1、T3、T4 处理（图 3-9），T3 处理为最小值。深优 1029 的株高在抽穗期，T2 处理高于 T1、T3、T4 处理，无显著性差异，T3 处理为最小值；在成熟期，T2 处理高于 T1、T3、T4 处理，且无显著性差异，T4 处理为最小值。吉优 225 的株高在抽穗期，对照 T1 处理高于 T2、T3、T4 处理；在成熟期，T2 处理高于 T1、T3、T4 处理，T3 为最小值。三个品种的株高在抽穗之后都有增加，但是 3 个处理与对照相比没有显现出优势，说明穗肥调控对于三种品种株高这一性状的影响不大。表明通过增施穗肥，对超级稻株高影响不大，其中 T2 处理有利于提高盛泰优 722 株高，成熟期各穗肥处理的深优 1029 株高均高于对照，而对穗粒兼顾型影响不显著。

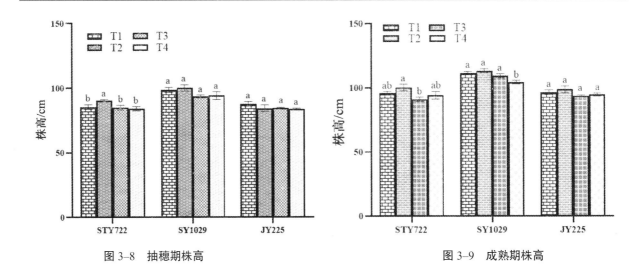

图 3-8　抽穗期株高　　　　　　　　　　　图 3-9　成熟期株高

3. 讨论与小结

增施穗肥能提高水稻灌浆期植株活力，尤其是维持灌浆期叶绿素含量和叶片的光合能力。本研究结果显示，不同穗粒结构的品种对穗肥响应效果不同，大穗型品种深优 1029 在幼穗分化第 2、第 4 期施用穗肥，不仅能提高灌浆期叶片叶绿素含量，同时还有效地增加穗长、提高每穗粒数，在维持稳定有效穗数前提下还保持较高的结实率，这是处理三（两次穗肥）最显著的效果。而与多穗型品种盛泰优 722 在增施穗肥后，其穗长、穗粒数、结实率并未得到全面改善，只是增加了有效穗数，表明实践生产中一定要结合品种产量构成，品种特性进行养分管理制度的制定及执行，只有这样才能充分发挥品种产量，实现增产的目标。虽然穗肥对超级稻的产量有明显增产作用，但是，随着穗肥的增施，水稻株高也发生了改变，较高的株高为灌浆后期抗倒性带来了风险，在穗肥技术示范推广过程中，要集成如干湿交替技术，维持根系活力，增强水稻灌浆后期的抗倒伏能力，促使技术更好地服务于大面积生产。

二、多穗型超级稻壮穗协同机制及高产关键技术

超级稻：采用理想株形塑造与杂种优势利用相结合的技术路线等途径育成的产量潜力大、配套超高产栽培技术后比现有水稻品种在产量上有大幅度提高、并兼顾品质与抗性的水稻新品种（组合），统称为超级稻。超级稻品种（组合）较多，至 2020 年农业农村部认定的超级稻品种共 133 个，以一季超级稻品种为主，双季超级稻品种较少。在超级稻栽培技术研究方面也是以一季超级栽培技术研究报道较多，双季超级稻栽培技术研究报道较少，特别是超级稻肥、水管理、灾害防控等方面研究更少。超级水稻的发展对我国粮食安全具有重要的作用。近 5 年来，我国超级稻种植面积，每年稳定在 1.3 亿亩以上，占水稻种植面积的 30% 左右。湖南是水稻生产大省，国家统计局数据显示，2007 ~ 2016 年湖南省水稻产量占我国水稻总产量的 10% 以上，双季稻产量始终占全国双季稻产量 20% 以上，同时也是超级稻种植面积大的省份，如湖南省 2017 年超级早稻面积达 17.44 万 hm^2。但适宜湖南种植的超级稻品种少，在超级稻丰产增效肥料运筹、灾害防控调控技术等方面存在不配套的问题，为促进湖南超级稻产业的发展，课题组开展了超级稻品种筛选与适宜性、超级稻氮肥后移壮穗、不同时期施用穗肥对超级稻产量构成因素的影响、高温下抗逆剂对灌浆结实期超级稻剑叶的生理影响、超级稻控水抗逆壮穗技术等研究。以期为湖南省超级稻产业发展提供技术支撑。

（一）超级稻品种筛选与适宜性研究

选择适宜品种是超级稻生产发展的重要保证。为筛选和鉴定超级稻新品种在湖南的区域生态适应性，考察其丰产性、稳产性、抗逆性等，课题组收集了湖南及生态环境条件类似区域的超级稻品种进行筛选与适宜性研究，以期为超级稻的穗型分类及湖南不同生态区域优良品种推荐提供依据。

1. 材料与方法

（1）超级稻品种。收集超级早稻品种株两优 819、陵两优 268、中嘉早 17 号、两优 287、陆两优 996、淦鑫 203、五丰优 286、金优 458、中早 35、金优 463、中早 39 共 11 个，超级晚稻品种天优 122、吉优 225、深优 1029、荣优 225、五优 308、H 优 518、天优 998、岳优 9113、湘晚籼 12 号、天优华占、盛泰优 722 共 11 个，超级中稻品种准两优 608、丰两优香 1 号、Y 两优 1 号、丰两优 4 号、C 两优华占、深两优 5814、广两优香 66、Y 两优 2 号、Y 两优 900、Ⅱ优 084、兆优 5455、隆两优华占共 12 个，分别于 2017 年、2018 年、2020 年在湖南浏阳市进行品种筛选。

（2）试验设计。①处理。采用随机区组设计，3 次重复，小区面积 13.3 m²，取样考种后，全部收获计产。四周设不少于 4 行的保护行。②播种期。早稻 3 月 25 — 30 日，中稻 4 月 15 — 25 日，晚稻 6 月 15 — 30 日。③插秧密度。早稻 16.7 cm × 20 cm（推荐蔸数 400 蔸），中稻 20 cm × 26.7 cm（推荐蔸数 250 蔸），晚稻 20 cm × 20 cm（推荐蔸数 330 蔸），杂交稻每蔸插 2 ~ 3 粒谷秧，常规稻每蔸插 5 ~ 6 粒谷秧。④田间管理。试验田每亩施纯氮：早稻 12 kg，中稻 16 kg，晚稻 14 kg，$N:P_2O_5:K_2O=1:0.5:1.2$，基肥：分蘖肥 =6:4。水分管理采取间歇灌溉法，病虫草害等管理同当地大田生产。

（3）试验记载。每个品种记载生育期，稻瘟病等情况，倒伏情况等。成熟后，每个品种取 5 蔸进行室内考种，考察株高、有效穗、总粒数、结实率、千粒重等农艺及产量性状，并实收 3 个重复小区稻谷现场测产，折算产量。

2. 结果与分析

（1）超级早稻。如表 3–61、表 3–62、表 3–63、表 3–64 可知，用于试验的 11 个超级早稻品种在湖南区域均适宜种植，但其中，生育期以淦鑫 203 最长，3 年生育期为 112 ~ 118 d，3 年平均生育期 115.7 d。因此，在搭配晚稻品种时应重点考虑选择生育期较短的品种（组合）。同时，中早 39 较其他品种易感纹枯病，在纹枯病易发生区种植，更应注重病虫防治。

表 3–61　超级早稻品种经济性状（3 年平均）

品种	株高 /cm	生育期 /d	每亩有效穗数 / 万	每穗总粒数 / 粒	每穗实粒数 / 粒	结实率 /%	千粒重 /g	每亩理论产量 /kg	每亩实际产量 /kg
株两优 819	91.1	110.0	24.5	125.5	107.0	84.8	24.7	643.1	534.5
陵两优 268	87.5	112.3	24.0	111.8	95.9	85.5	26.1	599.6	521.7
五丰优 286	84.8	111.7	21.0	148.4	128.6	86.4	24.0	647.8	521.6
中早 39	88.6	110.0	18.5	122.0	108.0	88.5	25.5	513.0	437.6
中嘉早 17	89.7	110.0	18.8	138.6	118.6	85.2	25.7	572.0	475.9
中早 35	93.3	109.7	19.4	137.6	116.5	85.4	26.7	603.2	467.9
陆两优 996	101.9	112.0	19.5	133.7	117.3	87.8	27.6	632.6	515.1
金优 463	98.0	114.0	23.2	116.9	96.2	82.3	27.3	609.8	478.6
淦鑫 203	96.1	115.7	21.9	116.5	102.8	88.1	28.4	641.2	576.9

表 3-62　2017 年超级早稻品种经济性状

品 种	栽插密度	株高/cm	生育期/d	每亩有效穗数/万	每穗总粒数/粒	每穗实粒数/粒	结实率/%	千粒重/g	每亩理论产量/kg	每亩实际产量/kg
金优 463	16.7 cm × 20 cm	101	114	22.0	101.5	81.9	80.7	27.4	493.7	353.3
淦鑫 203	16.7 cm × 20 cm	94.1	117	21.4	109.3	93.7	85.7	28.6	573.5	558.0
陵两优 268	16.7 cm × 20 cm	87.7	112	24.2	106.6	88.2	82.7	26.1	557.1	461.3
金优 458	16.7 cm × 20 cm	96	115	21.2	118.1	105.4	89.2	26.9	601.1	580.7
株两优 819	16.7 cm × 20 cm	88.9	106	22.2	123.0	102.6	83.4	24.9	567.2	538.7
五丰优 286	16.7 cm × 20 cm	85.7	112	20.4	137.9	116.9	84.8	23.8	567.6	548.0
陆两优 996	16.7 cm × 20 cm	101.6	112	18.4	125.5	109.7	87.4	27.0	545.0	448.0
两优 287	16.7 cm × 20 cm	90.6	109	20.6	108.4	85.3	78.7	23.5	412.9	396.7
中早 39	16.7 cm × 20 cm	90.8	110	16.0	110.8	96.6	87.2	26.1	403.4	358.0
中早 35	16.7 cm × 20 cm	93.9	109	18.4	152.1	110.3	72.5	27.3	554.1	355.3
中嘉早 17 号	16.7 cm × 20 cm	91.8	110	17.0	128.4	101.6	79.1	26.6	459.4	395.3

表 3-63　2018 年超级早稻经济性状

品 种	栽插密度	株高/cm	生育期/d	每亩有效穗数/万	每穗总粒数/粒	每穗实粒数/粒	结实率/%	千粒重/g	每亩理论产量/kg	每亩实际产量/kg	病害、倒伏等情况
株两优 819	16.7 cm × 20 cm	95.2	110	24.6	139.5	128.5	92.1	24.4	771.3	560.8	
陵两优 268	16.7 cm × 20 cm	88.4	111	24	127.2	113.5	89.2	25.5	694.6	558.0	
金优 463	16.7 cm × 20 cm	94	111	23.5	122.3	105.5	86.3	27.4	679.3	568.4	
淦鑫 203	16.7 cm × 20 cm	99.1	112	22.4	123.4	113.9	92.3	28.3	722	573.8	
五丰优 286	16.7 cm × 20 cm	82.5	110	20.6	162.1	149.9	92.5	23.7	731.8	503.7	8.7% 不育系杂株率
陆两优 996	16.7 cm × 20 cm	102	110	20	136.5	126.9	93	28.1	713.2	555.3	
中早 39	16.7 cm × 20 cm	85.7	107	19.9	122.7	111.8	91.1	24.1	536.2	467.7	纹枯病严重
中早 35	16.7 cm × 20 cm	92.3	109	19.7	128.6	124.6	96.9	26.1	640.7	558.9	
中嘉早 17 号	16.7 cm × 20 cm	88.6	109	18.6	153.9	141.3	91.8	24.6	646.5	544.9	

表 3-64　2020 年超级早稻经济性状

品 种	栽插密度	株高/cm	生育期/d	穗长/cm	每亩有效穗数/万	每穗总粒数/粒	每穗实粒数/粒	结实率/%	千粒重/g	每亩理论产量/kg	每亩实际产量/kg
株两优 819	16.7 cm × 20 cm	89.3	114	18.9	26.6	114.1	89.9	78.8	24.7	590.7	503.9
陵两优 268	16.7 cm × 20 cm	86.5	114	18.9	23.8	101.6	86.1	84.7	26.7	547.1	545.8
五丰优 286	16.7 cm × 20 cm	86.2	113	19.5	22	145.1	119	82	24.6	644	513.2
中早 39	16.7 cm × 20 cm	89.4	113	17.4	19.7	132.5	115.7	87.3	26.3	599.5	487
中嘉早 17	16.7 cm × 20 cm	88.6	111	17.9	20.8	133.4	112.8	84.6	26	610.05	487.5

续表

品种	栽插密度	株高/cm	生育期/d	穗长/cm	每亩有效穗数/万	每穗总粒数/粒	每穗实粒数/粒	结实率/%	千粒重/g	每亩理论产量/kg	每亩实际产量/kg
中早 35	16.7 cm×20 cm	93.8	111	18	20	132	114.7	86.9	26.8	614.8	489.4
陆两优 996	16.7 cm×20 cm	102.2	114	20.3	20.1	139	115.3	82.9	27.6	639.6	541.9
金优 463	16.7 cm×20 cm	99.1	117	21.5	24	127	101.3	79.8	27	656.4	514
淦鑫 203	16.7 cm×20 cm	95.2	118	18.8	22	116.9	100.9	86.3	28.3	628.2	598.8

（2）超级晚稻。从表 3–65、表 3–66、表 3–67、表 3–68 可知，用于试验的 11 个超级晚稻品种在湖南区域均适宜种植，其中，生育期以隆晶优 1 号最长，平均生育期 140 d。因此，搭配的早稻应选择生育期较短的品种（组合）。

表 3–65　超级晚稻经济性状（3 年平均）

品种	株高/cm	生育期/d	每亩有效穗数/万	每穗总粒数/粒	每穗实粒数/粒	结实率/%	千粒重/g	每亩理论产量/kg	每亩实际产量/kg
H 优 518	99.4	125.3	23.1	122.2	90.6	73.7	26.6	556.6	439.9
五丰优 308	99.5	129.7	18.4	178.8	131.8	73.8	22.8	552.6	499.8
盛泰优 722	91.8	126.3	24.4	124.7	89.9	72.3	24.2	530.4	505.4
五丰优 T025	107.6	132.0	18.7	176.1	147.8	83.9	21.5	594.2	514.1
湘晚籼 12	105.0	131.0	23.5	125.8	97.2	77.2	26.0	598.0	425.3
吉优 225	96.5	134.3	19.4	152.9	113.1	73.7	25.1	548.3	483.7
天优 998	99.9	134.7	19.3	156.4	109.9	70.5	25.8	548.1	513.4
深优 1029	103.8	132.7	20.6	177.6	125.7	70.7	23.1	595.8	505.9
隆晶优 1 号	109.2	140.0	17.1	152.1	110.2	72.5	27.1	510.7	508.2
岳优 9113	96.4	134.3	22.3	127.1	87.3	68.7	26.1	508.6	487.1
天优华占	98.5	138.3	17.8	179.4	141.0	78.6	24.2	605.4	498.5

表 3–66　2017 年超级晚稻经济性状

品种	栽插密度	株高/cm	生育期/d	每亩有效穗数/万	每穗总粒数/粒	每穗实粒数/粒	结实率/%	千粒重/g	每亩理论产量/kg	每亩实际产量/kg
湘晚籼 12 号	20 cm×20 cm	105	129	25.1	129.2	99	76.6	26.7	663.5	406.7
岳优 9113	20 cm×20 cm	95.8	132	22.1	129.23	86	66.5	26.5	503.7	466.7
H 优 518	20 cm×20 cm	99.3	122	23.3	112.7	79.6	70.6	26.4	489.6	406.7
盛泰优 722	20 cm×20 cm	92.1	123	24.3	131.3	92.3	70.3	24.1	540.5	500.0
天优 998	20 cm×20 cm	100.1	133	19.1	166.3	114.5	68.9	26.2	573.0	520.0
天优 122	20 cm×20 cm	98.8	135	19.7	157	112.2	71.5	26	574.7	480.0
荣优 225	20 cm×20 cm	97.4	132	21.4	143.7	111.5	77.6	24.6	587.0	486.7
天优华粘	20 cm×20 cm	99.3	137	17.5	194.6	153.3	78.8	24.2	649.2	486.7

续表

品种	栽插密度	株高/cm	生育期/d	每亩有效穗数/万	每穗总粒数/粒	每穗实粒数/粒	结实率/%	千粒重/g	每亩理论产量/kg	每亩实际产量/kg
五优308	20 cm×20 cm	99.6	128	17.9	174.3	132.6	76.1	22.8	541.2	486.7
深优1029	20 cm×20 cm	102.1	132	21.7	173.4	119	68.6	23.4	604.3	506.7
吉优225	20 cm×20 cm	97	132	18.8	165.5	124.8	75.4	25.2	591.3	493.3

表 3-67　2018 年超级晚稻经济性状

品种	栽插密度	株高/cm	生育期/d	每亩有效穗数/万	每穗总粒数/粒	每穗实粒数/粒	结实率/%	千粒重/g	每亩理论产量/kg	每亩实际产量/kg
盛泰优722	20 cm×20 cm	90.5	124	29.83	93.1	76.5	82.2	25.21	575.5	526.9
H优518	20 cm×20 cm	99.2	123	26.00	122.3	103.4	84.5	26.83	721.0	543.7
天优998	20 cm×20 cm	102.7	139	28.67	136.8	99.4	72.7	24.25	690.8	533.9
深优1029	20 cm×20 cm	98.8	133	20.17	150.2	118.8	79.1	23.32	558.5	520.3
天优华占	20 cm×20 cm	100.2	137	28.00	159.2	118.4	74.4	24	795.5	554.8
隆晶优1号	20 cm×20 cm	114.7	140	21.33	174.6	101.2	58.0	28.72	620.0	495.6
五丰优T025	20 cm×20 cm	100.2	126	27.83	178.9	132.2	73.9	21.25	782.1	508.8
五优308	20 cm×20 cm	97.9	127	29.33	158.2	116.2	73.5	23.34	795.5	502.8
吉优225	20 cm×20 cm	97.1	135	24.67	131.7	111.0	84.3	24.38	667.7	537.3
岳优9113	20 cm×20 cm	93.7	130	26.17	108.5	90.5	83.4	24.43	578.5	539.0
湘晚籼12	20 cm×20 cm	105	130	31.00	93.9	77.6	82.7	24.9	599.4	512.1

表 3-68　2020 年超级晚稻经济性状

品种	栽插密度	株高/cm	生育期/d	穗长/cm	每亩有效穗数/万	每穗总粒数/粒	每穗实粒数/粒	结实率/%	千粒重/g	每亩理论产量/kg	每亩实际产量/kg
H优518	20 cm×20 cm	99.5	132	25	22.7	141.3	112.7	79.8	27	690.7	506.2
五丰优308	20 cm×20 cm	99.4	133	21.5	19.4	187.8	130.1	69.3	22.8	575.5	526.1
盛泰优722	20 cm×20 cm	91.2	133	23.2	24.6	111.6	85	76.2	24.4	510.2	516.1
五丰优T025	20 cm×20 cm	107.6	132	23	18.7	176.1	147.8	83.9	21.5	594.2	514.1
湘晚籼12	20 cm×20 cm	105.1	135	22.3	20.3	119.1	93.5	78.5	24.6	466.9	462.5
吉优225	20 cm×20 cm	95.6	139	20.5	20.7	127.6	89.7	70.3	24.9	462.3	464.5
天优998	20 cm×20 cm	99.6	138	21.7	19.7	136.5	100.8	73.8	25.1	498.4	500.3
深优1029	20 cm×20 cm	107.3	134	24.1	18.4	185.9	139.2	74.9	22.6	578.8	504.2
隆晶优1号	20 cm×20 cm	109.2	140	25.5	17.1	152.1	110.2	72.5	27.1	510.7	508.2
岳优9113	20 cm×20 cm	97.6	139	25.1	22.7	122.9	89.9	73.1	25.4	518.3	528
天优华占	20 cm×20 cm	96.8	141	21.3	18.4	149	116.3	78.1	24.2	517.9	522.1

（3）超级中稻。超级中稻经济性状见表3-69。

表3-69　2018年超级中稻经济性状表

品　种	栽插密度	株高/cm	生育期/d	每亩有效穗数/万	每穗总粒数/粒	每穗实粒数/粒	结实率/%	千粒重/g	每亩理论产量/kg	每亩实际产量/kg	产量排名	病害、倒伏等情况
准两优608	20 cm × 26.7 cm	118.2	130	15.85	167.2	126.5	75.7	29	581.5	530.1	9	纹枯病
丰两优香1号	20 cm × 26.7 cm	121.9	122	14.55	179.1	150.7	84.1	26.1	572.3	506.1	11	纹枯病
Y两优1号	20 cm × 26.7 cm	132.2	130	17	166.9	146.3	87.7	25.8	641.7	519.1	10	
丰两优4号	20 cm × 26.7 cm	124.1	129	15.63	163.5	140	85.6	27.6	603.9	542.8	8	
C两优华占	20 cm × 26.7 cm	112.2	130	17.92	194	159.6	82.3	22.8	652.1	626.3	1	
深两优5814	20 cm × 26.7 cm	137.6	130	15.95	178.5	151.1	84.6	25.2	607.3	543.2	7	
广两优香66	20 cm × 26.7 cm	131.9	131	15.32	153.1	134.4	87.8	29.5	607.4	575.2	5	
Y两优2号	20 cm × 26.7 cm	127.6	131	17.875	181.8	154.9	85.2	24.3	672.8	608.9	2	
Y两优900	20 cm × 26.7 cm	126.1	132	13.5	247.1	216.6	87.7	24.1	704.7	578.1	4	
Ⅱ优084	20 cm × 26.7 cm	128.3	130	16.125	164	154.3	94.1	27.4	681.7	580.5	3	
兆优5455	20 cm × 26.7 cm	123.3	129	18.125	147.4	118.7	80.5	27.1	583.0	499.1	12	纹枯病严重
隆两优华占	20 cm × 26.7 cm	127.2	132	16.25	192.8	163.3	84.7	25.7	682.0	575.1	6	

3. 讨论与小结

通过3年对供试超级稻品种在湖南区域的丰产性、稳产性、抗逆性等生态适应性研究，用于试验的34个超级稻品种在湖南区域均适宜种植，但其中，早稻品种淦鑫203、晚稻品种隆晶优1号生育期最长，平均生育期分别为115.7 d和140 d。因此，在双季稻栽培的品种搭配上，应重点考虑选择生育期较短的品种（组合）与其搭配。同时，中早39较其他品种易感纹枯病，在纹枯病易发生区种植，更应注重病虫防治。

（二）超级稻氮肥后移壮穗技术研究

超级稻的推广应用，对我国粮食安全起了重要的作用。关于超级稻的研究已有较多报道，但结果因品种特性、生态条件和栽培技术措施等方面不同而存在较大差异。在肥料运筹方面，对超级稻养分吸收特性的研究对象主要是一季稻，对长江流域超级早、晚稻养分吸收特性的研究较少。有研究表明，在同一栽培条件下，不同超级早、晚稻品种间干物质生产与转运、产量形成及氮素吸收存在一定的差异。湖南是双季稻主产区，水稻氮肥大部分采取"一炮轰"的施肥方式，导致穗多而小、肥料利用效率低，既浪费肥料资源又不能充分发挥超级稻的增产潜力。为促进超级稻穗粒均衡协调发展，优化超级稻施肥技术，开展双季超级稻氮素后移壮穗技术研究，探明超级稻氮素后移对穗粒均衡协调的作用机制，明确氮素后移的适宜用量，为超级早、晚稻的合理施肥提供依据。

1. 材料与方法

（1）供试品种。超级稻品种（组合），早稻：株两优819、陵两优268、中嘉早17号、两优287、陆两优996、五丰优286、金优458、中早35、中早39。晚稻：天优122、吉优225、深优1029、荣优225、五优308、H优518、天优998、天优华占、盛泰优722。

（2）供试土壤。试验田土壤为紫泥田，土壤肥力中等。

（3）试验处理。采用裂区设计，主区为 N 素，副区为超级早稻品种。

T1：无 N，P、K 施用量同处理 T2；

T2：N 肥，早稻为基肥：分蘖肥 =7：3，晚稻基肥：分蘖肥 =6：4；

T3：N 肥，早稻为基肥：分蘖肥：穗肥 =6：3：1，晚稻基肥：分蘖肥：穗肥 =5：4：1；

T4：N 肥，早稻为基肥：分蘖肥：穗肥：粒肥 =5：3：1：1，晚稻基肥：分蘖肥：穗肥：粒肥 =5：3：1：1。

主区设 4 个处理，副区 2017 年早、晚稻各 9 个品种（早稻：株两优 819、陵两优 268、中嘉早 17 号、两优 287、陆两优 996、五丰优 286、金优 458、中早 35、中早 39。晚稻：天优 122、吉优 225、深优 1029、荣优 225、五优 308、H 优 518、天优 998、天优华占、盛泰优 722、）。2018 年在 2017 年的基础上，早、晚稻各选取 6 个品种（早稻：株两优 819、陵两优 268、中早 39、陆两优 996、五丰优 286、淦鑫 203。晚稻：五优 308、H 优 518、吉优 225、隆晶优 1 号、天优华占、盛盛泰优 722），2019 年早、晚稻各 3 个品种（早稻：株两优 819、五丰优 286、中早 39。晚稻：盛泰优 722、吉优 225、天优华占）。2017—2019 年主区小区面积分别为 120 m²、120 m²、60 m²。主区用土埂隔开，土埂用薄膜包扎，防止串肥；副区之间空隔 0.4 m，不设土埂分隔。

施肥：早稻 N 10 kg、P_2O_5 4 kg、K_2O 5 kg，晚稻 N 12 kg、P_2O_5 3.6 kg、K_2O 7.2 kg，N 肥按设计比例分期施用；磷肥作基肥，在最后一次耙田前施用；钾肥 50% 作基肥，50% 作穗肥。N 肥用尿素（N46%）、磷肥用过磷酸钙（P_2O_5 12%）、钾肥用氯化钾（K_2O 60%）。

（4）样品采集与测定方法。

（A）产量与产量构成因素。水稻成熟期，各小区每个品种取有代表性 5 穴水稻考种，调查有效穗、穗粒数、结实率、千粒重等计算理论产量。水稻成熟后分小区分品种单收单晒，测定各小区每个品种的实际产量。

（B）干物质积累与转运。分别于分蘖盛期、拔节期、孕穗期、抽穗期和成熟期按每小区茎蘖数的平均数取代表性植株 5 穴（小区边行不取），分成叶片、茎鞘、根系和穗（抽穗后）等部分装袋，于 105℃下杀青 30 min，80℃下烘干至恒重，测定各处理植株干物质积累与分配情况。

干物质积累量 = 某生育期单位面积某器官的干物质的积累量。

干物质积累速率 = 某生育阶段单位面积单位时间某器官的干物质积累量。

叶片、茎鞘、穗干物质分配（%）= 叶片、茎鞘、穗各自干重 / 总干重 ×100%。

茎叶物质转换率 =（齐穗期茎叶干重 – 成熟期茎叶干重）/ 籽粒干重 ×100%。

茎叶物质输出率 =（齐穗期茎叶干重 – 成熟期茎叶干重）/ 齐穗期茎叶干重 ×100%。

（C）光合速率。分别于分蘖盛期、孕穗期、灌浆期和成熟期 9 ~ 11 时用便携式光合作用测定系统（Li–6400，USA）测定水稻叶片的净光合速率（Pn），3 个重复。

（D）土壤养分、植株 N、P、K 含量。养分测定分别于试验前取综合土样、试验后分小区取土样进行土壤 pH 值、有机质、全氮、速效氮、有效磷、速效钾分析。

施肥后取土壤湿样进行氨态氮测定。

成熟期植株样进行植株含氮量测定。

测定方法按土壤分析技术规范（第 2 版）。

氮肥利用效率计算：

氮肥偏生产力（$kg \cdot kg^{-1}$）＝施氮区产量／施氮量。

氮肥农学效率（$kg \cdot kg^{-1}$）＝（施氮区产量－不施氮区产量）／施氮量。

氮肥表观利用率（％）＝（施氮区地上部吸氮量－不施氮区地上部吸氮量）／施氮量 $\times 100\%$。

2. 结果与分析

（1）土壤供氮强度。从图 3-10 可以看出，早稻季由于前期气温较低，施肥后土壤 NH_4^+ 含量增加速率较晚稻季慢，早稻季施肥 28 天土壤 NH_4^+ 含量才达到最高值，晚稻季施肥后土壤 NH_4^+ 含量迅速提高，13 d 达到了最高值。分蘖至孕穗中期，土壤 NH_4^+ 含量以 T2 处理最高，早稻季平均为 28.3 mg/kg，比 T3、T4 分别高出 4.0%、10.7%；晚稻季平均为 29.3 mg/kg，比 T3、T4 分别高出 5.1%、5.6%。孕穗中期至齐穗期，土壤 NH_4^+ 含量则以 T3、T4 较高，早稻季 T3 平均为 13.2 mg/kg，T4 为 12.2 mg/kg，比 T2 分别高 17.7%、9.0%；晚稻季 T3 平均为 8.7 mg/kg，T4 为 8.2 mg/kg，比 T2 分别高 13.4%、12.9%。灌浆结实期，早、晚稻的土壤 NH_4^+ 含量均处于低含量水平，但 T3、T4 处理的土壤 NH_4^+ 含量仍保持比 T2 高的趋势。T2 处理增强了前期土壤供应 NH_4^+ 的强度，能满足多穗型水稻前期生长对 N 需求量大的要求，T3、T4 后期供 N 强度较大，对大穗型、穗粒均衡型水稻后期穗粒生长有利。

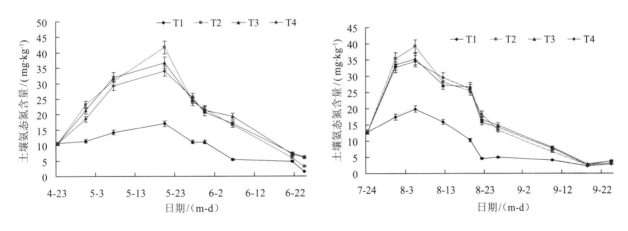

图 3-10　早、晚稻土壤供应 NH_4^+ 强度动态变化

（2）N 素后移对干物质积累的影响

（A）干物质积累量。从图 3-11 可以看出，不同穗型超级早稻品种（多穗型：陵两优 268、金优 458、株两优 819，大穗型：五丰优 286、两优 287，穗粒均衡型：陆两优 996、中嘉早 17 号、中早 35、中早 39）对 N 素后移响应差异明显，成熟期干物质积累量差异大。与 T2 相比，大穗型品种后移 10%N 素（T3），干物质积累量增加 -9.7% ~ 25.5%，平均增加 4.7%；后移 20%N 素（T4），干物质积累量增加 -11.9% ~ 36.1%，平均增加 7.7%。多穗型品种则是以 T2 的干物质积累量较大，T2 比 T3 增加 -2.1% ~ 18.5%，平均增加 10.2%，T2 比 T4 分别增加 -0.3% ~ 23.6%，平均增加 12.2%。穗粒均衡型品种则是以 T3 的干物质积累量较大，T3 比 T2 增加 9.6% ~ 32.1%，平均增加 16.9%，T4 比 T2 增加 12.1% ~ 26.8%，平均增加 16.3%。总体来说，多穗型品种以 T2 施肥模式、大穗型与穗粒均衡型品种以 T3、T4 施肥模式有利于干物质积累。说明不同穗型品种需要采取不同的 N 素调控技术促进干物质积累，为穗粒协同发展提供物质保障。

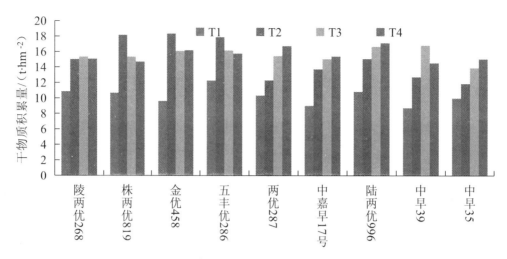

图 3-11　N 素后移对早稻干物质积累量的影响

　　从图 3-12 可以看出，不同穗型超级晚稻品种（多穗型：H 优 518、盛泰优 722，大穗型：天优122、吉优 225、深优 1029、荣优 225、五优 308、天优 998、天优华占）对 N 素后移响应差异明显，成熟期干物质积累量差异大。与 T2 相比，大穗型品种后移 10%N 素（T3），除天优华占干物质积累量降低 10.0% 外，其余 6 个品种干物质积累量增加 8.2% ~ 21.6%，平均增加 11.5%；后移 20%N 素（T4），干物质积累量增加 4.5% ~ 25.6%，平均增加 15.8%。多穗型品种 H 优 518 以 T2 的干物质积累量较大，T2 比 T3、T4 干物质积累量分别增加 14.3%、26.9%；盛泰优 722 则以 T3 最高，为 18.16 t/hm²，T3 比T2 增加 15.9%，T4 比 T2 增加 15.3%。总体来说，多穗型以 T2 施肥模式、大穗型品种以 T3、T4 施肥模式有利于干物质积累。说明不同穗型品种需要采取不同的 N 素调控技术促进干物质积累，为穗粒协同发展提供物质保障。

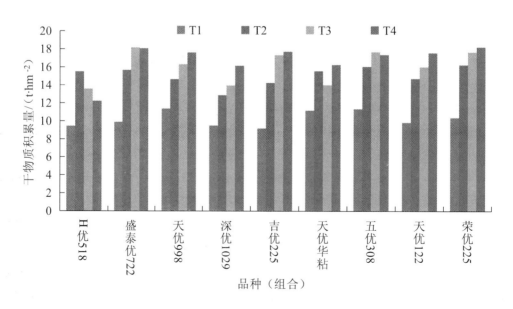

图 3-12　N 素后移对晚稻干物质积累量的影响

（B）干物质积累速率。从表 3–70 可知，大部分品种的干物质积累速度以孕穗至齐穗时段最大。齐穗至成熟阶段各穗型干物质积累速率变化趋势与干物质积累量相似；分蘖 – 孕穗期、孕穗至齐穗期干物质积累速率变化没有规律，还待进一步研究。

表 3–70　N 素后移下各品种干物质积累速率差异　　　　　　kg · hm⁻² · d⁻¹

品种（组合）	分蘖 – 孕穗				孕穗 – 齐穗				齐穗 – 成熟			
	T1	T2	T3	T4	T1	T2	T3	T4	T1	T2	T3	T4
陵两优 268	226.0	261.5	231.0	210.0	214.9	221.6	212.1	335.4	62.0	133.4	207.2	137.2
株两优 819	200.5	284.7	271.1	250.1	227.1	225.0	268.7	314.6	63.1	260.8	158.8	95.4
金优 458	146.2	231.5	173.5	380.5	272.1	240.9	338.1	134.1	54.6	343.7	225.7	232.8
五丰优 286	160.9	197.5	299.5	363.3	321.0	315.0	178.7	177.3	141.3	334.5	205.4	132.6
两优 287	172.9	273.0	274.6	302.7	287.1	197.1	285.0	378.9	58.5	180.2	136.2	131.0
中嘉早 17 号	139.9	311.7	217.9	251.2	241.3	168.2	360.9	172.5	40.2	117.3	137.4	232.5
陆两优 996	163.6	142.9	185.0	187.9	256.3	384.4	287.8	429.0	101.1	135.9	288.6	236.1
中早 39	165.0	190.9	330.5	267.1	225.4	274.3	105.0	247.3	28.6	68.8	317.4	103.9
中早 35	170.5	219.3	252.3	309.8	239.6	138.3	168.3	151.2	69.3	92.6	111.8	205.6

（C）物质输出与转换。从表 3–71 可知，N 素后移可以提高早稻叶片物质的输出率。穗粒均衡型品种叶片输出率以 T3 输出率最高，T3、T4 叶片输出率比 T2 分别提高 1.9%、5.1%。多穗型品种叶片物质输出率以 T4 最高，T3、T4 输出率比 T2 分别增加 69.5%、102.5%。大穗型品种叶片物质输出率以 T3 最高，T3、T4 比 T2 分别增加 25.1%、5.3%。N 素后移降低了穗粒均衡型品种的茎鞘输出率，T3、T4 茎鞘输出率比 T2 分别降低 39.2%、57.6%。大穗型品种茎鞘输出率以 T3 最高，T3 比 T2 分别提高了 30.3%，但 T4 降低了 29.1%。多穗型品种茎鞘输出率与大穗型品种相似，T3 增加 6.7%，T4 降低 15.0%。从表 3–72 可知，N 素后移增强了早稻多穗型、穗粒均衡型品种的叶片、茎鞘物质转换率，与 T2 比较，多穗型品种的叶片物质转换率 T3 增加 34.5%，T4 增加 150.2%，茎鞘物质转换率 T3 与 T2 持平，T4 增加 5.2%。穗粒均衡型品种的叶片物质转换率 T3 增加 4.5%，T4 增加 10.9%，茎鞘物质转换率 T3、T4 分别增加 49.4%、66.6%。大穗型品种叶片、茎鞘物质转换率 T3 比 T2 分别增加了 20.6%、9.4%，T4 比 T2 茎鞘物质转换率增加了 51.0%、叶片物质转换率却降低 6.2%。说明抽穗后叶鞘物质转换对大穗型水稻籽粒形成的贡献较大，抽穗前叶鞘物质转换对多穗型、穗粒均衡型水稻籽粒形成的贡献较大。

表 3–71　超级早稻叶片、茎鞘输出率　　　　　　%

品种（组合）	T1		T2		T3		T4	
	叶片	茎鞘	叶片	茎鞘	叶片	茎鞘	叶片	茎鞘
陵两优 268	43.63	34.18	25.51	26.49	32.39	11.09	43.80	12.50
株两优 819	26.72	25.68	21.96	2.01	44.22	14.07	44.12	15.09
金优 458	37.46	38.22	21.55	13.88	40.35	20.08	51.82	11.76
五丰优 286	29.36	23.00	26.25	5.93	37.81	19.39	29.33	9.43

续表

品种（组合）	T1		T2		T3		T4	
	叶片	茎鞘	叶片	茎鞘	叶片	茎鞘	叶片	茎鞘
两优 287	26.28	28.66	36.77	25.23	41.05	21.22	37.04	12.66
中嘉早 17 号	37.81	37.24	38.19	23.43	35.84	15.17	43.79	2.85
陆两优 996	27.57	30.16	27.13	33.48	31.07	15.65	27.12	13.91
中早 39	29.70	34.89	38.11	26.38	35.83	10.05	35.78	15.56
中早 35	28.13	38.55	38.30	20.91	41.73	22.48	42.20	11.90

表 3-72　超级早稻叶片、茎鞘转换率　　　　　　　　　　　　%

品种（组合）	T1		T2		T3		T4	
	叶片	茎鞘	叶片	茎鞘	叶片	茎鞘	叶片	茎鞘
陵两优 268	11.97	30.01	7.57	17.45	9.31	5.89	16.27	8.58
株两优 819	5.65	20.82	6.15	1.08	14.79	8.48	16.34	11.76
金优 458	10.28	36.02	5.74	7.61	10.78	11.82	16.10	7.16
五丰优 286	5.71	15.94	7.57	3.09	10.70	10.85	9.13	6.24
两优 287	5.87	21.48	13.12	24.52	14.25	14.17	10.28	7.29
中嘉早 17 号	10.15	30.77	12.62	16.01	10.87	9.26	11.93	1.67
陆两优 996	5.95	26.23	9.12	25.46	8.71	8.47	6.87	8.03
中早 39	7.77	30.55	10.99	20.18	9.56	5.43	10.10	9.29
中早 35	6.04	29.57	11.97	15.96	13.56	16.11	10.93	6.91

　　氮肥后移对不同穗型晚稻茎鞘、叶片物质输出率有明显的影响（表 3-73）。氮肥后移提高了多穗型品种茎鞘干物质输出率，平均值以 T3 最高，为 39.4%，比 T2、T3 分别提高了 56.9%、5.4%；叶片干物质输出率则以 T2 最高，比 T3、T4 分别提高了 12.8%、9.7%。大穗型品种茎鞘干物质输出率以 T3 最高，平均值为 42.7%，比 T2、T4 分别提高了 47.0%、7.3%；氮肥后移对大穗型晚稻叶片干物质输出率以 T4 最高，比 T2、T3 分别提高了 11.4%、17.9%。不同穗型晚稻茎鞘、叶片物质转换率也受氮肥后移的影响（表 3-74）。多穗型、大穗型品种茎鞘物质转换率转换率均以 T2 最高，平均值分别为 46.2%、55.5%，比 T3、T4 分别提高 27.7%、44.4% 和 21.8%、45.9%。多穗型、大穗型晚稻品种叶片物质转换率均随着氮肥后移量增加而增加，平均值 T3、T4 比 T2 分别增加 8.5%、6.4% 和 15.4%、0.9%。

表 3-73　超级晚稻叶片、茎鞘输出率　　　　　　　　　　　　%

品种（组合）	T1		T2		T3		T4	
	叶片	茎鞘	叶片	茎鞘	叶片	茎鞘	叶片	茎鞘
盛泰优 722	42.1	36.6	34.4	28.8	33.7	43.8	33.9	43.2
H 优 518	46.1	32.9	34.8	21.4	27.6	35.0	29.2	31.6
天优 998	36.6	28.0	30.6	19.8	25.2	42.7	38.8	38.8

续表

品种（组合）	T1		T2		T3		T4	
	叶片	茎鞘	叶片	茎鞘	叶片	茎鞘	叶片	茎鞘
深优 1029	49.9	40.1	40.2	32.9	49.3	48.9	43.3	42.8
吉优 225	48.3	46.2	36.2	34.8	31.3	35.7	33.4	39.3
天优华粘	36.9	51.0	36.2	27.7	42.0	47.7	37.1	40.9
五优 308	38.8	27.1	38.9	17.8	26.0	38.6	33.2	40.1
天优 122	47.5	39.5	38.0	37.6	29.5	45.2	33.7	37.7
荣优 225	51.9	43.2	30.3	33.0	33.1	40.4	33.0	39.2

表 3-74　超级晚稻叶片、茎鞘转换率　　　　　　　　　　　　　　%

品种（组合）	T1		T2		T3		T4	
	叶片	茎鞘	叶片	茎鞘	叶片	茎鞘	叶片	茎鞘
盛泰优 722	16.6	30.7	13.3	44.0	14.5	37.1	14.0	32.0
H 优 518	15.7	22.3	14.2	48.4	13.5	35.3	15.9	32.0
天优 998	14.5	22.7	14.4	51.0	12.9	43.6	18.9	36.9
深优 1029	16.1	27.7	15.6	57.0	25.7	49.7	24.7	44.9
吉优 225	19.8	39.7	15.9	55.6	17.8	39.7	16.1	37.7
天优华粘	13.2	48.8	16.2	54.1	19.2	46.3	15.5	36.5
五优 308	16.5	22.9	16.4	49.3	13.0	43.6	15.3	37.6
天优 122	15.8	29.1	15.5	61.1	17.1	53.4	17.9	37.3
荣优 225	20.1	35.8	13.7	60.8	17.1	43.0	15.5	35.5

（D）各器官物质分配。从表 3-75 可以看出，早稻地上部干物质分配受氮肥运筹的影响较大。多穗型品种氮肥后移提高了茎鞘干物质比例而降低了叶片干物质比例，穗部干物质比例则以 T3 最高，T3 > T2 > T4。与 T2 相比，T3、T4 茎鞘干物质比例分别提高了 1.0%、15.9%，叶片干物质比例分别降低了 14.2%、16.6%，T3 处理穗部干物质比 T2、T4 分别提高了 2.6%、7.1%。大穗型、穗粒均衡型品种氮肥后移提高了穗部干物质比例而降低了茎鞘、叶片干物质比例，与 T2 相比，大穗型品种 T3、T4 茎鞘干物质比例分别降低了 12.0%、4.7%，叶片干物质比例分别降低了 5.9%、5.9%，穗部干物质比例分别提高了 8.5%、4.2%。穗粒均衡型品种 T3、T4 茎鞘干物质比例分别降低了 4.8%、1.4%，叶片干物质比例分别降低了 5.4%、15.3%，穗部干物质比例分别提高了 3.8%、3.9%。晚稻地上部干物质分配也受氮肥运筹的影响。从表 3-76 可知，晚稻多穗型品种氮肥后移提高了叶片干物质比例，降低了穗部干物质比例，但茎鞘干物质比例变化无规律。与 T2 相比，T3、T4 叶片干物质比例分别提高了 22.4%、28.1%，穗部干物质比例分别降低 6.9%、6.8%。大穗型品种氮肥后移提高了叶片干物质比例，与 T2 相比，T3、T4 叶片干物质比例分别提高了 24.1%、6.0%，茎鞘、穗部干物质比例变化无规律。综合分析水稻器官干物质分配情况，早稻氮肥后移提高了多穗型品种茎鞘干物质比例而降低了叶片干物质比例，提高了大穗型、穗粒均衡型品种穗部干物质比例而降低了茎鞘鞘、叶片干物质比例；晚稻氮肥后移提

高了叶片干物质比例，降低了多穗型品种穗部干物质比例。

表 3–75　早稻茎鞘、叶片、穗部干物质分配　　　　　　　　%

品种（组合）	T1			T2			T3			T4		
	茎鞘干重	叶片干重	穗部干重	茎鞘干重	叶片干重	穗部干重	茎鞘干重	叶片干重	穗部干重	茎鞘干重	叶片干重	穗部干重
陵两优 268	33.4	8.9	57.7	28.4	13.0	58.6	28.3	11.7	60.0	33.2	11.5	55.3
株两优 819	34.3	8.8	56.9	30.2	12.5	57.3	30.4	10.9	58.7	35.4	11.1	53.5
金优 458	33.2	9.8	57.0	28.1	12.4	59.5	28.9	9.8	61.4	31.9	8.9	59.3
五丰优 286	31.9	8.2	59.8	28.8	12.5	58.7	27.7	10.8	61.5	32.9	12.1	55.0
两优 287	31.5	9.7	58.8	37.2	11.6	51.2	30.4	11.8	57.8	30.0	10.4	59.6
陆两优 996	34.4	8.9	56.7	28.9	14.0	57.1	27.7	11.7	60.6	29.6	11.0	59.5
中早 39	32.5	10.5	57.0	32.3	10.2	57.4	29.3	10.3	60.3	29.9	10.8	59.3
中早 35	29.0	9.5	61.5	33.6	10.7	55.7	31.8	10.8	57.3	30.8	9.0	60.2
中嘉早 17 号	30.8	9.9	59.3	30.3	11.8	57.9	30.2	11.4	58.4	33.1	8.9	58.0

表 3–76　晚稻茎鞘、叶片、穗部干物质分配　　　　　　　　%

品种（组合）	T1			T2			T3			T4		
	茎鞘干重	叶片干重	穗部干重	茎鞘干重	叶片干重	穗部干重	茎鞘干重	叶片干重	穗部干重	茎鞘干重	叶片干重	穗部干重
盛泰优 722	27.4	13.0	59.5	23.7	13.1	63.2	27.7	17.7	54.6	18.2	18.2	55.7
H 优 518	25.6	11.3	63.1	27.8	13.6	58.5	26.3	15.0	58.7	16.0	16.0	57.8
天优 998	27.3	12.3	60.4	28.9	14.7	56.4	26.0	18.4	55.6	14.1	14.1	60.9
深优 1029	26.1	10.4	63.5	25.4	11.8	62.7	25.8	14.4	59.7	13.4	13.4	63.3
吉优 225	25.6	12.1	62.3	23.7	13.1	63.2	28.4	16.5	55.1	13.6	13.6	63.4
天优华粘	24.8	12.3	62.9	26.4	13.5	60.1	26.5	14.7	58.8	12.8	12.8	63.2
五优 308	27.7	11.9	60.5	23.7	11.1	65.2	25.6	15.1	59.4	13.1	13.1	64.8
天优 122	26.0	11.3	62.7	25.4	12.4	62.2	25.4	17.4	57.2	15.2	15.2	60.8
荣优 225	24.3	10.3	65.4	23.1	13.3	63.6	25.0	15.0	60.0	13.1	13.1	65.1

（3）主要生育期光合速率。从图 3–13 可以看出，光合速率与氮肥施用量密切相关。分蘖期：多穗型、大穗型、穗粒均衡型超级稻光合速率均为 T2 ＞ T3 ＞ T4。其中，多穗型品种 T2 比 T3、T4 分别增加 0.5 μmol/（m²·s）、0.03 μmol/（m²·s），大穗型品种 T2 比 T3、T4 分别增加 1.0 μmol/（m²·s）、1.35 μmol/（m²·s），穗粒均衡型品种 T2 比 T3、T4 分别增加 0.3 μmol/（m²·s）、0.7 μmol/（m²·s）。孕穗期：由于施用穗肥，大穗型、穗粒均衡型品种的光合速率则表现为 T4 ＞ T3 ＞ T2，T3、T4 比 T2 分别增加 3.6 μmol/（m²·s）、3.5 μmol/（m²·s）和 0.58 μmol/（m²·s）、1.15 μmol/（m²·s）；多穗型品种光合速率 T2、T3 持平，T4 比 T2 略有降低。灌浆期：多穗型品种光合速率 T3、T4 比 T2 分别降低 0.78 μmol/（m²·s）、0.30 μmol/（m²·s）；大穗型品种光合速率 T3、T4 比 T2 分别增加 1.55 μmol/（m²·s）、0.50 μmol/（m²·s）；穗粒均衡型品种光合速率 T2、T3 持平，T4 比 T2 增加 0.38 μmol/（m²·s）。成熟期：多穗型品种光合速率表现为 T2 ＞

T3 > T4；大穗型、穗粒均衡型品种的光合速率则表现为 T4 > T3 > T2。说明氮肥后移有利于增强水稻生长后期的光合作用。

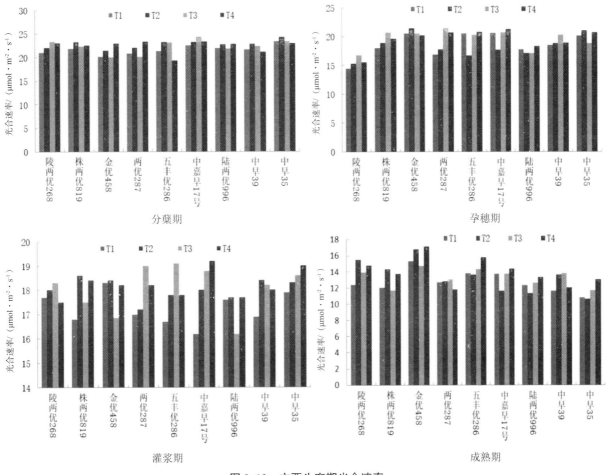

图 3-13　主要生育期光合速率

（4）灌浆速率。从图 3-14 可以看出，超级早稻施 N 处理灌浆速率随着 N 素后移而加快，前期重施 N 肥，营养生长延长，生殖生长相对滞后。灌浆速率最快的时段是 6 月 27 日至 7 月 15 日，最高日灌浆速率达 7.7%，各品种灌浆进程基本呈现 T1 > T4 > T3 > T2 的变化趋势。超级晚稻灌浆速率最快的时段是 9 月 27 日至 10 月 7 日，最高日灌浆速率达 5.8%，晚稻各处理间灌浆速率变化规律性不强，可能是高温干旱气候的影响。

（5）穗部结构。从表 3-77 可以看出，不同穗型超级早稻穗部结构对 N 肥运筹响应差异明显。在施用等 N 量条件下，N 肥后移增加大穗型和穗粒均衡型超级早稻的每穗总粒数和实粒数。其中大穗型超级早稻 T3、T4 的每穗总粒数比 T2 分别增加 17.6 粒 / 穗、11.6 粒 / 穗（$p<0.01$），实粒数分别增加 6.4 粒 / 穗（$p>0.05$）、13.4 粒 / 穗（$p<0.05$）；穗粒均衡型超级早稻 T3、T4 的每穗总粒数比 T2 分别增加 9.4 粒 / 穗（$p<0.05$）、21.8 粒 / 穗（$p<0.01$），实粒数分别增加 9.0 粒 / 穗（$p>0.05$）、20.9 粒 / 穗（$p<0.01$）；N 肥后移减少了多穗型超级早稻的每穗总粒数和实粒数，T3、T4 的每穗总粒数比 T2 分别减少 12.4 粒 / 穗、16.3 粒 / 穗（$p<0.05$），实粒数分别减少 6.2 粒 / 穗、15.0 粒 / 穗（$p>0.05$）。N 肥后移对多穗型超级早稻的一次枝梗数、一次枝梗着粒数、一次枝梗实粒数影响差异不显著（$p>0.05$）；对二次枝梗数、二次

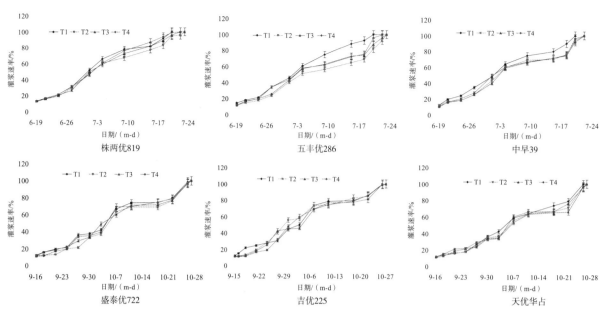

图 3-14　晚稻灌浆速度

枝梗着粒数的影响差异显著,T2 的二次枝梗数比 T3、T4 分别增加 2.5 个 / 穗($p<0.05$)、3.8 个 / 穗($p<0.01$),二次枝梗着粒数比 T3、T4 分别增加 13.0 粒 / 穗（ $p<0.05$ ）、20.0 粒 / 穗（ $p<0.01$ ）,对二次枝梗实粒数影响差异不显著（ $p>0.05$ ）。氮肥后移对大穗型超级早稻的一次枝梗数、一次枝梗着粒数和实粒数影响差异不显著（ $p>0.05$ ）;对二次枝梗数、二次枝梗着粒数、二次枝梗实粒数的影响差异显著,与 T2 比较,T3、T4 的二次枝梗数分别增加 2.7 个 / 穗（ $p<0.05$ ）、2.2 个 / 穗（ $p<0.05$ ）,二次枝梗着粒数分别增加 16.5 粒 / 穗（ $p<0.01$ ）、7.5 粒 / 穗（ $p<0.05$ ）,T3 与 T4 存在显著差异,T3 比 T4 增加 9.0 粒 / 穗（ $p<0.05$ ）,二次枝梗实粒数分别增加 7.3 粒 / 穗（ $p>0.05$ ）、9.3 粒 / 穗（ $p<0.05$ ）。氮肥后移对穗粒均衡型超级早稻的一次枝梗数影响差异不显著（ $p>0.05$ ）,T3、T4 一次枝梗着粒数分别比 T2 增加 3.0 粒 / 穗（ $p>0.05$ ）、5.8 粒 / 穗（ $p<0.01$ ）,一次枝梗实粒数分别比 T2 增加 3.0 粒 / 穗（ $p>0.05$ ）、5.7 粒 / 穗（ $p<0.01$ ）;对二次枝梗数、二次枝梗着粒数的影响差异显著,T3、T4 的二次枝梗数比 T2 分别增加 2.4 个 / 穗（ $p<0.05$ ）、3.8 个 / 穗（ $p<0.01$ ）,二次枝梗着粒数比 T2 分别增加 6.4 粒 / 穗（ $p<0.05$ ）、16.0 粒 / 穗（ $p<0.01$ ）二次枝梗实粒数比 T2 分别增加 6.0 粒 / 穗（ $p>0.05$ ）、15.2 粒 / 穗（ $p<0.01$ ）。

表 3-77　N 肥后移对超级早稻穗部结构的影响

品种	处理	每穗总粒数 / 粒	每穗实粒数 / 粒	1 次枝梗			2 次枝梗		
				每穗枝梗数 / 个	每穗着粒数 / 粒	每穗实粒数 / 粒	每穗枝梗数 / 个	每穗着粒数 / 粒	每穗实粒数 / 粒
株两优 819	T1	85.9Bc	77.4Ab	7.1Ab	39.5Aa	37.5Aa	15.6Cc	46.3Cc	39.9Ab
	T2	129.8Aa	105.4Aa	7.6Aab	40.2Aa	36.9Aa	25.5 Aa	89.6Aa	68.5Aa
	T3	117.3Ab	99.2ABab	7.7Aab	40.8Aa	37.2Aa	23.0ABb	76.5ABb	62.0Aa
	T4	113.4Ab	90.4ABab	7.9Aa	43.8Aa	39.7Aa	21.7 Bb	69.6Bb	50.7Aab
五丰优 286	T1	121.2Bc	81.8Bb	8.1Aa	43.8Aa	33.2Aa	23.7Bb	77.4Cd	48.6Bc
	T2	131.5Bb	95.7ABab	7.8Aa	41.3Aa	32.9Aa	25.3ABb	90.2Bc	62.8Ab

续表

品种	处理	每穗总粒数/粒	每穗实粒数/粒	1次枝梗			2次枝梗		
				每穗枝梗数/个	每穗着粒数/粒	每穗实粒数/粒	每穗枝梗数/个	每穗着粒数/粒	每穗实粒数/粒
	T3	149.1Aa	102.1ABa	8.3Aa	42.4Aa	32.0Aa	27.9Aa	106.7Aa	70.1Aab
	T4	143.1Aa	109.1Aa	8.3Aa	45.4Aa	37.0Aa	27.4Aa	97.7ABb	72.1Aa
	T1	88.4Cd	65.2Cc	7.1Ab	35.3Bc	30.5Bc	17.0Cc	53.1Cc	34.7Cc
中早39	T2	105.0Bc	77.1BCb	7.6Aab	37.3Bbc	31.9Bbc	20.9Bb	67.7Bb	45.1BCb
	T3	114.4ABb	86.0ABb	8.0Aa	40.3ABab	34.9ABab	23.3ABa	74.1ABb	51.1ABab
	T4	126.8Aa	98.0Aa	8.2Aa	43.1Aa	37.7Aa	24.6Aa	83.7Aa	60.3Aa

从表 3-78 可以看出，在施用等 N 量条件下，N 肥后移均有增加超级晚稻的每穗总粒数和实粒数的趋势，其中大穗型品种（天优华占、吉优 225）T3、T4 总粒数平均值分别比 T2 增加 14.1 粒/穗（$p<0.05$）、17.2 粒/穗（$p<0.05$），实粒数分别比 T2 增加 16.1 粒/穗（$p<0.05$）、20.6 粒/穗（$p<0.05$）；多穗型品种（盛泰优 722）T3、T4 总粒数分别比 T2 增加 7.1 粒/穗（$p>0.05$）、4.6 粒/穗（$p>0.05$），实粒数分别比 T2 增加 0.2 粒/穗（$p>0.05$）、3.3 粒/穗（$p>0.05$）。N 肥后移对不同穗型超级晚稻的一次枝梗数（除盛泰优 722 T4 显著多于 T2 外）、一次枝梗数实粒数影响差异不显著（$p>0.05$），一次枝梗着粒数多穗型品种（盛泰优 722）T4 显著高于 T2、T3。氮肥后移显著增加大穗型品种的二次枝梗数，对多穗型二次枝梗数影响差异不显著。其中大穗型品种 T3、T4 的二次枝梗数平均值分别比 T2 增加 5.3 个/穗、5.6 个/穗（$p<0.05$）。氮肥后移能增加二次枝梗数着粒数，其中大穗型品种 T3、T4 的二次枝梗数着粒数平均值比 T2 分别增加 18.9 粒/穗、18.6 粒/穗（$p<0.05$），但对多穗型品种的二次枝梗数着粒数影响差异不显著。氮肥后移能增加二次枝梗实粒数，其中多穗型品种 T3、T4 的二次枝梗数实粒数分别比 T2 增加 0.7 粒/穗、1.3 粒/穗（$p>0.05$），大穗型品种 T3、T4 的二次枝梗数实粒数平均值比 T2 分别增加 19.3 粒/穗（$p<0.05$）、20.4 粒/穗（$p<0.05$）。综上所述，不同穗型超级早、晚稻需采取不同的氮肥运筹方式改善穗部结构，提高产量。多穗型品种以 T2 施氮模式较适宜，大穗型品种以 T3 施氮模式较适宜，穗粒均衡型品种以 T4 施氮模式较适宜。

表 3-78　N 肥后移对超级晚稻穗部结构的影响

品种	处理	每穗总粒数/粒	每穗实粒数/粒	1次枝梗			2次枝梗		
				每穗枝梗数/个	每穗着粒数/粒	每穗实粒数/粒	每穗枝梗数/个	每穗着粒数/粒	每穗实粒数/粒
	T1	83.7Bb	73.2Ab	6.80Bc	32.9Bc	28.6Ab	17.60Bb	50.8Bb	44.6Ab
盛泰优 722	T2	112.3Aa	91.7Aa	7.63Ab	38.6Ab	34.0Aa	23.47ABa	73.7Aa	57.7Aab
	T3	119.4Aa	91.8Aa	7.77Aab	38.7Ab	33.4Aab	26.23Aa	80.7Aa	58.4Aa
	T4	116.9Aa	95.0Aa	8.17Aa	42.1Aa	36.0Aa	22.90ABa	74.8Aa	59.0Aa
吉优 225	T1	124.1Bc	111.0Bc	10.27Aa	58.9Aa	55.1Aa	22.97Bc	65.2Bb	55.9Cc
	T2	139.4ABb	120.4ABbc	10.27Aa	57.6Aa	53.2Aa	27.47ABb	81.8ABb	67.2BCb

续表

品种	处理	每穗总粒数 / 粒	每穗实粒数 / 粒	1 次枝梗			2 次枝梗		
				每穗枝梗数 / 个	每穗着粒数 / 粒	每穗实粒数 / 粒	每穗枝梗数 / 个	每穗着粒数 / 粒	每穗实粒数 / 粒
天优华占	T3	150.9Aab	125.4ABb	10.40Aa	56.0Aa	51.8Aa	30.83Aab	94.9Aa	73.6ABb
	T4	154.3Aa	140.0Aa	10.47Aa	59.6Aa	55.4Aa	31.10Aa	94.7Aa	84.6Aa
	T1	131.1Cc	106.6Cc	10.17Bb	55.4Cc	49.7Bb	24.37Bc	75.7Bc	56.9Cb
	T2	159.7Bb	126.6BCb	11.97Aa	69.4Aa	63.1Aa	29.00Bb	90.3Bb	63.5BCb
	T3	176.4ABa	153.8Aa	11.20ABa	61.4BCb	58.1ABa	36.33Aa	115.0Aa	95.7Aa
	T4	179.2Aa	148.1ABa	11.60ABa	64.7ABb	61.2Aa	36.63Aa	114.5Aa	86.9ABa

（6）氮肥利用效率。从表 3–79 可以看出，氮肥偏生产力与施肥模式、水稻品种特性相关。早稻氮肥偏生产力多穗型超级稻品种以 T2 施肥模式最高，为 48.8 kg/kg，比 T3、T4 分别增加 0.3 kg/kg、2.6 kg/kg，分别增加 0.6%、5.5%，大穗型品种以 T3 模式最高，为 47.3 kg/kg，比 T2、T4 分别增加 3.0 kg/kg、1.2 kg/kg，分别增加 6.8%、2.7%；穗粒均衡型品种则以 T4 模式最高，为 44.6 kg/kg，比 T2、T3 分别增加 5.0 kg/kg、0.4 kg/kg，分别增加 12.7%、1.0%。氮肥农学效率及表观利用率变化趋势与氮肥偏生产力相似，多穗型品种呈现为 T2 > T3 > T4，大穗型品种呈现为 T3 > T4 > T2，穗粒均衡型品种则为 T4 > T3 > T2。说明在施用等氮量条件下，不同氮肥运筹方式对不同穗型超级稻的氮肥利用率影响较大，多穗型品种氮素以 T2 利用率较高，穗粒均衡型品种氮素以 T4 利用率较高，大穗型品种以 T3 利用率较高。

表 3–79　N 素后移下早稻各穗型品种氮肥偏生产力、农学效率及表观利用率差异

品种（组合）	氮肥偏生产力 /（kg·kg⁻¹）			氮肥农学效率 /（kg·kg⁻¹）			氮肥表观利用率 /%		
	T2	T3	T4	T2	T3	T4	T2	T3	T4
株两优 819	48.8Aa	48.5Aab	46.2Ab	10.5Aa	10.2Aa	8.0Aa	34.3Aa	33.8Aa	26.5Ab
五丰优 286	44.3Bb	47.3Aab	46.1ABa	9.9Ab	12.9Aa	11.6Aab	31.8Bc	44.0Aa	37.0ABb
中早 39	39.6Bb	44.2Aa	44.6Aa	9.1Bb	13.7Aa	14.2Aa	32.3Cc	39.6Bb	44.3Aa

从表 3–80 可以看出，多穗型品种（盛泰优 722）氮肥偏生产力以 T2 施肥模式最高，为 42.7 kg/kg，T2 比 T3、T4 分别增加 2.0 kg/kg、3.1 kg/kg，分别增加 4.9%、7.8%，大穗型品种（天优华占、吉优 225）氮肥偏生产力以 T3、T4 施肥模式最高，T3 平均为 44.5 kg/kg，比 T2 平均增加 0.5 kg/kg，增加 1.1%，T4 平均为 45.5 kg/kg，比 T2 平均增加 1.5 kg/kg，增加 3.4%。氮肥农学效率及表观利用率变化趋势与氮肥偏生产力相似。说明多穗型品种氮素以 T2 利用率较高，大穗型品种以 T3、T4 利用率较高。综上所述，氮肥后移提高了大穗型、穗粒均衡型品种的氮肥利用率。

表 3-80　N 素后移下晚稻各穗型品种氮肥偏生产力、农学效率及表观利用率差异

品种（组合）	氮肥偏生产力 / (kg·kg⁻¹)			氮肥农学效率 / (kg·kg⁻¹)			氮肥表观利用率 /%		
	T2	T3	T4	T2	T3	T4	T2	T3	T4
盛泰优 722	42.7	40.7	39.6	14.37	12.41	11.28	47.19	44.09	43.98
天优华占	42.1	42.7	46.1	10.38	10.94	14.37	40.56	42.77	54.61
吉优 225	46.0	46.2	44.9	16.90	17.07	15.78	44.21	48.76	50.37

（7）产量。从表 3-81 可知，从 3 年平均产量分析，多穗型型品种前期重施氮肥有利于提高产量，T2 比 T3、T4 早稻（株两优 819）分别增加 11.7%、14.5%，晚稻（盛泰优 722）分别增加 5.3%、7.6%。大穗型品种则相反，T3、T4 比 T2 早稻（五丰优 286）分别增加 8.3%、11.1%，晚稻（吉优 225、天优华占）分别增加 4.5%、7.2%，穗粒均衡型品种分别增加 5.5%、15.1%。说明大穗型和穗粒均衡型品种采取氮素后移提高产量，多穗型品种应注重前期施氮促进增产。

表 3-81　产量表　　　　　　　　　　　　　　　　　　　　　　　kg/ 亩

年度	品种（组合）	T1	T2	T3	T4	品种（组合）	T1	T2	T3	T4
2017 年	株两优 819	289.4	538.7	389.2	393.4	盛泰优 722	358.4	560.8	536.1	545.1
	五丰优 286	338.9	452.7	525.8	548.1	吉优 225	349.7	446.4	489.2	502.4
	中早 39	246.1	357.8	358.8	424.4	天优华占	406.4	488.9	518.5	530.7
2018 年	株两优 819	266.8	501.6	494.4	478.7	盛泰优 722	339.6	512	488.5	475
	五丰优 286	302.4	473.6	484.2	512.2	吉优 225	349.7	552.5	554.5	539
	中早 39	278.3	403.8	420.4	461.4	天优华占	380.7	505.3	512	553.1
2019 年	株两优 819	382.5	487.5	484.5	462.1	盛泰优 722	358.7	487.2	457.2	429.1
	五丰优 286	344.5	443.1	473.1	460.5	吉优 225	374.9	467	487.7	473.5
	中早 39	304.4	395.7	441.6	446.1	天优华占	361.5	483.8	514.6	557.3
平均	株两优 819	312.9	509.3	456.0	444.7	盛泰优 722	352.2	520.0	493.9	483.1
	五丰优 286	328.6	456.4	494.4	506.9	吉优 225	358.1	488.6	510.5	505.0
	中早 39	276.3	385.7	406.9	444.0	天优华占	382.9	492.7	515.0	547.0

3. 讨论与结论

（1）T2 处理增强了前期土壤供应 NH_4^+ 的强度，能满足多穗型水稻前期生长对 N 需求量大的要求，T3、T4 后期供 N 强度较大，对大穗型、穗粒均衡型水稻后期穗粒生长有利。

（2）氮肥后移提高了大穗型、穗粒均衡型品种干物质积累量。多穗型品种成熟期干物质量以 T2 最高，大穗型、穗粒均衡型品种以 T3、T4 最高。

（3）抽穗后叶鞘物质转换对大穗型水稻籽粒形成的贡献较大，抽穗前叶鞘物质转换对多穗型、穗粒均衡型水稻籽粒形成的贡献较大。

（4）氮肥后移优化了大穗型、穗粒均衡型早稻干物质分配比例。氮肥后移提高了大穗型、穗粒均衡型早稻穗部干物质比例，降低了茎鞘、叶片干物质比例。

（5）超级早稻施 N 处理灌浆速率随着 N 素后移而加快。

（6）穗部结构多穗型品种以 T2 施氮模式较适宜，大穗型品种以 T3 施氮模式较适宜，穗粒均衡型品种以 T4 施氮模式较适宜。

（7）氮肥后移提高了大穗型、穗粒均衡型品种的氮肥利用率。多穗型品种氮素以 T2 利用率较高，大穗型、穗粒均衡型品种氮素以 T3、T4 利用率较高。

（8）氮素后移提高了大穗型和穗粒均衡型超级稻产量，多穗型超级稻应注重前期施氮促进增产。

（三）不同时期施用穗肥对超级稻产量构成因素的影响研究

已有研究表明施用穗肥对超级稻产量及其构成因子有很大的影响，但施用穗肥的最佳时期尚未明确。为探明不同时期施肥穗肥对超级稻产量及其构成因子的影响，特开展本试验研究，以期明确不同穗型超级稻的穗肥最佳施用时期。

1. 材料与方法

（1）试验品种。早稻：株两优 819、陵两优 268、五丰优 286、中早 39。晚稻：盛泰优 722、吉优 225、天优华占、深优 1029。

（2）供试土壤。试验在浏阳市沙市镇进行，土壤为紫泥田。试验田肥力水平中等，试验前土壤基本性状为：早稻 pH（水）5.5，有机质 28.2 g/kg，全 N 1.68 g/kg，全 P 0.72 g/kg，全 K 17.8 g/kg，碱解 N 169 mg/kg，有效 P 14.2 mg/kg，速效 K 135 mg/kg。晚稻试验前土壤 pH 值 5.8，有机质 32.7 mg/kg、全 N1.52 g/kg、全 P 0.95 g/kg、全 K 16.8 g/kg、碱解 N 185 mg/kg、有效 P 16.5 mg/kg、速效 K 122 mg/kg。

（3）试验处理。处理 1：对照（CK1）不施 N 肥，施 P、K 肥。处理 2：对照（CK2）只施用基蘖肥（早稻 7：3，晚稻 6：4），不施穗肥。处理 3：幼穗分化第 2 期一次。处理 4：幼穗分化第 4 期一次。处理 5：幼穗分化第 2、4 期各一次，第一次（第 2 期穗肥 40% 穗肥用量），第二次（第 4 期穗肥 60% 穗肥用量）。试验采用裂区设计，主区处理为穗肥施用时期，副区为不同类型品种，3 次重复，小区随机区组排列，每个小区面积 51.2 m²。主区之间用土埂隔开，土埂宽 30 cm、高 25 cm。土埂用薄膜包扎，防止串肥；每个副区之间空隔 0.4 m，不设土埂分隔。肥料总用量：早稻 N 10 kg、P₂O₅ 4 kg、K₂O 5 kg，晚稻：N 12 kg、P₂O₅ 3.6 kg、K₂O 7.2 kg。N 肥，基肥：蘖肥：穗肥 =5：3：2。施用方法：N 肥按设计比例施用，P 肥全作基肥；K 肥，50% 作基肥，50% 作穗肥。其他管理措施同常规大田。

（4）样品采集与测定方法。水稻成熟期，各小区每个品种取有代表性 5 穴水稻考种，调查有效穗、穗粒数、结实率、千粒重等计算理论产量。水稻成熟后分小区分品种单收单晒，测定各小区每个品种的实际产量。

2. 结果与分析

在施用等量化肥条件下，穗肥在不同时期施用对超级稻产量及其构成因子有明显的差异。从表 3–82 可知，早稻幼穗分化二期（T3）、四期（T4）和二、四期（T5）施用穗肥，与 T2 比较，T3、T4、T5 处理总粒数，多穗型品种（株两优 819、陵两优 268）分别平均增加 0.2%、0.07%、5.5%（p<0.05），大穗型品种五丰优 286 分别增加 4.7%、10.4%（p<0.01）、10.4%（p<0.01），穗粒均衡型品种中早 39 分别增加 8.1%（p<0.01）、13.2%（p<0.01）、14.5%（p<0.01）。实粒数，多穗型品种分别平均增加 0.5%、2.3%、5.8%，大穗型品种五丰优 286 分别增加 0.2%、7.4%（<0.05）、4.1%，穗粒均衡型品种中早 39 分别增加 1.1%、10.5%、17.0%（p<0.01）。千粒重，多穗型品种分别平均增加 0.8%、1.0%、1.4%，大穗型品种五丰优 286 分别增加 0%、0.4%、0.4%，穗粒均衡型品种中早 39 均增加 0.8%、0.8%、1.5%。实际产

量，多穗型品种分别平均增加4.5%、-4.7%、5.4%，大穗型品种五丰优286分别增加7.0%（p<0.05）、12.4%（p<0.01）、19.4%（p<0.01），穗粒均衡型品种中早39分别增加3.9%、6.3%（p<0.05）、12.1%（p<0.01）。综上所述，适期施用穗肥，有利于增加每穗总粒数、实粒数和千粒重，提高产量。多穗型品种在幼穗分化二期和二期、四期施用穗肥，大穗型和穗粒均衡型品种以幼穗分化四期和二期、四期施用穗肥，有利于增粒增产。

表3-82　穗肥分期施用对超级早稻产量与构成因子的影响

品种	产量构成因素	T1	T2	T3	T4	T5
株两优819	有效穗数	19.7Ab	24.8Aa	24.1Aa	23.3Aab	24.3Aa
	总粒数	93.2Bc	119.7Ab	124.9Aab	123Aab	127.3Aa
	实粒数	76.1Bb	88.4ABa	91.3Aa	91.1Aa	93.4Aa
	千粒重	24.6Aa	24.3Aa	24.5Aa	24.5Aa	24.7Aa
	实际产量	342.2Bb	464.3Aa	470.8Aa	449Aa	466.5Aa
陵两优268	有效穗数	19.2Bb	24.5Aa	23.9Aa	23.9Aa	24.7Aa
	总粒数	85.8Bb	110.4Aa	106.1Aa	107.5Aa	115.5Aa
	实粒数	79.7Ab	84.8Aab	82.9Aab	86.1Aab	89.8Aa
	千粒重	26.1Ab	26.3Aab	26.5Aab	26.6Aa	26.6Aa
	实际产量	368.4Cd	464.3ABbc	499.2Aab	435.9Bc	512.3Aa
五丰优286	有效穗数	19Bc	23.2Aa	22.9Aab	22.4Ab	22.5Aab
	总粒数	108.6Dc	132.1Cb	138.3BCb	145.8ABa	150.7Aa
	实粒数	95.6Bc	104.4Ab	104.6Ab	112.1Aa	108.7Aab
	千粒重	24.1Aa	24.5Aa	24.5Aa	24.6Aa	24.6Aa
	实际产量	398.9Dd	438.1cCD	468.6BCb	492.6ABb	523.1Aa
中早39	有效穗数	15.5Ab	21.5Aa	20.9Aa	19.9Aab	20.1Aab
	总粒数	105.1Cc	116.6Bb	126.1Aa	132Aa	133.5Aa
	实粒数	89.6Cc	95.8BCbc	96.9BCbc	105.9ABab	112.1Aa
	千粒重	26.1Aa	26.3Aa	26.5Aa	26.5Aa	26.7Aa
	实际产量	320.4Cd	449Bc	466.5Bbc	477.4ABb	503.5Aa

从表3-83可知，超级晚稻在施用等量化肥条件下，氮肥后移20%作穗肥有利于提高有效穗、每穗总粒数和实粒数，提高产量；穗肥在不同时期施用对超级稻产量及其构成因子有明显的差异。多穗型品种盛泰优722在幼穗分化二期和二、四期施用穗肥，有利于增加有效穗、每穗总粒数、实粒数、产量。与T2比较，有效穗分别增加12.9%、12.9%（p<0.05），每穗总粒数分别增加17.3%（p<0.05）、7.5%（p>0.05），实粒数分别增加16.0%（p<0.05）、4.5%（p>0.05），产量分别增加11.0%（p<0.05）、20.8%（p<0.01）。大穗型品种虽然个体间稍有差异，但是规律与早稻基本一致。因此，穗肥在不同时期施用对超级晚稻的总规律仍为多穗型组合在幼穗分化二期和二期、四期施用穗肥，大穗型组合以幼穗分化四期和二期、四期施用穗肥，有利于增粒增产。

表 3-83　穗肥分期施用对超级晚稻产量与构成因子的影响

品种	产量构成因素	T1	T2	T3	T4	T5
盛泰优 722	有效穗	17.29Bc	20.01ABb	22.58Aa	22.15Aab	22.58Aa
	总粒数	102.4Bc	118.1ABbc	138.6Aa	122.6ABab	127Aab
	实粒数	78.0Bc	87.8ABbc	101.9Aa	89.1ABb	91.4ABab
	千粒重	26.41Bb	27.44ABa	27.17ABa	27.53Aa	27.15ABa
	实际产量	294.0Cd	427.3Bc	474.5ABab	440Bbc	516.2Aa
吉优 225	有效穗	13.72Bb	17.01ABa	18.58Aa	18.15Aa	19.44Aa
	总粒数	137.5Bc	155.5ABbc	174.5Aab	189.8Aa	168.4ABab
	实粒数	111.9Bc	116.8ABbc	134.9ABab	142.4Aa	128.3ABab
	千粒重	25.15Bb	27.44Aa	26.41ABa	26.42ABa	27.08Aa
	实际产量	323.1Bb	400.5Aa	419.1Aa	445.7Aa	420.2Aa
天优华占	有效穗	14.44Cc	16.44Bb	18.29Aa	18.15Aa	16.01Bb
	总粒数	164.3Ab	189Aab	217.1Aab	218.3Aab	244.3Aa
	实粒数	130.2Ab	135.4Ab	160Aab	161.6Aab	190.5Aa
	千粒重	24.68BCb	26.09Aa	25.89Aa	24.3Cb	25.82ABa
	实际产量	358.4Cc	419.7BCb	456.1ABb	529.6Aa	519.0Aa
深优 1029	有效穗	13.72Ac	14.44Abc	17.72Aa	17.01Aab	17.15Aab
	总粒数	162.5Ab	171.2Aab	205.9Aa	205.8Aa	205.9Aa
	实粒数	125.8Bb	128.2ABb	146.4ABab	164.5Aa	158.6ABa
	千粒重	23.8Bc	25.46Aa	24.35ABbc	25.01ABab	25.45Aa
	实际产量	343.6Dd	408.3Cc	446.2BCb	501.0Aa	482.6ABa

3. 讨论与小结

（1）适期施用穗肥，有利于增加有效穗、每穗总粒数、实粒数和千粒重，提高产量。

（2）多穗型品种穗肥施用适宜时期为幼穗分化二期和二期、四期，大穗型、穗粒均衡品种穗肥施用适宜时期为幼穗分化四期和二期、四期。

（四）增施穗肥对穗部结构的影响研究

为了探明增施穗肥对超级稻穗部结构的影响，特开展本试验。

1. 材料与方法

（1）试验品种。株两优 819、陵两优 268、五丰优 286、中早 39。

（2）供试土壤。试验在浏阳市沙市镇进行，土壤为紫泥田。试验田肥力水平中等，试验前土壤基本性状为：pH（水）5.7，有机质 28.5 g/kg，全 N 1.55 g/kg，全 P 0.85 g/kg，全 K 17.2 g/kg，碱解 N 173 mg/kg，有效 P 16.1 mg/kg，速效 K 128 mg/kg。

（3）试验处理。在施用等总 N 量条件下，增施穗肥。试验设 5 个处理。T1：CK1，N 肥比例为 0：0：0，P、K 肥与其他处理相同；T2：CK2 只施用基蘖肥，N 肥比例为 7：3：0；T3：N 肥比例为 6：3：1；T4：N 肥比例为 5：4：1；T5：N 肥比例为 5：3：2。试验设 3 次重复，小区随机区组排列，每个小区面积 39.9 m²。试验品种：株两优 819、五丰优 286、中早 39。肥料用量：早稻：N 10 kg、P₂O₅ 4 kg、K₂O 5 kg。

施用方法：N 肥按设计基肥：蘖肥：穗肥比例施用，P 肥全作基肥；K 肥 50% 作基肥，50% 作穗肥。其它管理措施同常规大田。

2. 结果与分析

（1）穗部结构。从表 3-84 可以看出，增施穗肥对不同穗型超级早稻穗部结构影响差异明显。在施用等 N 量条件下，增施穗肥均增加每穗总粒数、实粒数。每穗总粒数多穗型超级早稻以 T5 最多，为 139.1 粒/穗，比 T2 增加 28.0 粒/穗（$p<0.01$），T3、T4 比 T2 分别增加 15.4 粒/穗、10.8 粒/穗（$p>0.05$）；大穗型超级早稻以 T4 最多，为 156.7 粒/穗，比 T2 增加 20.9 粒/穗（$p<0.05$），T3、T5 比 T2 分别增加 10.5 粒/穗、6.6 粒/穗（$p>0.05$）；穗粒均衡型超级早稻 T3 最多，为 124.8 粒/穗，比 T2 增加 14.4 粒/穗（$p<0.05$），T4、T5 比 T2 增加 9.0 粒/穗、13.0 粒/穗（$p>0.05$）。增施穗肥对每穗实粒数的影响与总粒数变化规律相似。增施穗肥对不同穗型超级早稻的 1 次枝梗数影响不显著（除多穗型 T5 处理）；对不同穗型超级早稻的 1 次枝梗着粒数和实粒数影响各不相同。多穗型品种 1 次枝梗着粒数 T5 最高，为 45.5 粒/穗，比 T2 增加 6.8 粒/穗（$p<0.05$），T3、T4 比 T2 分别增加 2.9 粒/穗、0.9 粒/穗（$p>0.05$）；增施穗肥对 1 次枝梗实粒数变化无显著性差异。大穗型品种增施穗肥对 1 次枝梗着粒数变化无显著性影响；1 次枝梗实粒数 T5 最高，为 42.0 粒/穗，比 T2 增加 6.6 粒/穗（$p<0.05$），T4、T3 比 T2 分别增加 5.6 粒/穗、4.3 粒/穗（$p>0.05$）。穗粒均衡型品种 1 次枝梗着粒数、实粒数无显著性影响。增施穗肥增加超级早稻 2 次枝梗数、2 次枝梗着粒数和实粒数。多穗型品种 2 次枝梗数、2 次枝梗着粒数、实粒数 T5 最高，T5 比 T2 分别增加 4.87 个/穗、21.2 粒/穗、12.7 粒/穗（$p<0.05$），T3、T4 与 T2 之间差异不显著（$p>0.05$）。大穗型品种 2 次枝梗数、2 次枝梗着粒数和实粒数均以 T4 最高，比 T2 分别增加 4.4 个/穗（$p<0.05$）、15.9 粒/穗（$p<0.05$）和 15.7 粒/穗（$p<0.05$）。穗粒均衡型品种增施穗肥对 2 次枝梗数影响差异不显著，2 次枝梗着粒数和实粒数均以 T3 最高，比 T2 分别增加 17.2 粒/穗（$p<0.05$）和 12.6 粒/穗（$p<0.05$）。综上所述，增施穗肥能改善穗部结构，主要提高了超级早稻的 2 次枝梗数、2 次枝梗着粒数和实粒数。从穗部结构综合分析，多穗型、穗粒均衡型超级早稻以 T3、大穗型品种以 T4 穗肥施用模式有利于改善穗部结构。

表 3-84　增施穗肥对超级早稻穗部结构的影响

品种	处理	每穗总粒数/粒	每穗实粒数/粒	1 次枝梗			2 次枝梗		
				每穗枝梗数/个	每穗着粒数/粒	每穗实粒数/粒	每穗枝梗数/个	每穗着粒数/粒	每穗实粒数/粒
株两优 819	0:0:0	98.9Cc	75.3Bc	6.83Bb	34.1Bc	29.5Bb	19.47Bb	64.8Bc	45.8Bc
	7:3:0	111.1BCbc	94.4ABb	7.73ABab	38.7ABbc	35.4ABab	21.60ABb	72.4ABbc	59.0ABb
	6:3:1	126.5abAB	98.6Aab	7.63ABab	41.6Aab	34.4ABab	23.63ABab	84.9ABab	64.2Aab
	5:4:1	121.9ABCab	101.6Aab	7.57ABab	39.6ABb	34.9ABab	22.73ABab	82.3ABab	66.7Aab
	5:3:2	139.1Aa	110.7Aa	8.23Aa	45.5Aa	39.0Aa	26.47Aa	93.6Aa	71.7Aa
五丰优 286	0:0:0	122.5Bc	88.1Cc	7.47Bb	45.1Ab	34.4Bb	23.93Bc	77.4Bb	53.7Bc
	7:3:0	135.8ABbc	100.6BCb	8.03ABab	42.9Aab	35.4Bb	25.80ABbc	92.9ABab	65.2ABb
	6:3:1	146.3ABab	111.3ABab	8.63Aa	48.4Aa	39.7ABa	28.20ABab	98.0ABa	71.6Aab
	5:4:1	156.7Aa	121.9Aa	8.60Aa	47.9Aa	41.0Aa	30.20Aa	108.8Aa	80.9Aa
	5:3:2	142.4ABab	108.9ABb	8.63Aa	47.4Aa	42.0Aa	26.60ABabc	95.0ABa	67.0ABb

续表

	0:0:0	97.4Bc	80.3Cc	7.67Bb	37.9Aa	33.3Ab	19.87Bb	59.5Bc	47.0Bc
	7:3:0	110.4ABb	91.7BCb	8.27ABab	43.0Aa	37.1Aab	22.23ABab	67.4ABbc	54.6ABbc
中早39	6:3:1	124.8Aa	106.1Aa	8.37ABa	40.2Aa	38.8Aab	24.47Aa	84.6Aa	67.2Aa
	5:4:1	119.4Aab	100.6ABab	8.73Aa	42.2Aa	40.1Aa	24.00ABa	77.2ABab	60.6ABab
	5:3:2	123.4Aa	101.3ABa	8.40ABa	43.6Aa	39.0Aab	24.80Aa	79.8Aab	62.3Aab

（2）产量。增施穗肥对不同穗型超级早稻产量的影响显著。多穗型品种株两优 819 产量以 T2 产量最高，达 7.11 t/hm²，比 T3 增产 7.9%（p<0.01），T2 与 T4、T5 之间产量差异不显著，产量高低顺序为 T2 > T4 > T5 > T3 > T1。大穗型品种五丰优 286 以 T5 产量最高，达 7.35 t/hm²，比 T2 增产 7.3%（p<0.01），T3、T4 比 T2 分别增产 2.8%、3.2%（p>0.05）。穗粒均衡型品种中早 39 以 T4 产量最高，达 6.95 t/hm²，比 T2 增产 9.6%（p<0.05），T5 比 T2 增产 8.0%（p<0.05）。从产量分析，多穗型品种株两优 819 以 T2 施肥模式产量最高，大穗型品种以 T5 施肥模式产量最高，穗粒均衡型品种以 T4 施肥模式产量最高（表 3-85）。

表 3-85　增施穗肥对超级早稻产量的影响　　　　　　　　　　　　　　　t/hm²

品种	T1	T2	T3	T4	T5
株两优 819	5.46Cc	7.11Aa	6.59Bb	6.87ABab	6.84ABab
五丰优 286	5.43Cc	6.85Bb	7.04ABab	7.07ABab	7.35Aa
中早 39	4.89Bc	6.34Ab	6.62Aab	6.95Aa	6.85Aa

3. 讨论与小结

（1）从穗部结构考虑，T3 适宜于多穗型、穗粒均衡型品种，T4 则适宜于大穗型品种。

（2）从产量分析，T2 适宜于多穗型品种，T5 适宜于大穗型品种，T4 适宜于穗粒均衡型品种。

（五）高温下抗逆剂对灌浆结实期超级稻剑叶的生理影响

伴随全球工业化进程加速，全球温室效应加剧，高温热害已成为水稻种植区主要的自然灾害之一。水稻虽然具有适应高温和短日照特性，但水稻的生长发育仍需要一定的适宜温度范围。灌浆结实期高温热害一直是影响中国南方双季稻产区早稻产量和品质的重要因素之一，"高温逼熟"导致籽粒灌浆不饱满，结实率降低，千粒重下降，米粒质地疏松、垩白增大，典型高温年份，早稻减产率高达 30% 以上。湖南双季稻区早稻灌浆结实期不仅遭遇高温的机率高、风险大，而且持续时间长、危害范围广，对农业生产造成严重的损失。灌浆初期（齐穗后 20 d）是温度影响水稻产量和品质形成的关键时期，适温（21℃ ~ 26℃）有利于水稻灌浆和淀粉的充实与沉积，过高或过低温度均不利于提高水稻产量和品质。

喷施抗逆剂是抵御高温热害的一种有效措施，具有针对性强、吸收快、增强作物抗逆能力及增加产量、提高品质等优势。近年来，关于高温热害对水稻生理特性和产量品质影响的研究取得了不少成果，例如：灌浆初期高温抑制水稻剑叶光合效率，增加细胞膜透性和改变细胞内环境是高温热害降低水稻籽粒充实度的生理原因。高温胁迫不仅降低水稻的每穗总粒数、结实率和千粒重，而且导致稻米品质急剧下降。在高温胁迫条件下，喷施 4 种化学制剂皆可显著提高水稻叶片叶绿素含量，提高 SOD、

POD、CAT 活性和可溶性蛋白质含量，减少 MDA 含量。虽然前人在抗逆剂缓解高温对水稻灌浆结实方面进行了大量研究，但是，大多数基于人工气候室或智能人工气候箱模拟高温进行，在田间自然条件下，有关抗逆剂对早稻灌浆结实期高温热害的缓解效应研究报道还很少。本研究以"安抗 1 号"和"有机钙博士"两种抗逆剂为材料，在田间自然高温条件下，开展超级早稻灌浆结实期喷施抗逆剂对叶片生理特征、产量及其构成因素、稻米品质变化研究，以期探明田间自然条件下超级早稻结实期遭遇高温时喷施抗逆剂的缓解机制与效果，为超级早稻灌浆结实期应对高温热害提供技术支撑及理论依据。

1. 材料与方法

（1）试验区概况。试验地点在湖南省浏阳市沙市镇，该地属亚热带季风湿润气候类型，土壤为紫泥田，种植模式为冬闲 – 双季稻。根据水稻灾害统计标准：连续 5 ~ 10 d 日最高气温 ≥ 35℃为轻度高温热害，连续 11 ~ 15 d 最高气温 ≥ 35℃为中度高温热害，连续 16 d 或以上日最高气温 ≥ 35℃为重度高温热害。湖南双季稻区常年 6 月下旬开始，逐渐受副热带高压控制，发生高温热害，此时正是超级早稻的抽穗 – 成熟阶段，对高温十分敏感。从图 3–15 可以看出，2018 年 6 月 25 日至 7 月 20 日试验区从水稻齐穗至收获的 26 d 中，出现两次高温过程，17 d 日最高气温 ≥ 35℃，其中 6 月 25 日至 29 日，日最高气温连续 ≥ 35℃的天数达 5 d，7 月 13 日至 20 日，日最高气温连续 ≥ 35℃的天数达 8 d。同时，高温期间干热风达 3 ~ 5 级，对超级早稻灌浆结实影响较大（图 3–15）。

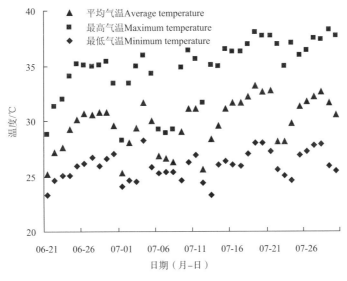

图 3–15　2018 年 6 月 25 日至 7 月 20 日超级早稻灌浆成熟期两次高温过程（浏阳站）

（2）试验设计。选取土壤肥力中等、均匀的田块为试验田。选择该区域主栽超级早稻品种（中早 39）为研究对象，于 2018 年 3 月 25 日播种，4 月 10 机插秧，7 月 20 日收获测产。由于高温发生的具体时间不能确定，所以在试验前划定试验小区，根据超级早稻灌浆结实期当地天气预报情况确定喷施抗逆剂时间。插秧时在试验田划定 9 小区，每个小区面积 30 m²，随机区组排列。设 3 个处理，每个处理 3 次重复。处理 1（T1）：对照，喷施清水 750 kg/hm²；处理 2（T2）：喷施"安抗 1 号"（北京某公司提供，具有防御高温、干旱、低温、洪涝灾害的作用），于 6 月 25 日喷施用清水稀释 1000 倍的"安抗 1 号"溶液 750 kg/hm²；处理 3（T3）：喷施"有机钙博士"（山西省农科院提供，具有调节生理机能，保护细胞膜免受伤害，减缓高温对作物危害的作用），于 6 月 25 日喷施用清水稀释 500 倍的"有机钙博士"溶液 750 kg/hm²，于 7 月 2 日再喷施 1 次。清水和稀释的抗逆剂溶液采取喷雾的方式施用，使水稻叶片正反面布满雾珠。其他与大田管理措施相同。

（3）样品采集与测定方法。

1）产量与产量构成因素。水稻成熟期（7 月 20 日），各小区取有代表性 5 穴水稻考种，调查有效穗、穗粒数、结实率、千粒重等计算理论产量。水稻成熟后分小区单收单晒，测定各小区实际产量。

2）剑叶生理特性测定。①叶绿素相对含量（SPAD）：每个小区定点选取有代表性的 10 片水稻剑叶，分别于 6 月 29 日及 7 月 17 日 9 ～ 11 时，用日本产 SPAD–502 对剑叶基部、中部、尖部进行测定，并取平均值；用 SPAD 值衰减率表征剑叶叶绿素含量的衰减幅度。SPAD 衰减率计算式：$\Delta SPAD=100\times$（SPAD1–SPAD2）÷SPAD1，式中，SPAD1、SPAD2 分别表示 6 月 29 日及 7 月 17 日所测得的 SPAD 值。②叶片抗氧化酶活性、丙二醛、渗透调节物含量：于 2018 年 6 月 29 日、7 月 17 日分别采取剑叶样品，检测以下 6 个项目。过氧化氢酶（CAT）活性测定钼酸铵比色法；过氧化物酶（POD）活性测定采用愈创木酚法；超氧化物歧化酶（SOD）活性测定采用黄嘌呤氧化酶法；丙二醛（MDA）含量采用硫代巴比妥酸比色法测定；可溶性蛋白质采用酶联免疫吸附双抗体夹心法测定；可溶性糖含量采用蒽酮比色法测定。

3）稻米品质的测定。早稻收获后，按照农业部 NY/T 593—2013 规定的方法，测定稻米的加工品质和外观品质，包括糙米率、精米率、整精米率、垩白米率和垩白度。

（4）数据处理。运用 DPS 和 Excel 等软件分析处理数据。

2. 结果与分析

（1）抗逆剂对超级早稻剑叶生理特性的影响

1）叶绿素含量（SPAD 值）。高温发生时（6 月 25 日）喷施抗逆剂 4d 后（29 日），两处理（T2、T3）剑叶 SPAD 值与喷施清水处理（T1）中所测结果无显著差异；而喷施抗逆剂 22d 后（7 月 17 日），两喷施抗逆剂处理（T2、T3）中剑叶 SPAD 值均显著提高（$p<0.05$），分别比 T1 处理增加了 7.08% 和 8.41%。对比两次观测结果，计算相应的 SPAD 值衰减率可见（表 3–86），在此次灌浆成熟期遭遇高温期间，T2 处理和 T3 处理的 SPAD 衰减率显著低于 T1 处理（$p<0.05$），分别降低 3.40 个百分点和 4.24 个百分点。可见，高温发生前喷施抗逆剂有利于减缓水稻叶片 SPAD 值的衰减。

表 3–86　处理间超级早稻剑叶 SPAD 值及其衰减率的比较

处理	SPAD		衰减率 /%
	6 月 29 日	7 月 17 日	
T1	42.10 ± 0.68Aa	22.60 ± 0.40Ab	46.32 ± 0.55Aa
T2	42.40 ± 0.26Aa	24.20 ± 0.17Aa	42.92 ± 0.32Ab
T3	42.30 ± 0.71Aa	24.50 ± 0.26Aa	42.08 ± 1.61Ab

注：T1：对照，喷清水 750 kg/hm²；T2：喷施"安抗 1 号"，用清水稀释 1000 倍的"安抗 1 号"溶液 750 kg/hm²，于 6 月 25 日喷施；T3：喷施"有机钙博士"，每次用清水稀释 500 倍的"有机钙博士"溶液 750 kg/hm²，分别于 6 月 25 日、7 月 2 日喷施。SPAD 值分别于 6 月 29 日、7 月 17 日测定。SPAD 衰减率为 6 月 29 日测定的 SPAD 值减 7 月 17 日测定的 SPAD 值除以 6 月 29 日测定的 SPAD 值乘以 100。小写字母表示处理间在 0.05 水平上的差异显著性，大写字母表示处理间在 0.01 水平上的差异显著性。下同。

2）叶片抗氧化酶活性。超氧化物歧化酶（Superoxide Dismutase，SOD）是植物保护酶系统中的关键酶之一，清除植物体内多余的活性氧，保护植物细胞免受伤害。由表 3–87 可知，高温时喷施抗逆剂显著提高了超级早稻剑叶 SOD 活性，喷施抗逆剂 4 d 后，T2、T3 处理 SOD 活性比 T1 处理分别增加 17.10%（$p<0.01$）、12.37%（$p<0.01$）；喷施抗逆剂 22d 后，T2、T3 处理 SOD 活性比 T1 处理分别增加 6.09%（$p<0.05$）、9.14%（$p<0.05$）。过氧化物酶（peroxidase，pOD）在植物体内的主要功能是清除低浓度的 H2O2，与超氧化物歧化酶（SOD）协同作用，维持活性氧的平衡。高温时喷施抗逆剂显著提高了超级早稻剑叶 pOD 活性，喷施抗逆剂 4 d 后，T2、T3 处理 pOD 活性比 T1 处理分别增加 13.54%（$p<0.01$）、15.01%（$p<0.01$）；喷施抗逆剂 22d 后，T2、T3 处理 pOD 活性比 T1 处理增加，但处理间无显著差异。过氧化氢酶（Catalase，CAT）对植物细胞起保护作用，与抗逆性呈显著性相关。喷施抗逆剂 4d 后，T2、T3 处理超级早稻剑叶 CAT 活性与 T1 处理差异均达极显著水平（$p<0.01$），分别增加 133.86%、87.46%；喷施抗逆剂 22d 后，两处理（T2、T3）剑叶 CAT 活性与 T1 处理差异仍为极显著水平（$p<0.01$），分别增加 41.12%、24.92%。可见超级早稻灌浆结实期若有高温热害发生，喷施抗逆剂有利于提高剑叶 SOD、pOD、CAT 活性，维护活性氧的平衡，增强抗逆能力，缓解高温危害。

表 3–87　处理间超级早稻剑叶抗氧化酶活性的比较

处理	SOD/（U·g^{-1} FW）		POD/（U·mg^{-1} FW）		CAT/（U·mg^{-1} FW）	
	6 月 29 日	7 月 17 日	6 月 29 日	7 月 17 日	6 月 29 日	7 月 17 日
T1	1951.3 ± 60.31Bb	3221.3 ± 28.06Ab	248.7 ± 8.09Bb	833.67 ± 11.05Aa	99264.00 ± 3560.80Bb	70409.33 ± 6925.25Bb
T2	2285.0 ± 51.73Aa	3417.7 ± 45.08Aab	282.3 ± 4.48Aa	921.00 ± 47.03Aa	211815.00 ± 15194.77Aa	99363.33 ± 3065.27Aa
T3	2192.7 ± 59.31ABa	3515.7 ± 86.69Aa	286.0 ± 4.36Aa	911.67 ± 8.95Aa	186076.67 ± 9808.46Aa	87952.33 ± 3171.69ABa

3）丙二醛含量。丙二醛（Malondialdehyde，MDA）是植物体内膜脂过氧化的产物，通常随植物生育期的推进或受到逆境胁迫而含量升高，过高的 MDA 含量会对植株的正常生理功能造成严重影响。由表 3–88 可知：高温时喷施抗逆剂极显著降低了超级早稻剑叶 MDA 含量（$p<0.01$），喷施抗逆剂 4 d 后，T2、T3 处理 MDA 含量较 T1 处理分别降低 28.34%、26.53%，喷施抗逆剂 22d 后，T2、T3 处理 MDA 含量较 T1 处理分别降低 31.24%、33.03%。可见超级早稻灌浆结实期遇高温危害时，喷施抗逆剂能显著降低 MDA 含量，缓解高温的危害，这可能是喷施抗逆剂能够提高结实率，增加产量的重要因子之一。

表 3–88　处理间超级早稻剑叶 MDA 含量比较

处理	MDA/（nmol·g^{-1} FW）	
	6 月 29 日	7 月 17 日
T1	21.56 ± 0.51Aa	25.16 ± 0.93Aa
T2	15.45 ± 0.21Bb	17.30 ± 0.66Bb
T3	15.84 ± 1.39Bb	16.85 ± 0.78Bb

4）叶片渗透调节物含量。水稻剑叶可溶性蛋白质是其代谢的主要调控和促进物质，可溶性糖是水稻合成淀粉的重要原料，可溶性蛋白和可溶性糖含量的变化从一个方面反映了水稻合成和代谢的能力。由表 3–89 可以看出，喷施抗逆剂 4 d 后，T2、T3 处理超级早稻叶片可溶性蛋白和可溶性糖含量

极显著提高（$p<0.01$），可溶性蛋白含量分别比 T1 处理提高 33.58%、34.38%，可溶性糖含量分别提高 23.74%、17.30%。喷施抗逆剂 22d 后，T2、T3 处理与 T1 处理超级早稻叶片可溶性蛋白含量差异为显著水平（$p<0.05$），可溶性糖含量差异仍为极显著水平（$p<0.01$）。说明高温来临时喷施抗逆剂能增强超级早稻叶片的物质合成和代谢能力，有效缓解高温对超级早稻灌浆结实的危害。

表 3-89　处理间超级早稻剑叶可溶性蛋白和可溶性糖含量比较

处理	可溶性蛋白 /（10^{-6}mg·g^{-1} FW）		可溶性糖 /（mg·g^{-1} FW）	
	6 月 29 日	7 月 17 日	6 月 29 日	7 月 17 日
T1	5.29 ± 0.20Bb	0.84 ± 0.07Ab	21.77 ± 0.55Bb	7.98 ± 0.09Bb
T2	7.10 ± 0.25Aa	1.24 ± 0.08Aa	26.93 ± 0.26Aa	17.09 ± 0.72Aa
T3	7.06 ± 0.13Aa	1.21 ± 0.11Aa	25.53 ± 0.62Aa	17.53 ± 0.45Aa

（2）抗逆剂对超级早稻产量及产量构成因素的影响。由表 3-90 可知，喷施抗逆剂的 T2、T3 处理实际产量比 T1 显著增加（$p<0.05$），分别增加 11.87%、13.77%；T2、T3 处理比 T1 处理结实率均增加了 5.7 个百分点（$p<0.05$），每穗实粒数分别提高 7.6 粒、6.7 粒，千粒重分别提高 1.1 g、1.6 g，但差异不显著。说明超级早稻灌浆结实期遇高温时喷施抗逆剂能缓解高温危害，显著提高结实率，增加产量。

表 3-90　处理间超级早稻产量及产量构成因素比较

处理	每穗有效穗 / 万	每穗总粒数 / 粒	每穗实粒数 / 粒	结实率 /%	千粒重 /g	理论产量 /（kg·hm^{-2}）	实际产量 /（kg·hm^{-2}）
T1	302.1Aa	140.4Aa	111.6Aa	79.5Ab	23.6Aab	7936.5Ab	6657Ab
T2	315.6Aa	138.9Aa	119.2Aa	85.2Aa	24.7Aa	9226.5Aa	7447.5Aab
T3	301.5Aa	140.0Aa	118.3Aa	85.2Aa	25.2Aa	8968.5Aa	7573.5Aa

（3）抗逆剂对超级早稻稻米品质的影响。由表 3-91 可知，喷施抗逆剂的处理（T2、T3），其垩白度、垩白粒率较 T1 处理分别降低 1.1 ~ 1.5 个百分点、1.0 ~ 2.1 个百分点；处理（T2、T3）的糙米率、精米率及整精米率较 T1 处理分别增加 5.7 个百分点、6.0 个百分点，5.1 个百分点、7.2 个百分点和 5.3 个百分点、7.7 个百分点。表明超级早稻灌浆结实期遇到高温时喷施"安抗一号"与"有机钙博士"抗逆剂，可明显改善稻米外观品质及加工品质。

表 3-91　处理间超级早稻稻米品质比较　　　　　　　　　　　　　　　%

处理	垩白度	垩白粒率	糙米率	精米率	整精米率
T1	24.0Aa	98.3Aa	73.5Ab	58.6Ab	44.2Ab
T2	22.5Ab	97.3Aab	79.2Aa	63.7Aa	49.5Aa
T3	22.9Ab	96.2Ab	79.5Aa	65.8Aa	51.9Aa

3. 讨论与小结

喷施抗逆剂是早稻遭受高温热害的一种重要防灾减灾措施。随着全球气温变暖，极端气候频发，高温热害已成为水稻产业发展的主要瓶颈。研究认为抽穗期和乳熟期高温使水稻剑叶 SOD 和 POD 活性逐渐降低，可溶性蛋白和脯氨酸含量升高；MDA 含量和相对离子渗透率上升。张桂莲等研究认为高温胁迫下水稻剑叶中能保持较高的光合特性及叶绿素含量、可溶性糖、可溶性蛋白质、游离脯氨酸和热稳定蛋白含量以及较低的膜透性，MDA 含量上升。随着双季稻区水稻规模化生产的迅速发展，提高早稻的缓解高温热害的能力显得尤为重要。抗逆剂含有的植物生长调节剂和多种营养养分，能有效提高水稻剑叶的生理功能，提高结实率、增加产量，降低高温热害的损失。闻祥成等研究认为叶面喷施一定浓度的植物生长调节剂可提高水稻叶片的保护酶活性及水稻产量。江晓东等研究认为高温胁迫条件下，喷施 4 种化学制剂皆可显著提高水稻叶片叶绿素含量，提高 SOD、POD、CAT 活性和可溶性蛋白质含量，减少 MDA 含量。本研究表明：超级早稻灌浆结实期遭遇高温时喷施"安抗 1 号"（T2）、"有机钙博士"（T3）有利于提高剑叶 SOD、POD、CAT 活性，增加可溶性糖和可溶性蛋白的含量，降低 MDA 含量，这与江晓东等、闻祥成等的研究结果基本一致。

近几年，关于高温对水稻产量、品质影响的研究取得了不少成果。龚金龙等研究认为灌浆结实期高温，使水稻产量下降及品质变劣。谢晓金等研究认为：水稻抽穗结实期高温降低了水稻的每穗总粒数、结实率和千粒重，同时稻米的糙米率、精米率、整精米率、可溶性糖和蛋白质含量也呈下降趋势，而稻米的垩白率、垩白度和直链淀粉含量增加明显。闻祥成等喷施植物生长调节剂能保护细胞结构，保证水稻正常灌浆，改善稻米品质。本研究认为：超级早稻灌浆结实期遇高温热害喷施抗逆剂能显著提高结实率，增加产量，较喷施清水结实率均提高 5.7 个百分点，增产 11.87% ~ 13.77%，还可以改善早稻稻米的外观品质及加工品质，这与闻祥成等的研究结果基本一致。

水稻产量及品质形成是水稻生理作用的结果，灌浆结实期对水稻产量及品质影响至关重要。湖南早稻灌浆结实期高温热害频发，探明抗逆剂缓解早稻高温热害的机理与效果，为早稻生产应对高温热害提供科学依据尤为重要。不同抗逆剂在不同的生态环境条件、不同水稻品种的影响机制和作用效果不相同。本研究只对抗逆剂"安抗 1 号""有机钙博士"在湖南湘东地区超级早稻（中早 39）上应用的生理特征和增产效果进行探讨。目前推广应用的水稻品种多，防御高温热害的抗逆剂产品种类繁多，大多偏向于生产应用，缺乏相应的机理分析。因此，还有待于进一步加强不同抗逆剂在不同地区、不同水稻品种上应用的影响机制和增产效果研究。

超级早稻灌浆结实期高温发生时，喷施抗逆剂（"安抗 1 号"、"有机钙博士"）有利于减缓叶片 SPAD 值的衰减，延长叶片的光合功能。提高剑叶抗氧化酶活性；增加可溶性糖和可溶性蛋白的含量；降低 MDA 含量；缓解高温对超级早稻的伤害。喷施抗高温制剂能提高超级早稻的结实率、增加产量。改善超级稻早稻稻米的外观品质及加工品质。因此，本研究认为超级稻早稻灌浆结实期发生高温时，喷施抗逆剂"安抗 1 号""有机钙博士"能有效缓解高温的危害，提高产量和稻米品质。

（六）控水抗高温热害壮穗技术

水稻是喜温作物，不同的生育阶段有适宜的温度范围。当温度下降或上升至生育期适宜温度下限以下或上限以上时，其生育进程就会受到抑制或停止，如果温度继续下降或上升，水稻就会受到不同程度的危害。水稻灌浆结实期的最适温度为 25℃ ~ 30℃，当日最高气温连续 5 d ≥ 35℃时就会对水稻产生高温热害。高温热害是我国长江中下游水稻生产易发生的农业气象灾害，主要发生在 6 ~ 8 月，影响双季早稻和中稻的抽穗扬花和灌浆结实，降低结实率和产量。研究表明，气温每升高 1℃，水稻产量下降 10%，特别是水稻结实期，温度上升 1℃ ~ 2℃，产量下降 10% ~ 20%。据研究，过去 30 年高温热害造成水稻减产 1.5% ~ 9.7%，仅 2003 年，长江中下游水稻扬花期极端高温导致了水稻受灾面积达 40.5 万 hm²，高温热害严重影响水稻产业的稳步发展。水是水稻生长环境的调节器，采取深水灌溉能有效缓解高温对水稻的危害。目前，在深水灌溉对缓解高温热害方面已开展了一些研究工作，结果表明深水灌溉是缓解水稻高温热害的有效措施。在湖南以超级杂交稻组合两优培九为对象，研究了幼穗分化Ⅶ期至灌浆结实期不同灌水深度对高温热害的缓解效果，结果表明，高温天气期间灌深水（保持水深 15 ~ 17 cm）能降低田间温度和水稻群体温度，减少高温对水稻的危害天数，减轻高温对水稻的危害；在江苏以"两优培九"为研究对象，研究了抽穗期高温热害发生期间增加灌水深度对田间微环境的影响，江晓东等研究表明，与田间无水层处理相比，田间灌深水（10 cm）有利于田间蒸散散热，降低冠层气温和土壤温度，缓解了抽穗期高温热害对水稻的危害。张彬等以扬稻 6 号、扬粳 9538 和武香粳 14 为对象，研究了不同灌水深度对水稻不同部位温度的影响，证实了抽穗期高温来临之前增加田间灌水深度（10 cm）对缓解水稻高温热害具有明显作用。前人在深水灌溉缓解水稻高温热害的研究主要集中在一季稻抽穗期、灌浆期深水灌溉降低群体温度、改善水稻经济性状、提高产量等方面，高温热害下深水灌溉对双季早稻生理特性变化的影响尚不清楚，深水灌溉指标尚不明确，需要深入研究。湖南是水稻生产大省，国家统计局数据显示，2007—2016 年湖南省水稻产量占我国水稻总产量的 10% 以上，双季稻产量始终占全国双季稻产量 20% 以上。李懿珈等认为湖南省水稻生产过程中灾害具有鲜明的多致灾因子特征，在洞庭湖及湘中双季稻主产区，水稻种植过程中应特别注意防范高温热害与干旱灾害。同时，湖南省也是超级早稻种植面积大的省份，2017 年超级早稻面积达 17.44 万 hm²，超级早稻灌浆结实期常遭遇高温热害的危害。针对该区域超级早稻灌浆结实期常常发生高温热害的生产实际问题，开展深水灌溉对超级早稻灌浆结实期高温热害的缓解效应研究，以期探明自然高温条件下不同灌水深度对水稻缓解高温热害的生理响应机制，明确有效缓解高温热害的适宜灌水深度，为缓解超级早稻灌浆结实期高温热害提供理论依据和符合生产实际的实用调控技术。

1. 材料与方法

（1）试验区气候条件。试验在湖南省浏阳市沙市镇进行，该区域属亚热带季风湿润气候。以日最高气温 ≥ 35℃ 且持续 ≥ 5 d 为影响水稻生长的高温标准，根据历年资料分析，浏阳市 ≥ 35℃ 的高温天气一般从 5 月下旬开始，集中出现在 7 ~ 8 月，年平均出现天数为 32.6 d。李中流研究表明浏阳高温热害天气基本为十年九遇，其中 6 月出现概率约为 10%，7 月出现概率约 90%。该田间试验从水稻齐穗至收获的 28 d（2018 年 6 月 25 日至 7 月 22 日）中，出现了两次高温过程，19 d 日最高气温 ≥ 35℃，其中 6 月 25—29 日连续 5 d 日最高气温 ≥ 35℃，7 月 13—22 日连续 10 d 日最高气温 ≥ 35℃。同时对试验期间（6 月 25 日—7 月 22 日）日高温时段温度变化分析，日高温时数为 2 ~ 8 h，总高温时数为 84 h。其中 6 月 25 日—29 日，日最高气温为 35℃ ~ 35.4℃，日高温时数为 2 ~ 4 h，总高温时数为 13 h，7 月 13—22 日，日最高气温为 35℃ ~ 38.0℃，日高温时数为 2 ~ 8 h，总高温时数为 54 h，平均每 d 高温时数为 5.4 h，日高温时数为 6 ~ 8 h 的天数占 6 d（图 3–16）。

（2）试验设计。选取土壤肥力中等、均匀的田块为试验田，以该区域主栽超级早稻品种"中早 39、陵两优 268、五丰优 286"为研究对象，于 2018 年 3 月 25 日播种，4 月 21 日插秧，插秧密度为 25 cm × 14 cm，7 月 22 日分小区收获测产。试验小区在插秧前划定，用土埂分开，并用薄膜复盖土埂，薄膜边缘扎入泥 10 cm 深，防止小区之间串肥串水。试验田共划 12 小区，每个小区面积 30 m²，随机区组排列。试验设 4 个处理，每个处理 3 次重复。T1：常规灌溉（对照），灌水深度为 2.5 cm；T2：灌

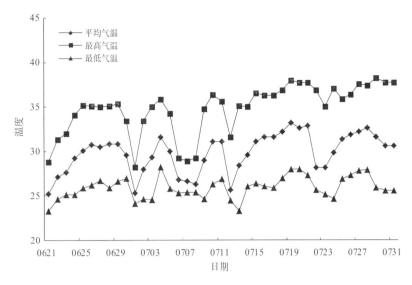

图 3-16　浏阳站 2018 年 6 月 25 日至 7 月 22 日超级早稻灌浆成熟期的两次高温过程

水深度 5 cm；T3：灌水深度 7.5 cm；T4：灌水深度 10 cm。试验时段根据浏阳市气象局的天气预测，选定 6 月 25 日开始试验，根据水稻生长情况，7 月 17 日停止灌水。6 月 24 日下午各小区全部排干水，6 月 25 日上午 8 点开始控制各小区灌水深度。各处理从 6 月 26 日起每天 8 时补充灌水至设计深度，如此重复进行，直至 7 月 17 日下午排水。灌水深度控制方法：小区平整后，每个小区内预埋 5 个木桩，木桩顶部削平，埋入泥内深度为 20 cm，露出泥面高度为各处理设计相对应的灌水深度，5 个木桩分别预埋在小区对角线中心点及沿对角线距中心点 200 cm 的位置，每次灌水深度与木桩顶部相平即可。其它管理措施与大田相同。

（3）样品采集与方法。

1）产量与产量构成因素。水稻收获时，各小区取有代表性的 5 点调查有效穗，每点调查 20 穴，取有代表性的 10 穴水稻，带回室内考查穗粒数、结实率、千粒重等计算理论产量。分小区单收单晒，测定各小区实际产量。

2）剑叶生理特性测定。①叶绿素相对含量（SPAD）：每个小区定点选取有代表性的 10 片水稻剑叶，分别于 6 月 25 日、29 日及 7 月 17 日 9～11 时，用日本产 SPAD–502 对剑叶基部、中部、上部进行测定，并取平均值；用 SPAD 值衰减率（△SPAD）表征剑叶叶绿素含量的衰减幅度。即 △SPAD=100×（SPAD1–SPAD2）÷SPAD1，式中，SPAD1 表示 6 月 25 日、SPAD2 分别表示 6 月 29 日及 7 月 17 日所测得的 SPAD 值。②叶片抗氧化酶、丙二醛、渗透调节物含量：于 2018 年 6 月 29 日、7 月 17 日分别采取剑叶样品，检测以下 6 个项目。过氧化氢酶（CAT）活性测定采用钼酸铵比色法；过氧化物酶（POD）活性测定采用愈创木酚法；超氧化物歧化酶（SOD）活性测定采用黄嘌呤氧化酶法；丙二醛（MDA）含量采用硫代巴比妥酸比色法测定；可溶性蛋白质采用酶联免疫吸附双抗体夹心法测定；可溶性糖含量采用蒽酮比色法测定。③水稻群体温度：分别在开始控水（6 月 25 日）、取植株样品（6 月 29 日、7 月 17 日）时，用温度计测定当日 14～15 时（最高气温时）的水稻穗部、中部（距田面 45 cm 处）、基部（距田面 2 cm 处）温度。每小区测定 3 个点，每个点测定 4 穴水稻穗部、中部、基部相应位置的平面中心点温度，3 个点相应部位温度平均值作为该小区水稻穗部、中部、基部的温度，穗部、中部、基部温度平均值作为该小区的水稻群体平均温度。④最高气温：浏阳市气象局提供。

（4）数据处理。采用 DPS 和 Excel 等软件分析处理数据和作图，LSD 法进行显著性检验。

2.结果与分析

（1）不同灌水深度对水稻群体温度的影响。不同灌水深度的水稻群体温度变化见表 3–92。与 T1 处理（常规灌溉）相比，日最高气温时，T2、T3、T4 处理水稻穗部、中部、基部温度分别降低 0.4℃ ~ 1.5℃、0.5℃ ~ 2.0℃、0.6℃ ~ 2.2℃，水稻群体平均温度降低 0.6℃ ~ 1.9℃，水稻穗部、中部、基部温度表现为：T1 处理＞ T2 处理＞ T3 处理＞ T4 处理。这说明高温热害来临时，灌水越深，水稻植株基部温度越低，中部和穗部温度下降也越多，对高温热害的缓解效应也越好。

表 3–92　深水灌溉对水稻群体温度的影响

日期	6 月 25 日				6 月 29 日				7 月 17 日			
处理	T1	T2	T3	T4	T1	T2	T3	T4	T1	T2	T3	T4
最高气温 /℃	35.1	35.1	35.1	35.1	35.4	35.4	35.4	35.4	36.3	36.3	36.3	36.3
穗部温度 /℃	33.8±0.15Aa	33.2±0.12ABab	32.9±0.23ABb	32.8±0.17Bb	34.2±0.21Aa	33.8±0.12Aab	33.4±0.15Ab	33.2±0.25Ab	34.5±0.15Aa	33.8±0.15ABb	33.4±0.15BCbc	33.0±0.25Cc
水稻中部温度 /℃	32.5±0.21Aa	31.9±0.21Bb	31.4±0.25Cc	31.1±0.21Cd	32.8±0.21Aa	32.3±0.25ABab	31.6±0.15Bbc	31.3±0.27Bc	33.0±0.38Aa	32.3±0.25ABab	31.8±0.21ABbc	31.0±0.12Bc
水稻基部温度 /℃	32.1±0.1Aa	31.5±0.15ABab	30.9±0.35Bbc	30.7±0.15Bc	32.5±0.15Aa	31.9±0.32ABab	31.2±0.15Bbc	30.8±0.12Bc	32.7±0.21Aa	31.8±0.21ABab	31.4±0.21BCb	30.5±0.15Cc
水稻群体平均温度 /℃	32.8±0.06Aa	32.2±0.10Bb	31.7±0.07Cc	31.4±0.09Cd	33.2±0.10Aa	32.6±0.13ABb	32.1±0.03BCc	31.7±0.17Cc	33.4±0.20Aa	32.6±0.09Bb	32.2±0.03Bc	31.5±0.06Cd

注：不同小写字母表示处理间在 0.05 水平上差异显著，不同大写字母表示处理间在 0.01 水平上差异显著。下同。

（2）不同灌水深度对超级早稻剑叶叶绿素含量（SPAD 值）的影响。以陵两优 286 为例（表 3–93），增加灌水深度 4 d 后（6 月 29 日），与 T1 处理相比，T2、T3、T4 处理的水稻剑叶 SPAD 衰减值降低 36.36%、59.09%、65.91%，以 T3、T4 处理效果较好（$p<0.05$）；SPAD 衰减率降低了 35.5%、59.23%、66.70%，以 T3、T4 处理效果较好（$p<0.05$）。22 d 后（7 月 17 日），T2、T3、T4 处理的 SPAD 衰减值比 T1 处理分别降低了 2.1、3.1、5.7 个单位（$p<0.01$）；SPAD 衰减率分别降低了 8.89%、14.56%、25.87%（$p<0.01$）。剑叶 SPAD 衰减值与衰减率均为 T1 处理＞ T2 处理＞ T3 处理＞ T4 处理。说明灌浆结实期遇高温采取深水灌溉有利于减缓水稻叶片衰老，延长叶片光合作用功能。

表 3–93　深水灌溉 4 d 和 22 d 后剑叶 SPAD 值及其衰减率比较

处理	SPAD 值			SPAD 衰减率 /%	
	6 月 25 日	6 月 29 日	7 月 17 日	6 月 29 日	7 月 17 日
T1	41.7±0.39Aa	37.3±0.64Ab	20.0±0.21Cd	10.45±2.19Aa	51.99±0.8448Aa
T2	41.9±0.32Aa	39.1±0.36Aab	22.1±0.43Bc	6.74±1.25Aab	47.37±1.03Bb
T3	41.6±0.23Aa	39.8±0.64Aa	23.1±0.15Bb	4.26±1.00Ab	44.42±0.663Bc
T4	41.8±0.33Aa	40.3±0.55Aa	25.7±0.28Aa	3.48±1.95Ab	38.54±0.6876Cd

（3）不同灌水深度对超级早稻剑叶丙二醛（Malondialdehyde MDA）含量的影响。灌水降低了超级稻叶片中丙二醛含量，减轻了高温对水稻的危害。6月29日测定结果，中早39、陵两优268、五丰优286叶片丙二醛含量均随着灌水深度的增加而降低，但灌水10 cm时比灌水7.5 cm略有增加，其原因可能是灌水较深影响了土壤通气性导致的。7月17日叶片丙二醛含量变化与6月29日测定结果基本一致，T4（灌水10 cm）只有陵两优268比T3（灌水7.5 cm）略有增加（表3–94）。

表3–94　不同灌水深度对超级早稻叶片丙二醛含量的影响　　　　　　nmol/g 湿重

品种	6月29日				7月17日			
	T1	T2	T3	T4	T1	T2	T3	T4
中早39	18.74	16.33	15.70	15.84	18.98	17.71	17.24	16.59
陵两优268	15.97	15.43	13.65	13.73	15.65	13.76	13.14	13.75
五丰优286	16.55	14.64	14.12	14.41	18.40	17.74	17.07	15.40

（4）不同灌水深度对超级早稻剑叶保护性酶活性的影响。从表3–95可以看出，采取控水措施第5 d测定（6月29日），灌水7.5 cm、10 cm时，中早39、五丰优286叶片过氧化氢酶（Catalase CAT）活性与常规灌溉、灌水5 cm处理差异达极显著水平，但灌水7.5 cm与10 cm、常规灌溉与灌水5 cm处理之间差异不显著，而陵两优268叶片过氧化氢酶（CAT）活性与常规灌溉处理差异达极显著水平，与灌水5cm处理差异达显著水平。过氧化物酶（POD）活性虽随着灌水深度的增加呈现增加的趋势，但不同灌水深度之间差异不显著（表3–96）。采取控水措施均增加水稻叶片的超氧化物歧化酶（SOD）活性（表3–97），与常规灌溉相比，增加灌水深度显著增加中早39叶片的超氧化物歧化酶（SOD）活性，但处理2、处理3、处理4之间差异不显著，增加灌水深度对陵两优268叶片超氧化物歧化酶（SOD）活性影响不显著，灌水7.5 cm、10 cm五丰优286叶片超氧化物歧化酶活性与常规灌溉、灌水5 cm处理之间差异达显著水平，但灌水7.5 cm与10 cm、常规灌溉与灌水5 cm处理之间差异不显著。7月17日测定结果，过氧化氢酶（CAT）活性活性均比6月29日测定活性有所下降，控水措施之间的差异也发生相应变化，中早39各处理之间无显著性差异，陵两优268叶处加深灌水处理过氧化氢酶活性加深灌水处理与常规灌溉之间 差异达显著水平，五丰优286则是灌水7.5 cm、10 cm与常规灌溉、灌水5 cm处理之间差异达显著水平。过氧化物酶、超氧化物歧化酶活性比6月29日测定结果均有大幅度增加，其原因还待进一步研究。

表3–95　不同灌水深度对超级早稻叶片过氧化氢酶的影响　　　　　　U/mg 湿重

品种	6月29日				7月17日			
	T1	T2	T3	T4	T1	T2	T3	T4
中早39	25921Bb	40052.3Bb	80235.7Aa	78383.3Aa	14017.3Aa	21838.3Aa	25003Aa	26190.3Aa
陵两优268	41722.3Bc	57603.7ABbc	89914Aa	84140.3ABab	36739.7Ab	41370.3Aab	45412Aab	48819Aa
五丰优286	25277.3Bb	31249.7Bb	35983ABb	57851.3Aa	25921Ab	24652Ab	26497Aa	24064.3Aab

表 3-96　不同灌水深度对超级早稻叶片过氧化物酶的影响　　　　U/mg 湿重

品种	6 月 29 日				7 月 17 日			
	T1	T2	T3	T4	T1	T2	T3	T4
中早 39	256.7Aa	261.7Aa	273.3Aa	269.7Aa	1478Ab	1497.7Ab	1813Aa	1519.7Ab
陵两优 268	251Aa	256.3Aa	257Aa	272.7Aa	1388.3Aa	1494.7Aa	1535.7Aa	1481Aa
五丰优 286	245.7Aa	253.3Aa	259.3Aa	270.3Aa	1331.7Ab	1446.3Aab	1469.7Aab	1504.7Aa

表 3-97　不同灌水深度对超级早稻叶片超氧化物岐化酶的影响　　　　U/mg 湿重

品种	6 月 29 日				7 月 17 日			
	T1	T2	T3	T4	T1	T2	T3	T4
中早 39	1900.3Ab	1928.7Aab	2049.3Aab	2042.7Aa	3686Aa	3719.7Aa	3767.3Aa	3728Aa
陵两优 268	2038.7Aa	2088.3Aa	2197Aa	2174.7Aa	3784Ab	3966.7Aab	4008.3Aa	3988Aab
五丰优 286	1949.7Ab	1964Ab	2020Aab	2173Aa	3514Ab	3663.7Aab	3737Aa	3698.7Aab

（5）不同灌水深度对超级早稻剑叶叶片渗透调节物质的影响。加深灌水深度，通过以水调温，稳定了水稻的新陈代谢和细胞的渗透功能，增加了叶片可溶性蛋白和可溶性糖含量，随着水稻成熟进程推进，可溶性蛋白含量显著降低，降低了 81.3% ~ 87.0%，而可溶性糖含量显著增加，中早 39、陵两优 268 增加了 1.1 ~ 1.6 倍，五丰优 286 增加了 1.1 ~ 2.3 倍。6 月 29 日测定，加深灌水深度陵两优 268、五丰优 286 叶片可溶性蛋白含量与常规灌溉相比差异达显著水平，不同灌水深度处理之间差异不显著，中早 39 叶片可溶性蛋白含量灌水 7.5 cm、10 cm 与常规灌溉处理之间差异达极显著水平，与灌水 5 cm 之间差异达显著水平（表 3-98、表 3-99）。

表 3-98　不同灌水措施对超级稻叶片可溶性蛋白含量的影响　　　　×10⁻⁶mg/g 湿重

品种	6 月 29 日				7 月 17 日			
	T1	T2	T3	T4	T1	T2	T3	T4
中早 39	5.7Bb	5.9ABb	6.4Aa	6.3Aa	0.956Aa	1.107Aa	1.08Aa	0.989Aa
陵两优 268	6.2Ab	6.4Aab	6.6Aab	6.9Aa	0.803Aa	0.982Aa	1.00Aa	0.983Aa
五丰优 286	5.9Ab	6.2Aab	6.2Aab	6.43Aa	0.967Aa	1.057Aa	1.065Aa	1.008Aa

表 3-99　不同灌水措施对超级稻叶片可溶性蛋白含量的影响　　　　mg/g 湿重

品种	6 月 29 日				7 月 17 日			
	T1	T2	T3	T4	T1	T2	T3	T4
中早 39	19.4Bc	21.3Bbc	30.1Aa	22.3Bb	30.9Aa	31.7Aa	33.5Aa	30.6Aa
陵两优 268	19Bb	20.5Bb	28.1Aa	19.8Bb	28.1Bb	28.9ABb	29.8ABab	30.9Aa
五丰优 286	11.3Bc	15.5Bb	Bbc	28.0Aa	26.3Ab	28.5Aab	30.1Aa	29.7Aa

（6）不同灌水深度对水稻产量及其构成因子的影响。高温下，采取控水措施，能增加结实率和千粒重，改善穗部经济性状。从表 3-100 可以看出，不同品种之间结实率提高幅度大小为中早 39 >陵两优 268

＞五丰优 286，陵两优 268 灌水深度达 10 cm 时结实率增加幅度有所降低。千粒重，中早 39、陵两优 268 灌水深度为 5 cm、7.5 cm 时比常规灌溉分别增加 1.15 g、2.04 g 和 0.95 g、1.69 g，灌水 10 cm 时增幅降低。五丰优 286 灌水深度为 5 cm、7.5 cm 时比常规灌溉略有增加，但变幅较小，灌水 10 cm 时比常规灌溉增加 0.79g。在高温下，增加灌水量能促进水稻产量增加，且水稻产量随着灌水深度增加而呈增加的趋势（表 3–101），灌水深度为 5 cm 时产量比常规灌溉略有增加，灌水深度 7.5 cm、10 cm 时增产幅度较大，与常规灌溉相比，中早 39 分别增产 8.0%、11.4%，陵两优 268 分别增产 6.9%、7.9%，五丰优 286 分别增产 8.0%、5.5%。但五丰优 286 在灌水深度超过 7.5 cm 以后，增产幅度有所降低。

表 3–100　不同灌水深度对结实率和千粒重的影响

处理	结实率 /%			千粒重 /g		
	中早 39	陵两优 268	五丰优 286	中早 39	陵两优 268	五丰优 286
T1	75.2	73.4	78.1	24.37	26.79	24.33
T2	80.6	77.1	79.6	25.52	27.74	24.35
T3	86.5	80.6	82.5	26.41	28.48	24.54
T4	88.5	77.9	88.9	25.01	27.21	25.12

表 3–101　不同灌水深度对超级早稻产量的影响　　　　　　　　　　　　　kg/ 亩

品种	T1	T2	T3	T4
中早 39	504.7	507.0	545.0	562.4
陵两优 268	492.1	506.2	526.0	530.8
五丰优 286	494.8	496.1	534.4	522.2

3. 讨论与小结（以陵两优 268 为例）

（1）不同灌水深度对水稻生理生化特性的影响。研究表明，水稻灌浆期间遇高温使水稻剑叶叶绿素含量降低、衰老加快，深水灌溉可以减缓水稻叶片衰老，延长叶片光合作用功能。叶片 SPAD 值表征叶片叶绿素的相对含量，叶片 SPAD 值衰减表明叶绿素含量降低，光合作用减弱。本试验期间，首先经历一个轻度高温热害过程，深灌处理 4 d 后，T1、T2、T3、T4 处理超级早稻剑叶 SPAD 值比试验开始时分别衰减 10.55%、6.68%、4.33%、3.59%，其中 T3、T4 处理与 T1 处理差异达显著。随着生育进程的推进，再经历一个中度高温热害过程，深灌处理 22 d 后，超级早稻剑叶 SPAD 值各处理比试验开始时分别衰减 52.04%、47.26%、44.47%、38.52%，深灌处理与 T1 处理的剑叶 SPAD 值差异达极显著，并且剑叶 SPAD 值衰减随着灌水深度的增加而下降。高温热害主要影响类囊体的物理化学性质和组织结构，造成细胞膜和细胞组分的降解，导致叶绿素含量下降，SPAD 值衰减。减缓剑叶 SPAD 值衰减的原因可能是：增加灌水深度，降低水稻群体温度，减轻叶绿素损伤，减缓剑叶 SPAD 值衰减。并且随着灌水深度增加，水稻群体降温幅度增大，剑叶 SPAD 值衰减降低。

丙二醛（MDA）是膜脂过氧化的中间产物之一，其含量变化是反映膜脂过氧化作用强弱的重要指标。有研究表明灌浆结实期经高温胁迫的水稻剑叶 MDA 含量增加，抗氧化酶活性降低，水稻受到伤害。本研究认为：超级早稻灌浆结实期遇较长时间高温危害时，细胞膜系统受到伤害，导致细胞内 MDA 含量增加，活性氧增加，细胞进行自我保护，保护性酶活性提高。通过增加灌水深度降低群体温度，减轻高温热害对细胞膜系统的伤害，在轻度高温热害阶段剑叶过氧化氢酶（CAT）活性深灌处理比 T1 处理极显著增强（$p<0.01$），随着高温热害的持续发展，在中度高温热害阶段，各处理剑叶过氧化氢酶（CAT）活性比轻度高温热害阶段降低 11.9% ~ 49.5%，但深灌处理的保护作用仍然存在，剑叶过氧化氢酶（CAT）活性 T3 处理显著高于 T1 处理（$p<0.05$），T4 处理极显著高于 T1 处理（$p<0.01$）。而深水灌溉对过氧化物酶（POD）、超氧化物歧化酶（SOD）活性影响较小，其原因有待进一步研究。因此，在本试验条件下，增加灌水深度主要是通过提高 CAT 活性达到缓解高温热害的效果。随着高温热害的持续发展和生育期推进，CAT 活性降低，而 SOD 和 POD 活性提高，其原因还有待进一步研究。

（2）深水灌溉缓解高温热害对水稻产量及其构成因子的影响。高温热害对水稻产量构成因子影响较大，对高温最敏感的是结实率，每穗粒数次之，千粒重第三，株穗数最小。研究表明灌浆结实期遇高温热害对子粒干物质累积造成障碍，灌浆受阻，导致空瘪粒增加，千粒重下降。水稻灌浆期间遇高温主要影响结实率和千粒重，主要原因是水稻剑叶衰老加快，光合能力及光合产物的运输与卸载能力下降，有效灌浆期缩短，光合速度和同化产物积累量降低，籽粒充实度降低，秕谷粒增多，粒重下降，出现高温逼熟，水稻产量降低，且随高温时间延长减产幅度增大。深水灌溉是缓解水稻灌浆结实期高温热害的有效措施，本研究结果表明，灌浆结实期遇高温热害时增加灌水深度，水稻群体平均温度降低 0.6℃ ~ 1.9℃，降低剑叶 SPAD 值衰减率 8.89% ~ 25.87%（$p<0.01$），延缓水稻功能叶片衰老，增强光合速率和干物质积累，提高超级早稻结实率和千粒重，提高产量。综合分析，以灌水深度 7.5 cm、10 cm 的效果较好。

（3）深水灌溉的适宜指标。深水灌溉的适宜指标尚未明确。宋中华等认为高温下保持田间水深 15 ~ 17 cm 有利于提高水稻结实率和产量。江晓东、张彬等研究表明在抽穗期高温热害发生期间田间保持 10 cm 水层对缓解水稻高温热害具有明显作用。上述 3 个试验研究结论与本研究结论相差较大，主要原因是上述 3 个试验只设计深水灌溉与常规灌溉或无水层灌溉的比较，缺少深水灌溉与常规灌溉之间的梯度处理。本研究根据水稻灌浆结实期以湿润灌溉为主，试验以常规的湿润灌溉（田面水层约 2.5 cm）作对照，在此基础上，设定了 4 个灌水深度，观察不同灌水深度下水稻的生理指标和产量性状指标，通过比较分析确定有效缓解高温危害的灌水深度，本研究认为，能有效缓解超级早稻灌浆结实期高温热害的灌水深度为 7.5 ~ 10 cm。其原因有以下四方面：①有效缓解高温热害。综合分析不同灌水深度对水稻高温热害的缓解效应，以灌水深度 7.5 cm、10 cm 处理的效果较好，并且灌水 7.5 cm、10 cm 处理之间除水稻群体温度、SPAD 消减值差异达显著外，MDA、CAT、POD、SOD、产量及其构成因子等指标差异较小（$p>0.05$），在田间水层 10 cm 的基础上再增加灌水深度对高温热害的缓解效果提高空间可能不大。②提高水分利用效率。高温热害期灌溉水源主要依靠库塘河坝蓄积水，蓄水资源有限，必须科学用水，既要提高深水灌溉缓解高温热害的效应又要提高水资源的利用效率，保证大面积水稻生产用水。③防止水稻倒伏。郭相平等研究认为控水灌溉、蓄水－控灌比深水淹灌倒伏指数分别降低 18.6% 和 23.6%，且差异显著（$p<0.05$），杨长明等研究认为采取干湿交替、控水灌溉方式比连续淹水灌溉大幅提高了水稻抗倒伏能力。湖南早稻灌浆结实期天气年际变化大，有的年份高温热害持续时间超过 20 d，连续保持田间过深的水层导致水稻倒伏的风险较大。在本试验条件下，连续 22 d 保持田间水层 10 cm 时，水稻倒伏株率为 2.1%，其他处理均无倒伏现象，因此，本研究认为水稻成熟期连续 20 d 左右保持田间水层 10 cm 以下时倒伏风险较小。④减少田埂垮塌风险。大部分的田埂高 15 ~ 18 cm，

长时间灌水过深易造成田埂垮塌。

超级早稻灌浆期遇高温时深水灌溉能改善水稻生长生态小环境,降低水稻群体温度,缓解剑叶衰老。提高剑叶过氧化氢酶(CAT)活性,增加水稻新陈代谢和细胞渗透调节功能,提高结实率和千粒重,降低高温热害造成水稻减产的风险。超级稻灌浆期遇高温热害时,适宜灌水深度为 7.5 ~ 10 cm。

三、穗粒兼顾型超级稻穗粒均衡机制与双增高产关键技术

超级稻具有产量高的特性,但同时也存在穗粒不均衡、弱势粒充实差和结实率不稳定的现象。针对这些问题,本任务开展穗粒兼顾型超级稻穗粒均衡机制与双增高产关键技术研究,重点关注穗粒兼顾型超级稻穗粒形成、籽粒灌浆、弱势粒形成的生理生化机制和穗粒双增高产调控技术的探索。

(一)不同超级稻品种穗粒性状及影响因素分析

1、材料与方法

(1)品种穗粒性状分析研究方法。实验地点在湘南衡阳县西渡镇梅花村,选取土壤肥力水平中等偏上,排灌方便的田块;采用随机区组设计,3 次重复;正常种植密度为早稻 16.7 cm × 20 cm,晚稻 20 cm × 20 cm,每蔸插 2 颗谷秧,早稻 3 月 25 日播种,晚稻 6 月 25 日播种;正常施肥管理:每亩施纯氮:早稻 12 kg,中稻 16 kg,双晚 14 kg,N:P_2O_5:K_2O=1:0.5:1.2,基肥:分蘖肥 =6:4;水分管理采取间歇灌溉法,病虫草害等管理同当地大田生产;肥密处理:处理方式分别命名为 T1:密度 16.7 cm × 20 cm、12 kg/ 亩氮;T2:密度 20 cm × 20 cm、12 kg/ 亩氮;T3:密度 16.7 cm × 20 cm、14 kg/ 亩氮;T4:密度 20 cm × 20 cm、14 kg/ 亩氮;其余同前。考察指标:有效穗、总粒数、结实率、千粒重等农艺及产量性状,并实收 3 个重复小区稻谷现场测产,折算产量。供试品种:早稻品种有中早 39、中嘉早 17、五丰优 286、中早 35、陆两优 996、金优 463、株两优 819、陵两优 268、淦鑫 203;晚稻品种有隆晶优 1 号、深优 1029、天优华占、五优 308、五丰优 T025、天优 998、吉优 225、H 优 518、湘晚籼 12 号、岳优 9113、盛泰优 722。

(2)盆栽的适度干旱处理和性状考察。试验地点与品种:本研究于 2019 年、2020 年 6 月至 10 月水稻正常生长季节在湖南农业大学网室进行。盆栽设计及水分处理:采用大棚盆栽方式进行花后适度干旱研究。水稻种子用 15% 的过氧化氢溶液消毒 10 min,然后用去离子水清洗数次,置于 28℃培养箱中保湿、催芽后,进行大田育秧。将秧龄 30 d 的日本晴幼苗移栽于塑料盆(长 0.6 m,宽 0.4 m,高 0.3 m)中,土壤为正常稻田土。双本移栽,株行距为 0.15 m × 0.15 m,每盆 12 株,每个处理 15 盆。秧苗移栽前,按尿素(46% N)80 kg/hm²,磷肥(12% P_2O_5)57 kg/hm²,钾肥(59% K_2O)124 kg/hm² 作基肥使用,在分蘖期及孕穗期再按 48 kg/hm² 和 32 kg/hm² 追施氮肥。移栽后至花后 6 d,盆内始终保持浅水层。在水稻开花后 6 d,开始适度干旱处理(–25 KPa, MD),同时以正常水分为对照处理(0 KPa, CK)。采用中国科学院南京土壤研究所研制的负压计监测土壤水分,负压计底部陶土头竖直埋入 15 ~ 20 cm 土层深处,每天 8.00 h、11.00 h、13.00 h 和 16.00 h 共计 4 次监测负压计读数,高温天气监测次数增加 1 ~ 2 次,当负压计水势超过 –25KPa 时,每盆均匀添加 500 mL 自来水,雨天塑料大棚遮雨,其他病虫草害同常规管理。取样方法:在水稻始花期,对生长均匀一致同日开花的稻穗进行挂牌标记,每个处理 300 穗。从花后到成熟收获,各处理每 3 d 取样一次,每个处理取 8 穗,共计 3 次重复。倒一节,剑叶及强、弱势粒被单独收获。稻穗顶部一次枝梗最先开花的为籽粒强势粒,稻穗基部二次枝梗最晚开花的籽粒为弱势粒。样品经 105℃杀青,80℃烘干至恒重,备测灌浆速率及 NSC 含量。另外在弱势粒花后

6 d、9 d 和 15 d，按同样方法取样，样品被迅速放入液氮冷冻并保存在 –80℃冰箱，用于激素、糖代谢物以及酶活检测。成熟期，每处理收获 12 个单株，用于统计产量性状，包括有效穗数、每穗粒数、结实率、强弱势粒粒重和单株产量。水稻灌浆参数及 NSC 测定：将强、弱势粒分开，称重。籽粒灌浆过程用 Richard 方程拟合。

2. 结果与分析

（1）超级稻品种穗粒性状表现。早、晚稻整体生长较好，受病虫草害和不良环境影响较小，可以满足对穗粒性状的考察和评价（表 3–102、表 3–103、表 3–104、表 3–105）。

表 3–102　2018 年早稻穗粒性状表现

早稻品种	株高 /cm	有效穗 / 穗	每穗粒数 / 粒	实粒数 / 粒	结实率 /%	千粒重 /g	实际产量 /（kg·亩⁻¹）
中嘉早 17	91.0	9.1	147.6	118.0	79.6	25.8	588.8
中旱 39	90.6	8.7	156.9	133.2	84.4	26.5	516.8
淦鑫 203	99.6	12.4	104.8	81.5	77.4	29.2	597.1
中旱 35	96.6	10.3	119.4	90.7	76.0	28.1	593.7
五丰优 286	95.2	9.1	133.2	106.6	79.6	26.4	630.4
陆两优 996	104.1	9.2	125.1	101.1	81.0	28.7	540.2
株两优 819	95.0	11.3	126.8	90.7	72.5	27.0	614.5
陵两优 268	94.8	11.6	106.3	76.4	72.0	27.3	611.1
金优 463	101.3	11.2	109.0	84.5	76.7	29.8	580.0

表 3–103　2018 年晚稻穗粒性状表现

晚稻品种	株高 /cm	有效穗 / 穗	每穗粒数 / 粒	实粒数 / 粒	结实率 /%	千粒重 /g	实际产量 /（kg·亩⁻¹）
岳优 9113	90.3	15.1	103.2	90.4	87.5	26.3	553.7
H 优 518	94.1	13.6	118.1	103.6	87.7	28.2	559.8
吉优 225	96.9	11.4	150.6	127.3	84.2	24.7	569.0
盛泰优 722	87.8	15.2	109.4	96.1	88.0	26.7	554.5
天优华占	96.3	11.4	165.2	133.0	80.3	25.5	528.2
五优 308	93.7	12.1	161.0	143.6	89.2	23.6	503.3
五丰优 T025	97.0	12.7	162.1	122.5	75.5	26.4	554.9
天优 998	97.5	11.3	181.4	164.2	90.7	23.3	565.9
深优 1029	100.1	10.7	162.6	146.7	90.1	25.5	566.3
隆晶优 1 号	109.9	8.9	157.2	116.6	74.2	29.7	469.4
湘晚籼 12 号	105.1	12.9	115.8	105.0	90.5	25.7	499.2

表 3–104　2019 年早稻穗粒性状表现

早稻品种	株高 /cm	有效穗 / 穗	每穗粒数 / 粒	实粒数 / 粒	结实率 /%	千粒重 /g	每亩实际产量 /kg
淦鑫 203	95.8	8.5	996.7	882.3	0.9	29.2	541.0
金优 463	100.0	9.2	1085.3	954.9	0.9	29.1	542.7

续表

早稻品种	株高 /cm	有效穗 / 穗	每穗粒数 / 粒	实粒数 / 粒	结实率 /%	千粒重 /g	每亩实际产量 /kg
陵两优 268	90.0	12.2	1210.3	1108.8	0.9	26.0	552.3
陆两优 996	102.0	8.9	1133.7	1014.2	0.9	28.2	593.8
五丰优 286	93.6	8.7	1367.3	1152.8	0.8	24.8	578.3
中旱 35	92.2	7.9	1099.8	995.4	0.9	26.3	520.9
中旱 39	95.3	7.8	1164.3	1048.0	0.9	25.6	538.6
中嘉早 17	85.3	8.4	1035.2	890.5	0.9	25.5	530.0
株两优 819	90.9	9.3	1144.6	1023.1	0.9	24.4	495.7

表 3-105　2019 年晚稻部分穗粒性状表现

晚稻品种	株高 /cm			有效穗数 / 穗			每亩实际产量 /kg		
	重复一	重复二	重复三	重复一	重复二	重复三	重复一	重复二	重复三
深优 1029	95	98	102.4	9.7	12.2	10.9	529.8	545.5	534.9
隆晶优 1 号	98.8	102.8	99.2	8.0	13.7	12.5	515.4	577.5	466.2
五优 308	94.8	96.2	92.8	11.1	14.8	18.2	540.7	606.6	488.4
岳优 9113	91.8	84.8	89.4	16.9	17.0	16.0	556.5	492.7	445.9
盛泰优 722	79.6	86.6	91.2	17.5	16.7	21.3	538.9	500.8	566.1
五丰优 T025	102	97	95.6	12.0	10.3	11.9	659.2	517.2	506.0
吉优 225	94.6	97.2	88.2	13.0	13.0	10.0	538.6	626.1	447.8
天优华占	94.4	91.4	93.8	10.7	13.8	13.0	533.1	559.9	615.1
H 优 518	91.2	100.2	96.8	12.3	14.4	14.6	503.4	517.5	636.2
天优 998	91.6	90.2	94	14.4	14.9	16.4	540.3	554.0	548.2
湘晚籼 12	96	95.8	93	9.9	14.4	16.3	476.8	483.2	549.4

　　根据实测产量和品种的有效穗数据，以单穗粒重和有效穗作图，结果表明超级稻的有效穗和单穗粒重在早、晚稻群体中都表现出明显的负相关（图 3-17），说明超级稻品种具有自身的穗粒协调比例，在正常条件下，较难获得同时具有多穗、大穗的性状。

　　（2）肥料和密度对典型超级稻品种的穗粒性状的影响。前述穗粒性状的分析结果表明，有效穗和单穗粒重在早、晚稻群体中都表现出明显的负相关。为了进一步探究是肥密因子对这一差异的影响，选取了在多年均表现一致的早稻的两个代表性品种：天优华占和 H 优 518 进行了处理。性状考察结果表明，相比减氮条件（T1，T2），正常晚稻氮素供应水平下（T3，T4）会提高有效穗数目，但并不显著。且 T3 处理条件下，天优华占表现出最大的产量，而 T2 处理模式产量表现最低（表 3-106）。

　　（3）适度干旱增加粒重和弱势粒灌浆。我们研究了适度干旱对水稻灌浆及产量的影响（图 3-18），根据 CK 和 MD 处理下强弱势粒粒重动态（图 3-18a）以及 Richards 方程拟合的灌浆速率曲线（图 3-18b），可知 MD 处理显著增加了水稻弱势粒粒重，促进了弱势粒灌浆，但强势粒在不同水分处理下无显著差异。强弱势粒均在花后 9 d 灌浆速率达到最大值，MD 处理灌浆速率较 CK 处理增加 22.61%，整个灌浆

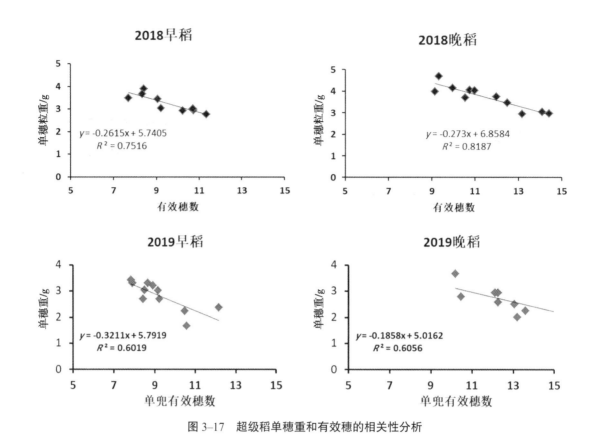

图 3–17 超级稻单穗重和有效穗的相关性分析

表 3–106 天优华占和 H 优 518 在不同处理下的穗粒性状表现

处理	天优华占			H 优 518		
	有效穗数 / 穗	单穗重 /g	每亩测产 /kg·	有效穗数 / 穗	单穗重 /g	每亩测产 /kg·
T1	11.7 ± 1.2a	2.6 ± 0.2a	598 ± 16ab	13.6 ± 2.8a	2.3 ± 0.2a	628 ± 72ab
T2	11.3 ± 0.6a	2.4 ± 0.2a	456 ± 23c	13.1 ± 3.0a	2.5 ± 0.4a	536 ± 21b
T3	12.3 ± 1.7a	2.6 ± 0.5a	637 ± 33a	15.4 ± 1.5a	2.3 ± 0.1a	706 ± 46a
T4	12.5 ± 1.6a	2.8 ± 0.3a	569 ± 41b	13.8 ± 1.2a	2.4 ± 0.2a	552 ± 72b

期平均灌浆速率增加 18.12%；促进灌浆的同时，MD 处理下灌浆活跃期较 CK 缩短 2.01 d；在产量方面，MD 处理极显著增加了弱势粒的粒重，较 CK 处理增加 5.07%，达到极显著水平（图 3–18d），但对强势粒粒重无显著影响。同时，MD 处理单株产量显著提高，较 CK 增加 14.97%（图 3–18e），结实率在 MD 处理下也略有提高，较 CK 增加 2.11%。说明，适度干旱促进产量提高主要是通过促进弱势粒灌浆，增加弱势粒粒重，提高结实率完成的。

3. 讨论与小结

该部分对于超级稻的穗粒结构进行了分析，结果表明超级稻的有效穗和单穗粒重在早、晚稻群体中都表现出明显的负相关，说明超级稻品种具有自身的穗粒协调比例，在正常条件下，较难获得同时具有多穗、大穗的性状。也进一步说明，超级稻的穗粒不均衡，不仅体现在穗数和粒数的不均衡，穗数和粒重也较难协调。同时，该部分的研究也发现适度干旱通过促进弱势粒灌浆，改变穗粒结构，提

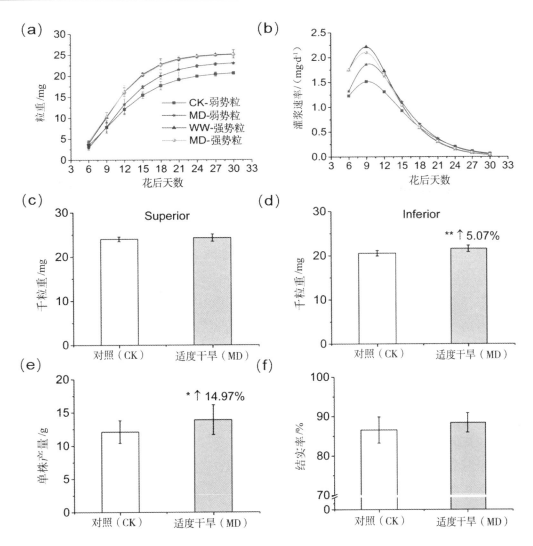

（a）灌浆动态；（b）灌浆速率；（c）强势粒千粒重；（d）弱势粒千粒重；（e）单株产量；（f）结实率；
* 和 ** 分别表示 CK 和 MD 处理在 0.05 水平和 0.01 水平差异显著性，下同；数据呈现为平均值 ±SE[（图（a、b），
n=3；图 c，n=12）]

图 3-18　适度干旱对水稻灌浆及产量的影响

高粒重和产量；适当的增氮则可以提高分蘖和产量。

（二）适度干旱促进弱势粒灌浆增加粒重的生理机制研究

籽粒灌浆是水稻穗粒发育的关键阶段之一，影响水稻穗粒结构和产量形成。强、弱势粒灌浆差异在禾谷类作物中是一个常见的现象，例如水稻、玉米、小麦及大麦等作物。不同品种水稻的强、弱势粒灌浆差异程度有所不同，其中大穗型和紧密穗型的水稻品种弱势粒充实度要显著差于强势粒。超级稻不仅穗大粒多，其稻穗也较多是紧密型的，因此相对于常规稻，超级稻中强势粒和弱势粒两者之间的差异更加明显，例如超级稻强势粒的结实率和千粒重分别比弱势粒高出 20.7% 和 7.2 g，而常规稻则分别为 6.3% 和 3.0 g，从而导致在灌浆效率上超级稻的灌浆率（～79%）要明显低于常规稻的灌浆率（～89%），综上，强、弱势粒灌浆差异对水稻穗粒性状和产量形成有着不可忽视的影响。花后适度干旱能够有效促进水稻弱势粒灌浆，从而提高粒重，控制水稻的穗粒关系，因此加强对适度干旱增强弱

势粒灌浆机理的研究，揭示促进弱势粒灌浆的调控途径与技术，有助于理解水稻穗粒发育的内在基础，对发挥水稻生产潜力，达到水稻高产、优质、高效生产上，有重要的应用价值。

1. 材料与方法

试验地点与品种：同本部分第一试验。

盆栽设计及水分处理：同本部分第一试验。

取样方法：同本部分第一试验。

参考 Yoshida（1972）的方法进行植株及籽粒可溶性糖和淀粉浓度测定，并有所改动。样品经 80℃ 烘干至恒重，经粉样机粉碎，过 10 mm 筛。称取 0.1 g 粉碎样品至 10 mL 具塞离心管，向离心管加入 5 mL 80% 乙醇，在 80℃ 水浴锅中水浴提取 30 min，8000 g 室温离心 10 min，将上清液转移至 25 mL 具塞刻度试管，向沉淀中继续加乙醇重复上述提取步骤 3 次，将 3 次提取上清液转移至同一试管中，植株叶片及茎鞘需在上清液加 0.01 g 活性碳吸附色素，上清液用蒸馏水定容后过滤，滤液用于可溶性糖含量测定；提取后剩余残渣经 80℃ 烘干后，向残渣加入 10 mL 提前预热的蒸馏水，放入沸水浴中水浴糊化 15 min，然后冷却，加入 2 mL 提前预冷的 9.2 mol/L HClO₄，在冰浴条件下间歇震荡提取 15 min，然后 8000 pm 离心 5 min，转移上清液至 25 mL 具塞刻度试管，再加入 2 mL 4.6 mol/L HClO₄，8000 pm 离心 5 min，合并上清液至同一刻度试管，并重复该步骤提取一次。所有上清液用蒸馏水定容后过滤，取上清液用于测定淀粉含量。提取液中可溶性糖和淀粉浓度采用蒽酮比色法测定，取 200μL 反应液于 96 孔板中，采用酶标仪在 625 nm 波长下测定样品吸光度。根据葡萄糖标准曲线，计算可溶性糖含量以及淀粉含量（% DW），淀粉含量为根据标准曲线计算的葡萄糖浓度乘以 0.9。茎鞘 NSC 含量为可溶性糖含量和淀粉含量之和。

蔗糖含量测定：取 0.4 mL 可溶性糖提取液于 10 mL 具塞试管中，加入 0.2 mL 2 mol/L NaOH，颠倒混匀，然后在水浴锅中沸水浴 5 min，冷水冷却后向试管中加入 2.8 mL 30% HCl 混匀后，再向试管中加入 0.8 mL 0.1% 的间苯二酚，颠倒混匀，水浴锅中 80℃ 水浴反应 10 min，流动水冷却，取 200 μL 上清液于 96 孔板中采用酶标仪在 480 nm 波长下测定吸光度，样品根据蔗糖标准曲线计算蔗糖含量（%）。

籽粒淀粉合成酶（StSase）测定：籽粒淀粉合成酶（StSase）测定选用索莱宝公司（Solarbio, China）研发的试剂盒。称取约 0.1 g 组织在预冷的研钵中，加入 1 mL 提取液，在冰浴中快速研磨至匀浆。离心机中 10000 g 4℃ 离心 10 min，吸取上清，置于冰上待测。具体测定步骤：①紫外分光光度计提前预热，使用前用蒸馏水调零。②样本测定：在 EP 管内按表 3–107 顺序加入。③混匀，立即测定 340 nm 波长下初始吸光度 A1，以及 2 min 后的吸光度 A2，计算 $\Delta A=A2-A1$。SSS 活性（U/g 质量）$=[\Delta A \div (\varepsilon \times d) \times V_{测}] \div (W \div V_{提取} \times V_{样本} \div V_{反总} \times V_{上清}) \div T=43.2 \times \Delta A \div W$。

表 3–107　反应体系组成

试剂名称	测定管
样本	200 μL
反应液 I	270 μL
充分混匀，30℃ 保温 20 min，并在水浴锅中沸水浴 1 min	
试剂八	150 μL
混匀，30℃ 水浴保温 30 min，置沸水浴中 1 min，立即冰浴冷却，10000 g 室温离心 15 min	

续表

试剂名称	测定管
上清液	450 μL
试剂五	300 μL
试剂六	15 μL
试剂七	15 μL

籽粒蔗糖合成酶测定：籽粒蔗糖合成酶测定选用索莱宝公司（Solarbio, China）研发的试剂盒，称取约 0.1 g 籽粒样品在预冷的研钵中，加入 1 mL 提取液，在冰浴中快速研磨至匀浆。离心机中 10000 g 4℃离心 10 min，吸取上清液，置于冰上待测。后续测定步骤如下：①测定前，紫外分光光度计提前预热，使用前用双蒸水进行调零。②样本测定：在 1.5 mL EP 管内按表 3–108 顺序加入。③充分混匀，在 80℃水浴锅中准确水浴 20 min，流动水冷却后，取 200 μL 在 480 nm 波长下测定各管吸光值。SS 活性（U/g 质量）=（500 μg/mL ×（A 测定管 –A 对照管）÷（A 标准管 –A 空白管））÷（W × 0.01 mL ÷ 1 mL）÷10 min=50 × ΔA 测 ÷ ΔA 标 ÷ W。

表 3–108　反应体系组成

试剂名称	测定管	对照管	标准管	空白管
样品提取液	10 μL	10 μL		
蒸馏水		45 μL	45 μL	55 μL
试剂一	45 μL			
试剂二			10	
混匀，25℃准确水浴 10min				
试剂三	15 μL	15 μL	15 μL	15 μL
水浴锅中沸水浴 10min，流动水冷却				
试剂四	210 μL	210 μL	210 μL	210 μL
试剂五	60 μL	60 μL	60 μL	60 μL

茎鞘 α– 淀粉酶和 β– 淀粉酶测定：取 0.2 g 茎鞘放入预冷研钵，加入 2 mL 100 mm 磷酸缓冲液（phosphate buffer，pH=6.5）研磨至匀浆，倒入 10 mL 离心管，4℃，12000 g 离心 30 min，取上清，置于冰上，用于 α–amylase 和 β–amylase 活性的测定，具体步骤参考 Yang 等人的测定方法。

籽粒糖含量测定：不同处理下，花后 6 d、9 d、15 d 弱势粒鲜样被用于糖类检测，种类如表 3–109 所示。色谱与质谱联用方法被用于糖类检测，其主要步骤如下所示：①生物样品真空冷冻干燥；②利用研磨仪（MM 400, Retsch）30 Hz 研磨 1.5 min 至粉末状；③称取 20 mg 的粉末，加入 500 μL 甲醇：异丙醇：水（3：3：2 V/V/V）提取液，涡旋 3 min，冰水中超声 30 min。④ 4℃，14000 r/min 离心 3 min，吸取 50 μL 上清液，加入 20 μL 内标，氮吹并冻干机冻干。⑤加入 100 μL 甲氧铵盐吡啶（15 mg/mL），37° C 孵育 2h，随后加入 BSTFA 100 μL，37℃孵育 30 min，得到衍生化溶液。⑥用正己烷稀释，保存于棕色进样瓶中，用于 GC–MS 分析。

表 3-109　糖种类

英文名称	简称	中文名称	分类
D–Arabinose	Ara	D– 阿拉伯糖	单糖
Xylitol	Xylitol	木糖醇	单糖
L–Rhamnose	Rha	L– 鼠李糖	单糖
L–Fucose	Fuc	L– 岩藻糖	单糖
D–Fructose	Fru	D– 果糖	单糖
D–Galactose	Gal	D– 半乳糖	单糖
Glucose	Glu	葡萄糖	单糖
D–Sorbitol	Sorbitol	D– 山梨醇	单糖
Inositol	Inositol	肌醇	单糖
Sucrose	Suc	蔗糖	二糖
Lactose	Lac	乳糖	二糖
Maltose	Mal	麦芽糖	二糖
Trehalose	Tre	海藻糖	二糖

数据分析：利用 Office 2010 进行文字及数据整理统计，使用 SPSS（SPSS Inc.）进行相关数据的显著性分析，使用 Origin 9 进行 Richard 方程拟合及绘图。

2. 结果与分析

（1）适度干旱对水稻茎鞘碳水化合物的影响。水稻在营养生长期过剩的光合同化物临时储存于叶片和茎鞘中，并在花后经过再活化后向籽粒转运，在产量形成过程中发挥重要作用。茎鞘 NSC、淀粉、可溶性糖、蔗糖在花后逐渐下降，直到花后 21 d，籽粒灌浆基本结束，含量又有所增加，不同水分处理下，趋势表现一致（图 3-19）；其中，NSC、淀粉、可溶性糖、蔗糖含量在花后到成熟收获整个测定时期，CK 处理均高于 MD 处理，部分时间点达到显著或极显著差异；在 21DAA 之后，除 MD 处理下蔗糖含量继续下降以外，NSC、淀粉、可溶性糖含量表现出升高趋势，是籽粒"库"达到饱和，碳水化合物继续在茎鞘积累的结果，其中，CK 处理升高幅度明显大于 MD 处理；在 30DAA，不同处理下 NSC、淀粉、可溶性糖、蔗糖含量均表现出极显著差异，MD 处理较 CK 处理分别降低 37.29%、21.94%、43.47%、49.37；由此可知，适度干旱促进了茎鞘淀粉的水解，并加快向籽粒转运的速度。

水稻开花前茎鞘中的碳水化合物主要以淀粉的形式存在，花后转运到籽粒必须先降解为葡萄糖等单糖，然后再合成蔗糖，并以蔗糖的形式从茎鞘经由茎转运到籽粒。淀粉水解主要是在 α – 淀粉酶、β – 淀粉酶催化下完成。我们检测了花后 9 d 和 15 d 不同水分处理下两种淀粉酶的活性（图 3-20）。其中 α – 淀粉酶活性高于 β – 淀粉酶；MD 处理在 9DAA 和 15DAA 显著或极显著增加 α – 淀粉酶活性，β – 淀粉酶在 15DAA MD 处理下也较 CK 显著增加；表明 MD 处理通过增加 α – 淀粉酶和 β – 淀粉酶活性促进茎鞘淀粉的水解，促进 NSC 的活化再利用。

（2）适度干旱对籽粒碳水化合物积累的影响。籽粒作为主要的经济器官和储藏器官，主要由淀粉构成，而可溶性糖是淀粉合成的基质。我们检测了灌浆期弱势粒在从开花到成熟收获期 NSC、淀粉、可溶性糖、蔗糖含量变化（图 3-21）。淀粉和 NSC 含量在花后呈逐渐增加趋势（图 3-21a、图 3-21b），可溶性糖和蔗糖含量却随生育进程而表现降低趋势（图 3-21c、图 3-21d）；其中在花后 6 DAA 弱势粒

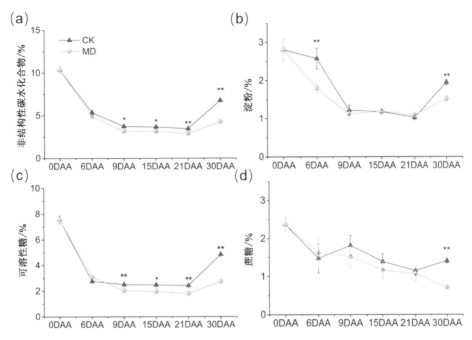

图 3-19　适度干旱下茎鞘 NSC（a）、淀粉（b）、可溶性糖（c）、蔗糖（d）含量

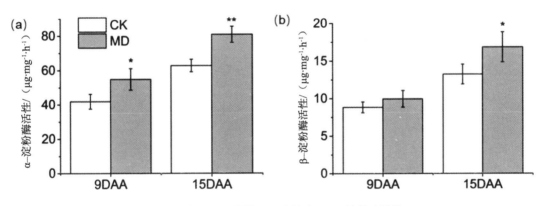

图 3-20　适度干旱下茎鞘 α-淀粉酶、β-淀粉酶活性

可溶性糖含量 MD 处理较 CK 显著增加，但之后可溶性糖含量却表现出 MD 较 CK 降低，主要是 MD 处理促进了茎鞘碳水化合物向籽粒的转运，导致灌浆前期可溶性碳含量增加，之后，MD 处理促进淀粉合成，出现 MD 较 CK 低的现象；MD 处理显著增加了淀粉合成，6DAA 时 MD 处理淀粉含量为 CK 的两倍，达到极显著水平，NSC 含量也和淀粉表现一致，主要是 MD 处理促进了碳水化合物从茎鞘向籽粒转运，同时加快了淀粉合成速率导致；在成熟期，MD 处理弱势粒淀粉含量较 CK 增加 12.34%，NSC 含量增加 12.03%，均达到显著水平。

适度干旱对弱势粒灌浆具有显著促进作用，但在强势粒灌浆方面却没有显著差异（图 3-22），与弱势粒相比可以发现，强弱势粒在灌浆初期（6DAA），可溶性糖及蔗糖含量在强弱势粒之间基本一致，说明源可能不是导致强弱势粒关键差异的主要原因，淀粉合成速率才是重要的影响因素。

光合作用产生的碳水化合物以蔗糖的形式运输到籽粒，并在多种酶的催化反应下合成淀粉。在蔗糖向淀粉转化途径中，淀粉合成酶（StSase）和蔗糖合酶（SuSase）起着重要作用。花后 9 d 是弱势粒

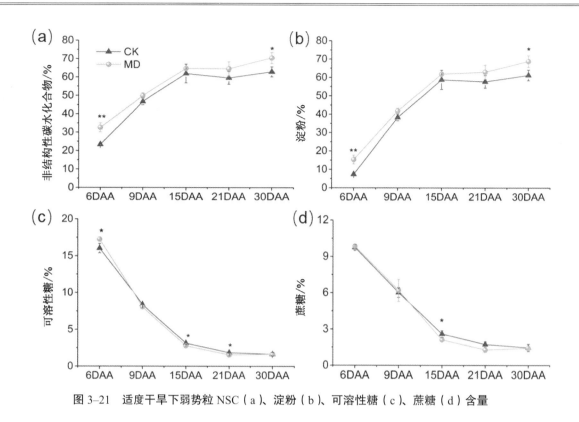

图 3-21　适度干旱下弱势粒 NSC（a）、淀粉（b）、可溶性糖（c）、蔗糖（d）含量

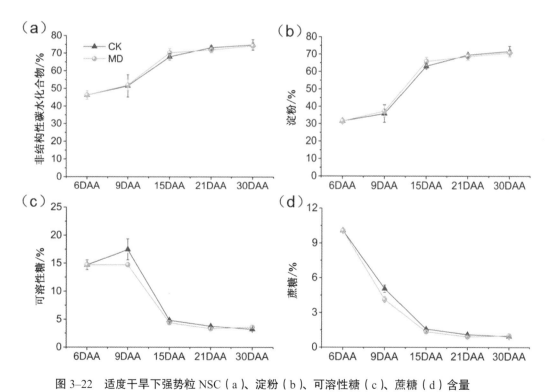

图 3-22　适度干旱下强势粒 NSC（a）、淀粉（b）、可溶性糖（c）、蔗糖（d）含量

灌浆速率最大时期，我们检测了该时间点这两个关键酶的活性（图 3-23）。结果显示，MD 处理显著增加了 StSase 和 SuSase 的活性，分别较 CK 提高 26.86% 和 33.70%。

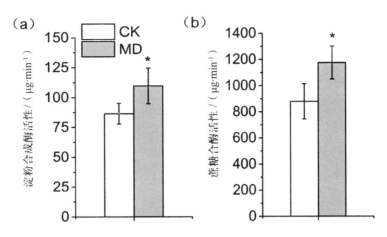

图 3-23　适度干旱对弱势粒淀粉合成酶（a）、蔗糖合酶（b）活性的影响

（3）适度干旱对弱势粒糖代谢产物的影响。糖类是多羟基醛或酮类及水解后能生成多羟基醛或酮的一类化合物，地球上生物量干重的 50% 以上是由糖的聚合物组成。糖一方面是生命体的基本组成成分和主要营养物质，另一方面参与了生物体的多种生命活动，例如细胞识别、免疫保护、受精机制、代谢调节、形态发生、发育、衰老等方面，糖代谢产物分析是研究其在物质转化和生理作用的前提和重要手段。籽粒灌浆过程从某种意义上讲，就是不同碳水化合物形式的变化，我们检测了适度干旱下弱势粒糖代谢产物的含量（表 3-110）。MD 处理降低了蔗糖、乳糖、麦芽糖、海藻糖、D- 果糖及葡萄糖含量，其中蔗糖和乳糖达到显著差异，较对照分别降低 28.15% 和 68.21%。

表 3-110　适度干旱对弱势粒糖含量的影响　　　　　　　　　　　　　　　mg/g

水分处理	糖含量					
	蔗糖	乳糖	麦芽糖	海藻糖	D- 果糖	葡萄糖
CK	67.37 ± 6.94	0.02 ± 0.01	0.35 ± 0.19	0.15 ± 0.05	8.14 ± 2.24	12.63 ± 2.4
MD	48.4 ± 3.61 *	0.01 ± 0 *	0.27 ± 0.03	0.1 ± 0.01	6.75 ± 1.13	11.2 ± 1.13

注：* 和 ** 分别表示 CK 和 MD 处理在 0.05 水平和 0.01 水平差异显著性，下同；数据呈现为平均值 ± SE（$n=3$）。

3. 讨论与小结

该部分研究表明适度干旱通过促进弱势粒灌浆，改变穗粒结构，提高粒重和产量；适度干旱通过提高水稻茎鞘淀粉酶活性，促进茎鞘淀粉水解，活化碳水化合物，促进再利用；适度干旱加速籽粒蔗糖向淀粉转化，促进籽粒 NSC 的积累，另外，弱势粒中蔗糖向淀粉转化速率提高也可促进弱势粒灌浆。

（三）适度干旱增加粒重的分子基础

1. 材料与方法

（1）水稻培养及适度干旱处理。在水稻生长季节，使用籼稻品种扬稻 6 号（YD），进行盆栽实验。正常水施管理至花后 9 d，然后进行适度干旱处理。以保持 1 ～ 2 cm 水层的浅层灌溉处理作为对照（CK，土壤水势等于 0 kPa），而适度干旱（MD）处理，则控制 15 ～ 20 cm 深度的土壤水势为 –25 kPa。土壤水势测定使用使用带有 5 cm 大小的张力计（中国科学院土壤科学研究所制造）监测。每日 10 时和 16

时进行两次读数。当水池中的读数下降到平均值 –25 kPa 时，均匀地加入适量自来水。

（2）取样方法。在水稻始花期，对生长均匀一致同日开花的稻穗进行挂牌标记，每个处理 300 穗。从花后到成熟收获，各处理每 3 d 取样一次，每个处理取 8 穗，共计 3 次重复。倒一节，剑叶及强、弱势粒被单独收获。稻穗顶部一次枝梗最先开花的为籽粒强势粒，稻穗基部二次枝梗最晚开花的籽粒为弱势粒。样品经 105℃杀青，80℃烘干至恒重，备测灌浆速率及 NSC 含量。另外在弱势粒花后 6 d、9 d 和 15 d，按同样方法取样，样品被迅速放入液氮冷冻并保存在 –80℃冰箱，用于可溶性糖、淀粉、ABA 和酶活性测定。

（3）可溶性糖和淀粉含量的测定。参考 Yoshida 的方法进行植株及籽粒可溶性糖和淀粉浓度测定，并有所改动。样品经 80℃烘干至恒重，经粉样机粉碎，过 10 mm 筛。称取 0.1 g 粉碎样品至 10 mL 具塞离心管，向离心管加入 5 mL 80% 乙醇，在 80℃水浴锅中水浴提取 30 min，8000 g 室温离心 10 min，将上清液转移至 25 mL 具塞刻度试管，向沉淀中继续加乙醇重复上述提取步骤 3 次，将 3 次提取上清液转移至同一试管中，植株叶片及茎鞘需在上清液加 0.01 g 活性碳吸附色素，上清液用蒸馏水定容后过滤，滤液用于可溶性糖含量测定；提取后剩余残渣经 80℃烘干后，向残渣加入 10 mL 提前预热的蒸馏水，放入沸水浴中水浴糊化 15 min，然后冷却，加入 2 mL 提前预冷的 9.2 mol/L HClO$_4$，在冰浴条件下间歇震荡提取 15 min，然后 8000 pm 离心 5 min，转移上清液至 25 mL 具塞刻度试管，再加入 2 mL 4.6 mol/L HClO$_4$，8000 pm 离心 5 min，合并上清液至同一刻度试管，并重复该步骤提取一次。所有上清液用蒸馏水定容后过滤，取上清液用于测定淀粉含量。提取液中可溶性糖和淀粉浓度采用蒽酮比色法测定，取 200 μL 反应液于 96 孔板中，采用酶标仪在 625 nm 波长下测定样品吸光度。根据葡萄糖标准曲线，计算可溶性糖含量以及淀粉含量（% DW），淀粉含量为根据标准曲线计算的葡萄糖浓度乘以 0.9。茎鞘 NSC 含量为可溶性糖含量和淀粉含量之和。

蔗糖含量测定：取 0.4 mL 可溶性糖提取液于 10 mL 具塞试管中，加入 0.2 mL 2 mol/L NaOH，颠倒混匀，然后在水浴锅中沸水浴 5 min，冷水冷却后向试管中加入 2.8 mL 30% HCl 混匀后，再向试管中加入 0.8 mL 0.1% 的间苯二酚，颠倒混匀，水浴锅中 80℃水浴反应 10 min，流动水冷却，取 200 μL 上清液于 96 孔板中采用酶标仪在 480 nm 波长下测定吸光度，样品根据蔗糖标准曲线计算蔗糖含量(%)。

（4）RNA 提取、测序和文库构建。在 12 d、18 d 和 24 d 取样的弱势粒用于 RNA 测序（RNA–seq）分析。用 RNeasy 植物迷你试剂盒（Qiagen）提取总 RNA。使用三个生物重复。建库后利用 Illumina HiSeq4000 PE101 从 5' 和 3' 端对文库进行测序。将测序产生的原始图像数据通过 base–calling 转化为序列数据，，并以 fastq 格式保存。转录组数据按照 Pertea 的方法进行分析，将原始的高质量读数比对到参考基因组（ftp://public.genomics.org.cn/BGI/rice/rise2/9311_genome.fa.gz）。使用 String Tie v1.3.3 计算 RPKM 值，使用 Bioconductor 中的 Ballgown 软件包进行差异表达分析，将倍数变化（绝对值）>2 且 p 值 <0.05 的基因过滤为差异表达的基因。

（5）酶的提取和检测。以 BSA 为标准样品，采用（Bradford,1976）方法提取蛋白质并测定其含量。蔗糖酶的提取和活性测定：籽粒在 100mM HEPES（pH 7.5）中粉碎，其中含有 10 mm 异抗坏血酸、3 mm MgCl$_2$、5mL DTT、2 mL EDTA、5%（v/v）甘油、3%（w/v）聚乙烯吡咯烷酮（PVP）和 0.01%Triton X–100。在 15000 g 离心 30 min 后，上清液在 Sephadex G–25 柱上脱盐，用含有 50 mm HEPES（pH 7.5）、10 mm MgCl$_2$、2 mm EDTA 和 3 mm DTT 的反应缓冲液洗脱。AGPase、SSS 和 SBE 的提取程序如（Nakamura .1989 年：40–50 粒籽粒用经预冷却的研钵中含有 4 ~ 8 mL 冷冻萃取介质的研杵研磨：

100 mm HEPES–NaOH（pH7.6），8 mm MgCl$_2$，5 mm DTT，2 mm EDTA，12.5%（v/v）甘油和5%（w/v）不溶性PVP40。匀浆经4层棉布过滤后，12000 g离心10 min，上清液用于酶活性测定。酶的活性单位为mg–1蛋白min–1（SBE）和nmol mg–1蛋白min–1（其他酶）。

（6）ABA（脱落酸）含量的测定。将植物材料（50 mg鲜重）在液氮中冷冻，研磨成粉末，用甲醇：水：甲酸（15∶4∶1，v/v/v）提取。将合并的提取物在氮气流下蒸发至干，在80%（体积比）甲醇中重构，并过滤（聚四氟乙烯，0.22 mm；Anpel），样品提取物使用液相色谱电喷雾电离–串联质谱系统测定分析，每个试验进行三次重复。

（7）统计分析。使用SPSS19.0软件对数据进行方差分析，以确定最小差异，并将结果表示为三个生物重复的平均值（±SD）。使用Tukey检验在$p<0.05$时进行比较，以分析每个群体的变量数据。使用Pearson相关系数检查相关性。

2. 结果与分析

（1）适度干旱增加弱势粒粒重和灌浆效率。研究结果表明适度干旱可以显著促进弱势粒的灌浆，但对强势粒的灌浆过程无明显的影响。进一步对弱势粒籽粒中主要糖分进行测定是发现蔗糖含量在适度干旱处理下降低更明显，而淀粉的积累则受适度干旱处理所促进，进一步说明了适度干旱可明显促进水稻弱势粒籽粒灌浆（图3–24）。

（A）在土壤适度干燥或控制（CK）条件下收获强势粒和弱势粒时的干重。（B）灌浆期内三个时间点的弱势粒的可溶性糖含量。（C）灌浆期内三个时间点的弱势粒淀粉含量。数据是三个重复的平均值（±SD）。使用方差分析和Tukey检验确定了显着差异：* $p<0.05$，** $p<0.01$。

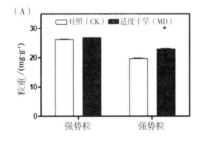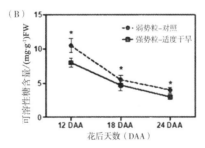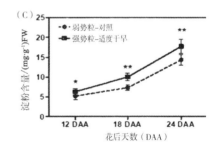

图3–24　花后适度干旱处理提高弱势粒籽粒灌浆

（2）适度干旱改变了弱势粒中基因表达水平。随后，我们对适度干旱和对照条件下的弱势粒进行了转录组的测序分析，进一步从分子水平上解释适度干旱促进弱势粒灌浆的原因。在适度干旱12 d，18 d和24 d取材进行分析，在所有材料中都有超过23120个基因被检测到，并且在所有样品之间，被监测到的基因表达的数目无显著差异。受适度干旱处理上调和下调的基因总数随处理时间延长而增多（图3–25）。

对于差异基因的KEGG分析结果表明，在花后12 d，适度干旱导致了变化较为显著的途径是淀粉和蔗糖代谢，其次是激素信号途径和碳代谢过程；在花后18 d时，变化较为显著的是核糖体、碳代谢、淀粉和蔗糖代谢途径以及氨基酸合成；在花后24 d，变化较大的是碳代谢、氨基酸合成、淀粉和蔗糖代谢以及激素信号途径（图3–26）。

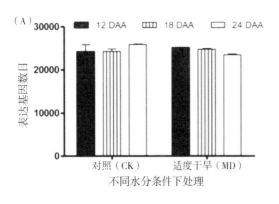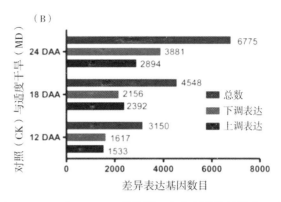

（A）每个样本中检测到的基因数目。在开花后 12d（DAA）、18DAA 和 24DAA 条件下，水分充足的对照（CK）和适度干旱（MD）条件下，差异表达基因（DEGS）的数量和总数。

图 3-25　弱势粒在适度干旱处理下差异基因的表达情况

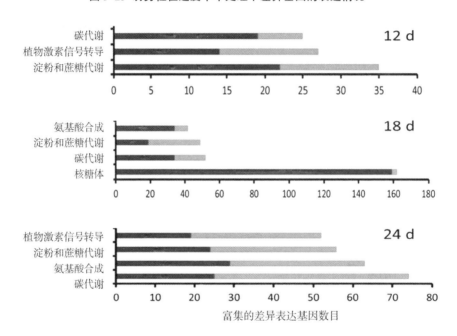

图 3-26　灌浆阶段适度干旱处理对弱势粒影响较为明显的代谢途径分析

（3）适度干旱提高了蔗糖向淀粉转化的关键酶基因的表达和酶活性。对碳代谢过程的差异表达基因进一步分析表明，受适度干旱影响，在花后 12 d，有 22 个基因上调表达，同时有 13 个基因下调表达。其中多个蔗糖向淀粉转化的关键酶如 SuSase、AGPase、StSase 和 SBE 的编码基因都是上调表达；在花后 18 d，两个编码 SuSase 的酶也受到干旱的诱导，花后 24 d，6 个负责蔗糖向淀粉转化的基因的表达在适度干旱条件下远高于对照条件（图 3-27）。

酶活性的测定结果表明蔗糖向淀粉转化的关键酶如 AGPase、SSS、SuSase 和 SBE 等，其酶活性在适度干旱条件下都高于对照，且除 SBE 外，其余三个酶的活性都是在花后 18 d 时达到最高，而 SBE 至 24 d 时仍未有活性降低的表现（图 3-28）。

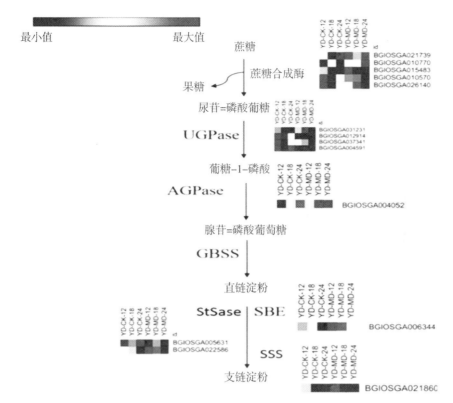

淀粉生物合成途径相关基因的表达热图。这些图谱是使用不同样本中每个基因的 RPKM 值绘制的，蓝色表示低值，红色表示高值。

图 3-27 淀粉合成相关基因在适度干旱和对照条件下的表达情况

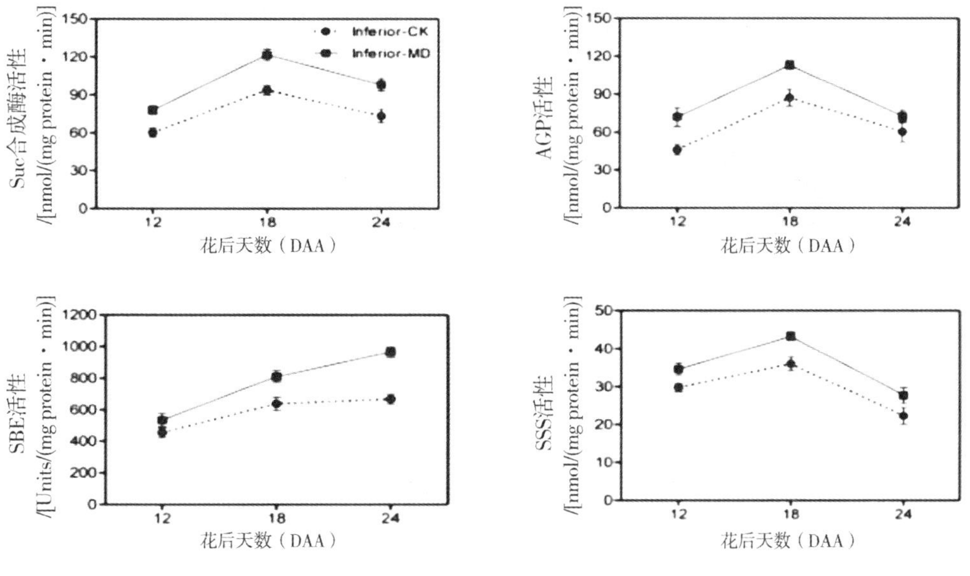

SuSase、AGPase、SBE 和 SSS 的酶活性水平。CK 和 MD 分别代表水分充足的对照和适度干旱（MD）。数值是三个重复的平均值（±SD）。

图 3-28 弱势粒中蔗糖向淀粉转化的关键酶的活性测定

（4）适度干旱提高了弱势粒中 ABA 的含量并抑制了 ABA 的降解。ABA 是灌浆的重要调控因子，转录组数据也表明激素信号途径受适度干旱影响较大，因此，进一步对不同时间点弱势粒中 ABA 含量进行了检测。测定结果表明，适度干旱提高了弱势粒中 ABA 的含量，且 ABA 降解基因的表达也被强烈抑制（图 3-29）。

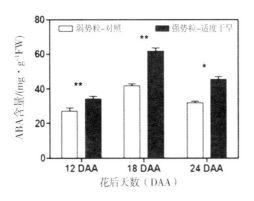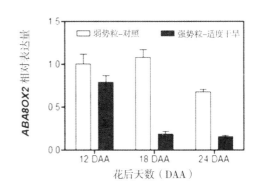

对照（CK）和中度干旱（MD）的植株籽粒中的 ABA 水平（左）。值是三个重复的平均值（±SD）。经方差分析和图基后检验，差异有显著性意义：*p<0.05，**p<0.01。利用 http://software.broadinstitute.org/software/–IgV/ 软件分析了在 CK 和 MD 条件下 ABA8ox2（CYP707A6）在弱势粒中的差异表达情况（右），数据是三个重复的平均值（±SD）。

图 3-29　花后适度干旱对弱势粒中 ABA 含量及降解基因表达的影响

（5）多个转录因子家族成员参与适度干旱调控弱势粒灌浆。在转录因子的调控方面，共有 1895 个转录因子受到了适度干旱的影响。在 12 d、18 d 和 24 d 分别有 36 个、82 个和 95 个转录因子被诱导上调表达，其中 12 个基因在三个时间点均受适度干旱诱导上调表达，它们分别属于 ERF，bZIP，GATA，NAC 和 C3H 转录因子家族。另有 21 个基因，在三个时间点均受适度干旱抑制表达，分别属于 13 个不同的转录因子家族（图 3-30）。以上数据暗示多个转录因子家族成员都参与到了弱势粒灌浆的调控过程中。

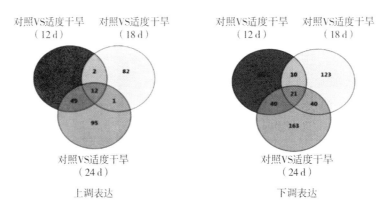

图 3-30　在不同时间点受适度干旱诱导上调和下调表达的转录因子分析

3. 讨论与小结

该部分研究表明适度干旱处理对粒重和籽粒灌浆的提高，主要是对弱势粒灌浆的促进，并结合转录组学等手段，发现适度干旱改变了弱势粒中碳代谢关键基因的表达和关键酶的活性，继而调控弱势粒灌浆，同时也发现 ABA 的含量、代谢以及多个转录因子家族成员参与了对弱势粒灌浆的调控。

（五）适度干旱增加粒重调控灌浆的物质转运基础

已有的研究中，我们利用天优华占等品种开展的灌浆期适度干旱处理的研究表明适度干旱可以有效提高灌浆，利用扬稻6号初步探明适度干旱处理对籽粒灌浆的提高，主要是对弱势粒灌浆的促进，并结合转录组学等手段，发现适度干旱改变了弱势粒中碳代谢关键基因的表达和关键酶的活性，继而调控弱势粒灌浆，同时也发现ABA的含量、代谢以及多个转录因子家族成员参与了对弱势粒灌浆的调控。茎鞘碳水化合物是供应籽粒灌浆的重要物质来源，本研究进一步对茎鞘碳水化合物的活化及其向籽粒转运的机理开展了研究，发现胞嘧啶的甲基化水平受适度干旱显著提高，且DNA甲基化和去甲基化相关基因的表达量也被上调，说明这两个过程协同控制了甲基化的整体水平，并且鉴定到多个表达水平响应适度干旱且受甲基化调控的转录因子，这些因子进一步参与到调控下游淀粉活化和ABA含量维持的过程中。

1. 材料与方法

材料种植和水分处理如前所述，选择并标记200个在同一天开花的茎。在12 d、18 d和24 d，对每个品种的30个标记茎（只有叶片的鞘和其中的茎）取样。取样的茎分成两组（每组15株）子样品，对每个阶段的15个标记茎（5个茎形成一个样品）进行取样，以测定其NSC含量，每个阶段剩余的取样茎（3个茎形成一个样品）立即切碎，在液氮中冷冻，并储存在 –80℃用于总RNA和DNA提取。

茎鞘立即在烘箱中烘至恒重，温度为80° C，用于NSC的测量，将干茎磨碎变成粉末。如文献所述进行NSC的测量。用于测量淀粉和Suc含量的样品被磨成细粉。在15 mL离心管中，将500 mg将磨碎的样品添加到10 mL的80%（v/v）乙醇中，80℃水浴锅30 min。在水中冷却后，将离心管在10000 rpm 10 min。收集上清液，重复提取三次。然后，将糖提取物用蒸馏水稀释至50 mL。Suc含量的测量方法与之前的研究相同（王等人，2020年）。按照杨等人（2001年）描述的方法，将糖提取后残留在离心管中的残余物在80℃下干燥，用高氯酸提取淀粉。

全基因组重亚硫酸盐测序：使用DNA简易植物微型试剂盒（Qiagen）从茎中提取基因组DNA，并将三个重复的等量DNA充分混合，用于后续的亚硫酸氢盐测序。全基因组亚硫酸氢盐测序文库是使用NEBNextUltraIIDNA文库制备试剂盒（新英格兰生物实验室）和EpiTectPlusDNA亚硫酸氢盐试剂盒（Qiagen）制备的，其中1 mg基因组DNA在CovarisM220上超声剪切200–400BP的片段。对片段化的DNA进行末端修复和腺苷酸化。然后，用亚硫酸氢盐试剂盒对DNA片段进行两次处理。亚硫酸氢盐处理后，未甲基化的C位点转化为U，甲基化的C位点保持不变。然后，通过聚合酶链反应扩增所有片段，获得最终的全基因组亚硫酸氢盐测序文库。然后在Illumina HiSeq4000 PE101平台上对文库进行测序。

DMRs由Metelinev0.2–7鉴定，CHH的差异阈值为10个以上的胞嘧啶和甲基化差异大于0.1，CG为5个胞嘧啶和甲基化差异大于0.3，CHG为5个胞嘧啶和甲基化差异大于0.2。使用双重统计检验（MWU检验和2DKS检验）来检测显著的二甲基嘧啶，基因组区域分为上游2kb、启动子（转录起始位点上游1500bp，转录起始位点下游500BP）、外显子、内含子、59UTR、39UTR、下游2kb和重复区域。

体内萤光素酶的分析：MYB30启动子的2600bp序列（Pro–MYB30）是用引物MYB 30–F（CTATAGGGCGAATTGGGTACCCACTTATTGACCGAC）和MYB 30–R（CGCTCTAGAGATGTGGCGACCTTTCCTCTCTCGTT）从粳稻基因组DNA中扩增的，限制性位点分别为KpnI和n d BamHI。通过一步克隆试剂盒（Vazyme）将扩增的启动子克隆到pGREENII–0080–luc载体中，形成报告构建体。然后，用MYBS2–F（cgctcttactagaactagtggatcctggctaggaagtgctct）和MYBS2–R（TCAGCG taccgaattggtactactagactctgatggtc）的引物扩增MYBS2的编码序列区，分别带有限制性位点BamHI和KpnI。通过一步克隆试剂

盒（Vazyme）将其克隆到 pGREENII–62–SK 载体中，形成效应子构建体。然后，将两种构建的载体充分混合，用于原生质体中的瞬时表达分析。

2. 结果与分析

（1）适度干旱促进茎鞘 NSC 的转运并提高茎鞘中基因组甲基化水平。花后第 9 d 开始的适度干旱处理，导致茎鞘中淀粉的含量在花后 18 d 和 24 d 都低于对照组材料，同时可溶性糖的含量也显著降低，非结构性碳水化合物的总量在花后 24 d 显著低于对照处理组，这些结果说明花后适度干旱促进了茎鞘中淀粉的降解，并促进可溶性糖等非结构向碳水化合物向外转运（图 3–31）。

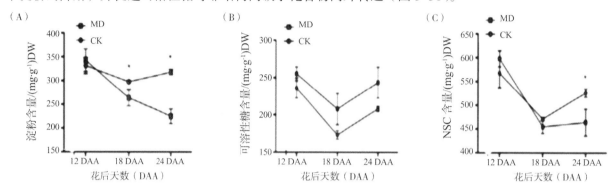

（A–C）花后 12 d、18 d 和 24 d 适度干旱和对照材料的茎鞘中淀粉含量（A）、可溶性糖含量（B）、非结构性碳水化合物的含量（C）。CK 代表对照处理；MD 表示适度干旱处理；横坐标 DAA 表示开花后的天数。

图 3–31　适度干旱及对照材料的茎鞘中淀粉、可溶性糖及非结构向碳水化合物的含量

在花后 12 d，18 d 和 24 d 对适度干旱和对照条件下的茎鞘取材并进行甲基化的测序分析，结果表明茎鞘中基因组胞嘧啶的甲基化水平随灌浆进程增加而提高，且适度干旱条件下的甲基化程度相比对照组有显著提高（图 3–32）。

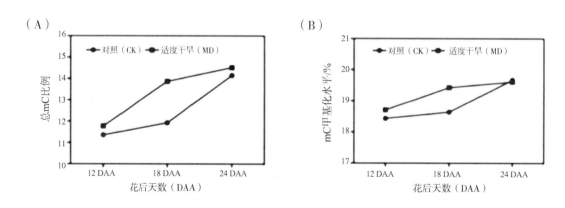

图 3–32　不同时间点茎鞘中基因组胞嘧啶的甲基化水平

对于基因组甲基化酶和去甲基酶编码基因的表达量的进一步分析表明，在茎鞘中表达量较高的甲基转移酶基因 OsDRM2、OsDRM3 以及去甲基化酶基因 OsROS1d 被适度干旱显著诱导上调表达，暗示甲基化和去甲基化途径共同调控了茎鞘中非结构性碳水化合物的活化和转运（图 3–33）。

（2）适度干旱调节关键基因的启动子区域的甲基化。为了明确适度干旱如何通过改变基因组甲基化水平来调控茎鞘碳水化合物的转运，我们结合转录组测序获得的差异基因开展了深入的分析。结果

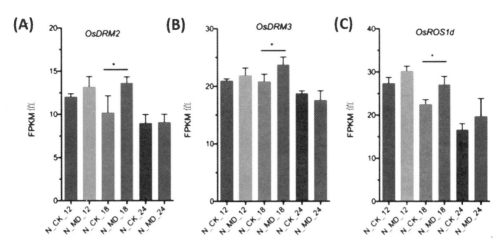

（A–C）茎鞘中甲基转移酶基因 OsDRM2（A）和 OsDRM3（B）以及去甲基化酶编码基因 OsROS1d（C）的表达量受适度干旱处理的变化。N–CK 代表对照处理；N–MD 表示适度干旱处理；其后数字表示开花后的天数。

图 3–33　茎鞘中甲基转移酶基因和去甲基化酶基因的表达量受适度干旱处理的变化

表明，相比对照组，适度干旱的不同阶段，均导致大量的基因出现表达量的变化。鉴于启动子区域的 DNA 甲基化与基因的表达量下调有紧密的关系，我们进一步检测了差异基因与其启动子区域 mCG、mCHG 和 mCHH 的甲基化状态之间的关联性。结果表明，适度干旱下调表达的基因中，有 42 个基因的启动子区域也出现了 mCG 区甲基化水平的提高，有 80 个上调表达的基因的启动子区域，其 mCG 区域的甲基化程度在适度干旱处理下被降低；mCHG 区域的甲基化改变情况分别对应到 14 个下调和 32 个上调的差异表达基因；mCHH 区域的甲基化改变情况则分别对应到 114 个下调和 237 个上调的差异表达基因（图 3–34）。

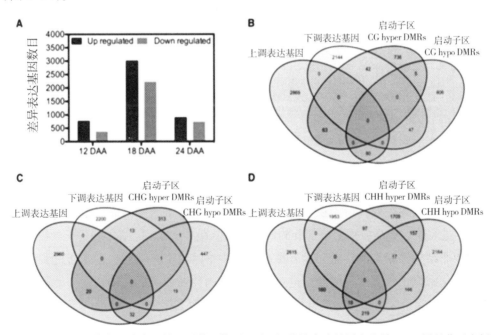

（A）适度干旱和对照材料茎鞘中差异表达的基因数目情况；（B）差异表达基因和差异 mCG 甲基化区之间的维恩图；（C）差异表达基因和差异 mCHG 甲基化区之间的维恩图；（D）差异表达基因和差异 mCHH 甲基化区之间的维恩图。

图 3–34　适度干旱诱导茎鞘中差异表达的基因及其与启动子区甲基化的变化情况的关联分析

（3）关键转录因子成员的启动子区甲基化及其表达量产生了变化。进一步的研究中，我们发现在适度干旱处理下，多个转录因子家族的多个成员的启动子区甲基化和其自身的表达量均产生了变化，其中 MYBS2-like 是一个上调表达的基因，可以显著抑制 MYB30 基因的表达，而后者在适度干旱处理下也出现了表达量的下调，其下游抑制的基因 BMY5 则出现表达量的上调。此外，ERF24 其受适度干旱下调表达，其 mCHH 是高甲基化状态，同时其下游基因 ABA8OX1 的表达量受适度干旱下调超过70%，进一步导致 ABA 降解水平降低，这与适度干旱条件下茎鞘 ABA 含量的提高相一致（图 3-35）。

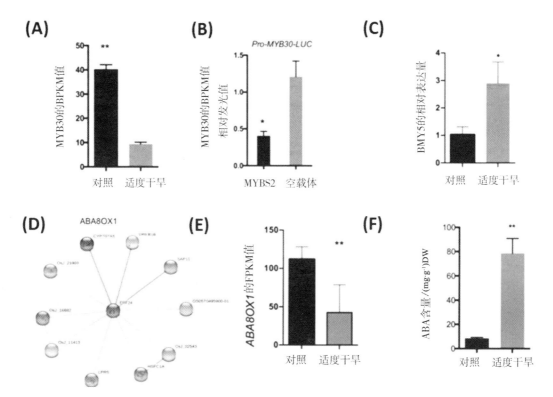

（A）适度干旱和对照材料中 MYB30 基因在花后 18 d 的茎鞘中的表达情况；（B）MYBS2-like 结合 MYB30 启动子并抑制其表达的情况；（C）适度干旱和对照材料中 BMY5 基因在花后 18 d 的茎鞘中的表达情况；（D）可能受 ERF24 调控的基因情况；（E）适度干旱和对照材料中 ABA8OX1 基因在花后 18 d 的茎鞘中的表达情况；（F）在花后 18 d 的适度干旱和对照材料的茎鞘中的 ABA 含量。N-CK-18 代表对照处理的花后 18d；N-MD-18 表示适度干旱处理的花后 18 d。

图 3-35　淀粉合成相关基因在适度干旱和对照条件下的表达情况

3. 讨论与小结

茎鞘糖类是超级稻穗粒发育所需糖类的重要来源，适度的土壤干旱促进茎鞘糖类的活化，提高向籽粒的转运并促进灌浆、提高粒重。该部分的研究，对茎鞘中 DNA 甲基化进行了分析。表明适度干旱有效促进茎鞘中非结构性糖类的转运并显著提高茎鞘中基因组甲基化的水平；通过调节关键基因的启动子区域的甲基化来调控其表达，继而促进茎鞘中非结构性糖类的活化和转运。此外，多个转录因子家族的关键成员的启动子区甲基化和其自身的表达量均产生了变化。

四、不同穗粒型超级稻生态适应性与高产栽培技术研究

针对长江中下游南部超级稻品种在实践生产中，存在着多穗与多粒难以有效协同提高、不同生态

区品种间适应性差异大、超级稻产量潜力未得到充分发挥等问题，在湘中、湘北和湘南 3 个双季稻生产优势区域开展相关研究。课题完善改进了超级稻穗粒分型方法，提出超级稻穗粒分型分类系数法，明确了不同穗粒型超级稻生态适应性。探明了多穗型品种多穗特征和大穗型品种大穗特征形成的主要原因；明确了多穗型超级稻品种的肥料需求规律，以及氮素对其光合产物生产、积累、分配特性的影响；探明了大穗型超级稻品种的 N 肥需求规律，氮素和水分调控对其增粒增产的作用及原理。构建了穗粒均衡型超级稻品种增穗增粒氮素精准配施技术，明确了氮素精准调控的增穗增粒作用机制，同时通过建立本课题对应的关键技术示范推广基地，取得了预期的示范和应用效果。此外还初步解析了多穗型品种攻大穗和大穗型品种攻多穗的主要障碍及可能途径，为下一步深入研究，奠定了良好基础。总之课题超额完成了项目任务书所要求的研究任务内容。

（一）系统改进超级稻穗粒分型方法

现有超级稻定量分类方法都是作为理想株形的育种模型而提出，用以指导超级稻品种的选育。水稻品种的穗粒数或穗粒重特征很容易受到环境和栽培技术的影响，因此上述依据单一特征指标的分类结果也很容易受到环境干扰而导致分类结果年度间差异较大。众所周知，水稻的单位面积有效穗数和每穗总粒数之间存在着很强的补偿机制或互补作用，在一定环境变异范围内，水稻品种的这两个指标之间的相对关系是稳定的，因此综合应用这两个指标相对于单一指标更能抵抗环境因素的干扰，从而更适合于作为超级稻穗粒结构特征分类指标，用以评估不同籼型超级稻品种的穗、粒结构及其对产量的相对贡献大小的遗传特性。本研究创新性提出"长江中下游地区籼型超级稻穗型分类系数法"，该方法根据超级稻品种单位面积（亩）有效穗数和每穗总粒数对产量的贡献度（可简称为"穗粒产量贡献度"）相对大小，以综合单位面积有效穗数、每穗总粒数和生育期三项关键产量特征的定量化指标——分类系数为评价指标，在经验分型法的基础上定量化地将长江中下游地区籼型超级稻品种划分为偏穗型（多穗型）、偏粒型（大穗型）和穗粒均衡型（穗粒兼顾型）三种类型。并以长江中下游地区（国审）和湖南、湖北、江西等省份审定的 68 个籼型超级稻品种为分型对象，通过与文献分类法、专家经验法之间的比较以及不同来源数据之间的比较，验证分类系数法分型结果的科学性。以期实现籼型超级稻品种分类界限和方法的明确化、标准化和实用化，为超级稻品种超高产稳产栽培技术精准配套，充分发挥超高产潜力提供科学支撑，保障我国粮食安全。

1. 材料与方法

（1）利用品种审定区试数据进行分型。在国家水稻数据中心网页（http://www.ricedata.cn/variety/）上搜集历年在长江中下游地区（国审）和湖南、湖北、江西等省通过审定的 68 个籼型超级稻品种 101 个品次的有效穗数（万／亩，下同）、每穗总粒数和生育期数据，然后根据长江中下游地区籼型超级稻穗型分类系数计算方法得到每个品种每次审定的穗粒分型分类系数，同一品种同一季别多次审定的多个分类系数值求平均（即平均分类系数）作为该品种的最终分类依据。再根据穗粒特征典型品种（如岳优 9113 在长江中下游地区是典型的多穗型品种）的分类系数值和经验判断确定各类型品种的分类系数取值范围。

（2）与文献中分型方法比较互验。在中国知网（https://www.cnki.net/）数据库中搜索前人关于大穗型或多穗型品种分型方法的研究，然后依照文献所述方法（以下简称"文献法"）利用上述 101 个品次审定数据对 68 个超级稻品种进行分型，并就分型结果等与分类系数法进行比较验证。

（3）与专家经验分型法比较互验。针对当前长江中下游地区超级稻品种分型多依照专家经验判定的现状，以问卷调查的形式获得了湖南省内两位分别从事超级稻育种和栽培方面的专家对 18 个湖南常见（专家对不熟悉品种的分类误差可能相对较大）超级稻品种所属类型的经验判断，并与分类系数法分型结果进行比较验证。

（4）利用多年多点超级稻生态适应性试验数据验证。利用本课题组 2017 年在湖南益阳，2018 年在湖南益阳、浏阳、衡阳，2019 年在湖南攸县，2020 年在湖南益阳和攸县进行的 4 年 7 点超级稻生态适应性试验中 18 个供试超级稻品种的有效穗数和每穗总粒数数据计算分类系数，进行分类系数法分型，并与用区试数据分型的结果进行比较验证。

2. 数据处理与分类标准

（1）分类系数的计算与判断标准

分类系数（取值为正整数）= 每穗总粒数（粒 / 穗）÷ 有效穗数（万 / 亩）÷ 生育期校正系数；

当前生产实践中应用的已审定品种其分类系数范围基本处于 4 ~ 13。

长江中下游地区超级稻品种生育期校正系数值：早、晚稻为 1，中稻为 1.2；

当分类系数 ≤ 5 时，为多穗型品种，且数值越小多穗特征越显著，即穗数对产量的贡献相对越大；

当分类系数 =6 时，为穗粒兼顾型品种；

当分类系数 ≥ 7 时，为大穗型品种，且数值越大大穗特征越显著，即每穗粒数对产量的贡献越大。

（2）生育期校正系数的引入与计算。对 68 个供试品种 101 次审定的生育期数据进行统计发现，早、晚和一季超级稻品种的平均生育期分别为 111.0 d、115.9 d 和 135.9 d。同时发现，超级稻品种有效穗数（万 / 亩）与生育期呈负相关关系（$y=-0.173x+40.477$, $R^2=0.634$），每穗总粒数与生育期呈正相关关系（$y=2.072x-105.4$, $R^2=0.649$），每穗总粒数 / 每亩有效穗数的比值与生育期呈正相关关系（$y=0.184x-14.53$, $R^2=0.714$）（图 3–36）。受双季稻与一季稻品种生育期差异影响，双季稻与一季稻同类型品种（经验判断）间分类系数值相差较大以至于一季稻无法与早、晚稻分型共用一套判别标准，使得分类系数法分类操作稍显复杂。故在分类系数计算公式中引入生育期校正系数，使得该方法最终能够较简便地同时应用于早、晚和一季超级稻品种的分型。

根据上述生育期统计数据，当将早稻生育期视为 1.0 时，晚稻和一季稻的生育期即分别为 1.0 和 1.2。因为每亩有效穗数、每穗总粒数以及每穗总粒数 / 每亩有效穗数比值与生育期的相关关系，故用每穗总粒数 / 每亩有效穗数比值除以生育期校正系数。

3. 结果与分析

（1）分类系数法分型结果。68 个超级稻品种分型结果：12 个超级早稻品种中（表 3–111 中前 12 个），淦鑫 203、株两优 819、金优 463、陆两优 819 和陵两优 268 属于多穗型或偏穗型品种，中嘉早 17、陆两优 996、中早 39、两优 287、中早 35 和两优 6 号属于穗粒兼顾型或穗粒均衡型品种，五丰优 286 属于大穗型或偏粒型品种。其中陆两优 996 在 2006 年国审（国审稻 2006013）和 2005 年湘审（湘审稻 2005008）时的分类系数分别为 7 和 5，分别属于大穗型和多穗型，其平均分类系数值为 6，因此被划分为兼顾型品种。淦鑫 203 和金优 463 两次审定的分类系数虽然不同（分别为 4 和 5），但是两次审定均属于多穗型品种范畴。株两优 819、陆两优 819、中嘉早 17、中早 35 和五丰优 286 等两次审定的分类系数相同。16 个超级晚稻品种中，岳优 9113、盛泰优 722 和 H 优 518 属于多穗型品种，五优 368 和五优 662 属于穗粒兼顾型品种，天优 998、深优 1029、吉优航 1573、五优 1572、荣优 225、吉优 225、天优华占（晚稻）、五优 308、准两优 608（晚稻）、泰优 871 和五丰优 T025 属于大穗型品种。其中 H

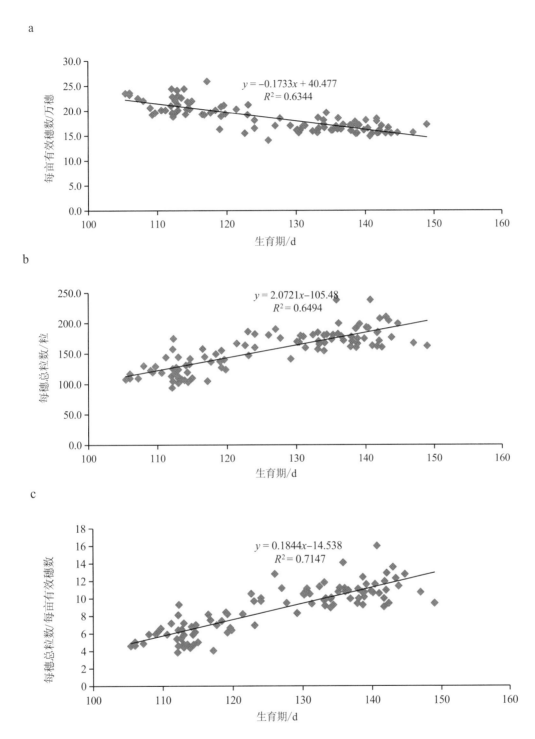

图 3-36 超级稻有效穗数（a）、每穗总粒数（b）及二者比值（c）与生育期的相关关系

优 518 在 2011 年国审（国审稻 2011020）和 2010 年湘审（湘审稻 2010032）时的分类系数分别为 5 和 6，分别属于多穗型和兼顾型，其平均分类系数值为 5，因此被划分为多穗型品种；天优 998 在 2006 年国审（国审稻 2006052）和 2005 年国审（2005041）时的分类系数分别为 7 和 6，分别属于大穗型和兼顾型，其平均分类系数值为 7，因此被划分为大穗型品种。五丰优 T025、岳优 9113 和荣优 225 等品种多次审

定间分类系数值虽然不同，但均属于同一类型范畴。40 个超级一季稻品种均属于大穗型品种。其中天优华占（一季稻）、C 两优华占、丰两优香 1 号、隆两优华占、准两优 608（一季稻）、隆两优 1212、Y 两优 5867 和 Q 优 6 号等品种虽然多次审定间的分类系数值不同，但均属于同一类型范畴。Y 两优 2 号、广两优香 66、扬两优 6 号和珞优 8 号等品种两次审定的分类系数值相同。上述分型结果表明：当前长江中下游地区籼型超级稻品种中，早稻少有大穗型品种，一季稻基本全为大穗型品种。此外，在 68 个超级稻品种中，共有 25 个品种进行过多次审定，其中陆两优 996、H 优 518 和天优 998 等 3 个品种的多次审定间分型结果不同，即 88.0%（22 个）的品种不同年份和区域多次审定的分类结果相同。表明分类系数法可以较好地排除环境变异对品种分型的干扰，分型结果可重复性较强，一定环境变异限度内能够较稳定地呈现出品种本身的穗粒产量贡献度遗传特性。

表 3–111　68 个超级稻品种按分类系数法和文献法分型结果（区试数据）

序号	品种	分类系数法 CCM		文献法 LM		序号	品种	分类系数法 CCM		文献法 LM	
		分类系数 CC	穗型 PT	文献 1 L1	文献 2 L2			分类系数 CC	穗型 PT	文献 1 L1	文献 2 L2
1	淦鑫 203	5	R	S	S	35	晶两优 1212	8	L	L	ML
2	株两优 819	5	R	S	S	36	深两优 5814	8	L	L	ML
3	金优 463	5	R	S	S	37	内 5 优 8015	8	L	L	ML
4	陆两优 819	5	R	M	S	38	天优 3301	8	L	L	ML
5	陵两优 268	5	R	S	S	39	中浙优 1 号	8	L	L	ML
6	中嘉早 17	6	B	M	M	40	扬两优 6 号	8	L	L	ML
7	陆两优 996	6	B	M	M	41	天优华占	8	L	L	ML
8	中早 39	6	B	M	M	42	准两优 608	8	L	L	ML
9	两优 287	6	B	M	M	43	Q 优 6 号	8	L	L	ML
10	中早 35	6	B	M	S	44	C 两优华占	8	L	L	ML
11	两优 6 号	6	B	M	M	45	丰两优 4 号	8	L	L	ML
12	五丰优 286	7	L	M	M	46	兆优 5455	9	L	L	ML
13	岳优 9113	4	R	S	S	47	隆两优 1308	9	L	L	ML
14	盛泰优 722	5	R	S	S	48	深两优 136	9	L	L	ML
15	H 优 518	5	R	M	M	49	徽两优 996	9	L	L	ML
16	五优 369	6	B	M	M	50	广两优 272	9	L	L	ML
17	五优 662	6	B	M	M	51	两优 038	9	L	L	ML
18	天优 998	7	L	M	M	52	徽两优 6 号	9	L	L	ML
19	深优 1029	7	L	M	M	53	新两优 6380	9	L	L	ML
20	吉优航 1573	7	L	M	M	54	新两优 6 号	9	L	L	ML
21	五优 1573	7	L	M	M	55	华浙优 1 号	9	L	L	ML
22	荣优 225	7	L	M	M	56	广两优香 66	9	L	L	ML
23	吉优 225	8	L	M	M	57	隆两优华占	9	L	L	ML
24	天优华占	8	L	L	ML	58	隆两优 1212	10	L	L	ML

续表

序号	品种	分类系数法 CCM		文献法 LM		序号	品种	分类系数法 CCM		文献法 LM	
		分类系数 CC	穗型 PT	文献 1 L1	文献 2 L2			分类系数 CC	穗型 PT	文献 1 L1	文献 2 L2
25	五优 308	8	L	L	ML	59	丰两优香 1 号	10	L	L	ML
26	准两优 608	8	L	M	M	60	Y 两优 2 号	10	L	L	ML
27	泰优 871	8	L	L	ML	61	Y 两优 957	10	L	L	L
28	五丰优 T025	8	L	L	ML	62	隆两优 1988	10	L	L	ML
29	Y 两优 5867	7	L	L	ML	63	N 两优 2 号	10	L	L	ML
30	珞优 8 号	8	L	L	ML	64	中 9 优 8012	10	L	L	ML
31	Ⅱ 优 084	8	L	L	ML	65	Y 两优 1 号	11	L	L	L
32	深两优 5814	8	L	L	ML	66	隆两优 1377	11	L	L	L
33	深两优 862	8	L	L	ML	67	晶两优 1988	12	L	L	L
34	和两优 713	8	L	L	ML	68	Y 两优 900	13	L	L	L

注：R 为多穗型，B 为穗粒兼顾型，L 为大穗型，S 为小穗型，M 为中穗型，ML 为中大穗型。下同。

（2）分类系数法与文献法比较。当前尚未发现有将超级稻品种划分为大穗型、多穗型和穗粒兼顾型三种类型的分类标准，因此只能将现有分类方法中与分类系数法比较接近的两种方法与之进行比较。文献法 1 根据每穗粒数（n）多少将超级稻品种划分为 3 种类型：小穗型（$n < 110$）、中穗型（$110 \leqslant n \leqslant 150$）和大穗型（$n > 150$）；文献法 2 则根据每穗粒数（$n$）多少将超级稻品种划分为 5 种类型：小穗型（$n < 120$）、中穗型（$120 \leqslant n < 150$）、中大穗型（$150 \leqslant n < 200$）、大穗型（$200 \leqslant n < 250$）和超大穗型（$n \geqslant 250$）。同时文献 2 还提出长江流域一季中籼多穗型超级杂交稻品种关键指标：单位面积有效穗数在 285 万以上或者比对照品种增加 10% 以上，每穗总粒数 150 ~ 200 粒。

使用文献法 1 对 68 个超级稻品种进行分型发现，淦鑫 203、金优 463、陵两优 268、株两优 819、岳优 9113 等 5 个品种属于小穗型品种，陆两优 996、五丰优 T025 等 19 个品种属于中穗型品种，天优华占（晚稻）、五丰优 T025 等 44 个品种属于大穗型品种，且 40 个超级一季稻品种均属于大穗型品种。

对于大穗型品种的区分，分类系数法分型结果完全包含了文献法 1 的结果，并且将文献法 1 中的 8 个中穗型品种——五丰优 286、吉优 225、深优 1029、天优 998、准两优 608（晚稻）、吉优航 1572、五优 1573 和荣优 225 等划分为大穗型品种。表明分类系数法对于大穗型品种具有很好的区别能力。此外，使用文献法 1 对 25 个多次审定品种进行分型时，其中金优 463、陆两优 819、五丰优 T025、岳优 9113、荣优 225 和 Y 两优 5867 等 6 个品种的多次审定间分型结果不同，即仅 76% 的（19 个）品种多次审定的分型结果相同，低于分类系数法的 88.0%；表明以每穗总粒数多少为分类依据的文献法 1 的分型结果可重复性比分类系数法相对较差。

使用文献法 2 对 68 个超级稻品种分型发现，淦鑫 203、金优 463 等 8 个品种被划分为小穗型品种，陆两优 996 和五丰优 286 等 16 个品种被划分为中穗型品种，天优华占（晚稻）、五丰优 T025 等 39 个品种被划分为中大穗型品种，Y 两优 1 号和 Y 两优 900 等 5 个品种被划分为大穗型品种。

对于大穗型品种的区分，分类系数法分型结果也完全包含了文献法 2 的结果，不过由于文献法 2 对大穗型品种的标准要显著高于分类系数法，因此其划分出的大穗型品种个数要远小于分类系数法。这可能与文献法 2 的标准主要针对一季中籼品种分型有关。此外，使用文献法 2 对 25 个多次审定品种进行分型时，其中陆两优 996、中嘉早 17、H 优 518、五丰优 T025、荣优 225 和 Y 优 5867 等 6 个品种多次审定间的分型结果不同，即也仅有 76% 的（19 个）品种多次审定的分型结果相同，也低于分类系数法的 88.0%；表明以每穗总粒数多少为分类依据的文献法 2 的分型结果可重复性也比分类系数法相对较差。

（3）分类系数法与专家经验分类法比较。两位受访专家根据其科研和实践经验对 18 个湖南较常见的双季超级稻品种进行大穗型、多穗型和穗粒兼顾型分类（表 3-112）。其中专家 1 将 H 优 518、淦鑫 203 等 13 个品种划分为多穗型品种，将陆两优 996、中嘉早 17 等 5 个品种划分为兼顾型品种，18 个品种中无大穗型品种。专家 2 将 H 优 518、盛泰优 722 等 4 个品种划分为多穗型品种，将淦鑫 203、金优 463 等 7 个品种划分为兼顾型品种，将中嘉早 17、深优 1029 等 7 个品种划分为大穗型品种。两位专家经验分型方法间差异较大，仅 22.2% 的（4 个）品种分类结果相同。专家 1 对 18 个超级稻品种的分型结果仅 7 个与分类系数法相同，占比 38.9%；专家 2 对 18 个超级稻品种的分型结果有 9 个与分类系数法相同，占比 50.0%。

表 3-112　18 个超级稻品种的分类系数法和专家经验法分型结果

序号	品种	每亩有效穗数 / 万	每穗总粒数 / 粒	分类系数法 CCM	专家 1-EEM1	专家 2-EEM2
1	H 优 518	23.1	121.8	R	R	R
2	淦鑫 203	22.4	102.7	R	R	B
3	金优 463	23.2	108.3	R	R	B
4	陆两优 996	20.3	121.0	B	B	B
5	盛泰优 722	22.0	119.7	R	R	R
6	岳优 9113	24.0	104.2	R	R	R
7	中嘉早 17	20.5	121.0	B	B	L
8	吉优 225	19.2	144.6	L	R	B
9	陵两优 268	22.8	104.7	R	B	R
10	深优 1029	20.1	149.3	L	R	L
11	天优 998	19.5	130.2	L	R	B
12	天优华占	18.9	155.1	L	R	L
13	五丰优 286	20.1	144.1	L	R	L
14	五丰优 T025	19.6	158.1	L	B	L
15	五优 308	19.4	157.3	L	R	B
16	中早 35	19.7	119.1	B	R	L
17	中早 39	19.6	125.3	B	R	L
18	株两优 819	23.6	108.7	R	B	B

注：当某品种曾多次审定时，每亩有效穗数和每穗总粒数值取多次平均值。天优华占此处为晚稻品种。

以分类系数法和专家 1 经验分型结果相同品种为基准，比较两种方法分型结果不同品种的参数发现：分类系数法和专家 1 均将中嘉早 17（每亩有效穗数 / 每穗总粒数：20.5/121.0）划分为兼顾型品种，穗、粒数与之相近的中早 35（19.7/119.1）和中早 39（19.6/125.3）按分类系数法也属于兼顾型品种，而按专家 1 的经验却被划分为多穗型品种。分类系数法和专家 1 均将金优 463（23.2/108.3）和淦鑫 203（22.4/102.7）划分为多穗型品种，穗、粒数分别与其相近的株两优 819（23.6/108.7）和陵两优268（22.8/104.7）按分类系数法也属于多穗型品种，但却被专家 1 划分为兼顾型品种。穗数和粒数都很接近的五丰优 T025（19.6/158.1）和五优 308（19.4/157.3）按分类系数法都属于大穗型品种，却被专家1 分别划分为兼顾型和多穗型品种。

比较分类系数法和专家 2 经验分型结果不同品种的参数发现：两种方法间分型结果不同的品种基本上都被其中一种方法划分为兼顾型品种，即两种方法的差异主要存在于区分辨识难度相对较大的兼顾型品种时。H 优 518（23.1/121.8）按分类系数法、专家 1 和专家 2 的经验都属于多穗型品种，穗数与之相近且粒数较之少的金优 463（23.2/108.3）和株两优 819（23.6/108.7）按分类系数法属于多穗型品种，而专家 2 却将其两者划分为兼顾型品种；若以 H 优 518 为典型多穗型品种，按定义则兼顾型品种的每亩有效穗数可以与 H 优 518 相近或稍少，但每穗总粒数需较 H 优 518 多，因此专家 2 对金优463 和株两优 819 的分型不符合品种本身穗粒特征。陆两优 996（20.3/121.0）按分类系数法、专家 1 和专家 2 的经验均属于兼顾型品种，穗、粒数与之相近的中嘉早 17（20.5/121.0）、中早 35（19.7/119.1）和中早 39（19.6/125.3）按分类系数法都属于兼顾型品种，而专家 2 却将此三者划分为大穗型品种；若以陆两优 996 为典型兼顾型品种，按定义大穗型品种的每亩有效穗数应与之相近或稍少，但每穗总粒数应较之明显更多，如深两 1029、天优华占、五丰优 286 等，因此专家 2 对中嘉早 17、中早 35 和中早 39 的分型不符合品种本身的穗粒特征。此外，五丰优 T025（19.6/158.1）被分类系数法和专家 2 共同划分为大穗型品种，穗、粒数与之相近的五优 308（19.4/157.3）按分类系数法属于大穗型品种，却被专家 2 划分为兼顾型品种。五丰优 286（20.1/144.1）被两种方法共同划分为大穗型品种，穗、粒数与之相近的吉优 225（19.2/144.6）按分类系数法属于大穗型品种，却也被专家 2 划分为兼顾型品种。

因此综上所述可以发现，专家经验法分型结果的变异性或随机性较大；分类系数法对穗、粒数特征相近品种的归类聚合能力较专家经验法更强，分型结果更合理准确。

（4）多年多点试验数据验证。利用 4 年 7 点生态适应性筛选试验数据和区试数据对 18 个超级稻品种进行分类系数法分型发现：除中嘉早 17、株两优 819 和 H 优 518 等 3 个品种的分类系数和分型结果略有差异之外（表 3–113），其余 15 个品种（83.3%）使用两组数据分型的分类系数和分型结果完全一致。在多年多点试验中，中嘉早 17、株两优 819 和 H 优 518 的平均分类系数分别为 7、6 和 6，即分别属于大穗型和兼顾型品种，而其使用区试数据的平均分类系数分别为 6、5 和 5，分别属于兼顾型和多穗型品种；究其原因主要是由于多年多点试验中 3 个品种的每穗总粒数均大于区试数据中的，从而导致两组数据分型差异。两组数据间分型结果不同的 3 个品种按其中一组数据都可被划分为兼顾型品种，即两组数据的差异也主要存在于区分辨识难度相对较大的兼顾型品种时。表明分类系数法对于兼顾型品种的区分误差可能稍大于大穗型和多穗型品种，这可能与兼顾型品种在分类谱中占据的频谱较窄有关。不过这一误差仅限于分类系数值"6"加 / 减"1"的范围内，即 5 ~ 7，因此对于指导实际生产应用的影响相对较小。另外，多年多点试验数据和区试数据分型结果的重合度可达到 83.3% 再一次证明分类系数法可以较好地排除环境变异对品种分型的干扰，分型结果可重复性好，一定环境变异限度内能够较稳定地呈现出品种本身的穗粒产量贡献度遗传特性。同时也表明，对于新审定的超级稻品种，如果没有多年多点规范的试验数据用于品种分型，则区试数据也具有较强的可用性。

表 3-113　18个超级稻品种多年多点试验和区试数据分类系数法分型结果

序号	品种	4 年 7 点试验数据				区试数据			
		每亩有效穗数 / 万	每穗总粒数 / 粒	分类系数 CC	穗型 PT	每亩有效穗数 / 万	每穗总粒数 / 粒	分类系数 CC	穗型 PT
1	淦鑫 2Va03	22.4	118.2	5	R	22.4	102.7	5	R
2	金优 463	22.1	120.4	5	R	23.2	108.3	5	R
3	陵两优 268	22.9	118.5	5	R	22.8	104.7	5	R
4	陆两优 996	21.1	123.3	6	B	20.3	121.0	6	B
5	五丰优 286	21.5	141.1	7	L	20.1	144.1	7	L
6	中嘉早 17	20.1	138.7	7	L	20.5	121.0	6	B
7	中早 35	21.1	122.0	6	B	19.7	119.1	6	B
8	中早 39	20.7	128.0	6	B	19.6	125.3	6	B
9	株两优 819	23.1	128.9	6	B	23.6	108.7	5	R
10	H 优 518	23.0	128.4	6	B	23.1	121.8	5	R
11	吉优 225	21.2	146.1	7	L	19.2	144.6	8	L
12	深优 1029	21.1	148.1	7	L	20.1	149.3	7	L
13	盛泰优 722	23.9	122.1	5	R	22.0	119.7	5	R
14	天优 998	22.1	146.3	7	L	19.5	130.2	7	L
15	天优华占	22.2	152.1	7	L	18.9	155.1	8	L
16	五丰优 T025	22.5	161.5	7	L	19.6	158.1	8	L
17	五优 308	22.8	149.7	7	L	19.4	157.3	8	L
18	岳优 9113	23.0	124.3	5	R	24.0	104.2	4	R

4. 讨论与小结

使用分类系数法对在长江中下游地区（国审）和湖南、湖北、江西等省份通过审定的 68 个籼型超级稻品种进行穗粒结构分型，将淦鑫 203、株两优 819、金优 463、陆两优 819、陵两优 268、岳优 9113、盛泰优 722 和 H 优 518 等 8 个品种划分为多穗型或偏穗型，将中嘉早 17、陆两优 996、中早 39、两优 287、中早 35、两优 6 号、五优 368 和五优 662 等 8 个品种划分为穗粒兼顾型或穗粒均衡型，将五丰优 286、天优 998、深优 1029、吉优航 1573、五优 1572、荣优 225、吉优 225、天优华占（晚稻和一季稻）、五优 308、准两优 608（晚稻和一季稻）、泰优 871、五丰优 T025、C 两优华占、丰两优香 1 号和隆两优华占等 52 个品种划分为大穗型或偏粒型。与前人文献中超级稻分类方法相比，分类系数法弥补了其仅能区别划分大穗型品种不能区分多穗型和穗粒兼顾型品种的不足，且分型结果可重复性更好。与专家经验法相比，分类系数法对穗、粒特征相近品种的归类聚合能力更强，分型结果的变异性或随机性更小、更合理准确，且更易被掌握和广泛推广应用。此外，分类系数法可以较好地排除环境变异对品种分型的干扰，一定环境变异限度内能够较稳定地呈现出品种本身的穗粒遗传特性。因此分类系数法对于长江中下游地区籼型超级稻品种的穗粒分型比现有方法更具优势，对于促进超级稻品种充分发挥高产潜力，保障我国粮食安全具有重要意义。

（二）探明不同穗粒型超级稻的生态环境适应性

通过多年多点试验，研究不同穗粒型超级稻品种在湘北、湘中东和湘南等不同生态区域种植时的穗数、穗粒数及产量特征，探索不同品种的穗粒结构及产量特征稳定性和环境适应性，为各地区因地制宜选择超级稻品种提供依据。

1. 材料与方法

2017—2020 年在益阳赫山区（湘北）、长沙市浏阳市和株洲市攸县（湘中东）以及衡阳市衡阳县（湘南）开展超级稻生态适应性试验。早稻 3 月 25—30 日，晚稻 6 月 15—25 日。采用随机区组设计，3 次重复，小区面积 13.3 m²，取样考种后，全部收获计产。四周设不少于 4 行的保护行。早稻 16.7 cm × 20 cm，晚稻 20 cm × 20 cm，杂交稻每蔸插 2 ~ 3 粒谷秧，常规稻每蔸插 5 ~ 6 粒谷秧。试验四周设置保护行。试验田每亩施纯氮：早稻 12 kg，晚稻 14 kg，N：P_2O_2：K_2O=1：0.5：1.2，基肥：分蘖肥 =6：4。水分管理采取间歇灌溉法，病虫草害等管理同当地大田生产。按照相同的栽培措施进行栽种，病虫害防治等具体栽培措施参照当地的栽培方案。以变异系数（CV= 标准差 / 均值 ×100%）表示数据稳定性，CV 越小说明稳定性越好，反之则越差。以品种在各年份（试验点）的 CV 平均值表示年际（地域）间的每亩有效穗数和每穗总粒数变异系数，CV 值越小表示每亩有效穗数和每穗总粒数稳定性越强，即超级稻品种受年际和地域间环境因素的影响越小。

2. 结果与分析

通过 2017—2020 年 4 年间在益阳赫山区（湘北）、长沙市浏阳市和株洲市攸县（湘中东）以及衡阳市衡阳县（湘南）4 个不同生态地区的 12 次生态适应性试验研究发现：大穗型超级早稻品种不同生态适应性试验的每亩有效穗数、每穗总粒数、每亩理论产量和每亩实测产量的变异系数（环境变异性）都要比多穗型和均衡型超级早稻高，即在不同年份不同生态区种植这些指标的变化比较大，生态适应性相对较弱（表 3–114）。

表 3–114 超级早稻品种穗粒特征和产量的生态稳定性（4 年 12 点）

品种名称	穗型	每亩有效穗 / 万	变异系数 /%	每穗总粒数 / 粒	变异系数 /%	每亩理论产量 /kg	变异系数 /%	每穗实际产量 /kg	变异系数 /%
五丰优 286	大穗型	18.09	29.63	134.75	26.63	506.10	25.38	491.83	26.38
淦鑫 203	多穗型	20.81	8.22	121.38	9.42	549.58	7.62	526.38	7.37
金优 463	多穗型	20.97	7.29	123.38	7.54	545.50	9.55	512.35	6.80
陵两优 268	多穗型	22.21	7.97	119.13	10.59	535.48	10.66	521.12	7.05
株两优 819	多穗型	21.89	5.17	129.07	5.71	558.12	7.23	517.74	4.04
陆两优 996	均衡型	19.83	7.07	124.83	6.83	542.54	6.34	518.86	5.57
中嘉早 17	均衡型	18.91	8.32	137.04	9.10	520.38	8.53	508.87	7.11
中早 35	均衡型	19.02	10.41	132.03	6.80	511.49	7.17	501.88	9.90
中早 39	均衡型	18.78	10.04	134.02	12.18	507.36	14.03	493.29	8.23
平均值	大穗型	18.09	29.63	134.75	26.63	506.10	25.38	491.83	26.38
	多穗型	21.47	7.16	123.24	8.32	547.17	8.76	519.40	6.32
	均衡型	19.13	8.96	131.98	8.73	520.44	9.02	505.72	7.70

晚稻超级稻品种中大穗型品种有效穗数的环境变异性要稍高于多穗型品种，而每穗总粒数、每亩理论产量和每亩实测产量的环境变异性却稍低于多穗型品种（表 3-115）。

表 3-115　超级晚稻品种穗粒特征和产量的生态稳定性（4 年 11 点）

品种名称	穗型	每亩有效穗/万	变异系数/%	每穗总粒数/粒	变异系数/%	每亩理论产量/kg	变异系数/%	每穗实际产量/kg	变异系数/%
吉优 225	大穗型	21.60	7.16	147.23	9.64	551.35	14.23	525.06	3.90
深优 1029	大穗型	20.27	13.39	151.82	18.67	517.28	19.40	513.57	4.76
天优 998	大穗型	21.67	14.51	140.37	14.33	504.40	11.27	514.61	5.44
天优华占	大穗型	21.40	8.26	158.22	7.52	528.21	9.22	528.13	5.03
五丰优 T025	大穗型	22.03	10.90	168.51	10.87	542.39	10.12	514.89	2.95
五优 308	大穗型	22.32	8.90	156.29	7.74	539.23	9.17	509.01	5.90
盛泰优 722	多穗型	25.18	9.43	120.73	12.62	520.12	9.10	512.59	7.28
H 优 518	多穗型	23.54	6.65	133.29	18.47	563.83	11.05	526.39	3.84
湘晚籼 12 号	多穗型	23.26	8.47	115.48	10.88	441.62	25.69	483.32	5.05
岳优 9113	多穗型	24.90	14.50	125.75	13.39	538.61	13.75	516.30	5.67
平均值	大穗型	21.55	10.52	153.74	11.46	530.48	12.24	517.54	4.67
	多穗型	24.22	9.77	123.81	13.84	516.04	14.90	509.65	5.46

3. 讨论与小结

早稻大穗型品种的稳产性较多穗型品种稍差，主要可能是由于大穗型品种前期分蘖数相对较少，同时每穗粒数对穗数不足的产量补偿能力有限，因此当面临环境变异时，多穗型品种通过粒数补偿产量的能力较大穗型品种更强。因此，在早稻气候条件相对较差的湖南地区，可能更适合选择种植多穗型超级早稻品种，有利于获得丰产稳产。就晚稻而言，大穗型和多穗型品种的穗、粒数及产量变异系数差异不大，可能与湖南晚稻生长季节气候因素变化相对小有关。大穗型品种的产量稍高于多穗型品种，可能主要与每穗粒数相对较高有关。因此湖南晚稻生产种植大穗型超级稻品种可能更有利于获得高产，而选择多穗型超级稻品种则可能更有利于获得稳产。

（三）探明不同穗粒型超级稻穗粒结构特征形成的生物学基础

探明不同穗粒型超级稻穗粒结构特性形成的决定时期和生理代谢过程，为人工调控不同品种穗粒结构，实现穗粒均衡高产稳产奠定基础。

1. 材料与方法

2018—2020 年分别在长沙和海南（2018 年冬季）以 9 个不同超级稻品种（4 个超级早稻品种：中早 39、中嘉早 17、株两优 819、五丰优 286，5 个超级晚稻品种：湘晚籼 12 号、岳优 9113、天优华占、深优 1029、五丰优 T025）为研究对象开展了 4 次早稻试验和 4 次晚稻试验。每个品种 4 次重复，随机区组排列，每个小区 20 m²。

观测指标：秧苗素质、茎蘖动态、幼穗发育动态、抽穗动态、幼穗发育时期碳氮代谢相关指标、产量及产量构成指标。

2. 结果与分析

探明早分蘖、快分蘖、快出穗是多穗型品种多穗特征形成的主要原因，而幼穗分化二、三、六期较高的氮代谢水平增加了颖花数是大穗型品种大穗特征形成的主要原因。分析结果表明，每亩有效穗数与秧苗单株茎鞘干重（$r=0.6404^*$）、分蘖起始期茎蘖数（$r=0.8377^{**}$）、分蘖前期平均分蘖速率（$r=0.8496^{**}$）和分蘖中期平均分蘖速率（$r=0.6141^*$）、始穗－抽穗期出穗速率（$r=0.7390^*$）、抽穗－齐穗期出穗速率（$r=0.6703^*$）以及出穗期平均出穗速率（$r=0.9193^{**}$）呈显著或极显著正相关。分蘖起始期茎蘖数与分蘖前期平均分蘖速率（$r=0.9160^{**}$）和分蘖中期平均分蘖速率（$r=0.7866^{**}$）呈极显著正相关。分蘖中期平均分蘖速率与分蘖前期平均分蘖速率（$r=0.6943^{**}$）、分蘖盛期平均分蘖速率（$r=0.8481^{**}$）、分蘖盛期茎蘖数（$r=0.8438^{**}$）和最大分蘖期茎蘖数（$r=0.8074^{**}$）呈极显著正相关。每穗总粒数与分蘖盛期平均分蘖速率（$r=-0.6516^{**}$）、分蘖中期平均分蘖速率（$r=-0.5121^*$）、分蘖盛期茎蘖数（$r=-0.6659^{**}$）、最大分蘖期茎蘖数（$r=-0.7556^{**}$）以及出穗期平均出穗速率（$r=-0.8120^{**}$）呈显著或极显著负相关。

2018 年和 2019 年试验数据显示（表 3-116），多穗型品种岳优 9113（Y9113）的分蘖起始期茎蘖数显著大于大穗型品种五丰优 T025（WT025）和深优 1029（S1029），2019 年、2020 年试验结果岳优 9113 的分蘖起始期茎蘖数大于五丰优 T025 和深优 1029（差异不显著）。多穗型品种岳优 9113 在三年四点试验中的分蘖前期平均分蘖速率均显著或极显著大于大穗型品种五丰优 T025，分蘖中期平均分蘖速率除 2020 年长沙试验岳优 9113 稍大于五丰优 T025 之外，其余 3 个试验均极显著大于五丰优 T025。

表 3-116　不同穗型超级晚稻品种关键时期茎蘖数及分蘖速率差异

年份	品种	分蘖起始期茎蘖数 / 个	分蘖盛期茎蘖数 / 个	最大分蘖期茎蘖数 / 个	分蘖盛期平均分蘖速率 / （个·d⁻¹）	分蘖前期平均分蘖速率 / （个·d⁻¹）	分蘖中期平均分蘖速率 / （个·d⁻¹）	分蘖后期平均分蘖速率 / （个·d⁻¹）
2020 年长沙	Y9113	1.73 ± 0.166aA	12.80 ± 0.802aA	17.42 ± 0.426aA	1.08 ± 0.290aA	0.65 ± 0.119aA	0.58 ± 0.096aA	0.12 ± 0.048bcBC
	S1029	1.60 ± 0.262aA	11.96 ± 0.790aA	12.51 ± 0.216bcBC	1.17 ± 0.058aA	0.49 ± 0.121aAB	0.73 ± 0.025aA	−0.01 ± 0.055cC
	WT025	1.68 ± 0.170aA	10.33 ± 0.944abAB	11.29 ± 0.758cC	0.81 ± 0.107aA	0.32 ± 0.084bB	0.66 ± 0.067aA	0.38 ± 0.007aA
2019 年长沙	Y9113	3.79 ± 0.437aA	11.34 ± 0.763aA	17.96 ± 0.627aA	1.31 ± 0.046aA	0.73 ± 0.053aAB	1.13 ± 0.073aA	0.62 ± 0.155aA
	S1029	3.34 ± 0.221aA	9.45 ± 0.565abA	14.64 ± 0.355bBC	1.13 ± 0.082aAB	0.76 ± 0.038aA	0.73 ± 0.043cBC	0.12 ± 0.100bB
	WT025	3.31 ± 0.327aA	8.09 ± 0.621bA	12.07 ± 0.389cC	0.76 ± 0.044bC	0.50 ± 0.047bB	0.73 ± 0.035cB	0.32 ± 0.019bAB
2019 年海南	Y9113	2.05 ± 0.040aA	23.41 ± 0.618aA	26.89 ± 0.834aA	1.57 ± 0.129abA	0.39 ± 0.009aA	1.28 ± 0.063aA	0.94 ± 0.041bB
	S1029	1.21 ± 0.045bB	19.75 ± 0.481bB	22.84 ± 0.685bB	1.46 ± 0.098abA	0.29 ± 0.020bB	0.81 ± 0.028bcB	1.15 ± 0.019aA
	WT025	1.43 ± 0.100bB	13.23 ± 0.356cC	17.46 ± 0.094cC	1.01 ± 0.098bA	0.29 ± 0.010bB	0.76 ± 0.032cB	0.63 ± 0.034dC
2018 年长沙	Y9113	7.4 ± 0.387aA	25.1 ± 0.686aA	28.0 ± 0.465aA	2.0 ± 0.335aA	1.2 ± 0.117aA	1.8 ± 0.124aA	0.5 ± 0.100aA
	S1029	5.3 ± 0.260cB	17.6 ± 0.711bcB	19.2 ± 1.069cdBC	1.4 ± 0.069abA	0.9 ± 0.039bcAB	1.2 ± 0.060bcB	0.5 ± 0.247aA
	WT025	5.6 ± 0.460bcAB	13.5 ± 0.696cC	18.0 ± 1.116dC	1.2 ± 0.161abA	0.7 ± 0.028cB	1.1 ± 0.070cB	0.3 ± 0.055aA

2018 年和 2020 年长沙试验数据表明（表 3-117），多穗型品种岳优 9113 的始穗－抽穗期出穗速率和出穗期平均出穗速率均显著或极显著大于大穗型品种五丰优 T025 和深优 1029，2018 年岳优 9113 的抽穗－齐穗期出穗速率极显著大于五丰优 T025 和深优 1029。

表 3-117　不同穗型超级晚稻品种抽穗期及出穗速率差异

年份	品种	始穗期 10%	抽穗期 50%	齐穗期 80%	始穗－抽穗历期	抽穗－齐穗历期	始穗－齐穗历期	始穗－抽穗期出穗速率 /（穗·d⁻¹）	抽穗－齐穗期出穗速率 /（穗·d⁻¹）	出穗期平均出穗速率 /（穗·d⁻¹）
2020 年长沙	Y9113	9 月 9 日	9 月 13 日	9 月 17 日	4	4	8	25.3 ± 2.282aA	14.6 ± 0.862bB	8.9 ± 0.571aA
	S1029	9 月 5 日	9 月 12 日	9 月 17 日	7	5	12	11.2 ± 2.643bcB	11.6 ± 1.211bcB	5.7 ± 0.196bcB
	WT025	9 月 5 日	9 月 10 日	9 月 12 日	5	2	7	14.6 ± 1.873bB	21.2 ± 1.509aA	5.5 ± 0.132cB
2018 年长沙	Y9113	9 月 3 日	9 月 7 日	9 月 11 日	4	4	8	31.5 ± 1.220aA	26.8 ± 0.924abA	17.2 ± 0.510aA
	S1029	9 月 3 日	9 月 9 日	9 月 13 日	6	4	10	14.3 ± 0.940cC	15.9 ± 1.981dC	11.6 ± 0.475cB
	WT025	9 月 3 日	9 月 7 日	9 月 11 日	4	4	8	21.4 ± 2.134bB	19.8 ± 1.441cdBC	12.9 ± 0.169bcB

2019 和 2020 年长沙试验幼穗发育动态数据表明（表 3-118），大穗型品种五丰优 T025 的主茎比多穗型品种岳优 9113 提前 2 ～ 3 d 进入幼穗分化期，两者主茎幼穗生长速率差异不显著，幼穗发育一期到七期历期相差 1 ～ 2 d。

表 3-118　不同穗型超级晚稻品种幼穗发育时期及速率差异

年份	幼穗发育时期	一期	二期	三期	四期	五期	六期	七期	平均幼穗生长速率 /（mm·d⁻¹）
	幼穗长度 mm	< 0.1	0.3 ～ 0.9	1 ～ 2	5 ～ 10	15 ～ 49	50 ～ 100	>100	
2020 年长沙	Y9113	8 月 13 日	8 月 15 日	8 月 21 日	8 月 24 日	8 月 26 日	8 月 28 日	9 月 1 日	11.4 ± 1.282abAB
	S1029	8 月 15 日	8 月 16 日	8 月 18 日	8 月 24 日	8 月 26 日	8 月 28 日	9 月 1 日	7.4 ± 1.339cBC
	WT025	8 月 10 日	8 月 12 日	8 月 15 日	8 月 20 日	8 月 22 日	8 月 24 日	8 月 28 日	14.5 ± 0.589aA
2019 年长沙	Y9113	8 月 7 日	8 月 10 日	8 月 13 日	8 月 19 日	8 月 24 日	8 月 24 日	8 月 27 日	10.2 ± 0.134aA
	S1029	8 月 6 日	8 月 10 日	8 月 13 日	8 月 16 日	8 月 20 日	8 月 22 日	8 月 27 日	9.7 ± 0.921aA
	WT025	8 月 5 日	8 月 7 日	8 月 10 日	8 月 16 日	8 月 20 日	8 月 22 日	8 月 27 日	8.8 ± 0.761aA

2019 年和 2020 年长沙试验的主茎幼穗发育各时期主茎茎鞘、叶片和幼穗的碳氮代谢数据显示（表 3-119），2020 年岳优 9113 幼穗分化一期到五期的主茎茎鞘全碳含量显著高于五丰优 T025，六期两者差异不显著，2019 年两者数据差异不显著；两个品种主茎最上面 2 片全展叶叶片和幼穗部位各时期的全碳含量差异不显著。

表 3-119　不同穗型超级晚稻品种幼穗分化时期主茎不同部位总碳含量　　　　　　　mg/kg

	年份	品种	一期	二期	三期	四期	五期	六期	七期
茎鞘	2020 年	Y9113	449.39aA	445.22aA	444.12aA	450.19aA	453.81aA	444.57aA	450.46aA
		WT025	431.48bA	428.46bB	429.41bA	437.89bA	436.43bA	431.93aA	440.37abA
	2019 年	Y9113	376.750aA	376.250aA	380.750aA	384.750aA	388.250aA	386.250aA	387.500aA
		WT025	376.500aA	377.000aA	380.250aA	383.000aA	387.250abA	385.250aA	386.750aAB
最上 2 片全展叶	2020 年	Y9113	443.66bA	443.11aA	444.83aA	445.14aA	449.86aA	442.39aA	451.77aA
		WT025	448.39abA	449.39aA	445.12aA	448.62aA	453.74aA	451.07aA	450.40aA
	2019 年	Y9113	426.500aA	419.500aA	422.000aA	419.000aA	419.000aA	416.250aA	424.000aA

续表

年份	品种	一期	二期	三期	四期	五期	六期	七期
幼穗								
2020 年	WT025	425.250aA	422.250aA	422.000aA	421.750aA	413.500abA	412.000aA	412.500bB
	Y9113	433.41aA	419.59aA	410.53aA	432.62aA	440.07aA	444.22aA	443.27aA
	WT025	402.15bB	409.79aA	411.65aA	431.76aA	440.16aA	447.77aA	451.31aA
2019 年	Y9113	365.000aA	371.250aA	372.750aA	376.250aA	390.250aA	394.500aA	420.500aA
	WT025	369.000aA	364.500aA	364.500aA	370.750aA	382.500aA	392.000aA	412.000bB

五丰优 T025 幼穗分化二期和三期时主茎茎鞘和最上面 2 片全展叶（功能叶）的全氮含量及全碳 / 全氮比值均极显著高于岳优 9113，六期主茎茎鞘和功能叶片的全氮含量和全碳 / 全氮比值也显著或稍高于岳优 9113（数据略）。此外，五丰优 T025 幼穗分化二期的茎鞘谷氨酰胺合成酶活性、二期到五期的幼穗部位谷氨酰胺合成酶活性都显著或极显著高于岳优 9113（数据略），三期和六期的茎鞘、功能叶谷氨酰胺合成酶活性高于岳优 9113（差异不显著）。

3. 讨论与小结

早生快发是多穗型品种获得多穗的主要原因，也是与大穗型品种间的重要差异。多穗型品种岳优 9113 因为比大穗型品种五丰优 T025 和深优 1029 更早开始分蘖，且在分蘖前期和中期的分蘖速率更快而使得其分蘖盛期和最大分蘖期的茎蘖数远大于大穗型品种，最终导致其每亩有效穗数显著大于大穗型品种。前人研究发现，水稻幼穗分化第一、第二次枝梗原基和颖花原基分化期（幼穗分化二、三期）决定每穗颖花分化数，而减数分裂期（幼穗分化六期）下部第一、第二次枝梗及着生在这些枝梗上的颖花容易停止生长和死亡（退化），决定颖花退化数。因此水稻幼穗分化二、三、六期是决定每穗总粒数的关键时期。前人研究发现，在水稻幼穗分化第一苞分化（即穗轴分化）至第一次枝梗原基分化时追肥有利于促进第一、第二次枝梗和颖花原基发分化，从而有利于增加颖花分化数；而在雄雌蕊形成至花粉母细胞减数分裂期施肥，有利于减少退化颖花数。综上可知，幼穗分化二、三、六期大穗型品种五丰优 T025 的氮代谢强度大于多穗型品种岳优 9113，可能有利于增加颖花分化数且减少颖花退化数，从而获得较多的穗粒数。

第三节　双季稻全程机械化技术攻关

一、双季稻增密减氮机械化栽培丰产增效协同机理研究

于 2017—2020 年在湖南省衡阳市三塘镇、2018–2020 年在湖南省浏阳市永安镇进行机插双季稻增密减氮栽培定位试验，研究增密减氮栽培对机插双季稻群体生长、氮素吸收利用及产量和产量构成的影响，并分析水稻吸收的氮素中肥料氮素与土壤氮素的占比、水稻茎叶氮素转运再利用、土壤氮素矿化等的变化，以期解析连续多年增密减氮栽培的可行性及其氮素来源。具体方案如下：

供试早稻品种为株两优 819 和中嘉早 17，晚稻品种为泰优 390 和湘晚籼 13，其中株两优 819 和泰优 390 为杂交稻，中嘉早 17 和湘晚籼 13 为常规稻。每个品种均设 4 个不同氮肥密度水平。早稻氮肥密度水平分别为：（T1）减氮增密处理 120 kg N/hm^2，36.4×10^4 穴 /hm^2；（T2）无氮增密处理 0 kg/hm^2，

36.4×10^4 穴 /hm²；（T3）常氮常密处理 150 kg N/hm²，28.6×10^4 穴 /hm²；（T4）无氮常密处理 0 kg/hm²，28.6×104 穴 /hm²。晚稻衡阳三塘试验点氮肥密度水平同早稻，浏阳永安试验点施氮水平为 165 kg/hm²，常密水平为 23.5×104 穴 /hm²，增密水平没变。加上品种因素，每一季试验共 8 个处理，其中不施氮的 4 个处理仅用于计算氮肥利用率。采用裂区设计，以氮肥密度处理为主区，品种为副区，重复 3 次。小区面积 30 m²。处理间隔着塑料薄膜包裹的田埂，单排单灌，防止串水串肥，品种间留 50 cm 间隔，方便取样测定。采用单（少）本机插栽培（早稻双本，晚稻单本）。磷肥用量为 75 kg P_2O_5/hm²、钾肥用量为 150 kg/hm²。其中，氮肥按基肥：蘖肥：穗肥 =5：3：2 的比例施用，磷肥全部作基肥施用，钾肥按照基肥：穗肥 =1：1 的比例施用。其他管理同当地高产田。主要结果如下（2020 年晚季因受低温危害而大幅减产，因此未对有关结果进行分析）：

（一）增密减氮栽培条件下机插双季稻产量的稳定性

（1）增密减氮栽培对机插双季稻产量的影响。由表 3-120 可知，除衡阳三塘试验点 2017 年早稻株两优 819 之外，其他各品种不同年度的氮肥密度处理间的产量均无差异（差异不显著）。说明在氮肥施用量减少 20%（衡阳三塘试验点早、晚稻和浏阳永安试验点早稻：由 150 kg/hm² 降低到 120 kg/hm²）和 27%（浏阳永安试验点晚稻氮含量：由 165 kg/hm² 降低到 120 kg/hm²）的情况下，通过适当增加密度，仍可保证原来的产量。

表 3-120　增密减氮栽培对机插双季稻产量的影响　　　　　　　　t/hm²

季节	品种	处理	浏阳永安			衡阳三塘			
			2018 年	2019 年	2020 年	2017 年	2018 年	2019 年	2020 年
早季	株两优 819	减氮增密	7.43 a	6.18 a	5.40 a	7.23 b	5.80 a	6.90 a	7.39 a
		常氮常密	7.10 a	6.33 a	5.03 a	8.19 a	6.60 a	7.17 a	7.47 a
	中嘉早 17	减氮增密	7.00 a	6.20 a	4.67 a	7.53 a	5.50 a	6.07 a	6.70 a
		常氮常密	6.90 a	6.77 a	4.50 a	7.72 a	5.92 a	6.57 a	6.91 a
晚季	泰优 390	减氮增密	7.23 a	7.43 a	—	9.01 a	8.07 a	7.77 a	—
		常氮常密	7.43 a	7.57 a	—	9.54 a	8.17 a	8.00 a	—
	湘晚籼 13	减氮增密	5.83 a	5.47 a	—	8.77 a	6.43 a	5.60 a	—
		常氮常密	6.00 a	5.40 a	—	8.77 a	6.27 a	5.83 a	—

注：不同字母表示同季节同品种不同肥密处理间差异显著性；下同。

（2）增密减氮栽培对机插双季稻产量可持续性的影响。表 3-121 为浏阳永安（2018—2019 年）和衡阳三塘（2017—2019 年）试验点的产量可持续性分析。由表可知，早、晚稻不同肥密处理间的产量变异系数和可持续性指数差异不显著，说明在减氮增密处理后，双季稻产量的稳定性并没有下降。结果还表明，杂交稻品种的变异系数低于常规稻品种，可持续性指数则相反，说明杂交稻的产量稳定性好于常规稻。

表 3-121　增密减氮栽培对机插双季稻产量可持续性的影响

季节	品种	处理	浏阳永安			衡阳三塘		
			平均产量 /（t·hm⁻²）	变异系数 /%	产量可持续 性指数	平均产量 /（t·hm⁻²）	变异系数 /%	产量可持续 性指数
早季	株两优 819	减氮增密	6.34 a	16	0.71	6.64 a	11	0.82
		常氮常密	6.16 a	17	0.72	7.32 a	11	0.80
	中嘉早 17	减氮增密	5.96 a	20	0.68	6.37 a	16	0.71
		常氮常密	6.06 a	22	0.68	6.74 a	14	0.75
晚季	泰优 390	减氮增密	6.61 a	19	0.74	8.28 a	8	0.85
		常氮常密	6.60 a	24	0.68	8.57 a	10	0.81
	湘晚籼 13	减氮增密	4.91 a	26	0.62	6.93 a	24	0.60
		常氮常密	4.84 a	31	0.56	6.96 a	23	0.61

（3）增密减氮栽培对机插双季稻产量构成因素的影响。由表 3-122 和表 3-123 可知，两试验点的有效穗数多数情况下表现为减氮增密处理高于常氮常密处理，而且近 40% 的情况下差异达到显著水平；穗粒数的表现则与有效穗表现相反，多数为减氮增密处理低于常氮常密处理，其中 2019 年永安晚稻两品种和衡阳早稻中嘉早 17 的氮肥密度处理间差异达到显著水平；不同氮肥密度处理间的结实率和千粒重差异较小且规律也不明显。不同氮肥密度处理间收获指数差异也较小，只有部分情况下减氮增密处理高于常氮常密处理，其余大部分差异不显著。

表 3-122　增密减氮栽培对机插双季稻产量构成的影响（浏阳永安）

年份	季节	品种	处理	每平方米穗数	每穗粒数	结实率 /%	千粒重 /g	收获指数
2018 年	早季	株两优 819	减氮增密	409.7 a	128.0 a	84.9 a	28.2 a	0.60 a
			常氮常密	352.4 a	140.7 a	84.1 a	28.8 a	0.60 a
		中嘉早 17	减氮增密	363.6 a	151.1 a	85.0 a	28.7 a	0.59 a
			常氮常密	319.1 a	139.8 a	83.7 a	29.3 a	0.63 a
	晚季	泰优 390	减氮增密	419.4 a	115.3 a	85.7 a	26.5 a	0.50 a
			常氮常密	391.7 a	93.7 b	87.7 a	26.4 a	0.57 a
		湘晚籼 13	减氮增密	417.0 a	82.9 a	76.7 a	31.4 a	0.42 a
			常氮常密	318.3 b	84.0 a	82.4 a	31.3 a	0.47 a
2019 年	早季	株两优 819	减氮增密	404.9 a	121.5 a	89.3 a	22.7 a	0.61 a
			常氮常密	323.8 b	100.4 b	86.0 a	21.8 b	061 a
		中嘉早 17	减氮增密	409.7 a	152.6 a	88.0 a	23.9 a	0.64 a
			常氮常密	321.9 a	144.9 a	82.0 a	21.1 b	0.61 b
	晚季	泰优 390	减氮增密	554.5 a	150.2 b	75.6 a	19.7 a	0.61 a
			常氮常密	334.1 b	172.1 a	72.2 a	19.5 a	0.57 a
		湘晚籼 13	减氮增密	456.4 a	106.8 b	79.5 a	24.0 a	0.45 a
			常氮常密	281.2 b	130.4 a	83.3 a	22.8 a	0.48 a

续表

年份	季节	品种	处理	每平方米穗数	每穗粒数	结实率 /%	千粒重 /g	收获指数
2020 年	早季	株两优 819	减氮增密	313.9 a	133.6 a	90.1 a	25.3 a	0.62 a
			常氮常密	297.1 a	132.2 a	89.2 a	25.2 a	0.64 a
		中嘉早 17	减氮增密	299.4 a	134.9 a	84.8 a	25.1 a	0.62 a
			常氮常密	311.4 a	152.0 a	85.7 a	24.4 a	0.54 b

表 3-123　增密减氮栽培对机插双季稻产量构成的影响（衡阳三塘）

年份	季节	品种	处理	每平方米穗数	每穗粒数	结实率 /%	千粒重 /g	收获指数
2017 年	早季	株两优 819	减氮增密	258.2 a	88.0 a	87.1 a	24.9 a	0.41 a
			常氮常密	309.5 a	91.2 a	86.5 a	25.3 a	0.39 a
		中嘉早 17	减氮增密	244.8 a	119.1 a	88.6 a	24.8 a	0.43 a
			常氮常密	251.4 a	127.6 a	90.4 a	25.9 a	0.41 a
	晚季	泰优 390	减氮增密	326.0 a	144.2 a	79.9 a	26.3 a	0.45 a
			常氮常密	238.1 b	150.6 a	79.2 a	26.3 a	0.40 a
		湘晚籼 13	减氮增密	270.3 a	114.3 a	80.7 a	32.5 a	0.42 a
			常氮常密	223.8 a	116.0 a	75.6 a	33.6 a	0.34 b
2018 年	早季	株两优 819	减氮增密	366.1 a	74.4 a	87.5 a	29.3 a	0.54 a
			常氮常密	352.4 a	84.4 a	90.9 a	29.4 a	0.60 a
		中嘉早 17	减氮增密	322.4 a	95.3 a	84.3 a	29.0 a	0.46 a
			常氮常密	321.9 a	97.2 a	87.0 a	28.6 a	0.51 a
	晚季	泰优 390	减氮增密	431.5 a	120.1 a	81.9 a	24.6 a	0.49 b
			常氮常密	417.1 a	119.8 a	81.5 a	24.4 a	0.58 a
		湘晚籼 13	减氮增密	394.7 a	96.7 a	81.1 a	29.1 a	0.41 a
			常氮常密	392.3 a	85.1 a	79.2 a	29.2 a	0.45 a
2019 年	早季	株两优 819	减氮增密	405.3 a	128.0 a	90.1 a	24.1 a	0.53 a
			常氮常密	316.5 b	129.0 a	91.7 a	23.7 a	0.64 a
		中嘉早 17	减氮增密	390.7 a	133.6 b	88.4 a	23.5 a	0.50 a
			常氮常密	291.7 b	160.0 a	85.7 a	23.5 a	0.58 a
	晚季	泰优 390	减氮增密	503.5 a	151.8 a	76.1 a	22.3 a	0.55 a
			常氮常密	432.8 b	162.1 a	71.6 a	21.6 a	0.50 a
		湘晚籼 13	减氮增密	491.4 a	142.1 a	73.7 a	25.3 a	0.34 a
			常氮常密	397.5 b	118.2 a	77.6 a	25.0 a	0.37 a
2020 年	早季	株两优 819	减氮增密	356.4 a	122.9 a	95.5 a	25.9 a	0.65 a
			常氮常密	331.4 a	135.0 a	93.9 a	25.1 a	0.65 a
		中嘉早 17	减氮增密	341.8 a	167.2 a	88.6 a	25.9 a	0.64 a
			常氮常密	295.2 a	168.6 a	89.3 a	25.2 a	0.66 a

（二）增密减氮栽培条件下机插双季稻叶片叶绿素含量

由表 3-124 和表 3-125 可知，虽然减氮增密处理叶片的叶绿素含量呈现出略低于常氮常密处理的趋势，但多数情况下差异不显著，说明减氮增密栽培下双季稻叶片叶绿素含量变化不是很明显。随着水稻生育进程的推进，叶绿素含量呈逐渐下降的趋势。

表 3-124 增密减氮栽培对机插双季稻叶片叶绿素含量（SPAD 值）的影响（浏阳永安）

年份	生育时期	早季				晚季			
		株两优 819		中嘉早 17		泰优 390		湘晚籼 13	
		减氮增密	常氮常密	减氮增密	常氮常密	减氮增密	常氮常密	减氮增密	常氮常密
2018 年	拔节期	43.2 a	43.8 a	43.7 a	44.2 a	38.3 a	39.0 a	37.3 a	37.9 a
	抽穗期	40.2 a	41.1 a	43.8 a	43.5 a	36.3 a	36.0 a	35.2 a	35.8 a
	灌浆期	36.9 a	37.2 a	34.4 a	35.8 a	29.7 a	29.9 a	29.5 a	30.7 a
2019 年	拔节期	40.8 a	42.3 a	41.5 a	43.3 a	44.8 a	45.2 a	40.2 a	40.7 a
	抽穗期	44.7 a	45.0 a	45.1 a	46.1 a	39.5 a	40.8 a	37.4 a	38.5 a
	灌浆期	42.8 a	42.2 a	43.4 a	43.2 a	37.4 a	39.5 a	35.2 a	37.9 a

表 3-125 增密减氮栽培对机插双季稻叶片叶绿素含量（SPAD 值）的影响（衡阳三塘）

年份	生育时期	早季				晚季			
		株两优 819		中嘉早 17		泰优 390		湘晚籼 13	
		减氮增密	常氮常密	减氮增密	常氮常密	减氮增密	常氮常密	减氮增密	常氮常密
2017 年	拔节期	35.7 a	36.5 a	37.3 a	40.1 a	39.6 a	38.4 a	38.4 a	38.0 a
	抽穗期	43.3 a	44.8 a	43.0 b	45.9 a	41.6 a	42.0 a	39.4 a	39.5 a
	灌浆期	44.2 a	45.7 a	45.0 a	46.2 a	35.5 b	38.8 a	36.5 a	37.3 a
2018 年	拔节期	35.2 a	36.6 a	36.3 b	39.2 a	36.8 b	38.2 a	37.4 a	36.6 b
	抽穗期	35.1 a	37.1 a	37.0 a	39.1 a	38.5 a	39.9 a	38.7 a	38.8 a
	灌浆期	32.3 a	32.4 a	32.9 b	35.9 a	34.8 a	35.6 a	33.9 b	35.6 a
2019 年	拔节期	42.3 a	43.8 a	43.6 a	43.9 a	44.7 a	45.2 a	40.9 a	41.4 a
	抽穗期	43.7 a	44.1 a	44.6 a	45.6 a	39.4 a	39.4 a	36.0 a	36.8 a
	灌浆期	40.3 b	42.8 a	40.9 a	41.7 a	36.4 a	38.7 a	35.1 a	35.9 a

（三）增密减氮栽培条件下机插双季稻叶面积指数

由表 3-126 和表 3-127 可知，大多数情况下不同氮肥密度处理间叶面积指数差异不显著，说明减氮处理后虽然个体生长受抑制，但通过增加种植密度仍可保持水稻的叶面积不下降，从而维持水稻光合面积，这是增密减氮栽培条件下产量不下降的原因之一。由表还可以看出，拔节期到抽穗期叶面积指数增加或维持较高水平，抽穗到灌浆期（抽穗后 15 d）叶面积指数有所下降，这和叶片中的有机物和养分向生殖器官的转移有关。

表 3-126 增密减氮栽培对机插双季稻叶面积指数的影响（浏阳永安）

季节	品种	处理	2018 年			2019 年		
			拔节期	抽穗期	灌浆期	拔节期	抽穗期	灌浆期
早季	株两优 819	减氮增密	2.1 a	5.8 a	4.5 a	6.2 a	3.9 b	5.5 a
		常氮常密	1.9 a	5.6 a	3.7 a	5.6 a	5.3 a	4.3 a
	中嘉早 17	减氮增密	2.3 a	4.9 a	4.4 a	4.8 a	4.7 a	4.7 a
		常氮常密	2.9 a	4.3 a	4.7 a	3.8 a	4.6 a	5.1 a
晚季	泰优 390	减氮增密	5.6 a	5.8 a	5.5 a	6.2 a	5.0 a	5.9 a
		常氮常密	5.1 a	4.9 a	4.2 a	6.2 a	5.7 a	4.9 b
	湘晚籼 13	减氮增密	6.2 a	4.9 a	5.2 a	6.3 a	6.3 a	5.0 a
		常氮常密	5.2 a	4.1 a	5.3 a	7.7 a	6.0 a	4.2 a

表 3-127 增密减氮栽培对机插双季稻叶面积指数的影响（衡阳三塘）

季节	品种	处理	拔节期	抽穗期	灌浆期
		2017 年			
早季	株两优 819	减氮增密	2.1 a	3.7 a	4.3 a
		常氮常密	2.4 a	4.3 a	4.4 a
	中嘉早 17	减氮增密	1.7 a	3.2 a	4.2 a
		常氮常密	2.5 a	4.2 a	4.3 a
晚季	泰优 390	减氮增密	2.5 a	4.5 a	4.4 a
		常氮常密	2.3 a	3.1 a	4.2 a
	湘晚籼 13	减氮增密	1.9 a	5.4 a	5.1 a
		常氮常密	2.9 a	6.2 a	4.8 a
		2018 年			
早季	株两优 819	减氮增密	2.8 a	3.5 a	2.2 a
		常氮常密	2.2 a	2.8 b	2.3 a
	中嘉早 17	减氮增密	2.4 a	2.9 a	2.0 a
		常氮常密	3.0 a	3.1 a	2.0 a
晚季	泰优 390	减氮增密	4.4 a	5.7 a	5.5 a
		常氮常密	5.8 a	5.8 a	5.1 a
	湘晚籼 13	减氮增密	3.8 a	6.7 a	5.5 a
		常氮常密	3.8 a	5.6 a	5.4 a
		2019 年			
早季	株两优 819	减氮增密	5.0 a	4.8 a	4.7 a
		常氮常密	4.5 a	3.9 a	4.0 a
	中嘉早 17	减氮增密	3.7 a	3.8 a	2.8 a
		常氮常密	3.4 a	3.1 a	3.2 a
晚季	泰优 390	减氮增密	5.2 a	5.1 a	3.2 a

续表

季节	品种	处理	拔节期	抽穗期	灌浆期
		常氮常密	4.5 a	5.5 a	2.9 a
	湘晚籼 13	减氮增密	5.6 a	7.1 a	4.6 a
		常氮常密	7.1 a	6.7 a	4.3 a
		2020 年			
早季	株两优 819	减氮增密	3.5 a	3.0 a	2.4 a
		常氮常密	2.9 a	3.4 a	2.9 a
	中嘉早 17	减氮增密	3.0 a	3.2 a	3.4 a
		常氮常密	2.3 a	3.3 a	3.2 a

（四）增密减氮栽培条件下机插双季稻干物质累积动态

由表 3-128 和表 3-129 可知，减氮增密栽培下双季稻各生育期的干物质累积量基本接近或略高于常氮常密栽培，其中有一部分差异还达到了显著水平。说明减少氮肥投入后通过合理密植仍可以维持双季稻的干物质累积，为产量形成夯实物质基础。

表 3-128　增密减氮栽培对机插双季稻干物质累积的影响（浏阳永安）　　　　g/m²

年份	季节	品种	处理	分蘖期	拔节期	抽穗期	灌浆期	成熟期
2018 年	早季	株两优 819	减氮增密	116 a	279 a	711 a	1180 a	1311 a
			常氮常密	93 b	254 a	698 a	1157 a	1299 a
		中嘉早 17	减氮增密	90 a	311 a	820 a	1253 a	1350 a
			常氮常密	66 a	243 b	639 b	1095 a	1223 a
	晚季	泰优 390	减氮增密	133 a	425 a	1126 a	1496 a	1478 a
			常氮常密	90 b	351 b	904 a	1175 b	1231 a
		湘晚籼 13	减氮增密	120 a	478 a	1080 a	1357 a	1465 a
			常氮常密	92 b	331 b	985 a	1148 b	1234 a
2019 年	早季	株两优 819	减氮增密	41 a	610 a	654 a	1006 a	1073 a
			常氮常密	29 a	515 a	659 a	804 a	993 a
		中嘉早 17	减氮增密	33 a	536 a	742 a	1088 a	1158 a
			常氮常密	27 a	374 b	637 b	950 a	850 a
	晚季	泰优 390	减氮增密	104 a	706 a	1350 a	1497 a	1776 a
			常氮常密	63 b	613 a	984 a	1278 a	1471 a
		湘晚籼 13	减氮增密	92 a	739 a	1268 a	1463 a	1686 a
			常氮常密	60 a	758 a	1052 a	1155 a	1339 a
2020 年	早季	株两优 819	减氮增密	47 a	338 a	981 a	1059 a	1128 a
			常氮常密	37 b	319 a	742 a	930 b	1138 a
		中嘉早 17	减氮增密	47 a	327 a	948 a	1073 a	1028 a
			常氮常密	34 b	251 b	778 a	779 b	1104 a

表 3-129 增密减氮栽培对机插双季稻干物质累积的影响（衡阳三塘） g/m²

年份	季节	品种	处理	分蘖期	拔节期	抽穗期	灌浆期	成熟期
2017 年	早季	株两优 819	减氮增密	25 a	116 a	524 a	731 a	909 a
			常氮常密	25 a	121 a	554 a	818 a	1046 a
		中嘉早 17	减氮增密	20 a	110 a	440 a	818 a	1036 a
			常氮常密	16 a	134 a	543 a	713 a	1042 a
	晚季	泰优 390	减氮增密	64 a	322 a	996 a	1141 a	1396 a
			常氮常密	38 b	275 a	920 a	939 a	1132 a
		湘晚籼 13	减氮增密	51 a	243 a	957 a	1119 a	1410 a
			常氮常密	44 a	315 a	1010 a	1042 a	1223 a
2018 年	早季	株两优 819	减氮增密	133 a	245 a	704 a	1039 a	1086 a
			常氮常密	100 b	234 a	622 b	995 a	1157 a
		中嘉早 17	减氮增密	119 a	243 a	678 a	927 a	1157 a
			常氮常密	94 b	266 a	626 b	918 a	1143 a
	晚季	泰优 390	减氮增密	67 a	384 a	1047 a	1445 a	1539 a
			常氮常密	66 a	316 a	958 a	1459 a	1446 a
		湘晚籼 13	减氮增密	89 a	344 a	1117 a	1357 a	1420 a
			常氮常密	52 a	329 a	987 a	1315 a	1307 a
2019 年	早季	株两优 819	减氮增密	20 a	528 a	689 a	1146 a	1307 a
			常氮常密	16 a	425 a	592 a	1001 a	1123 a
		中嘉早 17	减氮增密	14 a	492 a	738 a	1006 a	1225 a
			常氮常密	8 b	352 b	490 b	881 a	1155 a
	晚季	泰优 390	减氮增密	80 a	682 a	1047 a	1340 a	1469 a
			常氮常密	80 a	547 b	1069 a	1120 a	1609 a
		湘晚籼 13	减氮增密	81 a	669 a	1221 a	1407 a	1737 a
			常氮常密	76 a	722 a	1090 b	1246 b	1593 b
2020 年	早季	株两优 819	减氮增密	93 a	288 a	616 a	1001 b	1277 a
			常氮常密	81 a	246 b	642 a	1169 a	1269 a
		中嘉早 17	减氮增密	81 a	256 a	636 a	1144 a	1420 a
			常氮常密	59 a	229 a	701 a	1118 a	1347 a

（五）增密减氮栽培条件下机插双季稻辐射截获率和光合参数

由表 3-130 可以看出，虽然拔节期和抽穗期的辐射截获率减氮增密处理低于常氮常密处理，但到了灌浆期（抽穗后 15 d）氮肥密度处理间无差异。由表 3-131 可以看出，减氮增密和常氮常密处理之间，拔节期和抽穗期光合速率、气孔导度、胞间 CO_2 浓度、蒸腾速率均没有显著差异。

表3-130　增密减氮栽培对机插双季稻辐射截获率的影响（2017年衡阳三塘）　　　　%

生育时期	早季				晚季			
	株两优819		中嘉早17		泰优390		湘晚仙13	
	减氮增密	常氮常密	减氮增密	常氮常密	减氮增密	常氮常密	减氮增密	常氮常密
拔节期	68.0 b	74.2 a	72.0 a	76.9 a	83.5 b	85.1 a	84.5 a	83.7 a
抽穗期	82.0 b	85.1 a	80.5 b	83.7 a	87.4 a	88.0 a	88.3 a	88.5 a
灌浆期	85.6 a	86.6 a	84.3 a	85.4 a	86.7 a	87.5 a	88.6 a	88.2 a

表3-131　增密减氮栽培对机插早稻光合参数的影响（2017年衡阳三塘）

品种	处理	光合速率 /（μmol·m⁻²·s⁻¹）		气孔导度 /（mmol·m⁻²·s⁻¹）		胞间 CO_2 浓度 /（μmol·m⁻²·s⁻¹）		蒸腾速率 /（mmol·m⁻²·s⁻¹）	
		拔节期	抽穗期	拔节期	抽穗期	拔节期	抽穗期	拔节期	抽穗期
株两优819	减氮增密	14.2 a	20.3 a	0.245 a	0.586 a	265.7 a	324.2 a	4.32 a	5.19 a
	常氮常密	16.1 a	21.5 a	0.278 a	0.613 a	263.9 a	303.1 a	4.89 a	5.29 a
中嘉早17	减氮增密	17.3 a	19.2 a	0.294 a	0.564 a	258.2 a	316.2 a	4.96 a	5.04 a
	常氮常密	17.3 a	19.5 a	0.316 a	0.529 a	265.8 a	303.3 a	5.29 a	4.97 a

（六）增密减氮栽培条件下机插双季稻叶片氮同化酶活性

由表3-132可知，早、晚稻4个品种中有3个品种的拔节期和抽穗期谷氨酰胺合成酶活性以及抽穗期硝酸还原酶活性表现为减氮增密处理高于常氮常密处理，而抽穗期谷氨酸合成酶活性与灌浆期（抽穗后15 d）上述三种酶活性差异较小。显然，增密减氮栽培条件下，氮同化酶活性不仅不会有明显的下降，反而还有所升高。

表3-132　增密减氮栽培对机插双季稻叶片氮同化酶活性的影响（2019年浏阳永安）

季节	品种	处理	谷氨酰胺合成酶 /（μg·g⁻¹·h⁻¹）			硝酸还原酶 /（μg·g⁻¹·h⁻¹）		谷氨酸合成酶 /（μmol·min⁻¹·g⁻¹）	
			拔节期	抽穗期	灌浆期	抽穗期	灌浆期	抽穗期	灌浆期
早季	株两优819	减氮增密	45.7 a	67.4 a	64.5 a	8.3 a	3.4 a	1.1 a	1.3 a
		常氮常密	34.5 b	50.3 b	66.1 a	4.7 b	3.3 a	1.0 a	2.0 a
	中嘉早17	减氮增密	40.8 b	73.8 a	71.1 a	4.9 a	2.7 a	0.9 b	2.0 a
		常氮常密	52.4 a	65.7 a	74.8 a	3.9 b	2.4 a	1.8 a	2.2 a
晚季	泰优390	减氮增密	33.4 a	29.4 b	35.8 a	0.7 b	0.8 b	0.6 a	0.9 a
		常氮常密	24.9 b	33.4 a	34.9 a	1.2 a	1.5 a	0.5 a	1.1 a
	湘晚籼13	减氮增密	38.6 a	31.5 a	37.1 a	1.0 a	1.0 a	0.6 a	1.1 a
		常氮常密	27.2 b	26.0 a	33.1 a	0.3 b	1.4 a	0.6 a	1.2 a

（七）增密减氮栽培条件下机插双季稻氮素累积动态

由表3-133和表3-134可以看出，减氮增密处理的氮素累积量没有显著低于常氮常密处理，甚至有些情况下还略高于常氮常密处理。说明减少氮肥投入后通过合理密植仍可维持水稻群体氮素累积量。

表 3–133　增密减氮栽培对机插双季稻氮素累积（kg/hm²）的影响（浏阳永安）

年份	稻季	品种	处理	分蘖期	拔节期	抽穗期	成熟期
2018 年	早季	株两优 819	减氮增密	38 a	65 b	127 a	150 a
			常氮常密	30 b	73 a	127 a	143 a
		中嘉早 17	减氮增密	34 a	75 a	126 a	138 a
			常氮常密	29 a	69 a	112 b	132 a
	晚季	泰优 390	减氮增密	35 a	69 a	133 a	151 a
			常氮常密	28 b	55 b	112 b	137 b
		湘晚籼 13	减氮增密	33 a	78 a	134 a	155 a
			常氮常密	29 b	54 b	121 a	132 b
2019 年	早季	株两优 819	减氮增密	11 a	105 a	117 a	173 a
			常氮常密	7 b	106 a	117 a	182 a
		中嘉早 17	减氮增密	9 a	97 a	115 a	187 a
			常氮常密	7 a	85 a	105 a	151 b
	晚季	泰优 390	减氮增密	33 a	102 a	110 a	143 a
			常氮常密	20 b	99 a	136 a	141 a
		湘晚籼 13	减氮增密	29 a	106 a	108 a	138 a
			常氮常密	20 a	119 a	116 a	139 a
2020 年	早季	株两优 819	减氮增密	17 a	50 a	96 a	112 a
			常氮常密	14 b	53 a	80 a	116 a
		中嘉早 17	减氮增密	17 a	49 a	93 a	102 b
			常氮常密	13 a	40 a	80 b	114 a

表 3–134　增密减氮栽培对机插双季稻氮素累积的影响（衡阳三塘）　　　　kg/hm²

年份	稻季	品种	处理	分蘖期	拔节期	抽穗期	成熟期
2017 年	早季	株两优 819	减氮增密	7 a	24 a	91 a	105 b
			常氮常密	9 a	25 a	79 a	134 a
		中嘉早 17	减氮增密	6 a	22 b	70 a	130 a
			常氮常密	6 a	33 a	78 a	151 a
	晚季	泰优 390	减氮增密	18 a	50 a	132 a	153 a
			常氮常密	12 b	43 a	135 a	127 a
		湘晚籼 13	减氮增密	16 a	37 a	109 a	174 a
			常氮常密	14 a	53 a	131 a	140 a
2018 年	早季	株两优 819	减氮增密	15 a	42 a	112 a	145 a
			常氮常密	16 a	32 b	111 a	151 a
		中嘉早 17	减氮增密	13 a	28 a	113 a	141 a
			常氮常密	9 a	22 a	109 a	153 a

续表

年份	稻季	品种	处理	分蘖期	拔节期	抽穗期	成熟期
2019 年	晚季	泰优 390	减氮增密	21 a	77 a	134 a	166 a
			常氮常密	19 a	57 b	113 a	146 b
		湘晚籼 13	减氮增密	28 a	74 a	144 a	171 a
			常氮常密	16 b	66 a	114 b	147 b
	早季	株两优 819	减氮增密	8 a	85 a	82 a	105 a
			常氮常密	7 a	74 a	77 a	96 a
		中嘉早 17 号	减氮增密	6 a	84 a	94 a	97 a
			常氮常密	3 b	67 a	64 a	105a
2020 年	晚季	泰优 390	减氮增密	21 a	102 a	113 a	120a
			常氮常密	22 a	86 a	108 a	140a
		湘晚籼 13	减氮增密	21 a	112 a	116 a	139a
			常氮常密	23 a	122 a	116 a	120a
	早季	株两优 819	减氮增密	18 a	38 a	67 a	106 a
			常氮常密	18 a	32 a	71 a	115 a
		中嘉早 17 号	减氮增密	17 a	33 a	66 b	122 a
			常氮常密	13 a	31 a	75 a	117 a

（八）增密减氮栽培条件下机插双季稻氮素来源分析

（1）增密减氮栽培对机插双季稻累积氮素中肥料和土壤氮素占比的影响。为明确不同氮肥密度水平对双季稻氮素来源的影响，2019 年采用 15N 标记技术测定了浏阳永安试验点双季稻地上部累积的氮素中来自肥料氮素的占比（表 3–135），并计算了来自土壤氮素的占比（表 3–136）。由表可以看出，减氮增密栽培条件下来自肥料的氮素比例下降，来自土壤的氮素比例增加，抽穗前吸收的氮素、抽穗后吸收的氮素以及全生育期吸收的氮素表现一致。以上趋势在晚稻中更加明显，两个品种的氮肥密度之间差异均达到了显著水平。

表 3–135　增密减氮栽培对机插双季稻地上部氮素中肥料氮素比例和量的影响

季节	品种	处理	成熟期		抽穗前		抽穗期–成熟期	
			比例 /%	量 /（kg·hm^{-2}）	比例 /%	量 /（kg·hm^{-2}）	比例 /%	量 /（kg·hm^{-2}）
早稻	株两优 819	减氮增密	52.3 a	87.6 a	58.6 a	68.1 a	38.1 a	19.5 a
		常氮常密	54.1 a	79.1 a	56.4 a	58.8 a	45.1 a	20.3 a
	中嘉早 17 号	减氮增密	39.7 a	72.1 a	52.3 a	50.7 a	25.0a	17.3 a
		常氮常密	45.2 a	64.4 a	56.7 a	48.2 a	24.8 a	16.2 a
晚稻	泰优 390	减氮增密	47.0 b	76.9 a	52.5 b	60.5 a	34.4 b	16.4 a
		常氮常密	60.0 a	79.5 a	59.0 a	65.2 a	33.8 a	14.3 a
	湘晚籼 13	减氮增密	48.1 b	71.4 a	49.1 b	55.8 a	39.7 b	15.6 a
		常氮常密	60.5 a	84.2 a	56.4 a	71.2 a	45.2 a	13.0 a

表 3–136　增密减氮栽培对机插双季稻地上部氮素中土壤的氮素比例和量的影响

季节	品种	处理	收获期		抽穗前		抽穗期 – 成熟期	
			比例 /%	量 / (kg·hm⁻²)	比例 /%	量 / (kg·hm⁻²)	比例 /%	量 / (kg·hm⁻²)
早稻	株两优 819	减氮增密	47.7 a	79.9 a	41.4 a	48.1 a	61.9 a	31.7 a
		常氮常密	45.9 a	67.1 a	43.6 a	45.5 a	58.9 a	29.1 a
	中嘉早 17 号	减氮增密	60.3 a	109.5 a	47.7 a	46.2 a	75.0 a	52.0 a
		常氮常密	54.8 a	78.1 a	43.3 a	36.8 a	75.2 a	49.0 a
晚稻	泰优 390	减氮增密	53.0 a	86.7 a	47.5 a	54.7 a	65.6 a	31.2 a
		常氮常密	40.0 b	53.0 a	41.0 b	45.3 a	66.2 b	28.0 a
	湘晚籼 13	减氮增密	51.9 a	77.0 a	50.9 a	57.8 a	60.3 a	23.7 a
		常氮常密	39.5 b	55.0 a	43.6 b	55.0a	54.8 b	15.7 a

（2）增密减氮栽培对机插双季稻穗部累积氮素中抽穗前和抽穗后吸收氮素占比的影响。由表 3–137 可以看出，不同氮肥密度处理间，抽穗前吸收并累积在营养器官（茎叶）的氮素向生殖器官（穗）的转运量及转运比例均表现为减氮增密处理高于常氮常密处理，说明减氮增密栽培条件下有更多营养器官氮素向生殖器官转运。从成熟期穗部氮素的来源来看，早、晚稻 4 个品种均表现为，增密减氮条件下抽穗前吸收并转运到穗部的营养器官氮素比例增加、抽穗后吸收的氮素比例减少。说明氮素投入量减少的情况下穗部的生长更多地依赖于来自营养器官的氮素。

表 3–137　增密减氮栽培对机插双季稻抽穗前吸收氮素向穗部转运及穗部氮素来源的影响

季节	品种	处理	抽穗前茎叶积累的氮素		成熟期穗部积累的氮素			
			向穗转运比例 /%	向穗转运量 / (kg·hm⁻²)	穗前转运 /%	抽穗后吸收 /%	穗前转运量 / (kg·hm⁻²)	抽穗后吸收量 / (kg·hm⁻²)
早季	株两优 819	减氮增密	68.9	73.1	69.5	30.5	80.5	35.3
		常氮常密	65.1	66.7	62.9	37.1	75.5	44.4
	中嘉早 17	减氮增密	76.4	64.2	65.7	34.3	70.6	36.9
		常氮常密	74.4	60.5	53.0	47.0	67.6	59.9
晚季	泰优 390	减氮增密	65.8	61.3	66.9	33.1	67.4	33.3
		常氮常密	58.6	55.3	57.6	42.4	60.8	44.7
	湘晚籼 13	减氮增密	59.9	57.5	77.7	22.3	63.3	18.2
		常氮常密	50.3	53.4	70.3	29.7	59.8	25.2

（九）增密减氮栽培条件下机插双季稻氮肥利用率

表 3–138 和表 3–139 分别为浏阳永安试验点 3 年定位试验和衡阳三塘试验点 4 年定位试验的氮肥利用率（2020 年晚稻研究结果正在分析当中）。其中，除 2019 年永安试验点的结果为 15N 标记测定之外，其余均为差减法计算结果。由表可以看出，减氮增密栽培条件下氮肥吸收利用率（水稻吸收的肥料氮占施肥量的比例）、氮肥偏生产力（单位氮肥用量的水稻产量）和氮肥农学利用率（单位氮肥用量的施氮区和不施氮区水稻产量差值）均呈增加趋势。其中，氮肥偏生产力的氮肥密度处理间差异最大，

其次是氮肥吸收利用率，氮肥农学效率差异相对小，这可能是因为不施氮处理（对照）在增密条件下的产量及氮素积累量略高于常密条件，差减法计算导致增密减氮处理结果变小，使不同氮肥密度处理间的差异拉近。增密减氮栽培条件下氮收获指数略显高于常氮常密栽培，但差异未达到显著水平。

表 3–138　增密减氮栽培对机插双季稻氮肥利用率的影响（浏阳永安）

年份	季节	品种	处理	氮肥吸收利用率 /%	氮肥偏生产力 /（kg·kg⁻¹）	氮肥农学利用率 /（kg·kg⁻¹）	氮收获指数
2018 年	早季	株两优 819	减氮增密	54.6 a	61.9 a	28.3 a	0.76 a
			常氮常密	33.2 b	47.3 b	19.8 b	0.70 a
		中嘉早 17	减氮增密	52.4 a	58.3 a	25.8 a	0.75 a
			常氮常密	44.2 b	46.0 b	21.8 b	0.65 a
	晚季	泰优 390	减氮增密	54.3 a	60.2 a	14.7 a	0.69 a
			常氮常密	32.4 b	49.5 b	13.5 a	0.69 a
		湘晚籼 13	减氮增密	49.7 a	48.6 a	6.4 b	0.62 a
			常氮常密	31.9 b	40.0 b	10.0 a	0.60 a
2019 年	早季	株两优 819	减氮增密	56.8 a	49.4 a	15.8 a	0.69 a
			常氮常密	49.1 b	42.2 a	14.0 a	0.65 a
		中嘉早 17	减氮增密	55.6 a	51.7 a	15.8 a	0.68 a
			常氮常密	42.9 b	45.1 a	17.8 a	0.67 a
	晚季	泰优 390	减氮增密	60.5 a	61.8 a	17.8 a	0.71 a
			常氮常密	48.2 b	47.7 b	17.0 a	0.69 a
		湘晚籼 13	减氮增密	59.5 a	45.6 a	10.6 a	0.61 a
			常氮常密	47.9 b	32.7 b	7.3 a	0.59 a
2020 年	早季	株两优 819	减氮增密	42.2 a	45.0 a	22.8 a	0.70 a
			常氮常密	35.9 b	29.7 b	10.6 b	0.74 a
		中嘉早 17	减氮增密	38.4 a	38.9 a	18.1 a	0.72 a
			常氮常密	17.2 b	35.0 a	18.3 a	0.63 a

表 3–139　增密减氮栽培对机插双季稻氮肥利用率的影响（衡阳三塘）

年份	季节	品种	处理	氮肥吸收利用率 /%	氮肥偏生产力 /（kg·kg⁻¹）	氮肥农学利用率 /（kg·kg⁻¹）	氮收获指数
2017 年	早季	株两优 819	减氮增密	32.7 a	59.6 a	17.1 a	0.83 a
			常氮常密	23.9 a	54.1 a	9.7 a	0.79 a
		中嘉早 17	减氮增密	36.2 a	62.1 a	16.0 a	0.83 a
			常氮常密	20.1 a	50.9 b	7.4 b	0.82 a
	晚季	泰优 390	减氮增密	42.1 a	75.1 a	10.1 a	0.65 a
			常氮常密	55.0 a	63.6 b	14.9 a	0.62 a
		湘晚籼 13	减氮增密	64.6 a	73.1 a	17.7 a	0.57 a
			常氮常密	49.6 a	58.5 b	14.9 a	0.57 a

续表

年份	季节	品种	处理	氮肥吸收利用率/%	氮肥偏生产力/（kg·kg⁻¹）	氮肥农学利用率/（kg·kg⁻¹）	氮收获指数
2018 年	早季	株两优 819	减氮增密	30.8 a	48.3 a	21.8 a	0.69 a
			常氮常密	33.2 a	44.0 a	24.1 a	0.69 a
		中嘉早 17	减氮增密	35.0 a	45.8 a	23.8 a	0.69 a
			常氮常密	38.2 a	39.5 a	23.9 a	0.72 a
	晚季	泰优 390	减氮增密	53.7 a	67.2 a	12.5 a	0.66 a
			常氮常密	37.1 b	54.4 b	10.8 a	0.67 a
		湘晚籼 13	减氮增密	43.7 a	53.6 a	9.1b a	0.59 a
			常氮常密	37.2 b	41.7 b	6.6 a	0.59 a
2019 年	早季	株两优 819	减氮增密	32.6 a	71.7 a	26.9 a	0.74 a
			常氮常密	31.0 a	48.9 b	23.3 a	0.73 a
		中嘉早 17	减氮增密	27.8 a	67.8 a	20.6 a	0.74 a
			常氮常密	34.5 a	57.9 b	20.7 a	0.73 a
	晚季	泰优 390	减氮增密	32.6 a	68.6 a	20.0 a	0.75 a
			常氮常密	31.0 a	53.3 b	18.0 a	0.73 a
		湘晚籼 13	减氮增密	27.8 a	57.4 a	12.7 a	0.66 a
			常氮常密	34.5 a	38.9 b	8.9 b	0.62 a
2020 年	早季	株两优 819	减氮增密	34.2 a	71.7 a	26.9 a	0.74 a
			常氮常密	31.0 a	48.9 b	23.3 a	0.73 a
		中嘉早 17	减氮增密	33.1 a	67.8 a	20.6 a	0.74 a
			常氮常密	30.7 a	52.2 b	20.7 a	0.73 a

二、双季稻机插高产高效栽培关键技术研究

（一）机插双季稻品种比较研究

早稻试验于 2017 年和 2018 年在湖南省衡阳市三塘镇进行，试验田前作为水稻。土壤有机质含量 31.0 g/kg，速效氮、磷、钾含量分别为 145 mg/kg、14.1 mg/kg、187 mg/kg，pH 为 5.86。供试品种为中早 39，中嘉早 17，湘早籼 32 号，湘早籼 42 号，湘早籼 24 号、湘早籼 45 号、陆两优 996，陵两优 268，陵两优 104，株两优 819。采用随机区组设计，3 次重复，小区面积为 30 m²。印刷双粒播种，硬盘（58 cm × 28 cm）淤泥育秧，3 月 31 日播种，4 月 24 日移栽，秧龄为 24 d。采用 PZ80–25 乘座式插秧机进行移栽，移栽密度为 25 cm × 12 cm。氮磷钾用量分别为 150 kg/hm²、75 kg/hm²、150 kg/hm²。氮肥按基肥：分蘖肥：穗肥 =5：3：2 的比例施用，磷肥全部作基肥施用，钾肥按基肥：穗肥 =5：5 的比例施用。其他大田管理按当地高产习惯进行。

晚稻试验于 2018 和 2019 年在湖南省浏阳市永安镇平头村湖南农业大学试验基地进行，试验田前作为水稻。土壤 pH 6.12，含有机质 34.3 g/kg、碱解氮、速效磷、速效钾 164 mg/kg、20.1 mg/kg、113 mg/kg。供试品种为陵两优 104（早晚兼用型短生育期品种）和泰优 390（长生育期品种）。试验设高密

D1（25 cm × 11 cm）和低密 D2（25 cm × 17 cm）两个密度，3 次重复，裂区设计，密度为主区，品种为副区，主区面积为 60 m²，副区面积为 30 m²。双本印刷播种，硬盘（58 cm × 28 cm）淤泥育秧，6 月 27 日播种，7 月 20 日移栽，秧龄为 23 d，采用井关 PZ80–25 乘座式插秧机进行移栽。氮、磷、钾肥施用量分别为 150 kg/hm²、75 kg/hm²、150 kg/hm²。其中，氮肥按基肥：分蘖肥：穗肥 =5：3：2 的比率施用，磷肥全部作基肥施用，钾肥按基肥：穗肥 =5：5 的比例施用。其他大田管理按当地高产习惯进行。主要结果如下：

（1）机插条件下不同早稻品种的生育期和产量。由表 3–140 可知，不同品种之间从移栽到抽穗的时间存在差异。陵两优 268 和陵两优 104 在 2017 年从移栽到抽穗的时间最长，表现为 56 d，2018 年从移栽到抽穗时间最长的也是陵两优 268 表现为 60 d。不同品种从抽穗到成熟的时间也存在差异。株两优 819 在 2017 年从抽穗到成熟的时间比其他品种长 1 ~ 5 d，而湘早籼 32 在 2018 年从抽穗到成熟的时间比其他品种长 5 ~ 8 d。总体而言，陵两优 268 和陵两优 104 的生育期比其他几个品种长。不同品种的产量在两年间差异显著（表 3–149）。2017 年，以中早 39 的产量最高，表现为 8.72 t/hm²，显著高于湘早籼 24，湘早籼 32、湘早籼 42 和湘早籼 45。2018 年以陵两优 104 的产量最高（8.42 t/hm²），而且株两优 819，陵两优 268，陵两优 104 和湘早籼 42 的产量显著高于其他品种。总体而言，株两优 819，陵两优 268 和陵两优 104 的产量在两年间均相对较高。而湘早籼 24 和湘早籼 32 这两个品种在两年间的的产量都相对较低。将参试品种产量平均，两年间的产量差异不超过 0.40 t/hm²，但中早 39 在 2017 年的产量比 2018 年高出 16%。

表 3–140　机插条件下不同早稻品种的产量和生育期表现

品种	生育期 /d			产量 /（t·hm⁻²）
	移栽 – 抽穗	抽穗 – 成熟	移栽 – 成熟	
2017 年				
株两优 819	49	34	83	8.15 ab
陵两优 268	56	30	86	8.33 ab
陵两优 104	56	30	86	8.35 ab
陆两优 996	53	33	86	7.93 ab
湘早籼 24	52	29	81	6.87 cd
湘早籼 32	48	33	81	6.21 d
湘早籼 45	50	33	83	7.71 bc
湘早籼 42	54	32	86	7.80 b
中嘉早 17	52	30	82	7.63 bc
中早 39	55	31	86	8.72 a
平均	53	32	84	7.77
2018 年				
株两优 819	53	29	82	8.20 ab
陵两优 268	60	29	89	7.99 ab
陵两优 104	58	29	87	8.42 a

续表

品种	生育期 /d			产量 / (t·hm^{-2})
	移栽 – 抽穗	抽穗 – 成熟	移栽 – 成熟	
陆两优 996	57	26	83	7.92 bc
湘早籼 24	53	29	82	7.27 d
湘早籼 32	48	34	82	6.49 e
湘早籼 45	53	29	82	7.83 bc
湘早籼 42	56	26	82	8.01 ab
中嘉早 17	54	27	81	7.90 bc
中早 39	57	26	83	7.52 cd
平均	55	28	83	7.76

注：同一年同一列数据后相同字母表示未达显著水平；下同。

（2）机插条件下不同早稻品种的产量构成。由表 3–141 可知，各产量构成因子在不同年份和品种间差异较大。2018 年的单位面积穗数和每穗粒数要低于 2017 年，但结实率和千粒重要高于 2017 年。2017 年，以湘早籼 45 单位面积有效穗数最高，分边比陆两优 996、湘早籼 42、中嘉早 17、中早 39 显著高 22%、11%、22%、28%。而 2018 年以中嘉早 17 的最高，分别比陆两优 996、湘早籼 42、中早 39 显著高 43%、29%、62%。每穗粒数在两年间均以中早 39 最高，结实率以湘早籼 32 最高。2018 年以陵两优 104 的千粒重最高，表现为 31.0 g，其次是陆两优 996，该品种在在 2017 年获得最高千粒重，表现为 29.3 g。

表 3–141　机插条件下不同早稻品种的产量构成

品种	每平方米有效穗数 / 穗	每穗粒数 / 粒	结实率 /%	千粒重 /g
		2017 年		
株两优 819	394 ab	120 d	71.0 b	27.2 bc
陵两优 268	391 ab	117 d	71.1 b	27.3 bc
陵两优 104	386 ab	117 d	70.0 bc	28.1 b
陆两优 996	334 cd	137 b	72.8 b	29.3 a
湘早籼 24	381 ab	119 d	66.0 cd	23.9 f
湘早籼 32	399 ab	119 d	81.6 a	24.2 f
湘早籼 45	406 a	122 cd	71.9 b	26.0 de
湘早籼 42	367 bc	134 bc	62.8 d	25.4 e
中嘉早 17	333 cd	156 a	57.8 e	26.8 cd
中早 39	316 d	165 a	56.9 e	27.6 bc
平均	371	130	68.2	26.6
		2018 年		
株两优 819	351 ab	112 bc	83.4 ab	28.4 bc

续表

品种	每平方米有效穗数 / 穗	每穗粒数 / 粒	结实率 /%	千粒重 /g
陵两优 268	384 a	109 c	62.5 d	30.4 a
陵两优 104	379 a	110 c	69.0 cd	31.0 a
陆两优 996	269 cd	127 a	78.3 b	30.9 a
湘早籼 24	344 ab	100 c	87.8 a	25.6 f
湘早籼 32	364 a	101 c	89.4 a	24.5 g
湘早籼 45	369 a	106 c	82.9 ab	27.1 e
湘早籼 42	299 bc	124 ab	81.2 ab	27.6 de
中嘉早 17	386 a	124 ab	76.3 bc	27.9 cd
中早 39	238 d	135 a	81.2 ab	29.1 b
平均	338	115	79.2	28.2

相关性分析表明（表 3–142），千粒重与产量在 2017 年和 2018 年间均呈显著正相关。 2018 年结实率与产量之间呈负相关。2017 年，每穗粒数与单位面积穗数以及结实率均呈负相关。在 2018 年，单位面积穗数与每穗粒数呈显著负相关，千粒重和结实率之间呈负相关。

表 3–142　机插条件下早稻产量与产量构成因子的相关性

产量构成因子	产量	每平方米有效穗数 / 穗	每穗粒数 / 粒	结实率 /%
		2017 年		
每平方米穗数	−0.372			
每穗粒数	0.341	−0.922**		
结实率	−0.479	0.703	−0.765**	
千粒重	0.792**	−0.455	0.306	−0.149
		2018 年		
每平方米穗数	0.080			
每穗粒数	0.316	−0.719*		
结实率	−0.642*	−0.277	0.156	
千粒重	0.776**	−0.186	−0.478	−0.801**

注：* 和 ** 分别表示达到 0.05 和 0.01 显著水平。

（3）机插条件下不同早稻品种的干物质积累和收获指数。由表 3–143 可知，不同品种的总干物质积累量，包括抽穗前和抽穗后的干物积累量差异显著。抽穗前干物质积累量在 2017 年和 2018 年分别以中早 39 和陵两优 268 最高。2017 年各品种间抽穗后干物质积累量无显著差异。但在 2018 年，中嘉早 17 在抽穗后积累的干物质量表现最高。两年的总干物质积累量均以湘早籼 24 表现最低。中早 39 和中嘉早 17 分别在 2017 年和 2018 年获得了最高的总干物质积累量。2018 年的收获指数比 2017 年高 8%。两年收获指数均以湘早籼 32 最高。2017 年抽穗前和抽穗后作物生长率分别比 2018 年高 9% 和 6%（表

3-144）。相关分析可知，产量与总干物质积累量和抽穗前干物质积累量呈显著正相关，但与收获指数与抽穗后干物质积累量无直接相关性。抽穗前的干物质积累量受到从移栽到抽穗的时间和作物生长速率的影响。

表 3-143　机插条件下不同早稻品种的干物质积累和收获指数

品种	干物质积累 / (g·m^{-2})			收获指数
	抽穗前	抽穗后	总计	
2017 年				
株两优 819	646 bcd	737 a	1383 bc	0.57 a
陵两优 268	766 abc	681 a	1447 ab	0.52 b
陵两优 104	718 abcd	707 a	1425 abc	0.53 b
陆两优 996	691 bcd	831 a	1522 ab	0.55 ab
湘早籼 24	623 d	650 a	1273 c	0.48 c
湘早籼 32	636 cd	761 a	1397 abc	0.57 a
湘早籼 45	661 bcd	830 a	1492 ab	0.53b
湘早籼 42	678 bcd	731 a	1409 abc	0.48 cd
中嘉早 17	775 ab	703 a	1477 ab	0.47 cd
中早 39	852 a	697 a	1549 a	0.45 d
平均	705	732	1437	0.52
2018 年				
株两优 819	632 c	705 ab	1337 abc	0.60 abc
陵两优 268	768 a	647 abc	1415 ab	0.48 f
陵两优 104	757 a	693 abc	1450 ab	0.52 e
陆两优 996	710 abc	570 bc	1281 bcd	0.55 de
湘早籼 24	646 bc	454 c	1100 d	0.60 ab
湘早籼 32	499 d	606 abc	1105 d	0.62 a
湘早籼 45	662 bc	682 abc	1344 abc	0.56 cd
湘早籼 42	697 abc	567 bc	1264 bcd	0.56 cd
中嘉早 17	671 bc	839 a	1510 a	0.58 bcd
中早 39	722 ab	463 bc	1186 cd	0.55 de
平均	677	622	1299	0.56

表 3-144　机插条件下不同早稻品种的生长速率

品种	生长速率 / (g·m^{-2}·d^{-1})	
	抽穗前	抽穗后
2017 年		
株两优 819	13.19 abc	21.67 a
陵两优 268	13.67 abc	22.71 a

续表

品种	生长速率 / (g·m⁻²·d⁻¹)	
	抽穗前	抽穗后
陵两优 104	12.82 bc	23.55 a
陆两优 996	13.04 abc	25.19 a
湘早籼 24	11.99 c	22.41 a
湘早籼 32	13.25 abc	23.07 a
湘早籼 45	13.23 abc	25.16 a
湘早籼 42	12.56 bc	22.85 a
中嘉早 17	14.90 ab	23.43 a
中早 39	15.49 a	22.50 a
平均	13.41	23.25
	2018 年	
株两优 819	11.93 a	24.30 ab
陵两优 268	12.80 a	22.30 ab
陵两优 104	13.06 a	23.88 ab
陆两优 996	12.46a	21.93 b
湘早籼 24	12.19 a	15.65 b
湘早籼 32	10.40 b	17.83 b
湘早籼 45	12.50 a	23.51 ab
湘早籼 42	12.45 a	21.81 b
中嘉早 17	12.43 a	31.06 a
中早 39	12.67 a	17.82 b
平均	12.29	22.01

（4）机插条件下不同早稻品种的表观辐射利用效率、表观辐射利用效率在不同品种和年份之间差异很大，而且抽穗前的表观辐射利用率要低于抽穗后（表 3–145）。2017 年和 2018 年的表观辐射利用效率分别以中早 39 和陵两优 104 最高。干物质积累较多的品种在抽穗前期也具有较高的表观辐射利用效率。相关性分析显示，抽穗前作物生长速率与太阳辐射入射量之间没有直接相关性，而作物生长速率与表观辐射利用效率之间具有显著的正线性相关性。

表 3–145 机插条件下不同早稻品种的表观辐射利用率

品种	入射辐射量 / (MJ·m⁻²)			表观辐射利用率 / (g·MJ⁻¹)		
	移栽–抽穗	抽穗–成熟	移栽–成熟	移栽–抽穗	抽穗–成熟	移栽–成熟
	2017					
株两优 819	664	390	1054	0.97 bc	1.89 a	1.31 abc
陵两优 268	715	411	1126	1.07 abc	1.66 a	1.28 bc

续表

品种	入射辐射量 /（MJ·m⁻²）			表观辐射利用率 /（g·MJ⁻¹）		
	移栽 – 抽穗	抽穗 – 成熟	移栽 – 成熟	移栽 – 抽穗	抽穗 – 成熟	移栽 – 成熟
陵两优 104	715	411	1126	1.00 bc	1.72 a	1.27 bc
陆两优 996	689	437	1126	1.00 bc	1.90 a	1.35 abc
湘早籼 24	682	317	999	0.91 c	2.05 a	1.27 bc
湘早籼 32	658	341	999	0.97 bc	2.23 a	1.40 abc
湘早籼 45	670	384	1054	0.99 bc	2.16 a	1.41 ab
湘早籼 42	695	431	1126	0.98 bc	1.69 a	1.25 c
中嘉早 17	682	344	1027	1.14 ab	2.04 a	1.44 a
中早 39	701	425	1126	1.22 a	1.64 a	1.38 abc
平均	687	389	1076	1.03	1.90	1.34
			2018			
株两优 819	681	492	1173	0.93 a	1.43 ab	1.14 ab
陵两优 268	772	547	1319	0.99 a	1.18 b	1.07 bc
陵两优 104	743	533	1276	1.02 a	1.30 b	1.14 b
陆两优 996	737	453	1190	0.96 a	1.26 b	1.08 bc
湘早籼 24	681	492	1173	0.95 a	0.92 b	0.94 c
湘早籼 32	628	545	1173	0.79 b	1.11 b	0.94 c
湘早籼 45	681	492	1173	0.97 a	1.38 ab	1.15 ab
湘早籼 42	730	443	1173	0.95 a	1.28 b	1.08 bc
中嘉早 17	703	444	1147	0.96 a	1.89 a	1.32 a
中早 39	737	453	1190	0.98 a	1.02 b	1.00 bc
平均	709	489	1198	0.95	1.28	1.09

（5）机插条件下不同类型晚稻品种的生育期和产量。由表 3–146 可知，短生育期品种陵两 104 与长生育期品种泰优 390 相比，其全生育期在 2018 年和 2019 年分别短 15 d、13 d，但两者之间的产量并没有显著差异。两品种间全生育期的差异主要来源于抽穗前，2018 年和 2019 年陵两优 104 移栽到抽穗的天数均比泰优 390 短 10 d。2018 年陵两优 104 在高密 D1 和低密 D2 条件下的日产量分别比泰优 390 高 20%、13%，差异达显著水平，但 2019 年两品种的日产量差异有所减小，仅在 D2 条件下差异显著。两品种对机插密度的响应不同，并且在不同年份间表现不一致，陵两优 104 在 2018 年高密 D1 条件下的产量显著高于低密 D2，但在 2019 年没有显著差异。而密度对泰优 390 的产量无显著影响，两年规律一致。

表 3-146　机插条件下不同类型晚稻品种的产量和生育期

年份	品种	密度	产量（t·hm⁻²）	日产量（kg·hm⁻²·d⁻¹）	生育期 /d		
					全生育期	移栽—抽穗	抽穗—成熟
2018 年	陵两优 104	D1	7.55 a	69.9 a	108	50	35
		D2	6.73 b	62.3 b	108	50	35
	泰优 390	D1	7.15 ab	58.2 bc	123	60	40
		D2	6.75 b	54.9 c	123	60	40
2019 年	陵两优 104	D1	6.63 a	58.7 a	113	53	37
		D2	6.62 a	58.6 a	113	53	37
	泰优 390	D1	6.99 a	55.5 ab	126	63	40
		D2	6.38 a	50.6 b	126	63	40

注：D1 和 D2 分别为 25 cm × 11 cm 和 25 cm × 17 cm；同一数列后跟相同小写字母者差异未达到 5% 显著水平；下同。

（6）机插条件下不同类型晚稻品种的产量构成。由表 3-147 可知，陵两优 104 的有效穗数、结实率和粒重均高于泰优 390，但每穗总粒数要显著低于泰优 390。2018 年和 2019 年陵两优 104 的每平方米穗数平均为 382、317，分别比泰优 390 高 8%、6%。泰优 390 的每穗总粒数在 2018 年和 2019 年分别比陵两优 104 高 35 ～ 44 粒、37 ～ 52 粒。2018 年和 2019 年陵两优 104 的结实率平均为 74.1%、74.9%、而泰优 390 仅为 59.0%、59.7%，两者差异显著。陵两优 104 的千粒重比泰优 390 高 1.3 ～ 2.1 g。密度对陵两优 104 的每平方米穗数影响显著，表现为高密 D1 显著高于低密 D2，2018 年和 2019 年分别显著高 14%、16%。但密度对泰优 390 的每 m² 穗数以及两品种的其他产量构成因子均没有显著影响。

表 3-147　机插条件下不同类型晚稻品种的产量构成

年份	品种	密度	每平方米穗数 / 穗	每穗总粒数 / 粒	结实率 /%	千粒重 /g
2018 年	陵两优 104	D1	406 a	90 b	73.8 a	29.3 a
		D2	357 b	94 b	74.3 a	28.7 b
	泰优 390	D1	358 b	129 a	59.5 b	27.2 b
		D2	347 b	134 a	58.4 b	27.2 b
2019 年	陵两优 104	D1	340 a	98 b	74.4 a	29.8 a
		D2	293 b	107 b	75.4 a	29.2 a
	泰优 390	D1	312 ab	144 a	59.6 b	27.9 b
		D2	285 b	150 a	59.8 b	27.5 b

（7）机插条件下不同类型晚稻品种的干物质积累和收获指数。由表 3-148 可知，各处理在幼穗分化期、孕穗期、抽穗期、抽穗后 10 d、抽穗后 20 d 以及成熟期的干物质量均表现为泰优 390＞陵两优 104，高密 D1＞低密 D2，但陵两优 104 跟泰优 390 干物质的差异主要来源于移栽到幼穗分化期，而从幼穗分化期到成熟期两者积累的干物质基本一致。密度对陵两优 104 的干物质生产影响较大，陵两优 104 在高密 D1 处理下的干物质生产量在整个生育期间均高于低密 D2 处理。收获指数在不同密度间差异不大，但在两品种间差异显著，表现为陵两优 104 的收获指数显著高于泰优 390，且在两年规律一致。

表 3-148　机插条件下不同类型晚稻品种的干物质积累和收获指数

年份	品种	密度	干物质量（g/m²）						收获指数
			PI	BT	HD	HD10	HD20	MA	
2018	陵两优 104	D1	283 c	473 c	741 b	973 ab	1166 b	1296 b	0.52 a
		D2	206 d	378 d	681 b	868 c	946 c	1195 c	0.52 a
	泰优 390	D1	414 a	657 a	881 a	1028 a	1298 a	1436 a	0.45 b
		D2	377 b	593 b	867 a	927 bc	1116 b	1472 a	0.43 b
2019	陵两优 104	D1	242 c	448 c	817 bc	1001 a	1119 b	1231 bc	0.52 a
		D2	192 d	438 c	779 c	951 b	1019 c	1165 c	0.53 a
	泰优 390	D1	382 a	752 a	1041 a	1117 a	1260 a	1371 a	0.47 b
		D2	300 b	660 b	881 b	970 b	1075 bc	1310 ab	0.47 b

注：PI 为幼穗分化期；BT 为孕穗期；HD 为抽穗期；HD10 为抽穗后 10 d；HD20 为抽穗后 20 d；MA 为成熟期；下同。

（8）机插条件下不同类型晚稻品种的净同化率以及叶片光合特性。由表 3-149 可知，从幼穗分化期到孕穗期，陵两优 104 在不同密度间差异显著，表现为低密 D2 > 高密 D1。孕穗期到抽穗期以及抽穗期到抽穗后 10 d，陵两优 104 的净同化率要高于泰优 390，2018 年分别高 22%、108%，2019 年分别高 58%、111%。抽穗后 10 d 到抽穗后 20 d，陵两优 104 的净同化率在 2018 年显著低于泰优 390，但在 2019 年差异不显著。

表 3-149　机插条件下不同类型晚稻品种的净同化率

年份	品种	密度	净同化率 / (g·m⁻²·d⁻¹)			
			PI–BT	BT–HD	HD–HD10	HD10–HD20
2018 年	陵两优 104	D1	4.68 b	5.46 b	4.68 a	4.51 b
		D2	6.00 a	7.51 a	4.75 a	2.50 b
	泰优 390	D1	4.68 b	4.06 c	3.14 b	8.85 a
		D2	4.65 b	5.56 b	1.38 c	7.29 a
2019 年	陵两优 104	D1	5.81 b	8.28 a	4.54 a	4.37 a
		D2	7.71 a	8.05 a	4.79 a	2.65 a
	泰优 390	D1	7.82 a	5.48 c	1.85 b	4.49 a
		D2	8.83 a	4.87 c	2.57 b	4.05 a

由表 3-150 可知，孕穗期、抽穗期、抽穗后 10 d 的叶片净光合速率均表现为陵两优 104 高于泰优 390，其中孕穗期、抽穗期达显著水平。气孔导度、胞间 CO_2 浓度、蒸腾速率也表现了相同的趋势，其中气孔导度的差异在 3 个时期均达显著水平。密度对单叶的光合速率影响不大。

表 3–150　机插条件下不同类型晚稻品种的叶片光合特性

光合特性	陵两优 104		泰优 390	
	D1	D2	D1	D2
净光合速率 / (μmol·m^{-2}·s^{-1})				
BT	23.0 a	22.8 ab	20.7 bc	19.5 c
HD	26.0 a	25.8 a	15.2 b	14.2 b
HD10	16.9 a	18.2 a	18.0 a	17.9 a
气孔导度 / (mmol·m^{-2}·s^{-1})				
BT	1.60 a	1.70 a	1.08 b	1.11 b
HD	1.37 a	1.37 a	034 b	0.28 b
HD10	0.55 ab	0.57 a	0.39 c	0.41 bc
胞间 CO$_2$ 浓度 / (μmol·mol^{-1})				
BT	322 a	324 a	310 a	313 a
HD	333 a	342 a	295 a	283 a
HD10	317 a	312 a	268 b	279 b
蒸腾速率 / (mmol·m^{-2}·s^{-1})				
BT	15.8 a	15.4 a	11.6 b	11.0 b
HD	9.71 a	9.85 a	6.89 b	5.91 b
HD10	8.40 a	8.45 a	8.09 a	8.55 a

（二）机插双季杂交稻播种方式与基本苗配置研究

试验于 2017 年和 2018 年在湖南省长沙市永安镇（28°09′N，113°37′E）进行。试验田为粘性土、pH 值 6.17、有机质含量 38.6 g/kg、碱解 N 含量 168 mg/kg、速效 P 含量 18.5 mg/kg、速效 K 含量 183 mg/kg。供试水稻品种早稻为陵两优 268 和陆两优 996；晚稻为隆晶优 1212 和泰优 390。试验采用裂区设计，以机插密度为主区，分别为 25 cm × 21 cm(低密)、25 cm × 14 cm(中密)和 25 cm × 11 cm(高密)；每穴本数为裂区，分别为早稻 2 本 / 穴（少本）和 4 ~ 5 本 / 穴（多本），晚稻 1 本 / 穴（少本）和 4 ~ 5 本 / 穴（多本），以品种为副区，3 次重复，小区面积均为 80 m^2。

采用硬质秧盘泥浆育秧。少本播种通过定位印刷播种技术确定，采用印刷播种机将种子用可溶性淀粉胶粘贴在水溶性纸张上，早稻每 2 本 / 穴，晚稻 1 本 / 穴。田间播种时，少本播种是把粘贴种子的水溶性纸张平铺于装有泥浆的秧盘上；多本播种是将称量好的种子通过人工均匀撒播到装有泥浆的秧盘上，每个秧盘播种量均为 80 g，再使用水稻育秧专用基质覆盖，之后用农用喷雾器喷水至基质充分湿润。

移栽前一天施入基肥。氮肥施用量早晚稻均为 150 kg/hm^2，按基肥：分蘖肥：穗肥 =5：3：2 施用；磷肥 75 kg/hm^2，全部作基肥施用；钾肥 150 kg/hm^2，按基肥：穗肥 =5：5 施用。采用井关 PZ80–25 乘坐式高速插秧机移栽（早稻 4 月 21 日，晚稻 7 月 22 日）。田间管理、病虫及杂草防治与当地高产栽培一致。主要结果如下：

（1）播种方式对机插双季杂交稻秧苗地上部特性的影响。由表 3–151 可知，2017 年印刷定位播种机插双季稻秧苗地上部特性显著高于常规播种机插双季稻秧苗地上部特性。其中，陵两优268和陆两优996秧苗的叶龄分别高14%和17%；株高分别高7%和20%；茎基宽分别高33%和18%；单株地上部干重分别高47%和69%；叶绿素含量分别高28%和25%；泰优390秧苗的叶龄、株高、茎基宽、地上部干重、叶绿素含量、单株总根数、单株白根数和单株地下部干重分别高9%、12%、31%、53%、22%、20%、14%和47%；隆晶优1212秧苗的叶龄、株高、茎基宽、地上部干重和叶绿素含量分别高8%、21%、17%、55%和12%。2018年与2017年秧苗地上部特性基本一致。其中，陆两优268和陆两优996的叶龄、株高、茎基宽、地上部干重和绿素含量分别高11%和30%、23%和24%、44%和33%、54%和60%以及13%和17%；泰优390的叶龄高16%、株高高23%、茎基宽高28%、干重高37%和绿素含量高15%，隆晶优1212的叶龄、株高、茎基宽、地上部干重和叶绿素含量分别高9%、13%、11%、65%和9%。

表3-151　播种方式对机插双季杂交稻秧苗地上部特性的影响

季节	品种	播种方式	叶龄	株高/cm	茎基宽/mm	单株干重/mg	叶绿素含量/（mg·g⁻¹）
2017年早季	陵两优268	印刷定位	3.08 b	17.7 a	2.50 a	40.9 a	2.81 a
		常规	2.70 c	16.5 b	1.88 c	27.8 b	2.19 b
	陆两优996	印刷定位	3.21 a	16.1 c	2.34 b	39.8 a	2.12 b
		常规	2.74 c	13.4 d	1.98 c	23.6 b	1.69 c
2017年晚季	泰优390	印刷定位	4.57 b	29.6 b	4.01 a	78.9 a	4.02 a
		常规	4.21 c	26.4 d	3.06 c	51.6 b	3.30 c
	隆晶优1212	印刷定位	5.15 a	34.0 a	4.13 a	78.4 a	3.97 a
		常规	4.79 b	28.0 c	3.54 b	50.7 b	3.56 b
2018年早季	陵两优268	印刷定位	3.51 b	20.6 a	2.92 a	44.5 a	3.01 a
		常规	3.16 c	16.8 b	2.03 c	28.7 b	2.66 b
	陆两优996	印刷定位	4.02 a	17.4 b	2.58 b	43.3 a	2.24 c
		常规	3.09 c	14.0 c	1.94 c	27.1 b	1.91 d
2018年晚季	泰优390	印刷定位	4.83 b	35.9 a	4.33 ab	87.4 a	4.26 a
		常规	4.15 c	29.2 c	3.37 c	63.8 b	3.71 b
	隆晶优1212	印刷定位	5.38 a	31.2 b	4.53 a	85.3 a	4.05 a
		常规	4.95 b	27.6 d	4.07 b	51.8 c	3.73 b

注：同一品种同一列数据后相同字母表示差异未达0.05显著水平；下同。

（2）播种方式对机插双季杂交稻秧苗根系特性的影响。由表3-152可知，2017年印刷定位播种机插双季稻秧苗根系特性显著高于常规播种机插双季稻秧苗根系特性，其中陵两优268秧苗的单株总根数、单株白根数和单株地下部干重分别高出19%、23%和106%；陆两优996秧苗的单株总根数、单株白根数和单株地下部干重分别高出17%、28%和47%；泰优390和隆晶优1212单株总根数、单株白根数和单株地下部干重分别增加20%和22%、14%和11%、47%和53%。2018年秧苗根系特性与2017年秧苗根系特性基本一致，印刷定位播种机插双季稻秧苗根系特性显著高于常规播种机插双季稻秧苗根系特性，其中泰优 390 和隆晶优 1212 单株总根数、单株白根数分别增加 22% 和 25%、16% 和 13%，单株地下部干重增加均为 50%。

表 3-152　播种方式对机插双季杂交稻秧苗根系特性的影响

季节	品种	播种方式	单株总根数/条	单株白根数/条	单株干重/mg
		2017 年			
早季	陵两优 268	印刷定位	9.9 a	7.6 a	22.3 a
		常规	8.3 c	6.1 c	10.8 c
	陆两优 996	印刷定位	8.9 b	6.8 b	22.1 a
		常规	7.6 d	5.3 d	15.0 b
晚季	泰优 390	印刷定位	16.9 a	10.4 a	22.2 a
		常规	14.1 c	9.1 b	15.1 b
	隆晶优 1212	印刷定位	15.8 b	9.1 b	21.7 a
		常规	13.0 d	8.2 b	14.2 b
		2018 年			
早季	陵两优 268	印刷定位	14.6 a	11.5 a	24.0 a
		常规	9.6 c	6.3 c	11.3 c
	陆两优 996	印刷定位	11.2 b	7.9 b	23.9 a
		常规	10.7 b	6.1 c	16.6 b
晚季	泰优 390	印刷定位	17.5 a	11.9 a	23.2 a
		常规	14.4 c	10.3 b	15.5 b
	隆晶优 1212	印刷定位	16.3 b	9.4 c	22.5 a
		常规	13.0 d	8.3 d	15.0 b

（3）少本密植对机插双季杂交稻产量的影响。由表 3-153 可知，在相同机插密度下，少本机插杂交稻产量较多本机插杂交稻产量高，随密度的增加杂交稻产量表现出增加的趋势。2017 年早晚稻产量均在少本高密（以下称少本密植）下最高，其中陵两优 268 的产量为 8.73 t/hm²，较其他处理相比，产量增幅范围较大，其值为 4% ~ 28%，其中少本中密最小，为 4%，多本低密最大，为 28%，差异显著（除少本中密外）;陆两优 996 在少本密植下产量为 8.16 t/hm²，显著高于其他处理，较少本中密、少本低密、多本高密、多本中密和多本低密相比分别高 6.3%、9.2%、6.7%、11% 和 14%。晚稻产量与早稻趋势一致，泰优 390 和隆晶优 1212 产量均以少本密植产量最高，分别为 7.59 t/hm² 和 7.26 t/hm²，较少本中密分别增加 5% 和 3%，较少本低密均增加 9%，较多本高密分别增加 16% 和 11%，较多本中密分别增加 7% 和 15%，较多本低密分别增加 20% 和 19%。2018 年产量与 2017 年产量特点基本一致，机插早晚杂交稻产量均以少本密植最高，其中陵两优 268 和陆两优 996 的产量分别为 8.47 t/hm² 和 8.23 t/hm²，较其他处理相比增幅分别为 3% ~ 22% 和 2% ~ 22%;泰优 390 和隆晶优 1212 的产量分别为 8.17 t/hm² 和 7.67 t/hm²，较其他处理相比增幅分别为 10% ~ 18% 和 5% ~ 20%。

表 3-153 少本密植对机插双季杂交稻产量和产量构成的影响

季节	品种	密度	每穴本数	产量 /（t·hm⁻²）	每平方米穗数	每穗粒数 / 粒	结实率 /%	千粒重 /g
				2017 年				
早季	陵两优 268	D1	少本	7.68 c	349 f	120 c	74.8 a	28.6 a
			多本	6.81 e	407 c	101 d	70.7 b	28.4 a
		D2	少本	8.35 b	399 d	126 b	73.7 a	28.3 a
			多本	7.06 e	459 b	100 d	66.7 c	28.3 a
		D3	少本	8.73 a	384 e	131 a	74.2 a	28.4 a
			多本	7.35 d	478 a	80 e	69.8 b	28.4 a
	陆两优 996	D1	少本	7.47 c	222 e	163 a	71.7 c	29.8 b
			多本	7.16 e	330 c	109 c	78.1 a	30.5 a
		D2	少本	7.68 b	292 d	144 b	72.0 bc	29.5 b
			多本	7.34 d	368 b	102 cd	70.4 c	30.5 a
		D3	少本	8.16 a	328 c	136 b	75.6 ab	30.3 a
			多本	7.65 b	393 a	96 d	72.7 bc	30.4 a
晚季	泰优 390	D1	少本	6.99 c	261 e	168 a	64.4 a	25.3 abc
			多本	6.33 d	333 d	137 b	61.1 ab	25.8 ab
		D2	少本	7.22 b	354 cd	146 b	62.3 ab	25.0 bc
			多本	7.10 bc	357 c	135 b	64.0 a	25.9 a
		D3	少本	7.59 a	428 b	137 b	58.1 ab	24.9 c
			多本	6.53 d	482 a	105 c	55.8 b	25.9 a
	隆晶优 1212	D1	少本	6.66 b	239 d	166 a	63.8 b	27.3 a
			多本	6.11 d	281 c	146 b	58.7 c	27.4 a
		D2	少本	7.03 a	258 d	165 a	68.4 a	26.9 ab
			多本	6.30 cd	348 b	122 d	59.0 c	27.4 a
		D3	少本	7.26 a	333 b	159 a	70.3 a	26.3 b
			多本	6.53 bc	380 a	134 c	56.9 c	27.0 ab
				2018 年				
早季	陵两优 268	D1	少本	7.35 c	303 e	129 a	68.0 d	29.5 ab
			多本	6.95 d	341 d	112 b	63.6 e	29.3 ab
		D2	少本	8.21 b	383 c	116 b	81.0 a	29.7 a
			多本	7.18 c	460 a	87 d	76.8 b	29.0 b
		D3	少本	8.47 a	337 d	135 a	77.7 b	29.0 b
			多本	8.20 b	417 b	99 c	71.8 c	29.3 ab
	陆两优 996	D1	少本	7.20 c	214 d	165 a	82.0 ab	30.6 b
			多本	6.73 d	321 b	100 d	80.7 ab	30.5 bc
		D2	少本	8.08 a	288 c	135 b	78.2 b	30.2 c
			多本	7.53 b	294 c	112 c	83.7 ab	30.8 ab

续表

季节	品种	密度	每穴本数	产量 / (t·hm⁻²)	每平方米穗数	每穗粒数 / 粒	结实率 /%	千粒重 /g
晚季	泰优 390	D3	少本	8.23 a	288 c	139 b	85.1 a	30.6 b
			多本	7.74 b	375 a	88 e	83.6 ab	31.0 a
		D1	少本	7.16 c	296 e	166 b	59.0 b	26.3 b
			多本	6.91 d	353 c	134 c	59.0 b	26.4 b
		D2	少本	7.44 b	347 cd	161 b	57.4 b	26.8 b
			多本	7.21 c	387 b	138 c	64.7 a	26.5 b
		D3	少本	8.17 a	333 d	195 a	65.0 a	26.5 b
			多本	7.41 b	496 a	114 d	57.7 b	27.6 a
	隆晶优 1212	D1	少本	6.60 e	244 f	179 a	59.0 bc	27.8 c
			多本	6.41 f	294 d	136 c	60.3 b	28.2 b
		D2	少本	7.28 b	283 e	164 b	61.7 b	27.7 c
			多本	6.84 d	348 b	132 cd	56.7 c	28.6 a
		D3	少本	7.67 a	329 c	161 b	65.5 a	28.5 ab
			多本	7.10 c	377 a	126 d	59.6 b	28.5 ab

注：D1（低密），25 cm × 21 cm；D2（中密），25 cm × 14 cm；D3（高密），25 cm × 11 cm。

（4）少本密植对机插双季杂交稻产量构成的影响。在相同机插密度下，多本机插杂交稻单位面积有效穗数均高于少本机插杂交稻单位面积有效穗数。其中陵两优 268 多本机插单位面积有效穗（407 ～ 478 穗 /m²）显著高于少本机插（349 ～ 384 穗 /m²），陆两优 996 多本机插单位面积有效穗数（330 ～ 393 穗 /m²）显著高于少本机插单位面积有效穗数（222 ～ 328 穗 /m²），且随密度的增大单位面积有效穗数呈现增加的趋势；每穗粒数则和单位面积有效穗数相反，表现为少本机插杂交稻显著高于多本机插杂交稻，其中陵两优 268 的每穗粒数以多本密植最大（131 粒 / 穗），较少本中密和少本低密分别高 4% 和 9%，较多本机插增幅为 30% ～ 64%，陆两优 996 则以少本低密最大，较少本密植和少本中密分别高 20% 和 13%，较多本机插增幅为 50% ～ 70%；结实率和每穗粒数规律基本一致，表现出少本机插杂交稻高于多本机插杂交稻，其增幅为 5% ～ 11%。晚稻产量构成与早稻产量构成趋势一致，在相同机插密度下，泰优 390 和隆晶优 1212 单位面积有效穗数均为少本机插少于多本机插；每穗粒数则以少本机插高于多本机插，增幅为 8% ～ 52%；除少本中密外，少本机插杂交稻结实率均高于多本机插杂交稻结实率。2018 年产量构成与 2017 年基本一致，单位面积有效穗数早晚稻均为多本机插杂交稻高于少本机插杂交稻，每穗粒数均以少本机插高于多本机插；结实率和粒重无明显规律。

（5）少本密植对机插双季杂交稻穗部性状的影响。由表 3–154 可知，在相同机插密度下，陵两优 268 在少本机插下的穗长、着粒密度、1 次枝梗数和 2 次枝梗数均高于在多本机插下的穗长、着粒密度、1 次枝梗数和 2 次枝梗数。其中，穗长和着粒密度在 D3 条件下差异达显著水平，较多本机插分别高 7% 和 41%；1 次枝梗数在 D2 和 D3 条件下较多本机插显著高 15% 和 18%；2 次枝梗数在 D2 和 D3 条件下较多本机插显著高 30% ～ 88%，此外，着粒密度、1 次枝梗数和 2 次枝梗数在 D3 条件下均最大。相同密度下，陆两优 996 少本移栽较多本移栽相比，其穗长、着粒密度、1 次枝梗数和 2 次枝梗数均高于多本机插，且在 D3 密度下最高，其中，着粒密度和 2 次枝梗数分别高 7% ~ 81% 和 7% ~ 120%。每穴本数对机插杂交晚稻穗部性状的影响也较大，在相同机插密度下，少本机插杂交稻的穗长、着粒密度、1 次枝梗数和 2 次枝梗数均高于在多本机插。其中，着粒密度和 2 次枝梗数差异达显著水平，泰优 390 分别高 13% ~ 42% 和 31% ~ 60%，隆晶优 1212 分别高 5% ~ 28% 和 9% ~ 28%。2018 年杂交稻穗部性状于 2017 年基本一致，即每穴本数对机插杂交稻的穗部性状影响显著。在相同机插密度下，少本机插杂交稻穗长、着粒密度、1 次枝梗数和 2 次枝梗数均高于多本机插下的穗长、着粒密度、1 次枝梗数和 2 次枝梗数。其中，着粒密度和 2 次枝梗数差异达显著水平，陵两优 268 分别高 23% ~ 46% 和 21% ~ 94%，陆两优 996 分别高 22% ~ 70% 和 35% ~ 75%；泰优 390 分别高 11% ~ 85% 和 30% ~ 89%，隆晶优 1212 分别高 21% ~ 32% 和 39% ~ 40%。

表 3–154　少本密植对机插双季杂交稻穗部性状的影响

季节	品种	密度	每穴本数	穗长 /cm	着粒密度 /（粒·cm⁻¹）	每穗枝梗数 1 次枝梗	2 次枝梗
			2017 年				
早季	陵两优 268	D1	少本	19.8 a	4.24 bc	9.8 ab	16.7 b
			多本	18.9 bcd	4.91 ab	9.2 bc	14.3 bc
		D2	少本	19.2 abc	4.34 bc	9.9 ab	15.9 b
			多本	18.4 cd	4.04 c	8.6 c	12.2 cd
		D3	少本	19.4 ab	5.40 a	10.2 a	20.1 a
			多本	18.2 d	3.83 c	8.7 c	10.7 d
	陆两优 996	D1	少本	19.9 ab	4.49 bc	9.8 a	19.6 ab
			多本	19.1 abc	3.07 d	10.1 a	14.9 b
		D2	少本	20.0 ab	5.19 ab	9.4 ab	20.3 a
			多本	18.9 bc	4.27 c	9.2 ab	14.9 b
		D3	少本	20.2 a	5.57 a	10.4 a	21.7 a
			多本	18.2 c	3.07 d	8.0 b	9.87 c
晚季	泰优 390	D1	少本	23.3 a	8.37 a	13.9 a	30.3 a
			多本	21.6 b	6.11 cd	9.8 b	23.1 bc
		D2	少本	22.8 a	7.47 b	13.8 a	25.7 b
			多本	21.0 bc	6.63 c	9.8 b	19.1 cd
		D3	少本	23.1 a	7.80 ab	13.7 a	26.7 ab
			多本	20.3 c	5.51 d	9.2 b	16.7 d
	隆晶优 1212	D1	少本	23.4 a	8.23 a	13.8 a	31.1 a
			多本	22.6 b	6.45 d	13.1 b	24.7 c
		D2	少本	23.2 ab	7.45 b	13.7 ab	30.3 a
			多本	22.9 ab	7.10 c	13.2 ab	27.8 b
		D3	少本	23.3 a	7.57 b	13.6 ab	29.1 ab
			多本	21.8 c	6.25 d	11.8 c	22.7 c

续表

季节	品种	密度	每穴本数	穗长 /cm	着粒密度 / (粒·cm⁻¹)	每穗枝梗数	
						1 次枝梗	2 次枝梗
				2018 年			
早季	陵两优 268	D1	少本	19.7 a	5.63 a	10.4 ab	21.4 a
			多本	19.3 a	4.40 d	9.7 bcd	17.7 b
		D2	少本	20.0 a	5.27 b	10.7 a	22.8 a
			多本	19.6 a	4.30 d	9.3 cd	18.6 b
		D3	少本	20.0 a	4.77 c	9.9 abc	23.1 a
			多本	18.3 b	3.27 e	8.9 d	11.9 c
	陆两优 996	D1	少本	20.9 a	6.13 a	10.4 a	25.6 a
			多本	19.0 c	5.03 c	8.8 b	18.9 d
		D2	少本	20.3 ab	5.80 ab	10.2 a	24.0 b
			多本	19.3 bc	4.50 d	9.2 b	13.7 e
		D3	少本	20.0 ab	5.57 b	10.4 a	22.1 c
			多本	19.3 bc	3.27 e	9.2 b	14.8 e
晚季	泰优 390	D1	少本	21.6 bc	7.70 b	10.3 bc	28.9 b
			多本	20.8 cd	6.96 c	9.4 d	21.2 c
		D2	少本	22.3 b	6.96 c	10.4 b	28.8 b
			多本	20.3 d	5.56 de	9.7 cd	22.1 c
		D3	少本	24.5 a	9.60 a	14.5 a	30.8 a
			多本	22.4 b	5.20 e	9.1 d	16.3 d
	隆晶优 1212	D1	少本	23.6 a	7.50 a	13.9 a	32.4 a
			多本	21.6 cd	6.23 c	13.0 b	21.3 c
		D2	少本	22.2 bc	7.09 b	12.7 b	27.2 b
			多本	20.7 d	5.85 d	11.6 c	19.6 c
		D3	少本	23.9 a	7.37 ab	13.3 ab	27.7 b
			多本	23.0 ab	5.57 d	11.3 c	19.8 c

（6）少本密植对机插双季杂交稻干物质生产和收获指数的影响。由表 3-155 可知，在分蘖中期，机插密度对杂交稻地上部生物量的影响较大，D3 密度下杂交稻地上部生物量显著高于 D2 和 D1 密度，而每穴本数对杂交稻地上部生物量并无明显规律。在齐穗期，D3 密度下杂交稻地上部生物量高于 D2 和 D1 密度，多本机插杂交稻地上部生物量高于少本机插杂交稻地上部生物量，同时地上部生物量随机插密度的增加表现出增长的规律。在成熟期，D3 密度杂交稻地上部生物量显著高于 D2 和 D1 密度下杂交稻地上部生物量，且少本机插杂交稻地上部生物量显著高于多本机插杂交稻地上部生物量，少本密植机插杂交稻地上部生物量最高（1520 ~ 1808 g/m²），较其他处理相比早稻增幅为 3% ~ 42%，晚稻增幅为 4% ~ 37%。从收获指数来看，除 D1 密度外，少本机插机插杂交稻收获指数显著高于多本机插杂交稻收获指数，且随机插密的增加表现出增长规律，少本密植较其他处理相比，早稻平均增幅为

12%，晚稻平均增幅为 3%。2018 年杂交稻地上部生物量与 2017 年杂交稻地上部生物量规律基本一致。分蘖中期多本机插杂交稻地上部生物量显著高于少本机插杂交稻地上部生物量；齐穗期多本机插与少本机插杂交稻地上部生物量无显著差异；成熟期少本机插杂交稻地上部生物量显著高于多本机插杂交稻地上部生物量（除 D1 密度外），除陵两优 268 外，少本机插杂交稻地上部生物量在 D3 密度下最高（1612 ~ 2005 g/m²），较其他处理相比，早稻增幅为 4% ~ 24%，晚稻增幅为 12% ~ 37%。说明少本密植机插杂交稻群体具有后期干物质生产优势。此外，除 D1 密度外，杂交稻收获指数在均表现出少本机插显著高于多本机插的特点，少本密植较其他处理相比，早稻平均增幅为 5%，晚稻平均增幅为 7%。

表 3–155　少本密植对机插双季杂交稻地上部生物量和收获指数的影响

季节	品种	密度	每穴本数	地上部生物量 /（g·m⁻²）			收获指数
				分蘖中期	齐穗期	成熟期	
				2017 年			
早季	陵两优 268	D1	少本	40 c	620 e	1356 d	0.46 c
			多本	45 c	698 d	1387 d	0.46 c
		D2	少本	64 b	871 b	1563 b	0.50 b
			多本	61 b	801 c	1454 c	0.47 c
		D3	少本	77 a	915 a	1620 a	0.56 a
			多本	76 a	897 ab	1487 c	0.52 b
	陆两优 996	D1	少本	33 d	586 e	1070 e	0.50 b
			多本	50 c	642 d	1360 d	0.52 b
		D2	少本	50 c	714 c	1441 c	0.52 b
			多本	81 a	736 c	1353 d	0.48 c
		D3	少本	59 b	860 b	1520 a	0.58 a
			多本	86 a	997 a	1478 b	0.56 a
晚季	泰优 390	D1	少本	96 c	957 c	1324 e	0.45 a
			多本	105 bc	911 c	1311 e	0.43 b
		D2	少本	123 ab	1167 a	1541 c	0.43 b
			多本	133 a	1030 b	1437 d	0.41 c
		D3	少本	137 a	1171 a	1758 a	0.43 b
			多本	138 a	1207 a	1699 b	0.41 c
	隆晶优 1212	D1	少本	91 d	766 c	1324 e	0.46 ab
			多本	104 cd	956 b	1358 e	0.46 ab
		D2	少本	116 c	966 b	1552 c	0.47 a
			多本	146 b	1092 a	1459 d	0.44 bc
		D3	少本	168 a	1069 a	1808 a	0.46 ab
			多本	157 ab	1093 a	1651 b	0.43 c
				2018 年			
早季	陵两优 268	D1	少本	103 d	710 e	1380 c	0.53 c

续表

季节	品种	密度	每穴本数	地上部生物量 / (g·m⁻²)			收获指数
				分蘖中期	齐穗期	成熟期	
晚季	陆两优 996	D2	多本	122 c	745 d	1313 d	0.50 d
			少本	129 c	961 a	1620 a	0.56 b
		D3	多本	176 b	911 c	1598 a	0.50 d
			少本	169 b	922 bc	1640 a	0.57 a
			多本	200 a	930 b	1493 b	0.53 c
		D1	少本	79 f	671 e	1308 d	0.58 a
			多本	96 e	712 d	1313 d	0.54 b
		D2	少本	112 d	790 c	1470 b	0.58 a
			多本	146 b	771 c	1389 c	0.55 b
		D3	少本	123 c	916 a	1612 a	0.58 a
			多本	158 a	868 b	1360 c	0.56 b
	泰优 390	D1	少本	115 e	901 ab	1421 e	0.43 b
			多本	170 bc	806 b	1398 e	0.42 c
		D2	少本	134 d	908 ab	1509 d	0.45 a
			多本	185 b	945 ab	1576 c	0.41 d
		D3	少本	169 c	995 a	1885 a	0.45 a
			多本	225 a	1001 a	1630 b	0.43 b
	隆晶优 1212	D1	少本	76 e	898 c	1436 e	0.46 b
			多本	135 d	990 bc	1433 e	0.44 c
		D2	少本	132 d	1021 abc	1608 d	0.46 b
			多本	183 b	995 bc	1778 c	0.44 c
		D3	少本	171 c	1064 ab	2005 a	0.48 a
			多本	211 a	1127 a	1824 b	0.44 c

（7）少本密植对机插双季杂交稻生长速率和干物质转运率的影响。由表 37 可知，杂交稻早稻移栽期至分蘖中期、分蘖中期至齐穗期、齐穗至成熟期和整个生育过程中的作物生长速率存在显著的机插密度与每穴本数的差异。其中，移栽期至分蘖中期作物生长速率除 D1 密度外，表现为少本机插显著低于多本机插，陵两优 268 和陆两优 996 在 D2 密度下分别低于 34% 和 30%，在 D3 密度下分别低于 23% 和 22%；在 D2 和 D3 密度下，分蘖中期至齐穗期作物生长速率表现为少本机插大于多本机插，陵两优 268 在 D2 和 D3 密度下分别高 11% 和 3%，陆两优 996 在 D2 和 D3 密度下分别高 5% 和 13%；除 D1 密度外，齐穗期至成熟作物生长速率表现为少本机插大于多本机插，且在少本密植条件下最大，陵两优 268 和陆两优 996 平均均为 27 g/（m²·d），较其他处理相比，增幅分别为 3% ~ 24% 和 2% ~ 46%；在 D2 和 D3 密度下，少本机插杂交稻分蘖中期至齐穗期和齐穗期至成穗期的作物生长速率表现出较大的优势，进而使得整个生育期的作物生长速率较多本机插高，且在少本密植条件下最高，陵两优 268

和陆两优 996 分别为 19 g/m²/d 和 18 g/m²/d，较其他处理相比，增幅分别为 2% ~ 18% 和 7% ~ 32%，平均增幅分别为 12% 和 17%。此外，抽穗期干物质积累的转运率和贡献率存在显著的机插密度差异和每穴本数差异。其中，相同机插密度下，抽穗期干物质积累的转运率和贡献率均表现为少本机插大于多本机插，差异达显著水平。陵两优 268 少本机插抽穗期干物质积累的转运率和贡献率在 D1、D2 和 D3 密度下较多本机插分别平均高 61% 和 57%、44% 和 47% 以及 26% 和 28%，陆两优 996 分别平均高 43% 和 62%、43% 和 44% 以及 41% 和 38%，且抽穗期干物质积累的转运率和贡献率在少本机插和多本机插下均表现为 D1 < D2 < D3，即少本密植机插杂交早稻表现出干物质积累转运率和贡献率高的特点。

杂交稻晚稻移栽期至分蘖中期、齐穗期至成熟期和整个生育过程中的作物生长速率存在显著的机插密度与每穴本数的差异（表 3–156）。其中，移栽期至分蘖中期作物生长速率，表现为少本机插显著低于多本机插，隆晶优 1212 和泰优 390 在 D1 密度下分别低于 26% 和 42%，在 D2 密度下分别低于 19% 和 28%，在 D3 密度下分别低于 17% 和 16%；分蘖中期至齐穗期作物生长速率在机插密度和每穴本数间无明显的规律；除 D1 密度外，齐穗期至成熟作物生长速率表现为少本机插大于多本机插，且在少本密植条件下最大，隆晶优 1212 和泰优 390 平均为 16 g/（m²·d）和 18 g/（m²·d），较其他处理相比，增幅分别为 30% ~ 65% 和 34% ~ 98%；在 D2 和 D3 密度下，少本机插杂交稻齐穗期至成穗期的作物生长速率表现出较大的优势，进而使得整个生育期的作物生长速率较多本机插高，且在少本密植条件下最高，隆晶优 1212 和泰优 390 分别为 17 g/（m²·d）和 18 g/（m²·d），较其他处理相比，增幅分别为 10% ~ 35% 和 10% ~ 38%，平均增幅分别为 24% 和 25%。此外，抽穗期干物质积累的转运率和贡献率存在显著的机插密度差异和每穴本数差异。其中，相同机插密度下，抽穗期干物质积累的转运率和贡献率均表现为少本机插大于多本机插。隆晶优 1212 抽穗期干物质积累的转运率在 D1、D2 和 D3 密度下较多本机插分别平均高 26%、28% 和 29%，贡献率平均高 23%、13% 和 32%；泰优 390 抽穗期干物质积累的转运率在 D1、D2 和 D3 密度下较多本机插分别平均高 14%、32% 和 47%，贡献率平均高 51%、19% 和 34%。因此，少本机插杂交晚稻表现出生育后期作物生长速率高、干物质积累转运率和贡献率较大的特点。

表 3–156　少本密植对机插双季杂交稻作物生长速率和干物质转运率的影响

季节	品种	密度	每穴本数	作物生长速率 /（g·m⁻²·d⁻¹）			转运率 /%	贡献率 /%
				TP–MT	MT–HD	HD–MA		
				2017 年				
早季	陵两优 268	D1	少本	1.20 bc	16.1 d	27.2 a	6.48 d	7.07 d
			多本	0.98 c	18.1 c	25.5 bc	4.17 e	4.75 d
		D2	少本	1.12 bc	22.4 a	25.7 bc	9.12 c	10.2 c
			多本	2.03 a	20.6 b	24.2 c	5.71 de	6.54 d
		D3	少本	1.43 b	23.3 a	26.2 ab	17.8 a	19.8 a
			多本	2.34 a	22.8 a	21.8 d	13.5 b	15.2 b
	陆两优 996	D1	少本	0.89 c	15.3 d	17.9 c	7.45 c	8.36 c
			多本	1.43 b	16.4 d	24.4 b	4.69 e	3.99 e

续表 1

季节	品种	密度	每穴本数	作物生长速率 / (g·m⁻²·d⁻¹)			转运率 /%	贡献率 /%
				TP–MT	MT–HD	HD–MA		
晚季		D2	少本	1.35 b	18.5 c	26.6 a	6.20 cd	6.69 d
			多本	2.33 a	18.2 c	22.8 b	5.78 d	5.89 d
		D3	少本	1.48 b	25.3 a	26.9 a	13.3 a	13.9 a
			多本	2.09 a	22.3 b	17.8 c	9.12 b	9.81 b
	隆晶优 1212	D1	少本	4.11 c	22.1 bc	8.17 c	25.3 ab	26.2 a
			多本	4.38 bc	20.6 c	8.91 c	16.8 c	18.8 b
		D2	少本	5.27 ab	26.8 a	8.31 c	27.7 a	31.1 a
			多本	5.45 ab	23.0 b	9.04 c	25.3 ab	30.1 a
		D3	少本	5.64 a	26.5 a	13.0 a	22.1 b	30.4 a
			多本	5.82 a	27.4 a	10.9 b	14.5 c	18.8 b
	泰优 390	D1	少本	3.90 d	17.3 c	12.4 b	29.6 a	28.7 a
			多本	4.32 cd	21.8 b	8.93 c	19.1 cd	18.7 bc
		D2	少本	4.95 c	21.8 b	13.0 b	17.0 d	22.6 abc
			多本	6.03 b	24.2 a	8.17 c	24.4 ab	17.4 bc
		D3	少本	6.40 ab	23.1 ab	16.4 a	22.7 bc	23.3 ab
			多本	7.20 a	24.0 a	12.4 b	16.9 c	16.8 c
			2018 年					
早季		D1	少本	4.29 d	16.0 e	26.8 ab	6.03 c	6.92 c
			多本	4.71 cd	16.4 d	22.7 c	3.64 d	4.19 d
	陵两优 268	D2	少本	5.17 c	21.9 a	27.5 ab	5.36 c	6.72 c
			多本	6.67 b	19.3 c	26.4 b	4.17 d	4.87 d
		D3	少本	6.83 b	19.8 b	28.7 a	13.0 a	13.8 a
			多本	7.42 a	19.2 c	22.5 c	10.8 b	11.0 b
		D1	少本	3.10 c	15.6 e	25.4 b	6.41 d	6.16 d
			多本	3.48 c	16.2 d	24.1 b	5.03 e	5.37 d
	陆两优 996	D2	少本	4.38 b	17.8 c	27.2 a	9.24 c	9.54 c
			多本	5.34 a	16.4 d	24.7 b	5.18 de	5.46 d
		D3	少本	4.58 b	20.9 a	27.8 a	15.3 a	16.1 a
			多本	5.39 a	18.7 b	19.7 c	11.2 b	11.9 b
晚季	隆晶优 1212	D1	少本	4.72 d	21.3 ab	11.3 b	15.6 a	19.0 a
			多本	6.85 b	17.2 b	12.9 b	15.5 a	17.7 a
		D2	少本	5.48 c	20.9 ab	13.1 b	11.4 b	12.2 b
			多本	7.38 b	20.6 ab	13.7 b	7.76 c	10.0 b
		D3	少本	6.90 b	22.3 a	19.4 b	17.9 a	19.9 a
			多本	9.00 a	21.0 ab	13.7 b	16.9 a	19.3 a

续表 2

季节	品种	密度	每穴本数	作物生长速率 / (g·m⁻²·d⁻¹)			转运率 /%	贡献率 /%
				TP–MT	MT–HD	HD–MA		
泰优 390	D1		少本	3.10 d	22.2 a	11.7 de	8.35 c	12.6 bc
			多本	5.35 c	23.1 a	9.67 e	11.4 bc	8.54 c
	D2		少本	5.40 c	24.0 a	12.8 cd	13.0 b	12.9 b
			多本	7.26 b	21.9 a	17.0 b	10.8 bc	12.0 bc
	D3		少本	7.00 b	24.1 a	20.5 a	21.4 a	20.0 a
			多本	8.30 a	24.8 a	15.2 bc	13.4 b	15.5 b

注：TP，移栽期；HD，齐穗期；MA，成熟期。

（8）少本密植对机插双季杂交稻叶面积指数与比叶重的影响。由表 3–157 可知，陵两优 268 分蘖中期和齐穗期的叶面积指数存在机插密度差异和每穴本数差异。其中，分蘖中期的叶面积指数 2017 年和 2018 年均表现为少本机插小于多本机插，在 D1、D2 和 D3 密度下平均减少 31%、19% 和 18%；齐穗期的叶面积指数两年也表现为少本机插小于多本机插，在 D1、D2 和 D3 密度下平均减少 13%、14%和 10%，差异达显著水平；且分蘖中期和齐穗期的叶面积指数在两种播种方式下均表现出 D1 < D2 < D3的特点。陆两优 996 分蘖中期的叶面积指数表现为少本机插下小于多本机插，且三个机插密度下均减少 37%；齐穗期的叶面积指数两年也表现出少本机插小于多本机插，D1 密度下为 22%，D2 为 10%，D3 为 15%，且在少本机插和多本机插下均随密度的增大而增大。陵两优 268 和陆两优 996 分蘖中期比叶重在少本密植条件下最大，其余机插条件下无明显规律，随着大田生长期的增加，齐穗期比叶重受播种方式的影响，即在相同机插密度下，少本机插杂交稻的比叶重较多本机插杂交稻的比叶重高且在少本密植机插条件下最大，陵两优 268 和陆两优 996 分别为 3.84 mg/cm² 和 3.86 mg/cm²，较其他处理相比，增幅分别为 3% ~ 15% 和 4% ~ 9%，平均增幅均为 7%。隆晶优 1212 和泰优 390 在分蘖中期的叶面积指数表现出少本机插小于多本机插的特点。其中隆晶优 1212 在 D1、D2 和 D3 密度下两年平均分别小于 24%、31% 和 9%，泰优 390 在 D1、D2 和 D3 密度下两年平均分别小于 36%、26% 和 16%；齐穗期的叶面积指数与分蘖中期一致，即两个品种均表现为少本机插小于多本机插，且差异达显著水平，其中，隆晶优 1212 在 D1、D2 和 D3 密度下两年平均分别小于 19%、17% 和 17%；泰优 390 在 D1、D2 和 D3 密度下两年平均分别小于 23%、6% 和 17%；齐穗期叶面积指数在少本机插和多本机插下均表现出 D1 < D2 < D3 的规律。隆晶优 1212 和泰优 390 分蘖中期的比叶重在不同机插条件下无明显的规律。在相同机插密度下，齐穗期两个品种的比叶重表现为少本机插高于多本机插。其中，在 D1 密度下，隆晶优 1212 和泰优 390 分别高 12% 和 10%；D2 密度下，分别高 6% 和 9%，D3 密度下分别高 9% 和 13%。

表 3–157　少本密植对机插双季杂交稻叶面积指数和比叶重的影响

季节	品种	密度	每穴本数	叶面积指数		比叶重 / (mg·cm⁻²)	
				MT	HD	MT	HD
			2017 年				
早季	陵两优 268	D1	少本	0.52 d	4.39 d	3.26 a	3.48 b

续表1

季节	品种	密度	每穴本数	叶面积指数		比叶重 / (mg·cm⁻²)	
				MT	HD	MT	HD
晚季	陆两优 996	D2	多本	0.71 c	5.22 c	2.66 c	3.46 bc
			少本	0.92 b	5.52 c	3.04 ab	3.58 ab
		D3	多本	0.95 b	6.54 b	2.73 bc	3.32 c
			少本	1.04 ab	6.33 b	3.28 a	3.64 a
			多本	1.14 a	7.03 a	2.99 abc	3.15 d
	隆晶优 1212	D1	少本	0.47 c	4.61 d	3.10 a	3.41 b
			多本	0.90 b	5.52 c	2.73 ab	3.12 d
		D2	少本	0.78 b	5.61 c	2.84 ab	3.36 b
			多本	1.40 a	6.47 b	2.74 ab	3.21 cd
		D3	少本	0.87 b	6.66 b	3.06 a	3.61 a
			多本	1.53 a	7.37 a	2.60 b	3.31 bc
	泰优 390	D1	少本	1.25 c	4.51 e	3.79 a	4.45 a
			多本	2.06 b	5.43 d	2.63 c	4.17 a
		D2	少本	1.77 bc	5.52 d	3.50 ab	4.45 a
			多本	2.21 ab	6.55 b	3.05 bc	4.17 a
		D3	少本	2.27 ab	6.28 c	3.01 bc	4.30 a
			多本	2.65 a	7.03 a	2.69 c	4.18 a
		D1	少本	1.44 c	4.41 d	3.16 ab	4.70 a
			多本	1.92 bc	6.43 ab	2.80 bc	4.21 b
		D2	少本	2.06 bc	6.04 b	3.34 a	4.60 a
			多本	2.99 a	6.56 ab	2.55 c	3.98 b
		D3	少本	2.50 ab	5.23 c	3.36 a	4.75 a
			多本	2.77 a	6.96 a	3.01 ab	4.06 b
			2018 年				
早季	陵两优 268	D1	少本	1.13 d	6.46 c	3.03 bc	4.04 a
			多本	1.72 c	6.97 b	3.03 bc	3.85 a
		D2	少本	1.57 c	6.45 c	3.13 a	3.91 a
			多本	2.39 b	7.11 b	2.98 c	3.60 b
		D3	少本	2.17 b	7.07 b	3.09 ab	3.97 a
			多本	3.02 a	7.75 a	3.10 ab	3.55 b
	陆两优 996	D1	少本	0.91 e	4.11 d	3.03 ab	3.81 b
			多本	1.23 d	5.08 c	2.72 d	3.89 b
		D2	少本	1.39 d	5.25 bc	2.90 c	4.17 a
			多本	2.00 b	5.45 bc	3.03 ab	3.78 bc
		D3	少本	1.59 c	5.68 b	3.14 a	4.09 a

续表 2

季节	品种	密度	每穴本数	叶面积指数		比叶重 /（mg·cm^{-2}）	
				MT	HD	MT	HD
晚季	隆晶优 1212	D1	多本	2.28 a	6.73 a	2.98 bc	3.63 c
			少本	2.35 b	4.25 e	2.16 c	4.27 a
		D2	多本	2.57 b	5.37 cd	3.19 a	3.61 cd
			少本	1.87 c	5.14 d	3.31 a	3.87 bc
		D3	多本	3.24 b	6.26 b	2.65 b	3.67 cd
			少本	3.06 a	5.52 c	3.25 a	4.04 ab
	泰优 390	D1	多本	3.15 a	7.13 a	2.52 bc	3.50 d
			少本	1.77 e	5.44 c	2.16 c	4.07 a
		D2	多本	3.31 ab	6.31 b	2.02 c	3.77 ab
			少本	1.92 de	6.17 b	2.83 b	4.04 a
		D3	多本	2.42 cd	6.49 b	3.21 a	3.78 ab
			少本	2.82 bc	6.43 b	3.04 ab	3.85 ab
			多本	3.66 a	7.07 a	2.98 ab	3.54 b

（9）少本密植对机插双季杂交稻辐射利用率的影响。由表 3–158 可知，在 D2 和 D3 密度下，杂交早稻少本机插移栽期至齐穗期和齐穗期至成熟期的截获辐射量小于多本机插，进而使得总的截获辐射量小于多本机插。其中，陵两优 268 在多本密植机插下的截获辐射量分别为 857 MJ/m^2 和 936 MJ/m^2，显著高于少本机插 5% 和 7%；陆两优 996 在多本密植机插下的截获量分别为 780 MJ/m^2 和 851 MJ/m^2，高于少本机插且在 D3 密度下差异达显著水平。在 D2 和 D3 密度下，少本机插移栽期至齐穗期和齐穗期至成熟期的辐射利用率均大于多本机插，进而使得整个生育期的辐射利用率均大于多本机插。其中陵两优 268 的辐射利用率分别为 2.12 g/MJ 和 1.87 g/MJ，较多本机插增幅为 13% 和 17%，差异显著；泰优 390 的辐射利用率分别为 1.92 g/MJ 和 2.06 g/MJ，较多本机插增幅为 8% 和 29%，D3 密度下差异显著。此外，每穴本数影响杂交晚稻的截获辐射量。在相同的机插密度下，少本机插移栽期至齐穗期和齐穗期至成熟期的截获辐射量小于多本机插，进而使得总的截获辐射量小于多本机插；齐穗期至成熟期的辐射利用率表现为少本机插大于多本机插，进而使得整个生育期的辐射利用率大于多本机插且在少本密植机插条件下最大，隆晶优 1212 和泰优 390 的辐射利用率分别为 2.06 g/MJ 和 2.07 g/MJ，较其他处理相比增幅分别为 19% ~ 32% 和 15% ~ 45%，平均增幅分别为 25% 和 29%。

表 3–158 少本密植对双季机插双季杂交稻截获辐射量和辐射利用率的影响（2018）

季节	品种	密度	每穴本数	截获辐射量 /（MJ·m^{-2}）			辐射利用率 /（g·MJ^{-1}）		
				TP–HD	HD–MA	TP–MA	TP–HD	HD–MA	TP–MA
早季	陵两优 268	D1	少本	357 c	482 a	840 bc	1.94 c	1.39 b	1.64 c
			多本	313 d	486 a	798 c	2.30 b	1.17 c	1.65 c

续表

季节	品种	密度	每穴本数	截获辐射量 / (MJ·m^{-2})			辐射利用率 / (g·MJ^{-1})		
				TP–HD	HD–MA	TP–MA	TP–HD	HD–MA	TP–MA
晚季		D2	少本	328 d	482 a	813 c	2.85 a	1.60 a	2.12 a
			多本	363 c	495 a	857 b	2.40 b	1.33 b	1.87 b
		D3	少本	399 b	477 a	876 b	2.23 b	1.51 a	1.87 b
			多本	438 a	499 a	936 a	2.01 c	1.13 c	1.60 c
	陆两优 996	D1	少本	304 d	435 a	739 c	2.16 c	1.46 b	1.77 bc
			多本	356 b	446 a	802 ab	1.93 d	1.35 b	1.64 c
		D2	少本	322 cd	446 a	769 bc	2.38 ab	1.64 a	1.92 ab
			多本	329 cd	451 a	780 bc	2.23 bc	1.37 b	1.78 bc
		D3	少本	347 bc	450 a	783 bc	2.55 ab	1.60 a	2.06 a
			多本	395 a	457 a	851 a	2.07 cd	1.08 c	1.60 c
	隆晶优 1212	D1	少本	506 d	298 a	817 b	1.58 a	2.08 b	1.74 b
			多本	563 c	299 a	895 ab	1.42 ab	1.98 b	1.57 c
		D2	少本	628 b	299 a	926 a	1.41 ab	2.12 b	1.63 bc
			多本	688 a	302 a	964 a	1.36 b	2.09 b	1.64 bc
		D3	少本	659 ab	299 a	910 ab	1.51 ab	2.90 a	2.06 a
			多本	660 ab	300 a	977 a	1.50 ab	1.98 b	1.67 bc
	泰优 390	D1	少本	673 a	297 a	970 a	1.34 b	1.78 de	1.48 cd
			多本	705 a	300 a	1005 a	1.39 ab	1.54 e	1.43 d
		D2	少本	700 a	299 a	999 a	1.40 ab	2.43 b	1.77 b
			多本	708 a	299 a	1007 a	1.46 ab	1.96 cd	1.61 c
		D3	少本	677 a	296 a	973 a	1.57 a	2.96 a	2.07 a
			多本	720 a	299 a	1019 a	1.55 a	2.10 c	1.79 b

（10）少本密植对机插双季杂交稻叶片光合特性的影响。由表 3–159 可知，无论是早季还是晚季，少本机插杂交稻齐穗期剑叶的净光合速率均显著高于多本机插杂交稻齐穗期剑叶的净光合速率。其中，在 D1、D2 和 D3 密度下，陵两优 268 分别高 16%、27% 和 14%；陆两优 996 分别高 6%、9% 和 11%；隆晶优 1212 分别高 19%、19% 和 17%；泰优 390 分别高 13%、9% 和 19%，且四个品种齐穗期剑叶净光合速率均为少本密植机插下最大。少本机插杂交稻齐穗期剑叶的气孔导度在 D1 和 D3 密度下高于多本机插且 D3 密度下最大，差异显著。其中，D3 密度下，陵两优 268 和陆两优 996 分别高 31% 和 34%。相同机插密度下，泰优 390 气孔导度表现为少本机插高于多本机插。胞间 CO_2 浓度无论是早季还是晚季均无明显规律。

表 3-159 少本密植对机插双季杂交稻齐穗期剑叶光合特性的影响（2018）

季节	品种	密度	每穴本数	光合速率/（μmol·m⁻²·s⁻¹）	气孔导度/（mmol·m⁻²·s⁻¹）	胞间CO₂浓度/（μmol·mol⁻¹）
早季	陵两优268	D1	少本	24.4 a	1.04 ab	302 a
			多本	21.0 c	0.90 bc	304 a
		D2	少本	25.1 a	0.90 bc	306 a
			多本	19.7 c	0.70 d	308 a
		D3	少本	25.6 a	1.11 a	307 a
			多本	22.4 b	0.85 cd	306 a
	陆两优996	D1	少本	18.5 b	1.05 b	311 b
			多本	17.5 c	1.01 bc	316 ab
		D2	少本	19.2 ab	0.89 c	309 b
			多本	17.7 c	1.02 b	316 ab
		D3	少本	19.6 a	1.31 a	321 a
			多本	17.7 c	0.98 bc	313 ab
晚季	隆晶优1212	D1	少本	18.9 a	0.33 bc	293 abc
			多本	15.9 c	0.40 abc	298 a
		D2	少本	19.1 a	0.47 ab	289 c
			多本	16.1 bc	0.30 c	297 ab
		D3	少本	19.6 a	0.50 a	291 bc
			多本	16.7 b	0.40 abc	294 abc
	泰优390	D1	少本	19.8 a	0.47 a	310 a
			多本	17.6 b	0.33 a	286 c
		D2	少本	19.2 a	0.43 ab	303 ab
			多本	17.7 b	0.33 a	307 a
		D3	少本	19.3 a	0.40 a	301 ab
			多本	16.2 c	0.33 a	293 bc

（11）少本密植对机插双季杂交稻氮素吸收的影响。由表 3-160 可知，除 D1 密度外，机插杂交早稻分蘖中期至齐穗期，齐穗期至成熟期的阶段氮素吸收量表现为少本机插＞多本机插，且杂交早稻分蘖中期至齐穗期的氮素吸收量在少本密植机插条件下最高，显著高于其他处理；相同机插密度下，杂交稻晚稻分蘖中期至齐穗期、齐穗期至成熟期的阶段氮素积累量大于多本机插且在少本密植机插条件下较高，显著高于其他处理（除 2018 年 D1 密度外）。

表 3-160 少本密植对机插双季杂交稻氮素吸收的影响 kg/hm²

季节	品种	密度	每穴本数	MT-HD	HD-MA
		2017年			
早季	陵两优268	D1	少本	51.9 bc	70.2 a

续表 1

季节	品种	密度	每穴本数	MT–HD	HD–MA
晚季		D2	多本	54.2 bc	72.1 a
			少本	65.8 ab	64.7 ab
		D3	多本	56.7 bc	52.4 b
			少本	81.0 a	60.0 ab
	陆两优 996	D1	多本	43.9 c	63.3 ab
			少本	47.0 b	67.1 b
		D2	多本	24.0 c	94.9 a
			少本	44.3 b	92.9 a
		D3	多本	21.9 c	65.5 b
			少本	64.8 a	72.8 b
		D1	多本	13.6 c	71.3 b
			少本	119.0 c	20.1 c
	隆晶优 1212	D2	多本	95.4 d	36.9 ab
			少本	150.0 ab	15.5 c
		D3	多本	119.0 c	21.8 c
			少本	155.0 a	40.4 a
		D1	多本	139.0 b	30.5 b
			少本	75.7 d	58.7 b
	泰优 390	D2	多本	121.0 ab	17.3 c
			少本	125.0 ab	35.8 b
		D3	多本	96.3 c	39.9 b
			少本	134.0 a	47.6 ab
			多本	109.0 bc	43.5 b
早季			2018 年		
		D1	少本	93.2 a	32.8 c
			多本	83.2 b	30.3 c
	陵两优 268	D2	少本	100.0 a	63.4 a
			多本	91.2 ab	8.61 d
		D3	少本	93.3 a	64.5 a
			多本	57.2 c	45.9 b
		D1	少本	63.8 bc	70.6 c
			多本	57.7 c	68.5 c
	陆两优 996	D2	少本	68.0 b	108 a
			多本	56.0 c	59.8 d
		D3	少本	77.3 a	103.0 a

续表 2

季节	品种	密度	每穴本数	MT–HD	HD–MA
晚季	隆晶优 1212	D1	多本	44.5 d	82.3 b
			少本	68.9 b	45.8 c
		D2	多本	62.8 bc	35.7 d
			少本	89.1 a	59.6 b
			多本	53.1 c	57.8 b
		D3	少本	72.8 b	81.7 a
			多本	62.2 bc	62.2 b
	泰优 390	D1	少本	129.0 a	15.3 d
			多本	95.5 bc	33.8 c
		D2	少本	103.0 bc	55.7 b
			多本	79.4 d	58.1 b
		D3	少本	99.1 b	67.1 a
			多本	91.4 c	54.9 b

（12）少本密植对机插双季杂交稻氮素转运与利用的影响。由表 3–161 可知，在相同机插密度下，少本机插杂交早稻齐穗后氮素转运量和转运率均大于多本机插杂交稻齐穗后氮素转运量转运率。其中，转运量在少本密植条件下最大，陵两优 268 平均为 88.2 kg/hm^2，较其他处理相比，增幅为 10% ~ 49%；LLY996 平均为 71.8 kg/hm^2，较其他处理相比，增幅为 24% ~ 147%；转运率在少本密植或少本中密下较大。在相同密度下，杂交晚稻氮素转运量和转运量表现为少本机插＞多本机插（除 D1 密度外）。在相同机插密度下，杂交稻早稻和晚稻的氮素偏生产力均表现为少本机插＞多本机插且少本密植条件下相对较高，而杂交晚稻氮素籽粒生产效率表现为少本机插＜多本机插（除 D1 密度外）。

表 3–161　少本密植对机插双季杂交稻氮素转运与利用的影响

季节	品种	密度	每穴本数	转运量 /（kg·hm^{-2}）	转运率 /%	偏生产力 /（kg·kg^{-1}）	籽粒生产效率 /（kg·kg^{-1}）
				2017 年			
早季	陵两优 268	D1	少本	55.3 d	49.0 bc	51.3 c	37.4 b
			多本	53.0 d	48.3 bc	45.0 e	31.3 d
		D2	少本	83.3 ab	62.0 a	55.7 b	40.9 a
			多本	59.3 cd	43.7 c	47.3 d	30.7 d
		D3	少本	87.0 a	55.3 ab	58.0 a	34.6 c
			多本	70.7 bc	52.0 bc	49.0 d	31.3 d
	陆两优 996	D1	少本	46.7 d	53.3 abc	50.0 c	41.6 a
			多本	36.7 e	43.7 c	47.7 e	34.2 bc
		D2	少本	57.0 c	50.3 bc	51.3 b	31.9 c

续表 1

季节	品种	密度	每穴本数	转运量 / (kg·hm^{-2})	转运率 /%	偏生产力 / (kg·kg^{-1})	籽粒生产效率 / (kg·kg^{-1})
晚季			多本	69.7 b	62.7 a	49.0 d	35.9 b
		D3	少本	85.3 a	58.3 ab	54.3 a	32.1 c
			多本	68.7 b	57.0 ab	51.0 b	33.3 bc
		D1	少本	78.0 b	53.3 a	44.3 b	36.0 a
	隆晶优 1212		多本	55.7 c	46.7 a	41.0 d	34.9 a
		D2	少本	95.0 a	51.3 a	47.0 a	30.6 bc
			多本	75.7 b	50.3 a	42.3 cd	31.4 b
		D3	少本	79.3 b	49.0 a	48.0 a	27.3 d
			多本	66.3 bc	35.3 b	43.3 bc	28.2 cd
		D1	少本	37.7 d	38.3 b	46.7 c	38.7 a
			多本	79.7 b	55.0 a	42.3 d	33.6 bc
	泰优 390	D2	少本	101 a	57.3 a	48.0 b	31.4 cd
			多本	57.7 c	43.3 b	47.3 bc	35.6 b
		D3	少本	87.0 ab	48.3 ab	50.7 a	28.7 d
			多本	70.7 bc	47.7 ab	43.3 d	28.6 d
2018 年							
早季			少本	70.3 b	56.7 ab	49.0 c	40.4 a
		D1	多本	64.7 b	53.7 bc	46.3 d	39.7 a
	陵两优 268	D2	少本	77.3 ab	54.3 b	55.0 ab	34.3 b
			多本	69.3 b	47.0 c	47.7 cd	35.4 b
		D3	少本	89.3 a	61.3 a	56.3 a	39.1 a
			多本	66.3 b	54.0 b	54.7 b	41.9 a
		D1	少本	41.0 bc	47.0 ab	48.0 c	38.9 b
			多本	22.3 d	28.0 c	45.0 d	36.2 b
	陆两优 996	D2	少本	52.7 ab	53.7 a	54.0 a	39.0 b
			多本	46.7 ab	49.3 ab	50.3 b	40.3 b
		D3	少本	58.3 a	54.3 a	54.7 a	39.5 b
			多本	32.0 cd	37.3 bc	51.7 b	51.8 a
晚季			少本	57.3 a	53.0 a	44.0 e	37.1 a
		D1	多本	58.7 a	49.7 ab	42.7 f	36.2 ab
	隆晶优 1212	D2	少本	49.3 ab	36.3 c	48.7 b	32.3 c
			多本	36.0 b	31.7 c	45.7 d	34.5 b
		D3	少本	52.7 ab	41.0 bc	51.3 a	29.8 d
			多本	46.7 ab	38.0 bc	47.3 c	34.4 b
	泰优 390	D1	少本	91.3 a	58.7 a	47.7 c	36.1 a

续表 2

季节	品种	密度	每穴本数	转运量 / (kg·hm⁻²)	转运率 /%	偏生产力 / (kg·kg⁻¹)	籽粒生产效率 / (kg·kg⁻¹)
			多本	69.0 b	50.3 b	46.0 d	34.8 b
		D2	少本	70.0 b	46.7 bc	49.7 b	31.2 de
			多本	56.0 c	41.3 c	48.0 c	32.5 c
		D3	少本	84.0 a	51.3 b	54.3 a	30.1 e
			多本	55.3 c	41.7 c	49.3 b	31.7 cd

（三）少本密植机插双季杂交稻秧龄弹性研究

试验于 2018 和 2019 年在浏阳市永安镇进行。试验田土壤 pH 值 5.85，有机质含量 38.4 g/kg，速效氮 158 mg/kg、速效磷 12.8 mg/kg、速效钾 164 mg/kg。供试杂交稻品种早稻为陆两优 996 和陵两优 268，晚稻为泰优 390 和天优华占。试验为秧龄单因子试验，早季设 3 秧龄处理，分别为：20 d、25 d 和 30 d。晚季设 4 个秧龄处理，分别为：15 d、20 d、25 d 和 30 d。早季 3 月 26 号三个秧龄同时播种，分别于 4 月 16 号、21 号、26 号进行移栽；晚季四个秧龄分别在 6 月 15 号、20 号、25 号、30 号播种，7 月 15 号同期移栽。采用随机区组设计，3 次重复。早季小区面积为 12.5 m × 2 m，共 18 个小区。晚季小区面积为 11.5 m × 2 m，共 24 个小区。采用印刷播种、硬质秧盘育秧，早季每盘 30 ~ 40 g，晚季每盘 20g。各处理间作田埂隔开，单排单灌，防止串水串肥。采用井关 PZ80–25 乘坐式高速插秧机插秧，早晚季密度均为 25 cm × 11 cm。早季每穴栽插 2 本，晚季栽插 1 本。氮磷钾肥施用量分别为 150 kg N/hm²，75 kg/hm²，150 kg/hm²。氮肥按基肥：分蘖肥：穗肥 =5：3：2 的比率施用；磷肥全部作基肥施用；钾肥按基肥：穗肥 =5：5 的比率施用。其他管理按当地高产习惯进行。主要结果如下：

（1）秧龄对少本密植机插双季杂交稻秧苗地上部性状的影响。由表 3–162 可知，早稻秧苗叶龄、株高、茎基宽、地上部质量均随着秧龄的延长而增加。陆两优 996 30 d 秧龄处理的株高比 20 d、25 d 秧龄处理分别高出 4.4 cm、4.24 cm；叶龄比分别 20 d、25 d 秧龄处理显著增加 1.54、1.17；茎基宽比 20 d 处理显著高出 0.9 mm；地上部干物质与 20 d、25 d 秧龄处理无差异。陵两优 268 秧苗株高、叶龄和茎基宽情况与陆两优 996 相近，仅地上部干物质与陆两优 996 规律不一致，30 d 秧龄处理显著高于 20 d 秧龄处理。晚稻随秧龄的延长，除天优华占地上部干物质以外，秧苗株高、叶龄、茎基宽和秧苗地上部干物质均以 30 d 秧龄处理最大。但与早季不同的是晚季天优华占 15 d 和 20 d 秧龄处理间，以上指标均无显著差异。而 15 d、20 d 秧龄处理以上各秧苗素质指标除地上部干物质外，均显著小于 30 d 秧龄处理。30 d 秧龄处理株高显著高于 25 d 秧龄处理，以上其他秧苗素质指标与 25 d 秧龄处理差异不显著，其中有且仅有地上部干物质低于 25 d 秧龄处理。泰优 390 以上所有秧苗素质指标均以 30 d 秧龄处理最高。且 30 d 秧龄处理以上所有指标均显著高于 15 d、20 d 秧龄处理，株高显著高于 25 d 秧龄处理。25 d 秧龄处理叶龄和地上部干物质与 20 d 秧龄差异不显著。

表 3-162　秧龄对少本密植机插双季杂交稻秧苗地上部性状的影响

季节	品种	秧龄	株高 /cm	叶龄	茎基宽 /mm	每 10 株地上部干重 /g
早季	陆两优 996	20 d	12.57 b	2.73 c	2.17 b	0.49 a
		25 d	12.73 b	3.10 b	2.60 ab	0.58 a
		30 d	16.97 a	4.27 a	3.07 a	0.53 a
	陵两优 268	20 d	13.77 c	2.23 c	1.90 c	0.27 b
		25 d	17.80 b	3.53 b	2.83 b	0.46 a
		30 d	21.30 a	4.27 a	3.60 a	0.51 a
晚季	天优华占	15 d	14.04 c	3.62 b	2.86 b	0.51 b
		20 d	14.52 c	3.71 b	2.92 b	0.63 b
		25 d	28.39 b	4.66 a	3.83 b	1.08 a
		30 d	35.94 a	5.04 a	4.20 a	0.74 ab
	泰优 390	15 d	14.03 c	3.55 c	2.77 b	0.45 b
		20 d	13.29 c	4.09 bc	2.66 b	0.54 b
		25 d	25.28 b	4.70 ab	3.95 a	0.96 ab
		30 d	31.41 a	5.19 a	4.35 a	1.51 a

注：同一季节同一品种同一列数据后相同字母表示差异未达 0.05 显著水平；下同。

（2）秧龄对少本密植机插双季杂交稻秧苗根系性状的影响。由表 3-163 可知，陆两优 996 30 d 秧龄处理平均每株白根数分别比 20 d、25 d 秧龄处理显著多出 5.66 条、5.33 条；总根数分别显著超过 20 d、25 d 秧龄处理 5.93 条、4.13 条；地下部干物质显著高于 20 d、25 d 秧龄处理，分别高出 0.83 g、0.65 g。陵两优 268 秧苗白根、总根和根重与陆两优 996 相近。晚季各秧龄处理秧苗白根、总根根重均以 30 d 秧龄处理最大。但与早季不同的是晚季天优华占 15 d 和 20 d 秧龄处理间，以上指标均无显著差异，而 15 d、20 d 秧龄处理以上各指标均显著小于 30 d 秧龄处理，除白根数以外均显著小于 25 d 秧龄处理。30 d 秧龄处理白根数显著高于 25 d 秧龄处理，以上其他与 25 d 但差异不显著。泰优 390 白根数 30 d 秧龄处理显著高于 25 d 秧龄处理，25 d 秧龄处理显著高于 20 d 和 15 d 秧龄处理，其他总根数和根系干重各秧龄间差异情况与天优华占一致。

表 3-163　秧龄对少本密植机插双季杂交稻秧苗根系性状的影响

季节	品种	秧龄	单株白根数 / 条	单株总根数 / 条	每 10 株根重 /g
早季	陆两优 996	20 d	5.77 b	8.97 c	0.69 b
		25 d	6.10 b	10.77 b	0.87 b
		30 d	11.43 a	14.90 a	1.52 a
	陵两优 268	20 d	4.27 c	7.73 b	0.54 c
		25 d	11.47 b	14.60 a	1.60 b
		30 d	12.93 a	14.60 a	2.20 a
晚季	天优华占	15 d	4.50 b	10.91 b	0.80 b
		20 d	6.17 b	11.73 b	1.13 b

续表

季节	品种	秧龄	单株白根数 / 条	单株总根数 / 条	每 10 株根重 /g
		25 d	6.93 b	18.79 a	3.37 a
		30 d	13.53 a	19.19 a	3.31 a
	泰优 390	15 d	3.91 c	11.19 b	0.73 b
		20 d	3.90 c	11.24 b	0.95 b
		25 d	7.97 b	20.31 a	3.06 a
		30 d	12.81 a	23.62 a	4.16 a

（3）秧龄对少本密植机插双季杂交稻秧苗发根力的影响。由表 3-164 可知，早晚季新发根白根数除陆两优 996 以外都以 30d 秧龄移栽秧龄处理最高，陆两优 996 新发根白根数以 25 d 秧龄处理最高，25 d 秧龄处理显著高于 30 d 秧龄处理，30 d 秧龄处理显著高于 20 d 秧龄处理；新发根总数除晚季天优华占以 25 d 秧龄处理高于其他处理，显著高于 15 d 秧龄处理外，均以 30 d 秧龄处理最高；新发根干物质早季陆两优 996、陵两优 268 均表现为随移栽秧龄的延长递增，以 30 d 秧龄处理最重，显著高于 25 d 秧龄处理，25 d 显著高于 20 d 秧龄处理。晚季天优华占和泰优 390 各秧龄处理间相差小且不显著；对于发根根长，不同秧龄下，四个品种表现无规律。

表 3-164　秧龄对少本密植机插双季杂交稻秧苗发根力的影响

季节	品种	秧龄	最长根长 /cm	单株白根数 / 条	单株总根数 / 条	每 10 株根重 /g
早季	陆两优 996	20 d	11.90 b	3.37 c	8.77 b	0.20 c
		25 d	12.77 ab	8.47 a	17.00 a	0.50 b
		30 d	13.43 a	6.33 b	15.97 a	0.63 a
	陵两优 268	20 d	10.0 b	1.67 b	7.73 b	0.20 c
		25 d	13.47 a	6.30 a	14.33 a	0.53 b
		30 d	13.70 a	7.57 a	17.53 a	0.70 a
晚季	天优华占	15 d	10.19 b	2.31 a	7.32 b	0.44 b
		20 d	13.19 a	5.43 a	11.63 a	1.09 a
		25 d	11.93 ab	6.31 a	12.84 a	1.11 a
		30 d	12.14 ab	7.73 a	11.10 a	0.82 ab
	泰优 390	15 d	11.20 b	2.03 b	7.53 b	0.62 a
		20 d	11.19 b	2.03 b	7.50 b	0.50 a
		25 d	12.27 a	3.93 a	8.60 ab	0.56 a
		30 d	11.44 ab	4.47 a	10.53 a	0.86 a

（4）秧龄对少本密植机插双季杂交稻生育进程的影响。由表 3-165 可知，随着移栽秧龄的延长，各处理大田生育期均相应缩短,全生育期延长。早季两个品种响应秧龄延长全生育期延长不如晚季明显，但比晚季更体现出大田生育期随着秧龄的延长而缩短。早季同期播种，移栽期推迟 5 和 10 d：陆两优

996齐穗期相应分别推迟1 d和4 d，成熟期均后移4 d，大田生育期分别缩短了0 d和4 d，全生育期均增加了4 d；陵两优268齐穗和成熟基本同期，大田生育期却分别缩短了4 d和8 d，全生育期天数近无变化。相对于陆两优996，陵两优268大田生育期变化更具梯度规律，随着秧龄的延长大田生育期递减。大田齐穗时间亦有相同规律，早季陵两优268大田齐穗天数同样随着秧龄的延长而缩短。晚季同期移栽，播种提前5 d、10 d和15 d：天优华占齐穗和成熟相应分别只提前0、4 d和4 d，大田生育期分别缩短了0 d、3 d和3 d，全生育期分别增加了5 d、7 d和12 d；泰优390分别只提前了2 d、5 d和5 d，大田生育期却分别缩短了0 d、3 d和3 d全生育期分别增加了5 d、7 d和12 d。

表3-165　秧龄对少本密植机插双季杂交稻生育进程的影响　　　　　　d

季节	品种	秧龄	大田生育期	全生育期
早季	陆两优996	20 d	89	109
		25 d	89	114
		30 d	84	114
	陵两优268	20 d	93	113
		25 d	89	114
		30 d	85	114
晚季	天优华占	15 d	107	122
		20 d	107	127
		25 d	104	129
		30 d	104	134
	泰优390	15 d	107	122
		20 d	107	127
		25 d	104	129
		30 d	104	134

（5）秧龄对少本密植机插双季杂交稻产量和产量构成的影响。由表3-166可知，延长秧龄对少本密植机插杂交早稻的产量和产量构成均无显著影响，但可显著增加少本密植机插杂交晚稻的结实率和产量。晚稻30 d秧龄的平均产量比15 d秧龄高6%；30 d秧龄的结实率比15 d秧龄高5%。

表3-166　秧龄对少本密植机插双季杂交稻产量和产量构成的影响

秧龄	产量 / (t·hm⁻²)	每平方米穗数 / 穗	每穗粒数 / 粒	结实率 /%	千粒重 /g
早稻					
20	6.74 a	318 a	113 a	76.7 a	26.0 a
30	6.67 a	327 a	114 a	76.5 a	25.8 a
晚稻					
15	8.26 b	298 a	154 a	63.7 b	27.3 a
30	8.79 a	317 a	151 a	68.6 a	26.8 b

（6）秧龄对少本密植机插双季杂交稻干物质积累与收获指数的影响。由表 3-167 可以看出，不同秧龄处理不同生育时期的干物质积累量表现不同。早季同生育期各秧龄处理干物质积累量随秧龄的延长而升高。分蘖中期升高幅度最大，幼穗分化期、齐穗期和成熟期随着秧龄的延长干物质积累量增幅相对较小，各时期的干物质积累量秧龄之间的差异较小。两个品种变化趋势除陆两优 996 25 d 秧龄处理成熟期干物质显著低于 30 d 秧龄处理外，均表现为秧龄 30 d >25 d >20 d。随着生育期的推移，各秧龄处理间差距缩小。晚季各时期随秧龄的延长干物质积累量有升高趋势，但规律不明显，没有达到显著水平。与早季相反，晚季两个品种分蘖中期随秧龄的延长干物质积累量升高幅度较小，幼穗分化期、齐穗期和成熟期随着秧龄的延长干物质积累量增幅相对较大，各时期的干物质积累量秧龄之间的差异较大。而天优华占 30 d 秧龄处理各时期干物质积累量小于 25 d 秧龄处理，但差异不显著，与泰优 390 分蘖中期和幼穗分化期规律一致，与其他品种规律不一致。从收获指数来看，早季两品种规律不一致，晚季两个品种规律一致。早季陆两优 996 20 d 秧龄处理收获指数为 0.59，显著高于 30 d 秧龄处理，30 d 秧龄处理收获指数 0.55，显著高于 25 d 秧龄处理；陵两优 268 收获指数则随秧龄的延长而升高，20 d 秧龄处理分别显著低于 25 d 和 30 d 秧龄处理，30 d 秧龄处理高于 25 d 秧龄处理，差异不显著。晚季除了泰优 390 15 d 秧龄处理分别显著低于 20 d 和 30 d 秧龄处理外，其他各同品种不同秧龄间差异不显著。两个品种均以 20 d 秧龄处理收获指数最高，30 d 秧龄处理次之，15 d 秧龄处理最低，最高为泰优 390 20 d 秧龄处理达 0.55。

表 3-167　秧龄对少本密植机插双季杂交稻干物质积累与收获指数的影响

季节	品种	秧龄	干物质量 /（g·m⁻²）				收获指数
			分蘖中期	幼穗分化期	齐穗期	成熟期	
早季	陆两优 996	20 d	58 c	185 c	875 a	1401 a	0.59 a
		25 d	119 b	224 b	920 a	1373 a	0.50 c
		30 d	161 a	253 a	983 a	1434 a	0.55 b
	陵两优 268	20 d	63 c	178 b	984 a	1490 ab	0.51 b
		25 d	98 b	236 a	1014 a	1353 b	0.55 a
		30 d	210 a	263 a	1017 a	1618 a	0.57 a
晚季	天优华占	15 d	164 a	4479 b	999 ab	1351 a	0.53 a
		20 d	146 a	509 ab	951 b	1369 a	0.54 a
		25 d	197 a	599 a	1106 a	1391 a	0.53 a
		30 d	164 a	576 ab	1024 ab	1313 a	0.53 a
	泰优 390	15 d	152 b	473 a	880 a	1277 a	0.52 b
		20 d	139 b	444 a	888 a	1320 a	0.55 a
		25 d	196 a	576 a	956 a	1365 a	0.53 ab
		30 d	186 ab	574 a	1036 a	1457 a	0.54 a

（7）秧龄对少本密植机插双季杂交稻齐穗期叶片性状的影响。由表 3-168 可知，早季陆两优 996 齐穗期叶面积指数随着秧龄的延长而增大，但差异不显著，20 d 秧龄处理为 5.07，比 25 d、30 d 秧龄

处理分别低 1.42 和 1.48。陵两优 268 最高齐穗期叶面积指数为 7.00（25 d 秧龄处理），比 20 d、30 d 秧龄处理分别高出 1.06 、0.71，但不显著。晚季泰优 390 齐穗期叶面积随秧龄延长变化趋势与早稻陆两优 996 一致，但相对较小，30 d 秧龄处理为 4.92 比最低的 15 d 秧龄处理高出 4.47。天优华占齐穗期叶面积随秧龄延长变化趋势与早季陵两优 268 相近，最高值出现在 25 d 秧龄处理，为 5.31，其他三个处理相当，最低为 15 d 秧龄处理 4.53。各处理齐穗期叶含氮总量在移栽后随秧龄延长而变化的趋势不一致。早季两品种随着秧龄的延长齐穗期叶氮含量均表现为先升高后降低。与叶面积指数表现一致，最高齐穗期叶氮含量出现在陵两优 268 25 d 秧龄处理达 4.84 g/m²，比齐穗期叶氮含量最低处理 20 d 秧龄处理高出 0.92 g/m²。陆两优 996 25 d 秧龄处理齐穗期叶氮含量为 5.32 g/m²，比 20 d 秧龄处理和 30 d 秧龄处理分别高 1.49 g/m²、0.66 g/m²。晚季除天优华占 25 d 秧龄处理齐穗期叶氮含量显著高于 15 d 秧龄处理外，其他处理间无显著差异。天优华占 25 d 秧龄处理齐穗期叶氮含量分别比 15 d 秧龄处理、25 d 秧龄处理、30 d 秧龄处理高 0.95 g/m²、0.80 g/m²、0.77 g/m²。泰优 390 齐穗期叶氮含量 30 d 秧龄处理最高，为 4.49 g/m²，比 15 d 秧龄处理、20 d 秧龄处理、25 d 秧龄处理分别高出 0.89 g/m²、1.45 g/m²、0.42 g/m²。就比叶重而言，早季两个品种齐穗期比叶重最大值都是 20 d 秧龄处理，陆两优 996 20 d 秧龄处理比叶重最大，39.9 g/m² 显著高于 25 d 秧龄处理、30 d 秧龄处理。陵两优 268 20 d 秧龄处理比叶重 38.9 g/m² 高于 25 d 秧龄处理、30 d 秧龄处理不显著。晚季天优华占各秧龄间齐穗期比叶重无显著差异，最大值出现在 30 d 秧龄处理，44.1 g/m²，25 d 秧龄处理次之。泰优 390 齐穗期比叶重随着秧龄的延长而增大，除 30 d 秧龄处理 45.3 g/m² 显著高于 15 d 秧龄处理 39.6 g/m² 外，其他各处理间差异不显著。

表 3-168　秧龄对少本密植机插双季杂交稻齐穗期叶片性状的影响

季节	品种	秧龄	叶面积指数	比叶重 /（g·m⁻²）	叶氮含量 /（g·m⁻²）
早季	陆两优 996	20 d	5.07 a	39.9 a	3.92 a
		25 d	6.49 a	32.1 b	4.84 a
		30 d	6.55 a	34.4 b	4.75 a
	陵两优 268	20 d	5.54 a	38.9 a	3.83 a
		25 d	7.00 a	35.3 a	5.32 a
		30 d	6.29 a	35.2 a	4.66 a
晚季	天优华占	15 d	4.53 a	42.2 a	3.92 b
		20 d	4.67 a	41.4 a	4.07 ab
		25 d	5.31 a	43.1 a	4.87 a
		30 d	4.65 a	44.1 a	4.10 ab
	泰优 390	15 d	4.47 a	39.6 b	3.60 a
		20 d	4.59 a	41.5 ab	3.04 a
		25 d	4.64 a	43.4 ab	4.07 a
		30 d	4.92 a	45.3 a	4.49 a

（8）秧龄对少本密植机插双季杂交稻氮素吸收利用的影响。由表 3-169 可知，不同秧龄条件下，氮素吸收量、氮素籽粒生产效率大致相当，除早季分蘖中期、幼穗分化期外，早晚季各品种各秧龄间

均未形成显著性差异。早季两品种分蘖中期氮素吸收量随秧龄的延长而显著提高。幼穗分化期先升后降，20 d 秧龄处理分别显著低于 25 d、30 d 秧龄处理，25 d 秧龄处理高于 30 d 秧龄处理不显著，两个品种规律一致。齐穗期陆两优 996 累增，陵两优 268 先升后降，但两个品种齐穗期 25 d 秧龄处理、30 d 秧龄处理之间差异极小。成熟期两个品种氮素吸收量均表现为随着移栽秧龄的延长而增大，但差异不显著。就氮素干物质生产效率而言，随着移栽期的推移，陆两优 996 先升后降，陵两优 268 先降后升，但各秧龄处理间差异均不显著。晚季各个时期各处理中除天优华占 25 d 秧龄处理氮素吸收量分别显著高于其他三个处理外，每个时期各秧龄处理间均未达到显著差异。就氮素籽粒生产效率而言，晚季天优华占 30 d 秧龄处理最高，显著高于 20 d 秧龄处理，其他处理不同秧龄间差异不显著。

表 3-169　秧龄对少本密植机插双季杂交稻氮素吸收利用的影响

| 季节 | 品种 | 秧龄 | 氮素吸收量 / (kg·hm⁻²) | | | | 氮素籽粒生产效率 / (kg·kg⁻¹) |
			分蘖中期	幼穗分化期	齐穗期	成熟期	
早季	陆两优 996	20 d	14.2 c	37.9 b	85.1 a	106.4 a	64.9 a
		25 d	27.3 b	50.5 a	102.2 a	109.1 a	66.2 a
		30 d	35.5 a	49.4 a	104.5 a	117.6 a	61.4 a
	陵两优 268	20 d	15.1 c	37.5 b	87.6 a	116.6 a	63.7 a
		25 d	22.5 b	51.7 a	101.7 a	117.1 a	60.5 a
		30 d	44.3 a	47.9 a	99.1 a	129.8 a	64.8 a
晚季	天优华占	15 d	35.2 a	66.9 a	96.0 b	124.7 a	59.2 ab
		20 d	31.3 a	76.4 a	96.1 b	132.7 a	53.0 b
		25 d	38.8 a	87.2 a	116.1 a	128.0 a	61.8 ab
		30 d	34.5 a	87.0 a	99.8 ab	111.3 a	72.3 a
	泰优 390	15 d	33.1 a	69.8 a	89.2 a	116.7 a	62.81 a
		20 d	30.0 a	65.6 a	88.8 a	118.7 a	58.7 a
		25 d	40.3 a	85.9 a	100.3 a	124.0 a	59.0 a
		30 d	37.5 a	92.1 a	113.2 a	137.9 a	58.7 a

三、双季稻机直播高产高效栽培关键技术研究

（一）机直播双季稻品种筛选研究

选取以近年来在长江中下游地区种植面积较大、或适于在湖南地区种植的常规稻与杂交稻品种或组合作为供试材料（早季：陆两优 996、陵两优 22、陵两优 211、株两优 819、株两优 211、柒两优 007、4079A×Ze77、中早 39、湘早籼 24 号、湘早籼 32 号、湘早籼 45 号、湘早籼 6 号；晚季：陆两优 996、陵两优 22、株两优 211、株两优 819、柒两优 007、4079A×Ze77、4079A×Ze79、华丰优 602、盛泰优 602、恒丰优 7166、中早 39、湘早籼 32 号、湘早籼 45 号、湘早籼 6 号），在岳阳市岳阳县麻塘镇开展了机直播双季稻不同品种对比研究。随机区组排列，3 次重复，小区面积 20 m²（2 m×10 m），早稻于 4 月 1 日采用人力直播机播种，晚稻于 7 月 19 日以相同的方式直播，浸种待种子"破胸"

时直播，常规稻播种量折干种为 37.5 kg/hm²，杂交稻品种 18.75 kg/hm²，播种后 3 d 内择晴天进行封闭化学除草。早、晚稻分别施氮肥（N）120 kg/hm²、150 kg/hm²，磷肥（P₂O₅）75 kg/hm²，钾肥（K₂O）120 kg/hm²。其中，氮肥按基肥∶分蘖肥∶穗肥 =5∶3∶2 的比率施用，磷肥全部作基肥施用，钾肥按基肥∶穗肥 =5∶5 的比例施用。其他措施均按当地高产栽培要求进行管理，各处理田间管理保持一致。主要结果如下：

（1）机直播条件下不同水稻品种（组合）的生育进程。早、晚季机直播杂交稻品种的平均全生育期为 102 d，比常规稻品种的全生育期分别长 4 d 和 5 d（表 3–170）。从不同生育阶段来看，早季杂交稻品种的播种 – 齐穗期为 75 d，比常规稻品种缩短 2 d，而早、晚季杂交稻品种的齐穗 – 成熟期分别为 27 d 和 43 d，比常规稻品种分别长 6 d 和 5 d。这表明在机直播条件下常规稻全生育期比杂交稻（组合）短，且主要表现在齐穗 – 成熟期的缩短。杂交稻品种早季中株两优 819、陵两优 211 和柒两优 007 的全生育期最短，均为 101 d。株两优 211 的全生育期为 102 d，陆两优 996、陵两优 22 和 4079A×Ze77 的全生育期均为 103 d。晚季中株两优 819 的全生育期最短，为 96 d，其次是陵两优 22，全生育期为 98 d，陆两优 996、柒两优 007 和 4079A×Ze77 的全生育期同为 100 d。株两优 211 的全生育期为 101 d，盛泰优 602 和华丰优 602 的全生育期均为 102 d，4079A×Ze79 的全生育期是 104 d，恒丰优 7166 的全生育期最长，为 106 d。杂交稻品种全生育期晚季与早季相比，株两优 819 和陵两优 22 缩短 5 d，陆两优 996 和 4079A×Ze77 缩短 3 d，柒两优 007 和株两优 211 缩短 1 d。这表明在机直播条件下，相同的杂交稻品种晚季的全生育期比早季缩短。常规稻品种早季以湘早籼 32 号的全生育期最短，为 94 d。湘早籼 45 号的全生育期为 97 d，湘早籼 24 号的全生育期为 98 d，湘早籼 6 号的全生育期为 99 d，中早 39 的全生育期为 100 d。晚季中湘早籼 32 号的全生育期也最短，为 91 d。中早 39 的全生育期为 97 d，湘早籼 6 号和湘早籼 45 号的全生育期均为 99 d。常规稻品种全生育期晚季与早季相比，湘早籼 32 号和中早 39 缩短 3 d，湘早籼 6 号相同，湘早籼 45 号延长 2 d。这表明在机直播条件下，同一常规稻品种晚季比早季的全生育期有的缩短有的延长，可能是因品种自身特性而异。

表 3–170　机直播条件下早晚季品种（组合）的生育期进程

季节	品种	播种期/月–日	抽穗期/月–日	齐穗期/月–日	成熟期/月–日	播种 – 齐穗期/d	齐穗 – 成熟期/d	全生育期/d
早季	株两优 819	4–1	6–9	6–14	7–11	74	27	101
	株两优 211	4–1	6–9	6–13	7–12	73	29	102
	陆两优 996	4–1	6–13	6–16	7–13	76	27	103
	陵两优 22	4–1	6–14	6–19	7–13	79	24	103
	陵两优 211	4–1	6–10	6–13	7–11	73	28	101
	柒两优 007	4–1	6–10	6–14	7–11	74	27	101
	4079A×Ze77	4–1	6–13	6–17	7–13	77	26	103
	杂交稻平均					75	27	102
	中早 39	4–1	6–14	6–20	7–10	80	20	100
	湘早籼 6 号	4–1	6–14	6–20	7–9	80	19	99
	湘早籼 24 号	4–1	6–16	6–19	7–8	79	19	98
	湘早籼 32 号	4–1	6–8	6–12	7–4	72	22	94

续表

季节	品种	播种期/月－日	抽穗期/月－日	齐穗期/月－日	成熟期/月－日	播种－齐穗期/d	齐穗－成熟期/d	全生育期/d
	湘早籼45号	4–1	6–9	6–12	7–7	72	25	97
	常规稻平均					77	21	98
	株两优819	7–19	9–10	9–14	10–23	57	39	96
	株两优211	7–19	9–11	9–15	10–28	58	43	101
	陆两优996	7–19	9–13	9–16	10–27	59	41	100
	陵两优22	7–19	9–9	9–11	10–25	54	44	98
	柒两优007	7–19	9–13	9–16	10–27	59	41	100
	盛泰优602	7–19	9–13	9–15	10–29	58	44	102
	华丰优602	7–19	9–8	9–11	10–29	54	48	102
晚季	恒丰优7166	7–19	9–23	9–27	11–2	70	36	106
	4079A×Ze77	7–19	9–10	9–14	10–27	57	43	100
	4079A×Ze79	7–19	9–14	9–18	10–31	62	42	104
	杂交稻平均					59	43	102
	中早39	7–19	9–14	9–17	10–24	60	37	97
	湘早籼6号	7–19	9–14	9–19	10–26	62	37	99
	湘早籼32号	7–19	9–7	9–11	10–18	54	37	91
	湘早籼45号	7–19	9–12	9–15	10–26	58	41	99
	常规稻平均					59	38	97

（2）机直播条件下不同水稻品种（组合）的产量及产量构成。由表3–171可知，早季试验中早39产量最高为8.25 t/hm²，比陵两优22（CK）增产34%，差异极显著。其次是陆两优996，为7.75 t/hm²，比CK增产26%，差异极显著。株两优211产量为7.30 t/hm²，排名第三，比CK增产19%，差异显著。湘早籼24号产量为7.14 t/hm²，排名第四，比ck增产16%，差异显著。其余品种的产量均与CK差异不显著。从产量构成因子分析，中早39产量高主要是因其每穗实粒数和千粒重有显著优势，陆两优996表现在每穗总粒数和实粒数有显著优势，株两优211主要是结实率高，湘早籼24号主要是有效穗数多。这表明，相同的试验条件下不同的品种产量表现及其构成因子不同。晚季试验中柒两优007产量最高为7.23 t/hm²，比陵两优22（CK）增产26%，差异极显著。其次是中早39，为7.00 t/hm²，比CK增产22%，差异极显著。排名第三的陆两优996产量为6.94 t/hm²，比CK增产21%，差异极显著。湘早籼6号产量为5.96 t/hm²，比CK增产4%，差异不显著。4079A×Ze77产量为5.82 t/hm²，比CK增产1%，差异不显著。其余供试品种（组合）的产量均比CK低。从产量构成因子分析，柒两优007产量高主要是因其每穗总粒数、每穗实粒数和结实率有显著优势；中早39产量高主要是因其每穗总粒数、每穗实粒数、结实率和千粒重有显著优势；陆两优996表现在每穗实粒数和千粒重有显著优势。与CK比，湘早籼6号和4079A×Ze77增产主要是有效穗数有显著优势。这表明，有效穗数的显著增加能在一定程度上提高水稻的产量，但在一定的有效穗数基础上，每穗总粒数、结实率和千粒重三个因子对产量的作用更大。

表 3-171　机直播条件下早晚季水稻品种（组合）产量及产量构成因子

季节	品种	株高/cm	每平方米穗数/穗	每穗粒数/粒	每平方米颖花数/×10³	结实率/%	千粒重/g	产量/(t·hm⁻²)
早季	株两优819	74.5 b	366.0 bc	121.3 bcde	44.3 ab	81.9 ab	24.1 g	6.94 bcd
	株两优211	73.5 bc	319.0 cd	119.8 cde	38.2 abcd	85.5 ab	27.1 cd	7.30 abc
	陆两优996	82.8 a	256.2 ef	147.9 a	38.6 abcd	81.1 ab	29.3 ab	7.75 ab
	陵两优22	80.1 a	229.9 f	130.3 abcd	29.9 d	83.6 ab	27.8 bcd	6.16 d
	陵两优211	71.3 bcde	354.9 bc	118.7 cdef	42.1 abc	81.6 ab	26.7 de	7.11 bcd
	柒两优007	73.7 bc	271.4 def	139.8 ab	37.8 abcd	79.8 ab	28.5 bc	6.99 bcd
	4079A×Ze77	73.0 bcd	335.3 c	122.2 bcd	40.9 abc	77.2 b	26.5 def	6.77 cd
	杂交稻平均	75.6	304.7	128.6	38.8	81.5	27.1	7.00
	中早39	69.5 cde	269.7 def	135.5 abc	36.1 abcd	85.1 ab	30.2 a	8.25 a
	湘早籼6号	70.2 bcde	433.0 a	103.5 ef	44.8 a	80.7 ab	22.3 h	7.05bcd
	湘早籼24号	66.7 e	399.9 ab	101.0 f	40.4 abc	84.1 ab	25.1 efg	7.14 bc
	湘早籼32号	73.7 bc	308.6 cde	112.6 def	35.0 bcd	81.4 ab	26.6 def	6.48 cd
	湘早籼45号	68.2 e	263.5 def	125.3 bcd	33.0 cd	88.0 a	25.0 fg	6.48 cd
	常规稻平均	69.7	334.9	115.6	37.9	83.9	25.8	7.08
晚季	株两优819	79.4 cd	336.0 b	108.3 cd	36.4 c	71.9 bc	24.7 de	5.72 bcd
	株两优211	81.3 c	319.7 bc	106.1 d	33.9 cde	63.9 e	27.4 b	5.44 bcde
	陆两优996	91.3 ab	302.7 bcd	117.5 ab	35.5 cd	74.7 b	29.5 a	6.94 a
	陵两优22	81.0 c	287.7 cde	110.8 bcd	31.7 ef	71.7 bc	27.3 b	5.74 bcd
	柒两优007	70.3 g	298.7 cd	120.0 a	35.8 cd	84.0 a	25.4 cd	7.23 a
	盛泰优602	76.7 de	423.0 a	114.5 abc	48.4 a	51.0 f	25.1 cd	5.64 bcd
	华丰优602	80.0 cd	253.7 e	121.6 a	30.8 ef	81.7 a	24.3 e	5.67 bcd
	恒丰优7166	89.3 b	298.7 cd	98.1 e	29.3 fg	69.9 cd	25.3 cd	4.68 f
	4079A×Ze77	72.3 fg	417.0 a	82.3 f	34.3 cde	66.9 de	27.3 b	5.82 bc
	4079A×Ze79	93.0 a	273.7 de	108.1 cd	29.5 fg	71.9 bc	27.0 b	5.14 cdef
	杂交稻平均	81.5	321.1	108.7	34.6	70.8	26.3	5.80
	中早39	75.7 ef	269.7 de	119.0 a	32.0 ef	82.0 ab	29.8 a	7.00 a
	湘早籼6号	71.0 g	438.0 a	94.0 e	41.2 b	69.5 cd	22.7 f	5.96 b
	湘早籼32号	77.3 de	268.7 de	98.3 e	26.4 g	74.4 b	25.9 c	4.75 ef
	湘早籼45号	82.0 c	285.3 cde	114.0 abc	32.5 def	69.5 cd	24.2 e	5.03 def
	常规稻平均	76.5	315.4	106.3	33.0	73.9	25.7	5.69

注：数据为 3 次重复的平均值；同列不同小写字母表示处理间差异显著。

（二）机直播早稻适宜播种期研究

选取以近年来在长江中下游地区种植面积较大、适于在湖南地区种植的 13 种常规稻与杂交稻作为供试材料（常规稻：中嘉早 17、金早 47、中早 39、江早 361、湘早籼 24、湘早籼 32、湘早籼 42、湘早籼 45；杂交稻：陵两优 268、鑫 203、柒两优 2012、陆两优 996、株两优 819），在岳阳市岳阳县麻塘镇开展了不同播种期对比研究。选取肥力均匀的试验田，设置 3/22（Ⅰ）、3/27（Ⅱ）、4/1（Ⅲ）三个播期。按照品种、播期两因素裂区试验设计）（播期为主区，品种为副区），3 次重复，小区面积为 20 m²。采用直播方式，直播机播种，每个播期的播种量（52.5 kg/hm²）一致。主要结果如下：

（1）播期对机直播早稻生育进程的影响。由表 3-172 可知，遭遇低温时第Ⅰ播期，水稻秧苗处于 2 叶 1 心时期，第Ⅱ播期的水稻秧苗处于 1 叶 1 心时期，第Ⅲ播期的水稻秧苗处于 1 叶时期，第Ⅰ和第Ⅱ播期的水稻秧苗生长至 3 叶 1 心期共计 27 d，第Ⅲ播期水稻秧苗则花费 26 d，缩短生育期 1 d。水稻全生育期时间变化最大的品种为株两优 819，最小的品种为湘早籼 32 号。

表 3-172　播期对机直播早稻生育进程的影响 d

品种	播期	播种期	3 叶 1 心期	播种 – 3 叶 1 心期	播种 – 幼穗分化期	幼穗分化 – 始穗期	始穗 – 成熟期	全生育期
湘早籼 24 号	Ⅰ	3/22	4/19	27	47	30	32	109
	Ⅱ	3/27	4/24	27	46	27	34	107
	Ⅲ	4/1	4/27	26	42	30	33	105
	CV/%				5.88	5.97	3.03	1.87
湘早籼 32 号	Ⅰ	3/22	4/19	27	39	24	35	98
	Ⅱ	3/27	4/24	27	39	23	34	96
	Ⅲ	4/1	4/27	26	37	26	33	96
	CV/%				3.01	6.28	2.94	1.19
湘早籼 42 号	Ⅰ	3/22	4/19	27	47	30	31	108
	Ⅱ	3/27	4/24	27	44	27	34	105
	Ⅲ	4/1	4/27	26	45	29	32	106
	CV/%				3.37	5.33	4.72	1.44
湘早籼 45 号	Ⅰ	3/22	4/19	27	46	29	32	107
	Ⅱ	3/27	4/24	27	43	27	34	104
	Ⅲ	4/1	4/27	26	42	30	33	105
	CV/%				4.77	5.33	3.03	1.45
江早 361	Ⅰ	3/22	4/19	27	48	40	32	110
	Ⅱ	3/27	4/24	27	48	37	34	109
	Ⅲ	4/1	4/27	26	47	30	29	106
	CV/%				1.21	14.39	7.95	1.92
中早 39	Ⅰ	3/22	4/19	27	47	29	34	110
	Ⅱ	3/27	4/24	27	46	27	33	106
	Ⅲ	4/1	4/27	26	47	29	30	106
	CV/%				1.24	4.08	6.44	2.15
中嘉早 17	Ⅰ	3/22	4/19	27	50	29	30	109
	Ⅱ	3/27	4/24	27	48	28	32	108
	Ⅲ	4/1	4/27	26	45	30	31	106

续表

品种	播期	播种期	3叶1心期	播种－3叶1心期	播种－幼穗分化期	幼穗分化－始穗期	始穗－成熟期	全生育期
	CV/%				5.28	3.45	3.23	1.42
金早47	I	3/22	4/19	27	49	28	31	108
	II	3/27	4/24	27	45	27	32	104
	III	4/1	4/27	26	45	30	29	104
	CV/%				4.98	5.39	4.98	2.19
陆两优996	I	3/22	4/19	27	47	29	34	110
	II	3/27	4/24	27	44	28	35	107
	III	4/1	4/27	26	47	29	30	106
	CV/%				3.77	2.01	8.02	1.93
陵两优268	I	3/22	4/19	27	51	29	34	114
	II	3/27	4/24	27	48	28	35	111
	III	4/1	4/27	26	49	29	31	109
	CV/%				3.10	2.01	6.24	2.26
淦鑫203	I	3/22	4/19	27	56	29	30	115
	II	3/27	4/24	27	52	28	33	113
	III	4/1	4/27	26	47	30	34	111
	CV/%				8.73	3.45	6.44	1.77
株两优819	I	3/22	4/19	27	48	30	33	111
	II	3/27	4/24	27	44	27	34	105
	III	4/1	4/27	26	42	31	33	106
	CV/%				6.84	7.10	1.73	2.99
柒两优2012	I	3/22	4/19	27	47	29	32	108
	II	3/27	4/24	27	44	26	35	105
	III	4/1	4/27	26	42	31	32	105
	CV/%				5.68	8.78	5.25	1.63

（2）播期对机直播早稻出苗率和死苗率的影响。各播期水稻秧苗处于2叶1心时期记录考察各品种水稻出苗率和死苗率（表3–173），第I播期时出苗率最低的品种为株两优819，为30%，最高的为中早39，出苗率为90%；死苗率最低的为湘早籼24、湘早籼42、中早39、陆两优996，为5%，最高的为陵两优268、株两优819，为15%；第II播期时出苗率最低的品种为湘早籼32、江早361，为70，最高的为湘早籼24、中早39、陆两优996、柒两优2012，出苗率95%，死苗率最低的为湘早籼24、中早39，为3%，最高的为湘早籼32、江早361、株两优819，为10%；第III播期时出苗率最低的品种为湘早籼32，为75%，最高的为湘早籼45、中早39、陆两优996、柒两优2012，出苗率为95%；死苗率最低的为中早39，为2%，最高的为湘早籼32、陵两优268，为7%。

表 3–173　播期对机直播早稻出苗率和死苗率的影响

品种	播期	出苗率 /%	死苗率 /%	品种	播期	出苗率 /%	死苗率 /%
湘早籼 24	I	90	5	金早 47	I	60	10
	II	95	3		II	85	7
	III	90	4		III	90	4
湘早籼 32	I	70	8	陆两优 996	I	80	5
	II	70	10		II	95	3
	III	75	7		III	95	4
湘早籼 42	I	85	5	陵两优 268	I	50	15
	II	80	7		II	75	8
	III	85	4		III	80	7
湘早籼 45	I	70	5	淦鑫 203	I	65	15
	II	90	5		II	90	5
	III	95	3		III	90	5
江早 361	I	70	10	株两优 819	I	30	15
	II	70	10		II	80	10
	III	80	6		III	80	5
中早 39	I	90	5	柒两优 2012	I	70	7
	II	95	3		II	95	4
	III	95	2		III	95	3
中嘉早 17	I	70	10				
	II	85	5				
	III	85	5				

（3）播期对机直播早稻秧苗素质的影响。水稻秧苗素质数据采集在各播期水稻到达 3 叶 1 心时期时记录。由表 3–174 可知，在本研究播期范围内，随着播期的推迟，各播期在 3 叶 1 心时期叶片数、苗高、分蘖率、地上部鲜重、地上部干部等方面数据有明显差异。在三个播期中，随着播期的变化，水稻秧苗素质构成变化最大的为陵两优 268，其次为湘早籼 24 号，最小的为金早 47。

表 3–174　播期对机直播早稻秧苗素质的影响

品种	播期处理	叶片数	苗高 /cm	分蘖率	茎基宽 /mm	单株地上部鲜重 /g	单株地上部干重 /（g/ 株）
湘早籼 24	I	3.44	12.86	0.10	3.90	3.54	0.75
	II	4.41	18.37	0.72	4.87	7.61	1.50
	III	3.37	18.07	0.00	4.32	5.87	1.06
	平均	3.74	16.43	0.27	4.36	5.67	1.10
	CV/%	15.56	18.85	142.58	11.12	35.98	34.16
湘早籼 32	I	3.59	14.98	0.35	4.23	4.81	0.84
	II	4.05	19.51	0.58	6.02	8.71	1.35

续表 1

品种	播期处理	叶片数	苗高 /cm	分蘖率	茎基宽 /mm	单株地上部鲜重 /g	单株地上部干重 /(g/ 株)
	Ⅲ	3.38	19.71	0.00	4.52	5.83	1.01
	平均	3.67	18.06	0.31	4.92	6.45	1.07
	CV/%	9.30	14.80	94.37	19.47	31.32	24.65
	Ⅰ	3.12	15.70	0.25	3.57	3.95	0.77
	Ⅱ	3.87	20.22	0.33	5.67	8.94	1.44
湘早籼 42	Ⅲ	3.30	18.94	0.00	4.77	6.59	1.11
	平均	3.43	18.29	0.19	4.67	6.49	1.11
	CV/%	11.38	12.72	89.21	22.58	38.44	30.12
	Ⅰ	3.50	15.38	0.12	3.65	4.35	0.74
	Ⅱ	4.34	21.22	0.53	5.95	9.96	1.56
湘早籼 45	Ⅲ	3.41	20.33	0.00	4.68	6.77	1.12
	平均	3.75	18.98	0.22	4.76	7.03	1.14
	CV/%	13.67	16.58	129.40	24.20	40.02	36.00
	Ⅰ	3.46	13.68	0.05	3.88	4.57	0.78
	Ⅱ	3.78	19.60	0.08	5.38	8.58	1.37
江早 361	Ⅲ	3.50	18.98	0.00	4.65	5.98	0.98
	平均	3.58	17.42	0.04	4.64	6.38	1.04
	CV/%	4.84	18.68	94.37	16.17	31.88	28.97
	Ⅰ	3.64	14.85	0.27	4.18	5.59	0.95
	Ⅱ	4.00	20.39	0.23	5.35	9.03	1.36
中早 39	Ⅲ	3.45	18.70	0.00	4.65	5.83	0.99
	平均	3.70	17.98	0.17	4.73	6.82	1.10
	CV/%	7.55	15.79	87.18	12.42	28.15	20.33
	Ⅰ	2.89	12.87	0.03	3.47	3.69	0.68
	Ⅱ	3.60	19.29	0.02	4.57	7.11	1.31
中嘉早 17	Ⅲ	3.09	16.84	0.00	4.28	5.15	0.82
	平均	3.19	16.33	0.02	4.11	5.32	0.94
	CV/%	11.38	19.85	100.00	13.91	32.22	35.48
	Ⅰ	3.43	15.26	0.52	5.22	5.90	0.96
	Ⅱ	4.20	20.58	0.45	5.58	9.33	1.13
金早 47	Ⅲ	3.22	19.10	0.00	4.88	6.25	1.05
	平均	3.62	18.31	0.32	5.23	7.16	1.05
	CV/%	14.22	14.99	87.22	6.70	26.35	8.16
陆两优 996	Ⅰ	3.80	16.60	0.55	4.72	5.61	1.07
	Ⅱ	4.74	21.28	0.90	6.15	9.90	1.64

续表 2

品种	播期处理	叶片数	苗高 /cm	分蘖率	茎基宽 /mm	单株地上部鲜重 /g	单株地上部干重 /（g/ 株）
	Ⅲ	3.53	22.65	0.00	4.52	6.35	1.13
	平均	4.02	20.17	0.48	5.13	7.28	1.28
	CV/%	15.88	15.72	93.87	17.37	31.51	24.28
	Ⅰ	3.40	16.22	0.38	4.60	6.00	0.99
	Ⅱ	5.82	22.50	1.77	7.18	13.23	2.03
陵两优 268	Ⅲ	3.49	20.44	0.00	4.60	6.54	1.10
	平均	4.24	19.72	0.72	5.46	8.59	1.37
	CV/%	32.42	16.26	129.67	27.31	46.89	41.61
	Ⅰ	3.37	15.04	0.17	3.77	3.96	1.12
	Ⅱ	4.27	21.02	0.63	5.12	7.07	1.17
淦鑫 203	Ⅲ	3.52	19.72	0.00	4.32	5.30	0.88
	平均	3.72	18.59	0.27	4.40	5.44	1.06
	CV/%	12.95	16.93	123.11	15.43	28.67	14.77
	Ⅰ	3.12	15.70	0.25	3.57	3.95	0.77
	Ⅱ	4.30	21.79	0.72	5.42	9.81	1.54
株两优 819	Ⅲ	3.52	21.46	0.02	4.77	7.65	1.25
	平均	3.64	19.65	0.33	4.58	7.14	1.19
	CV/%	16.40	17.42	108.74	20.48	41.54	32.60
	Ⅰ	3.91	16.63	0.93	5.48	7.48	1.27
	Ⅱ	4.66	21.99	0.98	6.98	12.04	1.95
柒两优 2012	Ⅲ	3.52	23.93	0.03	4.75	7.59	1.29
	平均	4.03	20.85	0.65	5.74	9.04	1.50
	CV/%	14.28	18.12	82.25	19.84	28.80	25.86

（4）播期对机直播早稻产量的影响。由表 3–175 可知，在低温对水稻的影响下，随着播期的推迟，早季平均产量呈逐渐下降趋势，第Ⅰ播期的平均产量为 7.12 t/hm²，第Ⅱ播期的平均产量为 7.02 t/hm²，第Ⅲ播期的平均产量为 6.80 t/hm²。随着播期的推迟，不同品种类型之间的水稻产量差异呈增大趋势，第Ⅰ播期至第Ⅲ播期的变异系数分别为 12.30%、14.48% 和 16.14%。不同品种水稻在各播期内的产量表现存在差异，第Ⅰ播期至第Ⅲ播期产量最高的品种分别为江早 361、淦鑫 203、淦鑫 203，产量最低的品种均为湘早籼 32 号。陆两优 996 在不同播期中的平均产量最高，产量变异系数仅为 0.5%，随着播期的变化差异较小；湘早籼 32 号在不同播期中的平均产量最低，同时变异系数为 10.9%，仅次于金早 47 和淦鑫 203，且金早 47 的产量差异随着播期的推迟呈减小趋势，淦鑫 203 的产量差异随着播期的推迟呈增大趋势。

表 3-175　播期对机直播早稻产量的影响

品种	播期处理 / (t·hm^{-2})			平均 / (t·hm^{-2})	CV/%
	I	II	III		
湘早籼 24	7.72	6.51	7.11	7.11	8.4
湘早籼 32	5.16	4.42	4.20	4.59	10.9
湘早籼 42	7.07	5.87	6.47	6.47	9.3
湘早籼 45	6.23	6.51	6.83	6.52	4.6
江早 361	8.23	7.36	6.67	7.42	10.5
中早 39	7.43	7.89	6.98	7.43	6.1
中嘉早 17	7.00	7.80	7.43	7.41	5.4
金早 47	7.78	6.91	5.54	6.74	16.8
陆两优 996	7.74	7.80	7.74	7.76	0.5
陵两优 268	6.34	7.69	7.20	7.08	9.7
淦鑫 203	6.40	8.09	8.89	7.79	16.31
株两优 819	8.03	7.34	6.58	7.32	9.9
柒两优 2012	7.40	7.09	6.78	7.09	4.4
平均	7.12	7.02	6.80		
CV/%	12.30	14.48	16.14		

（三）机直播双季稻适宜播种量研究

在 2017 年机直播双季稻品种筛选搭配的基础上，选用双季直播产量最高的常规稻（中早 39）和杂交稻（陆两优 996），于 2018—2020 年在湖南省岳阳市农科所、浏阳市永安农技站开展了双季稻机直播适宜播种量试验。随机区组设计，设 5 种直播量，即 15 kg/hm^2、45 kg/hm^2、75 kg/hm^2、105 kg/hm^2、135 kg/hm^2，3 个重复，共 30 个小区，小区面积 20 m^2。采用印刷播种技术将种子均匀的点在新闻纸上，种子在新闻纸上的排列方式为正方形，每平方米的种子数为 120 ~ 600 粒，单本印刷。种子应采用盐选（密度为 1.1）和色选进行前处理，并采用药剂苗博士进行种子包衣。早稻于 4 月 1 日播种，晚稻不迟于 7 月 20 日。各处理田间管理保持一致，早、晚稻施氮肥分别为 120 kg/hm^2、150 kg/hm^2，磷肥 75 kg/hm^2，钾肥 120 kg/hm^2，氮肥按基肥：分蘖肥：穗肥 =5：3：2 的比率施用，磷肥全部当基肥施用，钾肥按基肥：穗肥 =5：5 的比例施用。其他管理按当地高产栽培进行。主要结果如下：

（1）播种量对机直播双季稻生育进程的影响。由表 3-176 可知，岳阳点早季试验中早 39 全生育期都为 111 d，陆两优 996 播各处理全生育期都为 99 d，永安点早季试验中早 39 全生育期都为 97 d，陆两优 996 各处理全生育期都为 104 d。晚季试验中，岳阳点中早 39 播量为 135 kg/hm^2、105 kg/hm^2、75 kg/hm^2、45 kg/hm^2 的处理全生育期均为 101 d，15 kg/hm^2 则为 102 d，差异也不大，陆两优 996 播量为 135 kg/hm^2 的全生育期为 101 d，105 kg/hm^2 为 102 d，75 kg/hm^2 为 104 d，45 kg/hm^2 为 105 d，15 kg/hm^2 为 106 d，最大相差 5 d，差异较明显。永安点中早 39 播量为 135 kg/hm^2，105 kg/hm^2 的处理全生育期 101 d，播量为 75 kg/hm^2，45 kg/hm^2 和 15 kg/hm^2 的处理全生育期为 102 d，差异不大。陆两优 996 各处理的全生育期均为 103 d。

表 3–176　播种量对机直播双季稻生育进程的影响

品种	播种量 / (kg·hm⁻²)	地点	早季		晚季	
			播种期 / 月 – 日	全生育期 /d	播种期 / 月 – 日	全生育期 /d
中早 39	15	岳阳	4–9	101	7–19	102
		永安	4–9	97	7–19	102
	45	岳阳	4–9	101	7–19	101
		永安	4–9	97	7–19	102
	75	岳阳	4–9	101	7–19	101
		永安	4–9	97	7–19	102
	105	岳阳	4–9	101	7–19	101
		永安	4–9	97	7–19	101
	135	岳阳	4–9	101	7–19	101
		永安	4–9	97	7–19	101
陆两优 996	15	永安	4–9	104	7–19	103
		岳阳	4–9	99	7–19	106
	45	永安	4–9	104	7–19	103
		岳阳	4–9	99	7–19	105
	75	永安	4–9	104	7–19	103
		岳阳	4–9	99	7–19	104
	105	永安	4–9	104	7–19	103
		岳阳	4–9	99	7–19	102
	135	永安	4–9	104	7–19	103
		岳阳	4–9	99	7–19	101

（2）播种量对机直播双季稻茎秆维管束的影响。由表 3–177 可知，陆两优 996 用种量越大其大、小维管束数量越少，二者呈负相关。陆两优 996 用种量越大其厚度也越小，二者也呈负相关关系。中早 39 表现却相反，用种量越大其大维管束数量小幅增加，小维管束数量没有明显一致的趋势。其厚度值也是随着用种量的增加而变小。

表 3–177　播种量对机直播双季稻茎秆维管束的影响

品种	播种量 / (kg·hm⁻²)	大维管束数量	长 /μm	宽 /μm	小维管束数量	长 /μm	宽 /μm	厚度 /μm
陆两优 996	15	23.0 a	138.9 abc	75.9 a	21.7 a	79.9 ab	57.5 a	270.5 abc
	45	18.7 b	153.1 ab	82.7 a	19.0 abc	85.9 ab	64.2 a	250.9 abc
	75	18.0 b	147.3 abc	72.9 a	19.0 abc	84.6 ab	63.8 a	244.6 abc
	105	18.0 b	142.8 abc	76.8 a	16.0 c	87.1 a	69.1 a	258.5 abc
	135	19.0 b	128.8 c	80.0 a	17.0 bc	80.8 ab	59.8 a	228.4 c
中早 39	15	19.7 b	142.7 abc	83.2 a	21.3 ab	85.5 ab	60.4 a	283.5 ab
	45	19.0 b	150.9 ab	80.1 a	21.0 ab	75.8 b	62.9 a	286.4 a

续表

品种	播种量 /（kg·hm⁻²）	大维管束数量	长 /μm	宽 /μm	小维管束数量	长 /μm	宽 /μm	厚度 /μm
	75	19.3 b	154.3 a	85.3 a	22.3 a	88.0 a	68.5 a	232.7 bc
	105	19.3 b	133.1 bc	72.4 a	18.0 abc	81.5 ab	58.3 a	246.3 abc
	135	20.7 ab	135.0 abc	85.1 a	21.3 ab	81.0 ab	61.9 a	261.9 abc

（3）播种量对机直播双季稻产量和产量构成的影响。由表 3-178 可知，中早 39 播种量为 75、105、135 kg/hm² 处理的产量为 6.88-6.94 t/hm²，差异不大。其中，以播量 75 kg/hm² 的产量最高，为 6.94 t/hm²。陆两优 996 播量为 75、105 kg/hm² 处理的产量为 7.27 ~ 7.31 t/hm²，差异也不大。其中，以播量 75 kg/hm² 的产量最高，为 7.31 t/hm²。从产量构成因子来看，播量 75 kg/hm² 处理主要是在较高的单位面积颖花数和结实率。由此可知，双季机直播水稻最高产量的形成既不是最高播量也不是最低播量，中早 39 和陆两优 996 最佳亩直播量均为 75 kg/hm²。这说明直播稻高产并不与播种量呈正相关，适宜的播种量即合理的种植密度有利于高产的形成。

表 3-178　播种量对机直播双季稻产量和产量构成的影响

品种	播种量 /（kg·hm⁻²）	产量 /（t·hm⁻²）	每平方米有效穗数 / 穗	每穗粒数 / 粒	每平方米颖花数 / ×10³	结实率 /%	千粒重 /g
	15	6.19 b	331 a	120 a	37.9 a	68.2 a	26.7 a
	45	6.66 ab	366 a	110 ab	37.2 a	68.5 a	26.5 a
陆两优 996	75	7.31 a	344 a	115 ab	40.1 a	78.3 a	27.0 a
	105	7.27 a	375 a	101 b	37.5 a	76.7 a	27.1 a
	135	6.96 ab	390 a	94 c	35.3 a	76.7 a	27.1 a
	15	5.77 b	317 b	124 a	37.7 a	73.9 a	25.1 a
	45	6.41 ab	331 ab	113 ab	36.8 a	77.3 a	25.2 a
中早 39	75	6.94 a	344 ab	111 bc	38.3 a	75.7 a	25.5 a
	105	6.93 a	383 a	100 bc	36.8 a	71.5 a	25.6 a
	135	6.88 a	375 a	103 c	37.3 a	79.9 a	25.7 a

（四）机直播早稻播种量与氮肥运筹耦合研究

以陆两优 996 为供试品种，在岳阳市农业科学研究院科研试验场开展机直播双季稻播种量与氮肥运筹耦合研究。采用正交试验设计：设 3 个播种量，分别为 15 kg/hm²（S_1）、45 kg/hm²（S_2）、75 kg/hm²（S_3）；3 个施氮水平，分别为 90 kg/hm²（N_1）、120 kg/hm²（N_2）、150 kg/hm²（N_3）；3 种氮肥运筹方式，基肥、分蘖肥、穗肥的比例分别为 5∶2∶3（R_1）、3∶3∶4（R_2）、2∶3∶5（R_3）；9 个处理，3 次重复，小区面积 20 m²。用宽 20 cm 的泥巴埂把小区隔开，覆农膜压至犁底层，防止水肥串流。水稻种子采用盐选（密度为 1.1）和色选进行前处理，采用"苗博士"包衣剂包衣。包衣种子采用印刷播种技术将种子均匀的点在新闻纸上，每平方米种子数为 108 ~ 180 粒，单粒印刷。4 月 1 日直播干种子，播种后排干厢水，保持土壤湿润，1 周内择晴天进行封闭除草，3 叶期喷施除草剂防除杂草。磷肥（P_2O_5）

全部作基肥，播种前 1 d 施入 75 kg/hm^2，钾肥（K$_2$O）按基肥、穗肥 5∶5 的比例施用，用量为 120 kg/hm^2。其他田间管理按当地高产田生产要求进行。主要结果如下

（1）播种量与氮肥运筹耦合对机直播早稻产量和产量构成的影响。结果表明：经方差分析，播种量（F_S=20.69>$F_{0.01}$=3.71）对产量有极显著影响，施氮量（F_N=3.74>$F_{0.01}$=3.71）对产量有极显著影响，氮肥运筹方式（F_R=0.18<$F_{0.05}$=2.51）对产量影响不显著。由表 3–179 可知，处理 6 的产量最高，为 7.93 t/hm^2，极显著高于处理 1、2、3、4、5、7、9，显著高于处理 8；其次是处理 8，产量为 7.48 t/hm^2，极显著高于处理 1、2、3、4、7；处理 5 的产量排名第 3，为 7.30 t/hm^2，极显著高于处理 1、2、3，显著高于处理 4 和 7。处理 1 的产量最低，为 5.30 t/hm^2。处理 6 的产量最高是因为其在有效穗数、总颖花量和结实率上有显著优势，处理 8 的产量较高是因为其有效穗数多，处理 5 的产量较高是因为其总颖花量和结实率较高。

表 3–179　播种量与氮肥运筹耦合对机直播早稻产量和产量构成的影响

处理	每平方米穗数 / 穗	每穗粒数 / 粒	每平方米颖花量 / ×10^3	结实率 /%	千粒重 /g	产量 /（t·hm^{-2}）
1– S$_1$N$_1$R$_1$	170.2 c	171.0 a	29.0 c	83.7 abc	25.0 d	5.30 f
2– S$_1$N$_2$R$_2$	194.3 c	170.8 a	33.2 bc	84.6 abc	25.8 cd	6.16 e
3– S$_1$N$_3$R$_3$	204.3 c	166.5 a	33.8 bc	82.8 bc	26.0 bcd	6.48 de
4– S$_2$N$_1$R$_2$	261.8 b	135.6 b	35.6 b	87.0 ab	26.5 bc	6.78 cd
5– S$_2$N$_2$R$_3$	264.2 b	145.9 b	38.3 ab	85.6 abc	26.9 b	7.30 b
6– S$_2$N$_3$R$_1$	346.3 a	121.3 c	41.9 a	87.5 a	26.5 bc	7.93 a
7– S$_3$N$_1$R$_3$	353.6 a	109.5 cd	38.6 ab	82.0 c	27.9 a	6.87 cd
8– S$_3$N$_2$R$_1$	386.2 a	101.3 c	39.2 ab	85.9 abc	26.4 bc	7.48 b
9– S$_3$N$_3$R$_2$	372.1 a	102.4 d	38.1 ab	86.8 ab	26.1 bc	7.16 bc

由表 3–180 可知，产量随着播种量的增加呈现出先增后减的趋势，播种量 S$_2$ 与 S$_3$ 的产量差异不显著，但两者都与 S$_1$ 处理差异显著；随着施氮量的增加，产量也呈现出递增的趋势，N$_3$ 与 N$_1$ 处理间差异显著；氮肥运筹方式以 R$_1$ 处理（基肥∶分蘖肥∶穗肥 =5∶2∶3）的产量最高，但 3 个处理间差异不显著。在有效穗数上，高播种量（S$_3$）> 中播种量（S$_2$）> 低播种量（S$_1$），每穗总粒数结果正好相反，表现为 S$_1$>S$_2$>S$_3$。总颖花量和千粒重在 S$_2$ 与 S$_3$ 处理间差异不显著，但两者均与 S$_1$ 处理差异显著。施氮水平高的有效穗数较多，每穗总粒数较少，总颖花量多，结实率也较高，千粒重偏低，但处理间差异均未达显著水平。不同的氮肥运筹方式中，R$_2$ 的结实率显著高于 R$_3$，R$_3$ 的千粒重显著高于 R$_1$，其他产量构成因子均没达到显著影响。

表 3–180　不同因素水平对机直播早稻产量和产量构成的影响

因素	水平	每平方米穗数 / 穗	每穗粒数 / 粒	每平方米颖花量 / ×10^3	结实率 /%	千粒重 /g	产量 /（t·hm^{-2}）
	1	189.6 c	169.4 a	32.0 b	83.7 b	25.6 b	5.98 b
播种量（S）	2	290.8 b	134.3 b	38.6 a	86.7 a	26.6 a	7.34 a
	3	370.6 a	104.4 c	38.6 a	84.9 ab	26.8 a	7.17 a

续表

因素	水平	每平方米穗数 / 穗	每穗粒数 / 粒	每平方米颖花量 / ×10³	结实率 /%	千粒重 /g	产量 / (t·hm⁻²)
施氮量（N）	1	261.9 a	138.7 a	34.4 a	84.2 a	26.5 a	6.32 b
	2	281.5 a	139.3 a	36.9 a	85.4 a	26.4 a	6.98 ab
	3	307.6 a	130.1 a	37.9 a	85.7 a	26.2 a	7.19 a
氮肥运筹方式（R）	1	300.9 a	131.2 a	36.7 a	85.7 ab	25.9 b	6.91 a
	2	276.1 a	136.3 a	35.6 a	86.1 a	26.1 ab	6.70 a
	3	274.0 a	140.6 a	36.9 a	83.5 b	26.9 a	6.89 a

（2）播种量与氮肥运筹耦合对机直播早稻分蘖成穗的影响。由表 3–181 可知，高播种量处理 7、8、9 的最高茎蘖数显著高于中播种量处理 5 和低播种量处理 1、处理 2、处理 3，中播种量处理 6 的最高茎蘖数显著高于低播种量处理 1、处理 2、处理 3，中播种量处理 4、处理 5 的最高茎蘖数显著高于低播种量处理 1 和处理 2。在低播种量下，高氮处理 3 的最高茎蘖数显著高于低氮处理 1；而在高播种量和中播种量下，高氮处理与低氮处理的最高茎蘖数差异不显著。最高茎蘖数以处理 9 最高，为 529.4 个 /m²；有效穗数以处理 8 最高，为 386.2 穗 /m²；成穗率以处理 8 最高，为 73.6%。综合来看，处理 8 的分蘖成穗表现最好。

表 3–181　播种量与氮肥运筹耦合对机直播早稻分蘖成穗的影响

处理	每平方米最高茎蘖数	每平方米穗数	成穗率 /%
1– S₁N₁R₁	300.2 e	170.2 d	56.9 de
2– S₁N₂R₂	347.4 de	194.3 d	56.3 e
3– S₁N₃R₃	397.4 cd	204.3 d	51.4 e
4– S₂N₁R₂	469.7 abc	306.1 bc	65.1 bc
5– S₂N₂R₃	436.3 bc	274.2 c	62.7 cd
6– S₂N₃R₁	482.2 ab	346.3 ab	71.8 a
7– S₃N₁R₃	512.8 a	368.2 a	71.8 a
8– S₃N₂R₁	525.3 a	386.2 a	73.6 a
9– S₃N₃R₂	529.4 a	372.1 a	0.3 ab

由表 3–182 可知，直播杂交稻的最高茎蘖数、有效穗数和成穗率随播种量的增加而提高。高播种量（S₃）的最高茎蘖数、有效穗数和成穗率均显著高于中播种量（S₂），中播种量（S₂）又显著高于低播种量（S₁）。施氮量和氮肥运筹方式对直播杂交稻的最高茎蘖数、有效穗数和成穗率影响均不显著。

表 3–182　不同因素水平对机直播早稻分蘖成穗的影响

因素	水平	每平方米最高茎蘖数	每平方米穗数 / 穗	成穗率 /%
播种量（S）	1	348.3 c	189.6 c	54.9 c
	2	462.7 b	290.8 b	62.7 b

续表

因素	水平	每平方米最高茎蘖数	每平方米穗数 / 穗	成穗率 /%
	3	522.5 a	370.6 a	71.0a
施氮量（N）	1	427.5 a	261.9 a	60.6 a
	2	436.3 a	281.5 a	63.5 a
	3	469.7 a	307.6 a	64.5 a
氮肥运筹方式（R）	1	435.9 a	300.9 a	67.4 a
	2	448.8 a	276.1 a	60.4 a
	3	448.8 a	274.0 a	60.7 a

（3）播种量与氮肥运筹耦合对机直播早稻干物质积累与分配的影响。经方差分析，播种量（F_S=32.58>$F_{0.01}$=3.71）对干物质积累量有极显著影响，施氮量（F_N=2.29<$F_{0.05}$=2.51）对干物质积累量没有显著影响，氮肥运筹方式（F_R=0.33<$F_{0.05}$=2.51）对干物质积累量影响不显著。由表3–183可知，处理8（$S_3N_2R_1$）的干物质积累量最多，为1522 g/m²，其次是处理9（$S_3N_3R_2$），为1514 g/m²，处理6（$S_2N_3R_1$）排名第3，为1437 g/m²，这3个处理间差异不显著。干物质积累量最低的是处理1（$S_1N_1R_1$），仅996 g/m²。处理8（$S_3N_2R_1$）、处理9（$S_3N_3R_2$）、处理6（$S_2N_3R_1$）的干物质积累量分别比处理1（$S_1N_1R_1$）多52.8%、52.0%和44.2%，差异达显著水平。前期（播种–幼穗分化期）和中期（幼穗分化–齐穗期）随着播种量的增加，干物质积累量也增多，但到了后期（齐穗–成熟期），处理6（$S_2N_3R_1$）的干物质量最高，其产量也最高。本研究表明，随着播种量增大，直播杂交稻的干物质积累量增加，以处理8最高。

表 3–183　播种量与氮肥运筹耦合对机直播早稻干物质积累的影响　　　　g/m²

处理	干物质积累量			
	播种–成熟	播种–幼穗分化	幼穗分化–齐穗	齐穗–成熟
1–$S_1N_1R_1$	996 e	171 f	470 e	355 e
2–$S_1N_2R_2$	1081 de	195 ef	517 de	369 de
3–$S_1N_3R_3$	1142 cd	198 e	543 cd	401 cd
4–$S_2N_1R_2$	1192 c	220 de	563 cd	410 bc
5–$S_2N_2R_3$	1245 c	238 cd	593 c	413 bc
6–$S_2N_3R_1$	1437 ab	265 b	706 ab	465 a
7–$S_3N_1R_3$	1355 b	259 bc	656 b	439 ab
8–$S_3N_2R_1$	1522 a	300 a	762 a	460 a
9–$S_3N_3R_2$	1514 a	298 a	755 a	461 a

由表3–184可知，齐穗期和成熟期单株干重均随着播种量的增大而降低。在同一播种量下，单株干重随着施氮量的增加而提高。齐穗期的单株叶片干重、茎鞘干重和稻穗干重均以处理3（$S_1N_3R_3$）最高，分别为7.5 g、15.6 g和5.1 g，比最低的处理7分别高42.1%、58.5%和52.9%，差异显著。成熟期的单株干重、叶片干重、茎鞘干重和稻穗干重也都以处理3（$S_1N_3R_3$）最高，分别为46.9 g、6.0 g、11.9 g

和29.1 g，比最低的处理7分别高46.3%、45.9%、50.8%和44.5%，差异显著。本试验条件下，齐穗期和成熟期的单株干重和各器官（叶、茎鞘、穗）的干重均以处理3（$S_1N_3R_3$）最高，说明低播种量和高施氮量有利于单株干物重的积累和转运。抽穗后叶片物质输出率随着播种量的增加而增高，茎鞘物质输出率随着播种量的增加而降低。

表3-184　播种量与氮肥运筹耦合对机直播早稻齐穗期和成熟期单株干物质分配的影响

处理	齐穗期干物质重 /g				成熟期干物质重 /g				叶片物质输出率 /%	茎鞘物质输出率 /%
	单株	叶片	茎鞘	稻穗	单株	叶片	茎鞘	稻穗		
1– $S_1N_1R_1$	24.7 bc	6.1 d	14.2 b	4.4 b	43.7 bc	5.1 c	11.0 bc	27.6 ab	17.1 d	22.4 a
2– $S_1N_2R_2$	25.5 b	6.5 c	14.5 b	4.5 b	45.3 b	5.4 b	11.3 ab	28.6 a	17.5 cd	22.1 ab
3– $S_1N_3R_3$	28.1 a	7.5 a	15.6 a	5.1 a	46.9 a	6.0 a	11.9 a	29.1 a	19.5 bcd	23.8 a
4– $S_2N_1R_2$	20.5 e	5.3 e	12.0 de	3.4 de	38.0 de	4.2 e	9.3 de	24.5 d	20.7 b	22.3 a
5– $S_2N_2R_3$	21.9 d	5.5 e	12.6 cd	3.8 cd	39.3 d	4.4 de	9.7 de	25.2 cd	20.2 bc	22.9 a
6– $S_2N_3R_1$	24.3 c	7.0 b	13.1 c	4.3 bc	42.4 c	5.5 b	10.6 c	26.4 bc	21.9 ab	19.3 c
7– $S_3N_1R_3$	18.4 f	5.3 e	9.81 f	3.3 e	32.1 f	4.1 e	7.9 f	20.1 e	21.6 ab	19.8 bc
8– $S_3N_2R_1$	19.3f	5.6 e	10.1 f	3.6 e	33.7 f	4.3 e	8.2 f	21.2 e	24.1 a	18.2 c
9– $S_3N_3R_2$	21.0 de	6.0 d	11.2 e	3.8 de	37.5 e	4.6 d	9.1 e	23.8 d	24.3 a	18.8 c

（4）播种量与氮肥运筹耦合对机直播早稻叶面积指数的影响。叶面积指数的高低是反映作物群体质量好坏的动态指标。由表3-185可知，处理6（$S_2N_3R_1$）拔节期的叶面积指数最高，为3.35，与处理7、8、9差异显著；齐穗期的叶面积指数和高效叶面积指数均以处理6最高，分别为4.27和2.80，与处理1、4、7、8、9差异显著。齐穗期的高效叶面积率以处理6最高，为65.61%，与处理7差异显著，其他各处理间差异不显著。

表3-185　播种量与氮肥运筹耦合对机直播早稻叶面积指数的影响

处理	叶面积指数		齐穗期高效叶面积指数	齐穗期高效叶面积率 /%
	拔节期	齐穗期		
1– $S_1N_1R_1$	2.96 abc	3.58 de	2.30 de	64.2 ab
2– $S_1N_2R_2$	3.05 abc	3.99 abc	2.56 abc	64.1 ab
3– $S_1N_3R_3$	3.28 ab	4.25 a	2.74 ab	64.6 ab
4– $S_2N_1R_2$	3.13 abc	3.43 e	2.18 e	63.4 ab
5– $S_2N_2R_3$	3.27 ab	4.11 ab	2.64 ab	64.4 ab
6– $S_2N_3R_1$	3.35 a	4.27 a	2.80 a	65.6 a
7– $S_3N_1R_3$	2.71 c	3.42 e	2.15 e	62.8 b
8– $S_3N_2R_1$	2.68 c	3.69 cde	2.35 cde	63.5 ab
9– $S_3N_3R_2$	2.80 bc	3.88 bcd	2.50 bcd	64.6 ab

（五）机直播双季稻水分管理与氮肥运筹耦合研究

于2019年在岳阳市岳阳县麻塘镇继续选用产量最高、田间综合表现较好的杂交稻品种陆两优996

开展了双季水氮互作试验。设 3 种水分管理方式，即常规灌溉（W1）：按照当地农户习惯灌溉，即 3 叶期前湿润、3 叶期后浅水分蘖，中期晒田，后期干湿交替灌溉；节水灌溉 1（W2）：3 叶期后灌 3 ~ 5 cm 水层，返青后当地下水位低于 10 cm 时灌水，自然落干；节水灌溉 2（W3）：3 叶期灌 3 ~ 5 cm 水层，返青后当地下水位低于 15 cm 时灌水，自然落干。采用自制的 PVC 指示筒观察，其余时间不灌水。施氮量为早稻 120 kg/hm^2、晚稻 150 kg/hm^2。设 3 种氮肥管理，即 N1，常规氮肥管理（基肥：苗肥：分蘖肥：穗肥 =4：2：2：2）；N_2，一次性施用缓施肥；N_0 不施肥。9 个处理，3 次重复，27 个小区，小区面积为 25 m^2。主要结果如下：

（1）水分管理与氮肥运筹耦合对机直播双季稻产量的影响。由表 3–186 可知，无论早稻还是晚稻，均以节水灌溉 1 的产量最高，其次为常规灌溉，节水灌溉 2 的产量最低。一次性缓释肥的氮肥管理模式不利用直播早稻的产量形成，较传统氮肥减产 13% ~ 24%；直播晚稻一次性缓释肥的氮肥管理模式与传统氮肥管理模式产量无显著差异。

表 3–186　水分管理与氮肥运筹耦合对机直播双季稻产量的影响

水分管理	氮肥运筹	产量 /（t·hm^{-2}）	
		早稻	晚稻
常规灌溉（W1）	不施肥	4.21 c	6.29 bc
	传统氮肥管理	7.60 a	7.48 a
	一次性缓释肥	5.81 b	7.44 a
节水灌溉 1（W2）	不施肥	4.78 c	5.85 c
	传统氮肥管理	7.16 a	7.99 a
	一次性缓释肥	6.22 b	7.42 a
节水灌溉 2（W3）	不施肥	4.74 c	6.04 c
	传统氮肥管理	7.16 a	7.49 a
	一次性缓释肥	5.89 b	7.23 ab

（2）水分管理与氮肥运筹耦合对机直播双季稻氮肥利用率的影响。由表 3–187 可知，早稻的氮肥农学利用率和偏生产力均以常规灌溉与传统氮肥管理组合最高，以节水灌溉 2 与一次性缓释肥组合最低；晚稻各处理的氮肥农学利用率和偏生产力均无显著差异。

表 3–187　水分管理与氮肥运筹耦合对机直播双季稻氮肥利用率的影响

水分管理	氮肥运筹	氮肥农学利用率 /（kg·kg^{-1}）		氮肥偏生产力 /（kg·kg^{-1}）	
		早稻	晚稻	早稻	晚稻
常规灌溉（W1）	传统氮肥管理	28.3 a	7.9 a	63.4 a	49.8 a
	一次性缓释肥	13.3 bc	7.7 a	48.4 c	49.6 a
节水灌溉 1（W2）	传统氮肥管理	19.8 ab	14.3 a	59.6 b	53.2 a
	一次性缓释肥	12.0 bc	10.5 a	51.8 c	49.5 a
节水灌溉 2（W3）	传统氮肥管理	20.2 ab	9.7 a	59.6 b	49.9 a
	一次性缓释肥	9.6 c	8.2 a	49.1 c	48.5 a

四、双季稻机械化栽培配套物化产品研制

（一）水稻育秧泥浆机研制

（1）水稻育秧泥浆流动特性分析。取 30 g 的干泥土，配制成含水率50%、60%、70%、80% 和 90% 的泥浆，在不同的静置时间下测试不同含水率泥浆不同静置时间下的流动倾角。由表 3–188 可知，随着泥浆含水率的增加，其发生流动需要的倾角越小；随着时间的增加，泥浆发生流动所需倾角首先降低，但在 15 min 之后，泥浆产生流动所需倾角会逐渐变大。

表 3–188　不同含水率泥浆不同静置时间下的流动倾角

泥浆含水率 /%	静置时间 /min						
	0	5	10	15	20	25	30
50	20.0°	10.0°	10.0°	28.0°	40.0°	26.0°	27.5°
60	5.0°	4.0°	2.0°	18.0°	20.0°	22.0°	22.5°
70	4.0°	3.0°	4.5°	5.5°	2.5°	9.0°	9.5°
80	4.0°	3.5°	2.5°	4.0°	8.0°	8.0°	11.0°
90	4.0°	3.5°	2.5°	4.0°	8.0°	8.0°	11.0°

（2）水稻育秧泥浆机设计与试制。设计一种水稻田间育秧泥浆机，包括机架和安装在机架上的喂料斗、两个泥浆输送螺旋、外壁、喷水装置、落料槽、振动筛、泥浆盒、出杂口、杂质筒、动力装置、传动装置，所述动力装置通过链轮与将动力通过传动装置传动给各工作部件，其中传动装置由链轮、锥齿轮、齿轮与对应配件组成，得到动力的从动链轮通过安装在轴上的锥齿轮和链轮，分别将动力传动给对转齿轮和振动筛从动链轮，对转齿轮和振动筛从动链轮再将动力传递给振动筛和物料输送轴，实现整个机械的工作。其中，喷水装置能够调节装置内部的土壤湿度，保证泥浆含水率在 50% 左右。泥浆输送螺旋轴与地面呈 5° 角，轴上装有碎土辊和螺旋叶片，对泥浆有切碎挤压的作用，2 个泥浆输送螺旋轴呈水平摆放，工作时反向转动。泥浆切碎后将其输送到振动筛上，过滤掉泥浆中较大直径的杂质，防止插秧机插秧时秧爪损坏，降低生产率，机具结构图如图 3–37 所示。

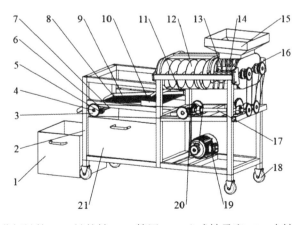

1：杂质收集箱；2：机架；3：曲柄链轮；4：链轮轴；5：筛网；6：立式轴承座；7：内轴；8：筛网；9：曲柄；10：导轨；11：滑轮；12：搅龙；13：碎土辊；14：中心轴；15：进料斗；16：卧式轴承座；17：传动轴；18：地轮；19：电机；20：锥齿轮传动；21：泥浆收集箱

图 3–37　水稻育秧泥浆机结构图

图 3–38 为泥浆制备流程图，其过程为泥浆机设置双碎土输送主轴反向转动将土块进行切碎挤压成小颗粒，小颗粒在输送螺旋驱动与水混合为泥浆，泥浆流入振动筛体，在经过振动横向槽体和振动筛体上下抖动后实现泥浆筛分，粒径小于振动筛孔的泥浆落入泥浆收集箱内，而留在振动筛体上的杂质等，落入杂质收集箱内，筛分效果显著，有效降低劳动强度，提高生产率，为育秧提供保障。

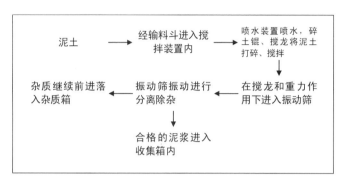

图 3–38　水稻育秧泥浆机泥浆制备流程图

水稻育秧泥浆机三维设计图如图 3–39 所示。样机工作参数：整机功率 3 kW，工作额定电压 220V，输送搅龙转速 :55 r/min，搅拌辊转速 :160 r/min，振动筛频率：100 次 /min，振动筛幅度：20 mm。

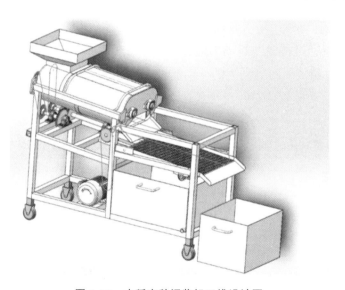

图 3–39　水稻育秧泥浆机三维设计图

（3）水稻育秧泥浆机优化。在田间对样机进行试用，发现样机存在以下问题：泥浆流出出口时速度较快，整体机具振动较大以及配套的振动筛无法自行除去筛面上的杂质及残留石块的问题。

通过建立曲柄滑块振动筛多体动力学模型和石块的离散元模型，利用 EDEM 和 Recurdyn 软件进行联合仿真，选取导轨倾角、曲柄转速、曲柄长度为影响因素，模拟振动筛工作时与石块的相互作用，为优化振动筛参数提供参考。

在 Solidworks 中对试验台进行建模。该曲柄滑块振动筛试验台由机架、传动系统、曲柄滑块机构、筛网等部件组成（图 3–40），其工作原理为：动力通过链条从电机传给从动链轮，从动链轮通过带动曲柄旋转，进而带动内轴、筛面和筛面架运动，同时泥浆和石块从漏斗中落入筛面进行筛分，泥浆通过筛孔落入泥浆收集箱中，石块则在振动筛的振动作用下落入石块收集箱内。

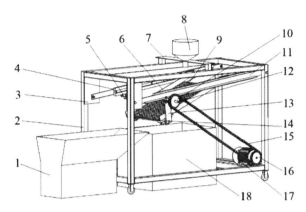

1：石块收集箱；2：机架；3：定位板；4：轴承座；5：导轨；6：筛面架；7：漏斗架；8：漏斗；9：筛网；10：从动链轮；11：导轨连杆；12：链轮轴；13：曲柄；14：内轴；15：链条；16：主动链轮；17：电机；18：泥浆收集箱

图 3-40　水稻育秧泥浆机振动筛试验台

通过测量，残留在筛面上的石块的三轴尺寸主要为 0.025 m × 0.02 m × 0.01 m。在 EDEM 中用直径为 0.01 m 的球形颗粒构建成图 3-41 所示的石块模型。

图 3-41　水稻育秧泥浆机筛面残留石块颗粒模型

通过理论分析得到了石块的运动状态与振动筛不同参数之间的关系。选取导轨倾角、曲柄转速、曲柄长度为影响因素，落石率为评价指标，利用 RecurDyn 和 EDEM 进行联合仿真，分析了不同影响因素的变化对落石率的影响，建立了不同影响因素和落石率之间的曲线，得到了最优参数组合。仿真与试验结果表明，当导轨倾角为 30°、曲柄转速为 120 r/min、曲柄长度为 0.16 m 时，振动筛的落石率最好。

（二）机直播双季稻抗寒剂和种子包衣肥研制与应用

1.水稻抗寒剂研制与应用

选用廉价中药材苍耳子中提取的抗寒成分 E 为主要原料，与可生物降解的成膜剂、乳化剂、防腐剂等助剂配制，制备水稻抗寒剂。制备工艺流程如下：取 100 mL 烧杯→加入抗寒成分 E（20% E）→置于 60℃水浴锅→加入成膜剂 JX2（10% JX2）、搅拌 30 s→加入乳化剂搅拌 30 s→加入防腐剂搅拌均匀→用超纯水定容至 50 mL →过滤→水稻抗寒剂。

抗寒剂制备单因素试验:固定其他因素的用量不变,分别改变抗寒成分 E(20% E)的用量 %(30.0%、35.0%、40.0%、45.0%、50.0%)、成膜剂 JX2(10% JX2)用量 %(20.0%、25.0%、30.0%、35.0%、40.0%)、乳化剂用量 %(0.2%、0.4%、0.6%、0.8%、1.0%)、防腐剂用量(0.2%、0.3%、0.4%、0.5%、0.6%)等制备条件中的单个因素。

抗寒剂制备正交试验:根据上述单因素试验结果,选取抗寒成分用量、成膜剂用量、乳化剂用量和防腐剂用量为考察因素,运用正交设计助手 V3.1 软件,各因素选取 3 个水平,设计 4 因素、3 水平正交实验,并进行统计分析,以确定水稻抗寒剂的最佳制备条件。

采用泥床发芽法,稻田土壤自然风干粉碎后过 5 mm 试样筛,加超纯水混合均匀成泥平铺于塑料发芽盒(13 cm×19 cm×12 cm)中,每盒放 100 粒水稻种子,处理包括叶面喷施(T)和空白对照(CK),每个处理 3 次重复。培养至秧苗 2 叶 1 心,除了 CK 外,各处理 T 的秧苗分别用制备的水稻抗寒剂进行叶面喷施,室温放置 2 d 后放入光照培养箱降温至 8° C,降温时间达 36 h 时采样测定脯氨酸含量(以此为抗寒性能指标)。主要结果如下:

(1)水稻抗寒剂制备单因素试验。单因素试验结果显示,抗寒成分、成膜剂、乳化剂和防腐剂用量这 4 个因素对水稻抗寒剂的制备都有明显影响(图 3-42)。当抗寒成分 E(20% E)用量为 50.0%,成膜剂 JX2(10% JX2)为 35.0%,乳化剂 T80 用量为 1.0%,防腐剂用量为 0.5% 时,制得的水稻抗寒剂的抗寒效果较佳。

图 3-42　水稻抗寒剂制备单因素效应

(2)水稻抗寒剂制备正交试验。根据单因素试验结果,设计抗寒成分用量、成膜剂用量、乳化剂用量和防腐剂用量 4 因素、3 水平正交试验(表 3-189)。结果显示:水稻抗寒剂制备的最佳条件组合为 A3B2C1D2,即最佳制备条件:抗寒成分 E(20% E)用量为 50%,成膜剂 JX2(10% JX2)用量为

35%，乳化剂 T80 用量为 0.8%，防腐剂用量为 0.5%（表 3–190）。影响抗寒剂制备的因素依次为：抗寒成分用量 > 成膜剂用量 > 防腐剂用量 > 乳化剂用量。

表 3–189 水稻抗寒剂制备正交试验因素与水平 %

水平	抗寒成分	成膜剂	乳化剂	防腐剂
1	40	30	0.8	0.4
2	45	35	1.0	0.5
3	50	40	1.2	0.6

表 3–190 水稻抗寒剂制备正交试验结果 %

试验号及因素次序	抗寒成分 /%	成膜剂 /%	乳化剂 /%	防腐剂 /%	脯氨酸含量 /（μg·g⁻¹）
试验 1	40	30	0.8	0.4	193.1
试验 2	40	35	1.0	0.5	215.6
试验 3	40	40	1.2	0.6	205.7
试验 4	45	30	1.0	0.6	214.7
试验 5	45	35	1.2	0.4	216.9
试验 6	45	40	0.8	0.5	232.2
试验 7	50	30	1.2	0.5	220.1
试验 8	50	35	0.8	0.6	244.4
试验 9	50	40	1.0	0.4	224.6
均值 K1	204.800	209.300	223.233	211.533	
均值 K2	221.267	225.633	218.300	222.633	
均值 K3	229.700	220.833	214.233	221.600	
极差 R	24.900	16.333	9.000	11.100	
较优位级	抗寒成分 3	成膜剂 2	乳化剂 1	防腐剂 2	
因素次序	1	2	4	3	

（3）水稻抗寒剂的最佳叶喷浓度和次数。按照正交试验结果配制水稻抗寒剂，浓度为 10%，W/V；其代号为 KHYP–2。设计水稻抗寒剂 KHYP–2 的叶喷浓度（分别为 0.2%、0.3%、0.4%、0.5% 和 0.6% 的）、叶喷用量（分别为 3.0 g/ 盒、5.0 g/ 盒、7.0 g/ 盒，叶片均匀喷施即可）、叶喷次数（分别为 1 次、2 次和 3 次）试验，筛选出水稻抗寒剂 KHYP–2 的最佳叶喷浓度、叶喷用量以及叶喷次数。

由表 3–191 可知，抗寒剂叶喷浓度以 0.5% 为佳，此时秧苗体内的脯氨酸含量最高，比 CK 增加了 158%，抗寒效果显著。在抗寒剂浓度为 0.6% 时，脯氨酸含量较 0.5% 反而略有下降，其原因可能是浓度太高起一定的抑制作用；抗寒剂叶喷次数，随着次数的上升，秧苗脯氨酸含量逐渐增加，叶喷次数以 3 次为宜。

表 3–191　水稻抗寒剂叶喷浓度和次数对秧苗抗寒性的影响

因素	水平	脯氨酸 /（μg·g⁻¹）
叶喷浓度	CK	114.9
	0.2%	196.5
	0.3%	216.9
	0.4%	240.1
	0.5%	295.9
	0.6%	175.8
叶喷次数	CK	139.2
	1	195.4
	2	203.9
	3	236.3

（4）水稻抗寒剂喷施对秧苗素质的影响。水稻抗寒剂对秧苗素质的影响如表 3–192 所示，通过对茎基宽、苗高、总根数、单位苗高干重、百株鲜重、叶绿素 SPAD 值等苗素质指标的测定，其抗寒效果为 KHYP–2> ABA> CK，KHYP–2 与 CK 差异显著。抗寒剂 KHYP–2 既能提高秧苗总根数，有助于植物吸收土壤中的营养成分和水分，还能提高秧苗苗高、茎基宽和叶绿素，使其变得强壮。鲜重能够从侧面看出植物新陈代谢的旺盛程度，说明了使用抗寒剂 KHYP–2 和 ABA 都能增加植物在低温条件下的新陈代谢。由此可知抗寒剂 KHYP–2 的使用增强了水稻苗素质，有利于低温胁迫下植物的生长；且效果优于 ABA。

表 3–192　水稻抗寒剂喷施对秧苗素质的影响

处理	茎基宽 /mm	苗高 /cm	单株总根数 / 条	单位苗高干重 /（g·cm⁻¹）	百株鲜重 /g	叶片 SPAD 值
CK	2.54 c	18.3 c	8.5 c	0.208 c	24.2 c	10.9 b
KHYP–2	3.10 a	21.6 a	12.3 a	0.242 a	31.3 a	14.2 a
ABA	2.86 b	19.5 b	10.2 b	0.222 b	28.1 b	13.5 a

注：同列数据后不同字母表示差异达显著水平；下同。

（5）水稻抗寒剂喷施对秧苗生理特性的影响。由表 3–193 可知，与 CK 相比，经 KHYP–2、ABA 叶喷处理后，秧苗体内脯氨酸含量分别增加了 99.7% 和 89.7%，差异极显著；其可溶性糖含量也分别提高了 104.1%、50.3%，差异极显著；POD 酶活性亦分别提高了 58.4% 和 36.2%，差异极显著；秧苗 CAT 酶活性分别提高了 29.7% 和 30.6%，差异显著；表明 KHYP–2 与 ABA 都能提高秧苗的抗寒性。就 KHYP–2 与 ABA 处理后的效果来看，以 KHYP–2 处理效果较优，尤其是可溶性糖含量和 POD 酶活性显著优于 ABA 处理的。脯氨酸作为植物体内一种渗透调节物质，可以保护植物免受单线态氧和自由基伤害，从而保护膜的稳定性。可溶性糖在植物细胞体内具有渗透调节作用，在低温胁迫下，植物通过大量增加细胞内可溶性糖含量来提高植物的细胞液浓度，并由此降低了细胞液的冰点，保护细胞质胶体在低温环境下不容易凝固，因而增强植物的抗寒性。由此看来，水稻抗寒剂 KHYP–2 处理秧苗后，通过提高低温胁迫下秧苗体内脯氨酸及可溶性糖的含量，提高了细胞液浓度，维持了秧苗的生理代谢平衡，并通过 POD 和 CAT 等保护酶的协同作用，有效降低了自由基的积累，使细胞内的自由基维持在一个较低的水平，从而避免或减轻了其对植物细胞膜的损害及对细胞内蛋白质、核酸等生物大分子的降解破坏，使水稻秧苗的抗寒能力得到了提高。

表 3-193　水稻抗寒剂喷施对秧苗生理特性的影响

生理特性	CK	KHYP-2	ABA
脯氨酸含量 / ($\mu g \cdot g^{-1}$)	135.0 b	269.6 a	256.1 a
可溶性糖含量 /%	3.66 c	7.47 a	5.50 b
POD (ΔOD470) / ($nm \cdot g^{-1} \cdot min^{-1}$)	46.25 c	73.26 a	62.95 b
CAT/ ($mg \cdot g^{-1} \cdot min^{-1}$)	8.87 b	11.50 a	11.58 a

2、水稻种子包衣肥的研制

基于前期研究，按肥料用量 10%、负载率 50%、包膜剂 YCP-8 纯用量 0.1%、填充剂用量 40% 制备水稻种子包衣肥，代号记 ZFWZ-4。在分析种子包衣肥理化性质的基础上，参考 GB/T23348—2009《缓释肥料》规定的方法对自研种子包衣肥的养分初期溶出率与微分溶出率进行分析，并自研种子包衣肥的应用效果进行评价。主要结果如下：

（1）水稻种子包衣肥的理化性质。由表 3-194 可知：①自研种子包衣肥略微呈酸性、接近中性，不仅有利于水稻生长，而且不会引发土壤的酸化或碱化问题。②由于种子包衣肥是将肥料包裹在种子的表面，在生产中需要边搅拌的同时多次少量的加入种衣肥，以求种衣肥能够均匀的包裹水稻种子。因此水稻种衣肥的黏度大小会直接影响并决定其对种子的包衣效果。黏度太大，则会导致包衣不均匀；黏度太小，所形成的衣膜厚度太小，则会影响其对养分的控释效果不佳。该水稻种衣肥的黏度适中，可达到均匀包衣的效果。③水稻种子包衣肥的成膜性为 0，表明成膜均匀，只是形成的包衣膜不能完整刮下，说明成膜性中等。丸衣水中裂开呈片状、时间为 6.50 min，说明该种衣肥不易溶于水，即包衣肥遇水仍可以起到对养分的控释作用；丸衣水中裂开时间较短，不会对种子吸水萌发产生明显影响。④成膜时间决定了包衣肥在种子表面的成膜速度。时间越短，说明衣膜固化越快，包肥种子之间不易粘连，更有利于种子的机械化包衣。该水稻种子包衣肥的成膜时间为 7.50 min，说明该水稻种衣肥的成膜速度比较快。⑤包衣均匀度表示包衣肥在种子表面的均匀程度，可表明包衣工作的优劣水平，进而影响种子载肥的均匀性及养分缓控释效果；包衣均匀度越大，表明种子载肥及包衣膜越均匀，养分缓控释效果越好。包衣脱落率体现了种衣肥在种子表面的牢固程度。该水稻种子包衣肥的包衣均匀度可达95.00%，说明该水稻种子包衣肥的包衣均匀度良好，能牢固附着在种子表面，脱落率小于10%，为9.20%。

表 3-194　水稻种包衣肥的理化性质

pH	黏度 / ($mPa \cdot s^{-1}$)	成膜性	成膜时间 /min	丸衣水中裂开时间 /min	包衣均匀度 /%	包衣脱落率 /%
6.90	9.23	0	7.50	6.50	95.00	9.20

（2）水稻种子包衣肥的养分初期溶出率与微分溶出率。由表 3-195 可知，包肥种子在水中浸提养分 1 h 后，P_2O_5、K_2O 初期释放率均 <30%，但 N 的养分初期释放率 >30%；可见，N 的初期释放率最快，

K_2O 其次，P_2O_5 最慢。初期溶出率的大小体现出包衣肥设计的科学性和包衣技术的优劣水平，若初期溶出率过大，反应出种衣肥缓释性能弱、包衣技术水平差。水中浸提养分 28 h 后，K_2O 的微分释放率比较大（2.08%），N、P_2O_5 的养分释放率比较平稳（分别是 1.76% 和 1.42%）。从初期溶出率和微分溶出率可得该水稻种衣肥 3 种养分的溶出速率较平缓，这是由于包肥种子浸泡于水中后，由于有外层包衣膜和填充层的阻碍，水分扩散进入肥料内部的速率较慢，因而需要一定的时间才能使水分布满所有内核的空隙，肥料中的养分进而在浓度压力推动下缓慢向外扩散释放。

表 3–195　水稻种子包衣肥的养分初期溶出率与微分溶出率　　　　　　　%

指标	N	P_2O_5	K_2O
初期溶出率	37.38	17.66	25.40
微分溶出率	1.76	1.42	2.08

（3）水稻种子包衣肥处理对秧苗素质的影响。由表 3–196 可知，水稻种子包衣肥对促进水稻秧苗素质的效果明显，与 CK 相比，经水稻种子包衣肥处理的秧苗其苗高、茎基宽、鲜重、干重分别提高了 41.13%、10%、14.79%、18.71%，差异达到显著水平；总根数有所提高，但未达到显著水平；而发芽率、成苗率与 CK 相比差异不明显。水稻种衣肥在水稻生长前期有一定的养分释放，但释放量比普通肥料少，能更有效地将释放出来的养分高效输送到水稻体内并转化，促进水稻秧苗及根系的生长，使其根系庞大粗化，提高吸收能力。可见水稻种子包衣肥 ZFWZ–4 对水稻秧苗素质有较好的促进作用

表 3–196　水稻种子包衣肥处理对秧苗素质的影响

处理	发芽率 /%	成苗率 /%	苗高 /cm	茎基宽 /mm	每株总根数 / 条	百株鲜重 /g	百株干重 /g
CK	83.67a	82.56a	13.88a	1.0a	7.8a	10.34a	2.06a
ZFWZ–4	82.89a	81.71a	19.59b	1.1b	7.9a	12.28b	2.36b

第四节　双季稻水肥药综合高效利用技术攻关

一、减施化肥下紫云英翻压量对双季稻产量及稻田土壤的影响

（一）试验设计

试验于 2018 年 3 月至 11 月在湖南省南县三仙湖乡万元桥村进行。试验设 7 个处理：① CK(稻 – 稻 – 冬闲，不施紫云英和化肥)；② GM22.5（稻 – 稻 – 紫云英，单施紫云英，紫云英还田量为 22.5 t/hm²）；③ 100%CF（稻 – 稻 – 冬闲，常规施肥，不施紫云英)；④ 60%CF+GM15（稻 – 稻 – 紫云英，紫云英还田量为 15 t/hm²，氮、钾肥均减量 40%）；⑤ 60%CF+GM22.5（稻 – 稻 – 紫云英，紫云英还田量为 22.5 t/hm²，氮、钾肥均减量 40%）；⑥ 60%CF+GM30（稻 – 稻 – 紫云英，紫云英还田量为 30 t/hm²，氮、钾肥均减量 40%）；⑦ 60%CF+GM37.5（稻 – 稻 – 紫云英，紫云英还田量为 37.5 t/hm²，氮、钾肥均减量 40%）。100%CF 指当地的常规施肥量，早、晚稻均为 N 150 t/hm²，P_2O_5 75 t/hm²，K_2O 120 t/hm²。施用的氮、磷、钾肥的种类分别为尿素（N 含量 46%）、过磷酸钙（P_2O_5 含量 12%）、氯化钾（K_2O 含量 60%）。本

试验紫云英与化肥配施处理的磷肥施用量与常规施肥一致，氮、钾肥减施40%。

（二）试验结果

（1）化肥减施下不同紫云英翻压量条件下的早晚稻产量。2018—2020年不同处理早、晚稻及全年两季稻谷平均产量如表3-197所示。可以看出，施肥能增加水稻产量，施肥处理早、晚稻及全年两季稻谷产量均显著高于CK和GM22.5处理（$p<0.05$）。与CK相比，施肥处理早、晚稻及全年两季稻谷产量增长幅度分别为69.9%～84.9%、36.3%～42.3%和49.2%～57.6%。与GM22.5相比，施肥处理早、晚稻及全年两季稻谷产量增长幅度分别为36.2%～48.3%、23.6%～29.1%和28.8%～36.1%。单施紫云英可显著增加水稻产量（$p<0.05$），GM22.5处理早、晚稻及全年两季稻谷产量分别比CK处理增产24.7%、10.3%和15.8%。化肥减施40%条件下各紫云英不同翻压量处理早稻和全年两季稻谷产量较常规施肥差异不显著。可见，在化肥减量40%条件下，除60%CF+GM15处理外，其他紫云英与化肥配施处理对早、晚及全年两季稻谷产量均无显著影响，表明紫云英与化肥的配合施用既能满足水稻对速效养分的吸收利用，又利用了紫云英氮、磷、钾和有机质等养分缓慢释放的特点，能够长效提供水稻所需的养分。

表3-197 不同施肥处理2018—2020年早、晚稻平均产量及增长率

处理	早稻		晚稻		两季	
	产量/（kg·hm⁻²）	增长率/%	产量/（kg·hm⁻²）	增长率/%	产量/（kg·hm⁻²）	增长率/%
CK	2996±248	—	4829±53	—	7825±272	—
GM22.5	3737±356	24.7	5325±180	10.3	9062±536	15.8
100%CF	5345±293	78.4	6917±164	43.2	12262±371	56.7
60%CF+GM15	5089±265	69.9	6583±188	36.3	11673±438	49.2
60%CF+GM22.5	5221±220	74.2	6771±159	40.2	11992±345	53.3
60%CF+GM30	5369±224	79.2	6873±170	42.3	12242±378	56.4
60%CF+GM37.5	5541±155	84.9	6794±57	40.7	12335±172	57.6

（2）化肥减施下不同紫云英翻压量条件下的土壤活性有机碳、氮。土壤微生物量碳（MBC）、土壤微生物量氮（MBN）是土壤生态系统肥力重要的生物学指标，对施肥的种类和方式极为敏感，能灵敏的指示土壤有机碳和全氮的变化。土壤可溶性有机碳（DOC）、土壤可溶性有机氮（DON）是土壤活性有机碳、氮库中最易损失的组分，也是土壤碳、氮循环中最为重要和活跃的部分。图3-53表明，各处理土壤中土壤微生物量碳、土壤微生物量氮、土壤可溶性有机碳、土壤可溶性有机氮含量的变化范围分别为662～1187 mg/kg、68～143 mg/kg，76～115 mg/kg和11.8～17.5 mg/kg。各施肥处理均不同程度地提高了土壤微生物量碳、土壤微生物量氮、土壤可溶性有机碳、土壤可溶性有机氮含量。常规施肥处理和化肥减施40%下各紫云英不同翻压量处理土壤微生物量碳、土壤微生物量氮、土壤可溶性有机碳、土壤可溶性有机氮含量较CK提高幅度分别为48.3%～79.3%、73.9%～111.8%、30.0%～51.5%、29.6%～47.9%。与CK相比，单施紫云英显著增加了土壤土壤微生物量碳、土壤微生物量氮含量（$p<0.05$），增长幅度分别为37.0%、44.8%。单施紫云英处理土壤可溶性有机碳、土壤可溶性有机氮含量较CK显著增加，且均高于常规施肥处理。在减施40%化肥下各紫云英不同翻压量处

理土壤微生物量碳、土壤微生物量氮、土壤可溶性有机碳、土壤可溶性有机氮含量均高于常规施肥处理（图 3-43）。

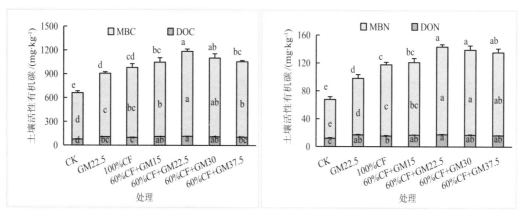

图 3-43　紫云英不同翻压量对土壤活性有机碳、氮的影响

（3）化肥减施条件下紫云英不同翻压量对土壤肥力的影响。由表 3-198 可知，与 CK 相比，各施肥处理土壤有机质、全氮、碱解氮、有效磷及速效钾含量均有所提高。化肥减量下各紫云英还田处理土壤有机质含量均高于 100%CF 处理，除 60%CF+GM15 处理外，其他三个处理与 100%CF 差异显著（$p<0.05$），其中以紫云英翻压量 30 t/hm² 最高。与 100%CF 处理相比，除 60%CF+GM15 处理外，其他紫云英还田量显著增加碱解氮和全氮含量，其中均以紫云英还田 22.5 t/hm² 时最高。化肥减量并翻压紫云英处理土壤有效磷含量均显著高于 100%CF，增幅为 16.3% ~ 39.1%，同样以紫云英翻压 22.5 t/hm² 最高。60%CF+GM30 处理土壤有效磷含量较其他紫云英还田量显著降低。紫云英翻压 37.5 t/hm² 时土壤速效钾含量最高，翻压 15 t/hm² 紫云英土壤速效钾含量与 100% CF 相比差异不显著。可见紫云英翻压量为 22.5 t/hm² 时土壤综合肥力水平提高效果最好。

表 3-198　2019 年晚稻后不同施肥处理土壤养分含量

处理	有机质 / (g/kg⁻¹)	全氮 / (g/kg⁻¹)	碱解氮 / (mg/kg⁻¹)	有效磷 / (mg/kg⁻¹)	速效钾 / (mg/kg⁻¹)
CK	43.7f	3.02e	225d	5.63g	61.0d
GM2	47.3e	3.20d	232cd	8.70f	61.4d
100%CF	48.4d	3.19d	241bc	21.5e	68.9ab
60%CF+GM₁₅	48.7d	3.22d	230cd	28.0b	67.1bc
60%CF+GM₂₂.₅	53.3b	3.68a	261a	29.9a	65.0c
60%CF+GM₃₀	54.3a	3.37c	254a	25.0d	65.1c

二、绿肥稻草协同利用对双季稻产量和土壤库容量影响

（一）试验方案

试验于 2016—2020 年连续 5 年在湖南省长沙县高桥镇进行。试验共设 20 个处理，其中 9 个为本研究的试验处理。这 9 个处理分别为：① CK0（冬季休闲 + 稻草不还田 + 不施肥）；② CK1（紫云英

和晚稻低桩稻草协同利用 + 不施肥）；③ 100% 化肥（常规施肥）；④ SM1+50%N（紫云英和晚稻低桩稻草协同利用 + 氮肥减量 50%）；⑤ SM2+50%N（紫云英和晚稻高桩稻草协同利用 + 氮肥减量 50%）；⑥ SM1+100%N（紫云英和晚稻低桩稻草协同利用 + 常规施肥）；⑦ SM2+100%N（紫云英和晚稻高桩稻草协同利用 + 常规施肥）；⑧ SM1+150%N（紫云英和晚稻低桩稻草协同利用 + 氮肥加量 50%）；⑨ SM2+150%N（紫云英和晚稻高桩稻草协同利用 + 氮肥加量 50%）。常规施肥的氮肥（纯 N）按早稻 150 kg/hm²，晚稻 180 kg/hm² 施用，磷肥（P₂O₅）按早稻 75 kg/hm²、晚稻 45 kg/hm² 施用，钾肥（K₂O）按早稻 90 kg/hm²、晚稻 120 kg/hm² 施用。

（二）试验结果

（1）晚稻留高桩稻草与绿肥协同利用有利于提高双季稻产量。稻草和紫云英协同利用模式下施肥处理早、晚稻稻谷产量均较 CK0 增产显著；早稻增产幅度 65.0% ~ 94.7%，平均增产 86.1%；晚稻增产幅度 45.6% ~ 63.0%，平均增产 54.2%。稻草和紫云英协同利用模式下施肥处理早、晚稻稻谷产量也均较 CK1 增产；早稻增产幅度 9.1% ~ 18.0%，平均增产 14.6%；晚稻增产幅度 –0.3% ~ 10.8%，平均增产 5.9%。在化肥氮减半、等量和加量条件下稻草和紫云英协同利用模式均较常规施肥处理早稻增产幅度 3.1% ~ 8.2%，平均增产 5.9%；晚稻增产幅度 –6.9% ~ 1.9%，平均增产 –1.4%。表明稻草和紫云英协同利用模式均较常规施肥处理有利于提高双季稻产量（表 3–199）。

表 3–199　晚稻留高桩稻草与绿肥协同利用对年早晚稻产量的影响　　　　　　　　kg/hm²

处理	早稻				晚稻			
	重复 1	重复 2	重复 3	平均值	重复 1	重复 2	重复 3	平均值
CK0	3025	2875	2600	2833	3720	3580	3890	3730
CK1	4575	4650	4800	4675	5300	5610	4940	5283
100%CF	5025	5225	5050	5100	5810	5400	5770	5660
SM1+50%N	4875	5500	5675	5350	6350	5720	5230	5767
SM2+50%N	5600	5350	5600	5517	6470	5610	5180	5753
SM1+100%N	5325	5325	5475	5375	6210	5600	5750	5853
SM2+100%N	5550	5575	5225	5450	5020	5910	5400	5443
SM1+150%N	4725	5575	5475	5258	5630	5350	5270	5417
SM2+150%N	5425	5650	5250	5442	6010	4730	5060	5267

（2）晚稻留高桩稻草与绿肥协同利用有利于提高双季稻田土壤保水持水能力。不同处理对土壤容重和土壤含水率有显著影响。稻草和紫云英协同利用模式下不同处理均较 CK0 和纯化肥处理降低了土壤容重（图 3–44）。CK1 也较 CK0 和 100% 化肥处理降低了土壤容重。稻草和紫云英协同利用模式下不同施肥处理均较 CK0 和纯化肥处理提高了土壤含水量（图 3–45）。稻草还田和绿肥翻压下的不施肥处理也较 CK1 提高了土壤含水率。CK1 较 CK0 和 100% 化肥处理提高了土壤含水率；除施 50% 氮的处理，其他 2 个氮水平下晚稻高桩稻草与紫云英协同利用的土壤含水率高于晚稻低茬稻草与紫云英协同利用模式。表明绿肥与稻草协同利用均能起到提高土壤保水持水性能，改善土壤性质的作用。

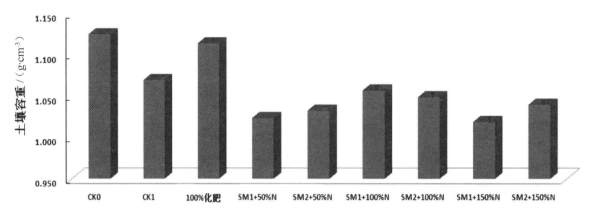

图 3-44　绿肥与稻草协同利用模式对土壤容重的影响

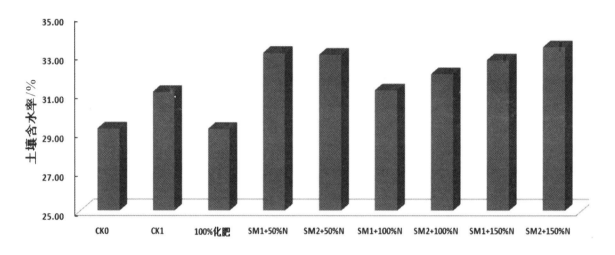

图 3-45　绿肥与稻草协同利用模式对土壤含水率的影响

三、化肥减量替代的长期效果

27 年数据表明，化肥减量替代与 NPK 化肥处理产量没有显著差异，产量变化趋势也没有显著差异（表 3-200），证实减量化肥能被秸秆、紫云英中有机物养分替代，对年际产量没有影响。

表 3-200　年均产量和产量年际变化趋势（1st ~ 27th 年）　　　　　　　　　　　　kg /hm^2

处理	年均产量			年产量变化趋势			早稻年产量变化趋势		
	早稻	晚稻	全年	1 ~ 17 年	18 ~ 27 年	1 ~ 27 年	1 ~ 17 年	18 ~ 27 年	1 ~ 27 年
CT	2397 ± 128b	3536 ± 132b	5933 ± 181b	98.2 ± 41.8a*	−271.1 ± 67.7a*	17.7 ± 14.4a	27.8 ± 18.3 b	−254.4 ± 41.0a**	−16.1 ± 5.7b
NPK	4601 ± 215a	5089 ± 192a	9690 ± 339a	160.0 ± 5.5a*	−669.0 ± 71.3 b**	30.9 ± 5.9a	104.2 ± 8.9a**	−480.7 ± 57.9b**	12.0 ± 4.1a
RFC	4690 ± 193a	5176 ± 172a	9872 ± 296a	118.9 ± 12.1a*	−544.5 ± 27.2 b**	45.3 ± 5.8a	71.3 ± 3.1a*	−400.9 ± 32.3ab**	20.7 ± 1.3a

注：不同小写字母代表同列指标 $p < 0.05$ 的差异显著性。产量变化速率模型：$Y = a + bt$，其中 b 是产量变化速率。* 和 ** 分别表示年际变化趋势在 $p < 0.05$ 和 $p < 0.01$ 水平上的差异显著性。CT：无肥对照；NPK：N + P + K 化肥；RFC：减量化肥替代处理，即 2/3 NP + 1/3 K + 1/2 稻草 + 紫云英。

与不施肥（CT）相比，减量化肥替代处理（RFC）和常规施处理（NPK）显著提高了产量可持续性参数 SYI（表 3-201）。与 NPK 处理相比，减量替代处理提高了产量可持续性参数，其中早稻 SYI 显著高于 NPK 处理。RFC 处理显著提高产量的偏相关指数（$p < 0.05$），其值是 NPK 处理的 2 倍左右；RFC 的养分利用效率也显著高于 NPK 处理。RFC 处理投入的化肥 N、P、K 总体利用效率明显高于 NPK 处理。从早晚稻产量变异系数来看，RFC 处理 CV 值显著小于 NPK 处理，表明 RFC 处理具有更高的产量稳定性。

表 3-201　产量可持续性参数（SYI），产量偏相关指数（PFP），养分农学效率（AE）和产量变异系数（CV）（1st ~ 27th 年）

Tre.	SYI			PFP/（kg/kg^{-1}）			AE/（kg/kg^{-1}）			CV/%	
	早稻	晚稻	全年	早稻	晚稻	全年	早稻	晚稻	全年	早稻	晚稻
CT	0.21±0.01c	0.39±0.01b	0.35±0.01b	/	/	/	/	/	/	29.4±1.4 a	21.0±0.4 a
NPK	0.43±0.00b	0.57±0.01a	0.56±0.01a	23.6±0.4b	22.2±0.3b	22.9±0.3 b	11.3±1.0b	6.8±0.8b	8.9±0.9b	24.9±1.4 b	20.2±1.0 a
RFC	0.46±0.01a	0.60±0.01a	0.59±0.01a	57.5±0.8a	36.8±0.5a	44.4±0.2 a	28.1±1.1a	11.7±1.3a	17.7±1.2a	22.1±0.7 c	17.9±0.7 b

注：不同小写字母代表同列指标 $p < 0.05$ 的差异显著性。CT：无肥对照；NPK：N + P + K 化肥；RFC：减量化肥替代处理，即 2/3 NP + 1/3 K + 1/2 稻草 + 紫云英。

从养分输入输出平衡来看（表 3-202），RFC 处理维持了 P、K 养分的平衡，主要原因是稻草和紫云英含有的 PK 弥补了减施的化肥量，两者总体盈余量小于 NPK 处理。RFC 处理 N 养分吸收量高于 NPK 处理，但总输入量明显高于 NPK 处理，导致系统 N 盈余量较多。RFC 的盈余 N 主要以有机物的形式存留在生态系统中，表现为土壤有机氮库的显著提高，因此 N 素从稻田生态系统中的损失量反而小于 NPK 处理（表 3-203）。

表 3-202　稻田生态系统养分平衡　　　　　　　　　　　　　　　　　　kg/hm^2

养分	处理	年养分投入								年养分吸收					年养分平衡
		化肥	稻茬	稻草	紫云英	秧苗	生物固氮	灌溉水	总量	稻草	根	稻谷	紫云英	总量	
N	CT	0	16.2	0.0	0	8.4	27.0	19.3	70.9	35.2	6.6	57.5	0	99.3	−28.4
	NPK	203.1	30.2	0.0	0	8.4	27.0	19.3	288.0	67.7	11.7	91.2	0	170.6	117.4
	RFC	135.4	34.8	28.6	83.6	8.4	27.0	19.3	337.1	78.8	13.2	100.5	0	192.5	144.6
P	CT	0	2.0	0.0	0	1.1	/	1.3	4.4	3.8	1.0	13.4	0	18.2	−13.8
	NPK	39.3	5.0	0.0	0	1.1	/	1.3	46.7	10.2	2.2	26.5	0	38.9	7.8
	RFC	26.2	4.6	3.5	7.0	1.1	/	1.3	43.7	9.5	2.0	24.9	7.0	43.4	0.3
K	CT	0	36.4	0.0	0	7.5	/	36.8	80.7	109.8	6.3	10.5	0	126.6	−45.9
	NPK	181.6	58.8	0.0	0	7.5	/	36.8	284.7	194.8	5.6	19.2	0	219.6	65.1
	RFC	60.5	62.2	73.3	60.5	7.5	/	36.8	300.8	201.8	7.0	19.5	60.5	288.8	12.0

表 3–203　双季稻养分吸收 / 投入量比值，养分利用效率和总氮的损失率

处理	养分 / 投入比值			养分利用率 /%			N / (t·hm⁻²)		盈余 N 损失率 /%
	N	P	K	N	P	K	盈余	损失	
CT	/	/	/	/	/	/	/	/	/
NPK	0.59	0.83	0.77	35.1	52.7	51.2	2.9	2.5	84.9
RFC	0.57	0.99	0.96	68.8	69.5	>100	3.6	2.6	72.7

注：处理说明同上。

总体来看，RFC 处理与 NPK 处理相比 27 年共减少化肥 NPK（纯养分）施用总量 5.5 t（共减少了 47.6% 化肥），稻田内还田的秸秆和绿肥弥补 NPK 养分量为 6.9 t，稻谷增产 4.9 t，稻田总体生物量（秸秆 + 稻谷）增加 10 t 左右（光合碳量增加 4.1 t 以上），化肥 NPK 养分利用效率显著高于 NPK 处理（32.0% 以上）。

四、双季稻药肥新技术与新产品研发

（一）适应双季稻丰产增效药肥新技术与新产品研发

以生物有机肥和无机肥为载体分别研制了生物有机肥型药肥和无机肥型药肥两种不同的双季稻丰产增效药肥新产品。主要开展的实验主要有：有机药肥的田间效果试验，无机药肥（0.025% 呋虫胺颗粒剂（药肥混剂））的田间效果试验，药肥新产品企业标准的制订和无机药肥农药残留实验。

1. 有机药肥的田间效果试验

（1）试验方案。采用大田小区试验。试验面积 2667 m²，按肥力均匀一致的原则将试验地平均分成三块。处理 A 为空白对照（CK），按当地习惯施肥施药，水稻插秧前基施五洲丰农业科技公司生产的 40% 复合肥（22—6—12）30 kg/ 亩，插秧后 7~10 d 追施尿素 7.5 kg/ 亩（不拌封闭除草剂），不进行第一次杀虫农事操作；处理 B 为习惯施肥施药，基施肥用法和用量同处理 A，插秧后 7~10 d 追施广西乐土公司生产的金稻龙除草药肥（含 N 16%）10 kg/ 亩，杀虫杀菌农事操作按常规操作；处理 C 为有机药肥处理，在处理 A 的基础上，基施肥增加有机药肥 25 kg/ 亩，后期不再追肥，其他农事操作同处理 A。试验安排在湖南省长沙县黄花镇大兴乡杂数组种田大户粟一乐晚稻田。

（2）试验结果。有机药肥对稻田杂草防除防效显著。从表 3–204 试验结果可以看出，施用有机药肥对稗草、异型莎草和阔叶草等一年生杂草防除效果十分明显。处理 B 习惯施肥施药与处理 C 有机药肥药后 20d 的总杂草株防效分别为 85.5%、98.5%，药后 45 d 株防效分别为 84.3%、96.3%，鲜重防效分别为 85.9%、97.7%。经 Duncan 新复极差法方差分析，处理 C 有机药肥的除草效果极显著优于处理 B 习惯施肥施药。有机药肥对水稻防治病虫害的防效显著。从表 3–205 试验结果可以看出，处理 B 习惯施肥施药与处理 C 有机药肥，药后 7 d，对二化螟防效分别为 89.5%、94.2%，药后 15 d 防效分别为 92.6%、96.8%，两处理防效相当。

表 3–204　有机药肥对杂草的防效结果表　　　　　　　　　　　　　　　　%

处理	稗草			异型莎草			阔叶杂草			总草		
	20 d 株防效	45 d 株防效	鲜重防效	20 d 株防效	45 d 株防效	鲜重防效	20 d 株防效	45 d 株防效	鲜重防效	20 d 株防效	45 d 株防效	鲜重防效
B	86.7	84.7	86.1	77.5	77.1	81.8	85.6	86.1	87.4	85.5	84.3	85.9bB
C	100	87.0	98.6	91.7	93.8	96.8	98.4	95.8	97.1	98.5	96.3	97.7aA

表 3–205　有机药肥对二化螟的防效结果表　　　　　　　%

处理	药后 7 d 防效			药后 15 d 防效		
	枯心数	枯心率	防效	枯心数	枯心率	防效
A	86	21.5	—	95	23.8	—
B	9	2.3	89.5	7	1.8	92.6
C	5	1.3	94.2	3	0.8	96.8

有机药肥影响水稻经济性状和具有显著增产效果。水稻收获前，各处理随机选 5 个小区，每个小区 10 m²，测定水稻产量和农艺性状。从表 3–206 的测产结果可以看出，处理 B 习惯施肥施药、处理 C 有机药肥产量分别为 528.3 kg/ 亩、550.9 kg/ 亩，比处理 A 空白对照 484.6 kg/ 亩，增产量分别为 46.7 kg/ 亩、69.3 kg/ 亩，增产率分别为 9.7%、14.4%。经 Duncan 新复级差法，处理 C 有机药肥在水稻上的增产效果极显著地优于处理 A 空白对照，显著地优于处理 B 习惯施肥施药。从水稻考种结果可以看出，处理 C 有机药肥的增产原因，是因为由于杂草减少，二化螟为害轻，并提高了养分利用率，增加了中微量营养元素，水稻前期生长旺盛，有效分蘖多，后期不早衰，成穗率高，有效穗、实粒数和千粒重等均优于处理 A 和处理 B，因此产量增加显著。

表 3–206　有机药肥对水稻农艺性状的影响

处理	每亩有效穗 / 万	每穗实粒数 / 粒	千粒重 / 克	每亩理论产量 /kg	增产率 /%	实际产量 /kg		增产率 /%
						小区（10 m²）	亩产	
A	23.6	72.0	27.1	460.5	—	7.2	481.6	—cB
B	25.5	73.0	27.3	508.2	10.4	7.9	528.3	9.7bA
C	26.0	75.0	27.3	532.4	15.6	8.5	550.9	14.4aA

经济效益增效显著。大田产值仅计算稻谷价值，稻谷按当时当地收购价 2.6 元 /kg 计，有机药肥市场价格预计为 2000 元 /t，乐土金稻龙药肥市场价为 3000 元 /t，40% 复合肥市场价为 3000 元 /t，尿素市场价格为 2800 元 /t。农药成本平均合 20 元 / 次，人工成本为 15 元 / 次。经计算，处理 B 习惯施肥施药和处理 C 有机药肥用肥用药成本均为 160 元 / 亩，但有机药肥操作更轻便，与处理 A 空白对照相比，平均增加纯收入 151.2 元 / 亩，经济效益更显著（表 3–207）。

表 3–207　经济效益分析表

年份	处理	亩产量 /kg	产值 / 元	比对照增加产值 / 元	农资成本 / 元	人工成本 / 元	比对照增加纯收入 / 元
2018 年	A	481.6	1252.2	—	131	15	—
	B	528.3	1373.6	121.4	160	30	77.4
	C	550.9	1432.3	180.2	160	15	151.2

2. 无机药肥（0.025% 呋虫胺颗粒剂（药肥混剂））田间试验效果

（1）试验方案。① 0.025% 呋虫胺颗粒剂（药肥混剂）24 kg/ 亩；② 0.025% 呋虫胺颗粒剂（药肥混剂）

36 kg/ 亩；③ 0.025% 呋虫胺颗粒剂（药肥混剂）48 kg/ 亩；④ 20% 呋虫胺可溶粒剂 45 g/ 亩 + 尿素 10 kg/ 亩；⑤空白对照(不施药不施肥)。施药时，水稻正值分蘖初期(抛栽后 15 d)、长势均一、二化螟枯鞘期。小区面积 35 m², 重复 4 次，随机区组排列。2018 年 4 月 28 日早稻抛栽，密度为 18.7 万 /hm²。试验安排在湖南省植物保护研究所春华基地稻田。

（2）试验结果。无机药肥对水稻二化螟的防治效果 – 防效显著。田间试验结果表明 0.025% 呋虫胺颗粒剂（药肥混剂）对水稻二化螟的控制作用优异（表 3–208）。药后 25 d，危害定型后调查，0.025% 呋虫胺颗粒剂（药肥混剂）制剂用量 24 ~ 48 kg/ 亩处理对二化螟的防治效果为 90.2% ~ 94.7%，对照药剂 20% 呋虫胺 SG45 g/ 亩 + 尿素 10 kg/ 亩处理对二化螟的防治效果为 86.2%。统计分析结果表明，0.025% 呋虫胺颗粒剂（药肥混剂）低剂量处理与高剂量处理间对水稻二化螟的防效差异显著，均与中剂量处理对二化螟的防治效果无显著差异，0.025% 呋虫胺颗粒剂（药肥混剂）三处理均显著优于对照药剂 20% 呋虫胺 SG+ 尿素处理。

表 3–208　0.025% 呋虫胺颗粒剂（药肥混剂）防治水稻二化螟田间药效试验结果

处理	药剂处理	制剂用量 / （kg·亩⁻¹）	药后 15 d		药后 25 d	
			防治效果 /%	差异显著性	防治效果 /%	差异显著性
1	0.025% 呋虫胺颗粒剂（药肥混剂）	24	98.6	a	90.2	b
2		36	99.2	a	93.1	ab
3		48	100.0	a	94.7	a
4	20% 呋虫胺 SG+ 尿素	0.045+10	94.0	b	86.2	c
5	空白对照（不施肥、不施药）	/	/			/

无机药肥对水稻产量有显著增产效果。收割机全小区收割测稻谷产量，按 8 折计算稻谷干重（见表 3–209）。0.025% 呋虫胺颗粒剂（药肥混剂）对水稻增产作用明显。0.025% 呋虫胺颗粒剂（药肥混剂）制剂用量 24 ~ 48 kg/ 亩处理对水稻增产为 27.5 ~ 30.6 kg/ 亩，增产率为 11.5 ~ 12.7%，对照药剂 20% 呋虫胺 SG45 g/ 亩 + 尿素 10 kg/ 亩处理对水稻增产为 25.4 kg/ 亩，增产率为 10.6%。

表 3–209　0.025% 呋虫胺颗粒剂（药肥混剂）防治水稻二化螟田间药效试验测产结果

处理	药剂处理	制剂用量 / （kg·亩⁻¹）	亩产 /kg	较 CK 增产 /%	增产率 /%
1	0.025% 呋虫胺颗粒剂（药肥混剂）	24	306.1	27.5	11.5
2		36	308.0	28.3	11.8
3		48	313.7	30.6	12.7
4	20% 呋虫胺 SG+ 尿素	0.045+10	301.1	25.4	10.6
5	空白对照（不施肥、不施药）	/	240.1	/	

（二）药肥新产品的毒理试验

（1）经口毒性试验。主要目的是为了了解药肥颗粒剂经消化吸收的急性毒性及毒性特征，求出该受试物对试验动物的半数致死剂量（LD50）：为亚急性、亚慢性和其他毒性试验的剂量水平设计提供参考依据：为急性毒性分级和制定安全防护措施提供依据。次试验设 1000 mg/kg、2150 mg/kg、4640 mg/kg、10000 mg/kg 四个剂量组，选用 8 周龄 SD 雄鼠 20 只隔夜禁食 16 h，自由饮水，给药前动物称重，按体重随机分为 4 组，每组 5 只。一次性经口灌胃给予受试物，给予体积为 20 mL/kg.bw，给予后大鼠继续禁食 3 ~ 4 h。观察动物染毒后 14 d 的中毒症状、体重变化及死亡情况。试验结束尚存活的动物，给予 CO_2 窒息处死。所有动物均进行大体解剖学检查，对肉眼检查有病变的动物脏器做病理组织学检查。根据动物的死亡情况，得出 LD50 并进行毒性分级。经口染毒后 10 min，高剂量动物全部死亡，次高剂量组部分动物出现俯卧，并于染毒 10 ~ 25 min 内全部死亡；中剂量组 1 只动物染毒后出现俯卧，于染毒后 7 h 恢复正常，其余动物未出现明显中毒症状；低剂量组动物染毒后未出现任何中毒症状，观察期内未出现死亡。各剂量组大鼠死亡数为 0、0、5、5，大鼠急性经口 LD50 为 3160 mg/kg。染毒后第 7 d、14 d 动物称重，存活动物体重均有增长。试验期间死亡的动物及试验结束时处死的动物大体解剖学检查均未见明显异常。根据中华人民共和国农业部 2017 年发布的《农药登记资料要求》中"农药产品毒性分级标准"评定，0.025% 呋虫胺颗粒剂大鼠急性经口毒性属低毒类。

（2）经皮毒性。为了了解 0.025% 呋虫胺颗粒剂经皮吸收的急性毒性及毒性特征，求出该受试物对试验动物的半数致死剂量（LD50）：为亚急性、亚慢性和其他毒性试验的剂量水平设计提供参考依据；为急性毒性分级和制定安全防护措施提供依据。试验设 5000 mg/kg 一个剂量组，选用 SD 大鼠 10 只，雌、雄各半，动物体重范围为 258 ~ 309 g。给予受试物前 24 h，对动物背部正中线两侧剃毛（勿损伤皮肤，剃毛面积大于体表面积的 10%）。染毒时，按 0.5 g/100 g 体重经皮涂敷给予受试物，接触 24 h 后用清水清除皮肤上残留受试物。观察动物染毒后 14 d 的中毒症状、体重变化及死亡情况。试验结束尚存活的动物，给予 CO_2 窒息处死。所有动物均进行大体解剖学检查，对肉眼检查有病变的动物脏器做病理组织学检查。根据动物的死亡情况，得出 LD50 并进行毒性分级。染毒后动物未出现全身中毒症状，涂药处皮肤亦未出现局部症状。观察期内动物未发生死亡。染毒后第 7 d、14 d 称重，动物体重均有增长。试验结束时处死的动物大体解剖学检查均未见明显异常。雌、雄大鼠急性经皮 LD50 均＞ 5000 mg/kg。根据中华人民共和国农业部 2017 年发布的《农药登记资料要求》中"农药产品毒性分级标准"评定，0.025% 呋虫胺颗粒剂大鼠急性经皮毒性属微毒类。

（3）眼睛刺激性试验。为了确定和评价 0.025% 呋虫胺颗粒剂对家兔眼睛是否有刺激作用或腐蚀作用及其程度，为该供试品眼刺激性反应分级以及生产和使用中的安全防护提供依据。选取 3 只健康成年，双眼正常的家兔，左眼为试验眼，右眼为对照眼。将 0.1 g 供试品粉末撒入动物试验眼结膜囊内。于授药后 1 h、24 h、48 h、72 h 观察并记录实验动物眼刺激情况；24 h 观察和记录结束之后，使用浓度为 2% 的荧光素钠滴眼液对动物眼睛作进一步检查。试验期间同时观察动物给药后的全身反应。授药后 1 h，2 只动物试验眼结膜血管充血呈鲜红色，并伴轻微水肿；授药后 24 h，1 只动物试验眼结膜刺激症状消退，使用荧光素钠对动物试验眼做进一步检查未出现荧光素钠残留；所有动物眼刺激反应于授药后 48 h 完全恢复。试验期间，角膜和虹膜未见异常，未见动物出现全身反应症状。2 只动物试验眼结膜出现刺激反应，所有刺激反应在 48 h 内完全恢复。根据 GB/T 15670.8—2017《农药登记毒理学试验方法》第 8 部分：急性眼刺激性 / 腐蚀性试验中"眼刺激性反应分级"评定，0.025% 呋虫胺颗粒剂对家兔眼睛有中度刺激性。

（4）皮肤刺激性试验。为了确定和评价药肥新产品颗粒对家兔皮肤局部是否有刺激作用或腐蚀作用及其程度，估计人体接触该供试品时可能出现的类似危害，为制定防护该供试品对皮肤的刺激或腐蚀措施提供依据。选用 3 只健康、成年雄性家兔，备皮后 24 h，将 0.5 g 颗粒细粉用纯水润湿后均匀涂敷在家兔背部左侧去毛皮皮肤上，4 h 后用清水清楚动物背部皮肤上残留的受试物。于清除受试物后 1 h、24 h、48 h、72 h 每天观察涂抹部位皮肤反应，以家兔背部右侧皮肤为对照。局部观察结果表明，去掉残留受试物后 1 h，2 只动物受试区皮肤出现轻微红斑和水肿；去掉残留受试物后 24 h，动物受试皮肤刺激症状全部消退，24 ~ 72 h 内皮肤刺激积分均值为 0。观察期间 3 只动物均未出现全身反应。根据 GB/T 15670.7—2017《农药登记毒理学试验方法》第 7 部分：皮肤刺激性 / 腐蚀性试验中"皮肤刺激强度分级"评定，药肥颗粒对家兔皮肤无刺激性。

（5）致敏性试验。测试豚鼠在重复接触药肥颗粒后，机体产生免疫传递的皮肤反应的可能性，从而确定该受试物是否可引起豚鼠皮肤变态反应及其程度，为该供试品致敏强度分级以及生产和使用中的安全防护提供依据。将 30 只健康、成年的白色豚鼠按体重随机分为试验组（20 只）和阴性对照组（10 只）。诱导接触前 24 h 对动物背部左侧剃毛。取药肥细粉用少量纯水充分润湿后涂敷于试验组动物左侧去毛皮肤，6 h 后去除残留物。阴性对照组用纯水作对照。第 7 d 和第 14 d 以同样方法重复一次。观察期间，各组动物均未出现局部反应和全身反应。试验组及阴性对照组动物皮肤致敏率均为 0。根据 GB/T 15670.9—2017《农药登记毒理学试验方法》第 9 部分：皮肤变态反应（致敏）试验中"致敏强度"标准评定，药肥颗粒皮肤变态反应（致敏）试验未见 变态反应。

第五节 病虫草害绿色防控与气象灾害避灾减损技术攻关

一、绿色防控关键技术研究

（一）两种不同赤眼蜂田间寄生行为研究

1. 材料与方法

赤眼蜂：湖南省水稻研究所于室内（温度 25℃ ±1℃；温度 75% ±5%；光照周期 L14: 10D）用米蛾卵续代繁殖。

供试宿主：米蛾卵 Corcyra cephalonica，在室内用米糠饲养，试验前，取当日新产的米蛾卵制成卵卡，用 30 W 的紫外灯照射 30 min，杀死胚胎，供稻螟赤眼蜂寄生。

小区设计：试验设 2 个处理，3 个重复。

试验设计：在水稻田中取一中心点，以此划取半径为 1 m、4 m、7 m、10 m、13 m 的 5 个同心圆，分别沿 8 个方向（东、南、西、北、东南、东北、西南、西北）在 5 个同心圆周线上设点（共计 40 个点）头。统计：每天回收米蛾卵卡并更换新卵卡，并做好方位记载（在每张卵卡上都提供了足量的米蛾卵，因此不单独考察每张卵卡的寄生率，而是以单张卵卡是否被寄生作为赤眼蜂是否覆盖该区域以及单张卵卡寄生卵数量占总寄生卵数量的比例来考察赤眼蜂的扩散情况）。

2. 试验结果

随着赤眼蜂的出蜂，被寄生的米蛾卵显著提高并随着时间的推移而显著下降，在第四天达到高峰为 37.5%，是第一天的 4.9 倍。日寄生蜂覆盖率与日寄生比例相似，即随着出蜂，寄生蜂在田间的覆盖率显著升高，第一天的覆盖率最低，在第四天最高为 30.62%，是第一天的 2.9 倍，并在第五天开始显著下降。随着距离的增加，寄生蜂寄生覆盖率下降，在 1 m 的寄生覆盖率最高为 10.83%，但不同距离上的寄生覆盖率差异不显著。从方位来看，赤眼蜂在南方和东南方寄生比例最高，分别为 17.62% 和 17.09%，在北方显著低于其他方位的寄生比例，最低为 7.9%。由结果可知，随着时间的推移赤眼蜂在田间释放后的第四天寄生率及覆盖率都达到最大值，并在第五天开始显著下降，不同距离上的寄生覆盖率差异不显著。赤眼蜂在南方和东南方寄生比例最高，在北方显著低于其他方位的寄生比例，因此根据赤眼蜂田间扩算的特点，合理安排赤眼蜂的田间释放，使其达到最理想的效果（表 3–210、表 3–211、表 3–212、表 3–213）。

表 3–210 按方位统计两种不同赤眼蜂田间寄生行为头

赤眼蜂品种	南	西南	西	西北	北	东北	东	东南
稻螟赤眼蜂	84	48	36	54	29	30	36	30
螟黄赤眼蜂	51	1	45	33	27	66	44	76

表 3–211 按距离统计两种不同赤眼蜂田间寄生行为头

距离 /m	稻螟赤眼蜂	螟黄赤眼蜂
1	91	120
4	79	54
7	50	86
10	46	41
13	95	42

表 3–212 每天寄生数量头

	螟黄赤眼蜂	稻螟赤眼蜂
day1	68	52
day2	14	11
day3	94	59
day4	103	163
day5	64	76

表 3–213 每天寄生点数头

	螟黄赤眼蜂）	稻螟赤眼蜂
day1	8	15
day2	8	8
day3	18	19
day4	21	21
day5	17	17
总计	72	80

（二）几种农药对赤眼蜂羽化率及飞行能力的影响

1. 材料与方法

蜂卡准备：赤眼蜂卵卡用米蛾卵，温度 25℃ ±1℃、相对湿度 70% ~ 80%、光照周期 14L：10D 条件下培养，过 40 目筛网，在 30 w 紫外灯下照射 30 min 杀胚后，每 1000 粒卵接入约 500 头 6 h 内羽化的成蜂，在上述条件下 8 h 后去除成蜂，于 1 d 后用于试验。

赤眼蜂蛹期羽化率测定：药剂根据田间推荐浓度设置 5 个浓度梯度。将蜂卡置于药剂中浸泡 5 s，取出晾干后将蜂卡置于指形管中，温度 25℃ ±1℃，相对湿度 70% ~ 80%，光照周期 14L：10D 条件下培养，统计羽化率。

赤眼蜂室内飞行能力评价：装置由 PVC 材料塑料膜制成，高 18 cm，直径 11 cm 的圆柱形，上下用直径 12 cm 充满的培养皿扣住组成一个密闭的圆柱形装置。在装置的内壁据底部 2.5 cm 出用无色透明的黏胶划一个宽 0.5 cm 的圈，顶部的培养皿内侧也用同样黏胶均匀涂满，整个装置出顶部接受光源，其他部分均用黑色卡纸包裹。

将蜂卡置于供试药剂田间推荐使用浓度下浸泡 5 s 后，清水浸泡对照，晾干，蜂卡置于装置的底部，密闭置于温度 25℃ ±1℃，相对湿度 70% ~ 80%，光照周期 14L：10D 条件下培养，数日后统计上盖、下盖和内壁胶圈上的赤眼蜂数，分别记为飞行、不动和爬行，计算其比例（表 3–214）。

表 3–214 不同药剂田间推荐浓度

名称	田间推荐使用浓度 /（g·L^{-1}）
10% 毒死蜱	0.14
25% 噻嗪酮	0.67
40% 吡蚜酮	0.4
200 g/L 氯虫苯甲酰胺	0.133
45% 毒死蜱	2.4

2. 试验结果

从表 3–215 可以看出，与对照相比，吡蚜酮、噻嗪酮、吡虫啉、氯虫苯甲酰胺对稻螟赤眼蜂的爬行蜂的比例影响不显著，吡蚜酮的比例最高为 32.76%；毒死蜱处理的稻螟赤眼蜂没有羽化。

表 3–215 赤眼蜂蛹期羽化率

氯虫苯甲酰胺	200 g/L	100 g/L	50 g/L	25 g/L	12.5 g/L
	0.32	0.46	0.60	0.74	0.69
吡虫啉	2 g/L	1 g/L	0.5 g/L	0.25 g/L	0.125 g/L
	0.23	0.219375	0.25	0.29	0.34
吡蚜酮	4 g/L	2 g/L	1 g/L	0.5 g/L	0.25 g/L
	0.016	0.16	0.17	0.18	0.26
噻嗪酮	1 g/L	0.5 g/L	0.25 g/L	0.125 g/L	0.0625 g/L
	0.0075	0.10	0.12	0.14	0.18
毒死蜱	2.5 g/L	0.5 g/L	0.1 g/L	0.02 g/L	
	0.011	0.0066	0.0058	0.020	
CK	0.75				

与对照相比，吡虫啉、氯虫苯甲酰胺对稻螟赤眼蜂的不起飞蜂的比例影响不显著；噻嗪酮、吡呀酮对不起飞蜂的比例影响显著分别为 34.75%、37.07%（表 3-216）；毒死蜱处理的稻螟赤眼蜂没有羽化。几种不同的农药对赤眼蜂的影响不同，其中毒死蜱的影响最大，吡虫啉、氯虫苯甲酰胺对赤眼蜂的影响最小，因此根据结果，在赤眼蜂的释放中要避免和毒死蜱同时使用。

表 3-216　赤眼蜂室内飞行能力 %

处理	飞行	爬行	不动
CK	60.25	31.25	25.25
吡虫啉	82.67	48.33	7
氯虫苯甲酰胺	71.46	39.79	25.46
吡呀酮	55.67	40.67	57.00
噻嗪酮	67.33	39.67	71.00
毒死蜱	0	0	0

（三）不同种类自然糖源对稻螟赤眼蜂生长发育的影响

赤眼蜂是水稻虫害绿色防控的关键技术之一，取食糖类物质有利于赤眼蜂的生长发育。为了明确自然界常见糖源对赤眼蜂生长发育的差异，选取了葡萄糖、果糖、蔗糖、麦芽糖、甘露糖及蜂蜜 6 种糖来研究糖源对其寿命和子代雌蜂比例的影响。为赤眼蜂的工厂化繁殖以及田间释放策略提供理论依据。

1. 材料与方法

本试验所用昆虫（稻螟赤眼蜂及米蛾）均饲养于湖南省水稻研究所温室中。温室环境为：温度 26℃ ±1℃，相对湿度 70% ~ 80%，光照周期为 14L：10D。米蛾幼虫源自湖南省水稻研究所，室内用玉米和米糠繁育多代。每日选取当天新产出的饱满度较好的米蛾卵，粘贴时尽量使得米蛾卵相互间紧贴。稻螟赤眼蜂成虫源自湖南省水稻所实验室，养虫室条件下米蛾卵繁育。供试赤眼蜂为子二代蜂，且为试验当日羽化 24 h 内且交配过的雌蜂。

选取如下六种糖源：葡萄糖、果糖、蔗糖、麦芽糖、甘露糖及蜂蜜。每种糖源设为三种浓度（质量体积百分比浓度）：5%，10%，20%。以饲喂蒸馏水对照。

取食不同种类自然糖源对稻螟赤眼蜂寿命的影响　选取健康活跃的初羽化稻螟赤眼蜂雌雄蜂（羽化时间不超过 6 h）各 20 头分别移入不同玻璃试管（直径 1.5 cm，长度 15 cm）中。充分蘸有不同浓度糖处理的滤纸（长 4 cm，宽 1 cm）提前放置于玻璃试管内壁，便于寄生蜂取食。寄生蜂移入后，利用透明保鲜膜封口。六种糖，三种浓度，每处理雌雄蜂分别观测 30 头。每天 10 时和 18 时更换蘸有糖源的滤纸，每隔 24 h 统计寿命（不足 1 d 按 0.5 d 计），并及时移除死亡寄生蜂，避免因水蒸发改变糖源的浓度。

取食不同种类糖源对稻螟赤眼蜂雌蜂比例的影响　选取健康活跃的初羽化稻螟赤眼蜂雌蜂（羽化时间不超过 6 h）20 头分别移入不同玻璃试管（直径 1.5 cm，长度 15 cm）中。充分蘸有不同浓度糖处理的滤纸（长 4 cm，宽 1 cm））提前放置于玻璃试管内壁，便于寄生蜂取食。寄生蜂移入后，利用透明保鲜膜封口。每天提供寄主米蛾卵（寄主密度设置为 100 粒 / 张）。24 h 后将卵卡取出，置于（26 ±1）℃，RH70% 的恒温气候箱中发育，等寄生卵变黑后，统计各处理卵卡上的寄生卵，作为寄生数值，计算寄生率；待其羽化出蜂后，调查羽化出蜂率（以具羽化孔的寄主卵数量与寄生卵数量百分比估计）；同时每个处理及对照分别选取20粒寄生卵，单粒分装于指形管（直径1.1 cm，长5.5 cm），待其羽化出蜂完成后调查统计单卵羽化蜂数及雌蜂比例。

2. 试验结果

从浓度来看，随着糖份浓度升高，相比对照除甘露糖外成虫寿命也随之增加，其中蜂蜜、葡萄糖10% 浓度和20% 浓度差异不大。从种类来看，喂食浓度20% 蔗糖的成虫和雌虫寿命最高，分别为为5.99 d、6.98 d（表3–217）。

表3–217　取食不同种类自然糖源对稻螟赤眼蜂寿命的影响 d

处理	指标	5%	10%	20%
蒸馏水	雌	2.22	1.89	1.83
	雄	2.11	1.57	1.82
	总平均	2.16	1.73	1.83
果糖	雌	3.19	5.58	5.09
	雄	2.82	4.41	3.29
	总平均	3.01	4.99	4.19
蜂蜜	雌	3.61	5.19	5.18
	雄	3.83	5.06	4.74
	总平均	3.72	5.12	4.96
葡萄糖	雌	3.78	5.36	5.14
	雄	3.13	5.52	6.38
	总平均	3.45	5.44	5.76
蔗糖	雌	4.44	5.24	6.98
	雄	3.57	4.90	5.00
	总平均	4.01	5.07	5.99
麦芽糖	雌	3.26	4.48	6.00
	雄	2.64	3.04	4.81
	总平均	2.95	3.76	5.40
甘露糖	雌	2.19	1.86	2.55
	雄	2.33	2.04	1.84
	总平均	2.26	1.95	2.19

从浓度来看，除麦芽糖、甘露糖外都随着浓度的增加雌蜂比例也随之增加。相比对照喂食5% 与10% 蔗糖雌蜂比例与之无显著差异，5% 的甘露糖要高于对照。喂食20% 的果糖、葡萄糖、蔗糖、麦芽糖、甘露糖都要高于对照，其中果糖最高为4.82（表3–218）。

表 3-218 取食不同种类糖源对稻螟赤眼蜂雌蜂比例的影响

		雌	雄	总数	比例
蒸馏水	5（CK）	24.71	4.71	29.43	5.24
	10（CK）	24.71	4.71	29.43	5.24
	20（CK）	30.00	8.50	38.50	3.53
果糖	5	26.88	9.38	36.25	2.87
	10	29.20	6.20	35.40	4.71
	20	33.75	7.00	40.75	4.82
蜂蜜	5	28.91	7.16	36.07	4.04
	10	24.75	12.88	37.63	1.92
	20	31.86	9.86	41.71	3.23
葡萄糖	5	35.00	10.67	45.67	3.28
	10	34.25	8.25	42.50	4.15
	20	29.86	7.43	37.29	4.02
蔗糖	5	31.00	6.00	37.00	5.17
	10	35.29	6.88	42.16	5.13
	20	33.50	8.14	41.64	4.11
麦芽糖	5	29.50	6.25	35.75	4.72
	10	34.00	13.00	47.00	2.62
	20	30	5.86	35.86	5.12
甘露糖	5	23.60	3.40	27.00	6.94
	10	30.40	8.00	38.40	3.80
	20	25	5.57	30.57	4.49

（四）金龟子绿僵菌浸泡对稻螟赤眼蜂羽化率和寿命的影响

赤眼蜂属膜翅目小蜂总科（Chalcidoidea）的微小寄生蜂，是害虫生物防治研究最多、应用最广的一类卵寄生性天敌昆虫。生物制剂如金龟子绿僵菌等对害虫的控制作用虽较好，但效果不稳定，且成本高。为进一步提高赤眼蜂防治玉米螟的效果，方便生物农药的使用、提高生物农药的使用效率，通过赤眼蜂载菌，即令赤眼蜂携带能引发二化螟、稻纵卷叶螟感病的致病菌，利用赤眼蜂在寻找寄主过程中与玉米螟卵接触的特性，将致病菌导入到害虫种群中以诱发害虫感病，达到双重的控制目的。

1. 材料和方法

将金龟子绿僵菌按 30 mL：15 kg 蒸馏水稀释，以蒸馏水为对照，进行不同时间稻螟赤眼蜂浸泡实验。将一定量羽化前 1 ~ 2 d 的寄生了稻螟赤眼蜂的米蛾卵（40 ~ 50 粒）加入溶液中分别浸泡，玻璃棒搅拌均匀。将溶液静置 30 min、1 h、3 h 后取出卵粒，置于滤纸上晾干，筛选饱满未破损单粒卵装入 10 mL 离心管，待羽化后喂食 20% 蜂蜜水观察羽化率和寿命。

2. 试验结果

结果表明，经过绿疆菌的 30 min、1 H 浸泡后于对比赤眼蜂羽化率、平均寿命无影响。为通过赤眼蜂载菌，令赤眼蜂携带能引发二化螟、稻纵卷叶螟感病的致病菌的方法提供理论依据（表 3-219）。

表 3-219　金龟子绿僵菌浸泡对稻螟赤眼蜂羽化率和寿命的影响

处理		羽化率 /%	畸蜂数	平均寿命（雄）/d	平均寿命（雌）/d	平均寿命 /d
蒸馏水浸泡	0.5h	75	0	3.5	4.41	3.76
	1h	76.67	0	2.81	4.92	3.83
	3h	89.29	1	2.42	4.72	4.09
绿僵菌浸泡	0.5h	90	2	2.39	4.26	3.66
	1h	80	2	2.17	3.68	3.09
	3h	50	0	4	4.64	4.41

二、PQQ 诱导稻纹枯病抗性的研究

以易感纹枯病水稻品种 Lemont 为研究对象，在水稻 3 叶 1 心期分别喷施不同浓度诱导因子，接种纹枯病后调查病情指数和相对防效，筛选出最佳诱导因子。在最佳诱导因子处理下，分别采用浸种、浸根、喷施三种诱导方式处理水稻，不同时间诱导处理水稻，以确定最佳诱导因子的最佳诱导条件（浓度、方式、诱导时间），以期为植物诱导抗病的田间应用及水稻纹枯病抗性诱导机理提供一定理论及技术支撑，为绿色高效防治水稻纹枯病提供新思路。

（一）供试材料

供试水稻：Lemont；供试纹枯病菌：C30 菌种；供试药剂：苯并噻二唑（简称 BTH）化学纯 CP（98%）由阿拉丁试剂（上海）有限公司生产；壳寡糖（简称 COS）分析纯 AR 由东京化成工业株式会社生产；吡咯喹啉醌（简称 PQQ）由上海医学生命科学研究中心提供；前胡提取液由湖南农业大学植物保护学院罗坤老师提供；益农、翠倍加由湖南省农科院植物保护研究所光合细菌课题组提供。

（二）试验方法

（1）水稻培育和接种方法。将水稻种子先用 1% 的次氯酸钠消毒 20 min，然后用无菌水冲洗掉残留的次氯酸钠，浸种 24 h 后置于温度 30℃下催芽 48 h，选取萌发一致的种子播种于 96 孔播种板上，水培营养液配方参照国际水稻研究所（IRRI）推荐的标准，培养条件温度为 14 h/10 h：30℃/28℃，湿度为 70%，光照强度为 14 h/10 h：20000 LX/0。挑选大小一致的纹枯病菌菌核（约 1 mm），用消毒后的镊子轻轻拉开水稻的不完全叶的叶鞘，将菌核放在叶鞘上，接种后将水培盒用保鲜膜罩住保持湿度，培养湿度由 70% 改为 92%，其他培养条件与培育条件一致。病情调查参考行业标准 NY/T 2720—2015 水稻抗纹枯病鉴定技术规范。

发病度 =（病斑高度 / 苗挺高）9。0 级—全株无病；1 级—0 < 发病度 ≤ 1.0；3 级—1.0 < 发病度 ≤ 3.0；5 级—3.0 < 发病度 ≤ 5.0；7 级—5.0 < 发病度 ≤ 7.0；9 级—7< 发病度 > 7.0。

病情指数 $DI = \dfrac{\sum (Bi \times Bd)}{M \times 9}$。Bi—各级病株数；Bd—病情级别数；M—总株数。

相对防效（%）$= \dfrac{\text{对照病情指数} - \text{处理病情指数}}{\text{对照病情指数}} \times 100\%$

（2）诱抗物的筛选。称取 1.3617 g BTH 于 50 mL 甲醇中，充分溶解配制成浓度为 0.2 mol/L 母液，分别量取 25.0 μL、50.0 μL、250.0 μL、500.0 μL BTH 母液于去离子水中，使其终浓度分别为 50.0 μmol/L、

100.0 µmol/L、500.0 µmol/L、1.0 mmol/L。称取 2.5g COS 于 50 mL 去离子水中，充分溶解配制成浓度为 50 mg/mL 母液，分别量取 20.0 µL、100.0 µL、200.0 µL、2.0 mL COS 母液于去离子水中，使其终浓度分别为 10.0 µg/mL、50.0 µg/mL、100.0 µg/mL、1.0 mg/L。称取 0.0748 g PQQ 于 50 ml 去离子水中，充分溶解配制成浓度为 4.0 mmol/L 母液，分别量取 12.5 µL、50.0 µL、200.0 µL、500.0 µL PQQ 母液于去离子水中，使其终浓度分别为 0.5 µmol/L、2.0 µmol/L、8.0 µmol/L、20.0 µmol/L。将前胡提取液分别稀释 25 倍、50 倍、100 倍、200 倍；将益农分别稀释 200 倍、300 倍、400 倍、500 倍；将翠倍加分别稀释 200 倍、300 倍、400 倍、500 倍。待水稻长至 3 叶 1 心期分别喷施不同浓度的诱导因子，同时喷施清水、井冈霉素作为对照。喷施方法采用喷雾塔喷雾，参数设置为：96 mm/r、行走距离 1200 mm、前进速度 482 mm/s、回零点速度 150 mm/s。喷施 72 h 后接种纹枯病菌。接种菌核 120 h 后调查发病度。

（3）不同浓度 PQQ 处理纹枯病菌。处理 1：将过滤灭菌的 PQQ 加入已灭菌的 PDA 培养基中，使培养基中 PQQ 的终浓度分别为 0.5 µmol/L、1.0 µmol/L、2.0 µmol/L、4.0 µmol/L、8.0 µmol/L，对照为正常的 PDA 培养基。平板中央接直径为 1 mm 的纹枯病菌菌核，接种后 24 h 和 48 h 后测量菌丝直径。处理 2：将处理 1 中培养所得的菌核全部转接到正常的 PDA 培养基中，接种后 24 h 和 48 h 后测量菌丝直径。

（4）（PQQ 最佳诱导方式的筛选。将消毒后的水稻种子浸泡在浓度为 0.5 µmol/L、1.0 µmol/L、2.0 µmol/L、4.0 µmol/L、8.0 µmol/L 的 PQQ 溶液中 24 h，清水浸泡作为对照，待水稻长至 3 叶 1 心时接种纹枯病菌，接种菌核 120 h 后调查发病度。正常浸种、播种，待水稻长至 3 叶 1 心期进行 PQQ 喷施，喷施浓度为 0.5 µmol/L、1.0 µmol/L、2.0 µmol/L、4.0 µmol/L、8.0 µmol/L，清水喷施作为对照。喷施方式与 1.2.2 一致，喷施 72h 后接种纹枯病菌，接种菌核 120h 后调查发病度。正常浸种、播种，待水稻长至 3 叶 1 心期，向水培液中加入 PQQ 使水培液中 PQQ 浓度分别为 0.5 µmol/L、1.0 µmol/L、2.0 µmol/L、4.0 µmol/L、8.0 µmol/L，正常水培液培养作为对照。培养处理 72 h 后接种纹枯病菌，接种菌核 120 h 后调查发病度。在水稻 3 叶 1 心期分别喷施浓度为 2.0 µmol/L 的 PQQ 和清水，在喷施 24 h、48 h、72 h、96 h、120 h、144 h 后分别接种水稻纹枯病菌，接种菌核 120 h 后调查发病情况。

（三）结果与分析

（1）诱抗物的筛选。通过不同浓度诱导因子处理水稻发现 BTH、COS、PQQ、前胡提取液、益农、翠倍加均能诱导水稻对纹枯病抗性，纹枯病的发生均有不同程度的减轻（表 3-220）。BTH 处理的相对防效均低于 25.0%；COS 处理中只有浓度 50.0 µg/L 的相对防效大于 30.0%，其余浓度处理的相对防效均低于 15.0%；PQQ 处理中除浓度 20.0 µmol/L 的相对防效低于 15.0%，其他浓度处理的相对防效均高于 25.0%；前胡提取液处理中稀释 100 倍的相对防效高于 35.0%，其余浓度处理相对防效均低于 20.0%；翠倍加处理的相对防效均低于 25.0%；益农处理中只有稀释 300 倍的相对防效大于 30.0%，其余浓度处理相对防效均低于 25.0%。

表 3-220　不同诱抗物对水稻纹枯病防治效果

处理组别	诱导因子	浓度	病情指数	相对防效 /%
B-1	BTH	50.0 µmol/L	59.0 ± 2.3jk	6.5
B-2	BTH	100.0 µmol/L	53.0 ± 1.8hj	16.0
B-3	BTH	500.0 µmol/L	48.7 ± 2.2fg	22.8

续表

处理组别	诱导因子	浓度	病情指数	相对防效 /%
B–4	BTH	1.0 mmol/L	53.6 ± 1.0hi	15.1
C–1	COS	10.0 μg/L	61.8 ± 2.4kl	2.0
C–2	COS	50.0 μg/L	44.1 ± 1.3de	30.1
C–3	COS	100.0 μg/L	54.8 ± 1.4hi	13.2
C–4	COS	1.0 mg/L	59.0 ± 2.3jk	6.6
P–1	PQQ	0.5 μmol/L	45.6 ± 0.4ef	27.8
P–2	PQQ	2.0 μmol/L	30.9 ± 2.6a	51.0
P–3	PQQ	8.0 μmol/L	41.7 ± 1.1cd	33.9
P–4	PQQ	20.0 μmol/L	54.9 ± 1.1hi	13.0
Q–1	前胡提取液	稀释 200 倍	62.2 ± 1.5kl	1.5
Q–2	前胡提取液	稀释 100 倍	40.3 ± 0.9c	36.2
Q–3	前胡提取液	稀释 50 倍	50.9 ± 2.0gh	19.4
Q–4	前胡提取液	稀释 25 倍	56.0 ± 1.3ij	11.3
J–1	翠倍加	稀释 500 倍	55.7 ± 0.3ij	11.7
J–2	翠倍加	稀释 400 倍	48.6 ± 1.5fg	23.0
J–3	翠倍加	稀释 300 倍	52.3 ± 1.4ghi	17.0
J–4	翠倍加	稀释 200 倍	60.0 ± 1.4kl	4.9
Y–1	益农	稀释 500 倍	59.6 ± 1.0kl	5.6
Y–2	益农	稀释 400 倍	51.8 ± 1.8ghi	17.9
Y–3	益农	稀释 300 倍	41.5 ± 1.9cd	34.2
Y–4	益农	稀释 200 倍	48.6 ± 0.9fg	23.0
CK	CK	—	63.1 ± 1.9l	—
JG	井冈霉素	2.5 mg/mL	33.9 ± 2.0b	46.3

注：表中同列数据后不同小写字母表示差异显著（α=0.05）。

不同诱导因子均存在最适浓度处理。BTH 最适处理浓度为 500.0 μmol/L，COS 最适处理浓度为 50.0 μg/L，PQQ 最适处理浓度为 2.0 μmol/L，前胡提取液最适处理浓度为稀释 100 倍，益农最适处理浓度为稀释 400 倍，翠倍加最适处理浓度为稀释 300 倍。不同诱导因子最适浓度处理间相对防效存在差异（图 3–46），最适处理浓度相对防效最低的诱导因子为 BTH 和益农，相对防效分别为 22.8% 和 23.1%；前胡提取液、翠倍加和 COS 最适处理浓度的相对防效分别为 36.2%、34.2% 和 30.1%，而 PQQ 最适处理浓度的相对防效达到 51.0%，远远高于其他诱导因子的相对防效，同时显著（$p<0.01$）优于对照井冈霉素的相对防效。表明 PQQ 为最佳诱导因子。

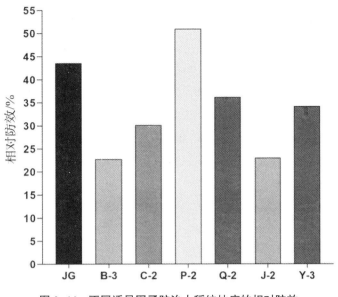

图 3-46　不同诱导因子防治水稻纹枯病的相对防效

注：（JG）井冈霉素；（B-3）BTH 500.0 μmol/L；（C-2）COS 50.0 μg/L；（P-2）PQQ 2.0 μmol/L；（Q-2）前胡提取液稀释 100 倍；（J-2）翠倍加稀释 400 倍；（Y-3）益农稀释 300 倍。

（2）PQQ 对纹枯病菌菌丝和菌核的影响。通过不同浓度 PQQ 处理纹枯病菌发现 PQQ 对纹枯病菌生长没有抑制作用（图 3-47）。在不同浓度 PQQ 处理 24 h 后，浓度 2.0 μmol/L、4.0 μmol/L、8.0 μmol/L 处理的菌丝生长直径均大于空白处理，但与空白无显著性差异；处理 48 h 后，浓度 2.0 μmol/L、4.0 μmol/L、8.0 μmol/L 处理的菌丝生长直径均大于空白处理，并且与空白呈显著性差异（$p < 0.05$），说明 PQQ 对水稻纹枯病菌菌丝生长没有抑制作用，在高浓度处理下甚至会促进菌丝生长。在处理 1 中不同浓度 PQQ 诱导后的菌核萌发 24 h 后菌丝直径均大于空白，但不存在显著性差异，萌发 48 h 后同样不存在显著性差异，说明经 PQQ 处理后的水稻纹枯病菌菌核可以正常萌发。表明 PQQ 对水稻纹枯病菌菌丝和菌核没有抑制作用，PQQ 可能是直接作用于水稻，诱导水稻对纹枯病抗性，激发水稻自身免疫系统，提高水稻抗逆性，从而减轻水稻纹枯病的发生。

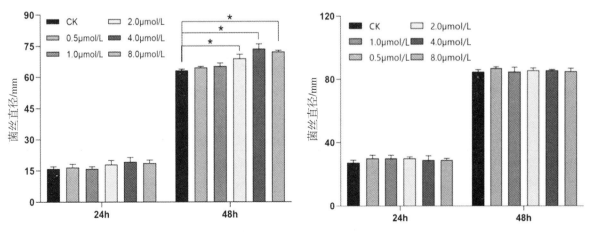

图 3-47　不同 PQQ 浓度对水稻纹枯病菌菌丝生长和菌核萌发的影响

257

（3）PQQ 诱导方式对诱导效果的影响。三种诱导方式均可降低水稻纹枯病的发生（表 3–221），其中以 3 叶 1 心期地上部喷施 PQQ 的诱导方式防治效果最好，浸种次之，浸根效果最差，不同诱导方式处理间差异达到极显著水平（$p<0.01$）。诱导方式和处理浓度之间并无交互作用，影响病情指数的主因为诱导方式，浓度处理影响较小。从图 3–48 可以看出三种诱导方式的病情指数随浓度变化趋势一致，随着浓度升高病情指数明显降低，2.0 μmol/L 时病情指数达到最低，浓度继续增加病情指数呈升高趋势。其中浸种和喷施处理的最佳浓度均为 2.0 μmol/L，浸种处理的病情指数为 35.55，相对防效为 43.68%；喷施处理的病情指数为 31.86，相对防效达到了 49.57%。而浸根处理浓度间没有显著性差异，病情指数最低的处理浓度为 4.0 μmol/L，相对防效为 17.91%。表明 PQQ 最适的诱导方式为喷施，最适喷施浓度为 2.0 μmol/L。

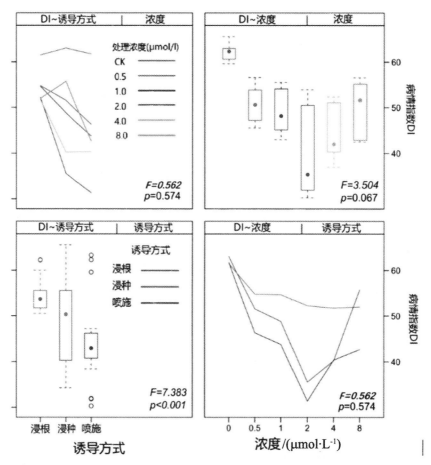

图 3–48　不同诱导方式和不同浓度对病情指数的影响

表 3–221　PQQ 不同诱导方式对水稻纹枯病防治效果

诱导方式	浓度	病情指数	相对防效 /%	平均病情指数	平均相对防效 /%
浸种	0.5 μmol/L	51.6 ± 2.0gh	18.2	46.4 ± 1.1b	26.4
浸种	1.0 μmol/L	48.8 ± 1.4fg	22.6		
浸种	2.0 μmol/L	35.6 ± 1.4b	43.6		
浸种	4.0 μmol/L	40.2 ± 3.2c	36.2		

续表

诱导方式	浓度	病情指数	相对防效 /%	平均病情指数	平均相对防效 /%
浸种	8.0 μmol/L	55.8 ± 0.7i	11.5		
浸根	0.5 μmol/L	54.8 ± 1.6hi	13.1	53.1 ± 0.4c	15.8
浸根	1.0 μmol/L	54.7 ± 0.8hi	13.3		
浸根	2.0 μmol/L	52.3 ± 1.2ghi	17.1		
浸根	4.0 μmol/L	51.8 ± 0.6gh	17.9		
浸根	8.0 μmol/L	52.0 ± 1.2gh	17.5		
喷施	0.5 μmol/L	46.3 ± 0.8ef	26.5	41.0 ± 0.6a	35.0
喷施	1.0 μmol/L	43.8 ± 1.2de	30.6		
喷施	2.0 μmol/L	31.9 ± 1.5a	49.5		
喷施	4.0 μmol/L	42.7 ± 0.2cd	32.3		
喷施	8.0 μmol/L	40.4 ± 1.8c	35.9		
CK	—	63.0 ± 2.5j	—	—	—

注：表中同列数据后不同小写字母表示差异显著（$\alpha=0.05$）。

不同诱导时间处理下，诱导 48 h、72 h、96 h、120 h、144 h 后的水稻病情指数均低于空白对照（图 3–49），其中 48 h、72 h、96 h、120 h、144 h 的处理病情指数均显著（$p<0.05$）低于空白对照。说明 PQQ 诱导水稻对纹枯病抗性能持续 144 h 以上。病情指数随诱导时间的增加呈先降后升的趋势。PQQ 喷施 24 h 后相对防效几乎为 0，随着诱导时间增加，病情指数逐渐降低，处理 72 h 后病情指数最低，相对防效达到 50% 以上，喷施 96h 后病情指数逐渐上升。表明 PQQ 需要一定时间才能诱导水稻产生纹枯病抗性，并且存在最佳的诱导时间，PQQ 诱导处理 72 h 水稻纹枯病防治效果最好。

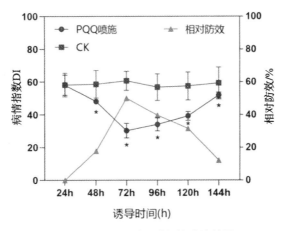

图 3–49 不同诱导时间的防治效果

（四）讨论

对比喷施、浸种、浸根三种诱导方式，发现 PQQ 最优的诱导方式为叶面喷施，浸种次之，浸根处理效果并不显著。本研究也发现浸种处理的水稻种子较对照发芽率更高且抗病性更好，浸种处理最高防效可达 43.0% 以上。喷施与浸种处理均有较好的防治效果,如同时对水稻进行喷施与浸种处理,是否具有更好的防治效果,还需要进一步试验。研究发现不同诱导时间处理间的防治效果存在差异,PQQ 诱导处理 24 h 的相对防效几乎为 0,本试验证实 PQQ 至少需要 24 h 才能够激发水稻自身的防卫机制,并在 72 h 达到高峰。这表明诱导因子诱导植物抗性不会在处理后立刻表达,需要 24 h 以上或更长时间才能诱导植物表达抗病性。

三、稻田杂草绿色防控技术攻关

(一)淹水对直播稻田主要杂草的防控作用研究

水稻直播作为一种劳动力节约型的栽培方式,推广应用面积不断扩大。但草害趋重,已成为直播水稻优质高产的主要障碍因子。本研究结合培养皿及盆栽试验生测,探索了盐碱胁迫、淹水深度及种子漂浮等水分因素对直播稻田主要优势种杂草萌发出苗的影响。

1. 试验方法

(1)杂草种子在不同盐碱条件下的萌发试验:选取饱满的露白杂草种子各 100 粒,采用培养皿滤纸培养法,设置 Na_2SO_4 溶液 25 mmol/L、50 mmol/L、100 mmol/L、200 mmol/L、400 mmol/L 共 5 个浓度梯度处理组,分别加入 10 mL 的处理液,对照组为蒸馏水,重复 5 次,置于白天 32℃、黑夜 28℃、12 h/12 h(L/D)光照,光强为 12000 lx 的光照培养箱中培养,7 d 后统计其萌发状况。

(2)杂草种子在不同淹水深度条件下的萌发试验:室内模拟试验在湖南农业科学院内进行,试验用土:由泥土与砂土按 2:1 混匀而成。将各杂草种子播撒于塑料盆(直径为 15 cm,深 10 cm),分别为设置淹水高度为 0 cm、0.5 cm、1 cm、2 cm、4 cm,每个处理重复 5 次,置于白天 32℃、黑夜 28℃、12 h/12 h(L/D)光照,光强为 12000 lx 的光照培养箱中培养,播种后每天适时补充水分,7 d 后分别统计观察种子出苗率情况。未播种的土壤未发现种子萌发,排除其他杂草干扰实验结果。

(3)漂浮沉降的杂草种子萌发特性试验:在直径 13 cm、高 15 cm 的圆柱形塑料容器中,加入 5 cm 深的清水,放入已挑选的 100 粒杂草种子,每隔 8 h 观察、记录上浮和下沉的种子数目,连续观察 2 d 后,并对其发芽率进行测定,重复 5 次,记录其萌发情况。

2. 试验结果

(1)不同盐碱条件下杂草种子的萌发特性。在 Na_2SO_4 处理下,杂草发芽率、发芽势均随盐分浓度增加而下降,在低浓度 0 ~ 25 mmol/L 盐浓度范围,各杂草发芽率不存在显著差异;400 mmol/L 条件下千金子的萌发抑制率最高,马唐和稗草其次,分别为 57.24%、32.65%、37.20%。此外,从芽长和根长可以看出,各杂草对 Na_2SO_4 胁迫表现出"低促高抑"的现象。在 25 mmol/L 盐浓度处理下,稗草和马唐、千金子相对于对照组分别增加了 15.30%、2.32%、4.99%。浓度为 400 mmol/L 时,稗草和马唐、千金子相对于对照组的抑制率分别为 63.53%、55.81%、89.56%,各杂草对盐碱胁迫处理的敏感度由大到小为千金子 > 马唐 > 稗草(表 3–222)。

表 3–222　不同浓度 Na_2SO_4 胁迫对杂草萌发出苗的影响

杂草	Na_2SO_4/(mmol·L^{-1})	发芽率 /%	发芽势 /%	胚芽长 /cm	胚根长 /cm
稗草	0(CK)	97.67 ± 1.20a	44.67 ± 1.76a	2.83 ± 0.20ab	2.17 ± 0.12a
	25	93.67 ± 1.76ab	43.00 ± 1.53ab	3.27 ± 0.12a	2.13 ± 0.20a

续表

杂草	Na₂SO₄/（mmol·L⁻¹）	发芽率 /%	发芽势 /%	胚芽长 /cm	胚根长 /cm
	50	89.67 ± 2.02bc	38.33 ± 1.45b	2.80 ± 0.12b	1.70 ± 0.12ab
	100	83.67 ± 2.33c	30.33 ± 0.88c	2.67 ± 0.12c	1.47 ± 0.23bc
	200	74.33 ± 2.03d	20.33 ± 1.76d	1.93 ± 0.19c	1.03 ± 0.09cd
	400	61.33 ± 2.40e	15.00 ± 2.31e	1.03 ± 0.09d	0.63 ± 0.09d
	0（CK）	98.00 ± 1.58a	39.33 ± 1.45a	2.87 ± 0.15a	1.57 ± 1.19c
	25	93.00 ± 2.08ab	33.33 ± 1.45b	2.93 ± 0.20a	2.40 ± 2.87b
马唐	50	86.67 ± 3.28b	31.67 ± 1.76b	3.10 ± 0.12a	2.50 ± 0.15b
	100	79.33 ± 1.45c	30.67 ± 1.86b	2.23 ± 0.15b	2.93 ± 0.13a
	200	72.00 ± 2.65d	20.67 ± 2.03c	1.97 ± 0.12b	2.37 ± 0.09b
	400	66.00 ± 2.31d	13.67 ± 1.86d	1.27 ± 0.12c	0.97 ± 0.08d
	0（CK）	96.67 ± 0.67a	36.33 ± 1.20a	0.67 ± 0.09a	0.33 ± 0.33b
	25	93.33 ± 145a	34.33 ± 1.76a	0.70 ± 0.12a	0.47 ± 0.07a
千金子	50	85.00 ± 2.65b	31.67 ± 1.76a	0.50 ± 0.04a	0.27 ± 0.03b
	100	77.33 ± 3.18b	24.67 ± 2.03b	0.27 ± 0.03b	0.13 ± 0.03c
	200	56.33 ± 3.53c	21.67 ± 2.60b	0.17 ± 0.03b	0.10 ± 0.02c
	400	41.33 ± 2.40d	11.67 ± 1.76c	0.07 ± 0.03b	0.07 ± 0.03c

注：表中同列小写字母表示差异显著（$p < 0.05$）。

（2）不同淹水深度条件下杂草种子的萌发特性。田间保水是抑制杂草种子萌发的一种有效措施。试验结果表明，相比稗草而言，淹水深度对马唐、千金子的萌发存在更大的影响（图3-50）。随着淹水深度的增加，3种杂草的出苗率都逐渐降低。当无积水时，各杂草种子均保持着较高的发芽率，基本都达到了90%以上的出苗水平。随着淹水高度逐渐增大，千金子和马唐种子的萌发率开始出现大幅度下降，降幅达到35%～55%左右。最后，当淹水高度达到4 cm时，马唐和千金子的出苗率均小于10%，即使有少数萌发也不能继续生长。而稗草依然能够出苗，且发芽率仍能达70%以上，生长受影响小。

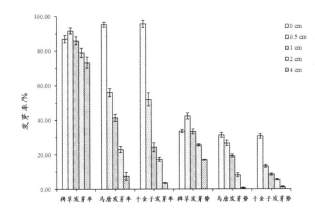
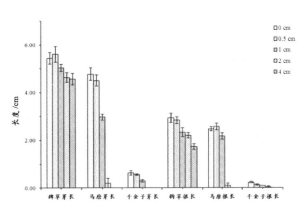

图3-50 不同淹水深度对杂草萌发（左）和生长（右）的影响

（3）漂浮沉降的杂草种子萌发特性研究。不同杂草种子由于自身的漂浮特性差异导致一定时间内下沉降量的差异。图 3-51 表明，各杂草漂浮种子量均随时间延长而降低，且稗草的沉降率一直高于马唐和千金子，24 h 后种子沉降率急剧上升，时间达到 48 h 时，稗草、马唐、千金子的沉降率相比前一天分别增加了 118%、182%、269%。从图 3-52 可知，漂浮种子的萌发率明显低于沉降种子，且各杂草沉降种子的发芽率均高于 90%。

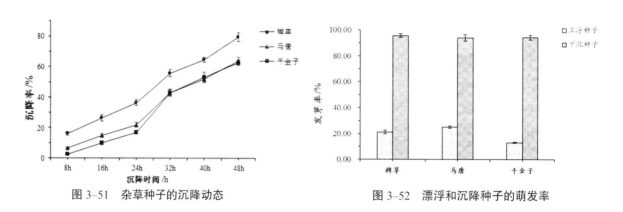

图 3-51　杂草种子的沉降动态　　　　　　图 3-52　漂浮和沉降种子的萌发率

3.试验结论

（1）盐碱胁迫杂草的萌发出苗呈现低浓度促进，高浓度抑制的规律趋势。

（2）杂草对淹水的敏感度由大到小为千金子＞马唐＞稗草，水深 4 cm 时，马唐和千金子的萌发出苗几乎完全被抑制。

（3）各杂草漂浮种子量均随时间延长而降低，种子沉降率在 24 h 后会急剧增加，且沉降的种子萌发率显著大于漂浮种子的萌发率。本研究通过室内模拟试验研究水分因素对直播稻田主要优势种杂草萌发出苗的影响，可为直播稻田杂草生态防控策略提供参考依据。

（二）有机控草肥制备及其杂草防控效果

以含有对稗草、千金子、鸭舌草等杂草生长具有广谱抑制能力的化感活性物质植物材料：小飞蓬和龙葵为堆肥原料，添加辅料和腐熟菌腐熟，合理搭配杂草致病菌，制成化感控草功能有机肥。

1.试验方法

（1）堆肥腐熟菌筛选：从有机肥堆体中取样，分别取 10 g 采集到的样品，放入装有 100 mL 无菌水的三角瓶中，在摇床上 180 r/min 振荡 30 min，做系列梯度稀释，取稀释液涂布在 LB 培养基中，于 50℃恒温培养 24 h，挑取长势较快的细菌纯化至新的 LB 平板中保藏。通过降解透明圈及酶活测定的方法，在功能有机肥原有工艺的基础上筛选更加高效的堆肥腐熟菌种。测定酶活包括 α – 淀粉酶活（DNS 法）、中性蛋白酶活（QBGB23527—2009）、纤维素酶活（QB2583—2003）。

（2）有机控草肥制备及堆肥品质判定：添加辅料和腐熟菌腐熟，合理搭配杂草致病菌，制成化感控草功能有机肥。测定堆肥进程中堆体温度和 pH 变化及有机质、全氮、磷、钾和腐殖质含量。

（3）有机控草肥对稗草和水稻幼苗生长影响测定：以蒸馏水浸提溶剂对不同堆肥时间有机控草肥样品进行浸提。筛选饱满的稗草和水稻种子（稗草和水稻种子两天发芽率分别达 80% 和 90%），以琼脂为生长基质在塑料杯中播种水稻和稗草种子。添加 250 mL 不同浓度或不同堆肥时间的控草肥提取液，在培养过程中保持种子淹水高度为 5 cm。水稻和稗草在 14 h 光照强度为 100 μmoL/（m² · s），温度为

30℃条件下和10 h黑暗，温度为27℃条件下培养一定时间后，测定幼苗株高、根长及株鲜重（水稻株鲜重统计时去除种壳的重量）。

（4）有机控草肥大田除草实验方法：田间实验采用随机区组设计，实验包括空白对照处理（施用常规肥料作为基肥，施肥种类为复合肥，其用量与本地农业生产实践一致）、除草剂/普通有机肥对照处理及控草肥，每组处理包括4个重复，小区面积为20 m²。试验田第二次翻耕、平田后立即制作试验小区。试验按设定小区做区埂，要求区埂高15～20 cm，区埂宽15～20 cm，并用不渗水黑色塑料薄膜覆盖区埂，以保证小区之间不相互渗漏。试验小区不共区埂，确保各小区独立排灌、不窜排灌。做小区区埂后，人工平整小区，小区内水平落差3 cm内。所有处理组进行淹水处理并定期补水，保持淹水高度为3～5 cm，保水时间为15 d。水稻移栽前进行平田，除去田间已有稗草等杂草。稻移栽采用抛秧方式，移栽2 d后施用控草肥。

2. 试验结果

（1）堆肥腐熟菌筛选。从自然堆肥中分离纯化菌株并点种于淀粉、蛋白及纤维素筛选培养基上，选择菌落较大、降解透明圈明显的细菌作为初筛腐熟菌株。采用牛津杯法测定候选腐熟菌在筛选培养基上产生的降解透明圈直径，部分结果如表3-223所示。

表3-223 腐熟菌株对淀粉、蛋白和纤维素的降解效果

菌株	淀粉		蛋白质		纤维素	
	降解圈/cm	酶活 A/（U·mL⁻¹）	降解圈/cm	酶活 B/（U·mL⁻¹）	降解圈/cm	酶活 C/（U·mL⁻¹）
N1–3	2.78 ± 0.04d	28.53 ± 4.69e	3.25 ± 0.44b	210.78 ± 43.52e	3.02 ± 0.07c	64.28 ± 7.34d
N1–6	3.64 ± 0.30b	146.34 ± 15.36ab	3.55 ± 0.32b	510.09 ± 44.58c	4.15 ± 0.39a	215.86 ± 15.64a
N1–32	3.34 ± 0.32bc	127.34 ± 10.11b	3.86 ± 0.43ab	655.78 ± 56.31b	3.07 ± 0.29c	77.07 ± 6.74d
N1–35	4.25 ± 0.18a	170.88 ± 10.76a	4.22 ± 0.38a	978.34 ± 77.53a	4.20 ± 0.34a	204.13 ± 19.79a
N1–39	2.90 ± 0.15d	57.69 ± 6.44d	3.43 ± 0.53b	440.79 ± 39.90d	4.34 ± 0.47a	211.46 ± 17.55a
N3–7	3.04 ± 0.19c	77.34 ± 8.38c	3.46 ± 0.31b	337.10 ± 35.52d	3.27 ± 0.42bc	124.34 ± 10.89c
N7–3	2.72 ± 0.17d	29.62 ± 3.79e	3.32 ± 0.35b	210.07 ± 38.58e	3.47 ± 0.30b	157.34 ± 12.49b

注：A 为 α-淀粉酶活，B 为中性蛋白酶活，C 为纤维素酶活。不同的小写字母表示在 $p < 0.05$ 水平差异显著。

候选腐熟菌N1-6和N1-35对淀粉、蛋白和纤维素的降解能力较强，且在培养基上菌落较大，其繁殖能力强，因此选择N1-6和N1-35为堆肥接种腐熟菌。通过菌落观察、生理生化实验和16S rDNA序列分析，腐熟菌N1-6被鉴定为枯草芽孢杆菌（Bacillus subtilis），腐熟菌N1-35被鉴定为解淀粉芽孢杆菌（Bacillus amyloliquefaciens）。

（2）有机控草肥制备及堆肥品质判定。控草肥堆肥过程中温度变化如图3-53所示。在环境温度较高的条件下和保温效果好的密闭箱式堆肥装置中，自然堆肥也能完成堆肥过程。接种腐熟菌剂（T1处理）能促进堆肥快速升温，堆肥达到高温阶段（50℃及以上）仅需1 d，而自然堆肥需2.5 d；T1处理的高温期持续时间为13 d，而自然堆肥为6 d，接种腐熟菌剂处理使得堆肥高温持续时间更长，有机质降解程度更高。此外，T1处理组堆肥最高温度为74.4℃，高于CK组的最高温度（65.4℃），堆肥中病原菌、昆虫卵和杂草种子被灭杀得更彻底。

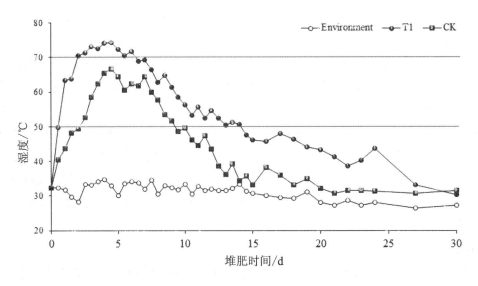

图 3–53　堆肥过程中不同处理温度的变化

堆肥初始含水量为 76.1%，符合堆肥要求（30% ~ 80% 之间）。在堆肥前期（0 ~ 6 d），堆体水分损失较少，在高温期堆肥水分快速蒸发。堆肥时间为第 6 ~ 21 d 时，堆体含水率显著下降。堆肥进入腐熟期后（21 ~ 30 d），水分蒸发速度变慢，堆肥时间为 21 d 时堆体含水率为 54.7%；堆肥时间为 30 d 时堆肥体含水率为 55.6%，而农业行业标准 NY 525—2012》规定有机肥料含水率应不超过 30%，因此堆肥结束后还应对控草肥进行干燥等处理以便应用。堆肥初始 pH 为 6.31，此时偏酸性的环境利于腐熟微生物的生长（图 3–54）。在堆肥前期（0 ~ 6 d），蛋白质分解产生大量氨离子，导致堆肥 pH 值迅速升高；且在高 pH 条件下，堆肥氮素流失加剧；肥料中的氮素含量是影响其肥力的重要因素，氮素的大量流失会降低有机肥品质。堆肥 6 ~ 15 d 时 pH 快速下降；当堆肥进入降温阶段，氨气释放速度变慢，堆体 pH 先升高后下降；堆肥时间为 21 d，控草肥 pH 值趋于稳定且低于 8，堆肥时间为 21 d 和 30 d 时，控草肥 pH 分别为 7.67 和 7.33，均符合有机肥料行业标准 NY 525—2012。

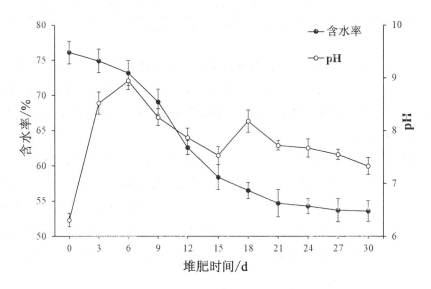

图 3–54　堆肥过程中含水率和 pH 的变化

堆肥样品中有机质和总氮含量的变化是反应堆肥进程和有机肥品质的重要指标。堆肥原料初始有机质含量占干重的 82.10%，有机碳含量为 47.40%，总氮含量占 1.78%，碳氮比为 26.63（图 3–55）。在整个堆肥周期内，随着堆肥有机质含量呈下降趋势，在堆肥初始阶段（0 ~ 3 d），微生物主要分解易腐有机质进行增殖，堆肥有机质有一定减少；在堆肥高温期（3 ~ 12 d），微生物降解速度加快，有机质含量迅速降低；在堆肥腐熟期（21 ~ 30 d），有机质含量变化趋于稳定，堆肥时间为 21 d 和 30 d 时，有机质含量分别为 74.65% 和 71.88%（干重）。堆肥过程中有机质分解造成堆肥总质量下降，其单位质量的总氮含量反而会升高。堆肥高温期（3 ~ 15 d）总氮含量增加较快，腐熟期（21 ~ 30 d）堆肥总氮含量变化趋于稳定，堆肥时间为 21 和 30 d 时，控草肥总氮含量分别为 2.85% 和 3.21%（干重）。

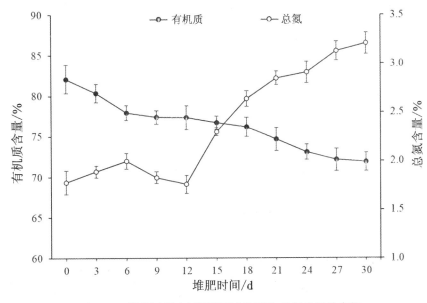

图 3–55　堆肥过程中不同处理有机质和总氮含量的变化

在堆肥过程中，有机质被分解，堆肥干物质量减少，磷和钾含量在干重中的占比增加（表 3–224）。堆肥时间为 21 d 时，控草肥样品中总磷、总钾和总养分含量分别为 2.23%、5.79% 和 10.87%，堆肥时间为 30 d 时，控草肥样品上述指标得值分别为 2.37%、5.94% 和 11.87%。堆肥时间为 21 d 和 30 d 时，控草肥总养分含量远远超过 5%，符合有机肥农业标准 NY 525—2012。

表 3–224　有机控草肥总磷和总钾含量

Composting time	Total P（P_2O_5）/%	Total K（K_2O）/%	Total nutrient（N+ P_2O_5+K_2O）/%
0 d	1.24 ± 0.03	3.09 ± 0.08	5.91
21 d	2.23 ± 0.14	5.79 ± 0.26	10.87
30 d	2.37 ± 0.15	5.94 ± 0.40	11.52

腐殖质是农业生产中常用的植物生长促进剂和肥料，主要包括黄腐酸和黑腐酸，能够促进植物生长，提高作物产量，是形成有机肥肥效的重要因素，堆肥过程中腐殖酸含量变化测定结果如图 3–56 所示。有机控草肥经过堆肥化处理，腐殖质被大量合成，有机肥品质得到提升。堆肥时间为 21 d 时，控草肥

中黄腐酸、黑腐酸和腐殖质含量分别为 10.28%、21.37% 和 31.65%;堆肥时间为 30 d 时,控草肥中黄腐酸、黑腐酸和腐殖质含量分别为 8.50%,24.47% 和 32.97%。堆肥时间为 21 d 和 30 d 时,控草肥腐殖质聚合度（DP 值）分别达 2.08 和 2.88,堆肥达到腐熟。

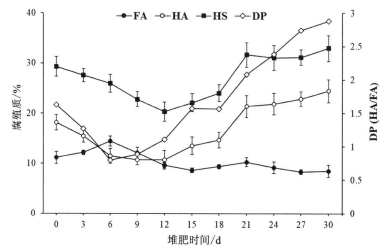

FA：黄腐酸；HA：黑腐酸；HS：腐殖质；DP：腐殖质聚合度。

图 3-56　堆肥过程中腐殖质含量及腐殖质聚合度的变化

（3）有机控草肥对水稻和稗草幼苗生长的影响。由图 3-57 可知，在堆肥第 3 d 时，控草肥对稗草幼苗生长的抑制效果最强，对株高、根长和株鲜重的抑制率分别为 65.52%，96.21% 和 51.14%。而在堆肥腐熟阶段（21 ～ 30 d），堆肥第 21 d 时控草肥稗草幼苗生长的抑制作用最为显著，对株高、根长和株鲜重的抑制率分别为 52.88%、86.20% 和 43.75%，因此控草肥堆肥制备的堆肥周期选择为 21 d。

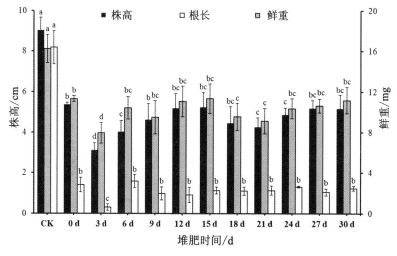

同一生测指标内小写字母相同表示在 $p < 0.05$ 水平差异不显著。

图 3-57　不同堆肥时间有机控草肥对稗草幼苗生长的影响

由图 3-58 可知，控草肥水提液浓度为 5 g/L 和 10 g/L 时，稗草幼苗生长被显著抑制；浓度为 15 g/

L 和 20 g/L 时，稗草幼苗几乎不能生长。在 5 g/L 控草肥处理下，稗草株高、根长和株鲜重分别为 4.14 ± 0.48 cm，1.27 ± 0.32 cm 和 9.07 ± 0.59 mg，与对照组相比分别降低了 48.19%，83.11% 和 42.34%。控草肥水提液浓度为 5 g/L，即田间用量 150 kg/ 亩（含水量 30%）时，稗草幼苗生长受到显著抑制，且稗草后续生长速度缓慢。通过降低稗草生长势，使其无法与水稻形成有效竞争，能有效控制田间稗草发生，保障水稻生产。

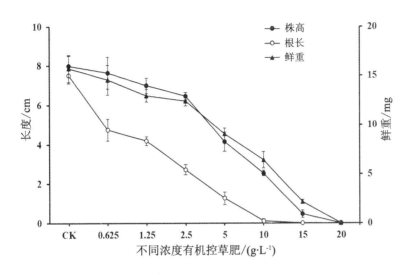

图 3-58　不同浓度有机控草肥对稗草幼苗生长的影响

由图 3-59 可知，在种子播种后第 0 ～ 4 d，添加控草肥水取液对水稻幼苗生长具有显著抑制效果。其中播种后第 2 d，控草肥水提液的添加对水稻幼苗的抑制作用较为显著，水稻幼苗的株高、根长和株鲜重与对照组相比分别下降了 68.10%，89.64% 和 72.40%（去除种子的重量）。播种后第 6 d 添加控草肥水提液，水稻幼苗生长受到显著抑制；而播种后第 8 d 添加控草肥水提液，水稻幼苗生长未受到显著影响；播种后第 10 d 添加控草肥水提液，水稻幼苗生长被显著促进，其株高和株鲜重与对照相比分别提高了 40.68% 和 31.09%，而根生未受显著影响。有机控草肥对稗草和水稻幼苗的生长影响相似，在种子播种后 0 ～ 6 d 添加控草肥水提液（5 g/L），稗草的生长受到显著抑制。播种后第 2 d 添加控草肥水提液，稗草幼苗的生长被显著抑制，其株高、根长和株鲜重与对照组相比分别下降了 53.42%，84.20% 和 46.54%；而播种后第 10 d 添加控草肥水提液，稗草幼苗生长被促进。在淹水条件下，有机控草肥（5 g/L）在水稻和稗草播种后 0 ～ 6 d 施用对幼苗生长具有显著抑制效果，而水稻和稗草生长 10 d 后，施用控草肥能促进幼苗生长。在田间实际应用中，水稻移栽前会在育苗田中前生长一段时间，施用控草肥能促进此阶段水稻的生长；而此时稗草处于未发芽或刚发芽的状态，控草肥能够抑制正处于幼苗阶段的稗草生长，从而减少杂草对水稻作物的危害。因此，本研究所制得的控草肥具有在移栽稻田中进行稗草防除应用的潜力。

（4）有机控草肥大田除草效果。2017 年高桥镇晚稻移栽田控草肥稗草防控实验结果如表 3-225 所示。水稻移栽 2 d 后施用控草肥，经目测观察：控草肥对水稻无明显药害。施用量为 150 ～ 200 Kg/ 亩时，控草肥能够有效防控稗草发生；与空白对照组相比，施用 35 d 后其对稗草的平均株防效达 70% 以上，施用量为 150 Kg/ 亩时，控草肥对稗草的平均株防效达 82.36%。

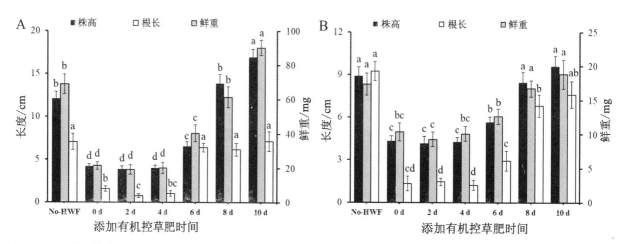

注：HWF：有机控草肥。No-HWF：不添加有机控草肥。A：有机控草肥对水稻幼苗生长的影响。B：有机控草肥对稗草幼苗生长的影响。同一生测指标内小写字母相同表示在 $p < 0.05$ 水平差异不显著。

图 3-59   不同添加时间有机控草肥对水稻和稗草幼苗生长的影响

表 3-225   控草肥对移栽田稗草的防除效果（晚稻，高桥，2017）

控草肥每亩用量 /kg	施用 7 d 株防效 /%	施用 14 d 株防效 /%	施用 35 d 株防效 /%
75	52.33	60.38	45.32
100	73.18	65.17	56.17
125	86.17	78.89	71.18
150	93.63	87.78	82.36
200	97.30	91.11	88.64

2018 年春华镇中稻移栽田控草肥稗草防控实验结果与 2017 年高桥镇晚稻实验结果一致（表 3-226），在淹水条件下，田间施用量为 150 ~ 200 kg/ 亩时，控草肥有效降低稗草发生；与空白对照组相比，施用量为 150 kg/ 亩时，控草肥在施用 35 d 后对稗草的平均株防效达 80.18%。

表 3-226   控草肥对移栽田稗草的防除效果（中稻，春华，2018）

控草肥用量 /（kg·亩⁻¹）	施用 7 d 株防效 /%	施用 14 d 株防效 /%	施用 35 d 株防效 /%
75	56.48	66.72	35.60
100	75.46	69.49	47.56
125	82.43	85.05	68.54
150	90.07	91.61	80.18
200	95.25	95.63	83.93

2018 年春华镇晚稻移栽田控草肥稗草防控实验结果如表 3-227 所示。除草剂为吡嘧磺隆，每亩用 10% 可湿性粉剂 15 ~ 30 g 拌毒土撒施。除草剂处理对稗草的平均株防效达 97.36%，控草肥施用量为 150 kg/ 亩时能有效控制稗草发生，其平均株防效达 77.39%。

表 3-227 控草肥对移栽田稗草的防除效果（晚稻，春华，2018） %

实验处理	施用 7 d 株防效	施用 14 d 株防效	施用 35 d 株防效
除草剂（吡密磺隆）	95.36	98.32	97.36
控草肥（150 kg/亩）	88.32	90.08	77.39

3. 研究结论

本研究制成的生物控草肥采用特殊的纯植物源有机物为原料，加入具有除草功能的微生物菌种和"异株克草"植物原材料，经高温发酵而成的一种全新的、功能性的有机肥。产品由纯植物源材料生产，质量符合农业部 NY525—2012 标准，其微生物活菌数、重金属限量指标均达标，是一种无抗菌素残留，无毒无害，绿色安全的有机肥。通过田间保水和施用生物控草肥对移栽田进行杂草综合防控，可以降低稗草对水稻产量的危害，增加土壤肥力，从而保证水稻产量，为稗草防控提供非化学的绿色防控方法。

（三）黄腐酸调控稗草生长的生理机制和联合组学分析

在高浓度条件下，黄腐酸能够显著抑制稗草幼苗的生长，具有稻田稗草绿色防控的应用潜力。黄腐酸可以通过影响植物抗氧化酶的合成，进而影响植物消除氧化应激反应所产生的活性氧，调控环境胁迫下植物的生长发育，实验通过测定解毒酶和抗氧化酶活力对不同浓度黄腐酸处理影响稗草的生理机制进行研究。在此基础上，通过不同浓度黄腐酸处理下稗草代谢组学和转录组学联合分析，探究黄腐酸调控稗草幼苗生长的潜在机制。

1. 试验方法

（1）总蛋白含量及酶活测定 稗草幼苗在淹水条件下生长 6 d 或 10 d 后添加纯品黄腐酸，在黄腐酸环境中培养 2 d 后，收集对照组（CK, 0 g/L），低浓度组（LF, 0.02 g/L）和高浓度组（HF, 0.80 g/L）的稗草茎叶部分进行总蛋白含量及酶活测定，每个处理组包括三次生物学重复。取一定量稗草茎叶样品减碎，加入液氮进行研磨，然后用生理盐水稀释 10 倍或 100 倍，测定总蛋白含量及谷胱甘肽巯基转移酶（Glutathione S-transferase, GSTs），超氧化物歧化酶（superoxide dismutase, SOD）、过氧化物酶（peroxidase, POD）和过氧化氢酶（catalase, CAT）活力。总蛋白含量检测和 GSTs、POD、SOD、CAT 酶活力检测试剂盒购自南京建成生物工程研究所。

（2）代谢组分析 稗草幼苗在淹水条件下生长 6 d 后添加黄腐酸，在黄腐酸环境中培养 2 d 后，收集对照组（CK, 0 g/L），低浓度组（LF, 0.02 g/L）和高浓度组（HF, 0.80 g/L）的稗草茎叶部分进行代谢组和转录组分析，每个处理组包括三次生物学重复。稗草茎叶样品真空冷冻干燥后；利用研磨仪将稗草茎叶样品研磨 1.5 min 至粉状；称取 0.1 g 样品粉末，溶解于 1.0 mL 70% 甲醇提取液中；将溶解后的稗草样品置于 4℃ 条件下 12 h；将提取液在转速 10, 000 g 条件下离心 10 min 后，吸取上清，用孔隙大小为 0.22 μm 的微孔滤膜进行过滤，用于液相质谱 - 质谱联用仪（LC–MS/MS）分析。通过超高效液相色谱和串联质谱进行代谢物数据采集。

基于迈维公司数据库 MWDB（metware database, https://www.metware.cn/）以及公共数据库（MassBank, http://www.massbank.jp/），根据二级谱信息对代谢物进行物质定性分析。代谢物的三重四级杆质谱定量分析通过多反应监测模式（multiple reaction monitoring，MRM）完成。在获得不同处理稗草样品的代谢物光谱分析数据后，对质谱峰的峰面积进行积分和校正。对鉴定的代谢物进行偏最小二乘判别分析（Partial least squares discriminant analysis, PLS–DA）。显著差异的代谢物以变量投影重要性指标（variable importance in projection，VIP）大于1为阈值，选择不同处理间含量倍数变化大于2或小于0.5的次级代谢物作为代谢组差异累积代谢物。

（3）转录组测序 总RNA提取的方法采用Trizol法，转录组测序需要高质量的RNA，RNA质量检测合格后才能用于cDNA文库的构建。通过琼脂糖凝胶电泳分析RNA的完整性及是否存在DNA污染；使用NanoPhotometer分光光度计检测RNA纯度（OD260/280和OD260/230）；使用Qubit 2.0荧光计对RNA浓度进行高精确度测量；使用Agilent 2100生物分析仪对RNA的完整性进行精确检测。

通过Oligo(dT)磁珠与mRNA的ployA尾结合，富集稗草mRNA，然后将富集到的mRNA随机打断。以片段化的mRNA为模版，使用6碱基随机引物，通过M-MuLV逆转录酶体系合成cDNA的第一条链。合成cDNA第一条链后用RNA酶（RNaseH）将RNA链降解，然后通过DNA polymerase I合成cDNA第二条链。对合成的双链cDNA进行纯化，将纯化后的双链cDNA进行末端修复、加A尾后将RNA-Seq测序适配器连接到两端。用AMPure XP beads筛选长度为200 bp左右的cDNA，PCR扩增后再次使用AMPure XP beads筛选和纯化PCR产物，最终获得转录组文库。

使用Qubit 2.0荧光计对构建的文库进行定量。将文库稀释至1.5 ng/μL，使用Agilent 2100生物分析仪检测文库的插入片段。当插入片段长度符合预期时，使用实时荧光定量PCR（Quantitative Real-time PCR，qRT-PCR）准确定量文库的有效浓度（有效浓度应高于2 nM）。

制备合格的文库在Illumina HiSeq平台进行测序，使用稗草基因组作为比对分析的参考序列，使用ENA（欧洲核苷酸档案，European Nucleotide Archive，GCA_90020540538）和HISAT2软件进行序列比对。

使用FPKM值（每千碱基的转录片段每百万的映射读取，fragments per kilobase of transcript per million mapped reads）对基因/转录水平进行量化，并输入DESeq2进行有生物学重复的样品组之间的差异表达分析（不能使用标准化RPKM、FPKM数据），以获得不同之间差异表达的基因集。使用Benjamini-Hochberg方法对假设检验概率值（P-value）进行多次假设检验校正，以获得错误发现率（FDR）。差异表达基因（DEGs）选择满足log2（fold change）大于等于1，P-value小于等于0.005且FDR小于0.05。利用GOseq（1.10.0）40进行基因本体论（GO）富集，利用KOBAS软件进行KEGG（京都基因与基因组百科全书，Kyoto Encyclopedia of Genes and Genomes）富集，对差异表达基因进行深入分析。

（4）转录组数据qRT-PCR验证 使用Trizol法（Magen kit，中国）提取稗草茎叶组织总RNA，使用逆转录试剂盒（PROMEGA, A2791）对RNA进行逆转录操作，使用Real Master Mix（SYBR Green）试剂盒（Vazyme，中国）和荧光定量PCR仪（BIO-RAD Qubit 2.0 USA）对稗草转录组数据进行qRT-PCR验证。相对定量数据分析使用2-ΔΔCT方法和内参基因作为参考，内参基因通过稳定性筛选后选择UBQ基因。

2. 试验结果

（1）黄腐酸对稗草幼苗GSTs和抗氧化酶活的影响。淹水条件下，低浓度黄腐酸对稗草幼苗生长有显著的促进作用，而高浓度黄腐酸对稗草幼苗生长具有较强的抑制作用。黄腐酸可能对稗草幼苗的生长具有毒害作用，并影响稗草对淹水胁迫的抗逆能力。黄腐酸对稗草幼苗GSTs和抗氧化酶活的影响结果如图3-60所示。

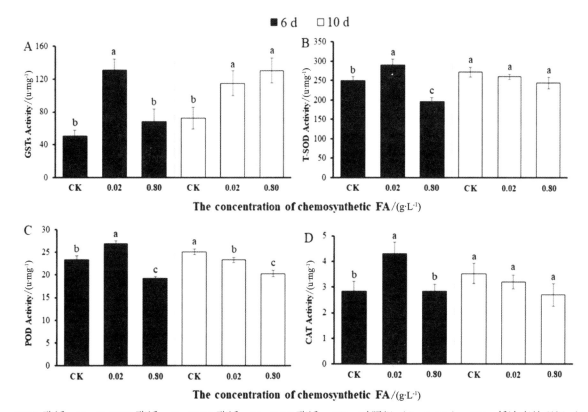

■ 6 d　□ 10 d

A：GSTs 酶活，B：T–SOD 酶活，C：POD 酶活，D：CAT 酶活。CK：对照组（0 g/L FA），LF：低浓度处理组（0.02 g/L FA），HF：高浓度处理组（0.80 g/L FA）。误差棒表示标准误差（standard error），小写字母相同表示在 $p < 0.05$ 水平差异不显著。

图 3–60　黄腐酸对稗草 GSTs 和抗氧化酶活的影响

稗草在淹水条件下生长 6 d 后添加黄腐酸溶液，在 0.02 g/L 黄腐酸处理下幼苗茎叶谷胱甘肽 S– 转移酶（GSTs）、总超氧化物歧化酶（T–SOD）、过氧化物酶（POD）和过氧化氢酶（CAT）活力被显著提高，与对照组相比分别提高了 160.73%、16.18%、15.15% 和 51.23%。与对照组相比，在 0.80 g/L 黄腐酸处理下，T–SOD 和 POD 活性显著降低（分别为 21.04% 和 17.91%），而 GSTs 和 CAT 活性无显著差异。稗草在淹水条件下生长 10 d 后再添加黄腐酸溶液，0.02 g/L 黄腐酸处理下幼苗茎叶与对照组相比 GSTs 酶活显著提高了 58.84%，而 POD 酶活力降低了 7.43%，T–SOD 和 CAT 酶活无显著变化。与对照组相比，0.8 g/L 黄腐酸处理下 GSTs 活性升高了 80.31%，POD 活性降低了 19.18%，而 T–SOD 和 CAT 活性无显著差异。

谷胱甘肽 S– 转移酶（GSTs）是谷胱甘肽结合反应的一系列关键酶，是生物体内一种主要的解毒系统，能够通过增强代谢解毒来抵抗细胞损伤。当稗草生长 10 d 后其株高超出水面，在高浓度和低浓度黄腐酸处理下，稗草 GSTs 活性增加，减弱了黄腐酸对稗草幼苗毒性的并对淹水胁迫有一定的缓解作用，稗草幼苗生长被促进。当稗草生长 6 d 后其生长并未超出水面，在低浓度黄腐酸处理下，稗草 GSTs 活性增加稗草生长受到促进；而在高浓度黄腐酸处理下，稗草体内生物过程被破坏，而 GSTs 活性与对照相比无显著差异，稗草幼苗生长被显著抑制。

稗草可以通过消除细胞中的活性氧（reactive oxygen species, ROS）抵抗厌氧胁迫，因此能够在洪水条件下生长。环境胁迫会促进植物体内 ROS 的积累，从而导致 ROS 含量失衡。ROS 的积累可能导致植物叶片严重损伤如过早衰老和凋亡，SOD、POD 和 CAT 等抗氧化酶能够消除机体 ROS，防止其诱导的氧化损伤。稗草在淹水条件下生长 6 d 后再添加黄腐酸溶液，0.02 g/L 黄腐酸处理下幼苗茎叶与对照组相比 T–SOD，POD 和 CAT 酶活被显著提高，而 0.80 g/L 黄腐酸处理下幼苗茎叶 T–SOD 和 POD 活性显著下降，CAT 活性无明显变化。当稗草生长高度低于水面（5cm）时，植物合成抗氧化酶来抵抗淹水胁迫。低浓度黄腐酸增加了稗草的抗氧化能力，从而促进其生长，而高浓度黄腐酸降低了稗草的抗氧化能力，其生长被抑制。稗草在淹水条件下生长 10 d 后再添加黄腐酸溶液，稗草生长株高超出水面，黄腐酸能缓解淹水胁迫，高浓度和低浓度黄腐酸的施用都促进稗草幼苗生长，其抗氧化酶活力反而下降。

黄腐酸处理对不同水稻品种幼苗主要酶活力的影响如图 3–61 所示。经黄腐酸（0.8 g/L）处理后，创两优 669、隆优丝苗、隆晶优 534、金谷优 3301 四个水稻品种的 CAT、POD、GST 和 SOD 酶活力均增加，而隆优 4945 的酶活力均降低。与对照相比，创两优 669、隆优丝苗、隆晶优 534、金谷优 3301 的 CAT 酶活力分别提高 6.20%、63.02%、67.71%、39.62%，POD 酶活力依次增高 2.22%、20.67%、0.35%、34.15%，GST 酶活力分别提高 14.40%、39.26%、4.03% 和 2.98%，SOD 酶活力分别提高 23.79%、47.98%、17.99%、45.45%。而隆优 4945 的 CAT 酶、POD 酶、GST 酶及 SOD 酶活力分别降低 30.44%、26.19%、8.43%、20.09%。

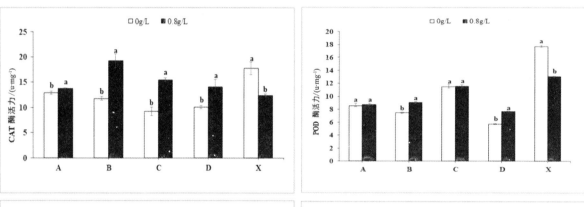

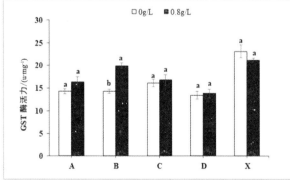
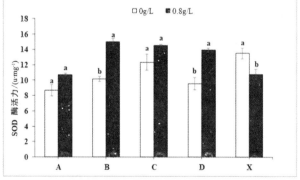

A（创两优 669）、B（隆优丝苗）、C（隆晶优 534）、D（金谷优 3301）、X（隆优 4945），小写字母相同表示在 $p < 0.05$ 水平差异不显著。

图 3–61　黄腐酸对各水稻品种茎叶 CAT、POD、GATs 和 SOD 酶活力的影响

（2）广泛靶向代谢组学分析。

1）代谢数据结果评估：基于广泛靶向代谢组技术的代谢分析，稗草幼苗茎叶样品中共检测到 927

个代谢物，通过 UPLC–MS/MS 检测平台以及多元统计分析相结合对不同黄腐酸浓度处理的稗草幼苗茎叶样品间的代谢组差异进行分析。主成分分析（Principal Component Analysis，PCA）通过无监督模式识别进行多维数据统计分析，能够初步观察不同处理样本间的总体代谢差异以及组内样本之间的变异度大小。各组样品与质控样品质谱数据的 PCA 得分如图 3–62 所示。

通过不同样品之间的相关性分析可以了解组内样品之间的生物学重复性是否良好。以皮尔逊相关系数 r（Pearson's Correlation Coefficient）作为不同处理组生物学重复相关性的评估指标。当 $r2$ 值与 1 越接近，不同重复样品间相关性越强。当组内样品与组间样品相比相关系数越高，代谢组数据所指示的差异代谢物越可靠。对 LC–MS 测得的代谢组数据进行归一化处理后，绘制所有稗草样品数据的聚类热图并进行分析。

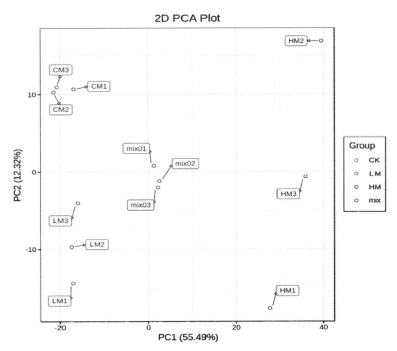

X 轴表示第一主成分，Y 轴表示第二主成分。CM：CK 组代谢物，LM：LF 组代谢物，HM：HF 组代谢物，MIX：质控样本，数字 1、2、3 代表不同样本。

图 3–62　各组样品与质控样品质谱数据的 PCA 得分图

主成分分析和样品重复相关性评估结果表明：不同处理组样品组间代谢组数据差异较大，组内差异较小，HF 组和 CK 组代谢组数据之间的差异远远大于 LF 组和 CK 组代谢组数据之间的差异。

2）差异代谢物筛选和分析：通过广泛靶向代谢组学，在所有的稗草样品中共鉴定出 927 个次级代谢产物。以变量投影重要性指标（variable importance in projection，VIP）大于 1 为阈值，选择不同处理间含量倍数变化大于 2 或小于 0.5 的次级代谢物作为差异累积代谢物。KEGG 通路富集的差异代谢物气泡图显示，在淹水条件下低浓度黄腐酸（0.02 g/L，LF）处理与清水对照（0 g/L，CK）处理相比稗草茎叶中差异代谢物富集在的黄酮生物合成、异黄酮生物合成及苯丙素类物质生物合成等通路上；高浓度黄腐酸（0.80 g/L，HF）处理与 CK 相比稗草茎叶中差异代谢物富集在蛋白质消化与吸收、矿物质吸收、黄酮及黄酮醇生物合成、碳代谢、氨基酸生物合成、氨酰基 tRNA 生物合成及 ABC 转运蛋白等代谢通路上，其中黄酮类物质能够消除细胞活性氧，与植物抗逆能力相关。

与 CK 组相比，LF 组和 HF 组显著差异代谢物分别为 45 和 354 种，其中淹水条件下不同浓度黄腐酸处理稗草幼苗黄酮类代谢物差异较大（图 3-63A）。Venn 图显示：CK：LF，CK：HF 和 LF：HF 三个比较组共有 11 种相同的显著差异代谢物（图 3-63B）。在 HF: CK 比较组稗草茎叶中存在 110 种差异积累的黄酮化合物；而 LF 组与 CK 相比共存在 13 种差异积累的黄酮化合物。在淹水条件下，高浓度黄腐酸对稗草次级代谢产物合成的影响比低浓度黄腐酸更显著。黄酮类化合物具有抗氧化作用，能够消除活性氧，增强稗草的对淹水胁迫的抗逆能力。在高浓度黄腐酸处理下，稗草幼苗茎叶体内积累的黄腐酸类物质种类及含量与清水对照相比差异较大，这可能是稗草幼苗在高浓度黄腐酸条件下生长受到抑制的原因。

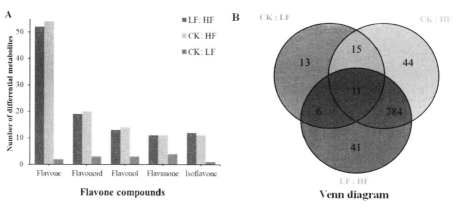

A：黄酮类物质差异代谢物，B：差异代谢物 Venn 图。CK：清水对照组（0 g/L），LF：低浓度黄腐酸处理组（0.02 g/L），HF：高浓度黄腐酸处理组（0.80 g/L）。

图 3-63　不同浓度黄腐酸处理之间稗草幼苗茎叶的差异代谢物

此外，在所有稗草样品中共鉴定出 10 种吲哚衍生物，其中 HF 处理组和 CK 处理组之间 6 种吲哚衍生物的含量有显著差异。与对照相比，HF 处理下稗草幼苗茎叶体内 5- 甲氧吲哚 -3- 甲醛（5-Methoxyindole-3-carbaldehyde）、甲氧基吲哚乙酸（Methoxyindoleacetic acid）、吲哚（Indole）、3- 吲哚乙腈（3-Indoleacetonitrile）的浓度分别增加了 11.82 倍、5.16 倍、4.49 倍、4.14 倍，而 5- 羟基吲哚 -3-乙酸（5-Hydroxyindole-3-acetic acid）的浓度则减少了 0.47 倍。而与对照组相比，在 LF 组处理中稗草幼苗茎叶内上述吲哚衍生物分别下调了 0.62 倍、0.86 倍、0.84 倍、0.99 倍和 0.94 倍。CK 和 LF 样品中未检测到 5- 羟基色胺酸（5-Hydroxytryptophol），而 HF 组检测到 5- 羟基色胺酸（表 3-228）。上述吲哚衍生物与生长素吲哚乙酸结构相似，非常容易转化为吲哚乙酸，在高浓度黄腐酸处理下吲哚衍生物的上调可能造成 IAA 浓度过高，抑制稗草的生长。

表 3-228　不同浓度黄腐酸处理稗草幼苗茎叶吲哚衍生物累积差异

Indole derivatives	Content a			Fold change[b]（HF:CK）	VIP[b]（HF:CK）	Fold change[b]（LF:CK）
	CK	LF	HF			
5-Methoxyindole-3-carbaldehyde	8.37E+04	5.22E+04	9.89E+05	11.82	1.20	0.62
Methoxyindoleacetic acid	1.33E+07	1.15E+07	6.86E+07	5.16	1.23	0.86
Indole	1.33E+07	1.11E+07	5.95E+07	4.49	1.23	0.84

续表

Indole derivatives	Content a			Fold change[b] （HF:CK）	VIP[b] （HF:CK）	Fold change[b] （LF:CK）
	CK	LF	HF			
3–Indoleacetonitrile	2.45E+06	2.58E+06	1.01E+07	4.14	1.23	1.00
5–Hydroxyindole–3–acetic acid	7.39E+06	6.93E+06	3.45E+06	0.47	1.18	0.94
5–Hydroxytryptophol	Not detected	Not detected	3.35E+05	—	—	—

注：CK：清水对照组（0 g/L），LF：低浓度黄腐酸处理组（0.02 g/L），HF：高浓度黄腐酸处理组（0.80 g/L）。Not detected（a）：物含量过低未被检测出信号。b：代谢物倍数变化值大于 1.0 表示上调，小于 1.0 表示下调。HF :CK 吲哚衍生物差异代谢物 VIP 值（variable importance in projection）≥ 1，倍数变化 ≥ 2（上调）或 ≤ 0.5（下调）。

（3）转录组学分析。

1）测序产出数据统计：RNA–Seq 测得的原始测序数据中包含带有测序接头的测序片段（reads）和测序质量较低的测序片段（reads）。为提高生物信息学分析和测序数据的准确性，需要过滤原始数据从而获得到高质量 / 干净的数据（clean reads）。RNA–Seq 分别从 CK、LF 和 HF 文库中产生 55 009 494.67、55 009 494.67 和 54 856 558.67 个原始数据过滤后获得的高质量 reads 数；高质量 reads 的碱基总数分别为 8,251,424,200、8,398,860,200 和 8,228,483,800 个；其整体测序错误率分别为 0.38%、0.41% 和 0.43%（表 3–229）。

表 3–229 测序结果总结

Sample	Clean reads	Cleans bases	Error Rate /%	Q20 percentage /%	Q30 percentage /%	GC content /%
CK	55,009,494.67	8,251,424,200	0.38	96.70	91.95	56.54
LF	55,992,401.33	8,398,860,200	0.41	96.44	91.38	58.17
HF	54,856,558.67	8,228,483,800	0.43	96.21	90.90	57.37

注：CK：清水对照组（0 g/L），LF：低浓度黄腐酸处理组（0.02 g/L），HF：高浓度黄腐酸处理组（0.80 g/L）。

样品相关性分析结果表明，不同处理组间转录组数据生物学重复良好（图 3–64）。

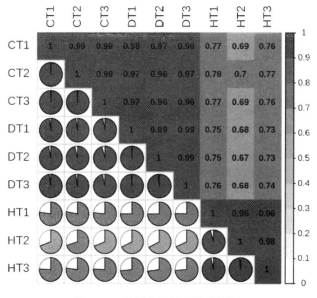

图 3–64 转录组样品相关性热图

2）差异表达基因筛选及分析 LF:CK、HF:CK 和 LF:HF 三个比较组的差异表达基因（Differentially expressed genes, DEGs）分别为 1877 个、15835 个、15048 个。与对照组相比，LF 组中 DEGs 上调 1129 个，下调 648 个，HF 组中 DEGs 表达上调 7721 个，下调 8114 个（图 3–65A）。Venn 图分析显示所有比较组共有 362 个相同的 DEGs（图 3–65B）。与 CK 相比，HF 组中 DEGs 的数量明显多于 LF 组。

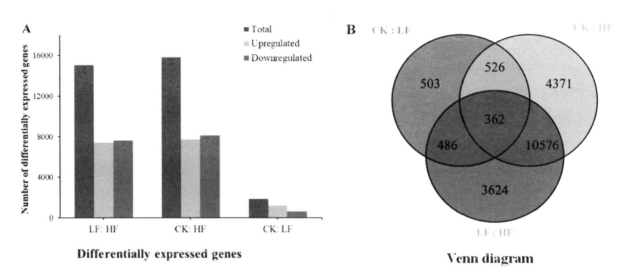

A：差异表达基因数量，B：差异表达基因 Venn 图。CK：清水对照组（0 g/L），LF：低浓度黄腐酸处理组（0.02 g/L），HF：高浓度黄腐酸处理组（0.80 g/L）。

图 3–65　不同处理组稗草幼苗茎叶的差异表达基因

KEGG 差异表达基因通路富集（KEGG pathway enrichment）结果表明，在淹水条件下高浓度黄腐酸（0.80 g/L, HF）处理组与对照组（0 g/L, CK）相比稗草幼苗茎叶中糖酵解/糖异生、DNA 复制、光合作用生物的碳代谢、碳固定和次生代谢物的生物合成是被显著改变的生物途径（表 3–230），结果表明：黄腐酸可调节淹水胁迫下稗草多种复杂的生物通路，影响其幼苗的生长和发育。

表 3–230　显著差异表达基因 KEGG 通路富集结果

KEGG pathway	Pathway ID	DEGs with pathway annotation	All genes with pathway Annotation	P–value	Corrected P–value
Ribosome	ko03010	246	502	8.90E–12	2.57E–09
Glycolysis / Gluconeogenesis	ko00010	116	302	2.71E–09	7.83E–07
DNA replication	ko03030	46	91	1.57E–08	4.54E–06
Carbon metabolism	ko01200	171	511	9.05E–08	2.62E–05
Carbon fixation in photosynthetic organisms	ko00710	65	168	6.25E–06	1.80E–03
Biosynthesis of secondary metabolites	ko01110	728	2777	4.59E–05	1.33E–03

注：CK 为清水对照组（0 g/L）HF 为高浓度黄腐酸处理组（0.80 g/L）。

Gene Ontology（GO）是基因本体联合会（Gene Onotology Consortium）建立的综合性数据库，用以描述基因以及基因产物功能，并提供包括分子功能（Molecular function），细胞组分（Cellular component）和生物过程（Biological process）等基因信息。GO 分类分析将 CK、LF 和 HF 处理组稗草样本中 33719，34287 和 32142 个序列分为分子功能，细胞组分和生物过程三类。其中 CK∶LF 比较组分子功能、细胞组分和生物过程三个分类的 DEGs 数量分别为 1007 个，952 个和 932 个；CK∶HF 比较组三个分类的 DEGs 数量分别为 8331 个，8376 个和 7832 个；LF∶HF 比较组三个分类的 DEGs 数量 8117 个，8048 个和 7576 个。低浓度和高浓度黄腐酸对稗草幼苗茎叶差 DEGs 影响最大的 GO 功能条目相同，分子功能影响最大的为分子结合（binding）和催化反应活性（catalytic activity）功能条目；细胞组分影响最大的为细胞（cell）和细胞区域（cell part）功能条目；生物过程影响最大的为细胞过程（cellular process）和代谢过程（metabolic process）功能条目，在高浓度黄腐酸作用下稗草幼苗生长发育被显著影响。

同源蛋白簇数据库（Clusters of Orthologous Groups of proteins, COG）根据对原核及真核生物的完整基因组编码蛋白之间的进化关系进行分类而构建而成的蛋白质数据库。根据蛋白质序列是否同源，COG 数据库将蛋白质分为不同种类并赋予编号，同一分类的蛋白质同源。COG 数据库分为 COG 和 KOG 两个数据库，其中 COG 为原核生物数据库，KOG 为真核生物数据库。KOG 聚类分析将 CK∶LF 比较组中 880 个基因分配在 24 个 KOG 类别中；将 CK∶HF 组中 7480 个基因分配在 25 个 KOG 类别中。与对照组相比，在淹水条件下 LF 和 HF 处理对稗草幼苗茎叶中 DEGs 的 KOG 聚类分类影响较小，对每个分类 DEGs 的数量影响较大，其中一般功能预测（general function prediction only）和翻译后修饰类、蛋白转换、分子伴侣（posttranslational modification, protein turnover and chaperones）是最大的两个类群，在 CK∶LF 中分别有 135 个 DEGs，占比 15.34% 和 94 个 DEGs，占比 10.68%；在 CK∶HF 中分别 1130 个 DEGs，占比 15.11% 和 808 个 DEGs，占比 10.80%。黄腐酸影响稗草幼苗蛋白合成、转化和修饰等生物过程，进而影响其生长发育。

在本课题中，转录组测序测得的 clean reads 和 DEGs 数量丰富，测序整体错误率低，测序结果的可靠性高。DEGs 的 KEGG 通路富集、GO 功能富集和 KOG 注释分类结果表明：在黄腐酸作用下，稗草幼苗中与多种复杂生物过程相关的基因表达产生差异，其生长发育受到显著影响。与对照组相比，在淹水条件下低浓度黄腐酸（0.02 g/L）和高浓度黄腐酸（0.80 g/L）对稗草幼苗 DEGs 功能分类的影响较小，对每个分类 DEGs 的数量和种数的影响较大。不同浓度黄腐酸对稗草幼苗基因表达的影响趋势是一致的，但高浓度黄腐酸对其影响的程度远远大于低浓度黄腐酸，这可能是稗草幼苗在淹水条件下，高浓度黄腐酸抑制其生长而低浓度黄腐酸促进其生长的原因。

（4）代谢组学和转录组学联合分析。

目前代谢组和转录组联合分析的研究策略已经被广泛运用于植物生理、生长发育、及逆境胁迫研究中。针对特定的生理、病理、生长发育等所产生的表型差异，通过广泛靶向代谢组和转录组联合分析，整合生物体内时序表达的差异基因与差异积累的代谢物信息，并结合分子生物学技术对生物体生长发育、生理病理应答机制进行探索。

1）黄腐酸调控稗草吲哚衍生物生物合成：通过调节植物激素特别是生长素的合成能够有效影响植物生长。生长素（auxin）的化学本质是吲哚乙酸（indole–3–acetic acid, IAA），另外 4– 氯 –IAA、5– 羟 –IAA、萘乙酸（NAA）、吲哚丁酸等吲哚衍生物作为类生长素对植物生长也有一定的调节作用。生长素对植物生长的影响与其在植物组织中的浓度有关，低浓度生长素可以促进植物生长，而高浓度时则会抑制植物生长，此外植物不同的器官中生长素的最适浓度不同。与 CK 组相比，在低浓度黄腐酸（0.02 g/L, LF）处理下稗草幼苗茎叶积累的吲哚类似物中 5– 甲氧吲哚 –3– 甲醛（5–Methoxyindole–3–

carbaldehyde）、甲氧基吲哚乙酸（Methoxyindoleacetic acid）、吲哚（Indole）、3-吲哚乙腈（3-Indoleacetonitrile）和5-羟基吲哚-3-乙酸（5-Hydroxyindole-3-acetic acid）的浓度分别下调了0.62倍、0.86倍、0.84倍、0.99倍和0.94倍，而与之合成相关的DEGs的表达全部上调。在高浓度黄腐酸（0.80 g/L，HF）处理下稗草茎叶上述吲哚类似物中分别上调了11.82倍、5.16倍、4.49倍、4.14倍，而5-羟基吲哚-3-乙酸的浓度则下调了0.47倍，而相应DEGs大部分下调包括7个ALDH基因（醛脱氢酶，aldehyde dehydrogenase）（EC_v6.g089449，log2FoldChange值为-2.96）、三个TDC基因（L-色氨酸脱羧酶，L-tryptophan decarboxylase）（EC_v6.g032146，log2FoldChange值为-3.81和EC_v6.g033915，log2FoldChange值为-4.73）及一个IAO基因（吲哚乙醛氧化酶，indole-3-acetaldehyde oxidase）（EC_v6.g045995，log2FoldChange值为-1.59），此外TPAT基因两个下调和一个上调（L-色氨酸丙酮酸盐氨转移酶，L-tryptophan-pyruvate aminotransferase）（EC_v6.g055806，log2FoldChange值为-2.42），IPMO基因两个下调和五个上调（吲哚-3-丙酮酸盐单加氧酶，indole-3-pyruvate monooxygenase）（EC_v6.g039482，log2FoldChange值为-2.39），而两个AME基因（酰胺酶，amidase）的表达均上调。

生长素能调节植物数以百计的基因的表达，主要的生长素早期响应基因包括AUX/IAA（auxin/indole-3-acetic acid）、GH3（gretchen hagen3）和SAUR（small auxin up RNA）三种。这些生长素早期响应基因在生长素的信号转导中起着关键性的作用。在淹水条件下，高浓度黄腐酸使得稗草幼苗体内AUX/IAA、GH3和SAUR的转录受到影响，DEGs中8个AUX/IAA基因，4个GH3基因和3个SAUR基因的表达量上调；11个AUX/IAA基因，和8个SAUR基因表达量下调，稗草幼苗细胞增大和植株生长受到抑制（表3-231）。

表3-231　生长素响应基因的差异表达

Gene name	LF : CK	HF : CK
AUX/IAA	2（Down-regulation）	8（Up-regulation） 11（Down-regulation）
GH3	0	4（Up-regulation）
SAUR	3（Up-regulation）	6（Up-regulation） 8（Down-regulation）

注：CK：清水对照组（0 g/L），LF：低浓度黄腐酸处理组（0.02 g/L），HF：高浓度黄腐酸处理组（0.80 g/L）。数字代表基因数量。

作为生物生长调节剂，黄腐酸对植物生长影响的机制与生长素相似，在本实验中，淹水条件下黄腐酸的施用影响了稗草吲哚类似物的生物合成，进而调控稗草幼苗的生长。尽管吲哚乙酸含量过低，未被LC-MS检测出来，但在HF : CK比较组中，作为其生物合成的前体物色氨酸上调4.00倍，而吲哚类似物可以作为吲哚乙酸合成的前体物质，其含量大部分上调。据此推测：在高浓度黄腐酸处理下，稗草茎叶吲哚类物质的累积可能造成生长素浓度过高，从而抑制稗草的生长。此外，高浓度黄腐酸处理2 d后吲哚类似物大量积累，吲哚类似物含量过高可能产生了负反馈调节，大部分吲哚类似物生物合成通路的差异表达基因下调。在LF : CK比较组中，吲哚类似物生物合成通路的DEGs的数量很少，而吲哚类似物含量有小幅度下调，可能此时较低的生长素浓度更适合稗草幼苗的生长，稗草生长被促进。

黄腐酸除了能够影响植物生长素生物合成外还能对细胞分裂素、细胞分裂素和脱落酸等激素在植物细胞内的合成和生理作用。在高浓度黄腐酸处理下，稗草幼苗细胞生长素、分裂素、赤霉素、脱落酸、茉莉酸等植物激素信号传导受到影响，稗草幼苗生长受到抑制。在淹水条件下，稗草幼苗激素合成和转导对不同浓度黄腐酸的响应差异是黄腐酸影响稗草幼苗生长的主要生理机制。在多种激素相互协同作用下，高浓度黄腐酸对稗草幼苗生长期抑制作用。

2）黄腐酸调控稗草黄酮类物质生物合成：黄腐酸能够调控稗草黄酮类物质生物合成，高浓度黄腐酸对稗草幼苗黄酮物质累积影响巨大。与CK组相比，低浓度黄腐酸处理下主要的黄酮类差异代谢物显著下调，但黄酮类基本生物合成途径中仅有2个DEGs的表达下调。在HF:CK比较组中，黄酮类物质代谢积累差异较大，黄酮类化合物合成途径中的DEGs的表达大部分下调，包括CHS基因六个下调和一个上调（查尔酮合成酶，chalcone synthase）（EC_v6.g071938，log2FoldChange值为 –2.32 和 EC_v6.g083936，log2FoldChange值为2.29），CHI基因两个下调和一个上调（查尔酮异构酶，chalcone isomerase）（EC_v6.g071938，log2FoldChange值为 –2.32 和 EC_v6.g083936，log2FoldChange值为 –2.29），FLS基因五个下调和一个上调（黄酮醇合酶，flavonol synthase）（EC_v6.g042286，log2FoldChange值为 –4.66 和 EC_v6.g107400，log2FoldChange值为 ），ANR基因七个下调和一个上调（花青素还原酶，anthocyanidin reductase）（EC_v6.g076526，log2FoldChange值为 –3.32 和 EC_v6.g076527，log2FoldChange值为 –3.34），两个F3'H基因下调（类黄酮3'- 羟基化酶，flavonoid 3'–hydroxylase）。此外，两个TCMO基因（反式肉桂酸单加氧酶，trans–cinnamate 4–monooxygenase）（EC_v6.g005145，log2FoldChange值为3.51），一个F3H基因（黄烷酮3– 羟基化酶，flavanone 3–hydroxylase）（EC_v6.g033407，log2FoldChange值为5.64）和一个DFR基因（黄烷酮醇4– 还原酶，dihydroflavonol 4–reductase）的表达上调。

黄酮物质类具有抗氧化功能，能增强稗草对淹水条件的抗逆能力，黄酮类化合物积累可能是植物对不同环境胁迫耐受性形成的关键步骤。在高浓度黄腐酸作用下，稗草茎叶黄酮类差异代谢物和合成通路上的DEGs都有明显的下调，据此推测：在浓度黄腐酸处理下，稗草黄酮类物质的生物合成降低稗草，其面对淹水胁迫的抗逆能力降低，生长被抑制。在查尔酮合成酶（CHS）的作用下，对香豆酰辅酶A（p–coumaroyl–CoA）转变为柚皮素查尔酮（Naringenin chalcone），然后被查尔酮异构酶（CHI）分解为柚皮素（Naringenin）。秋葵（Abelmoschus esculentus）CHS基因被证明在转基因拟南芥（Arabidopsis）中可以调控类黄酮积累和非生物胁迫耐受性。黄腐酸可以通过调节CHS和CHI基因在淹水胁迫条件下的表达来调控稗草幼苗的生长。柚皮素在类黄酮3'- 单加氧酶（F3'H）的作用下形成了紫铆素（butin）、山奈酚（Kaempferol）和圣草酚（Eriodictyol），其中圣草酚进一步被转化为木犀草素（Luteolin）。据研究报导上述黄酮类物质具有抗氧化作用，其中山奈酚在植物中的主要生理功能是清除活性氧，作用于自由基的解毒，从而增强对植物环境变化的抗逆能力，干旱条件下山奈酚的积累可以提高白3叶的耐旱性。在高浓度黄腐酸作用下，稗草幼苗中紫铆素、山奈酚、圣草酚、木犀草素等黄酮类物质积累下降，相应基因F3'H的表达下调。F3'H基因在影响二羟化和三羟化黄酮类化合物的组成中起关键作用。此外，花青素还原酶（ANR）催化合成了表没食子儿茶素（Epigallocatechin），在黄酮类化合物中黄烷 –3– 醇包括儿茶素、表儿茶素和没食子儿茶素等物质具有直接清除自由基的活性，维持体内细胞的正常生理功能。

（5）转录组数据qRT–PCR验证。以UBQ基因作为内参基因，利用qRT–PCR对RNA–Seq结果进行了验证，验证差异表达基因共有16个，包括6个吲哚衍生物生物合成途径基因和10个黄酮类生物合成途径基因。验证结果表明：上述基因在qRT–PCR中的表达模式与在转录组RNA–Seq数据中的上调或下调表达结果基本一致。

3.研究结论

本课题通过测定解毒酶和抗氧化酶活力对稗草响应不同浓度黄腐酸处理的生理机制进行了初步研究，通过代谢组和转录组联合分析结果揭示稗草吲哚衍生物和黄酮类物质的生物合成受黄腐酸调控，在高浓度黄腐酸条件下稗草幼苗的抗逆能力和生长发育受到显著影响，其生长受到抑制。主要结论如下：

（1）稗草生长6 d后生长高度低于水面（5 cm），0.02 g/L黄腐酸处理下幼苗茎叶与对照组（CK组）相比GSTs，T–SOD，POD和CAT的酶活被显著提高，低浓度黄腐酸增强了稗草解毒和抗氧化能力，其生长被促进；而0.80 g/L黄腐酸处理下幼苗茎叶T–SOD和POD酶活显著下降，稗草抗氧化能力降低，其生长受到抑制。稗草在淹水条件下生长10 d后再添加黄腐酸溶液，其生长株高超出水面，在高浓度和低浓度黄腐酸处理下，黄腐酸能够缓解稗草所收到的淹水胁迫，GSTs活性增加，抗氧化酶活力下降，其生长受到促进。

（2）不同黄腐酸处理组稗草样品代谢组和转录组数据组间差异较大，组内差异较小。差异代谢物和差异表达基因KEGG通路富集、GO功能富集和KOG注释分类结果表明：LF∶CK和LF∶CK比较组差异代谢物和差异表达基因功能分类相差不大，但差异代谢物和差异表达基因种数和数量差异较大。不同浓度黄腐酸对稗草幼苗基因表达和次级代谢物的影响趋势是一致的，但高浓度黄腐酸对代谢和转录的影响程度远远大于低浓度黄腐酸。

（3）黄腐酸通过影响稗草吲哚类似物的生物合成，进而调控其幼苗的生长。与对照组（0 g/L，CK）相比，在高浓度黄腐酸（0.80 g/L，LF）处理下稗草幼苗茎叶吲哚类似物中5–甲氧吲哚–3–甲醛、甲氧基吲哚乙酸、吲哚、3–吲哚乙腈浓度含量升高，而ALDH和TDC等DEGs的表达下调，吲哚衍生物含量的上调可能造成IAA浓度过高，稗草被生长抑制。低浓度黄腐酸（0.02 g/L，LF）组中上述吲哚类似物下调，而相关DEGs的表达全部上调，稗草的生长被促进。在淹水条件下，高浓度黄腐酸使得稗草幼苗体内AUX/IAA、GH3和SAUR的转录受到影响，其中GH3基因的表达全部上调，稗草幼苗细胞增大和植株生长受到抑制。

（4）LF组稗草幼苗中黄酮类差异代谢物与CK相比显著下调，但与黄酮类生物合成的相关DEGs的表达基本上调。在HF∶CK比较组中，黄酮类物质代谢积累差异较大，而黄酮类化合物合成途径中的差异表达基因的表达量大部分下调包括CHS、CHI和FLS等基因；紫铆素、山奈酚、圣草酚、木樨草素和表没食子儿茶素等黄酮类物质的生物合成减少，稗草自身通过调控黄酮类物质的合成以降低活性氧的自适应机制被破坏，活性氧清除能力下降，稗草对淹水胁迫的抗逆能力降低，其幼苗生长受到抑制。

在淹水条件下，不同浓度黄腐酸处理能够调控稗草吲哚衍生物和黄酮类物质的生物合成从而影响稗草幼苗的生长。

四、气象灾害避灾减损技术攻关

（一）早稻分蘖期低温灾害预警指标研究

试验设置在长沙农业气象试验站，材料为杂交早稻组合中早39。常规水育秧，薄膜覆盖，3叶1心时移栽，每盆1棵苗，盆高20 cm、口径25 cm。于分蘖始期选择长势一致的植株，分批转进人工气候箱处理光照时间7～19时，光照强度600～750 μmol/（$m^2 \cdot s$），记录分蘖数（处理前、处理后0 d、5 d、10 d和15 d）、总穗数和有效穗（收获期）。

试验1温度和时间双因子胁迫试验。温度设6个水平T1～T6（20℃～15℃，间隔1℃），处理时间设 3 个时长 t1 ~ t3（24 h，48 h，72 h），共设置 18 个处理（Titj，i=1 ~ 6，j=1 ~ 3），每处理 5 次重复。

试验 2 温度单因子试验。温度设置 6 个梯度 T1 ~ T6（21℃、23℃、25℃、27℃、30℃、33℃），各处理时间均为 5 d，重复 8 次。

结果表明：T1 ~ T6 不同温度处理时，总穗数和有效穗数均随温度降低而减少。T1 和 T2 处理总穗数和有效穗数显著高于其他温度处理，T3 ~ T6 各温度处理间总穗数和有效穗数差异不显著（表 3–232）。说明 T2 处理对应的 19℃是早稻中早 39 分蘖临界温度（临界低温）。

表 3–232　不同温度处理成穗数差异

	T1	T2	T3	T4	T5	T6
总穗数	22.33A	19.5A	14.5B	12.67B	12.67B	11.83B
有效穗	15.67A	13.83AB	10.33BC	8.50C	9.00C	9.00C
总穗数	22.33a	19.5b	14.5c	12.67c	12.67c	11.83c
有效穗	15.67a	13.83a	10.33b	8.50b	9.00b	9.00b

结果显示：各温度水平处理 48 h 和 72 h，无论是总穗数还是有效穗数均无显著差异。T1t2、T1t3、T2t2、T2t3 四个处理的总穗数和有效穗数显著高于其他处理。说明不超过 72 h 的短期低温胁迫中，低温强度是影响早稻分蘖数的关键因子，低温持续作用时间是次要因子；T2 处理对应的 19℃可视作该早稻品种分蘖期临界低温值，48 h 可视作低温持续时间的临界值（表 3–233）。

表 3–233　不同温度 × 时间处理成穗数差异

处理	5% 差异显著性	总穗数	1% 差异显著性	5% 差异显著性	有效穗数	1% 差异显著性
T1t2	a	22.7	A	a	16.0	A
T1t3	a	22.0	A	a	15.3	AB
T2t2	a	20.0	AB	ab	14.3	ABC
T2t3	a	19.0	ABC	abc	13.3	ABCD
T3t3	b	14.7	BCD	bcd	10.3	BCD
T3t2	b	14.3	BCD	bcd	10.3	BCD
T5t2	b	13.7	CD	cd	9.7	CD
T4t3	b	13.0	D	d	8.3	D
T4t2	b	12.3	D	d	8.7	CD
T6t2	b	12.0	D	cd	9.3	CD
T5t3	b	11.7	D	d	8.3	D
T6t3	b	11.7	D	d	8.7	CD

不同温度处理分蘖率动态变化表明：恒温处理结束 0 d，T1、T2 两处理分蘖百分率显著小于其他各处理（T6 除外）；处理后 5 d，T1 ~ T4 处理分蘖率均增加，而 T5、T6 处理分蘖率减少；处理后 10 d，T3、T4 处理分蘖率大于对照，而其他处理均明显低于对照；处理后 15 d，T5 ~ T6 处理分蘖率最低且低于对照。说明恒温处理期间，低温（T1、T2）和高温（T5、T6）明显抑制分蘖，早稻分蘖百分率在

21℃ ~ 27℃（T1 ~ T4）间随处理温度升高而增加，温度超过 30℃（T5 ~ T6）分蘖率则下降（表 3–234）。

表 3–234　不同温度处理分蘖率变化 %

处理	处理前	处理后 0 d	处理后 5 d	处理后 10 d	处理后 15 d
CK1	88.5	232.0	375.1	516.0	616.4
T1	82.1	126.8	226.3	312.8	511.9
T2	78.4	129.9	243.2	377.2	566.4
Ck2	112.3	184.1	306.4	451.3	500.0
T3	116.4	158.0	286.9	463.2	515.7
T4	113.0	165.2	242.0	502.6	536.3
CK3	55.2	162.5	248.4	302.0	344.2
T5	86.0	169.8	162.0	229.0	275.0
T6	75.5	125.0	145.5	212.7	252.8

对上述温控试验中温度和分蘖率数据进行回归分析，结果表明早稻分蘖率和生长环境温度之间相关显著，且存在如下关系：

$Y= -1.1264 \times 2 + 61.029T - 741.42$（$R^2 = 0.608$，$p < 0.05$）

其中 T 为生长环境温度，Y 为分蘖百分率。令 $Y=0$，解方程得 T1=18.4℃，T2=35.8℃；Y 取最大值时，T3=27.1℃。即从理论上讲，当温度 T ≤ 18.4℃或 T ≥ 35.8℃时，早稻分蘖停滞。分蘖率 10% 时，T1=18.9℃，T2=35.3℃；分蘖率 30% 时，T1=20.1℃，T2=34.1℃。

综上所述，早稻分蘖期低温预警指标可定为 20.0℃。早稻分蘖期低温预警可设计为三个等级，第 1 级蓝色（轻度）预警，未来 5 日平均温度 <20℃；第 2 级橙色（中度）预警，未来 5 日平均温度 <19.0℃；第 3 级红色（重度）预警 <18.5℃。

（二）晚稻抽穗开花期低温灾害预警指标研究

试验安排在长沙农业气象试验站进行，材料选用杂交晚稻组合"岳优 9113"，于晚稻大田抽穗期，从分期播种大田选取苗情一致的植株，带土移栽入盆，每盆 1 穴。T1 和 T2 处理选择大田第 1 期材料，9 月 6 日移入人工气候箱处理，7 日—11 日分批转回本田；T3 ~ T5 处理选择大田第 3 期材料，9 月 15 日上午移入箱内处理，16 日—20 日逐日移回本田；T6 ~ T8 处理选择第 5 播期材料，9 月 27 日上午移入箱内处理，9 月 28 日—10 月 2 日逐日移回本田。收获期考种，以同期大田植株为对照，分析不同温度处理对晚稻产量构成因子的影响（表 32）。温度和时间双因子胁迫试验。温度设 8 个水平 T1 ~ T8（23℃ ~ 16℃，间隔 1℃），处理时间设 5 个时长 t1 ~ t5（1 d、2 d、3 d、4 d、5d），共设置 40 个处理（Titj，i=1 ~ 6，j=1 ~ 3），每处理 5 次重复。

结果表明：T1 ~ T8 各处理的穗粒数均小于其对照值且依次减小，其中 T3 ~ T8 处理穗粒数与其对照相比显著减小，另外两处理 T1、T2 比对照值略小。T1 和 T2 处理结实率接近其对照值 78.8%，而 T3 ~ T8 各处理结实率异常偏低且显著低于其对照结实率，各处理结实率按 T1 ~ T8 的顺序依次降低，其中 T7 和 T8 处理结实率不足 50%。与对照相比，各处理千粒重均小于对照，T1 ~ T5 各处理千粒重均大于 23 g，在正常值范围内，而 T6 ~ T8 三个处理千粒重均偏小。T1、T2 处理有效穗数与对照值接近，

其余处理有效穗数均不同程度小于其对照有效穗数。各理单株产量均小于其对照产量，其中T3～T8
六个处理产量显著低于对照产量，T1、T2处理产量显著高于其他处理。综合分析可知：各处理产量性
状指标值和单株产量均随处理温度降低而呈下降趋势，说明晚稻抽穗开花期对温度变化较敏感，该时
期低温是制约最终产量形成的关键因子；T1（23℃）和T2（22℃）两处理产量性状指标正常且明显优
于其他6个处理，单株理论产量和实际产量均显著大于其他处理，T3（21℃）～T8（16℃）各处理产
量性状和产量明显低于正常水平，以其结实率最具代表性，说明21℃可作为晚稻抽穗开花期低温胁迫
的临界温度（表3–235）。

表3–235　不同温度处理对抽穗开花期晚稻产量的影响

处理	每穗粒数 / 粒	结实率 /%	千粒重 /g	有效穗数 / 个	单株理论产量 /g	单株实际产量 /g
CK1	136.3	78.8	26.6	8.3	23.7	23.6
T1	133.2	78.3	26.2	8.1	22.1	21.8
T2	129.4	76.9	25.8	8.5	21.8	20.6
CK2	140.6	78.5	25.5	9.3	26.2	25.5
T3	123.2	60.9	24.3	7.9	14.4	13.9
T4	118.7	58.1	24.0	8.0	13.2	13.3
T5	112.5	55.3	23.3	7.2	10.4	9.6
CK3	129.5	65.2	22.8	7.2	13.9	13.7
T6	96.1	45.2	22.5	6.9	6.7	7.5
T7	94.9	47.8	22.2	7.0	7.0	7.2
T8	93.4	53.2	22.3	6.6	7.3	6.5

结果显示（表3–236）：1d日平均温度<20℃或连续2d日平均温度<21℃，结实率降低5%～6%；
连续2d日平均温度<19℃，结实率下降12%；连续3 d日平均温度<19℃或连续5 d日平均温度
<21℃，结实率降低16%～20%。据此分析，选取连续3 d19℃、20℃、21℃和22℃的温度与结实
率–12%、–6%、–6%和0建立模型：

$Y = 4.8X - 105.4$（$R^2 = 0.8727$）

式中Y可解释为结实率变化趋势，X可解释为连续3 d日平均温度。若令Y= –5、–10、–15、–20、
–30，则得X=20.8、19.8、18.8、17.7、15.6，可解释为结实率变化趋向降低幅度5%、10%、15%、20%
时，临界温度将趋向低于21℃、20℃、19℃、18℃。

表3–236　抽穗开花期晚稻结实率变化对不同温度 × 时间的响应

时间	19℃	20℃	21℃	22℃	23℃
1d	–13	–5			
2d	–12	–6	–5	23	19
3d	–16	–6	–6	0	16
4d			–17	0	10
5d			–20	0	12

注：结实率变化值 = 各处理结实率观测值 – 对照组结实率观测值。

综上所述，晚稻抽穗开花期低温预警指标可定为 21℃。晚稻抽穗开花期低温预警可设计为四个等级：第 1 级蓝色（轻度）预警，未来 1 d 日平均温度 <20℃或 2 d 日平均温度 <21℃，结实率约下降 5%；第 2 级黄色（中度）预警，连续 2 d 日平均温度 <19℃，结实率约降低 10%；第 3 级橙色（重度）预警，连续 3 d 日平均温度 <19℃，结实率约降低 15%；第 4 级红色（超重度）预警，未来 3 d 日平均温度 <18.0℃或未来 4 d 日平均温度 <19.0℃或 5d 日平均温度 <21.0℃，结实率降幅趋向 20% 以上。

（三）低温冷害致灾机理研究

（1）试验方法。人工控温试验，选择陆两优 996 为供试材料，以 25℃ ~ 28℃适宜温度栽培为对照，研究不同时长（1 d、3 d、5 d）低温（8℃ ~ 10℃）处理对水稻叶片生理生化指标和产量性状的影响。

（2）试验结果。结果表明：随低温处理时间的延长，与对照 25℃ ~ 28℃相比，早稻叶片光饱和点及光能初始利用效率均逐渐下降，而光补偿点则呈上升趋势；叶片 SOD 活性、POD 活性、MDA 含量和可溶性蛋白含量均呈先上升后下降的趋势，而 CAT 活性逐渐下降；水稻产量、结实率及千粒重等均随低温处理时间的延长而减少，与产量关联度较高的指标依次为每穗实粒 > 千粒重 > CAT 活性 > 穗总粒数 > 光能初始利用效率 > 光补偿点 > SOD 酶活性 > 可溶性蛋白含量，这些指标可作为低温影响下水稻产量评价与估算的参数。（表 3–237、表 3–238、表 3–239、表 3–240、表 3–241）。

表 3–237 低温胁迫对水稻叶片光合特征的影响

处理时间 /d	最大光合速率 / (μmol·m^{-2}·s^{-1})	光补偿点（LCP） / (μmol·m^{-2}·s^{-1})	光饱和点（LSP） / (μmol·m^{-2}·s^{-1})	光能初始利用效率 /%
CK	28.12 ± 2.23a	14.6 ± 0.52d	1812.8 ± 127.84a	4.9
1 d	27.53 ± 1.54a	18.0 ± 1.32cd	1674.0 ± 80.32ab	4.7
3 d	25.14 ± 3.21ab	28.0 ± 0.71bc	1584.0 ± 50.42bc	3.5
5 d	23.21 ± 1.83bc	36.0 ± 1.37ab	1490.4 ± 75.38c	2.7

表 3–238 低温胁迫对水稻叶片光合色素含量的影响

处理时间 /d	叶绿素 / (μg·g^{-1})	叶绿素 / (μg·g^{-1})	类胡萝卜素 / (μg·g^{-1})	叶绿素总量 / (μg·g^{-1})	叶绿素 a/ b
CK	2.42 ± 0.05bc	0.74 ± 0.02b	0.54 ± 0.02ab	3.16 ± 0.06b	3.36 ± 0.01c
1 d	2.13 ± 0.22cd	0.38 ± 0.03d	0.56 ± 0.06a	2.39 ± 0.25c	5.61 ± 0.07a
3 d	3.17 ± 0.17a	1.02 ± 0.06a	0.57 ± 0.04a	4.24 ± 0.17a	3.11 ± 0.03c
5 d	1.72 ± 0.23d	0.51 ± 0.05c	0.35 ± 0.05c	2.15 ± 0.19c	3.37 ± 0.02b

表 3–239 低温胁迫对水稻叶片抗氧化酶活性和可溶性蛋白含量的影响

处理时间 /d	POD 活性 / (μmol·min^{-1}·g^{-1})	SOD 活性 / (μmol·min^{-1}·g^{-1})	MDA 含量 / (μmol·min^{-1}·g^{-1})	CAT 活性 / (μmol·min^{-1}·g^{-1})	可溶性蛋白 / (mg·g^{-1})
CK	198.13 ± 3.23c	142.92 ± 92.04b	1.15 ± 0.28b	5.26 ± 0.33a	3.43 ± 0.44bc
1 d	379.86 ± 15.46ab	146.99 ± 11.81b	1.54 ± 1.03b	4.84 ± 0.23b	4.98 ± 0.22ab
3 d	339.11 ± 78.34ab	245.83 ± 44.15a	1.98 ± 0.19ab	4.41 ± 0.54bc	5.66 ± 0.98a
5 d	432.74 ± 131.58a	123.11 ± 19.82b	2.66 ± 0.68a	3.66 ± 0.71cd	4.99 ± 1.82ab

表 3-240　低温胁迫对水稻产量构成的影响

处理时间 /d	每穗实粒数/ 粒	每穗总粒数/ 粒	千粒重/g	产量/（kg·hm⁻²）	成穗率/%	结实率/%	减产率/%
CK	81.89 ± 10.7	129.65 ± 8.9	26.28 ± 0.23a	7694.0 ± 117.3	91	72	—
1 d	60.05 ± 6.6	124.00 ± 10.1	25.93 ± 0.82ab	6623.6 ± 198.8	89	53	17
3 d	48.92 ± 1.6	117.16 ± 11.2	24.36 ± 1.13ab	5412.3 ± 121.1	87	42	32
5 d	45.63 ± 12.8	109.38 ± 7.4	23.98 ± 0.92b	3959.2 ± 142.3	70	43	50

表 3-241　低温胁迫下水稻生理生化指标、产量指标与产量的灰色关联度分析

指标	与产量关联度	指标	与产量关联度
每穗实粒	1.56	叶绿素 a/b	0.53
每穗总粒数	0.99	叶绿素总量	0.53
千粒重	1.09	叶绿素 a 含量	0.53
光能初始利用效率	0.99	类胡萝卜素含量	0.62
光饱和点	0.86	叶绿素 b 含量	0.61
CAT 活性	1.08	MDA 含量	0.55
SOD 活性	0.69	可溶性蛋白含量	0.64

（四）双季稻低温灾害减损技术集成

（1）试验方法。于岳阳县新墙镇高桥村开展抗寒技术集成试验，集成以种子包衣处理和喷施叶面肥为主要措施的抗寒技术。早稻采用种衣剂处理种子，按 1∶45 进行包衣（药剂首先按 1∶1 对水稀释）浸种催芽。种衣剂采用诱抗剂与复硝基酚钠混配溶液，将 2000 mg/L 诱抗剂 + 1000 mg/L 复硝基酚钠加入自制的浸种型种衣剂成膜基料中混匀而成。晚稻始穗期喷施叶面肥喷施宝，用量为 90 g/hm² 兑水 750 kg/hm² 溶解。对照为当地常规管理。早稻品种为湘早籼 45，晚稻品种为湘晚籼 13。早稻于 3 月 31 号直播，晚稻于 6 月 30 日播种，7 月 21 日移栽。2019 年 4 月 7—9 日田间日平均温度 11.2℃，早稻处于 2 叶 1 心时期，遭受一定程度的低温胁迫。晚稻齐穗前未遭遇寒露风危害。

（2）试验结果。集成抗寒技术模式下全年双季稻产量较对照减损 7.3%，取得了一定效果（图 3-66）。

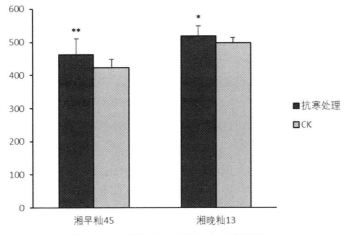

图 3-66　双季稻水肥耦合抗寒减损效果

（五）晚稻穗分化期抗旱减损技术集成

为了研究晚稻穗分化期抗旱减损技术集成研究，于晚稻生长季，在长沙县路口镇明月村和浏阳市丰裕乡上牌村开展抗旱技术试验。

（1）试验方法。于晚稻生长季，在长沙县路口镇明月村和浏阳市丰裕乡上牌村开展抗旱技术集成试验。抗旱剂单因子大田小区随机试验，10个处理，3次重复，小区面积40 m²。

（2）试验结果。从图3-67、图3-68可以看出，十种抗旱处理措施对晚稻泰优390产量构成因素的影响不同，其中乙酰水杨酸（C处理）、聚丙烯酰胺钾加增施磷钾肥（H处理）两种措施对增加千粒重和提高结实率效果不佳，但对维持干旱情况下穗长、增加每穗粒数效果较好；这两个处理能够明显增加产量且干旱伤害指数最小。因此，综合分析可知这两种措施对抗旱减损稳产较为有效（表3-242）。

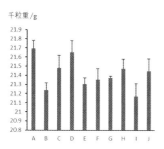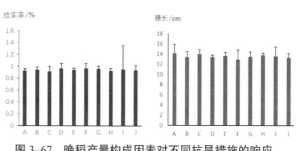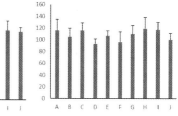

图3-67　晚稻产量构成因素对不同抗旱措施的响应

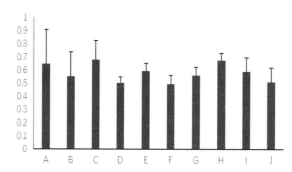

图3-68　晚稻产量对不同抗旱措施的响应

表3-242　不同处理干旱伤害指数

处理代码	处理名称	干旱伤害指数
A	保水层对照	0.00
B	聚丙烯酰胺钾	0.149
C	聚丙烯酰胺钾、增施磷肥、钾肥	−0.046
D	丙烯酸树脂	0.226
E	丙烯酸树脂、增施磷肥、钾肥	0.087
F	多糖醇	0.236
G	聚丙烯酰胺钾、增施有机肥	0.133
H	乙酰水杨酸	−0.041
I	丙烯酸树脂、增施有机肥	0.092
J	干旱不作处理对照	0.215

（六）抗寒剂 KHYE–1 的叶面喷施方法研究

为探明抗寒剂 KHYE–1（浓度 10%，W/V，以苍耳子提取物为抗寒成分，与成膜剂、乳化剂、防腐剂等助剂溶解混合配制而成，湖南农业大学研制）的叶喷施用方法，以早稻品种中嘉早 17 为材料，开展盆栽试验，研究了秧苗经抗寒剂叶喷处理后在低温胁迫下的相关生化指标。

1. 试验方法

设计浓度、用量、次数筛选方案：①在叶喷用量为 5.0 g/ 盒，次数为 1 次下进行叶喷浓度筛选，浓度设计为 0.2%、0.3%、0.4%、0.5%、0.6%，筛选出最佳浓度。②在最佳浓度，次数为 1 次下进行叶喷用量筛选，用量设计为 3.0 g/ 盒、5.0 g/ 盒、7.0 g/ 盒，筛选出最佳用量。③在最佳浓度和最佳用量下进行叶喷次数筛选，次数设计为 1 次 / 天连续 1 d、1 次 /d 连续 2 d、1 次 /d 连续 3 d，筛选出最佳次数。

2. 试验结果

（1）抗寒剂叶喷浓度筛选。KHYE–1 抗寒剂叶喷浓度筛选实验结果如表所示，随着抗寒剂叶喷浓度的逐渐上升，秧苗体内脯氨酸的含量呈现先增后减趋势，在抗寒剂叶喷浓度为 0.5% 时达到最大值，比 CK 增加了 157.5%，与 CK 及其他浓度相比差异显著。在抗寒剂叶喷浓度为 0.6% 时，则脯氨酸含量较 0.5% 反而略有下降，脯氨酸究其原因可能是抗寒剂浓度过高，则对脯氨酸的积累起一定的抑制作用。由此可见，叶喷浓度在 0.2% ~ 0.5% 均能提高秧苗的抗寒性，浓度为 0.5% 时效果最优（表 3–243）。

表 3–243　不同叶喷浓度下脯氨酸的含量　　　　　　　　　　ug/g DW

处理	叶喷浓度 /%					
	0	0.2	0.3	0.4	0.5	0.6
CK	114.9eE	—	—	—	—	—
KHYE–1	—	196.5cdCD	216.9cBC	240.1bB	295.9aA	175.8dD

注：上表数据后小写英文字母不同者表示处理间差异显著（α=0.05），大写英文字母不同者表示差异极显著（α=0.01）。

（2）抗寒剂叶喷用量筛选。KHYE–1 抗寒剂叶喷用量筛选实验结果可知，随着抗寒剂叶喷用量的上升，秧苗体内脯氨酸含量先增后减，在抗寒剂叶喷用量为 5.0 g/ 盒时达到最大值，比 CK 增加了 92.3%，与 CK 及其他用量相比差异显著。在叶喷用量为 7.0 g/ 盒时，脯氨酸含量较 5.0 g/ 盒反而略有下降，其原因可能是用量太大对秧苗内脯氨酸的积累起一定的抑制作用。可见，抗寒剂叶喷用量以 5.0g/ 盒为宜（表 3–244）。

表 3–244　不同叶喷用量下脯氨酸的含量　　　　　　　　　　ug/g DW

处理	每盒叶喷用量 /g			
	0	3.0	5.0	7.0
CK	131.3dD	—	—	—
KHYE–1	—	211.4bB	252.5aA	183.9cC

（3）抗寒剂叶喷次数筛选。HHYE–1 抗寒剂叶喷次数筛选实验结果如表所示，随着叶喷次数的增加，秧苗体内脯氨酸含量逐渐增加，叶喷 3 次的脯氨酸含量比 CK 增加了 69.8%，与 CK 及其他次数相比差异显著。叶喷次数更多其抗寒效果可能会更好，但其成本也相应提高。故综合抗寒效果、经济效益和

人力成本等因素考虑，叶喷次数以 3 次为优（表 3–245）。

表 3–245 不同叶喷次数下脯氨酸的含量   ug/g DW

处理	叶喷次数 / 次			
	0	1	2	3
CK	139.2cC	—	—	—
KHYE–1	—	195.4bB	203.9bB	236.3aA

（七）双季稻低温冷害减损技术集成

通过在浏阳市丰裕乡上排村、长沙县路口镇明月村和益阳市资阳区茈湖口镇祁青村的大田分期播种试验，研究了不同抗寒处理技术措施的防灾保产效果，集成双季稻低温冷害减损技术。

（1）试验方法。大田分期播种，低温监测预报，灾情分级预警，针对早稻移栽返青（晚稻抽穗扬花灌浆初期）时期遭遇低温胁迫的播期，设置 3 种减损技术处理：10 cm 左右灌水（T1）、叶面喷施抗寒剂 KHYE–1（T2）和 10 cm 左右灌水 + 叶面喷施抗寒剂 KHYE–1（T3），以常规管理为对照（CK）。处理面积 300 m²，不设重复。于预报的第一个日均温低于 13℃或未来 3 d 以上为阴雨天气的日期起（晚稻根据干冷型和湿冷型寒露风预报预警），进行减损技术处理，低温临近前 6 h 内完成灌水处理，低温临近前 24 h 内完成无人机抗寒剂喷施处理。监测冠层温度，收获期考种、测产。

（2）试验结果。双季节早稻品种中早 39 移栽返青期低温播期不同处理产量分析如图 3–69 所示。与常规管理的对照相比，T1 灌水 10 cm 处理比对照产量略高，T2 无人机叶面喷施抗寒剂 KHYE–1 与对照产量接近，T2 处理产量略高于 T1 处理，T3 灌水和叶面喷施抗寒剂组合处理产量显著高于对照和 T1、T2 处理。结果表明 T3 灌水 + 无人机喷施抗寒剂处理是有效的避灾减损措施。

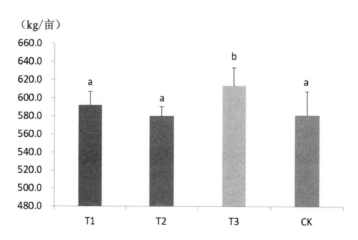

图 3–69 中早 39 移栽期返青期不同抗寒处理产量比较

不同抗寒处理对双季晚稻品种泰优 390 的保产减损效应见图 3–70。T1T2T3 三个处理产量均高于对照 CK，其中无人机叶面喷施抗寒剂 KHYE–1 处理保产效应未达到显著水平，T1 灌水 10 cm 处理和 T3 组合处理产量均显著高于对照组产量，T3 灌水和叶面喷施抗寒剂组合处理产量显著高于所有处理，T1 灌水和 T2 喷施抗寒剂之间无显著差异。结果表明 T1 灌水处理是有效的抗低温措施，T3 灌水和喷施抗寒剂的保产减损效果最好。

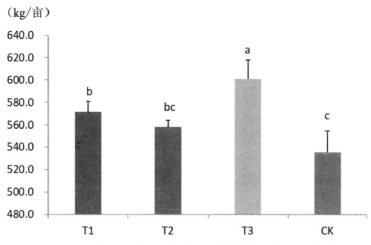

图 3-70　泰优 390 抽穗扬花灌浆初期不同抗寒处理产量比较

（八）早稻高温热害减损技术集成

为应对逐年增加的早稻高温热害，分别在浏阳市丰裕乡上排村、长沙县路口镇明月村和益阳市资阳区茈湖口镇祁青村开展大田分期播种试验，研究不同调水降温处理的防灾保产效果，集成早稻高温灾害减损技术。

（1）试验方法。地理分期播种大田试验，于各地各期早稻抽穗开花期，进行高温监测预报，灾情分级预警，对各地遭遇高温胁迫的播期，设置 6 种减损技术处理：11 ~ 12 时段喷水 1 次（T1），12 ~ 13 时段喷水 1 次（T2），10:30 ~ 11:30 和 12:30 ~ 13:30 时段各喷水 1 次（T3），11 ~ 12、12 ~ 13 和 13 ~ 14 时段各喷水 1 次（T4），灌深水 20 cm（T5），灌深水 20 cm+10:30 ~ 11:30 和 12:30 ~ 13:30 时段各喷水 1 次（T6），以常规管理为对照（CK）。处理小区面积 100 平方米，不设重复。从高温胁迫当日起，进行各减损技术处理，高温当日上午 11 点前完成灌深水 20 cm 处理，雾化喷水水滴直径不超过 0.5 mm。监测冠层温度，收获期考种、测产。

（2）试验结果。不同调水处理对中早 39 抽穗开花期高温危害播期的产量影响表明：T4 三次雾化喷水、T3 两次雾化喷水和 T6 灌深水＋两次喷水等三个调水处理的产量显著高于对照产量，其中 T4 和 T6 处理减灾保产效果最佳；每日单次雾化喷水处理 T1、T2 和 T5 灌深水处理的产量略高于对照处理的产量，均未达到显著差异水平，且单次灌水处理 T5 和单次喷雾处理 T1、T2 之间产量接近；T6 灌水＋雾化喷水组合处理产量显著高于 T5 灌水处理；T3 和 T4 多次雾化喷水处理产量显著高于 T1 和 T2 单次雾化喷水处理，说明喷水次数是以水调温保产减灾技术的核心。T1 和 T2 处理产量接近，揭示午前和午后喷水减损效果一样，可见喷水时机对缓解高温效果不明显（图 3-71）。

综合分析各调水处理的产量效应可知：早稻抽穗开花期遭遇高温灾害时，多次雾化喷水能显著缓解高温危害，实现保产减灾目的；雾化喷水保产减灾的关键是喷水次数，喷水时机（时段）对保产作用不显著；雾化喷水和灌水均能在一定程度上保产减损。

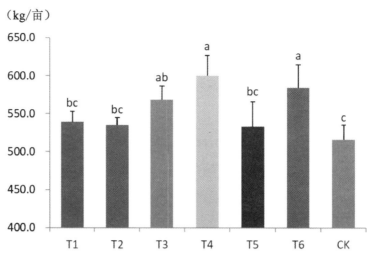

图 3-71　中早 39 抽穗开花期高温灾害不同调水处理产量比较

第六节　水稻生产过程监测技术攻关

一、稻田多源信息智能感知技术攻关

（一）大田种植物联网问题探究

在农业物联网技术领域，智能温室物联网技术相对较成熟，养殖领域的物联网监测技术要求相对较低，在生产上已具有一定的应用规模。但是，大田种植物联网技术领域存在的问题相对较多。

（1）农业传感器尚不能很好地满足大田种植物联网建设要求。通过对工业传感器的移植开发，农业传感技术有了长足发展，但总体来看，物理传感器技术相对成熟，化学传感器技术的数据采集精度仍然不高，生物传感器技术总体水平较低，生理传感器技术发展空间很大。在大田种植传感器技术方面，气象信息传感器技术相对较成熟，但土壤传感器技术发展空间很大，目前主要应用土壤温湿度传感器、土壤电导率传感器、土壤酸碱度传感器等，大田种植急需的土壤养分（大量元素氮、磷、钾和其他微量元素）传感器差强人意，土壤重金属传感器技术有待突破。此外，大田种植物联网建设中，传感器布设在田间野外，土壤传感器必须埋入土层中，损毁率很高。

（2）多传感器数据融合技术急需突破。多传感器数据融合技术是近几年来发展起来的一门实践性较强的应用技术，是多学科交叉的新技术，涉及到信号处理、概率统计、信息论、模式识别、人工智能、模糊数学等理论。多传感器数据融合是一个新兴的研究领域，是针对一个系统使用多种传感器这一特定问题而展开的一种关于数据处理的研究。与单传感器系统相比，运用多传感器数据融合技术在解决探测、跟踪和目标识别等问题方面，能够增强系统生存能力，提高整个系统的可靠性和鲁棒性，增强数据的可信度，并提高精度，扩展整个系统的时间、空间覆盖率，增加系统的实时性和信息利用率等。

（3）大田种植物联网建设规模小、结构单一、智能化程度低。目前我国大田种植物联网的应用规模普遍较小，物联网平台均以单一功能的方式发展，如温湿度控制系统、小型智能灌溉系统、智能监测检测系统等。这些系统虽然部署了大量的传感器，但系统内传感器类型单一，物联网的智能化水平不高，仅限于简单的调控，如根据当前环境控制温湿度，控制光照强度等。

（4）物联网数据利用程度低。大田种植物联网数据是一种典型的时间序列化数据，其数据的价值密度十分低，发现某个因素的发展趋势或者几个因素之间的相关关系需要从传感器收集很长一段时间的数据。当前的大部分农业物联网平台仅仅收集很小规模的数据，简单地将数据应用到一般控制系统，实现简单的调控功能。每个传感器收集的是典型的时间序列数据，是影响农业生产的一种因素。对这些数据所做的智能分析包括单因素变量的时间变化规律和多因素变量的相关分析，都需要大数据的支持。即使是功能单一且规模小的物联网平台，为数据分析和智能决策所收集的数据也是海量的。

目前，大田种植物联网所取得的海量农业大数据资源，总体利用率很低。分析其原因，主要是物联网建设一般通过引进信息技术团队完成，取得的农业大数据资源只有农学专家才能分析和解读，信息技术专家和农学专家之间的跨学科协同必须引起高度重视。

（5）数据管理不完善。目前，物联网技术与农业生产结合越来越紧密，通过物联网收集的农业数据越来越多。但各种传感器的差异性导致数据种类繁多，且结构复杂，加大了农业数据的存储和开发利用的难度。多年来，也由于缺乏对农业数据的统一管理意识，各种农业数据自成体系，呈现孤岛式发展。

（二）稻田物联网监测体系架构

目前大田种植物联网普遍规模小、功能单一，数据收集量小且分析利用程度低，显然无法适应集约化、精细化、规模化和智能化发展的要求。为了支持水稻物联网监测体系建设，项目组提出了一种全方位物联网体系架构（图3-72）。本架构主要分为物理层、云服务层、数据服务层三大模块。通过各个层次的紧密配合，实现大田种植物联网数据的高效收集、存储和利用。

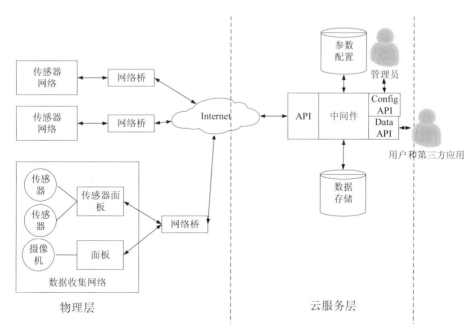

图3-72　全方位物联网体系架构

（三）稻田物联网的物理层

在全方位物联网体系中，物理层设备主要应用：①传感器：信息收集设备，可以将物理信息转换成数字信息。如温度传感器，湿度传感器，光照强度传感器等。②传感器面板：主要负责数据的传输，一般由微型控制器实现，如 Arduino2；通常情况下，一个传感器面板链接多个信息采集设备。③网络桥：网络桥负责连接多个传感器面板，不同的传感器面板通过物理连接的方式（如 USB）或者通过无线协议（如 Zigbee3）与网络桥连接在一起。网络桥通过网络协议与互联网相连，在收集到传感器数据后，以一定的格式和方式组装数据，并输送到目的地或云端。

（四）稻田物联网的云服务层

（1）中间件。中间件是物联网云服务层的核心部分，主要负责物理层采集数据的收集与存储；以及整个系统中参数的配置与存储。本架构中通过设计多种类型 API 的方式，通过网络 API 与底层网络桥实现数据交换，包含物联网数据的收集和确认，平台配置数据和路由数据的相关传送。通过配置 API 实现管理员动态管理和配置整个物联网平台。通过数据 API 与数据需求方实现交互，当中间件在接收到文件后，需要由收集器对收集到的数据进行认证校验，并将数据按照预定的规则拆分打包，再推送到消息队列中，等待消息处理模块的处理消费，再按照一定的存储规则实现数据的存储（图 3-73）。

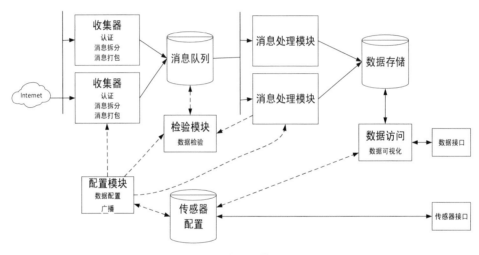

图 3-73　中间件描述架构

（2）网络 API。网络 API 是一种信息交互接口，主要连接着中间件和网络桥，实现两者之间序列化数据和配置数据的传递与交互。为了兼容多种数据类型，解决数据的异构性，必须设计一个统一机制标准化数据。针对数据的特征，我们拟采用通用的数据格式 JSON 格式来实现数据的编码，并且规定数据中必须包含多个特征值如下：

id：传感器的唯一标识符

timestamp：时间戳，也就是数据收集时间

target：目的地，数据传送的目的地

value：数据的测量值

ype: 数据类型

（3）数据存储。数据存储即持久化所收集的序列化数据。其存储介质包含传统的数据库如（MYSQL），也包含分布式文件存储（HDFS、MongDB 等）。本软件架构高效兼容多种数据结构，通过采用多种类型的信息采集设备，如传感器，实时图像采集设备可以采集多种多样的实时数据。并通

过统一的存储格式以及传输协议实现不同数据类型的兼容，对于传感器的异构性也有较强的兼容能力。不仅如此，我们通过互联网和网络设备、系统管理员自我配置模块，使平台具有良好的可拓展性，对以存储为目的的垂直扩展和以处理为目的的水平扩展，都可以通过修改配置参数和修改物理线路的方式实现扩展。另外，为了充分发挥和挖掘数据的价值，该架构通过接口方式，向用户和三方应用提供数据服务。鉴于存储大量的时间序列化数据，传统的数据存储系统已经无法满足，在上述基础上，我们设计了基于分布式存储的大数据系统架构（图 3–74）。本架构中主要引入分布式存储系统 HDFS 实现数据的存储。系统借助于 HDFS 的多格式支持和良好的压缩率，实现多种格式数据的大量存储。

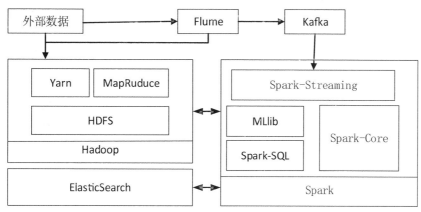

图 3–74　农业大数据系统架构

该大数据平台主要包含数据接入，数据存储，数据计算以及数据检索与展现多个部分。

（4）数据接入。Kafka 和 Flume 是可靠性和可用性的分布式数据收集组件。本系统架构中，引入 Kafka 和 Flume 组件，实现对实时数据高效接入。如对实时视频流数据的接收，传感器系列化数据的接收都有良好的可操作性。

（5）数据计算。基于内存的分布式计算引擎——Spark，可以通过 Spark–Streaming 完美收集与处理流式数据。针对智慧弄张中大量的预测系统和病虫害分析系统可以借助于 Spark 生态中的 MLlib 进行训练与分析，得出准确率较高的预测模型。

（6）数据检索。本架构借助于检索性能十分强大的 ElasticSearch，实现高效准确的在大量数据中检索所需要的数据信息。

基于大数据处理的物联网架构，不仅支持大量的异构性数据的存储，还对实时数据的接收、分析与处理有着良好的兼容性。针对多种数据类型，如文本数据和图片视频等数据也有着较好的兼容性。且基于分布式文件系统，存储量大，稳定性强，可拓展性好。另外，本系统架构通过 Spark 计算引擎，利用机器学习组件和图算法等实现多种复杂的模型训练和构建，以支持智能化管理、决策以及应用。通过分布式搜索引擎 ElasticSearch 实现数据的高效检索与查询。

（五）基于 FPGA 的多传感器数据融合技术

本研究进行了基于农业物联网的多传感器数据融合算法的探索，搭建了基于 FPGA 的多传感器数据融合及应用集成平台，实现了各类传感器（包括视觉传感器、温湿度传感器、光照传感器、光谱传感器等）的信息融合与处理，在农产品品质检测、病虫害识别与预测方面进行了相关探索，取得了一些不错的实验结果。该技术设计了基于 FPGA 的多传感器数据融合及应用集成系统。实现了各类传感器（包括视觉传感器、温湿度传感器、光照传感器、光谱传感器等）的信息融合与处理。硬件平台采用基于 ALTERA Cyclone IV FPGA 芯片的核心板（中间黑色模块），外接多路传感器采集接口板的方式实现核心算法和不同种类的传感器数据输入的灵活对接（图 3-75）。

图 3-75　基于 FPGA 的多传感器数据融合平台

（六）多源传感器图像数据融合

系统中图像采集模块由视频数据采集、视频预处理、图像配准、视频融合和视频显示转换等几个模块组成。视频数据采集模块实现可见光视频和多光谱视频图像的实时采集，保证视频的流畅性；预处理模块实现可见光视频和光谱视频的图像增强，包括去噪滤波、显著目标识别等；图像配准模块实现来自不同传感器的视频图像配准对齐，为后续视频融合模块提供基础；视频融合模块实现可见光图像与光谱视频图像的实时融合，包括视频同步、图像加权融合等步骤；视频显示转换模块实现从可见光视频、光谱图像或融合视频中截取一个小视场图像，并将其缩放至符合视频输出格式的图像。

系统采用局部保边缘滤波将多光谱图像分为低频层与细节层。对低频结构层与高频细节层分别进行处理，调整低频层以提高整体对比度，拉伸细节层来改善局部对比度，再把调整后的低频层与细节层结合得到增强结果。基于局部保边缘滤波的思想是把一幅图像中局部区域内具有较大梯度的像素点当作局部边缘予以保留。视觉显著性反映的是场景中目标吸引视觉注意的能力。对于一副图像，有些区域会引起人眼极大的兴趣，有些区域则易被人眼忽视。以人眼视觉系统为基础，构建图像视觉显著性模型，将人眼对图像各个区域感兴趣的程度使用灰度信息进行量化，这样获得的灰度图即为图像的显著性图。通过提取多个光谱图像显著性图以获取其中的目标信息，采用频域滤波进行显著性检测。为了强调最大的显著目标，突出整体的显著性区域，低频阈值应尽可能地低。为了突出显著性区域的边界，同时滤掉一些噪声，高频阈值要高，但不能太高。因此，系统使用高斯差分滤波器来实现这个滤波过程。

在对可见光和多光谱图像进行预处理增强后必须进行视频同步和图像配准后才能进行下一步融合的工作。可见光与多光谱摄像机在系统中设计为平行光轴，通过结构设计保证两者的旋转角度为 0，避免了图像之间的旋转与扭曲，所以图像配准只需对光谱图像进行缩放和平移两种几何变换即可实现两种视频图像空间上配准。视频同步需要对图像进行缓存，系统采样分别将采集的原始可见光视频和多光谱图像视频存入 DDR3 外存，然后同步读出的方法实现两种视频图像时间上的同步。

来自不同传感器的图像分辨率一般不同，在图像融合之前需要进行缩放和平移实现多种视频图像之间的空间上的匹配。采用双三次插值法，对源视频流的每一帧进行插值处理，得到缩放后的视频流以达到同一视频流对不同分辨率的调整的目的。同时，系统在 FPGA 的实现过程中，优化算法结构，采用插值计算的并行流水线结构，双三次插值算法采用基函数公式 BiCubic 分步计算 16 个权值点的权值，基函数里涉及多项式的加法乘法运算，计算量较大。为了最大限度的优化系统性能、提高权值计算的速度，提高 FPGA 对数据的运算速率，我们采用并行流水和逻辑复制的思想，以空间换时间来加速基函数的计算，提高了工程的实时性和准确性。

图像融合的方法有加权平均法、金字塔分解法以及小波变换方法等。常见的融合方法一般都是由于光谱图像的冗余信息过多而影响了融合图像的质量。采用基于显著性目标提取的可见光与光谱图像融合算法，采用形态学滤波方法对光谱图像信息进行滤波，去除光谱图像中大量冗余信息，将显著目标等轮廓信息与可见光图像进行图像融合，最后利用人眼对红色与绿色目标较为敏感的特性进行彩色融合，可以使得融合后的图像兼有良好的目标与背景特性，更便于提取农业生产环境潜在的隐藏特征，取得了不错的识别效果。

（七）数据降噪与监测参数预测模型研究

农业产业大多分布在野外，农业生产环境恶劣、无线传输信道复杂，在数据传输中不可避免地会出现数据噪声，这些噪声的存在严重影响监测的准确性，甚至导致生产误判。同时，由于环境的复杂性，农业生产控制终端在调控时会有一定的时延，给农业物联网监控的精准性和实时性带来一定的影响。

（1）基于 WAVELET–RNN 的数据实时降噪模型。在信号处理领域，国内外学者提出了许多数据降噪方法，小波因具有强大的降噪能力，可以对动态变化信号进行非平稳性描述，并提供信号的频域和时域的局部信息，降噪适应性广且降噪精度高，已成为目前数据处理等领域最有力的降噪工具。然而，采用小波降噪时，为了输出 t 时刻的准确值，不但需要 t 时刻前的一段数据，而且需要 t 时刻后的一段数据，因此小波降噪具有一定延时性，难以满足农业生产领域实时监控的需求。

近年来，针对生产实际监测实时性需求，不少学者开始研究基于神经网络的数据降噪方法，尤其是循环神经网络 RNN 能很好地满足实时降噪需求，但基于 RNN 的降噪模型在降噪精度和适应性方面和小波降噪模型相比尚存在不少差距。

针对这种情况，项目组提出了基于小波循环神经网络的传感器数据去噪模型 WAVELET–RNN，该模型是一种深度循环神经网络。选择小波和循环神经网络组合降噪主要基于以下几点因素：①传感器数据是时间序列数据，而 RNN 有能力从时间序列数据中抽取信息和轮廓特征，有助于消除传感器数据中的噪音。②深度架构有很强的能力表示噪音数据和清晰数据之间的关系映射。③小波变换可以很好的学习噪音数据特征。④不同类型噪声的一般性容易模拟。

（2）基于序列建模监测参数预测模型研究。在预测模型方面，当前大多数预测方法仅使用相邻 t 时刻的数据关联进行预测，这些方法存在明显的缺陷。因为预测 t 时刻溶解氧的值，仅用到了 $t-1$ 时刻的特征向量。从常识来说，利用 t 以前多个时刻的特征来预测 t 时刻的溶解氧含量应该具有更好的性能。针对这种情况，为了利用时刻 t 以前更多的特征预测 t 时刻的溶解氧值，提出基于时间序列的溶解氧预测方法，给出了严格的溶解氧时间序列预测模型，改进了经典的线性时间序列预测模型算法 DARIMA，提出了一种基于 CNN 和 LSTM 的深度循环神经网络结构 CNN–LSTM。在此基础上，结合卷积神经网络 CNN 和长短期记忆循环神经网络 LSTM 的优势，用 CNN–LSTM 替换 NN 来建模 DARIMA 预测时间序列的残差序列，提出了 ARIMA–CNN–LSTM 深度时间序列组合预测模型，进一步提高了溶解氧和 pH 值的预测精度。

（3）稻田溶解氧的实证研究。以水稻种植溶解氧为例，t 时刻溶解氧含量预测问题即当 $S_z = DO$ 时，根据 $s_z \cup A(A \subset S)$ 过去 D 个时刻传感器数据，预测未来 N 个 S_z 时刻值。

利用卷积神经网络 CNN 稀疏连接、权值共享和平移等变的特性来平滑噪音、提取特征，以及长短期记忆网络 LSTM 擅长序列建模的特性，构建了基于 CNN 和 LSTM 的五层深度神经网络结构模型 CNN–LSTM，如图 3–76 所示。

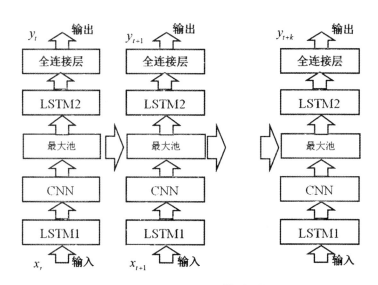

图 3–76　CNN–LSTM 模型结构

模型的目标是根据长度为 k 的序列片段预测序列下一时刻的值，是一个有五层的深度循环神经网络结构。溶解氧为一元时间序列，所以输入维度为 1，该循环神经网络的每个时间步输入为实数。输入第一层为一个 LSTM 单元，该单元的输出维度可以设置为大于 1，假设为 l，设置为每一步都返回一个 l 维向量。为了避免模型过拟合训练数据，给输入 LSTM 包装上一个 dropout 层，假设参数设置为 p，即对输出的 k 维向量，以概率 p 将每个分量置为 0。第二层为一个一维卷积层，设置过滤核的大小为 3，步长为 1，共 32 个核，边界填充设置为 same，即边界不足以计算卷积时，以数字 0 填充，该层使用 ReLu 激活函数。第三层为最大池层，池大小设置 2，步长为 1，即长度为 2 的窗口每次移动一个单位，取最大值，从而达到稀疏的效果。接下来是第二个 LSTM 单元，将输出维度设置为 100，即每个时间步输出一个 100 维的向量，因为这层为输出做准备，该层仅输出最后一个时刻的向量，同样给该 LSTM 包装一个 dropout 层。网络的最后是一个全连接层，输出仅为一维的一个实数，使用线性激活。

模型使用 MSE 最小均方损失，优化器使用 RMSProp 算法。RMSProp 算法修改 AdaGrad 在非凸情况下效果更好，改变梯度积累为指数加权的移动平均。AdaGrad 旨在应用于凸问题时快速收敛，当应用于非凸函数训练神经网络时，学习轨迹可能穿过了很多不同的结构，最终到达一个局部是凸碗的区域。AdaGrad 根据平方梯度的整个历史收缩学习率，可能使得学习率在达到这样的凸结构前就变得太小了。RMSProp 使用指数衰减平均以丢弃遥远过去的历史，使其能够在找到凸碗状结构后快速收敛，它就像一个初始化于该碗状结构的 AdaGrad 算法实例。学习率设置为 0.001。

LSTM 的训练不是把整个序列作为输入，这样可能由于序列太长而引起训练过程中的梯度消失或者梯度爆炸。因此，通常将序列截断成有限长度的片段，如长度为，训练和测试数据的输入为长度为的片段集合，输出为时间序列上紧接输入片段的下一时刻的值的集合。

二、稻田管式土壤监测仪研发

土壤是农作物赖以生存和生长发育的物质基础。土壤信息传感技术利用各种土壤信息传感器实时监测土壤的物理、化学参数及其变化规律，为农业生产决策提供可靠的数据支撑。地球上的土壤都是由岩石风化而来，是一种非均质的、多相的、分散的、颗粒化的多孔系统，其物理性质、化学性质非常复杂，并且空间变异性非常大，这就造成了土壤信息监测的难度。

（一）土壤含水量传感器

水是生命活动的基本要素，植物生长发育必须通过根系从土壤中吸收水分，适宜的土壤含水量是农作物丰产的基本条件。缺水或土壤含水量过高都可能影响农作物生长发育。土壤含水量有重量含水量和体积含水量两种表达方式，其中，重量含水量是水重占总重的百分比，体积含水量则是土壤中水分占有的体积与土壤总体积的比值。土壤含水量的检测方法很多，实验室常用烘干法或直筒法直接检测土壤含水量。土壤含水量传感器采用间接法检测土壤含水量，如电阻法、电容法、电热法等。农业科技工作者只需要土壤墒情监测目标和精度要求，选择合适的土壤含水量传感器或土壤含水量速测仪。不同土层深度的土壤含水量表现有很大的差异，土壤含水量监测可根据需要在不同土层深度布设土壤含水量传感器。

（二）土壤温度传感器

植物扎根土壤并吸收土壤水分和土壤养分，土壤温度直接影响根系的生长发育和吸收功能，可以使用土壤温度传感器或土壤温度速测仪监测土壤温度。土壤温度的高低，与作物的生长发育、肥料的分解和有机物的积聚等有着密切的关系，是农业生产中重要的环境因子。土壤温度也是小气候形成中一个极为重要的因子，测量和研究土壤温度是小气候观测和农业气象观测中的一项重要内容。土壤温度的高低，主要决定于土壤热通量的大小和方向，但也与土壤的容积热容量、导热率、密度、比热和孔隙度等土壤热力特性和土壤含水量有关。土壤温度传感器一般采用 PT1000 铂热电阻，它的阻值会随着温度的变化而改变，当 PT1000 在 0℃ 的时候阻值为 1000 欧姆，它的阻值会随着温度上升成匀速增长。基于 PT1000 的这种特性，利用进口芯片设计电路把电阻信号转换为采集仪器常用的电压或电流信号。土壤温度传感器的输出信号分为电阻信号，电压信号，电流信号。电压电流信号的土壤温度传感器需要加变送模块，通常采用凝固性，固化后坚硬，结实、不易损坏的环氧树脂浇注。

（三）稻田土壤监测的用户需求

水稻土是指发育于各种自然土壤之上、经过人为水耕熟化、淹水种稻而形成的耕作土壤。这种土壤由于长期处于淹水和缺氧状态，土壤中的氧化铁被还原成易溶于水的氧化亚铁，并随水在土壤中移动，当土壤排水后或受稻根的影响（水稻有通气组织为根部提供氧气），氧化亚铁又被氧化成氧化铁沉淀，形成锈斑、锈线，土壤下层较为粘重。

稻田土壤的剖面形态，一般分为水耕熟化层（耕作层）、犁底层、渗育层。水耕熟化层由原土壤表层经淹水耕作而成，灌水时呈泥状，厚 15 ～ 20 cm。犁底层是长期铁犁牛耕形成的紧实层，具有减少肥水下渗的作用，同时也有利于支撑犁耕的深度控制。渗育层指犁底层下的土壤，犁底层虽然较紧实阻止了水肥下渗，但还是存在淋溶、渗漏等现象，既有物质的淋溶，又有耕层中下淋物质的淀积。

实施稻田土壤监测，重点是了解水耕熟化层的情况，南方稻田的耕作层一般厚度约 20 cm，需要监测 0 ~ 10 cm、10 ~ 20 cm 的变化情况，为此，监测点可选择 5 cm、15 cm。对于犁底层及其下的变化情况，生产上的意义相对较小，可设置一个监测点。

（四）稻田管式土壤监测仪研发

在作物生产中，需要了解不断（不同）土壤深度的土壤温度和土壤含水量，因此可以将土壤温度传感器和土壤含水量传感器集成，研发管式土壤温湿度监测仪，监测不同深度的土壤温湿度。这种多层土壤温湿度监测管集成了多组土壤温度传感器和土壤含水量传感器，形成了不同深度土壤观测点，工艺上将其通讯线包藏在 PVC 管道内，可避免田间机械作业损毁，已成为土壤温湿度监测的通用设备。

研发适应于南方稻田的管式土壤监测仪，应根据南方稻田土壤的剖面结构和生产需求，合理设置监测点。为此，监测 0 ~ 10 cm 土层情况可在 5 cm 土层深度处设置一个监测点，监测 10 ~ 20 cm 土层情况可在 15 cm 土层深度处设置一个监测点。为此，项目组设计的稻田土壤监测仪，标注泥面（0 cm），在 5 cm、15 cm、35 cm 处设置三个监测点，实时监测不同土层深度的土壤温度和土壤含水量（图 3–77）。

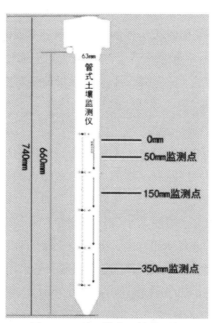

图 3–77　稻田管式土壤监测仪

三、稻田多源信息智能感知集成终端研发

（一）稻田常用的资源环境传感器

（1）太阳辐射传感器。太阳以电磁波的形式向外传递能量，称太阳辐射，是指太阳向宇宙空间发射的电磁波和粒子流。太阳辐射所传递的能量，称太阳辐射能。太阳辐射能是地球生物圈的最重要的能量来源，植物光合作用过程中利用太阳光能将二氧化碳和水合成为有机物质，奠定了地球生物圈的初级生产力。一个地区的太阳辐射能的多少，直接决定着其植物生产潜力。人类食用农产品能够为人类提供能量，其中，植物性产品的能量直接来源于太阳辐射能，动物性产品则通过饲料、饵料等间接

地来源于太阳光能。可见，太阳辐射是农业生产的重要资源。监测太阳辐射的农业传感器主要有太阳总辐射传感器、光合有效辐射传感器。太阳总辐射传感器监测现场的太阳辐射总量，光合有效辐射传感器仅监测 400~700 纳米的太阳辐射量。

（2）光照传感器。光照强度是指单位面积上接受的可见光通量，简称照度，单位勒克斯（lx）。1 平方米面积上接受的光通量是 1 流明时，光照强度就是 1 lx。一般室内活动需要 100Lux 光强，阅读和书写需要 300 lx 光强，夏季正午的太阳光照强度可超过 10 万 lx。光照强度直接影响植物的光合作用，在一定范围内，光照强度越大，植物的光合作用越强，积累的同化产物也越多。光照强度对农业动物的生长发育也具有重要影响，监测光照强度通常使用光照度传感器。

（3）空气温湿度传感器。空气温度简称气温，可使用温度传感器获取实时温度监测信息。空气湿度是指空气的潮湿程度，它表示当时大气中水汽含量距离大气饱和的程度，一般用相对湿度百分比来表示大气湿度的程度。气象因子监测中，一般使用一体化的温湿度传感器。

（4）土壤酸碱度传感器。酸碱度一般用 pH 值来表示。土壤酸碱度差异很大，pH 值小于 5.5 为强酸性土壤，pH 值 5.5~6.5 为酸性土壤，pH 值 6.5~7.5 为中性土壤，pH 值 7.5~8.5 为碱性土壤，pH 值大于 8.5 为强碱性土壤。土壤酸碱度可以采用土壤 pH 值速测仪垂直插入土壤中进行速测，农业物联网中一般使用土壤 pH 值传感器埋入土壤中实时监测，以采集土壤酸碱度及其变化情况。

（5）土壤电导率传感器。土壤电导率反映土壤中物质传送电流的能力，它取决于以下因素：一是土壤孔隙度，土壤的孔隙度越大，就越容易导电。二是温度，温度降低时电导率下降。三是土壤含水量，干燥土壤比潮温土壤电导率要低很多。四是土壤盐分水平，高盐分浓度会急剧地增加土壤电导率。五是土壤的阳离子交换能力，土壤有机质含量高，有利于提高阳离子交换能力，如钾、镁、钙等，从而提高土壤电导率。由此可见，土壤电导率是反映土壤肥力的综合指标。土壤电导率仪或土壤电导率传感器可以检测和实时监测土壤电导率水平。

（6）土壤养分传感器。土壤养分测试的主要对象是氮、磷、钾，这三种元素是作物生长必需的大量营养元素。氮是植物体内蛋白质、氨基酸、叶绿素等的重要成分，缺氮表现为叶色变黄和生长发育不良。土壤氮素养分检测有全氮、速效氮、铵态氮、硝态氮四种指标。磷是植物体内核酸、磷指等的成分，它以多种方式参与植物的新陈代谢，土壤磷的测试项目有全磷和有效磷。钾是植物新陈代谢过程所需酶的活化剂，能够促进光合作用和提高抗病能力，土壤钾的测试项目有全钾和速效钾。目前，较精确的土壤养分检测必须通过实验室检测，土壤养分速测仪可在田间速测的精度相对偏低，采用土壤养分传感器进行实时监测是智慧农业的重大攻关方向。

（二）稻田多源信息智能感知集成终端

大田种植物联网实际应用中，需要将气象因子、土壤因子、水分因子等进行资源环境综合监测，实现综合监测的途径有两种：一是各种无线传感器通过无线网关实现数据通讯；二是有线传感器通过现场总线数据集成，共享供电设施、现场总线电路板、显示设备等，从而实现多源信息智能感知。

针对农业物联网应用中的典型传感器，结合水稻生产情况，研究低功耗、高带宽、高集成化、实时应用的智能传感节点设计技术，研制稻田多源信息智能感知终端。该终端性能已达到国内先进水平，并已能达到传感节点、多应用场景、多功能、无缝接口、可重用等智能化要求。设备由湖南腾农科技服务有限公司与湖南农业大学相关专家一起研发，并委托武汉新普惠公司进行定制化生产组装（图3-78）。

图 3-78　布设在田间的稻田多源信息智能感知传感器集成终端

稻田资源环境智能感知终端可用于采集稻田资源环境大数据，可以实时采集光照强度、光合有效辐射、空气温湿度等气象数据，通过管式土壤温湿度传感器采集 5 cm /15 cm /35 cm 的土壤温湿度，集成土壤酸碱度、土壤电导率、铵离子等传感器，形成多源信息智能感知系统，采用太阳能板统一供电，现场总线通讯部件、显示部件和蓄电池置于数据采集箱中，采集的数据通过 wifi 传送接入互联网。智能感知终端采集太阳能电板供电可避免在田间架设输电线路，但若遇连续阴雨 10 天以上，太阳能电板发电量不足，可能导致断电而使传感器无法正常工作，这种情况下可改用市电加配蓄电池解决。

稻田多源信息智能感知集成终端集成了土壤温度传感器、土壤含水量传感器、土壤酸碱度传感器、土壤电导率传感器、光照度传感器、光合有效辐射变送器、风速传感器、风向传感器、雨量传感器等多种农业传感器，并使用 5 cm/15 cm/35 cm 管式土壤温湿度传感器，形成稻田多源信息智能感知终端。主要传感器参数见表 3-246。

表 3-246　稻田多源信息智能感知终端的主要传感器参数

序号	设备名称	设备参数要求	接口及通信方式
1	土壤温度传感器	量程：–30℃ ~ 70℃；输出信号：4 ~ 20 mA / 0 ~ 2v / RS485；测量精度：±0.5℃；	
2	土壤含水分传感器	量程：0 ~ 100%；输出信号：4 ~ 20 mA / 0 ~ 2v / RS485；测量精度：±3%；	
3	土壤 pH 值传感器	测量范围：pH：0 ~ 14；输出信号：4 ~ 20 mA / 0 ~ 2v / RS485；测量精度：±0.02（pH4 ~ 9）	电源：12V DC 协议：Modbus–RTU 波特率：9600 效验位：无 数据位：8 停止位：1
4	土壤电导率传感器	盐分测量范围：0.01 ~ 0.3 mol/L；最小读数为 0.01 mol/L；电导率测量范围：0 ~ 20mS；输出信号：4 ~ 20 mA / 0 ~ 2v / RS485；	
5	光照度传感器	测量范围：0–2 klx、0–20 klx、0–200 klx；测量精度：5%F.S；输出信号：4 ~ 20 mA / 0 ~ 2v / RS485；	
6	风速传感器	量程：0 ~ 32.4 m/s；输出信号：4 ~ 20 mA / 0 ~ 2v / RS485；	
7	风向传感器	测量范围：0 ~ 360°；输出信号：4 ~ 20 mA / 0 ~ 2v / RS485；	

续表

序号	设备名称	设备参数要求	接口及通信方式
8	PHFPH 光合有效辐射表变送器	光谱范围：400 ～ 700 nm；量程：0–2000 $\mu mol \cdot m^{-2} \cdot s^{-1}$/0–2000 W/m^2； 输出信号：4 ～ 20 mA / 0 ～ 2v / RS485； 仪器线长：标配 2.5 m；响应时间：约 1s（99%）； 温度相关：最大 0.05%/℃；余弦校正：上至 80° 入射角； 工作温度：–40℃至 65℃；相对湿度：0 ～ 100%； 灵敏度：5 ～ 50 μv/（$\mu mol \cdot s$）；内阻：< 2K	电源：12V DC
9	PHCO₂ 二氧化碳传感器变送器	量程范围：0 ～ 2000×10^{-6}；准确度：±（40×10^{-6}+2%F·S）； 分辨率：1 ppm；输出信号：4 ～ 20 mA / 0 ～ 2v / RS485； 仪器线长：标配 2.5 m； 负载电阻：电压型：RL ≥ 1K；电流型：RL ≤ 250Ω； 工作温度：–40℃ ～ 70℃；相对湿度：0 ～ 100%； 产品重量：140 g；产品功耗：4.8 mW	
10	PHZW 紫外辐射传感器变送器	测量范围：0 ～ 200W/m^2；光谱范围：280 ～ 400 nm； 余弦响应：≤ 4%（太阳高度角为 30° 时）； 响应时间：≤ 1S（99%）；输出信号：4 ～ 20 mA / 0 ～ 2v / RS485； 工作环境：温度 –50℃ ～ 50℃； 额定电压：300V；温度等级：80℃	
11	PH–YL–1 翻斗式雨量传感器变送器	承水口径：Φ200；测量范围：0 ～ 4 mm/min（降水强度）； 分辨率：0.1 mm（3.14 mL）/0.2 mm（6.28 mL）； 准确度：±4%（室内静态测试，雨强为 2 mm/min）； 输出信号：4 ～ 20 mA / 0 ～ 2v / RS485； 仪器线长：标配 5 m；工作温度：0 ～ 60℃； 贮存温度：–10℃ ～ 50℃；产品重量：承水桶重 1700 g，总重 3300 g	
12	管式土壤温湿度传感器	土壤水分(体积含水量)测量范围：干土 ～ 水分饱和土；实验室测量精度： ±2%；野外测量精度：±5%； 温度测量范围：–20℃ ～ 60℃，测量精度 ±0.5℃； 稳定时间：通电后约 10 s；响应时间：1 s 内进入稳定过程； 外形尺寸：Φ 63 mm，长度随传感器的数量而不同，10 层导管长度约 152 cm（大于 10 层可定制）； 工作环境温度：–40℃ ～ 80℃； 平均无故障时间：≥ 25000 h； 工作电流：< 100 mA，典型值 40 mA； 工作电压：12 ～ 24 V；工作环境湿度：100%RH（无凝结）； 外壳防护等级：地面部分：IP67；地面以下：IP68；	协议：Modbus–RTU

四、水稻生产过程遥感监测技术攻关

（一）地面试验安排与实施技术路径

（1）地面监测点选择。根据湖南省水稻种植适宜性分区情况（图 3–79），选择湘北环湖平丘区、湘中东丘岗盆地区和湘南丘岗山区等三大双季稻优势产区作为试验示范区域，收集水稻双季稻不同生长时期的多源遥感影像和相关辅助数据资料，以及测定近地高光谱遥感信息，提取水稻种植面积和植被指数、叶面积指数、叶绿素含量等生物物理化学信息，通过时序分析技术开展水稻长势监测，基于经验模型，实现水稻种植面积和产量的遥感监测。提高水稻遥感监测在地形复杂地区监测的精度和适应性。对接超高产攻关田试验区，选择益阳市赫山区笔架山乡中塘村、衡阳市衡阳县西渡镇梅花村、长沙市浏阳市沿溪镇花园村，实施双季稻光谱数据采集和生长指标监测。

（2）技术路径。研究高光谱技术在实现水稻生产过程快速监测中模型适应性较差、信息冗余等问题，找寻提升监测精度的路径与方法，利用地面实测与近地无人机遥感和卫星遥感实现"地 – 空 – 星"一体化的水稻生长快速监测。在水稻高产核心试验区，开展水稻关键生长期重要参数的地面实测和遥

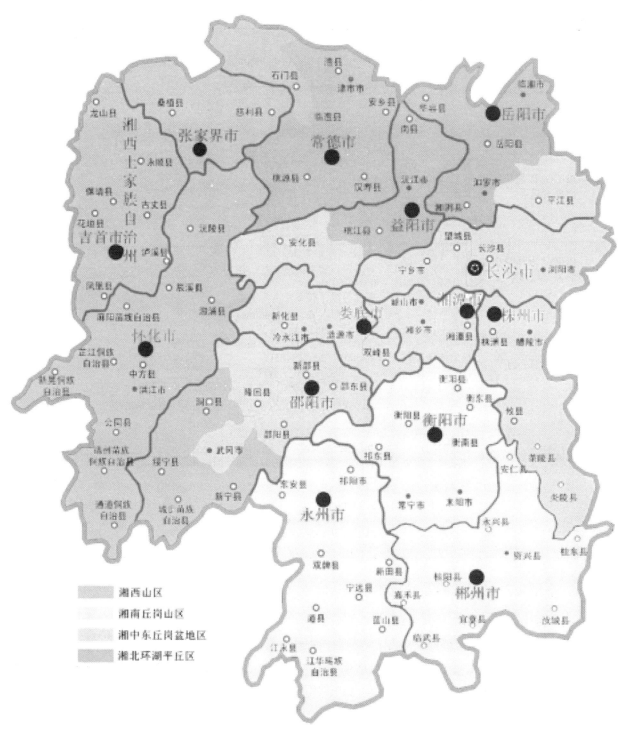

图 3-79　湖南省水稻种植适宜性分区

感数据采集工作，构建地面实测与遥感数据之间的关系模型，实现双季稻种植面积遥感监测和估产（图 3-80）。

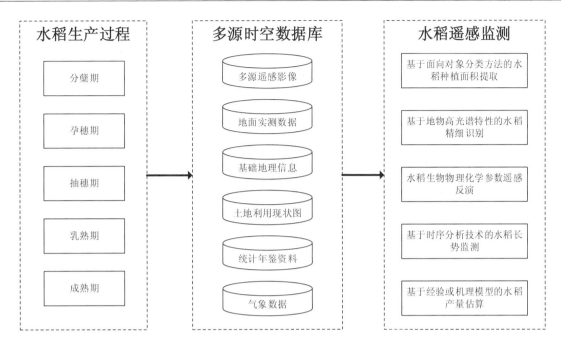

图 3-80 水稻遥感监测体系建设的技术路径

（二）地面数据收集

通过实地调研与资料收集，获取核心试验区的水稻物候期特征、历年产量实测数据，区域基础地理和气候特征数据，以及其它与水稻生产过程相关的资料，为后续试验的设计和开展提供支持。

根据课题任务目标，依托课题一的超高产攻关试验田块，按照不同处理和品种设置若干个面积均等的小区（长宽尺寸），获取高光谱遥感数据（包括冠层和近地）和水稻生物物理参数（包括但不限于叶面积指数、叶绿素含量等），形成时间序列水稻遥感数据集，分析不同长势水稻的反射光谱特征，构建光谱指数，综合光谱、时相、空间维度信息，利用面向对象方法进行精准分类识别，测量水稻种植面积，并建立产量遥感预测模型。

（三）地面数据采集与预处理

依次在水稻分蘖期、孕穗期、抽穗期、乳熟期、成熟期等关键生长节点采集水稻生物物理化学参量和高光谱遥感数据，通过预处理建立有效数据集。

（1）叶面积指数（Leaf Area Index，LAI）。采用基于光学原理的冠层测量分析仪器（如 Licor LAI-2200、SUNSCAN）对试验田 LAI 进行快速测量。

（2）不同水肥条件下叶片的生物化学参量。对已采集的水稻叶片样本，在实验室开展生化成分测定，获取不同水肥条件下叶片的叶绿素含量和其它生化参量。利用叶绿素含量测定仪器开展快速、大范围的野外测量。

（3）冠层高光谱数据采集。在试验区太阳光强度稳定、晴朗无云的 10 ~ 14 时，利用 ASD FieldSpec 地物光谱仪采集试验小区水稻冠层光谱。采集光谱时，保持探头与冠层的垂直距离 30 cm，测量前和测量过程中每隔 10 min 进行一次标准白板校正。每个小区采样点测量 5 ~ 10 次，取其平均值作为该小区水稻冠层光谱反射率。

（四）近地高光谱数据采集

（1）无人机平台。无人机平台选择的是大疆专门为行业应用设计的经纬 M600PRO，该无人机平台具有高负载与高飞行性能的优点，采用了先进的模块化设计，配备三余度的 A3pro 飞控，具有高可靠性与便捷性的优点。并且其配备每组六块的智能电池，每块电池的容量为 129.96wh。最大飞行时间为 40 min。满足日常作业的需要。

（2）数据获取系统。高光谱数据获取系统主要包括高光谱数据采集模块、GPS/INS 模块、与数据存储模块。Headwall 高光谱相机采用一体化机身设计，安装方便快捷。高光谱数据采集模块设计的波段为 400 ~ 1000nm，采用的是像差校正同轴全反射光学设计，这使其具有良好的空间与光谱分辨率的有点。利用小型方位组合导航系统，可以获取高光谱数据采集模块的姿态方位等数据。导航系统采用固态 MEMS 陀螺为基础，以 IMU 和带有载波相位的测量型 GPS 接收机为主要部件，并嵌入组合推算软件，可实现高精度的位置姿态测量。数据存储模块嵌于数据采集模块之中，主要存储高光谱数据采集模块获取的高光谱数据和 GPS/INS 模块获取的位置角度数据，并在飞行任务完成后，导入到数据处理计算机。通过 Gig-E 高速网线接口传输数据，传输速度达到 100M/s，储存空间为 1T。可以达到日常使用的要求。考虑到无人机高光谱数据获取系统采用线推扫成像方式，获取的数据在 GPS/IMU 精度不够高的情况下存在较大的几何畸变，因此，在综合考察对比不同成像方式高光谱数据获取系统的基础上，晚稻选用四川双利合谱科技有限公司自主研发的成像光谱仪 GaiaSky-mini2。该设备由无人机搭载悬置空中，高光谱成像光谱仪采用内置推扫的方式获取地面图像，通过悬停拍摄获取的数据几何畸变大大减少，有利于后续数据处理。

（五）近地高光谱数据预处理

（1）辐射定标。由于传感器获取的数据在获取过程中由 CCD 记录的 DN 值不具有光谱意义，同时由于光照度、大气程辐射的影响，太阳的辐亮度与传感器入瞳辐亮度有较大差异，为了消除该影响，要进行辐射校正及反射率反演，将 DN 值转换反射率数据。一般处理流程为首先进行绝对辐射校正，将 DN 值首先转换为入瞳绝对辐亮度值，然后进行反射率反演，将辐亮度转换为地物的反射率。基于 DN 值与反射率具有线性关系的前提，在无人机飞行现场通过铺设定标布，同时采集两个地物的 DN 值与光谱，采用双线性回归方法开展辐射定标。

（2）几何校正。由于传感器自身、数据获取平台及其目标地形变化等各种因素而导致原始数据影像中各个像素点相对于地面目标的实际地理位置发生扭曲、拉伸、偏移等几何畸变，直接使用这种带有畸变的影像进行处理分析，往往是"失之毫厘谬以千里"，难以满足后续水稻种植面积提取的需要，并且原始数据没有地理信息数据。因此原始数据应优先进行几何校正。

产生几何畸变的几何误差一般可以根据是否可预测分为系统几何误差和非系统误差。由于系统误差而产生的畸变通常具有系统性，是有规律的并且可以进行预测推导。系统误差通过仪器的实验室校正，获得校正参数来进行纠正。非系统误差而引起的畸变，通常是由于时空变化，如传感器的姿态、平台的高度、空气折射率的变化等，一般难以进行预测推导。

本试验采用的是推扫式成像方式的高光谱设备，其成像方式一般是固体自扫描方式，使用面阵探测器的一维单元对地物目标进行扫描，另一维为光谱维。此类成像方式，图像每一帧获取一行影像，且每一帧都一个中心投影影像。这就导致每个扫描行的系统外方位元素都不同，同时帧速相对于一般的成像系统快了一个数量级。此种成像方式很难使用经验模型进行纠正，并且在利用物理模型的时候，对辅助定位，姿态信息的获取精度提出更高的要求。同时图像的采集与定位和姿态信息的采集频率都在毫秒级别，数据的时间匹配较为困难。高光谱数据本身具有的大数据量，也对处理的速度有较大的影响。

由于此次试验所用的光谱仪采用的是推扫的成像方式，且获取了传感器的精确的位置与角度信息因此使用物理模型进校正。物理模型又称严密成像几何纠正模型，是建立在影像像元坐标和地面目标地物坐标严格的变换关系的基础上，模型通过先验知识获得改正数，包括：①定向改正数，主要表现了畸变来源于倾斜和偏航等决定的平台航向特征。②比例因子改正数，主要表现了畸变来源包括：平台飞行方向上的平台速度、高度和俯仰特征，传感器的观测时间，地球自转分量等因素。③水准角度因子改正数，主要表现了反映的畸变来源包括：扫描方向的平台翻滚，扫描倾角，传感器定向，地球曲率等因素。

构像瞬间像点与其相应的地面点应位于通过传感器投影中心的一条直线上，所以该模型建立的出发点是共线方程。共线方程的参数可以通过先验知识求得，也可以通过控制点数据运用最小二乘原理求解，进而可以求得各个像点的改正数，最终达到纠正的目的。

（六）卫星影像数据源

卫星影像数据来源于中国资源卫星应用中心，主要是高分一号、高分二号、资源卫星三号、资源三号02星、环境小卫星。高分一号（GF-1）卫星搭载了两台2m分辨率全色/8m分辨率多光谱相机，四台16m分辨率多光谱相机。卫星工程突破了高空间分辨率、多光谱与高时间分辨率结合的光学遥感技术，多载荷图像拼接融合技术，高精度高稳定度姿态控制技术，5～8年寿命高可靠卫星技术，高分辨率数据处理与应用等关键技术，对于推动我国卫星工程水平的提升，提高我国高分辨率数据自给率，具有重大战略意义。高分二号（GF-2）卫星是我国自主研制的首颗空间分辨率优于1m的民用光学遥感卫星，搭载有两台高分辨率1m全色、4m多光谱相机，具有亚米级空间分辨率、高定位精度和快速姿态机动能力等特点，有效地提升了卫星综合观测效能，达到了国际先进水平。高分二号卫星于2014年8月19日成功发射，8月21日首次开机成像并下传数据。这是我国目前分辨率最高的民用陆地观测卫星，星下点空间分辨率可达0.8m，标志着我国遥感卫星进入了亚米级"高分时代"。主要用户为国土资源部、住房和城乡建设部、交通运输部和国家林业局等部门，同时还将为其他用户部门和有关区域提供示范应用服务。资源三号卫星（ZY-3）于2012年1月9日成功发射。该卫星长期、连续、稳定、快速地获取覆盖全国的高分辨率立体影像和多光谱影像，为国土资源调查与监测、防灾减灾、农林水利、生态环境、城市规划与建设、交通、国家重大工程等领域的应用提供服务。资源三号卫星是我国首颗民用高分辨率光学传输型立体测图卫星，卫星集测绘和资源调查功能于一体，搭载的前、后、正视相机可以获取同一地区三个不同观测角度立体像对，能够提供丰富的三维几何信息，填补了我国立体测图这一领域的空白，具有里程碑意义。资源三号02星（ZY3-02）于2016年5月30日11时17分，在我国在太原卫星发射中心用长征四号乙运载火箭成功将资源三号02星发射升空。这将是我国首次实现自主民用立体测绘双星组网运行，形成业务观测星座，缩短重访周期和覆盖周期，充分发挥双星效能，长期、连续、稳定、快速地获取覆盖全国乃至全球高分辨率立体影像和多光谱影像。资源三号02星前后视立体影像分辨率由01星的3.5m提升到2.5m，实现了2m分辨率级别的三线阵立体影像高精度获取能力，为1∶50000、1∶25000万比例尺立体测图提供了坚实基础。双星组网运行后，将进一步加强国产卫星影像在国土测绘、资源调查与监测、防灾减灾、农林水利、生态环境、城市规划与建设、交通等领域的服务保障能力。

（七）卫星影像数据处理技术路线

（1）辐射定标。辐射定标，是将卫星影像中无量纲的 DN 值转化为卫星接收的表观辐亮度或者表观反射率。高分一号和高分二号卫星的表观辐亮度（L_λ）和资源三号卫星可以由中国资源卫星应用中心提供的增益（Gain）和偏移（Offset）将 DN 值线性变化得到：

$$L_\lambda = Gain_\lambda DN + Offest_\lambda$$

式中的 λ 表示波长，资源三号卫星的 Offset 都是 0。

（2）多光谱 / 全色正射校正。高分一号的 L1A 级包括了 RPC 文件，在经过了辐射定标、大气校正等处理，ENVI 会自动将 RPC 嵌入处理结果中，可以在图层管理中辐射定标或者大气校正结果图层右键选 View metadata，RPC 选项就是嵌入的 RPC 文件。可以直接使用 /Geometric Correction/Orthorectification/RPC Orthorectification Workflow 工具进行正射校正。本项目采取基于无控制点对多光谱 / 全色数据结果进行正射校正。同样的方法对多光谱大气校正结果进行大气校正。

（3）大气校正。传感器测得的地面目标的总辐射亮度（及表观辐亮度）并不是地表真实反射率的反映，其中包含了由大气吸收，尤其是散射作用造成的辐射量误差。大气校正就是消除这些由大气影响所造成的辐射误差，反演地物真实的表面反射率的过程。该过程可以使用 ENVI 软件中的 FLAASH 大气校正模块或者 QUick Atmospheric Correction 模块实现。

在 ENVI5.3 版本中，直接支持高分一号、高分二号 PMS 数据的辐射定标和大气校正。在选取 FLAASH Atmospheric Correction 大气校正模块时。应注意传感器信息设置，除去系统默认的成像中心点经纬度外，传感器高度、像元大小、成像区域平均高度等都应该根据实际情况设定，在处理相对较大的影像时：可以根据计算机的内存大小，设置是否使用分块计算。如果内存低于 8G，需要使用分块计算，并将分块打开 Tile Size 设置为 100 ~ 200M，处理速度明显提升。

（4）图像融合。遥感影像融合是将在空间、时间、波谱上冗余或互补的多源遥感数据按照一定的规则（或算法）进行运算处理，获得比任何单一数据更精确、更丰富的信息，生成具有新的空间、波谱、时间特征的合成影像数据。高分影像通过融合其多光谱影像和全色波段影像，既可以提高多光谱影像空间分辨率，又保留其多光谱特性。可以利用 ENVI 的 Gram–Schmidt Pan Sharpening 或者 NNDiffuse Pan Sharpening 模块实现。

（5）图像配准。高分影像包含多光谱（光谱分辨率相对较高）和全色（高空间分辨率）两景影像，由于几何校正误差的原因，重叠区的相同地物可能不重叠，这种情况对图像的融合、镶嵌、动态监测等应用带来很大的影响，需要利用重叠区的匹配点和相应的计算模型进行精确配准。

影像配准（Image Registration）定义上是将不同时间、不同传感器（成像设备）或不同条件下（天候、照度、摄像位置和角度等）获取的两幅或多幅图像进行匹配、叠加的过程。高分影像的影像配准就是实现多光谱和全色两景影像精确配准的过程。该过程可以通过 ENVI 软件的 Image Registration Workflow 模块实现。

第四章　双季稻绿色丰产节本增效技术创新

"十三五"国家重点研发计划"粮食丰产增效科技创新"重大专项湖南省项目联组的专家们，面对湖南双季稻生产的生态条件和生产问题，加速双季稻丰产节本增效关键技术创新，形成了十大关键技术。这十大关键技术的推广应用，使湖南双季稻生产水平再上新台阶。

第一节　水肥一体化简易场地无盘育秧技术

一、技术概况

水肥一体简易场地无盘育秧技术利用保水材料构建水肥一体化的固定秧床，简化了机插水稻的育秧方法，可大幅降低了育秧成本。水肥一体简易场地无盘育秧操作方便，安全高效，可在稻田、山坡地、水泥坪等进行育秧，育秧基质可就地取材（土壤、稻壳），为开展水稻商品化育秧及其专业化服务提供了技术支撑。

二、技术要点

（一）种子精选

选用商品杂交稻种子，再用光电比色机对种子进行精选（图4-1），以去除发霉变色的种子、稻米、杂物等，获得高活力种子。在生产上，杂交稻种子精选后的大田用量，一般早稻为1300 g/亩左右，晚稻为800g/亩左右，一季稻为550 g/亩左右。

（二）种子包衣

应用商品水稻种衣剂，或按照有关要求采用种子引发剂、杀菌剂、杀虫剂及成膜剂等自配种衣剂，将精选后的高活力种子进行包衣处理，以防除种子病菌和苗期病虫危害，提高发芽种子的出苗率和成秧率。经包衣处理后的杂交稻种子，一般播种后25 d以内不需要再次进行病虫害防治（图4-2）。

（三）定位播种

应用杂交稻印刷播种机，每盘横向播种16行（25 cm行距插秧机）或20行（30厘米行距插秧机），纵向均播种34 ~ 36行经包衣处理的杂交稻种子。早稻定位播种2粒,晚稻和一季稻定位播种1 ~ 2粒。边播种边进行纸张卷捆，以便于运输（图4-3）。

（四）分层育秧

选择平整的稻田、旱地或水泥坪作为育秧场地，采用农用岩棉＋编织袋布（或带孔薄膜）构建固定秧床进行分层无盘育秧。

构建水肥层：如采用稻田和旱地育秧，先开沟做秧厢，厢面宽130 ~ 140 cm、沟宽50 cm，然后在秧厢上铺放岩棉，浇水（或灌水）湿透岩棉，均匀喷施水溶性肥料（45%复合肥40 kg/亩）于岩棉上，再铺放编织袋布（或带孔薄膜）防止过多根系下扎至岩棉中，造成取秧困难。如采用水泥坪育秧，直接将岩棉铺于水泥坪上，再用泥巴将岩棉四封住，以防岩棉中的水分过快蒸发，其他操作同稻田和旱地育秧（图4-4、图4-5、图4-6）。

图4-1　光电比色机精选种子

图4-2　多功能种衣剂包衣种子

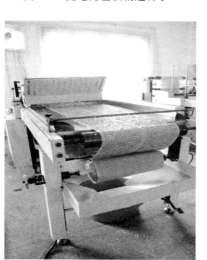

图4-3　印刷播种机精准定位播种

图4-4　秧床铺放岩棉及浇水

图4-5　秧床洒施水溶性肥料

图4-6　秧床铺放编织袋布

构建根层：在编织袋布（或带孔薄膜）上铺放无纺布条，无纺布条宽度根据插秧机规格确定，25 cm 行距插秧机为 22.3 cm，30 cm 插秧机为 27.8 cm，再在无纺布条上填放 1.5 ～ 2.0 cm 厚的专用基质，种子朝上平铺印刷播种纸张，覆盖 0.5 ～ 1.0 cm 厚的专用基质，浇水湿透种子及基质，保持基质透气、湿润，以利种子出苗（图 4-7、图 4-8、图 4-9）。

图 4-7 铺放无纺布、覆盖基质及浇水

图 4-8 铺放播种纸及覆盖基质

图 4-9 覆盖小拱薄膜或无纺布

图 4-10 湿润管理出苗

图 4-11 干旱管理炼苗

（五）秧田管理

早、中稻用竹片搭拱，薄膜覆盖；一季、双季晚稻用无纺布平铺覆盖，厢边用泥固定，以防风雨冲荡。

种子破胸后、出苗前厢面保持湿润（无水层），出苗后干旱管理炼苗（图 4–10、图 4–11）。对于早、中稻，当膜内温度达到 35℃ 以上，揭开两端薄膜通风换气、炼苗；播种后连续遇到低温阴雨时，揭开两端薄膜通风换气，预防病害。对于一季、双季晚稻，当秧苗 1 叶 1 心后，揭开无纺布（最迟可到秧苗 2 叶 1 心期）。对于双季晚稻，1 叶 1 心期每亩用 15% 的多效唑粉剂 64 g，兑清水 32 kg 细雾喷施，以促进分蘖发生和根系生长。

（六）起秧运秧

于机插当天，以无纺布条为依托卷取秧块，在 1 ～ 1.2 m 处切断，堆放 2 ～ 3 层运送至田头（图 4–12、图 4–13）。

图 4–12　起秧

图 4–13　运秧

三、应用效果

应用水肥一体简易场地无盘育秧技术育秧，一般机插杂交稻每亩大田种子及育秧费用为 120 ～ 150 元，机插秧费用每亩 80 ～ 100 元，即育秧插秧成本每亩大田为 200 ～ 250 元，其中一季稻每亩约 100 元，早稻或晚稻每亩约 250 元。每亩大田杂交稻种子及育秧费包括种子及加工处理 80 ～ 100 元，基质及无纺布 20 ～ 25 元，人工及机械折旧 10 ～ 15 元，保水材料折旧及场地 10 元。与传统机插稻的育插秧比较，每亩大田减少杂交稻种子及育秧费用 120 元以上，减幅约 50%（图 4-14、图 4-15）。

第二节　杂交稻单本密植大苗机插栽培技术

一、技术概况

杂交稻单本密植大苗机插栽培技术是通过精准定位播种，旱式育秧，低氮、密植、大苗机插栽培，

图 4–14　永安示范现场（2018）

图 4–15　赫山示范现场（2019）

以培育由大穗和穗数相协调的高成穗率群体，发挥杂交稻的分蘖成穗优势和大穗增产优势。与传统机插杂交稻相比，种子用量减少 50% 以上，秧龄期延长 10 ~ 15 d，秧苗素质及耐机械栽插损伤能力得到大幅提高。

二、技术要点

（一）种子处理

种子处理包括种子精选、种子包衣和定位播种 3 个环节。各环节的具体操作规范见本章第一节。

（二）旱式育秧

采用分层无盘育秧或稻田泥浆育秧。其中，分层无盘育秧的具体操作见本章第一节；稻田泥浆育秧的操作规范如下：

选择交通便捷，排灌方便，土壤肥沃，没有杂草等的稻田作秧田。于播种前 3 ~ 4 d 将秧田整耕耙平后每亩撒施 45% 复合肥 60 kg。秧床开沟做厢，厢面宽 130 ~ 140 cm、沟宽 50 cm。从田块两头用细绳牵直，四盘竖摆，秧盘之间不留缝隙；把沟中泥浆剔除硬块、碎石、禾蔸、杂草等装盘（手工或泥浆机），盘内泥浆厚度保持 1.5 ~ 2.0 cm，平铺印刷播种纸张，覆盖专用基质（0.5 ~ 1.0 cm）、喷水湿透基质。对于早稻育秧，秧床需要用敌克松或恶霉灵兑水喷雾，预防土传病害。

早、中稻用竹片搭拱，薄膜覆盖；一季、双季晚稻用无纺布平铺覆盖，厢边用泥固定，以防风雨冲荡。种子破胸后、出苗前厢面保持湿润（无水层），出苗后干旱管理炼苗。对于早、中稻，当膜内温度达到 35℃ 以上，揭开两端薄膜通风换气、炼苗；播种后连续遇到低温阴雨时，揭开两端薄膜通风换气，预防病害。对于一季、双季晚稻，当秧苗 1 叶 1 心后，揭开无纺布（最迟可到秧苗 2 叶 1 心期）。对于双季晚稻，1 叶 1 心期每亩用 15% 的多效唑粉剂 64 g，兑清水 32 kg 细雾喷施，以促进分蘖发生和根系生长。

（三）机械插秧

于插秧前 2 天平整稻田，当秧龄为出苗后 20 ~ 30 d（或秧苗 4 ~ 6 叶期）进行插秧，机插密度为：早稻 2.4 万穴 / 亩以上，晚稻 2.0 万 ~ 2.2 万穴 / 亩，一季稻 1.6 万穴 / 亩以上。

（四）大田管理

1、大田施肥

一般氮肥用量早、晚稻为 8 ~ 10 kg / 亩，一季稻为 10 ~ 12 kg / 亩，分基肥（50%）、蘖肥（20%）、穗肥（30%）3 次平衡施用。磷钾肥按 $N：P_2O_5：K_2O=1：0.4：0.7$ 的比例补偿施用。其中，磷肥全部作基肥施用，钾肥分基肥（50%）、穗肥（50%）2 次施用。

推荐采用以下 2 种方法进行大田施肥：一是"三定"栽培技术，二是同步侧深施肥技术。

2、大田管水

分蘖期浅水灌溉，当每亩苗数达 18 万 ~ 20 万开始晒田，晒至田泥开裂，一周后复水保持干湿交替灌溉，孕穗至抽穗保持浅水，抽穗后保持干湿交替灌溉，成熟前一周断水。

3、大田病虫草害防治

按照当地植保部门病虫情报，确定防治田块和防治适期，对病虫害进行防治。推荐使用翻耕灌深水灭蛹、性信息激素全程诱杀、种植诱杀植物（香根草）和天敌功能植物（3 叶草、黄秋葵、芝麻等）、稻田养鸭等绿色防控技术。

（五）收获

当 90% 以上的稻谷成熟时，选晴天采用收割机及时收割脱粒。

三、应用效果

于 2018-2020 年，在浏阳、常宁、赫山、安仁、衡阳等地对双季杂交稻单本密植大苗机插栽培技术进行了示范（表 4-1）。早稻累计示范 4863 亩，平均产量 546.6 kg/ 亩，较传统栽培平均增产 14%；晚稻累计示范 4525 亩，平均产量 566.6 kg/ 亩，较传统栽培平均增产 12%；双季合计示范 9388 亩，平均产量 1113.2 kg/ 亩，较传统栽培平均增产 13%。其中，2018 年安仁油稻三熟制双季示范片早稻产量 608.5 kg/ 亩，晚稻 585.2 kg/ 亩，双季产量达 1193.7 kg/ 亩。浏阳和衡阳示范区内大田试验结果表明，通过选用高产杂交稻品种和采用单本密植机插栽培技术可实现表观辐射利用率平均提高 24%，表观有效积温利用率提高 22%，氮肥偏生产力提高 23%。此外，示范结果还表明（表 4-1），通过采用单本密植栽培技术（育秧采用场地分层无盘旱育秧技术），可实现节本增效 200 元 / 亩以上（节本 70 ～ 135 元 / 亩，增产增效 154 ～ 162 元）。

表 4-1　双季杂交稻单本密植大苗机插栽培技术示范情况汇总

年份	地点	季节	品种	面积 / 亩	产量 /（kg/ 亩$^{-1}$）	较传统栽培增产 /%
2018 年	浏阳	早季	株两优 189	300	530.9	10
		晚季	泰优 390	300	585.9	9
	常宁	早季	潭两优 215	560	531.5	8
		晚季	泰优 390	1500	546.2	11
	赫山	早季	陵两优 268	600	502.9	8
		晚季	桃优香占	150	599.4	10
	安仁	早季	陆两优 996	200	608.5	27
		晚季	泰优 390	500	585.2	10
2019 年	浏阳	早季	潭两优 83 株两优 819	213	529.6	14
		晚季	泰优 390 泰丰优 736	303	598.8	14
	衡阳	早季	荣优 233	103	564.8	16
		晚季	H 优 159	105	556.5	15
	赫山	早季	两优 287	107	531.5	14
		晚季	桃优香占	107	599.0	13
2020 年	浏阳	早季	两优 287	330	533.1	9
		晚季	优 390	330	528.0	10
	衡阳	早季	株两优 819	650	551.4	16
		晚季	泰优 533	580	531.6	15
	常宁	早季	荣优 233	1800	581.5	15
		晚季	泰优 390	650	535.4	14
合计 / 平均		早季		4863	546.6	14
		晚季		4525	566.6	12
		双季		9388	1113.2	13

第三节　全程机械化条件下双季稻茬口衔接技术

一、技术概况

长江中下游南部双季稻区要实现耕、种、管、收全程机械化生产，机耕、机收、机烘已基本普及，种植机械化包括三条技术路径：机直播、工厂化育秧、机械移栽（包括机插和机抛）；田间管理机械化包括水肥管理机械化、病虫草害防治机械化，其中灌溉、排水机械化不成问题，施肥机械化方面基肥施用机械化和撒施石灰（降镉）均已有专用机械但普及率不高，追肥施用机械化存在一些现实困境：一是水稻生长期内机械下田造成部分禾苗损毁、碾压，二是无人机施肥仍存在载重负荷和续航时间问题，应用率不高。病虫草害防治机械化设备多种多样，无人机喷施防治稻纵卷叶螟、二化螟、稻瘟病等效果较好，稻蚊枯病防治则需要使用高压泵大剂量喷施，而且病虫草害防治技术性较强，目前湖南主要推广由专业公司连片承包的"统防统治"模式。

通过加快推进双季稻生产从手工劳动为主的散户种植向轻简化、机械化程度高的规模化生产转型对稳定双季稻面积具有重要意义。在过去的三十多年间，已有大量关于双季稻轻简化、机械化栽培的研究，并取得了丰硕的成果，为当前双季稻生产向规模化转型提供了重要的理论依据和技术支撑。但双季稻的规模化生产不能简单的等同于轻简化、机械化生产，虽然轻简化、机械化栽培技术可以提高农事作业的效率、缩短单位面积的农耗时间，但并不能完全解决生产规模大幅度扩大带来的总农耗时间延长，不仅不利于双季晚稻产量的形成，而且增加了双季晚稻后期遭遇低温危害的风险。要解决上述问题，搞好茬口衔接是关键。

二、技术要点

（一）品种搭配

充分考虑早稻的成熟期、晚稻的安全齐穗期，合理搭早、晚稻品种，一般有三种选择：早稻早熟品种搭配晚稻早熟品种；早、晚两季都用早稻迟熟品种；中熟早籼品种搭配早熟晚粳品种。

（二）前茬（早稻）收获

收获前 5～7 d 断水，当成熟度达到 90% 时，采用加装了秸秆粉碎装置的收割机抢晴天收获。

（三）后茬（晚稻）种植

（1）播种期。机插晚稻对播种期安排较为严格，要求坚持适期播种，必须按照品种安全齐穗期倒推，并根据大田茬口、大田耕整、沉实时间，适宜秧龄推算播种期，做到"宁可田等秧，不可秧等田"。

（2）育秧。采用机插稻水肥一体场地分层无盘育秧。种子破胸后、出苗前保持厢面湿润，出苗后干旱管理炼苗，在 1 叶 1 心期每亩秧田用 15% 的多效唑粉剂 64 g 兑清水 32 kg 细雾喷施。

（3）整地。早稻收获后采用旋耕机或耕整机整地，要求翻耕深度 10～15 cm，平整后的田块高低相差不超过 3 cm。

（4）栽插。出苗后 20～25 d 进行插秧。机插密度 2.0 万～2.2 万穴/亩。如漏蔸率超过 10%，需适当增加栽插密度。

三、应用效果

品种的合理搭配有利于实现早稻丰产和保证晚稻安全齐穗；采用采用加装了秸秆粉碎装置的收割机收获不仅缩短了处理秸秆的农耗时间，还可实现稻草全量还田，杜绝露天秸秆焚烧；采用机插稻水肥一体场地分层无盘育秧不仅可实现晚稻秧龄延长 10 d 左右，还可大幅度提高秧苗素质及耐机械损伤能力，进而缩短返青时间，避免生育期延迟，减少后期遭遇低温危害的风险。

第四节　机直播双季稻增苗减氮栽培技术

一、技术概况

机直播双季稻增苗减氮技术是选用生育期适宜的早晚兼用型水稻品种，通过土地精细耕整、种子浸种包衣、优化播种期和播种量，采用机械穴直播机播种、封闭除草同步进行，减少氮肥用量和平衡施肥，形成多穗、兼顾穗粒数的高产水稻群体。与传统撒直播相比，种子用量减少 20% 以上、氮肥用量减少 20% 以上、实现减氮条件下稳产增产。

二、技术要点

（一）品种选择

选择适合当地种植的全生育期为 100 d 左右的高产水稻品种，优选早晚兼用的水稻品种。双季早稻品种和晚稻品种根据当地安全齐穗要求进行搭配。

（二）大田选择与耕整

（1）大田选择：选择适宜机械化操作的稻田。

（2）大田耕整：早稻季耕整分为两个阶段。第一阶段为在不灌水或 1 ~ 2 cm 浅水层情况下每亩施有机肥（牛粪、猪粪等）150 kg，采用旋耕机整地，深度 10 ~ 15 cm。第二阶段为旋耕前 1 ~ 2 d 灌水，水层控制 2 ~ 3 cm，采用旋耕机和激光平地机整地，深度 10 ~ 15 cm，旋耕后，全田保持水层，直至播种前 1 ~ 2 d 排干。两个阶段间隔 10 ~ 15 d。

晚稻季，早稻收获后，立即灌水，水层控制 2 ~ 3 cm，采用旋耕机激光平地机整地，翻耕深度 10 ~ 15 cm，旋耕后，全田保持水层，直至播种前 1 ~ 2 d 排干。

（三）种子精选

选用符合 GB4404.1 要求的稻常规种和杂交种的大田种子。使用前盐水（1 kg 水加 50 ~ 100 g 食用盐）对种子进行清洗。

（1）浸种催芽。采用水稻育苗催芽机进行催芽破胸，种谷破胸露白率 85% ~ 90% 后摊晾、阴干。

（2）种子包衣。应用商品水稻种衣剂（含杀菌剂、杀虫剂、微量元素、生长调节剂），将催芽破胸后的种子进行包衣处理。

（四）机械化直播

（1）播种量。每亩用精选后种子量为 3–5 kg，常规种多播，杂交种少播；早稻季多播，晚稻季少播。

（2）播种期。早稻季于 4 月 1–5 日选择晴好天气播种，晚稻于 7 月 15 日前播种。

（3）机械化直播。采用水稻精量穴直播机具播种。

（五）大田管理

（1）大田养分管理。肥料使用要符合 NY/T496 的规定。氮肥用量为 8.0 ~ 10.0 kg / 亩，作分蘖肥（早稻 60%、晚稻 40%）和穗肥（早稻 40%、晚稻 60%）2 次施用。磷肥用量为 6.0 ~ 8.0 kg / 亩，全部作基肥施用。钾肥用量为 9.6 ~ 12.8 kg / 亩，作基肥（50%）和穗肥（50%）2 次施用。

（2）大田水肥管理。3 叶 1 心期以前无水层，保持土壤湿润或保持厢沟里有水，如稻田出现龟裂，则可在傍晚或清晨灌跑马水；3叶1心期以后分蘖期浅水灌溉，当每亩苗数达25万～30万开始晒田，晒至田泥开裂；一周后复水，保持干湿交替灌溉；孕穗至抽穗保持浅水；抽穗后保持干湿交替灌溉；收获前一周断水。

（3）大田病虫草害防治。采用封闭除草和3叶1心期扑杀相结合。机械化直播的同时，采用芽前除草剂（如50%丙草胺80 g+10%苄嘧磺隆8 g）兑水进行全田喷施；3叶1心期，保持田面湿润，采用安全除草剂（如50%二氯喹啉酸50 g+10%苄嘧磺隆15 g）进行全田喷施，喷雾后24 h灌浅水，防效稗草及莎草。病虫害按照当地植保部门病虫情报，确定防治田块和防治适期，对病虫害进行防治。农药使用要符合GB4285和GB/T8321的规定。推荐使用翻耕灌深水灭蛹、性信息激素全程诱杀、种植诱杀和天敌功能植物等绿色防控技术。

（六）化学调控

按照气象预报预测，严防低温危害，可喷施抗低温的自制抗寒叶喷剂（如KHYP–2）或商品物化产品（如谷粒宝）。

（七）收获

当90%以上的稻谷成熟时，选晴天采用收割机及时收割脱粒。

三、应用效果

于2019—2020年，在湖南岳阳市湘阴县白泥湖镇里湖村对机直播双季稻高产高效栽培技术进行了小面积示范。供试材料为中早39和陆两优996，早晚兼用。每个品种每季机直播15亩，人工直播（撒播）5亩（对照），共计40亩。示范结果表明，早晚季人工直播与机直播的生育进程均无差异（表4–2）。早季中早39于4月6日播种，7月21日成熟，全生育期为106天，陆两优996于4月5日播种，7月25日成熟，全生育期为111 d；晚季中早39于7月31日播种，11月20日成熟，全生育期为112 d，陆两优996于7月30日播种，11月19日成熟，全生育期为112 d。从产量表现来看（表4–3），机直播的产量高于人工直播的产量。早季机直播中早39和陆两优996的平均产量为411.6 kg/亩，较人工直播分别提高6%；晚季为机直播中早39和陆两优996的产量分别为380.9 kg/亩，较人工直播分别提高31%。

表4–2　机直播栽培示范区双季稻的生育进程（2019）

品种	播种方式	播种期 /月–日	抽穗期 /月–日	齐穗期 /月–日	成熟期 /月–日	播种–齐穗 /月–日	齐穗–成熟期 /d	全生育期 /d
中早39	人工直播	4/6	6/19	6/21	7/21	76	30	106
	机直播	4/6	6/19	6/21	7/21	76	30	106
陆两优996	人工直播	4/5	6/21	6/23	7/25	79	32	111
	机直播	4/5	6/21	6/23	7/25	79	32	111
中早39	人工直播	7/31	10/2	10/6	11/20	67	45	112
	机直播	7/31	10/2	10/6	11/20	67	45	112
陆两优996	人工直播	7/30	9/30	10/4	11/19	66	46	112
	机直播	7/30	9/30	10/4	11/19	66	46	112

表 4-3　机直播栽培示范区双季稻的产量及产量构成（2019）

品种	处理	株高 /cm	每平方米穗数	每穗粒数	结实率 /%	千粒重 /g	产量 /（kg·亩⁻¹）
				早季			
中早 39	机直播	95	257.1	165.4	84.1	29.3	390.0
	人工直播	89	273.9	145.5	85.0	28.9	353.0
陆两优 996	机直播	106	296.3	162.8	86.7	25.5	443.2
	人工直播	98	295.1	125.4	85.7	25.0	421.4
				晚季			
中早 39	机直播	90	223.4	132.3	82.1	28.4	375.0
	人工直播	84	209.2	120.5	83.6	27.7	255.5
陆两优 996	机直播	101	244.1	135.6	84.3	24.3	386.8
	人工直播	95	220.7	129.2	83.0	24.1	326.1

第五节　抑芽 - 控长 - 杀苗生物控草技术

稻田杂草危害历来是稻农的"痛点"之一，传统的中耕除草在劳动力价格高昂的现实背景下，农民钟爱除草剂了，但大量使用除草剂带来土壤理化性质变劣，必须加速生物控草技术研发。

一、黄腐酸抑制稗草生长技术研究

有机控草肥中含有大量腐殖质物质，包括腐殖酸（黄腐酸和黑腐酸）和不溶于水的胡敏素。在高浓度条件下，黄腐酸能够抑制植物幼苗的生长。因此，有机控草肥中所含有的黄腐酸可能是其能够对稗草进行防控的主要因素，试验通过室内生测方法测定腐殖酸对稗草和水稻生长的影响，并采用室内试验对黄腐酸防控稗草田间施用量、淹水高度、施用时间等技术细节进行了探索。采用田间实验的方法，在不同地区移栽稻田中分别施用有机控草肥和黄腐酸，验证和评价其对稗草控制效果，对有机控草肥和黄腐酸绿色防控稗草田间应用技术进行研究。

1. 试验方法

（1）黄腐酸对水稻和稗草幼苗生长影响测定。筛选饱满的稗草和水稻种子（稗草和水稻种子两天发芽率分别达 80% 和 90%），以琼脂为生长基质在塑料杯中播种水稻和稗草种子。添加 250 mL 不同浓度黄腐酸溶液，在培养过程中保持种子淹水高度为 5 cm。水稻和稗草在 14 h 光照强度为 100 μmoL/（m²·s），温度为 30℃ 条件下和 10 h 黑暗，温度为 27℃ 条件下培养一定时间后，测定幼苗株高、根长及株鲜重（水稻株鲜重统计时去除种壳的重量）。

（2）黄腐酸大田除草实验方法。田间实验采用随机区组设计，实验包括空白对照处理（施用常规肥料作为基肥，施肥种类为复合肥，其用量与本地农业生产实践一致）、除草剂对照处理及黄腐酸处理，每组处理包括 4 个重复，小区面积为 20 m²。试验田第二次翻耕、平田后立即制作试验小区。试验按设定小区做区埂，要求区埂高 15 ~ 20 cm，区埂宽 15 ~ 20 cm，并用不渗水黑色塑料薄膜覆盖区埂，以保证小区之间不相互渗漏。试验小区不共区埂，确保各小区独立排灌、不窜排灌。做小区区埂后，人工平整小区，小区内水平落差 3 cm 内。所有处理组进行淹水处理并定期补水，保持淹水高度为 3 ~ 5 cm，保水时间为 15 d。水稻移栽前进行平田，除去田间已有稗草等杂草。稻移栽采用抛秧方式，移栽 2 d 后施用黄腐酸。

2. 试验结果

（1）黄腐酸对水稻和稗草生长的影响 在淹水条件下，低浓度黄腐酸显著促进对水稻幼苗生长，而高浓度黄腐酸显著抑制水稻幼苗生长。在淹水 5 cm 条件下生长 10 d 时，0.02 g/L 浓度的黄腐酸对水稻幼苗生长的促进作用最强，其株高与对照相比从 6.37 ± 0.32 cm 提高到 8.93 ± 0.39 cm，提高了 40.19%；根长由 5.48 ± 0.47 cm 提高到 6.58 ± 0.47 cm，提高了 20.07%；株鲜重由 30.21 ± 4.69 mg 提高至 43.96 ± 4.71 mg，提高了 45.51%，其中根长的提高幅度最小。黄腐酸浓度在 0.80 g/L 及以上时，对水稻幼苗生长的抑制作用非常显著。在 0.80 g/L 黄腐酸处理下，水稻幼苗株高为 1.83 ± 0.22 cm，与对照相比降低了 71.27%；根长为 0.14 ± 0.07 cm，降低了 97.45%；株鲜重为 6.20 ± 1.28 mg，降低了 79.48%，其中根的生长受到的抑制作用最大，水稻幼苗出现黄化死亡现象。当黄腐酸浓度为 1.20 g/L 和 1.60 g/L 时，水稻幼苗基本死亡。

黄腐酸对稗草幼苗生长的影响与水稻较为一致，在低浓度条件下能够促进稗草生长，而高浓度黄腐酸能够显著抑制稗草幼苗的生长。在淹水 5 cm 条件下生长 10 d 时，0.02 g/L 黄腐酸对稗草幼苗生长的促进作用最强，其中株高与对照组相比由 5.75 ± 0.20 cm 提高到 7.50 ± 0.35 cm，提高了 30.43%；株鲜重由 17.15 ± 1.67 mg 提高至 21.23 ± 1.81 mg，提高了 23.79%；而对根长生长的促进作用不明显，由 5.82 ± 0.54 cm 提高至 6.43 ± 0.38 cm，提高了 10.48%。黄腐酸浓度在 0.80 g/L 及以上时，对稗草幼苗生长也表现出显著的抑制作用。0.80 g/L 黄腐酸浓度处理下，稗草株高为 3.71 ± 0.17 cm，与对照相比降低了 35.48%；根长为 0.97 ± 0.22 cm，降低了 83.33%；株鲜重为 10.14 ± 1.02mg，降低了 40.87%。当黄腐酸浓度超过 0.80 g/L 时，稗草同样出现黄化死亡的现象，但其黄化死亡的程度明显慢于水稻，稗草幼苗的根茎也有一定程度腐坏。

播种后第 0 ~ 6 d 施用 0.80 g/L 黄腐酸，水稻幼苗生长被显著抑制，播种后第 4 d 施用黄腐酸，水稻幼苗受到的抑制作用最为显著，其株高、根长和株鲜重（去除种子的重量）与对照组相比分别下降了 78.37%、83.02% 和 85.15%；而播种后第 8 d 施用黄腐酸，水稻幼苗生长未受到显著影响。播种后第 10 天施用黄腐酸，水稻幼苗生长被显著促进，其中株高和株鲜重与清水对照相比分别提高了 37.04% 和 28.23%，根长无显著变化。

在淹水条件下，稗草播种后 0 ~ 6 d 施用黄腐酸，其幼苗生长受到显著抑制，在播种后第 2 和 4 d 分别施用 0.80 g/L 黄腐酸，稗草幼苗生长受到的抑制作用更强；播种后第 4 d 施用黄腐酸，对稗草幼苗生长受到的抑制效果最为显著，其株高、根长和株鲜重与对照组相比分别下降了 45.32%，84.10% 和 47.27%。播种后第 10 d 施用黄腐酸，稗草幼苗生长受到促进，其株高被显著提高，根长和株鲜重与对照相比无显著差异。

高浓度黄腐酸对水稻和稗草幼苗的生长有显著的抑制作用，而当水稻和稗草生长一段时间后，黄腐酸能够促进其生长，因此黄腐酸具有水田稗草防除实际应用的潜力。在幼苗生长阶段，高浓度黄腐酸对水稻具有显著的抑制作用，但在移栽田稗草防控应用中，水稻移栽前会在育苗田中前生长一段时间，黄腐酸的施用会促进此阶段水稻的生长；而此时稗草处于未发芽或刚发芽的状态（水稻移栽前经过平田处理，稗草被防除），黄腐酸能够抑制正处于幼苗阶段的稗草生长，使其不能高于水稻冠层，从而减少其对水稻作物的危害。因此，黄腐酸具有在移栽稻田中进行稗草防除应用的潜力。

筛选对高浓度黄腐酸不敏感的水稻品种可以避免黄腐酸在水稻幼苗阶段抑制其生长，从而使黄腐酸可以应用于直播田稗草防控。由图 4–16 可知，0.8 g/L FA 处理对创两优 669、隆优丝苗、隆晶优

534、金谷优 3301 四个水稻品种的株高、根长、株鲜重均无抑制作用，株高抑制率分别为 –23.78%、–17.09%、–3.85% 和 –0.38%，根长抑制率分别为 –8.34%、–4.51%、–2.55% 和 –1.36%，株鲜重抑制率分别为 –9.20%、–3.75%、–2.46% 和 –2.45%;而在 0.8 g/L FA 处理下对其他多个供试水稻品种的株高、根长、株鲜重均具有抑制作用，其中，对隆优 4945 的株高抑制效果最为显著，其抑制率为 82.39%，对深两优 841 的根长抑制效果最明显，抑制率达 94.20%，对五丰优 521 的鲜重抑制率最高，其鲜重抑制率达 63.32%。0.8 g/L 黄腐酸对创两优 669、隆优丝苗、隆晶优 534、金谷优 3301 和隆优 4945 生长影响的具体情形如图 4–17 所示。

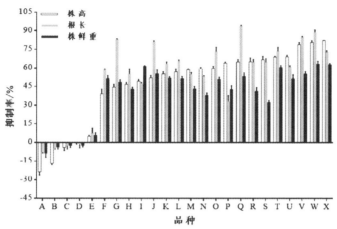

A（创两优 669）、B（隆优丝苗）、C（隆晶优 534）、D（金谷优 3301）、E（日本晴）、F（晶两优华占）、G（泰丰优 736）、H（Y 两优 2108）、I（隆两优 534）、J（内 5 优）、K（Ⅱ优 3301）、L（E 两优 476）、M（玉山之苗）、N（天优 3301）、O（中花 11）、P（玖两优黄华占）、Q（深两优 841）、R（荃优 3301）、S（赣香占一号）、T（隆优 9586）、U（泰优 390）、V（五丰优 521）、W（甬优 1538）、X（隆优 4945）。

图 4–16　各品种水稻株高、根长、株鲜重抑制率

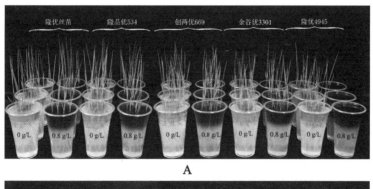

A

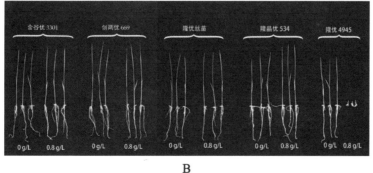

B

图 4–17　黄腐酸五种品种水稻的生长情况

3. 试验结论

在淹水 3 ~ 5 cm 并保水 15 d 的条件下，施用黄腐酸能够有效控制移栽田稗草发生。在不同年份不同实验基地的田间实验中，黄腐酸施用量为 30 kg/ 亩时对移栽田稗草株防效达株防效达 70% 以上。尽管施用小飞蓬控草肥和黄腐酸对稗草防效低于化学除草剂，但小飞蓬控草肥和黄腐酸通过降低稗草生长速度，使稗草与水稻相比不具备生长优势和竞争优势，稗草在生长后期不能超过水稻冠盖层，从而降低稗草对水稻产生的危害。在田间实际应用过程中，水稻在育苗田中前生长一段时间后再进行移栽，而此时稗草还未发芽（稻田经过平田后再移栽），控草肥和黄腐酸抑制正处于幼苗阶段的稗草生长。因此，施用黄腐酸也能够有效防除移栽田稗草。此外，本课题还筛选出四种耐黄腐酸水稻品种，分别是：金谷优 3301、创两优 669、隆优丝苗、隆晶优 534，为推广黄腐酸用于直播田防除稗草提供了可能，尤其便于直播田的水稻选种，进而为稗草绿色防控提供新的可能。

二、抑芽 - 控长 - 杀苗有机控草肥抑草技术原理

（1）筛选出高效的化感植物和稗草致病菌。利用入侵杂草化感克生的生态学原理，通过植物组织浸提液对稻田主要杂草种子萌发及幼苗生长影响的生测实验，从 173 种入侵植物中筛选出对稗草、千金子、鸭舌草等杂草生长具有广谱抑制能力的化感植物材料：龙葵、小飞蓬和艾蒿，并分离提取出三种除草活性较高的化感物质：异戊酸、柠檬酸、葵酸。化感物质异戊酸、柠檬酸、葵酸活性单体分别对稗草种子萌发的抑制率为 94.6%，93.1% 和 92.2%。野外采集稗草发病样本，并分离纯化出致病菌新月弯孢菌和枯草芽孢杆菌 L5，可高效侵染 3 叶期前杂草并致病死亡，对稗草幼苗的致病率达 85%（图 4-18）。

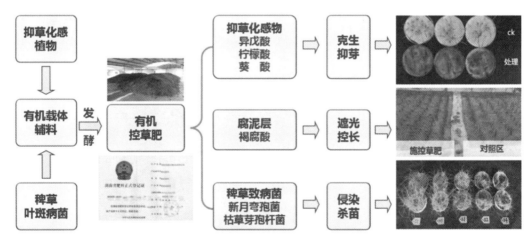

图 4-18　有机控草肥对杂草的抑芽 - 控长 - 杀苗机制示意图

（2）建立了有机控草肥制备工艺和大田应用技术。以化感植物为材料，富含黑褐色腐殖质等有机辅料为载体，合理复配致病菌，采用"发酵机 + 场地"联合制作工艺，即利用发酵机 85℃处理 2h，再降温至 65℃处理 16 h，然后转入场地，堆肥发酵到 15 d 后的物料呈褐灰色纤维状松散物，含水量为 40% 左右，略有酸香气味，符合农业部 NY525-2012 标准。通过均匀分布设计田间小区，明确了最佳施用量 100 kg/ 亩、施用时间移栽后 3 ~ 5 d 及保水 7 ~ 10 d 等应用技术参数，建立了有机控草肥的使用技术规程。水稻移栽田大面积推广应用控草效果，对莎草和阔叶草防效可达 90%，对稗草防效可达 85%，对千金子防效可达 95%，具有控草活性强、杀草谱广、作用时间长、绿色安全等优点。

（3）明确了"抑芽、控长、杀苗"有机控草肥多元抑草机制。有机控草肥在移栽稻田施用后，杂

草种子萌发受到有机酸类化感物质的抑制，种子萌发抑制率达 60%；一般在施用 2 ～ 3 d 后，有机物和微生物的共同作用形成一层黑褐色腐泥层，形成一道生物遮光膜，即使部分杂草种子萌发，由于缺乏生长必需的光照条件而受到抑制，杂草幼苗抑制率达 50%；突破腐泥层的杂草幼苗，受到致病菌新月弯孢菌和枯草芽孢杆菌 L5 侵染致病死亡，致死率达 50%；三大功能协同防治效果达 90%，实现"抑芽、控长、杀苗"多元控草效果。

三、移栽稻田生物控草有机肥施用技术规程

为规范移栽稻田（人工移栽、软盘抛栽、机插）生物控草有机肥施用时间、施用量、田间管理等技术要求，制定本规程。本规程适用于湖南移栽稻田杂草的生物防控。

（1）控草原则。遵循"预防为主，综合治理"植保方针，以及"公共植保，绿色植保，科学植保"理念。根据移栽稻田杂草发生特点，以生物控草有机肥为主要载体，充分发挥生物控草功能，促进水稻有机生产。

（2）主要杂草种类。湖南省移栽稻田的杂草发生种类主要有禾本科类、莎草科类和阔叶类杂草，包括 48 科，147 种，其中危害严重的杂草种类为稗、千金子、鸭舌草、异型莎草、陌上菜、荆三棱、空心莲子草和水蓼。

（3）生物控草有机肥质量要求。生物控草有机肥（登记号：湘农肥〔2015〕准字 1832 号）的质量指标符合生物有机肥国家行业标准 NY 884—2012（企业标准）。

（4）生物控草有机肥施用技术。前期准备：耕层深翻，稻田整平，施足基肥。施用时间：水稻移栽后 5 ～ 6 d 禾苗返青后，晴天施用。施用量：早稻 180 ～ 200 kg/ 亩，一季稻和晚稻每亩施用 100 ～ 120 kg。施用方法：均匀撒施，并保持水层 3 ～ 5 cm（以不淹没心叶为准），只进不出，维持水层 10 ～ 15 d。

（5）肥水管理和病虫害防治。根据水稻长势情况，合理使用追肥，根据病虫害发生情况，进行防治病虫。

（6）生产档案。建立档案记录，档案应专人负责，并保存 2 年以上，记录应清晰、完整、详细。

第六节　双季稻周年水肥协同调控技术

双季稻周年水肥协同调控技术是一项复杂的系统工程，湖南年降水量 1200 ～ 1800 mm，总体说来雨量充沛，但早稻季雨水偏多，晚稻季易遇秋旱，自然降水是无法控制的，所以水肥协同调控技术重点在于施肥方面的调控。

一、早稻足穗早熟水肥协同调控技术

（1）保温育秧，适时早播。选择背风向阳管理方便、土壤肥沃的菜园土作苗床，催芽器催芽、用旱育保姆拌种、平铺加小拱双膜覆盖，或者用大棚和温室等进行专业化集中育秧，用 0.5% 溴敌隆拌大米撒在苗床四周防鼠。

（2）保证密度，促早齐穗。每亩大田用种量 3 ～ 4 kg、353 孔秧苗盘 90 个抛足 2.5 万蔸以上、7 万～ 10 万基本苗，比传统方法每亩增加 1 kg 用种量、10 个左右秧盘、0.5 万蔸、1 万以上基本苗，保证 5 月

20 日前苗数达到每亩 20 万时，够苗晒田，提早控苗，开沟重晒。靠主穗增产，减少分蘖穗比重，提高成穗率的同时促进早熟高产。

（3）平衡施肥，科学运筹。遵循"重施基肥、早施追肥、及时施穗肥"的原则，选择超级稻专用缓释肥 45 kg/ 亩作基肥，基肥∶蘖肥∶穗肥按 5∶3∶2 施用。除 N、P、K 等大量元素外，增施硅钙肥和微肥。N、P、K 的配比为 11∶6∶12，防止偏氮贪青晚熟，确保黄丝亮秆活熟到老。

（4）有氧灌溉，强根壮秆。栽秧时保持厢面浅水即可。在水稻返青成活后至分蘖前期，采取湿润灌溉（或浅水干湿交替灌溉），厢面不保持水层，保证厢沟有半沟至满沟水，促进分蘖早生快发。当全田总苗数达到预定有效穗数时排水晒田，如长势旺或排水困难的田块，应在达到预定有效穗数的 80%时开始排水晒田；晒田轻重视田间长势而定，长势旺应重晒，长势一般则轻晒。生育中期（幼穗分化至抽穗扬花期）浅水灌溉：当水稻进入幼穗分化（拔节）时，采取浅水（厢面 1 ~ 2 cm）灌溉，切忌干旱，以促大穗。进入水稻籽粒灌浆结实期，采取干湿交替间隙灌溉方式，即一次灌水 2 ~ 3 cm，让其自然落干（厢沟半沟水）后再灌一次，如此反复，以养根保叶促灌浆。收获前 7 d 左右断水。管水上严格做到间隙灌溉，确保养根保叶。

（5）综防病虫，减少损失。重点搞好稻瘟病、纹枯病、二化螟、稻飞虱、稻纵卷叶螟的防治。药剂选用高效低毒农药，杀虫剂主要用 35% 吡虫啉、杀虫单、1.8% 阿维菌素、扑虱灵等，杀菌剂选用 40% 稻瘟灵、富士 1 号、井冈霉素等。

二、晚稻壮秧重穗水肥协同调控技术

（1）培育适龄壮秧。晚稻不管搭配的是迟熟还是早中熟品种，都严格按品种高产要求安排播种期。严把盘育秧旱管关，科学用好烯效唑，既严格控制抛栽的秧苗高度，有利于抛栽，又不影响安全齐穗，对早稻成熟期推迟的年份则减少播种量，同时改进移栽方法，改抛栽为手插，确保壮秧适龄移栽。迟配迟的搭配方式只能进行手插移栽，稀播壮秧增加秧田带蘖率和带蘖个数，培育适应手插移栽的适龄壮秧。

（2）抢时早栽配以化学调控，确保安全齐穗。确保早稻收获后随即灌水翻耕整地，最大限度缩短农耗时间。抽穗前根据天气预报，在寒露风到来之前，于始穗期用叶面阻控剂壮谷饱每亩 1 包（50 g）兑水喷雾，促进安全齐穗，实现抗寒增产。

（3）科学运筹肥水，争大穗和粒重。晚稻用肥的 N、P、K 配比是 13∶5∶12，施肥方法上增加穗肥和粒肥比重，基肥∶蘖肥∶穗肥∶粒肥按 4∶3∶2∶1 施用。基肥在整地时用 20—10—10 的复合肥 40 kg/ 亩全层施，分蘖肥在返青后每亩用尿素 6 kg 加氯化钾 8 kg，穗肥在幼穗分化Ⅳ ~ Ⅴ期即 8 月 10 日前晒田复水时每亩用尿素和氯化钾各 4 kg，抽穗和齐穗期每亩用谷粒饱和壮谷动力 1 包加磷酸二氢钾 100g 兑水 50 kg 喷雾。管水做到全生育期除栽后化学除草和抽穗期实行水层灌溉外，其余时期湿润灌溉。病虫害进行专业化统防统治，使结实率达 88% ~ 90%，千粒重达到或略超品种审定公告值，实现晚稻的大穗重穗、活熟到老。

（4）综合防治病虫害。认真搞好田间病、虫测报，根据病、虫发生情况，严格掌握防治指标，确定防治田块和防治适期。在农药的选择上，以生物农药为主，化学农药为辅。杂草的防除采用人工除草，或化学除草，即每亩用丁苄 120 g 或其他除草剂拌肥于分蘖期施肥时撒施并保持浅水层 5 d 左右防治杂草。

第七节 超级稻增穗增粒养分调控技术

氮素为主的营养元素在营养器官和生殖器官中的累积和分配是决定水稻产量的重要因素，合理的氮肥运筹是保证超级稻稳产丰产的重要措施。鉴于当前农民习惯性将氮肥作基肥和分蘖肥两次施用，其养分供应量和时间与超级稻需肥规律不一致，容易造成养分流失和挥发，是氮肥利用率低，生态环境污染，土壤结构恶化，制约农业生产可持续发展的重要限制因素。本项超级稻增穗增粒养分调控技术以超级稻品种穗粒特征分型为基础，针对不同类型品种采取合理的氮素运筹，实现丰产增效效果。

一、超级稻品种穗粒分型

湖南区域主栽超级稻典型多穗型代表品种有：早稻株两优 819、陵两优 268，晚稻盛泰优 722、H优 518。该类型品种的特征是总分蘖数多，平均每穗粒数早稻品种 90 ～ 110 粒，晚稻品种 110 ～ 130 粒，有效分蘖数早稻品种 24 万 ～ 28 万穗 / 亩，晚稻品种 22 万 ～ 25 万穗 / 亩。该类型品种的有效穗数对生长前期氮素供应量敏感。

穗粒兼顾型代表品种有：早稻淦鑫 203、五丰优 286，晚稻五优 308、吉优 225。该类型品种的特征是分蘖能力与平均每穗粒数均比较适中，每穗粒数为 120 ～ 150 粒，有效穗 21 万 ～ 23 万穗。其有效穗数也对生长前期氮素供应量敏感。

典型大穗型代表品种有：早稻中早 39、陆两优 996，晚稻天优华占、隆晶优 1 号；该类型品种的特征是平均每穗粒数多，单穗重较大，早稻品种每穗粒数为 120 ～ 140 粒，有效穗 21 万 ～ 23 万穗，晚稻品种每穗粒数为 140 ～ 170 粒，有效穗 20 万 ～ 21 万穗。其有效穗数也对生长前期氮素供应量敏感度低，生长中后期氮素调控可以显著提高成穗率和结实率。

二、超级稻增穗增粒肥料运筹

（一）施肥量设计

根据土壤肥力及保肥能力状况、超级稻品种（组合）特性和目标产量，确定 N、P、K 肥施用总量。以早稻目标产量 500 ～ 550 kg/ 亩，施 N 量为 10 ～ 12 kg/ 亩，晚稻目标产量 550 ～ 650 kg/ 亩，施 N 量为 11 ～ 13 kg/ 亩。中微量元素根据土壤丰缺情况适当补充，具体根据土壤肥力和品种特性进行微调。

（二）肥料种类控制

超级早稻按施氮 135 ～ 180 kg/hm^2，N∶P$_2$O$_5$∶K$_2$O 为 1∶（0.4 ～ 0.5）∶（0.5 ～ 0.7）；

超级晚稻施氮 60 ～ 70 kg/hm^2，N∶P$_2$O$_5$∶K$_2$O 为 1∶（0.3 ～ 0.4）∶（0.6 ～ 0.8）。

氮肥分期施用比例（基肥∶分蘖肥∶穗肥∶粒肥），多穗型和兼顾型超级早稻 6∶3∶1∶0 或 5∶3∶2∶0，晚稻 5∶4∶1∶0 或 5∶3∶2∶0；大穗型超级稻 5∶3∶1∶1。磷肥全作基肥施用，钾肥 50% 作基肥，50% 作穗肥。

（三）施肥方法和施用时期

不同肥料、不同施用时期可以采取不同的施肥方法。

（1）基肥。在施用有机肥或稻草还田前提下施用化肥，施用方法主要有三种。①机械侧深施，机插秧或机直播水稻的基肥应尽量采用机械侧深施，最大限度地减少劳动力成本。该方法是在插秧机或直播机上加装施肥机，在机插秧或机直播水稻的同时将复合肥施于秧苗或直播种子一侧，肥料距离秧苗或种子 5 cm 处。②机械抛施，一般在最后一次耥田前，用背负式电动施肥机将复合肥均匀抛撒到田中，再将田耥平。③人工撒施，在最后一次耥田前，将基肥人工撒施于田中，再将田耥平。

（2）分蘖肥。采用尿素、复合肥或尿素＋复合肥，采用机械抛施或人工撒施。早稻在栽后 5 ~ 7 d 施用，晚稻在栽后 3 ~ 5 d 施用。

（3）穗肥。采用尿素＋氯化钾或复合肥，采用机械抛施或人工撒施。在幼穗分化第二至第四期施用，宜早不宜迟。

（4）粒肥。施用尿素，采用机械抛施或人工撒施。在抽穗后 3 ~ 4 d 施用。

第八节　双季稻肥药高效协同利用技术

一、硅的肥药增效减施效应

长江中下游双季稻区是我国水稻生产的第一大主产区，其水稻生产能力对全国的水稻生产、粮食安全而言至关重要。大量研究已经证明了硅能有效促进水稻的生长及其对矿质养分的吸收、提高水稻植株对生物胁迫的抗性，以及农用有机硅助剂能有效提高除草剂的除草效率，这意味着在实际的水稻生产过程中，硅的施用对肥料、农药的增效减施具有一定的潜力。但到目前为止，关于系统探究硅在长江中下游双季稻区化肥、农药的协同提效减施中的应用潜力及其作用机制鲜有报道。因此，本研究依托长江中下游双季稻作区水稻种植系统，设计了系列田间试验，并结合温室水培试验系统分析了硅在长江中下游双季稻区化肥农药协同提效减施技术上的应用潜力及其可能的作用机制，以期为长江中下游双季稻区水稻生产过程中减少化肥农药的投入提供理论基础和技术指导。方志萍主要研究结果如下：

（1）适量施硅肥能显著提高氮磷肥利用率和双季稻产量。在试验设置的五个硅肥梯度（以 SiO_2 计：0、7.80 kg/hm^2、15.6 kg/hm^2、23.4 kg/hm^2、31.2 kg/hm^2）范围内，水稻产量、氮磷肥利用率均随着硅施用量的增加而先增后减，且均在 SiO_2 施用量为 23.4 kg/hm^2 时达到最高。另外，基施 SiO_2 23.4 kg/hm^2 搭配 N 137.1 kg/hm^2、P_2O_5 67.48 kg/hm^2、K_2O 80.9 8 kg/hm^2（早稻不做任何追肥处理，晚稻分蘖期追施 N 11.25 kg/hm^2、P_2O_5 11.25 kg/hm^2、K_2O 13.50 kg/hm^2）的双季早、晚稻施肥模式是长江中下游双季稻试验区的最佳施肥模式，能在显著提高氮磷肥利用率、保证不减产的前提下减少约 17% 的氮磷肥投入量。

（2）量施硅肥有效提高了稻田土壤氮磷养分的有效性并改善了稻田土壤微生物的群落结构及多样性。在试验设置的五个硅肥梯度范围内，稻田土壤养分的矿化率、易矿化的有机态养分的储备以及土壤微生物活度、功能微生物数量、重要代谢酶活性均随着硅施用量的增加而先增后减，并在 SiO_2 施用量为 23.40 kg/hm^2 时达到最大。通过统计分析，结果表明适量施硅提高氮磷肥利用率的核心生态机制在于施硅显著提高了稻田土壤的微生物总量、氮磷养分循环相关的微生物数量以及重要代谢酶的活性，从而促进了氮磷养分的矿化以及易矿化有机态氮磷养分的储备，使得土壤养分易被水稻根系吸收利用。高通量测序结果同样显示，适量施硅能明显提高稻田土壤微生物群落结构的丰度和多样性，增加了与土壤有机质分解以及土壤氮、磷养分循环相关的微生物的数量，进一步解释了适量施硅促进土壤氮磷养分矿化、提高氮磷养分有效性的生态机制。

（3）适量施硅肥能有效缓解水稻真菌病害的严重程度。结果表明，在试验设置的五个硅施用量梯度范围内，水稻植株真菌病害的严重程度随着硅施用量的增加先减轻后加重，并在 SiO_2 施用量为 23.40 kg/hm^2 时病害严重程度最轻。水培试验结果表明，适量浓度的硅处理能明显促进叶片表皮细胞的硅化作用，增加叶片表皮角质层蜡质的分布及含量，而且还明显提高了茎、叶中的硅含量，从而增强了水稻植株阻碍病原真菌入侵的机械抗性，并抑制了病原菌菌丝体的生长发育。另外，适量浓度的硅处理能明显降低水稻植株的丙二醛（MDA）含量，提高过氧化物酶（POD）、超氧化物歧化酶（SOD）及多酚氧化酶（PPO）活性，提升水稻的生理抗性，从而进一步缓解病原真菌的侵入对细胞的伤害。

（4）有机硅助剂的应用可明显提高除草剂和叶面肥的施用效果。当有机硅助剂的添加体积分数达到其胶束临界浓度时（0.05%），除草剂的除草效率和叶片对 Zn、Mn 的积累量最佳。同时添加有机硅助剂能明显改善肥液的界面性质，在试验设计的有机硅助剂添加的体积分数（0、0.01%、0.03%、0.05%、0.07%、0.10%）范围内，肥液的表面张力与有机硅助剂添加的体积分数呈显著负相关，润湿直径和铺展面积与有机硅助剂添加的体积分数呈显著正相关；而肥液的干燥时间及其在水稻叶片上的最大持留量随着有机硅助剂添加的体积分数的增大而先增后减，并在有机硅助剂的添加体积分数为 0.05% 时达到最大。说明添加适量有机硅助剂提高叶面喷施药肥的施用效果的核心机制是有机硅助剂可改善药肥液滴的界面性质，从而提高其在水稻及杂草叶片上的渗透、铺展及持留时间。

二、高效生物育苗基质

水稻是我国主要的种植作物之一。近年来，随着农业科技的进步和机械化生产的发展，我国水稻生产效率不断提高，水稻生产中面临的问题也日益突出，除了育苗过程取土困难以及育苗技术不完善外，水稻病害也日益加剧，其中水稻纹枯病在我国的发生最为广泛，导致我国水稻产量和品质下降。水稻纹枯病是由立枯丝核菌（Rhizoctonia solani）侵染引起的一种病害，大多发生在高温、多雨的气候条件下，是主要的土传病害之一。病原菌以菌核的形式在土壤中或附着在植株上越冬，春播或插秧后附着于水稻植株近水面的叶鞘部位，在适宜的温度、湿度等条件下再生菌丝可在水稻叶片或叶鞘表面萌发、生长，然后侵入水稻内部，最后菌丝体在水稻组织内延伸；随着病害的发展，到达水稻根茎周围，会使根茎的感染部分变黑，最终导致水稻根茎组织坏死，甚至根茎断裂，造成严重的穗枯萎，降低水稻的产量和品质。且当环境湿度较高时，白蜘蛛丝状菌丝体会出现在感染部位，并逐渐聚集成簇，终形成新的萝卜种子状菌核。此外，真菌细胞在生长和分化之间的过渡时期会产生 OH、O_2^{-2}、$1O_2$、H_2O_2 和其他活性氧，用来削减水稻体内抗氧化作用。当细胞内活性氧过度积累，可形成菌核，抵抗活性氧的毒性，保持真菌的活力，同时当水稻体内的活性氧含量过高会对植物本身产生危害，SOD、CAT、POD等抗氧化酶可以水解 H_2O_2，降低活性氧的含量，维持植物体内的活性氧产生与清除之间的平衡，降低真菌的活力，提高水稻的抗病性。现今植物病害主要防治方式仍然是化学农药，而化肥、农药的大量施用对病害的防治、作物产量的提高虽然起到了重要的作用，但同时也带来了诸多生态问题。近两年利用有益微生物进行生物防治的相关研究逐渐成为植物保护领域的研究热点之一，例如研发兼具促生及生防功能的高效生物育苗基质。研究发现植物根际促生菌在促进植物生长发育、防治病害、改良土壤微生物生态环境等方面十分重要，可部分替代化肥、农药，降低有害成分对环境及人类健康造成的危害，实现农业的可持续发展。植物根际促生菌是指生存于植物根圈范围内的土壤中或植株根系表层能够促进植物生长、防治病害、增加作物产量的有益细菌的统称。研究发现根际促生菌能够改变土壤中难溶性元素的形态，合成植物生长素，同时防止淋失来提高根际周围养分的生物有效性（如固氮、解磷等），从而促进植物对养分的吸收，此外还能够在土壤中大量繁殖，与有害微生物产生竞争，并产生次生代谢产物抑制病原菌菌丝、寄生病原菌菌丝生长，诱导水稻产生抗性以及定植在水稻茎秆上减少菌丝对叶鞘的侵染等。目前已有相关研究将根际促生菌与育苗基质相结合，从而制成兼具促生及生防功能的水稻育苗基质，如张扬等和文春燕等从西瓜和辣椒根际分离得到的根际促生菌可产吲哚乙酸（IAA）和 NH_3 且对尖孢镰刀菌和茄科劳尔氏菌均有生防效果，与普通育苗基质相结合而制成生物育苗基质在苗期及移栽至大田后均可明显促进黄瓜、番茄、辣椒等秧苗的生长。近年来，随着生态农业的不断发展，关于根际促生菌促进植物生长及防治土传病害的研究开始被报道。本试验处理中的 5 株促生菌对水稻纹枯病均具有较高的抑制率，其中 LY11 的抑菌率最高，这与卢钰升等人研究结果相似。植物根际促生菌不仅能防治病害、改良土壤微生物生态环境，其生长代谢活动也能促进或调节植物生长，提高植物的出苗率。本研究结果发现，添加根际促生菌的处理对水稻纹枯病在实际育苗中有明显的抑制作用，且提高了水稻的出苗率，水稻纹枯病发病率降低可能是因为根际促生菌能够竞争生态位或底物，同时诱导植物产生防御反应，使其产生抗菌活性物质，包括酶类、细菌素、脂肽类、挥发性物质抑制病菌分生孢子萌发和附着胞形成，阻止病原菌侵入。其中防御酶体系是植株在受到外界伤害如高温、干旱、盐碱化、病原菌入侵等时，植物细胞自发形成的抵御外界伤害的主要酶保护系统。近年来的诸多研究结果均表明，超氧化物歧化酶（SOD）、过氧化物酶（POD）、过氧化氢酶（CAT）等抗氧化酶活性与植株的抗病性密切相关。本研究中添加病原菌之前先添加本研究所筛选出的拮抗促生菌的相应处理的抗氧化酶活性显著增加，可能是因为 SOD 能够将真菌细胞在生长和分化之间的过渡时期产生部分活性氧发生歧化反应，形成 H_2O_2 和 O_2，H_2O_2 进一步被 CAT 和 POD 等分解，抑制菌核的形成，降低病原菌的活力，提高水稻的抗性，同时削减水稻体内氧化作用，维持活性氧的平衡，防止过量的活性氧导致水稻体内的膜脂过氧化，减少膜系统损伤。丙二醛（MDA）作为膜脂过氧化的主要产物之一，可与膜上蛋白质结合，导致蛋白质分子间和分子内产生交联，严重损失和破坏细胞膜系统，MDA 含量高低反映了膜脂的损伤程度，其在机体内的积累会对细胞产生毒害作用。本研究中，添加病原菌使植株细胞膜受到损害，从而促使植株体内 MDA 含量升高，而添加菌株 LY11 等拮抗促生菌使植株体内抗氧化酶活性提高，从而降低了其相应处理植株体内的 MDA 含量。同时相关研究发现根际促生菌通过抑制病原菌的生长，减少植物病害的发生，从而间接促进植物生长。如朱震等人的研究结果表明，菌株 XZ–173 对番茄青枯病具有较好的拮抗效果，同时可以显著促进番茄幼苗生长。本研究结果发现，添加根际促生菌的处理在株高、茎粗、SPAD 值、百株全株干物质重、壮苗指数、根系活力、根系总长、根平均直径、根尖数等方面的作用效果高于对照组。可能因为根际促生菌除了通过在植物幼根表面定殖时形成一层均匀的保护层，保护了病原菌的侵染位点，减低了侵染机会，间接促进植物生长外，还能分泌外源激素物质，增加植物初生根、次生根和不定根的数量来改变植物的根系形态结构，为作物地上部的生长打下基础。此外，水稻根际促生菌分泌的生长素、赤霉素、铁载体等植物生长促生物质能够提高对铁镁等中微量元素的吸收，有利于作物叶绿素的形成并促进光合作用的进行，增加有机物质的积累，为水稻固氮和吸收养分提供能量。同时本实验室前期研究表明促生菌能够提高植物碳氮代谢过程中的关键酶，具有固氮解磷作用，从而使株高、茎粗等明显增加。其中 T3 处理效果最显著，这可能是因为根际促生菌对土壤中非寄生性根际有害微生物与有害病原微生物起到生防作用，促进植物矿质元素的吸收和利用，可产生利于植物生长的代谢产物，从而促进植物生长发育。试验结论为 5 株拮抗促生菌与所筛选出的最适配比水稻育苗基质相结合，之后再添加水稻纹枯病病原菌，进行水稻育苗，所得水稻幼苗体内的抗氧化酶活性提高，发病率降低，同时提高了水稻农艺性状及干物质重、壮苗指数，明显改善根系活力和形态结构，提高了水稻的养分含量，且（酒糟＋秸秆）堆肥 60%＋蛭石 30%＋珍珠岩 10%＋解淀粉芽孢杆菌作为高效生物水稻育苗基质效果最优。

三、药肥复合产品

（一）药肥的发展

长期以来化肥和农药都是分开生产和使用的，这种传统的生产和使用方式既增加了农民的种田投资和劳动量，也造成了化肥、农药的大量使用。将化肥和农药合并成药肥或研发兼具药、肥双重功能的新型化合物是化解农业增产丰收和环境污染矛盾的有效方法之一。药肥是集农药、肥料双重功能于一体的新型复合剂（或材料），具有使用方便、促进农作物增产和减少环境污染的优点。组成药肥的农药可以是化学的杀虫剂、除草剂或杀菌剂，也可以是活性生物或生物代谢产物，肥料可以是单质也可以是多养分复合肥，既可以是化肥也可以是有机肥。药肥不但具有杀/抑虫、草、菌，农作物生长调节等作用中的一种或几种功能，而且还能为农作物提供营养或提高肥料利用率。

在 20 世纪 60 年代初，以本谷耕一为代表的研究人员研究将除草剂五氯苯酚（PCP）混入肥料中作基肥施用，以期达到节省劳动力，延续除草效用的目的。研究结果表明，在田间施用混入 PCP 的 NH_3–N 肥后，能防止 NO_3–N 的损失，因为 PCP 能抑制土壤中的硝化细菌的代谢作用，使硝化作用受到阻碍，从而得到 PCP 与肥料混合施用，不但可以维持其药效，并有抑制硝化作用。在 20 世纪 60 年代中期美国科研人员发现扑草净能强烈抑制硝化作用和反硝化作用，减少氮的损失，还能增强生物固氮，故能增加土壤中氮含量。苏联在杀虫剂的施用上推广乐果和磷肥制成颗粒肥料，避免乐果乳剂在水溶液中逐步分解失效。相关的研究还有 Salam 在水稻试验中证明，呋喃丹和甲拌磷能促进水稻对氮素的吸收，两种杀虫剂与氮肥相互作用是增效的，Ibrahim 研究不同氮肥和杀虫剂对棉花的混用作用等等，都取得了一定的成果，为以后更多的药肥研制奠定了基础。我国对药肥的研究始于 20 世纪 80 年代，到 2008 年，我国的药肥产品年销量已达到万吨规模。

（二）药肥的分类

根据药肥组成和配制方法的不同可分为四类：①将化学农药、化肥按一定工艺混合成具有农药、化肥双重功能的制剂。如专利 ZL200620170623.4 和 ZL103073355A 将除草剂、无机化肥和辅料混配成具有除草功能的肥料；专利 ZL103449935、ZL103449921A、ZL103319278A、ZL103102224A、ZL102992901A、ZL102992899A、ZL102964179A 和 ZL102875257A 等将杀虫剂、杀菌剂与化肥混合成可以杀虫灭菌的肥料；在此类药肥中添加缓释剂则可制成缓释药肥（如专利 ZL103360162A）。②生物药肥。利用具有杀虫或抑菌性能的微生物（如苏云金芽孢杆菌 Bacillusthuringiensis）与植物激素（如油菜素内酯 Brassinolide）等组配成绿色药肥（如专利 ZL102775230A）。③有机药肥。以工农业生产的废弃物或植物残渣经无害化处理后，与具有杀虫或抑菌性能的植物类物料（如腐植酸等）或化学农药、无机化肥组配成具有营养、植保双重功效的有机药肥。④本身具备药肥双重功能的无机化合物或单质，如高锰酸钾、石硫合剂和单质硫。高锰酸钾有强氧化性，是广泛应用的无机消毒剂，而且由于钾、锰均是植物生长的必需元素，因此高锰酸钾可用于植物拌种以灭菌杀虫。硫和一些含硫的无机物因具有较强的生物活性，使其得到广泛应用，并成为抗菌剂的新热点。硫单质是应用最早的皮肤病药物和农药，而且也是植物生长的第四大营养素，因此，单质硫也是一种绿色药肥。将硫粉与石灰反应制成石硫合剂是提高单质硫的水溶性和增强其药效的有效途径，而且，石硫合剂具有良好的杀菌、杀虫、杀螨性能和绿色环保、价格低廉的优点，并且其所含元素硫和钙也是植物生长的必需元素。所以，石硫合剂是比硫单质更优越的绿色药肥。宁夏大荣实业集团有限公司生产的氰氨化钙不仅保留了其原有的肥效，同时还增加了农药成分。专家认为，这是一种低毒、无残留农药，具有杀虫、杀菌、除草、提高地温、调节土壤里酸、碱成份，同时又是一种氮素肥效长的绿色肥料，长施此肥，能加速残留在土壤里的植物根、茎、秆腐热转化成有机物质，同时抑制硝化反应。

（三）药肥的局限性

尽管药肥具有很多优点，但是药肥也存在一些生产制备和使用方面的局限性。比如一些化肥和农药的混合制备，为提高工艺而加重了制作过程的工作量，因此，从制备和使用过程整体考虑，只是工作量的转移，并没有从实质上降低劳动量和提高工作效率。生物药肥为了保持微生物的活性，仅有少量的种类适合作为药肥。有机药肥存在制作过程繁琐和劳动量大的弊端。高锰酸钾的强氧化性限制了其药物浓度和应用范围。单质硫的水不溶性降低了其杀菌能力，缩小了其应用范围。但石硫合剂是强碱性溶液，在低 pH 值使用时易生成水不溶物碳酸钙而药效降低，所以，石硫合剂只能在 pH 值为 12 ~ 13 时用。为了减轻碱液对农作物的灼伤，石硫合剂的使用浓度也不能太高，因此其提供植物生长的必需元素钙、硫的量很有限。

（四）常见水稻药肥的应用

（1）金稻龙除草药肥。丁草胺和尿素的混合产品，该产品对稻田稗草、莎草和部分阔叶杂草具有很好的防效。试验结果表明，药肥施用土壤微生物较单施除草剂多，比单施尿素少，随药肥施用剂量提高，土壤氨化细菌含量显著下降，尿素分解速度下降，肥效期延长，氮肥利用率提高。每亩施用金稻龙药肥 10 kg，对稻田杂草防效达 90% 以上，明显优于尿素＋丁草胺的防效；对水稻生长表现出前控后促的生物效应，增产 9% 以上，且能减少水稻中后期病虫害的发生，提高抗逆性。

（2）三氯异氰尿酸杀菌药肥。三氯异氰尿酸（TCCA）和磷酸铵、硝酸钾、硫酸锌的混合产品，该产品对种子的发芽有促进作用，对水稻细菌性条斑病防治效果优于单一使用 TCCA。可能是由于养分的加入，使 TCCA 的吸收与运转速率得到提高，增强了药效的缘故。同时，由于某些养分元素（如 K 素）的存在，能促进植株体内酶的活性，促进植物的新陈代谢，增强植物抵抗病虫害的能力，因而能提高药肥对水稻细菌性条斑病的防治效果。

（3）壮谷动力杀菌药肥。丙醚甲环唑、丙环唑和肥料的混合产品。能有效控制稻曲病、纹枯病等真菌性病害。与表现较好的 30% 苯醚甲环唑·丙环唑相比，壮谷动力增产率为 10.5% ~ 27.93%，纹枯病防效 83.51% ~ 93.1%；30% 苯醚甲环唑·丙环唑增产率为 2.3% ~ 7.15%，纹枯病防效 66.5% ~ 80.6%。

（4）护农杀虫药肥。0.8% 杀螟丹药肥混剂，国内首个正规登记杀虫药肥品种。内吸作用强，加入了害虫引诱剂，并应用了药肥缓释技术，一次使用可长期控制害虫。

（5）拌种有机药肥。用菜枯型、腐植酸型、有机肥型 3 种拌种药肥，能促进秧苗生长，增加秧苗干物质积累，提高秧苗素质，并显著增产。

（6）植物源有机药肥。烟渣有机药肥和茶皂素有机药肥。与常规施肥相比，烟渣有机药肥和茶皂素有机药肥的部分替代施用分别提高水稻产量 22.29% 和 18.58%，稻谷养分吸收量显著提高，水稻收获后的大田土壤速效养分含量无显著差异。植物源有机药肥对稻纵卷叶螟和白背飞虱有明显的防治效果，其中烟渣有机药肥、茶皂素有机药肥对卷叶虫防效分别达到 81.27%、51.09%，白背飞虱虫口减退率分别为 55.74%、37.70%。

（7）生物药肥。哈茨木霉（Trichoderma harzianum）、青霉（Penicillium）和枯草芽孢杆菌（Bacillus subtilis）三种微生物与氮磷钾养分复配成药肥。试验菌株解磷和解钾能力存在显著差异，解钾能力表现为：枯草芽孢杆菌最高，哈慈木霉与青霉无显著差异，解磷能力表现为：青霉＞哈茨木霉＞枯草芽孢杆菌。生物药肥施用后，水稻秧苗茎基部宽度、地上部和根系鲜重、干重均显著增加；水稻秧苗抗逆酶 SOD、POD 活性和 Pro 含量显著提高，MDA 含量显著降低；土壤碱解氮、速效磷和速效钾含量均显著高于对照；生物药肥施用后，立枯病发病率显著降低，以哈茨木霉＋枯草芽孢杆菌＋青霉复合菌复配生物药肥效果最好。

（五）"神隆"水稻除草杀虫药肥

由苄嘧磺隆、丁草胺原药、呋虫胺、肥料、载体和助剂等组成的，主要用于防治稻田一年生杂草和二化螟、稻飞虱等早期病虫草害。

（1）理化性质。外观为蓝色球形颗粒，无刺激性气味，松密度为 0.956 g/mL，堆密度为 1.025 g/mL，为非易燃固体。

（2）技术指标。外观应为干燥、自由流动的颗粒，无可见的外来物和硬块，基本无粉尘，适于机器施药。苄嘧磺隆质量分数为 0.032%±0.008%，丁草胺质量分数为 0.608%±0.152%，呋虫胺质量分数为 0.025%±0.006%，总养分（$N+P_2O_5+K_2O$）质量分数 ≥ 20.0%，水分 ≤ 3.0%，pH 值范围 5.0 ~ 8.0，松密度 ≤ 1.0 g/mL，堆密度 ＜ 1.2 g/mL，粒度范围（2000 ~ 4000 μm）≥ 85%，粉尘 ≤ 30mg，脱落率 ≤ 3%，热贮稳定性合格（每 3 个月检 1 次）。

（3）使用方法。在水稻抛秧（移栽）后 5 ~ 10 d（早稻 7 ~ 10 d，晚稻 5 ~ 7 d）使用，即抛秧苗直立扎根，稗草叶龄 1.5 叶之前，亩用制剂 10 kg 均匀撒施。

（4）产品性能。产品是由苄嘧磺隆、丁草胺和呋虫胺复配而成。具有良好的除草杀虫作用，且对禾苗安全。苄嘧磺隆，化学名称：2- 氨基 -4,6- 二甲氧基嘧啶，是选择性内吸传导型除草剂。药剂在水中迅速扩散，经杂草根部和叶片吸收后转移到其他部位，阻碍支链氨基酸生物合成。敏感杂草生长机能受阻、幼嫩组织过早发黄，抑制叶部、根部生长。能有效防治稻田 1 年生及多年生阔叶杂草（鸭舌草、眼子菜、节节菜等）和莎草（牛毛草、异型莎草、水莎草等）。有效成分进入水稻体内迅速代谢为无害的惰性化学物，对水稻安全。丁草胺，分子式：$C_{17}H_{26}ClNO_2$，为酰胺类选择性内吸传导型除草剂。植物吸收丁草胺后，在体内抑制和破坏蛋白酶，影响蛋白质的形成，抑制杂草幼芽和幼根正常生长发育，从而使杂草死亡。在黏壤土及有机质含量较高的土壤上使用，药剂可被土壤胶体吸收，不易被淋溶，特效期可达 1 ~ 2 个月。可防除稗草、马唐草、狗尾草、牛毛草、鸭舌草、节节草、异型沙草等一年生禾本科杂草和某些阔叶杂草。有效成分进入水稻体内迅速代谢为无害的惰性化学物，对水稻安全。呋虫胺，化学名称：（RS）-1- 甲基 -2- 硝基 -3-（四氢 -3- 呋喃甲基）胍。为烟碱乙酰胆碱受体的兴奋剂，影响昆虫中枢神经系统的突触，可通过脊柱神经传递的内吸性杀虫剂，具有触杀和胃毒作用，可以快速被植物根系吸收并向顶传导，且对禾苗安全。对多种水稻害虫具有很好的防治效果，比如褐飞虱、白背飞虱、灰飞虱、黑尾叶蝉、稻蛛缘蝽象、星蝽象、稻绿蝽象、红须盲蝽、稻负混虫、稻简水螟、二化螟、稻蝗等。

（5）应用效果。通过近两年的田间药效试验结果得知，该产品对稻田一年生杂草和二化螟有较好的防治效果，防效均在90%以上，增产率在10%以上。一次用药，持效期可长达45 d以上，每季比常规稻田少打1～2次药，而且除草、杀虫、施肥农事操作合三为一，大大地减轻了用户的劳动强度，省工节本，丰产增效。

（6）产品农药残留检测。将该产品在全国多地进行使用，然后对水稻中各部位组织的农药残留进行检测分析。使用地点：辽宁省沈阳市沈北新区兴隆台镇大孤柳村、黑龙江省肇东市五站镇黑山村、山东省德州市齐河县华店镇、浙江省杭州市临安区青山湖街道、安徽省淮北市高岳街道、江西省高安市灰埠镇、湖南省长沙市春华镇、湖南省娄底市双峰县梓门桥镇、贵州省贵阳市花溪区燕楼镇槐舟村、云南省德宏州瑞丽市陇川县跌撒乡、福建省宁德市福安市溪潭镇洪口村、广东省湛江市霞山区海头镇木兰村。施用方法：水稻移栽后10～15 d开始第一次施药，施药有效成分量为180 g/hm²，15 d后再施用一次。最终残留试验结果表明，呋虫胺在糙米中的残留量最高为0.089 mg/kg，在谷壳中的残留量最高为0.97 mg/kg，在稻谷中的残留量最高为0.27 mg/kg，在秸秆中的残留量（以干重计）最高为0.89 mg/kg。我国《食品安全国家标准食品中农药最大残留量》（GB2763—2019）规定糙米中呋虫胺的MRL值为5 mg/kg，稻谷中呋虫胺的MRL值为10 mg/kg。因此，该产品在目前使用剂量范围内不会产生农药残留超标的问题。

（7）产品环境毒理检测。依据中华人民共和国农业部《化学农药环境安全评价试验准则》（GB/T31270.9—2014）第9部分和第2570号《农药登记试验质量管理规范》要求，在室内条件下测定了0.025%呋虫胺颗粒剂对日本鹌鹑（Coturnix coturnix japonica）急性经口的毒性，得到了供试物对鹌鹑的168 h半致死剂量LD50、95%置信限及毒性等级。供试物质量分数为0.025%，剂型为颗粒剂，在本试验条件下，采用胶囊灌喂法进行染毒，依据《鸟类急性经口毒性试验》（SOP/TM–AAOT–01），每只鹌鹑最多灌喂2颗胶囊，故以2颗胶囊所能容纳供试物的最大量为试验处理（试验处理剂量为3.00 mg/kg），同时设空白对照（CK1）和空胶囊对照（CK2）。每处理10只鹌鹑，雌雄各5只，分笼放置。试验周期为168 h。于染毒后8 h、24 h、48 h、72 h、96 h、120 h、144 h和168 h观察并记录受试鹌鹑的中毒症状及死亡总数，计算供试物对鸟类急性经口毒性的半致死剂量LD50及95%置信限。试验结果表明：染毒后8 h内出现趴伏，闭眼、打盹等中毒症状，24 h后恢复正常。以设计浓度进行计算，该供试物对鹌鹑急性经口毒性LD50（168 h）＞3.00 mg/kg。依据《化学农药环境安全评价试验准则》中农药对鸟类急性经口半致死剂量LD50（168h）的规定，将农药对鸟类的急性毒性分为四级：低毒（LD50＞500 mg/kg），中毒（50.0 mg/kg＜LD50≤500 mg/kg），高毒（10.0 mg/kg＜LD50≤50.0 mg/kg），剧毒（LD50≤10.0 mg/kg）。在本试验条件下，该产品对鸟类的急性经口毒性为无毒。

依据中华人民共和国农业部《化学农药环境安全评价试验准则》第15部分：蚯蚓急性毒性试验（GB/T 31270.15—2014）和第2570号《农药登记试验质量管理规范》要求，在室内条件下用人工土壤法测定了0.025%呋虫胺颗粒剂对蚯蚓急性毒性。试验结果表明0.025%呋虫胺颗粒剂对蚯蚓急性毒性试验14 d的LC50为2.80 mg/kg干土，95%置信限为2.40～3.26 mg/kg干土。依据中华人民共和国农业部《化学农药环境安全评价试验准则》第15部分中农药对蚯蚓的毒性按14 d LC50的大小划分为四个等级：低毒（LC50＞10.0 mg/kg干土），中毒（1.00 mg a.i./kg干土＜LC50≤10.0 mg/kg干土），高毒（0.100 mg/kg干土＜LC50≤1.00 mg/kg干土），剧毒（LC50≤0.100 mg/kg干土）。在本试验条件下，该产品对蚯蚓急性毒性等级为"中毒"

依据《化学农药环境安全评价试验准则》（GB/T 31270.12—2014）第 12 部分：鱼类急性毒性试验，在室内条件下测定 0.025% 呋虫胺颗粒剂对鱼类（斑马鱼）的急性毒性，并评价其毒性等级。根据预试验结果，正试验采用静态法，设计 100 mg/L 1 个试验处理组及 1 个空白对照组，每个处理组 10 尾鱼。暴露周期为 96 h，染毒后 3 h、24 h、48 h、72 h、96 h 观察试验鱼的生物效应。于染毒初始和染毒后 96 h 分别取样测定各处理组溶液的浓度，呋虫胺实测浓度为设计浓度的 94.0% ~ 98.5%，均保持在设计浓度的 80% ~ 120% 范围内，因此采用设计浓度计算供试物对斑马鱼的急性毒性 LC50（96 h）值。试验结果表明，供试物处理组斑马鱼未出现死亡和可见中毒症状。50% 呋虫胺可湿性粉剂对斑马鱼急性毒性的 LC50（96 h）值大于 100 mg/L。依据鱼类急性毒性试验中规定的毒性等级划分标准，农药对鱼类的毒性按 LC50（96h）的大小划分为 4 个等级：低毒（LC50 > 10.0 mg/L），中毒（1.00 mg/L < LC50 ≤ 10.0 mg/L），高毒（0.100 mg/L < LC50 ≤ 1.00 mg/L），剧毒（LC50 ≤ 0.100 mg/L）。在本试验条件下，该供试物对鱼类的急性毒性等级为"低毒"。

依据《化学农药环境安全评价试验准则》（GB/T 31270.14—2014）第 14 部分：藻类生长抑制试验，在室内条件下测定 0.025% 呋虫胺颗粒剂对羊角月芽藻（Pseudokirchneriella subcapitata）的生长抑制毒性，并评价其毒性等级。根据预试验结果，正试验采用血球计数法，设置 100 mg/L 1 个浓度处理组及 1 个空白对照组，每个处理组 6 次重复。暴露周期为 72 h，染毒后 24 h、48 h 和 72 h 观察试验藻的抑制效应。染毒 0 h 和 72 h 分别取样测定空白对照组和处理组溶液浓度，试验结果表明呋虫胺的实测浓度为设计浓度的 91.4% ~ 93.1%，保持在设计浓度的 80% ~ 120% 范围，因此采用设计浓度计算端点 EC50（72 h）值及其 95% 置信限。试验结果表明，供试物处理组受抑制藻细胞未发现明显可见抑制效应。经 One–Way ANOVA 分析（72h），F=3.425，Sig.=0.094 > 0.05，处理组与对照组无显著性差异。0.025% 呋虫胺颗粒剂对藻类生物量增长抑制 EyC50（72 h）为 >100 mg/L，生长率抑制 ErC50（72 h）为 >100 mg/L。依据藻类生长抑制试验中规定的毒性等级划分标准，农药对藻类的生长抑制毒性按 EC50（72 h）的大小划分为三个等级：高毒（EC50 ≤ 0.300 mg/L）；中毒（0.300 mg/L < EC50 ≤ 3.00 mg/L）；低毒（EC50 > 3.00 mg/L）。在本试验条件下，该供试物对藻类生长抑制的毒性等级为"低毒"。

依据《化学农药环境安全评价试验准则》（GB/T 31270.13—2014）第 13 部分：溞类急性活动抑制试验，在室内条件下测定 0.025% 呋虫胺颗粒剂对大型溞（Daphnia magna Straus）急性活动抑制的毒性，并评价其毒性等级。根据预试验结果，正试验采用静态法，设计浓度为 100 mg/L 的限度试验。处理组及空白对照（CK）处理组均设 4 个重复，每重复 5 只幼溞，暴露周期为 48 h。染毒后 24 h、48 h 观察试验溞的抑制效应。于染毒初始及染毒后 48 h 采集各处理组水样样本进行浓度分析，结果表明，呋虫胺的实测浓度为设计浓度的 96.2% ~ 98.5%，均保持在设计浓度的 80% ~ 120% 范围，因此采用设计浓度计算端点值 EC50（48 h）及其 95% 置信限。试验结果表明，0.025% 呋虫胺颗粒剂对溞类急性活动抑制试验的 EC50（48 h）>100 mg/L；受试溞在试验期间未出现可观察的抑制效应。依据溞类急性活动抑制试验中规定的毒性等级划分标准，农药对溞类的急性毒性按 EC50（48 h）的大小划分为 4 个等级：低毒（EC50 > 10.0 mg/L），中毒（1.00 mg/L < EC50 ≤ 10.0 mg/L），高毒（0.100 mg/L < EC50 ≤ 1.00 mg/L），剧毒（EC50 ≤ 0.100 mg/L）。在本试验条件下，该供试物对溞类急性活动抑制的毒性等级为"低毒"。

（六）超敏蛋白复合酶生物制剂

（1）产品简介。超敏蛋白复合酶既不是肥，也不是药，它是一种以蛋白形式存在的无毒无害的纯生物制剂，由多种植物单体酶、矿物质等经过独特的低温发酵＋螯合工艺加工而成，可以实现多酶的超敏感催化功效。超敏蛋白复合酶是具有很强生物催化分解作用的活性物质，有氧化还原、水解、分解、转移、异构、合成等功能。蛋白质是它们的主要成分，通常表现出不同功能蛋白质的活性性质，在生物体内担任"生物催化剂"的角色，参与各种体内所有的生理生化活动。

（2）使用方法（表4-4）。

表4-4　超敏蛋白复合酶使用方法

品种	使用时期	使用方法	使用方法
苗床	齐苗后	80 mL 兑水 15 kg	喷雾
	2叶1心	80 mL 兑水 15 kg	喷雾
	插秧前1 d	80 mL 兑水 15 kg	喷雾
本田	插秧后	50 mL 兑水 15 kg	喷雾
	分蘖前	50 mL 兑水 15 kg	喷雾
	孕穗期	50 mL 兑水 15 kg	喷雾
	灌浆初期	50 mL 兑水 15 kg	喷雾

（3）应用效果。①实现水稻"零农残"种植。实现"零农残"主要发挥的就是酶的分解作用。超敏蛋白复合酶把农产品的农药残留分解掉，农产品的各项农残指标均为未检出，实现农产品优于欧盟标准和有机标准。同时能解除作物药害的影响，使作物恢复生长。②减肥减药。超敏蛋白复合酶促使植物根部分泌一种特殊的酶，还原土壤中固定的氮、磷、钾，使它们变成离子态能充分的被植物所吸收，根据地力不同酌情减少化肥使用量最少30%。并能够催化促进当地有益菌的快速繁殖，抑制有害菌，减少病害的发生，同时还能散发出一种特殊的气味和特定的植物生物波驱走害虫从而达到减药的目的。③增产增收。超敏蛋白复合酶能最大限度地发挥肥料的作用，使肥效持久，加快农作物生长并维持作物的旺盛生长态势，保证水稻活干成熟，充分发挥水稻倒四叶的功能，为水稻增产打下坚实基础。④增强抗逆性。超敏蛋白复合酶能促进植物生长，使植株更加健壮，提高植株的自身免疫机能，遇寒冷干旱等不利天气时，通过超敏蛋白复合酶调节植物气孔关闭减少水分蒸发，增加抗逆性，同时产生有益植物激素，为植物提供物理屏障，减少病原菌侵害。⑤促早熟。超敏蛋白复合酶能够加速种子萌发，使植株健壮，在作物移栽过程中不缓苗；喷施于作物将空气中的氮固定到作物表面形成固氮菌，增加作物的光合作用；加速细胞分裂，使植物自身产生植物热能；在作物不同的生长阶段针对作物需要的营养选择性的催化，加速作物对营养的吸收，为作物提供充足的养分使作物能够快速生长。⑥改良土壤。超敏蛋白复合酶可以代谢有机质从而改善土壤板结状况，调节土壤PH值，改变土壤的酸化、盐碱化。同时分解土壤中的农药化肥残留，恢复受污染的微生物生存环境，固化沉降重金属。

（七）水稻除草杀虫药肥复合产品

由苄嘧磺隆、丁草胺原药、呋虫胺、肥料、载体和助剂等组成的，主要用于防治稻田一年生杂草和二化螟、稻飞虱等早期病虫草害。

（1）理化性质。外观为蓝色球形颗粒，无刺激性气味，松密度为0.956 g/mL，堆密度为1.025 g/mL，为非易燃固体，爆炸性为"—"。

（2）技术指标。外观应为干燥、自由流动的颗粒，无可见的外来物和硬块，基本无粉尘，适于机器施药。苄嘧磺隆质量分数为 0.032% ± 0.008%，丁草胺质量分数为 0.608% ± 0.152%，呋虫胺质量分数为 0.025% ± 0.006%，总养分（N+P$_2$O$_5$+K$_2$O）质量分数 ≥ 20.0%，水分 ≤ 3.0%，pH 值范围 5.0 ~ 8.0，松密度 ≤ 1.0 g/ml，堆密度 < 1.2g/mL，粒度范围（2000 ~ 4000 μm）≥ 85%，粉尘 ≤ 30 mg，脱落率 ≤ 3%，热贮稳定性合格（每 3 个月检一次）。

（3）使用方法。在水稻抛秧（移栽）后 5 ~ 10 d（早稻 7 ~ 10 d，晚稻 5 ~ 7 d）使用，即抛秧苗直立扎根，稗草叶龄 1.5 叶之前，亩用制剂 10 kg 均匀撒施。

（4）产品性能。产品由选择性内吸传导型除草剂苄嘧磺隆、酰胺类与选择性芽前除草剂丁草胺和最新一代超级烟碱类杀虫剂呋虫胺复配而成。除草剂有效成分可在水中迅速扩散，为杂草根部和叶片吸收转移到杂草各部，阻碍氨基酸、赖氨酸、异亮氨酸的生物合成，阻止细胞的分裂和生长，并抑制体内蛋白质合成。敏感杂草生长机能受阻，幼嫩组织过早发黄抑制叶部生长，阻碍根部生长而坏死，从而达到除草的目的。有效成分进入水稻体内迅速代谢为无害的惰性化学物，对水稻安全。杀虫剂呋虫胺为烟碱乙酰胆碱受体的兴奋剂，影响昆虫中枢神经系统的突触，可通过脊柱神经传递的内吸性杀虫剂，具有触杀和胃毒作用，可以快速被植物根系吸收并向顶传导，且对禾苗安全。主要用于水稻大田防治一年生杂草和部分多年生杂草以及水稻二化螟、稻飞虱等害虫，同时促进水稻生长发育，增产效果显著。

（5）应用效果。通过近两年的田间药效试验结果得知，该产品对稻田一年生杂草和二化螟有较好的防治效果，防效均在 90% 以上，增产率在 10% 以上。一次用药，持效期可长达 45 d 以上，每季比常规杀虫剂少打 1 ~ 2 次药，而且除草、杀虫、施肥农事操作合三为一，大大地减轻了用户的劳动强度，省工节本，丰产增效。

第九节　双季稻气象灾害避灾减损技术

水稻的生长发育受到温度、水分和光照等多重气候因素影响，虽然通过田间耕作管理措施能够改善水稻生长的小气候环境，但仍无力控制大范围不利天气气候的影响。气象灾害一直是水稻安全生产最突出的威胁因素之一，是决定水稻大面积丰产或欠收的决定性因素。

近年来，长江中下游南部双季稻区稻作农业出现两个新特点：一是稻作生产进入规模化、产业化经营的新时代，伴随土地流转政策的落地，土地集约化利用程度极大提高，各地水稻生产任务主要由种植大户、专业合作社、农业企业等新型农业主体承担；二是以增暖为特征的全球气候变化加剧，天气气候要素波动幅度加大，气象灾害发生频率和强度上升趋势明显。双季稻气象灾害呈现出新的特点：灾害发生的周期缩短频率增大；大灾次数增加，小灾次数减少；受灾面积和强度加大；双季稻周年受灾，经济损失越来越严重。因此，开展双季稻低温冷害、高温热害和干旱等主要气象灾害防控势在必行。

一、筛选耐性高产品种

筛选抗逆性强的高产品种是有效防控水稻气象灾害的重要途径。通过关键致灾气象因子（高温、低温和水分）与品种间的双因子裂区试验，分析温度、水分胁迫条件下，不同品种的产量和产量构成性状与对照的灾损率，综合评价筛选获得耐高温、耐低温和耐旱性强的高产良种。灾损率定义为：胁迫处理产量与对照产量差值和对照产量的比值百分数。

（一）早稻耐低温良种筛选

选取适宜湖南地区种植且年种植面积超 10 万亩的 13 个早稻品种，采用分期直播，试验设置 3/22（Ⅰ）、3/27（Ⅱ）、4/1（Ⅲ）三个播期。按照品种、播期进行裂区设计（播期为主区，品种为副区），3 次重复，每个小区面积为 20 m²。每个播期设立同水平的播种量，按 3.5 kg/ 亩播种。早稻施氮肥分别为 8 kg/ 亩、10 kg/ 亩，磷肥 5 kg/ 亩，钾肥 8 kg/ 亩，氮肥按基肥：分蘖肥：穗肥 =5：3：2 的比例施用，磷肥全部当基肥施用，钾肥按基肥：穗肥 =5：5 的比例施用。大田水分管理及病虫草害防治按照当地常规管理要求进行。比较不同播期下早稻品种秧苗素质、产量及生育期变化，筛选直播条件下耐冷性强和产量稳定的品种。

低温胁迫对不同品种早稻出苗率和死苗率的影响不同，随着播期的推迟，各品种平均出苗率呈上升趋势，死苗率呈下降趋势。品种间出苗率和死苗率的比较结果发现，三个播期平均出苗率最高的为中早 39，出苗率为 93.33%，出苗率最低的为株两优 819，为 63.33%，死苗率最高的为陵两优 268 和株两优 819，死苗率为 10%，死苗率最低的为中早 39，死苗率为 3.33%。在供试品种中，金早 47 出苗率随着播期的变化，差异最大，变异系数为 78.33%，其次为陵两优 268，第三为株两优 819。由以上结果表明，在出芽期遭遇低温，对出苗率和死苗率的影响小于在 2 叶 1 心时期遭遇低温，在出芽期和 2 叶 1 心时期同时遭遇低温，对出苗率和死苗率的影响最大（表 4-5）。

表 4-5 低温下不同播期品种水稻的出苗率、死苗率 %

品种	播期处理（出苗率）			平均	CV	播期处理（死苗率）			平均	CV
	Ⅰ	Ⅱ	Ⅲ			Ⅰ	Ⅱ	Ⅲ		
湘早籼 24	90	95	90	91.67	3.15	5	3	4	4	25
湘早籼 32	70	70	75	71.67	4.03	8	10	7	8.33	18.33
湘早籼 42	85	80	85	83.33	3.46	5	7	4	5.33	28.64
湘早籼 45	70	90	95	85	15.56	5	5	3	4.33	26.65
江早 361	70	70	80	73.33	7.87	10	10	6	8.67	26.65
中早 39	90	95	94	93.33	3.09	5	3	2	3.33	45.83
中嘉早 17	70	85	85	80	10.83	10	5	5	6.67	43.30
金早 47	60	85	90	78.33	20.52	10	7	4	7	42.86
陆两优 996	80	95	95	90	9.63	5	3	4	4	25
陵两优 268	50	75	80	68.33	23.52	15	8	7	10	43.59
淦鑫 203	65	90	90	81.67	17.67	15	5	5	8.33	69.28
株两优 819	30	80	80	63.33	45.58	15	10	5	10	50
柒两优 2012	70	95	95	86.67	16.65	7	4	3	4.67	44.61
平均	69.23	85	87.23			8.85	6.15	4.54		
CV/%	23.74	11.0	7.88			45.65	43.93	33.20		

结果表明：随着播期的推迟，早稻平均产量呈逐渐下降趋势，第 Ⅰ 播期的平均产量为 7.12 t/hm²，第 Ⅱ 播期的平均产量为 7.02 t/hm²，第 Ⅲ 播期的平均产量为 6.80 t/hm²。湘早籼 32、金早 47、株两优 819、柒两优 2012 产量逐渐下降，湘早籼 244、湘早籼 42 先下降后上升，但在第 Ⅰ 播期的产量最高，中早 39、中嘉早 17、陵两优 268 第 Ⅱ 播期产量最高。不同品种水稻在各播期内的产量表现存在差异，

第 I 播期至第 Ⅲ 播期产量最高的品种分别为江早 361、淦鑫 203，产量最低的品种均为湘早籼 32 号。播期对产量影响最小的是陆两优 996，影响最大的为淦鑫 203（表 4-6）。

表 4-6　播期对不同品种早稻产量的影响

品种	播期处理			平均 / (t·hm⁻²)	CV/%
	I	Ⅱ	Ⅲ		
湘早籼 24	7.72	6.51	7.11	7.1	8.4
湘早籼 32	5.16	4.42	4.20	4.6	10.9
湘早籼 42	7.07	5.87	6.47	6.5	9.3
湘早籼 45	6.23	6.51	6.83	6.5	4.6
江早 361	8.23	7.36	6.67	7.4	10.5
中早 39	7.43	7.89	6.98	7.4	6.1
中嘉早 17	7.00	7.80	7.43	7.4	5.4
金早 47	7.78	6.91	5.54	6.7	16.8
陆两优 996	7.74	7.80	7.74	7.8	0.5
陵两优 268	6.34	7.69	7.20	7.1	9.7
淦鑫 203	6.40	8.09	8.89	7.8	16.31
株两优 819	8.03	7.34	6.58	7.3	9.9
柒两优 2012	7.40	7.09	6.78	7.1	4.4
平均	7.12	7.02	6.80		
CV%	12.30	14.48	16.14		

直播条件下供试品种的平均全生育期为 107 d，与播种期 4 月 1 日处理相比，播种期为 3 月 22 日处理延长了全生育期 2～5 d。综合全生育期和产量来看，省机直播早稻播种适宜期为 4 月 1 日，可有效在 2 叶 1 心期避开"倒春寒"低温，提早播种延长了生育期但产量并不一定提高，且在 2 叶 1 心时期遇到倒春寒低温的机率较大。丰产稳产性好、产量潜力大的品种有淦鑫 203、株两优 819、江早 361 等。而耐寒性较好的品种有湘早籼 24、中早 39、陆两优 996 等。

（二）晚稻耐低温良种筛选

大田低温良种筛选试验采用两因素裂区试验设计，主区因素为播期，副区因素为品种，播期设有三个水平，品种 19 个（C01，玉针香；C02，湘晚籼 17；C03，湘晚籼 13；C04，湘晚籼 12；C05，农香 24；C06，黄华占；Z01，天优华占；Z02，岳优 9113；Z03，盛泰优 018；Z04，盛泰优 9712；Z05，桃优香占；Z06，隆香优 130；Z07，H 优 518；Z08，丰源优 299；Z09，五优 613；Z10，深优 957；Z11，深优 9586；Z12，吉优 353；Z13，泰优 390）。每处理 3 次重复，小区面积为 13.4 m²。晚稻分别于 6 月 19 日、7 月 2 日和 7 月 12 日播种。采用常规生产管理方法进行播种，7 月 22 日 3 叶 1 心时移栽。大田晚稻施肥量为氮肥 150 kg/hm²，磷肥 90 kg/hm²，钾肥 120 kg/hm²。病虫草等管理措施同当地常规操作。

第一期 6 月 19 日播种，10 月 18 日收获；生长关键时期没有遇到寒露风，可作为寒露风危害的对照播期。产量是评价水稻品种优劣的最重要指标，通过对正常天气、气候条件下种植的水稻产量的分析，能为进一步理解胁迫处理情况下品种间的产量差异提供重要的参考信息（图 4-19）。

结果表明：不同品种正常播期实际和理论产量差异显著，以农香 24（C05）、盛泰优 9712（Z04）、隆香优 130（Z06）、H 优 518（Z07）四个水稻品种的实际产量最高，达到 560 kg/ 亩以上。而以湘晚籼 17（C02）的理论产量最高，为 532 kg/ 亩。可见，农香 24（C05）、盛泰优 9712（Z04）、隆香优 130（Z06）、H 优 518（Z07）四个品种具有明显的产量优势。

第三期 7 月 12 日播种，11 月 7 日收获。田间气象数据显示，10 月 4—6 日，试验田气温连续三天处于 16℃ ~ 20℃。按照寒露风的等级划分标准，这三天试验田的天气属于中度寒露风。此间，第三期晚稻正处于灌浆初期，受此次低温影响较大（图 4–20）。

结果表明：不同品种遭受低温胁迫后实际和理论产量差异显著，以湘晚籼 12、天优华占、隆香优 130、盛泰优 018 四个品种的实际产量最高，达到 480 kg/ 亩以上。而以农香 24 的理论产量最高，达到 517 kg/ 亩。可见，湘晚籼 12、天优华占、隆香优 130、盛泰优 018 四个水稻品种在寒露风条件下具有明显的产量优势。

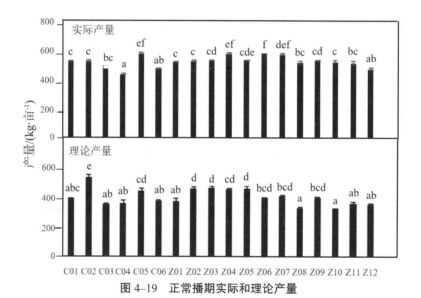

图 4–19　正常播期实际和理论产量

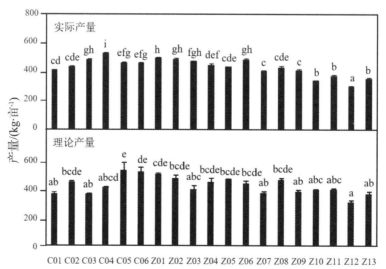

图 4–20　低温胁迫播期实际和理论产量

正常播期以农香 24、盛泰优 9712、隆香优 130、H 优 518 产量优势明显，低温胁迫播期以湘晚籼 12、天优华占、隆香优 130、盛泰优 018 产量优势明显。双季晚稻耐低温良种：湘晚籼 12、天优华占、隆香优 130 和盛泰优 018。

（三）晚稻耐旱良种筛选

盆栽遮雨模拟试验，采用裂区设计，主区因素为水分处理，副区因素为品种，6 次重复。其中水分处理分为常规水分灌溉和干旱胁迫，常规水分灌溉全生育期保持湿润状态；干旱胁迫处理则于分蘖结束后则停止供水，当干旱对照水稻品种在清晨卷叶不恢复连续达 5 d 时即完成干旱胁迫，进行复水，恢复与常规处理相同的管理。选择 16 个晚稻品种（1—岳优 9113；2—湘晚籼 12；3—湘晚籼 13；4—天优化华占；5—H 优 518；6—深优 9568；7—黄华占；8—深优 957，9—隆香优 130；10—吉优 353；11—泰优 390；12—农香 24；13—五优 613；14—盛泰优 9712；15—盛泰优 018；16—桃优香占），进行集中育秧，于 8 月 5 日 3 叶 1 心期进行移栽定苗，基本苗为 2 株 / 穴。

孕穗期干旱胁迫常造成幼穗分化障碍，对穗粒数、有效穗等多个产量构成因素造成不利影响。抽穗扬花期干旱胁迫，易造成抽穗不畅，产生包茎、包穗等现象，不利于抽穗扬花，进而使灌浆过程无法顺利进行，造成空瘪粒增加，千粒重降低，最终导致水稻生成减产或绝收。灾损率定义为对照产量与干旱处理产量差值占对照产量的百分率。因直接使用产量指标为计算依据，灾损率可作为水稻品种耐旱性的客观指标。

结果表明，与正常水分管理的对照相比，各品种遭受同样水分胁迫程度，减产幅度具有明显不同。黄华占（7）减产幅度最小，其次是泰优 390（11）、岳优 9113（1）和桃优香占（16）。产量降幅最大的是天优化华占（4）、深优 9568（6）和深优 957（8）。灾损率的大小可视作不同品种对干旱胁迫耐受性程度的差异指标。因此，泰优 390（11）、黄华占（7）、岳优 9113（1）和桃优香占（16）是比较耐旱的品种（图 4-21）。

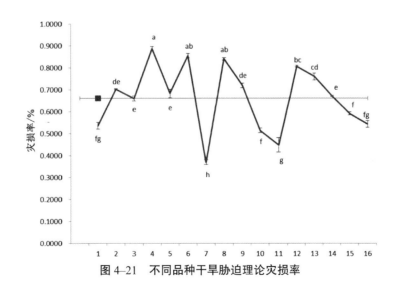

图 4-21　不同品种干旱胁迫理论灾损率

（四）双季稻低温冷害减损技术研究

通过在浏阳市丰裕乡上排村、长沙县路口镇明月村和益阳市资阳区茈湖口镇祁青村的大田分期播种试验，研究了不同抗寒处理技术措施的防灾保产效果，集成双季稻低温冷害减损技术。

（1）试验方法。大田分期播种，低温监测预报，灾情分级预警，针对早稻移栽返青（晚稻抽穗扬花灌浆初期）时期遭遇低温胁迫的播期，设置3种减损技术处理：10 cm左右灌水（T1）、叶面喷施抗寒剂KHYE-1（T2）和10 cm左右灌水+叶面喷施抗寒剂KHYE-1（T3），以常规管理为对照（CK）。处理面积300 m²，不设重复。于预报的第一个日均温低于13℃或未来3 d以上为阴雨天气的日期起（晚稻根据干冷型和湿冷型寒露风预报预警），进行减损技术处理，低温临近前6 h内完成灌水处理，低温临近前24 h内完成无人机抗寒剂喷施处理。监测冠层温度，收获期考种、测产。

（2）试验结果。双季早稻品种中早39移栽返青期低温播期不同处理产量分析如图4-22所示。与常规管理的对照相比，T1灌水10 cm处理比对照产量略高，T2无人机叶面喷施抗寒剂KHYE-1与对照产量接近，T2处理产量略高于T1处理，T3灌水和叶面喷施抗寒剂组合处理产量显著高于对照和T1、T2处理。结果表明T3灌水+无人机喷施抗寒剂处理是有效的避灾减损措施。

不同抗寒处理对双季晚稻品种泰优390的保产减损效应见图4-23。T1T2T3三个处理产量均高于对照CK，其中无人机叶面喷施抗寒剂KHYE-1处理保产效应未达到显著水平，T1灌水10 cm处理和T3组合处理产量均显著高于对照组产量，T3灌水和叶面喷施抗寒剂组合处理产量显著高于所有处理，T1灌水和T2喷施抗寒剂之间无显著差异。结果表明T1灌水处理是有效的抗低温措施，T3灌水和喷施抗寒剂的保产减损效果最好。

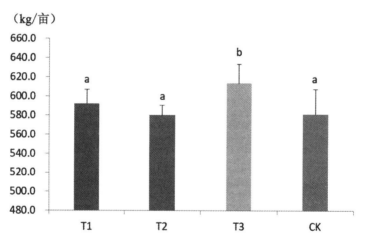

图4-22 中早39移栽期返青期不同抗寒处理产量比较

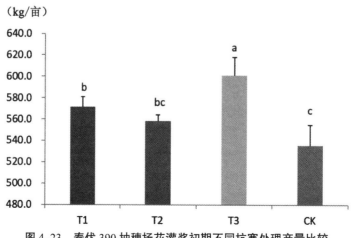

图4-23 泰优390抽穗扬花灌浆初期不同抗寒处理产量比较

二、强化灾害监测预警机制

水稻气象灾害预警主要通过判识各种水稻的主要气象灾害指标，结合未来天气预报和气候预测，根据未来气象的发生时间、范围和强度进行预报、预测结果、发布预警及可行的防御措施。

灾害预报预警信息主要由致灾因子阈值、临灾前后特定时段环境因子监测值与预测值和灾害预警模型共同合成。灾害预报预警流程：首先获取水稻种植区天气实况临近气象台站中短期天气气候预报，监测掌握水稻的生长发育进程，然后根据水稻所处的不同灾害敏感时期，运行不同的预报预测模型。最后根据水稻高温热害、低温冷害和干旱等预警指标，进行灾害预警信息合成，实现灾害提前预报，以便做好灾害防控应对。

对影响双季稻生长发育和最终产量形成的关键致灾因子（敏感期的温度和水分等气象要素），进行人工控制环境试验和大田分期播种试验，探索敏感期温度条件与水稻生长指标及产量构成指标间的规律，建立致灾敏感期灾害预测预警技术，进而通过灾前不同时域的预警信息为避灾抗灾物化措施提供选择依据。包括三个部分：

（1）高抗品种灾害指标阈值。在高抗良种筛选试验的基础上，进行人工气候控制试验，探明不同品种不同灾害的指标阈值。

（2）区域适用的主要灾害预警指标和模型集。进行人工控制试验，并综合已有研究成果，构建早稻分蘖期冷害、晚稻抽穗开花期冷害、早稻育秧期冷害、早稻抽穗开花期热害和灌浆乳熟期热害等预警指标集和模型集。

（3）双季稻周年灾害动态监测预防。集成基于"田间小气候动态监测数据＋紧邻气象台站滚动天气预报"关联分析、灾害预警指标与模型集和各种单项防灾措施于一体的多维防灾技术。

三、推广临灾应急降灾保产技术

（1）高温热害防御。根据高温预警信息，于高温临近时段（不超过 24 h），通过向稻田灌水或喷水，可降温增湿，缓解高温危害。一是在轻、中度高温临近时，向稻田灌水，水层深 8 ~ 10 cm，灌夜排或于 11 时前灌水，到 14 ~ 15 时排水。灌水稻田冠层稻穗温可降低 1℃ ~ 2℃，相对湿度提高 10% 以上。二是重度高温预警时，在 11 ~ 14 时水稻闭颖后，每亩喷施清水 200 ~ 250 kg，可降低温度约 2℃，湿度增加 10% ~ 15%，且能维持约 2 h。

（2）低温冷害防御。通常于低温临近前 24 ~ 48 h 内，据监测预报的低温信息，采取灌水、喷施抗灾剂或"灌水＋喷施抗灾剂"等保温降灾措施。一是灌水。低温来临前向田间灌水 8 ~ 10 cm，灌水后第二天上午排干，傍晚重灌，维持保温效果。田面和穗部温度能提高 1℃ ~ 2℃。二是喷施保温剂，在水稻茎叶上形成小块膜状物覆盖气孔，抑制蒸腾，减少热能消耗。三是喷施叶面肥等，减轻低温危害。

（3）干旱灾害防御。一是抗旱救苗。充分利用有效灌溉动力与水利设施，全力投入抗旱救苗、保苗。具体掌握"四先四后"，即先水稻后旱谷，先高田后低田，先远田后近田。在旱情较重不能全部救苗的情况下，先常规水稻后杂交水稻。因受水量限制，宜先进行湿润灌溉，遇降雨后再浅水灌溉。二是及时施肥。复水后抓紧追施氮肥和复合肥，数量因苗而定，一般用纯氮 75 kg/hm²。三是加强病虫防治。受旱水稻生育进程都有不同程度推迟，复水施肥后叶色加深，需加强对稻纵卷叶螟、稻飞虱、三代三化螟及稻瘟病等的防治。

第十节　稻谷全产业链大数据采集技术

一、水稻生产过程物联网监测技术

（一）农业传感技术原理

农业物联网可以实现对农业资源、农业环境、农业生物、农业生产过程等的实时监测信息采集，广泛应用于智能温室和设施养殖等领域，大田作物的农业物联网建设也正在迅速推进。农业物联网的感知层需要广泛应用农业传感技术，实时采集农业大数据资源。

（1）传感技术基础知识。古代神话传说中有千里眼、顺风耳之说，那是人类对器官功能延伸的美好幻想。传感技术是延伸人类感觉器官功能并实现智能感知的现代信息技术。传感是一种接触性感知，主要通过安装在现场的各种传感器来实现信息感知和数据采集。传感技术利用各种传感器从信源获取信息，并对这些信息进行处理或变换，使之成为能够被计算机识别和网络传输的数字信息。如无线光照传感器可以获取现场的光照强度数据并以无线方式发送。农业生产中常用的速效水分检测仪可快速检测出探针插入点的水分含量并在其液晶显示屏幕上呈现，就是农业传感技术的应用实例。

传感是一种接触性感知，传感器探头置于现实环境中，可以实时监测各种物理、化学或生物学指标。传感器一般由敏感元件、转换元件、接口电路和辅助电源四部分组成，敏感元件直接感受被测量，并输出与被测量有确定关系的物理量模拟信号；转换元件将敏感元件输出的物理量模拟信号转换为电信号；接口电路负责对转换元件输出的电信号放大并调制为数字信息；转换元件和接口电路一般还需要辅助电源供电。此外，传感器将感知信息转换为数字信息以后，还需要相应的记录部件、传输部件、显示部件等辅助部件来实现数据存储、处理和应用。例如，新冠疫情期间大量使用的测温仪，核心部件红外探测器就是一种温度传感器，其敏感元件利用红外热辐射效应感知温度，通过转换元件把模拟信号转换为数字信息，再通过接口电路传输到 LED 显示屏，在这里，热感应器、转换元件、接口电路和显示屏都需要供电，因此测温仪必须装上电池才能工作。

传感器的核心部件是其敏感元件，不同敏感元件可感知不同的物理、化学、生物学指标。例如：热敏元件感知物体表面、内部或空间的温度或热量。光敏元件感知现场环境的光照强度或光谱特征。气敏元件感知现场环境的气体种类及其浓度或含量。力敏元件感知物体表面、内部或空间的力学指标。磁敏元件感知现场环境的磁场或磁性量。湿敏元件感知现场环境的相对湿度或含水量。声敏元件感知现场环境的声波特征指标。色敏元件感知现场环境的颜色及其光谱特征。放射线敏感元件感知现场环境的放射性元素特征参数。

随着信息技术和电子工业的发展，现代传感器生产工艺水平不断提高，并表现以下特点：一是微型化，体积小、重量轻、耗电少；二是数字化，能够将敏感元件感知的特征指标模拟信号转换为数字信息，便于计算机识别和网络传输；三是智能化，现代传感器可以实现自动感知、实时感知、智能感知；四是多功能化，即一种传感器内部可以集成多种敏感元件，实现多元信息智能感知；五是系统化，根据传感技术原理，将敏感元件、转换元件、接口电路，乃至辅助电源和输出设备实现一体化集成，形成体系化的智能感知专用设备；六是网络化，即能够实现网络化传输信息，可采用现场总线技术集成多种传感器的感知信息后，再通过短距离通信协议实现无线传输或有线传输，也可以单个传感器直接利用无线发送。

传感器种类很多，从感知信息的性质角度，可分为物理传感器、化学传感器、生物传感器。其中，物理传感器用于感知或检测被测对象的物理量，如光、热、力、电、磁等。化学传感器是感知化学信息并将其浓度转换为电信号的设备。如气体传感器、铵离子传感器、酸碱度传感器。生物传感器是用生物活性材料，如酶、蛋白质、DNA、抗体、抗原、生物膜等，对被测对象进行分子识别，获取相关特征信息，再将这些特征信息转换为电信号输出。

（2）农业传感技术应用。农业传感技术是利用各种农业传感器，实时采集农业资源环境、农业生物、农业机械设备、农业生产过程的数字信息，奠定精准农业实践和智慧农业探索的农业大数据资源基础。农业传感技术的发展水平主要依赖于农业传感器技术的发展，当前，市场上的农业传感器多数是工业传感器的改装，性能参差不齐，应用范围也各不相同。总体说来，用于感知物理量的物理传感器技术较成熟，如光照传感器、温度传感器等的精准度都比较高，农田微气象站已广泛应用于气象因子监测。感知化学指标的化学传感器技术参差不齐，二氧化碳传感器、溶解氧传感器技术较成熟，但土壤养分传感器、重金属传感器改进空间很大。生物传感器基本还处于研发阶段，生产应用距离较大。

实时监测类农业传感技术主要用于实时监测农业资源环境和农业生物的数据指标。根据监测目的和要求不同，可以选用不同的农业传感器。对于养殖水体，溶解氧传感器实时监测水体中的含氧量变化，水体温度传感器实时监测水温及其变化情况，水体酸碱度传感器监测水中 pH 值及其变化，水体电导率传感器监测水体的可溶性盐或电解质浓度以了解水体纯净度。关于土壤因子，土壤含水量传感器监测土壤墒情，土壤电导率传感器监测土壤盐分，土壤养分传感器监测氮、磷、钾等营养元素水平，土壤酸碱度传感器监测土壤 pH。关于气象因子，空气温湿度传感器监测空气温度和相对湿度，光照传感器监测光照强度或太阳辐射量，风速风向传感器监测气流变化，降雨量传感器监测大气降水情况，二氧化碳传感器主要用于智能温室内监测二氧化碳浓度及其变化情况。农业生物生理信息感知方面，叶绿素传感器监测植物叶片的叶绿素相对含量，植物茎流传感器监测植物体内向上升的液流，茎秆直径传感器监测茎粗，叶片厚度传感器监测叶厚。利用人类医学领域的各种传感技术，可以研发多样化的动物生理信息传感器，如血压传感器、血糖传感器等。

智慧农机需要使用大量传感器，以实现基于无人驾驶的精准导航、智能感知、智能避障、自动识别和精准作业。动态监测中最常用的传感器是各种各样的视频监测设备，包括各种类型的摄像头和视频监视器。动态监测的随动响应则依托智能控制系统，根据动态监测信息进行自动控制和自主作业。农业生产过程的动态监测包括农业生产现场监测、农事作业过程监测、农事作业效果监测、农机作业强度监测、农机作业目标判别等，目前主要参考各种工业传感器进行二次研发，实现动态监测和随动响应。

农业传感技术是农业物联网工程的基础和核心，利用各种农业传感器建成农业物联网，可以智能感知农田、设施农业、畜牧养殖、水产养殖等生产现场和生产过程的各种信息，也可以获取资源环境、农业生物、农机作业和农事操作等农业大数据资源，物联网的监控中心通过分析、处理和应用这些大数据资源，可以实现数字化表达、可视化呈现、网络化传输、智能化决策和自动化管理，推进现代农业建设步伐。

（二）农业物联网监测技术

农业物联网必须综合利用农业传感技术和物联网技术，实现对农业资源、农业环境、农业生物、农事操作过程等的实时监测信息采集。农业物联网技术在智能温室和设施养殖等领域已经广泛应用，大田作物的农业物联网建设也正在迅速推进。

（1）农业物联网系统架构。农业物联网系统架构是一种跨地理单元、跨学科领域、跨行业应用的技术应用系统。农业物联网系统架构包括感知层、传输层和应用层（图4-24）。感知层利用各种农业传感器实时采集现场的农业大数据资源，感知层的智能感知设备种类很多，必须根据农业物联网的建设目标合理选择和科学配置，常用的智能感知设备包括土壤温度、土壤水分、土壤电导率、土壤酸碱度、土壤养分、光照强度、风速风向、降雨量等农业传感器，也包括智慧农机、遥控电机、电磁阀和其他控制终端，还包括生产现场摄像头、生产现场三维全景、生产现场手机监控等。传输层实现信息传输，包括将各种智能感知设备联接的无线局域网WLAN、远程大功率无线访问接入点、基地统一无线路由器等。应用层实现解决方案，其中监控平台实现资源汇总，技术专家提供技术支持，用户终端实现监控、指挥、调度等功能。

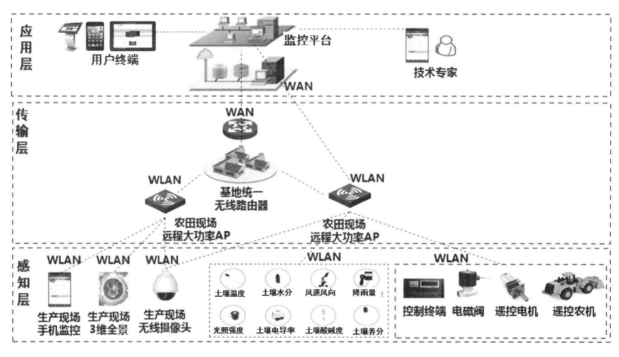

图4-24 农业物联网系统架构

（2）农业物联网信息传输。农业物联网需要联接众多的农业传感器、农业机械设备、智能终端等，需要应用多种信息传输技术，具体包括有线传输技术和无线传输技术。农业物联网的远距离有线传输主要依托现有通信网络，近距离有线传输主要利用现场总结技术。现场总线是近年来迅速发展起来的一种工业数据总线。农业物联网常用 RS485 总线或 CAN 总线。RS485 总线的网络拓扑采用终端匹配的总线型结构，即采用一条总线将各个节点串接起来，接口使用 RS232 串口或 USB 通用串行总线接口相联（图4-25）。CAB 总线又称为控制器局域网总线，是目前国外大型农机设备普遍采用的一种标准总线，它是一种有效支持分布式控制或实时控制的串行通信网络。

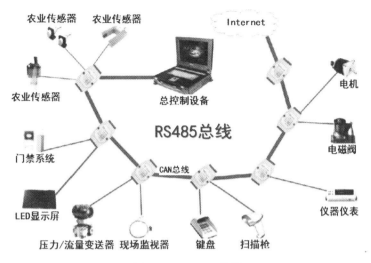

图 4-25　RS485 总线

农业信息无线传输技术包括近距离无线传输技术和远距离无线传输技术。近距离无线通信可采用蓝牙、WI-FI、Zigbee 技术，远距离无线通讯一般利用 4G 或 5G 移动通信技术。

（3）农业物联网组网技术。农业物联网建设中，科学合理地选择农业传感器，是农业物联网建设成功的前提。视频监测可选择高速网络红外旋转球机，野生动物监测可使用红外相机，监测气象指标可选择太阳能微气象站，温室环境监测可使用商品化传感器集成终端。具有特定目标的监测也可选择符合要求的无线传感器。

农业资源环境的大田监测，往往需要使用多种农业传感，可以根据监测指标需求，定制农业传感器集成终端。通过，根据监测目标，选择合适的气象信息传感器、土壤信息传感器、水体信息传感器、生理信息传感器等布设在田间合适位置，能量来源可采用太阳能电板或接入市电，通过数据采集箱实现集成，数据采集箱内一般包括现场总线电路板和接口、蓄电池、数据显示屏等，各种传感器以有线方式接入现场总线实现数据通信。例如，稻田资源环境智能感知终端可以集成光照、空气温湿度、不同土层深度的土壤温湿度和土壤 pH、电导率、铵离子等传感器，采用太阳能板统一供电，联接总线、显示部件和太阳能电池置于数据采集箱中。一般情况下，明确了监测指标和传感器类型以后，可委托专业厂家定制农业传感器集成终端，实现多源信息智能感知（图 4-26）。

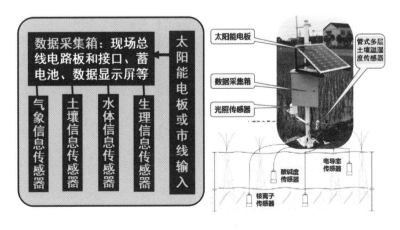

图 4-26　多源信息智能感知传感器集成终端

农业传感器的田间布设，至少应考虑以下因素：一是精确定位监测位点，田间布设农业传感器的目的是精确采集数据资源，如果传感器布点位置选择不当，监测数据必然失真或存在偏差。二是避免损毁，传感器集成终端具有一定的重量，一般应浇铸水泥墩固定；田间布设传感器要尽量避免与农事操作冲突，如传感器集成终端尽量安装在田边避免农机作业损毁，土壤耕作前要将布设在土壤中的传感器及时回收，并于耕作完成后重新布设。三是避免异常因素干扰数据采集，如田间焚烧秸秆干扰二氧化碳传感器的数据采集，稻田养鸭可能发生鸭子啄出土壤传感器等问题。

农业物联网通信方式有四大种类：一是有线传输，采用现场总线实现设备之间的物理连接和通讯。二是近距离无线传输，即近距离无线局域网 WLAN，设备之间用无线信号传输信息，使用蓝牙、Zigbee 等近距离无线通信协议。三是 wifi 传输，是通过 wifi 互联并接入以太网的技术体系。四是移动互联网，使用 4G/5G 移动互联网技术支撑。农业物联网组网涉及复杂的现代通信技术，建议请专业团队设计和实施。

（三）稻田物联网监测体系建设

在湖南省内共布设 31 个稻田资源环境监测点、6 个视频监测点、7 个微气象站，设备主要布设湘中东丘岗盆地区、湘北环湖平丘区、湘南丘岗山区的 3 片超高产攻关田和 3 片核心试验区（表 4-7）。

表 4-7 水稻生产过程物联网监测体系网点布设情况

序号	地点	数量	设备			所在地区
			田间环境资源监测点	视频监测点	微气象站	
1	湖南省水稻研究所	1	1	—	—	长沙
2	长沙碧泉潭	1	1	—	—	长沙
3	长沙高桥	1	1	1	—	长沙
4	长沙明月村	1	1	—	—	长沙
5	长沙耘园	6	6	—	1	长沙
6	浏阳大围山	1	1	—	—	浏阳
7	浏阳沿溪村	2	2	—	1	浏阳
8	株洲醴陵东富寺	1	1	—	—	株洲
9	株洲醴陵	2	2	1	2	株洲
10	岳阳平江	1	1	—	—	岳阳
11	岳阳君山	1	1	—	1	岳阳
12	衡阳梅花村	2	2	1	1	衡阳
13	衡阳祁东	1	1	1	—	衡阳
14	邵阳隆回宝庆	1	1	—	—	衡阳
15	益阳安化梅山	1	1	—	—	益阳
16	益阳大通湖	3	3	—	—	益阳
17	益阳赫山	3	3	1	—	益阳
18	益阳桃江	1	1	—	—	益阳
19	常德临澧	1	1	1	1	常德
	合计	31	31	6	7	—

（四）稻田资源环境监测数据示例

水稻生产过程物联网监测体系的硬件资源自 2017 年开始建设和监测网点现场施工，4 年间已积累 31 个环境感知监测点 16 种农业传感器 42 月资源环境数据，形成海量的农业大数据资源库。表 4-8 仅呈现湖南省益阳市赫山区笔架山乡中塘村监测点（湘北环湖平丘区）2020 年 3 月 30 日 10:00—10:59 的 6 种传感器的监测数据，供参考。

表 4-8　2020 年 3 月 30 日 10:00—10:59 益阳市赫山区笔架山乡中塘村监测点的环境感知数据（部分）

数据采集时点	土壤酸碱度	光照度 / （klx）	土壤电导率 / （ms·cm⁻¹）	5cm 土温 /℃	15cm 土温 /℃	35cm 土温 /℃
2020–03–30 10:03:25	7.19	17.04	1.74	12.00	13.50	14.30
2020–03–30 10:13:25	7.26	27.32	1.85	12.00	13.50	14.30
2020–03–30 10:23:25	7.10	47.04	1.84	12.00	13.50	14.30
2020–03–30 10:33:25	6.27	38.92	2.33	12.00	13.50	14.30
2020–03–30 10:43:25	5.48	42.95	2.03	12.00	13.50	14.30
2020–03–30 10:53:25	3.81	40.90	2.14	12.00	13.50	14.30

二、基于遥感影像的水稻种植面积提取

利用遥感影像数据提取作物种植面积方法比较多，常用的方法有目视解译、监督分类和非监督分类等；其中非监督分类法较其他两种方法更高效，且不需要先验类别知识，只依靠影像本身的特征就能进行特征提取，自动化程度较高，工作量小，容易实现。随着我国可以获取的亚米级多光谱高分遥感数据的丰富，高分辨率遥感影像空间信息丰富，除了地物光谱信息，还可以提供关于地物结构、形状和纹理方面的信息。同时高分数据的波段少，光谱信息不充分，基于像元级的分类方法，光谱信息"同物异谱""同谱异物"现象严重，影响分类结果精度。传统基于像元级的遥感信息提取算法不能满足高分辨率遥感影像的分析与应用需求。而面向对象的分类方法，处理的基础单元不再是像元，而是像元根据一定的规则分割尺度生成的对象。在不同层次生成对象可以建立对象间的拓扑关系，对象作为基础单元具备众多属性特征。对于属性特征进行良好的逻辑推理和特征组合，进而实现空间格局的判别分析及目标的精确划分。因此，本课题将利用面向对象的分类方法，利用数据几何和结构特征，提取水稻种植图斑，提高监测精度。

（一）面向对象的影像分割算法

Battz 等于 2000 年提出分形网络演化算法（Fractal Net Evolution Approach, FNEA），经过多年改进成为一种比较成熟稳定的面向对象的图像分割方法。FNEA 算法的基本思想就是对相邻影像对象之间的异质性进行定义和度量，并作为是否进行对象合并的依据。在高分遥感影像中，对象的整体异质性（f）由影像对象的光谱差异度（hcolor）和空间差异度（hshape）来计算：

（1）影像对象的光谱异质度 hcolor。$h_{color}=\sum wC\cdot \acute{o}C$。其中 wC 为各光谱的权重，$\acute{o}C$ 为各光谱的标准差，c 为光谱图层数；标准差代表了影像灰度分布的波动情况，可以用来衡量整体差异，因此单个对象的光谱异质性可以理解为对象对应的各波段标准差的加权平均值。根据不同的影像特性以及提取目的，光谱图层间的权重设置不尽相同，应根据实际需求情况适当调整。对象合并前后的异质性差异用下面的式子来表示：

$h_c=\Sigma w_c(n_{merge}\cdot\delta_{c,merge}-(n_{obj1}\cdot\delta_{c,obj1}+n_{obj2}\cdot\delta_{c,obj2}))$

式中，hc 为两个对象合并后得到的光谱异质性值和合并前对象 obj1 和 obj2 的各自光谱异质性值之和的差异，wC 表示参与分割合并的波段权重，n_{merge}、$\delta_{c,merge}$ 分别表示合并后的区域面积和光谱方差，$\delta_{c,obj1}$、n_{obj1}、$\delta_{c,obj2}$、n_{obj2} 分别为两个空间相邻区域的光谱方差和面积。

（2）影像对象的形状异质性度 hshape。对象的形状异质性指标是由光滑度指数（hsmoothness）与紧凑度指数（hcompactness）这两个子异质性指标所构成，Wsmoothness 和 Wcompactness 代表两者间的权重系数，和为 1。所谓的紧凑度指数就是指对象的圆度，用来衡量区域接近圆形的程度，也可以作为衡量对象形状的规则程度的指标；平滑度指数和圆度有些类似，但是用来表示对象形状的平滑程度的，影像的平滑与否是衡量对象规则不规则的一种指标。

$h_{shape} = W_{smoothness} \times h_{smoothness} + W_{compactness} \times h_{compactness}$

若平滑指标的权重较高，分割后的对象边界较为平滑，反之，若紧密指标的权重较高，分割后的对象形状较为紧密较接近矩形，根据不同的影像特性以及目标对象特性，两者间的权重调配亦有所不同，可依使用者的需求加以调整。加入形状的因子于影像分割的过程中，能约制对象形状的发展，使分割后的区域形状较平滑完整，较符合人的视觉习惯。

（3）影像对象的整体异质度 f。$f= W_{color} \times h_{color} + W_{shape} \times h_{shape}$。影像对象整体的异质性指标，由上述形状异质性指标与光谱异质性指标共同构成，光谱权重与形状权重之和为 1，两者各自的权重根据应用需求及实际情况酌情调整。

（二）面向对象的水稻图斑信息提取流程

水稻图斑信息提取流程包括确定提取信息类别、影像分割、地物特征选择、建立规则集、影像分类信息提取、优化提取结果等环节（图 4-27）。

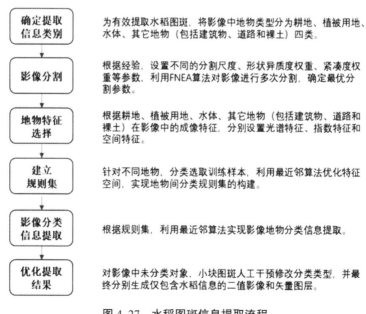

图 4-27　水稻图斑信息提取流程

（1）确定提取信息类别。在地物信息提取过程中，将地物类型分为耕地、植被用地、水体、其他地物（包括建筑物、道路和裸土）四类，其中裸土、建筑物和道路由于具有极其相似的光谱特征，且易受阴影的影响,在高分影像的地物自动识别过程,很难有效区分。在本课题研究中,研究目标是提取水稻图斑,所以建筑物和道路的分类精度不会影响最终水稻的信息提取,特将影像中地物类型分为耕地、植被用地、水体、其他地物(包括建筑物、道路和裸土)四类。

（2）影像分割。对遥感影像分割通过选取分割算法,并设置一系列参数及分割尺度决定的。分割参数及尺度的设置直接影响分割获得目标对象尺度大小,进而影响信息提取的准确性,故存在最优分割尺度及参数的选择问题。对于一种确定的兴趣目标,分割所得到的多边形刚好将该目标的边界勾画清晰,分割对象没有将目标割裂,并且能用尽可能少的影像对象表示这种目标,可以理解为分割效果较好。为了尽量避免出现"欠分割"或"分割过度"的情况,本课题通过多次试验,设置不同的分割尺度、形状异质性权重、紧凑度权重等参数,利用FNEA算法对影像进行多次分割,以确定适合水稻信息提取的最优影像分割效果。

（3）地物波谱特征分析。①地物波谱反射率(Reflectance)。同一物质在不同的波长处具有不同的反射特征,且不同物质在同一波长反射特征亦不相同,即地物的反射率波谱特征不尽相同。地物这一光谱特征是遥感手段区分地物的物理基础。②亮度(Brightness)。不同地物的在高分遥感影像上的亮度表现不一,它综合了地物在各波段的地物反射率特征,在数值上等于对象区域所有波段均值的平均值。③归一化植被指数(NDVI)。由于植被的叶绿素特性,在红色波段吸收能力最强,在近红外波段呈现反射最强的特征,归一化植被指数可最大程度增强植被特征。④最小外接矩形的长宽比(Ratio)。高分遥感影像上部分地物呈现明显的条带状特征(如机场跑道和道路),特殊的形状特征有别于其他地物,最小外接矩形的长宽比可以有效地表达条带状特征地物的信息特征。⑤形状指数(Shape Index)。形状指数表征一个对象外边界光滑程度,当一个对象的边界越光滑并且规则时,形状指数的值趋于0。而当边界为正方形时,形状指数为1,在数值上表示为影像对象的边界周长除以它面积平方根的四倍。

本课题选取2018年试验区6景过境影像,针对不同试验区不同地物,选取具有普遍性的训练样本,利用最近邻算法优化特征空间,并建立地物分类规则集。利用利用最近邻算法对实现整幅影像的地物分类提取。基于课题前期实地调研获取的试验区农作物种植情况进行分类结果优化,并分别生成仅包含水稻信息的二值栅格影像和水稻图斑的矢量图层。根据分类方法对2019年、2020年影像进行分类与水稻种植面积提取。

（三）水稻面积估算与精度检验

将水稻遥感提取结果保存为矢量文件,在ArcGIS中使用几何计算功能计算水稻面积。对比实测水稻面积,进行面积一致性检验。由于影像受其成像特点约束,易受云层和阴影影响,且星下点和远离星下点的空间分辨率不一致,采用同一分辨率估算水稻面积,必然会存在误差;为对试验区水稻覆盖区域提取结果进行评估,将各地物类型面积分别估算。

三、基于无人机高光谱的水稻产量遥感估测

（一）基于无人机高光谱的SPAD预测与验证

无人机采集高光谱数据结合地面采样点进行水稻叶绿素含量(SPAD值)与光谱波段的相关性分析(表4-9),光谱反射率与水稻叶绿素含量(SPAD值)的相关性均未达到显著水平,而光谱一阶微分与其含量相关度高,关系较为一致,根据极显著的波段一阶微分构建预测模型与植被指数建模进行比较。

表 4-9　机载高光谱与叶绿素含量相关性分析

波长（wavelength,nm）	相关系数（r）	显著程度（>0.95 显著相关，>0.99 极显著相关）	排序
475.105011	0.862316176	0.997220195	1
521.747986	0.793530763	0.989310014	2
890.447021	−0.773749382	0.985578863	3
539.517029	0.75053733	0.98019614	4
721.64502	0.745034764	0.978749847	5
939.310974	−0.731501342	0.974899801	6
834.919983	−0.721019709	0.971621734	7
830.478027	0.708329772	0.967293029	8
499.536987	0.693035315	0.961531588	9
495.095001	−0.691313479	0.960844682	10
730.530029	0.689167453	0.959977521	11
750.518982	0.68916726	0.959977443	12

（二）基于机载高光谱的产量预测

根据上述试验的特征波段筛选与波段组合，在线性和非线性模型中，不同水稻品种和生态区都表现出单一波段原始冠层光谱变量的指数模型拟合度较差，相对波段组合变量的预测模型拟合度较好，精度达 91%，可用于水稻生产过程监测（表 4-10）。

表 4-10　水稻产量与无人机高光谱部分变量的线性和非线性回归模型参数

高光谱组合变量	预测模型	a	b	R^2
$\rho_{723.87nm-HY}$	线性	−56.076	967.88	0.5702
	对数	−391.8	1336.7	0.6021
	指数	−696.73	0.03	0.2312
$MNDVI_{559.51nm,539.52nm-HY}$	线性	−2847.9	618.63	0.768
$MNDVI_{923.76nm,866.02nm-HY}$	线性	2053	913.35	0.7933
$\rho_{726.09nm-YY}$	线性	−62.07	846.77	0.5562
	乘幂	1883.3	−0.774	0.5621
	指数	1088.5	−0.135	0.3669
$MNDVI_{619.48nm,610.59nm-YY}$	线性	−1588.4	376.43	0.7222
$MNDVI_{994.84nm,937.09nm-YY}$	线性	634.08	137.42	0.5888

根据前期研究结果采用不同的反演波段反演水稻产量结果如表 4-11，反演结果以 $MNDVI_{559.51nm,539.52nm}$ 最优。

表 4-11　基于不同反演模型的水稻产量预测结果

反演波段	田块编号	田块面积 /m²	田块面积 / 亩	单产 / (kg·亩⁻¹)	产量 /kg
$R_{723.87nm}$	Hy-1	1688.712156	2.533068234	609.3618113	1543.555047
	Hy-2	1629.042616	2.443563924	578.3257895	1413.176035
$MND_{VI559.51nm,539.52nm}$	Hy-1	1688.712156	2.533068234	572.6958645	1450.677702
	Hy-2	1629.042616	2.443563924	573.1159288	1400.445408
$MNDVI_{923.76nm,866.02nm}$	Hy-1	1688.712156	2.533068234	562.4756048	1424.789087
	Hy-2	1629.042616	2.443563924	557.7206333	1362.826019
$R_{726.09nm}$	YY-1	1120.470193	1.68070529	454.324876	763.5862222
	YY-2	1492.558523	2.238837785	451.8337485	1011.582468
	YY-3	1464.573466	2.196860199	390.5963476	858.08557
	YY-4	1017.83706	1.52675559	480.4832666	733.5805131

四、基于无人机遥感的水稻品种精准识别

（一）水稻品种试验与数据采集

水稻品种试验 2019 年湖南农业大学浏阳教学科研基地，水稻试验面积 2.5 亩。八个水稻供试品种分别是：株两优 4024、株两优 189、湘早籼 45、中早 39、陆两优 211、湘早籼 32、湘早籼 24、长两优 35。

水稻图像数据在室外自然光环境下人工采集完成，为使图像自动识别方式效果更好，水稻图像数据采集时间选择在光线条件较好的上午，与传统图像识别采集图像数据方式不同，采集时不刻意考虑采集水稻株高等传统识别因素，在 1.5 m 范围内随机角度对单品种水稻采集图像。采集的时间周期为：2019-06-05 到 2019-07-14；每间隔三天采集一次水稻图像数据。水稻数据集首次采集时间为水稻移栽后的第 10 d，数据集覆盖的水稻生长阶段包括：分蘖期、拔节期、穗分化到孕穗、抽穗期、扬花期、乳熟期、蜡黄期、完熟期。

课题组图像采集保证单个品种每次采集 10 张不同方位的图像，原始拍摄图像的像素尺寸为：3000*3000；图像采集设备为：相机；原始水稻图像共 1694 张，总数据大小 6.9G。深度学习训练过程中需要大量数据样本才能得到较好的学习效果。在采集的数据样本有限的情况下，通常使用数据增强（Data Augmentation）的方法来增加训练样本的多样性，可以避免由于样本量不足带来的过拟合问题提，实验中采用了单样本数据增强的方式来扩充训练样本数量（图 4-28）。

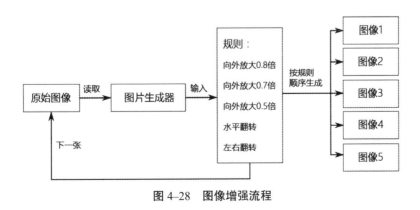

图 4-28　图像增强流程

单样本数据增强是通过对原始图像进行旋转、平移、缩放、随机遮挡、水平翻转、颜色色差、噪声扰动等处理，生成新的图像数据。水稻图像数据出于数据安全性考虑采用的数据增强方式随机对原始水稻图像进行放大、图像翻转，最后得到的总数据量为9722张（表4-12）。

表4-12　水稻各品种的图像数据量列表

种植序列	品种名称	原始图像数量	扩充数量	总数量
1	株两优4024	215	1017	1232
2	株两优189	215	1012	1227
3	湘早籼45	213	1014	1227
4	中早39	200	957	1157
5	陆两优211	205	972	1177
6	湘早籼32	217	1020	1237
7	湘早籼24	214	1012	1226
8	长两优35	215	1024	1239

（二）数据预处理

在水稻分类模型的数据输入层，做了两个方面的数据预处理：水稻图像数据的尺寸缩小、数据归一化处理。水稻采集的原始图像尺寸3000×3000像素，使用缩小图像尺寸的将水稻图像数据尺寸统一至32×32像素，缩小图像尺寸会很大程度上减少图像数据的信息量，造成一定的损失，图像缩小的主要原因，一是实验环境限制减少计算量，二是节省磁盘存储空间。数据归一化处理。将水稻原始图像转换为数字数据矩阵，图像像素值相差较大的取值范围为0～255，归一化处理对水稻数据矩阵除以RGB取值范围最大值255来进行，得到水稻数据值为0～1。通过标准化后，其均方差相比较小，实现数据中心化，加速算法的收敛速度。

（三）水稻图像数据集建立

水稻采集的原始水稻图像尺寸为3000×3000像素，为提高计算效率，统一将图像尺寸缩小至32×32像素。提取统一尺寸后的图像像素点的RGB值，生成对应的像素矩阵，并对像素值进行归一化处理。所有水稻原始图片的像素矩阵及其对应的品种标签，构成了水稻全生育期数据集（ODWG，original rice image dataset at the whole growth stages）。因不同品种水稻在进入抽穗期后特征更加明显，我们又在ODWG中选取了水稻抽穗期至完熟期的图像生成水稻穗期图像数据集（ODHM，original rice image dataset from the heading stage to maturity stage）。另外，通过对原始水稻品种图像进行数据增强，生成了扩充后的全生长阶段数据集（EDWG，expanded rice image dataset at the whole growth stages）和扩充后的水稻抽穗期至完熟期数据集（EDHM，expanded rice image dataset from the heading stage to maturity stage）。四个数据集的详细信息参见表4-13。

表4-13　水稻图像数据集信息表

数据集	说明	样本总数
ODWG	水稻全生育期图像数据集	1694
ODHM	水稻穗期图像数据集	1160
EDWG	扩充后的水稻全生育期图像数据集	10164
EDHM	扩充后的水稻穗期图像数据集	6960

（四）水稻品种识别模型

（1）深度残差网络模型。深度卷积神经网络是一类包含卷积计算且具有深度结构的前馈神经网络，被有效应用于图像分类上（图4–29）。传统卷积神经网络随着网络层数的增加，提取的特征也更加丰富，准确率越高，但当网络过深可能会出现误差更大的"退化"现象。2015年He等提出的残差网络模型（ResNet，ResNetResidual Network）引入跨层连接，使得误差梯度得以跨层传递，允许网络深度大幅提升的同时达到更高的准确率。

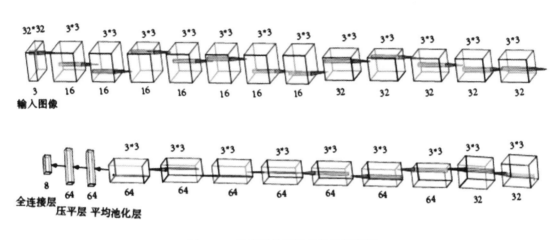

图4–29　深度残差网络的结构示意图

深度残差网络结构包含一个卷积层、若干残差模块、批标准化、激活函数、全局均值池化、全连接层、输出层。深度残差网络的基本组成部分是残差模块，残差模块的设计中包含快捷连接与恒等映射，使得网络变深。残差块结构中卷积核是3×3，实验中模型输入层卷积核通道数为3，后面分别递增至16、32、64。每一个残差模块包含两个批标准化、两个整流线性单元激活函数（ReLU）、两个卷积层和恒等映射。恒等映射是残差网络的特殊结构，降低了深度学习训练的难度，深度残差网络基于反向传播来做模型训练时，损失可以通过卷积层进行逐层的反向传播，而且可以通过恒等映射更为方便做反向传播，使训练更优的模型变得容易。深度残差网络拥有18、34、50、101、153等层级结构，其中ResNet–18、ResNet–34的网络中的残差块结构采用两层瓶颈结构，其他更深层残差网络的残差块结构采用三层瓶颈结构。

（2）ResNet–SVM模型。基于传统机器学习的图像分类方法需要手工编写分类器、边缘检测滤波器，这个过程是人工特征选择，以便让程序能识别物体位置来感知图像位置和识别图像。属于室外自然光环境下采集的水稻图像数据，不同品种之间的差异细微，人工提取特征相对困难。深度残差网络能系统地从输入图像中自动学习特征，类似人的神经元可逐级提取图像不同语义层次的特征。课题组以"中早39"水稻图像为例，基于深度残差网络模型提取其各层图像特征，进行逆向重构，获取各层的可视化特征图，如图4–30所示，其中图14–30a为水稻原图，图4–30b、图4–30c、图4–30d分别为32×32×16、16×16×32、8×8×64特征图。从图中可看出，浅层网络提取的主要是纹理、细节特征，而深层网络提取的主要是轮廓、形状、色彩等特征。相对而言，层数越深，提取的特征越具有代表性。

图 4-30　多层特征可视化图

支持向量机（Support Vector Machine, SVM）基于统计学习理论，综合 VC 维理论及结构风险最小化等优点，通过核函数的映射，在高维空间中寻找最优分类面。SVM 用于分类，鲁棒性好，泛化外推能力强。因此，本试验选取残差网络中压平层 flatten 所映射的具全局表达能力的特征，作为 SVM 分类器的输入向量，构建 ResNet-SVM 分类模型。

（3）ResNet- KNN 模型。K 近邻法（K-Nearest Neighbor, KNN）以训练集的分类为基础，对任一测试样本的类别，由与其距离最近的 K（$K \geqslant 1$）个训练样本点按照分类决策规则决定。KNN 算法思路直观简单，无需先验统计知识，适合于处理多分类问题，泛化能力强。本文中以残差网络中压平层 flatten 提取的特征作为 KNN 分类器的输入向量，构建 ResNet-KNN 分类模型。

（五）性能参数与精度分析

本试验以水稻多品种的分类准确率和水稻单品种的测试精准率作为预测模型的评价指标。其中，准确率（Accruacy）是对于给定测试数据集，分类正确的样本数占总样本的比例；精确率（Precision）指在所有被预测为正类的样本中，其中真实的正样本所占的比例。对水稻品种的识别采取 5 折交叉验证的方式，依据 5 次的平均分类准确率或平均精准率对模型进行评价。即准确率和精准率越高，模型效果越好。

（1）不同模型的水稻品种识别精度对比。KNN、SVM、ResNet、ResNet-SVM 和 ResNet-KNN 五个识别模型在四个水稻图像数据集上的识别精度如表 4-18 所示。可以看出，无论在哪种数据集上，残差网络模型 ResNet、及基于残差网络提取特征的 ResNet–SVM 模型和 ResNet–KNN 模型，识别精度明显优于 SVM 和 KNN 的分类精度。其中，ResNet–KNN 在数据集 EDWG 上的识别率高达 93.18%（表 4–14）。

表 4–14　各分类模型在四个数据集上的预测精度　　　　　　　　　　　　%

分类模型	ODWG	EDWG	ODHM	EDHM
KNN	20.48 ± 2.60	22.44 ± 1.03	18.62 ± 3.40	21.62 ± 0.75
SVM	21.72 ± 3.48	26.23 ± 1.36	9.90 ± 3.16	22.97 ± 1.57
ResNet	48.65 ± 4.50	88.67 ± 0.16	50.60 ± 7.10	92.07 ± 0.95
ResNet–SVM	48.87 ± 4.69	89.27 ± 0.19	54.22 ± 4.67	92.79 ± 0.96
ResNet–KNN	48.16 ± 4.30	89.62 ± 0.41	53.70 ± 3.40	93.18 ± 0.93

（2）全生育期和穗期的品种识别率对比。不同品种水稻在进入抽穗期后特征更加明显。对各模型在全生育期图像数据集 EDWG 和穗期图像数据集 EDHM 的分类性能进行对比分析。从图 4–31 可以看出，ResNet、ResNet–SVM 和 ResNet–KNN 模型在穗期 EDHM 数据集上的 5 次交叉平均识别精度分别为 92.07%、92.79% 和 93.18%，比在全生长阶段 EDWG 上平均精度提高约 3.5%。而 EDHM 数据集的样本数量比 EDWG 数据集更少，预测精度却更高，可见抽穗后的水稻品种特征更有识别度。

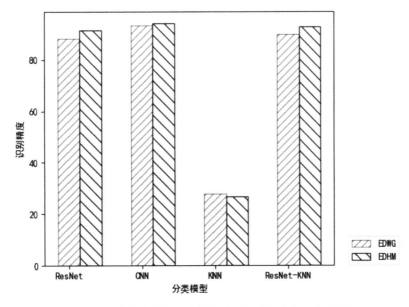

图 4–31　在全生育期和有穗期数据集上各分类性能图示

（3）水稻的品种识别性能参数分析。图 4–32 中 ResNet 模型的 batch_size 参数设置为 32、64 时，不同 epochs 水稻品种识别的性能图示。可以看出模型在 batch_size 值为 64 时，损失率更低，下降更快；当 epochs 到 80 次时，损失率下降空间变小，趋近稳定平缓，识别率也达到了模型最优识别率，水稻品种识别的两个深度学习模型 epochs 取值 120 ~ 140 范围，以上较优参数作为特征提取模型的参数。

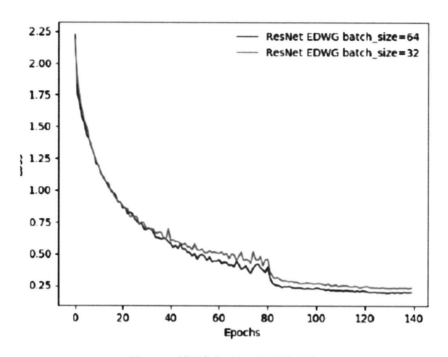

图4-32　模型参数对识别性能的影响

基于深度学习的水稻品种实验结果，通过5折交叉验证，最后得到组合模型平均准确率作为水稻品种分类的分类结果（表4-15）。两个水稻分类模型的性能参数对比。且采用深度残差网络提取特征结合KNN分类器能有效识别水稻品种，在数据集EDWG、EDHM上的平均准确率分别为89.68%、92.63%，均优于深度残差网络模型自身的水稻品种识别精度，其识别效果好，计算耗时较短，整体性能更优。

表4-15　卷积分类模型在扩充后数据集上的最高识别率与参数

数据集	Accruacy	参数	耗时
EDWG	88.67 ± 0.16	epochs=120,batch_size=64,lr=le–3	4h26m53s
DHM	92.07 ± 0.95	epochs=120,batch_size=64,lr=le–3	3h30m15s

（4）水稻的单品种识别精度分析。根据前面的训练及预测结果，我们选取了识别精度相对高的ResNet、ResNet–SVM和ResNet–KNN进一步做单品种的识别精准率分析。从表4–16中可以看出，在EDWG和EDHM数据集上，三个模型在8个水稻品种上的精准率都最低为83.35%，最高为95.15%。结果表明，残差网络模型表现稳健，鲁棒性较好。

在自然光环境下采集8个品种的水稻全生育期的RGB图像，对原始水稻图像数据做几何变换等方式的数据增强处理。分别基于深度残差网络的水稻品种识别，ResNet–18深度残差网络模型、基于卷积神经网络特征的K近邻模型对水稻做品种识别。使用深度残差网络特征的K近邻水稻品种识别率93.18%，优于深度残差网络模型自身的识别率，训练速度较快整体性能较优。实验结果表明，基于深度学习的水稻品种识别可行且有效，为提升水稻遥感产量预测精度提供了新思路。

表 4-16　各分类模型在扩充后数据集上的水稻品种精确率　　　　　　%

数据集	品种	ResNet	ResNet-SVM	ResNet-KNN
EDWG	株两优 4024	89.45 ± 1.43	89.70 ± 0.70	89.03 ± 1.66
	株两优 189	84.66 ± 2.34	85.20 ± 1.81	85.15 ± 1.81
	湘早籼 45	89.16 ± 2.7 5	89.54 ± 3.37	90.79 ± 2.40
	中早 39	88.90 ± 2.57	87.38 ± 1.79	87.75 ± 2.99
	陆两优 211	95.15 ± 1.66	94.16 ± 2.13	93.54 ± 1.86
	湘早籼 32	93.69 ± 1.14	93.85 ± 1.49	93.47 ± 1.04
	湘早籼 24	83.35 ± 2.99	85.83 ± 3.26	86.91 ± 3.99
	长两优 35	85.38 ± 2.38	88.21 ± 2.07	90.02 ± 3.04
	全部 Accruacy	88.67 ± 0.16	89.27 ± 0.19	89.62 ± 0.41
EDHM	株两优 4024	95.52 ± 1.94	95.40 ± 1.70	95.41 ± 2.13
	株两优 189	90.07 ± 2.81	91.78 ± 1.50	91.57 ± 1.02
	湘早籼 45	94.16 ± 3.29	93.56 ± 2.98	95.40 ± 1.60
	中早 39	92.93 ± 2.52	93.08 ± 2.22	93.38 ± 2.38
	陆两优 211	94.00 ± 1.83	94.34 ± 1.78	95.14 ± 2.69
	湘早籼 32	93.80 ± 1.73	93.81 ± 2.14	93.85 ± 2.14
	湘早籼 24	90.68 ± 1.27	91.58 ± 0.92	92.78 ± 1.02
	长两优 35	85.96 ± 4.61	88.82 ± 4.39	88.31 ± 5.86
	全部 Accruacy	92.07 ± 0.95	92.79 ± 0.96	93.18 ± 0.93

五、稻谷生产经营面板数据采集技术

（一）农业经济运行监测

农业经济运行监测是指农业行政部门组织的对农产品生产情况监测、农产品市场供给情况、农产品价格变动情况等的实时监测，为政府决策提供数据支撑，为农业生产经营单位提供信息服务的一系列活动。具体包括以下内容：①组织农业统计工作，及时收集农业生产经营的基础数据。②收集整理主要农产品和重要生产资料价格、供求信息，开展农产品成本调查，汇总生产信息、农民生产意向信息和灾情信息。③加强农业农村经济数据库的建设与管理，推进监测统计信息资源开发与共享。④组织农业监测统计数据分析、研判和发布，为领导决策提供数据支撑，为农业生产单位提供信息服务。

（1）农业经济运行监测工作的意义。①统计监测是加强政府宏观调控的基础。任何一项宏观调控措施和产业政策的出台，都必须以全面、准确、实时的基础数据为支撑，科学决策离不开及时、准确的统计监测数据。随着农业发展方式转变和现代农业建设进程的推进，政府宏观调控对农业生产经营的作用日益凸显。一方面，随着农业现代化进程的不断加快，农业产业链不断延长，加上国际经济一体化的影响，农业与其他产业的关联性越来越强，对国民经济的整体影响越来越大，与国际国内产品和要素市场的联动性越来越密切。另一方面，由于传统农业所固有的生产规模小、组织化程度低、管理粗放以及与市场衔接不紧密等问题依然存在，农业生产和农产品市场的周期性波动被放大，大起大落时有发生，导致农业生产、农产品市场供应、农产品价格等诸多方面的不稳定性增强。宏观调控的依据，最直接、最准确、最可靠的就是农业经济运行统计监测数据。只有及时、准确的统计数据和可靠的监测信息，才能为农业决策提供科学的数据支撑，为合理调控农业生产和农产品市场提供依据。②加强农业经济运行监测工作是提高行业管理水平的重要途径。统计监测工作是行业管理的重要内容，其基本任务就是摸清行业家底，对行业的方方面面做到心中有数，在此基础上对行业的各个环节实行有的放矢的强化管理。中国是一个农业大国，各地的自然条件、经济社会环境差异很大，农业生产发展水平各不相同，为农业经济运行监测工作带来了很大的难度。一方面，农业经济运行情况越来越复杂，要掌握庞大的生产者群体的动态情况，难度很大；另一方面，市场主体数量众多，相互关系复杂而频繁，要求行业管理具有更强的准确性和及时性。只有建立科学合理的农业经济运行监测制度和体系，才能及时、准确地把握农业生产者群体的整体状态和农产品市场体系的运行情况，真正提高农业行业的整体管理水平，切实有效地服务农业生产和农产品市场供应。③农业经济运行监测是完善农业政策环境的重要手段。任何一个产业，要取得更快的发展，必须获得各级政府和有关方面的支持。面对农业是弱质产业、农民是弱势群体的现实，不断改善政策环境，不断强化政策支持，对于农业产业的健康、可持续发展具有非常重要的现实意义。农业要改变弱质产业现状，要实现农民致富、农业增收、农村经济社会发展的目标，必须加强农业经济运行监测工作，用真实的数字来反映情况和成果，用真实的数字来发现问题，有理有据才能扩大影响，争取得到政府的支持和社会的认同。

（2）农业经济运行监测工作现状。我国农业经济运行监测工作起步于21世纪初，目前各级政府的农业行政部门已设置了市场与经济运行机构，负责农业经济运行监测和农业统计等工作。①初步构建了全国性农业经济运行监测体系。农业经济运行监测工作实施以来，农业部的市场与经济信息司下设市场研究处、流通促进处、监测统计处、运行调控处、信息化推进处，监测统计处具体负责农业经济运行监测工作；省级农业行政部门一般都设置了市场与经济信息处，市、县级农业行政部门设置了市场与经济信息科（股），构建了农业经济运行监测行政体系。2015年农业部印发了《全产业链农业信息分析预警试点方案》，立足于全球配置农业资源和健全现代农业市场体系，以产品为主线，统筹产业链各环节，部省联动加强全产业链分析预警团队建设，同时尽可能横向整合社会资源和及时收集全球农业信息资源，为国际化背景下我国农业以市场和消费为导向"转方式、调结构"提供信息支撑。目前已启动稻谷、小麦、玉米、大豆、棉花、生猪、牛羊肉、蔬菜8个品种的全产业链信息分析预警工作。②省级行政区重视构建区域性农业经济运行监测体系。为了规范农业经济运行监测工作，2012年湖南省农业厅组织专家编制了《稻谷监测信息采集技术规程》，并在此基础上研发了"稻谷监测信息网上直报系统"，开创了国内农业经济运行监测现代化平台建设之先河。目前，四川、江苏、浙江等省也开发了农业经济运行监测预警方面的专用系统，建立了区域性农业经济监测工作体系，有力地推进了农业经济运行监测预警工作现代化进程。③农业经济运行监测工作中存在的问题。虽然农业经济运行监测工作取得了很大成效，但也还存在不少问题。一是数据不准，二是数据不全，三是时效性差，四是数据资源未得到有效利用。分析其原因，关键在于基层监测统计队伍建设乏力、监测工作体系不健全。农业经济运行监测工作的信息采集员必须是生产第一线的生产人员或管理人员，家庭经营背景下的采集员本质上还是传统农民，他们普遍缺乏成本意识和数据概念，导致上报数据不准确、不全面，甚至出现数据误报等现象。基点县的信息分析员调换频繁，也是导致农业经济运行监测工作出现诸多问题的重要原因，导致工作缺乏连续性，不能有效发挥信息分析员的经验资源积累效应。此外，农业经济运行监测工作中，也曾出现过领导者人为干预农业经济运行监测数据，授意信息分析员篡改监测数据，严重影响农业经济运行监测工作的正常开展。

（3）农业经济运行监测发展趋势。我国的农业经济运行监测工作严重滞后，欧美发达国家不仅建立了健全的农业经济运行监测工作体系和现代化工作平台，同时还利用 3S 技术（RS、GIS、GPS）以及大数据、云计算和物联网等现代信息技术，全面采集、分析和发布农业经济运行监测预警信息，服务政府职能部门和农业生产经营者。①在大数据时代背景下修正监测信息资源的战略定位。农业经济运行监测的核心工作是数据采集、数据整理分析和数据应用服务。随着现代信息技术和现代通信技术的发展，为实时采集农业生产经营面板数据提供了强劲的技术支撑，在各级农业行政主管部门的合理组织下，可以实现农业生产经营面板数据的全面采集，为生产经营主体提供信息服务和技术服务，为政府决策提供数据支撑。②构建生产经营多源信息监测平台具有重要意义。提升信息技术在农业经济运行监测预警工作中的支撑作用，必须构建农业生产经营多源信息监测平台。利用基于现代农业传感技术和物联网的资源环境监测体系，准确把握农业生产的资源环境变化动态和农业生产经营过程；利用卫星遥感影像与地面实测光谱特征的关系模型，实现农作物种植面积遥感监测和遥感估产；利用互联网和移动互联网的支持，构建农业生产经营远程服务系统，为农业生产经营者提供技术服务、信息服务和市场对接，开展全产业链的农业生产经营监测信息采集、分析和发布，全面提供政府在农业生产经营领域的服务职能。③覆盖全产业链的农业信息监测体系。目前，农业部已建立基于生产和消费环节相衔接的农业监测统计制度，如全国农产品生产情况调查、农产品成本收益调查、主要农产品生产现状调查、农产品市场动态调查等，这些调查对政府部门准确把握农产品生产成本、收益情况等信息起到了非常重要的作用。但是，目前的农业经济运行监测很少涉足农业生产的上游产业和下游产业，从而使政府决策时不能准确把握全产业链的相互关系，也不利于基于全产业链的宏观调控政策的制定。但是，根据农业现代化发展和国际化接轨的需要，农业经济运行监测必须全力推进全产业链的农业信息监测体系建设，为科学、高效的农业决策提供支撑。④推进农业经济运行情况监测预警工作的法制化建设。农业经济运行情况监测预警是政府提供的公益性服务产品，是转变农业发展方式、推进农业供给侧结构性改革的重大举措，必须加强农业经济运行情况监测预警工作的法制化建设，一是要加大投入，加快农业经济运行情况监测预警基础设施建设，为农业经济运行情况监测预警工作提供稳定的财政支持；二是要规范工作程序，明确归口管理部门，制定监测信息采集技术规程，实现监测信息采集的科学化、规范化、实时化。

（二）农业面板数据资源

面板数据是指在时间序列上取多个截面，在这些截面上同时选取样本观测值所构成的样本数据。典型的农业面板数据是统计部门依托农调队和农业部门形成的农业统计数据。随着经济形势的发展，年度统计数据已远远不能满足领导决策和生产一线的需求，农业面板数据的内涵和外延发展了巨大变化。

（1）年度农业农村统计数据。中华人民共和国成立以来，农业农村统计数据不断完善，为政府宏观决策提供了数据支撑。

（2）农产品生产监测数据。一是提前上报种植计划，以便政府部门及时掌握各种农产品的生产规模；二是生产过程中的活劳动和物化劳动消耗，为成本／效益分析奠定数据资源基础；三是收获后形成的经济产品和非经济产品数量与质量，以便政府部门及时掌握农产品供给情况，为可能出现的农产品"卖难"和供应不足等做好应急预案；四是农产品销售情况，包括销售进度、销售价格、产品流向等，为农产品"稳价保供"提供数据支撑。

（3）农产品市场监测数据。通过布设农产品批发市场监测网点，采用日报制实时上报各类农产品的批发价、零售价、成交量等实际情况。

（4）农业经营主体运行情况监测数据。包括家庭农场、农民专业合作社、农业企业等农业经营主体运行情况数据。

（5）农村经济运行情况监测数据。包括农村集体"三资"（资源、资产、资金）以及农村经济社会运行情况数据同。

（三）稻谷生产经营面板数据

（1）稻谷生产监测数据。从种植制度来看，水稻生产早稻－晚稻、中稻、一季晚稻、再生稻等生产模式，必须考虑分类监测，由于一季晚稻与双季稻中的晚稻在生产季节和生产成本上具有很高的相似性，同时考虑再生稻一种两收必须分别统计，因此，可以按早稻、中稻、晚稻、再生稻－头茬、再生稻－再生茬五类进行分类监测。此外，品种选择方面，优质稻和普通稻具有较大差异，也可以实施分类监测。

稻谷生产监测数据采集的重点，包括种植计划、劳动用工、物资费用、实际产量、销售价格、销售进度等。种植计划是年初定的目标，与收获时的实际收获面积可能不一致，监测种植计划的目的仅仅是提前掌握生产动态。劳动用工体现的是水稻生产过程中的活劳动消耗，耕田整地、播种育秧、移栽、田间管理（田间巡视、施肥、病虫草害防治、排灌等）、收获、粗加工等都需要一定的劳动用工，但应注意合理区分机械作业与人工投入，必须统一口径合理设计监测信息上报表格。物资费用包括种子、化肥、农药（含除草剂和生长调节剂）、机械作业等物化劳动投入，目前的农业投入品种类繁多，必须统一数据上报标准。

（2）大米加工监测数据。大米加工监测数据采集，可以遴选具有较大规模的大米加工企业，采用周报制上报数据。大米加工企业的原材料包括各种类型的稻谷原料，优质稻价格差异较大，必须合理监测原料收购价格和收购量。大米加工企业的生产方面，主要有食用型大米、加工型大米、饲用型大米，其中食用型大米有层级化品牌，销售价格差异很大，必须进行分类监测。

（四）稻谷生产经营面板数据采集流程

稻谷生产经营信息采集工作由省级管理平台、基点县平台及信息采集点构成。稻谷生产经营信息采集报送按图4－33所示流程进行。

（五）稻谷生经营面板数据采集的基点县遴选

（1）基点县选定。根据近3年稻谷种植面积统计数据，在全省范围内选定排位相对较前的县（市区），对入选的县（市区）再根据地域分区和生产水平分类，综合考虑地域分区等距离和生产水平高、中、低层次合理抽样原则，确定稻谷生产经营信息采集基点县。基点县由省农业农村厅确定，每个市州至少有一个基点县。

（2）责任机构。基点县农业农村局市场与信息化部门总体负责本县稻谷生产经营信息采集报送工作，具体工作包括采集点的布设与管理以及本县监测信息的采集、审核、报送。

（3）条件要求。基点县农业农村局市场与信息化部门要安排固定的办公场地，配备采集报送信息的必备软硬件设备，能实现采集报送信息电子化处理和网络传输。

（4）人员配备。基点县农业农村局市场与信息化部门至少确定1名专职信息分析员，负责本县稻谷生产经营信息的收集、整理、复核、报送。信息分析员均应具有高中以上文化程度，政治觉悟高，

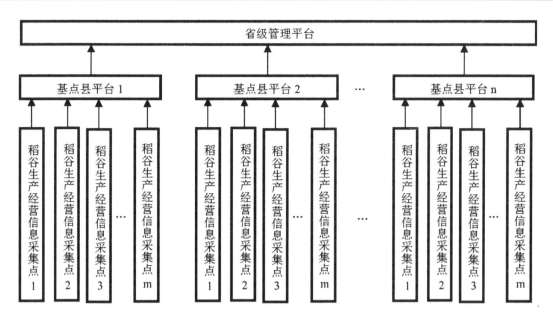

图 4-33 稻谷生产经营信息采集报送流程图

能按时、按质、按量整理、审核和上报信息。

（5）基点县编码。基点县编码使用本县行政区划代码的前六位，如长沙县为430121。

（六）稻谷生产经营面板数据的采集点布设

（1）采集点选定。每个基点县在辖区内遴选1个稻米加工监测信息采集点（规模较大的稻米加工厂）、30个以上的稻谷生产信息采集点（稻谷种植面积在6 hm² 以上的家庭农场或农民专业合作社）。

（2）信息采集员。每个信息采集点至少明确1名信息采集员，负责本采集点稻谷生产经营信息的采集和报送。信息采集员均应具有高中以上文化程度，政治觉悟高，能按时、按质、按量采集、整理和报送信息。

（3）采集点编码。采集点为已在本县工商行政管理部门登记注册的家庭农场、农民专业合作社或稻米加工企业，其统一社会信息代码或营业执照注册号就是本系统的采集点编码。例如，宁乡县立辉水稻种植专业合作社的统一信用代码是93430124MA4LFUNL5A，即为该采集点编码。

（七）稻谷生产经营信息采集报送要求

（1）安全性。处理、上传监测信息的计算机设备要定期备份粮油作物生产经营监测信息数据库，备份数据储存介质应单独存放，避免数据丢失；粮油作物生产经营监测信息网上直报系统基点县平台的用户名和密码要不定期更换，防止他人进入系统。

（2）保密性。粮油作物生产经营监测信息网上直报系统基点平台的用户名、密码要妥善保管，不得泄露给他人，不允许他人利用信息采集人员设定的用户名、密码录入和修改信息；未经许可，任何单位和个人不得引用、公布监测信息内容及其分析结果。

（3）全面性。采集点必须根据实际情况如实上报全部数据，禁止出现漏报、错报、缺报等现象，基点县信息分析员在审核采集点上报数据时必须认真把关，及时提醒和督促采集点按时上报数据。

（4）准确性。采集点必须根据实际情况和粮油作物生产经营监测信息网上直报系统的要求，准确上报数据，切实保证数据的真实性。基点县信息分析员必须认真审核采集点上报数据，发现数据异常时应及时提醒和督促采集点重报。

（5）时效性。必须严格按照粮油作物生产经营监测信息网上直报系统要求的时间节点按时上报数据，基点县应及时提醒和督促采集点按时上报数据。

（八）稻谷生产经营面板数据的采集和报送

（1）稻谷生产信息采集与报送。稻谷生产信息采集工作主要面向稻谷种植类新型农业经营主体（家庭农场、农民专业合作社、农业企业），实际采集每个新型农业经营主体水稻（包括早稻、中稻、晚稻、再生稻）的种植计划、实际产量、劳动用工、物质费用、销售进度、销售价格等监测信息。采集点使用智能手机实时上报实际数据，相关表格见稻谷生产经营信息采集系统。

（2）稻米加工信息采集和报送。稻米加工信息采集点为基点县辖区内较大规模的稻米加工企业，监测信息采集实行周报制，每周星期三为上报时间，全年上报时段为 3 ~ 12 月。

（九）稻谷生产经营信息采集系统的技术架构

稻谷生产经营面板数据采集，在执行《稻谷生产经营信息采集技术规程》的前提下，开发稻谷生产经营信息采集系统，由采集点使用智能手机或 PC 机上报数据，基点县进行数据审核，省级平台汇总全部数据资源。为支撑稻谷生产经营信息化服务云平台模块建设，平台前端采用 Bootstrap、jquery、ajax 等技术开发前后端完全分离应用。数据处理采用 ASP.NET MVC4、Entity Framework、Spring.Net、T4 模板技术。平台开发软件为 Visual Studio 2013，数据库为 MsSQL2012。技术架构如图 4–34 所示。

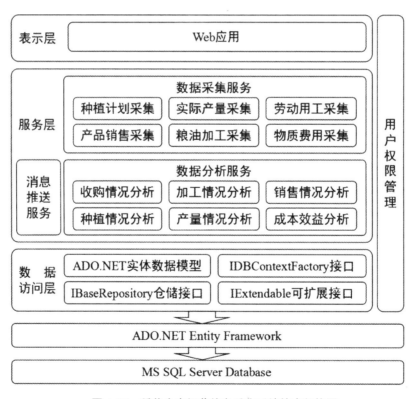

图 4–34　稻谷生产经营信息采集系统技术架构图

第五章 双季稻绿色丰产节本增效技术集成

在"十三五"期间六大成熟技术的基础上，项目组通过全面开展技术攻关，形成了十大技术创新，整合前期成熟技术和十大技术创新成果，集成了六大关键技术。

第一节 集中育秧工程化应用技术

一、集中育秧的组织形式与实施方式

（一）集中育秧的重要意义

集中育秧是扩大双季稻面积和推进水稻机械化生产的关键措施。从分散育秧到集中育秧，变供种为供苗，是现行农村土地经营体制下水稻生产方式的重大变革，是现代农业发展的必然趋势。集中育秧并非新的技术，但新时期发展集中育秧，背景和意义与过去明显不同。近年来随着工业化、城镇化的深入发展，农村劳动力转移，带来农业生产兼业化、劳力老龄化，从而引发水稻生产"双改单""直播稻"现象的蔓延，影响了粮食生产的稳定。

秧好半年禾。面对农户育秧缺劳力、留守农民缺技术、分散育秧质量差、粮食生产效益低等问题，实施集中育秧，有效降低种植成本，提高了秧苗质量，调动了农民种植水稻的积极性，明显遏制了稻田抛荒和直播稻盲目发展，对促进水稻生产机械化、稳定发展粮食生产意义重大。集中育秧是现阶段社会经济条件下育秧技术发展的最佳选择。

实施集中育秧，具体有六大好处：

一是降低了育秧成本。集中育秧省秧田、省劳力、省投入。农户分散育秧，一亩秧田只能插 7 ~ 10 亩大田，通过集中育秧与机插，每亩秧田能插 100 ~ 200 亩大田。推广集中育秧，改变了田间管理方式，由多人管理转变成一人或集体（专业合作社）管理，每亩秧田可节约用工 3 ~ 4 个。此外，集中育秧有利于防治病虫害，减少育秧损失。据统计测算，通过集中育秧每亩大田可节省育秧成本 25 ~ 30 元。

二是提高了成秧率。集中育秧在技术操作上实行统一耕翻整地、统一优良品种、统一浸种催芽、统一播种盖膜、统一秧田管理，并由专人负责技术指导，有利于种子消毒、催芽及施送嫁肥、送嫁药等关键技术的全面落实。据调查，集中育秧秧苗成秧率提高 3 ~ 5 个百分点以上。抛插到大田后普遍表现返青快，为实现水稻丰产稳产奠定基础。

三是促进了良种应用。集中育秧种子由农业部门推荐，大多采用高产、优质、高抗的新品种，这些新品种的推广力度明显加大，有效提高了良种覆盖率。统一育秧的乡镇，水稻良种普及率、统供率可达 100%，

四是推进了水稻集约化生产。以种粮大户和农民专业合作社为代表的集中育秧主体，通过集中示范，一方面扩大了水稻种植面积和机插秧应用水平，另一方面辐射带动了周边农户应用机插技术，推进了

水稻生产标准化、集约化、规模化、机械化水平。

五是促进水稻生产专业化分工。种粮大户、农机大户、专业合作社、龙头企业，都可成为集中育秧的市场主体。这些主体在育秧插秧经营性服务中，自身实力得到发展壮大，加快了农业新型社会化服务体系的建立。工厂化育秧、商品化供秧，解除了千千万万缺劳农户育秧难、插秧难的困扰。

六是推进了农技服务的延伸。集中育秧改变了以往农技服务局限于产中的状况，实现了产前和产中服务的有机结合。通过集中育秧、统一供秧，农技人员业务水平得到了提高，延伸了农技服务的内涵，新技术的推广更加到位。秧苗的商品化，使本来难以物化的技术成果转化为物化的成果，成为农技服务产业化的新探索。

（二）集中育秧的组织形式

集中育秧宜先从早稻开始实行，然后推进到一季稻和双季晚稻，直到实现水稻全覆盖。原因有三：一是早稻育秧期间低温冷害频繁，育秧风险较大；二是早稻直播比重高，倒春寒死苗威胁大，同时除草剂滥用带来环境问题；三是早稻面积直接关系到双季稻面积，稳定和扩大早稻面积就保证了双季稻面织。

在组织形式上，建立以政府为组织引导，社会化服务组织为实施主体，种植户自愿参与的运行机制。

（1）通过行政干预，以村为单位，县（乡、镇）农技推广服务中心为技术载体，引导以村为单位实行集中育秧。

（2）组织水稻专业合作社、农机服务合作社、稻米加工企业在生产基地进行集中育秧。

（3）以种粮大户为集中育秧单位，联合周边散户进行集中育秧。

（三）集中育秧的实施方式

1. 根据秧苗商品化程度划分

（1）商品化供秧。由育秧单位在播种前与需秧农户签订合同，制定供秧品种、秧苗质量标准、供秧数量、时间、价格等，并收取定金，以销定产，农民不参与育秧过程，直接购买秧苗。一是"企业＋技术推广部门＋当地政府"的经营模式。由企业直接经营，承担经济责任，负责资金筹措，农资准备，出劳力，组织生产和销售；技术部门负责技术指导；当地政府负责规划、组织等公共服务和综合织协调。二是"公司＋农户"的经营模式。从育秧、供肥、管理进行一条龙服务。三是"农业技术推广站＋村委会"的经营模式。由推广站与供秧村委联合集中租用农户秧田为育秧基地，签订双向协议。推广站提供技术、物资、播种、护秧管理、出售秧苗等全程服务。四是育秧专业户。在农业技术推广站的指导下，由具有育秧技术的种田能手承包统一育秧、供秧。各地可利用农技站（或农民技术员）的优势，广泛开展专业户育秧试点，既增加育秧专业户的收入，又促进育秧产业化的发展。五是工厂化育秧。主要是温室工厂秧，也有抛秧工厂秧，此方式一次性投资大，设备利用率不高，经济条件较好的地方可以因地制宜采用。

（2）半商品化供秧。具体方法是：乡（镇）农技推广站负责全程技术指导，并提供育秧所需的种子、化肥、农药、地膜等，村委会负责统一调整安排秧地，由农户自己整秧田、出农家肥、营养土，农户自己播种，后由农技部门统一管理，销售商品秧。

（3）集中连片育秧。以统一播种地点、统一翻耕秧地、统一购买种子、统一浸种催芽、统一播种时间、统一技术指导，分户起畦、分户播种、分户管理的"六统一、三分开"的管理方式为主要内容，实行统一连片育秧，不销售秧苗。这种统分结合的集中连片育秧，有利于提高技术到位率，加速农业新技术的推广速度。

2. 根据育秧过程的统分程度划分

（1）全统型。即育秧阶段全部由集体统一管理，做到集中苗床、统一秧田标准、统一整地、统一供种、浸种、催芽、统一落谷、统一防治、统一管理、统一秧苗素质、统一供秧、统一收费标准，育秧成本由村、组干部及农户代表统一核算，这种模式由育秧主体组织并全程负责为农户培育水稻秧苗，农户不参与育秧过程，只按协议价购买秧苗。而且秧苗素质得到充分保证，也容易管理，最新的技术也最容易推广，缺点是这种形式往往成本较高，且对集体的依赖性较强，大面积推广难度较大，对于经济发达、劳动力资源紧张的地区相对比较适合，一般成本为每亩 50 元左右。

（2）统分结合型。该模式由育秧主体组织承担集中育秧工作，农户参与部分育秧活动。即由集体统一秧田、统一供种、浸种、催芽、统一化除、统一管理、统一供秧，由农户按集体统一的标准分户进行培肥、耕翻、整地、做秧板、分户播种、分户插秧或抛秧、分户购买和保存秧盘等。这种形式有利于降低管理费用和物化成本，还可降低育秧风险，缺点是管理难度相对较大，常以村或组育秧为主。适合于有劳力而缺技术的农户。

（3）技术承包型。即统一秧田、统一品种、分户操作，由专人进行技术指导，关键环节进行统一管理，这种形式的优点是成本低，大田秧成本在 10 元/亩左右，农户容易接受，管理得好，也能达到很高的技术到位率，与分散育秧相比有很大优越性，容易大面积推广，特别对于经济欠发达地区比较适合，缺点是由于分户操作秧苗素质相对低于传统型，这种形式通常以育秧专业户育秧为主。适合于在本土打工、经商和不愿意育秧的农户。

（四）集中育秧的组织保障

（1）加强组织，扎实推进。如成立集中育秧领导小组和专家指导组。领导小组主要负责统筹协调、督促检查、协调保障等。专家指导组主要负责技术方案的制定、技术培训指导、档案资料的收集整理等。同时，明确各级农业服务中心为集中育秧的责任主体，负责确定示范村、建立集中育秧点、与集中育秧实体（种粮大户、农民专业合作社、农业企业等）签订商品化育供秧协议，并开展技术培训和指导，落实财政补贴政策、提供物资配套。

（2）因地制宜，选择适当方式。根据当地条件和特点，采取适当的方式，提高水稻集中育秧的水平和效率。育秧主体可以是专业化服务组织（农业公司）、种田大户以及农技服务推广中心等。也可以村为单位建立集中育秧点，明确集中育秧的主体必须是插秧机手，插秧机手与所在乡镇农业服务中心签订育供秧协议，并收取一定的保证金；实行绩效考核，对绩效好的示范点和具体责任人进行奖励；对育秧失败的示范点，扣除保证金。

（3）加强技术服务，提高规范化水平。各地在加强对乡镇农业服务中心人员和项目实施的机手加强技术培训的基础上，加强现场指导的力度。如统一采购秧盘、壮秧剂、地膜、育秧基质，统一采购防虫网，制定统一的育秧技术规程。围绕规程对育秧手、机手、专业服务人员和示范大户进行培训；同时采取县、镇技术干部挂点负责的方法，明确任务，责任到人。

（4）明确责任，签订合同。为使农户吃下"定心丸"，各育秧公司、供秧单位或专业承包户均事先与农户签定统一供秧服务合同，主要内容为"五定一包"，即定供秧品种、定供秧数量、定供秧时间、定供秧标准秧苗素质、定供秧价格，包统供后技术服务。

（5）强化管理，确保实施。签订"商品化育供秧示范点建设合同"，规范各示范点行为，减少育秧风险，降低育秧成本和秧苗销售价格。在所售秧苗价格低于农户分散作业所需成本的同时，保证育秧供秧服务部门取得一定的经济收入，在提供全程优质服务的前提下，实现微利创收。

二、双季稻集中育秧核心技术

（一）种子处理

种子处理主要包括脱芒、晒种、选种、浸种、消毒等前期处理。

（1）脱芒。该环节可以用脱芒机，脱芒的目的是把芒和枝梗或小穗梗通过机械和人工脱掉，以保证播种机播种均匀，并达到苗盘基本粒数。

（2）晒种选种。浸种前 3 ~ 5 d 选晴天晒种 1 d，以提高种子活力，注意不要将种子直接摊在水泥坪上晒种，晒种时要勤翻动，以免晒伤稻种。杂交稻只摊开透气不晒种。选种用风选、筛选或水选，水选一般用黄泥水、盐水，溶液比重为 1.05 ~ 1.10，选完种后用清水洗净准备浸种。杂交稻种子饱满度差，一般用清水选种，将不饱满种子分开浸种催芽。

（3）浸种消毒。水温 30℃浸种 30 h 左右，或水温 20℃浸种 60 h 左右，浸种时间不宜过长，实行"少浸多露"。杂交水稻种子不饱满，发芽势低，采用间隙浸种或热水浸种的方法，以提高发芽势和发芽率。浸种时用使百克（咪鲜胺 25% 乳油）或强氯精（三氯异氰尿酸）进行种子消毒。早稻常规种子先浸 10 ~ 12 h，杂交稻先浸 6 h，沥干后用 2000 倍的使百克（每 2 mL 兑水 5 kg 浸种 5 ~ 6 kg），或 500 倍的"强氯精"（每 10 g 兑水 5 kg 浸种 5 ~ 6 kg）进行浸种消毒 10 ~ 12 h，保持液面不搅动，然后洗净药液再浸种至吸水充足。

（二）科学催芽

催芽的主要目标是"快、齐、匀、壮"。"快"指 2 d 内催好芽；"齐"发芽势达 85% 以上；"匀"指芽长整齐一致；"壮"是指幼芽粗壮，根、芽长比例适当，颜色鲜白，气味清香，无酒味。根据种子生长萌发的主要过程和特点，催芽可以分为高温破胸、适温催芽和摊凉炼芽三个阶段。

高温破胸：自种谷上堆至种胚突破谷壳露出时，称为破胸阶段。种子吸足水分，适宜的温度是破胸快而整齐的主要条件，在 38℃的温度上限内，温度越高，种子的生理活动越旺盛，破胸也越迅速而整齐；要掌握谷堆上下内外温度一致，必要时进行翻拌，使稻种间受热均匀，促进破胸整齐迅速。

适温催芽：自稻种破胸至幼芽伸长达到播种的要求时为催芽阶段。双膜手播育秧催芽标准为：根长达稻谷三分之一，芽长为五分之一到四分之一，若采用机播，90% 的种子"破胸露白"即可。"湿长芽，干长根"，催芽阶段的温度保持在 25℃ ~ 28℃，以保证根、芽协调生长。

摊凉炼芽：为了增强芽谷播种后对外界环境的适应能力，提高播种均匀度，催芽后还应摊凉炼芽。一般在谷芽催好后，置室内摊凉 4 ~ 6 h 即可播种。

具体催芽方法有带热保温催芽、催芽器催芽、蒸汽温室催芽、空调温室催芽、电热毯催芽、标准化智能集中浸种催芽等，可根据实际情况选用。

（1）带热保温催芽。催芽前，将浸好的种子洗净沥干，然后用"两开一凉"温水（55℃左右）浸泡 5 min，再起水沥干上堆，保持谷堆温度 35℃ ~ 38℃，15 ~ 18 h 后开始露白。种谷破胸露白后，翻堆散热，并淋温水，保持谷堆温度 30℃ ~ 35℃。齐根后适当淋 25℃左右温水，保持谷堆湿润，促进幼芽生长。催芽后注意翻堆散热保持适温，可把大堆分小，厚堆摊薄，播种前炼芽 24 h 左右。遇低温寒潮不能播种时，可延长芽堆摊薄时间，结合洒水，防止根、芽失水干枯，待天气转好时抢晴播种。催芽时种子堆不宜太大，防止"烧包"。

（2）催芽器催芽。催芽器是用于水稻种子消毒、浸泡及破胸催芽作业的机器，是水稻工厂化育秧不可缺少的设备，一般由盛种装置、自动循环水系统和自动控温系统三大部分组成。

下面以 ZSDY Ⅱ 型催芽器为例说明破胸催芽过程。第一步，上桶破胸。将淘洗干净的约 200 kg 种子装入 ZSDY Ⅱ 型种子催芽器中，加水至与最适水位线齐平，开始催芽。催芽器催芽程序为：温度 30℃ ~ 33℃，持续喷水，催芽 22 ~ 24 h 至破胸露白。催芽期间注意观察催芽器运行以及桶内水位变化情况，水位太高，底层种谷不易破胸发芽，水位太低，容易烧坏催芽器，催芽期间还应换水 1 ~ 2 次，减少微生物的数量、有毒物质的积累和泡沫的产生，提高种子的发芽率。第二步，上堆催根。按每平方米 50 kg 种子准备室内场地，在地面铺一层干稻草或青草，以保持芽谷干爽。将种子捞起沥干水后堆成小堆，并盖上青草或干稻草开始上堆催根。上堆之后，每隔 2 h 观察 1 次谷堆温度情况，若温度超过 35℃，及时揭去覆盖物、翻堆或摊薄，防止"烧包"；若谷堆升温较慢，则可适当增加谷堆的高度或加覆盖物加速升温。第三步，保湿催芽。齐根后适当淋 25℃ 左右温水，保持谷堆湿润，促进幼芽生长。第四步，常温炼芽。当根、芽长度达到播种标准时，把谷芽摊开进行炼芽，在常温下炼芽 3 ~ 5 h 后即可播种，使谷种适应外界温度，提高成苗率。如遇寒潮阴雨天气，可将芽谷进一步摊薄，待天气转好时再播种。

实践证明，该种子催芽器具有以下特点：①性能稳定，操作简便，省时省力省心。可根据用户设定自动调控温度，同时具有欠压报警、无水报警、温度出错报警等功能；据测算，与传统催芽方法相比，每催芽 200 kg 种子，可以节约用工 2 个以上。②安全可靠，催芽风险小。采用微电脑控制，温度控制精度高，以恒温含氧量高的热水不停淋洗种子，种子受热均匀，催出的芽谷气味香，无"烧包""滑壳"现象，大大降低了早稻浸种催芽风险。③发芽率高、出芽整齐。据多县多点调查，使用种子催芽器催芽比其他方法催芽平均发芽率要高出 5% ~ 10%；能减少种子用量，降低生产成本，同时也有利于培育壮秧。④破胸快，催芽时间短，一般将温度设置在 32℃ ~ 35℃ 的范围，一个催芽器在 20 h 左右即可使 200 ~ 250 kg 种子整齐破胸，恒温在 26℃ ~ 28℃ 20 h 内催芽整齐，破胸与催芽时间比传统方法快 10 ~ 12 小时，效率高。早稻一般每台催芽器平均催芽 4 批次，最少 2 批次，最多达 11 批次；这样在集中育秧时，可以节约大量催芽时间，有利于抢晴好天气播种，播后出苗整齐。⑤秧苗素质好。据考查，催芽器催出的芽谷成秧率达到 89.5%，比传统方式高 13.7%，根芽发达粗壮，白根数多 9.1%，茎基宽 12.3%，分蘖多 11.2%，叶色浓绿。

（3）蒸汽温室催芽。选择交通方便、周边空闲面积较大的 25 m² 左右民房 1 间，在墙外安装一个小型锅炉，并在房内地面上环形安放直径 5 cm 左右的镀锌水管，与房外锅炉蒸汽管连接。在室内热气管的左右两侧，每隔 10 cm 钻直径 5 ~ 6 mm 散气孔。温室室内四周墙壁上贴好农用薄膜以保温。然后安放种子架，可用木架或铁架，一般宽 50 cm 以上并排放两个催芽篓（或丝篾锣）为宜，层高 35 ~ 40 cm，放 4 ~ 5 层。每个温室用 8 ~ 10 支温度计均匀悬挂在房间的中间和四周。每个温室安装两个小型排气扇和一个通风窗作为降温之用。

简易蒸汽温室催芽的优点：①催芽数量多。一般一个温室每批可催种子 2.5 t 左右。②投资不大，每个简易温室一次性固定资产投资 1.5 万左右，温室建好后可永久性使用。③操作比校方便，催芽时只需 2 人轮流烧火加温和室内温度检查即可。④催芽速度快，效果好。一般温室从烧火加温开始室内升至 35℃ 只需 2 ~ 3 h，再保持温度 15 ~ 18 h 即可完成种子催芽，合格种子发芽率均在 85% 以上。⑤催芽成本低，平均每 0.5 kg 种谷催芽的工资和费用为 0.20 ~ 0.25 元。

（4）空调温室催芽。空调温室催芽，主要催芽技术要点如下：①温室条件，一般每批量为 1200 kg 的种子，要准备 15 ~ 20 m² 的密闭性好的房间。安装 1 台 3 匹立式空调或 2 台 1.5 匹的挂式空调，另备电风扇一台用于流通空气，使房间内上下温度一致。在地面铺一层红砖或木条用于隔离地面水层，如果有条件可置一排 1.5 m 高的木架实行立体堆放，一次可催 1000 ~ 1500 kg 的种谷。②材料准备。丝篾笭：一般 1 个丝篾笭可装 15 kg 种谷，具体数量根据需要配备。浸种胶桶：市面上出售的高 80 cm 以上，口径 40 cm 以上的胶桶按每桶装 30 kg 干谷配备。温度计：支数至少要配备笭筐数量的一半以上。大木桶 1 个，用于装热水，要求直径 100 cm 左右高 70 ~ 90 cm。温水：每 100 kg 种子约需 55℃温水 150 kg。③适温预热。浸种后，将谷种倒入丝篾笭，用清水洗净，要求无强氯精气味，再将谷种放入水温 50℃ ~ 55℃木桶中，不停翻动谷种 1 ~ 2 min，起水放入 28℃ ~ 30℃的空调房内，每相邻一笭插一支温度计。④恒温催芽。空调恒温室在催芽前要开机预热 1 ~ 2 h，将室温升至 28℃ ~ 30℃。催芽过程的前 4 h 内不用看温度，4 h 后每隔 1 小时查看一次温度，不超过 38℃即可，如果温度低于 32℃，或者谷壳发白则可用 38℃的温水吃水 1 min，高于 38℃则关空调翻动种子降温，一般上堆 10 h 后种子开始破胸，12 h 种子堆中间破胸率达 60% ~ 70% 时翻堆，12 ~ 14 h 破率可达 90% 以上，催芽齐整后即可入其他房间炼芽 2 h 左右。根据天气情况适时播种。

与传统催芽技术相比，空调温室有以下优点：①破胸快速整齐，一般从破胸并始至破胸齐整只需 3 小时，而传统催芽法需 6 小时以上。②催芽安全可靠，不易出现烧包、滑壳的现象，一般 14 小时即可破胸、齐芽，可以缩短破胸时间 10 ~ 12 h，③种子发芽率高。一般可达 93% 以上的发芽率，较传统催芽法可提高 10% 左右。④可大批量操作。一般 20 m² 房间一次可催芽谷 1200 ~ 1500 kg，是传统催芽技术无法比拟的。

（5）电热毯催芽。电热毯催芽具体操作技术如下：①催芽前温床准备，将从商店购回的电热毯，用新塑料农膜（不能用微膜）包 2 ~ 3 层，使电热毯四周不能进水，以免受潮漏电，然后选一保温性能好的房舍，打扫干净后用无病毒的干稻草、锯木屑等保温物垫底 16 ~ 20 cm 厚，把包好膜的电热毯平铺于保温物上，再在电热毯上铺一床草席或竹席等，以便堆种催芽，并将温床四周用木板围好。②将已浸种消毒并预热吸水的稻种捞出滤干，均匀地摊堆在电热毯温床上，一般 1 床单人电热毯可催稻种 15 ~ 25 kg。然后用薄膜把稻种包盖住，在薄膜上再加草等保温物，四周封牢扎紧，即可通电催芽。开始将温控按钮打到"高"的位置，利于快速提升温度，约 1 h 后，将温控按钮打到"中"的位置，温床中要等距离安插温度计 2 ~ 3 支，始终保持 25℃ ~ 32℃温度，如达到 39℃时则停电降温。为了不烧坏电热毯，白天中午可断电 3 ~ 5 h，夜间将温控按钮打到"低"的位置即可。催芽期间要勤检查温度和湿度，如稻种稍干，应及时喷水增湿，并常翻动换气，使稻种受热均匀芽齐芽壮。用此法，稻种经 8 ~ 10 h 开始破胸，24 h 后破胸率可达 90% 以上。破胸出芽后，温床温度控制在 25℃ ~ 28℃，湿度保持在 80% 左右，维持 12 h 即可催出标准芽待播。其他管理方法同常规。

（6）标准化智能集中浸种催芽。①晒种和选种 同前。②稻种浸种处理、芽种入箱、智能注水。在催芽车间将未包衣的芽种进行码垛装箱，与箱体保留 10 cm 距离，并低于箱口 25 ~ 30 cm；电脑操作注水，注水期水位到达水位线时，能够自动关闭浸种箱注水阀门。将未包衣的稻种进行杀菌处理。把配制好的 10℃ ~ 12℃浸种杀菌液注入浸种箱内，液面没过种子 15 ~ 20 cm，稻种的杀菌和浸种需同时进行。依照浸种水温标准，将浸种槽水温控制在 10℃ ~ 12℃，设置最高温度和最低温度分别为 13 和 10℃。

当水温高于13℃或低于10℃时，系统会自动降温或增温，开始调温工作；每天检查浸种期的稻种状态，常态下种子恒温浸泡8～10 d，同时通过人工检查，随机检查种子内部无白芯，用手碾压成粉末状，说明已达到浸种标准；浸种结束后，通过水泵循环系统排净浸种箱内的药液；浸种箱内药液水排净以后，注清水，清洗3～4次后，排净清洗水；向浸种箱内注入33℃～36℃清水，浸透后，当水温处于恒温状态时排水，排至距离箱底15～20 cm即可。③标准化智能催芽　智能增温将已注入清水的浸种箱进行自动化增温，利用计算机调温程序，将水温调节到33℃，把计算机上的温度调节系统调至33℃，设置最高温度和最低温度分别为34和32℃，进入催芽喷淋内循环工作状态，喷淋时间为10～11 h，水温应控制在31℃～33℃；将计算机上的温度调节系统调至26℃～30℃进行催芽，催芽标准时间为9～11 h，催芽时间停止后，观察其芽根颜色应为鲜白，长度在2 mm以内适宜。

标准化智能集中浸种催芽技术基于水稻种子催芽三要素——水、温湿度、氧气，来控制稻种催芽环境。其以恒温含氧量高的热水不停喷淋种子，种子均匀受热，催出的稻芽无"烧包"，与传统浸种技术相比，降低了稻种催芽的风险，节约了大量催芽时间，有利于抢好天气播种，且出苗整齐、秧苗素质好。

（三）精细播种

（1）播期、播量和秧龄的确定。播种期要与多熟种植、品种类型、移栽方式相适应，做到播种期、移栽期、秧龄三对口。

（2）工厂化育秧的播前准备。①厂房温室配套建设。厂房配套建设是工厂化育秧的基础建设，在厂房建设上应以实用节约为原则，并应选择在乡村交通方便、电力、用水条件具备。农民科技意识高，购秧就近的地方。一般一条流水线的厂房可选择在长6 m，宽4 m以上的车间即可，温室不宜太大，有12～15 m²即可，温室高度一般不超过1.8 m，空间大大，温室升温效果差，耗能增高。控温设备可使用5～10 kw的蒸汽发生器，并要采取自控调节设备进行温度自动调节，以避免人工操作，确保温室催芽安全。②附属设备的选择。秧车：秧车主要是用来运送秧盘至温室，其大小可灵活设计。承载盘：它是用来托承秧盘在播种线上运行并承托至温室炼苗用，要求平整、可靠、耐用，一般要选择钢丝压制。棚架：最经济的方式是使用小棚炼苗，使用毛竹搭架即可，简单实用。③秧盘准备。机插秧育秧时，每亩大田常规稻一般要准备尺寸为58 cm×28 cm×2.5 cm的硬盘30～50个。抛栽可选用561孔软盘每亩45～50张或353孔软盘每亩70～80张。④床土配制。床土分底土和覆土，选用大田肥土，分别对其进行消毒、调酸处理，配农家肥、复合肥、壮秧剂，提高床土的有机质含量，保证土质疏松。土壤颗粒细碎，直径25 mm的颗粒占70%以上，其余的为2 mm以下，不得有石块杂物。床土pH值控制在4.5～5.5，含水量不超过10%。由于南方地区春季雨水多，空气湿度大，床土宜在上年秋冬季进行采集、晒干粉碎，并贮藏于干燥通风处，床上配制在试验推广阶段可用手工进行碎土筛选，大面积推广应用阶段，则使用粉碎机进行碎土作业。采用3次混拌法拌匀盘土、药剂和化肥，保证盘土黏结力，提高秧片强度。床土用量：使用抛秧软盘，每盘一般用土200～300 g，若用机插软盘每则需1 kg，大田亩用软盘25块，亩需用土25 kg，育千亩大田秧需土25 t，用土量很大。⑤基质准备。机插秧育秧，床土用量大，取土困难的地方可采用基质育秧。基质育秧不仅能提高秧苗的百株干重、基部茎粗等主要素质指标，而且由于基质比较松软，移栽时对根系的损伤较小，因此植伤轻、返青快，有利于早发，分蘖始期可提前2～3 d。但基质的保水保肥性能较差，盘根能力一般，如秧苗期雨水过多或管水不当，取秧卷秧时容易断裂散架，严重影响栽插质量。因此，基质育秧时必须拌入一定比例的营养土，加入营养土的比例可控制在50%左右。营养土的主要来源有旱地土和稻田土等，一般在播种前

1个月每100 kg粉碎过筛后的细土拌入壮秧剂0.8 kg或尿素0.3 kg、复合肥0.3 kg即可。⑥种子准备。浸种催芽后，用脱水机脱去稻种之间的水分和表面多余的水分，而使稻种达到外干内湿程度，保证播种均匀度，简易工厂化育秧可以不使用该设备，如水分仍多，可稍加晾干，或掺细土降低水分含量。

（3）双膜育秧的播前准备。双膜育秧是采用带孔的地膜作垫层，直接平铺在秧床上，然后在其上进行铺土（厚度2～2.5cm）、上水、播种、盖土、覆膜增温、揭膜管理、切块移栽等作业的育秧技术。因育秧过程中采用了上下双层薄膜，故称为双膜育秧。这种育秧方式具有投资少、成本低、操作简单、管理方便等优点。①秧田准备。选择背风向阳，地势平坦，排灌分开，运秧方便，便于操作管理的田块作秧田。按照大田1∶（80～100）比例留足秧田。播前10 d整地、开沟做板，秧板规格为畦面宽1.4m，秧沟宽0.25 m，深0.15 m，腰沟深0.20 m，围沟深0.25 m。秧板做好后排水晾板，使板面沉实。播前2天铲高补底、填平裂缝，并充分拍实，板面达到"实、平、光、直"。②床土准备。选择菜园土、耕作熟化的旱田土或经过秋耕、冬翻、春耖的稻田土作为床土。用量为每亩大田100 kg。选择晴好的天气及土堆水分适宜时（含水量15%左右）过筛，细土粒直径不得大于5 mm，其中2～4 mm粒径达60%以上。有条件的地方提倡用"壮秧剂"代替无机肥。过筛后每100 kg细土拌壮秧剂0.5～0.75 kg。过筛结束后集中堆闷，堆闷时细土含水量适中，要求达到手捏成团，落地即散，并用农膜覆盖，促使肥土充分熟化。③双膜准备。一般每亩大田应备足幅宽为1.5 m厚度为0.21 mm的优质地膜4m；幅宽为2.0 m的农膜4 m。将地膜整齐的卷在木方上，木板长1.5 m，宽15 cm，厚5 cm，然后划线冲孔。孔距一般为2 cm×3 cm，孔径0.2 cm～03 cm（孔径不宜过大，否则大量秧根穿孔下扎，增加起秧难度）。④其他材料。切刀、木条、稻草等，早春茬育秧时，若气温低，应备好拱棚竹片和农膜及有关辅助材料，以备播后拱盖，竹拱长220～250 cm，每亩5根。⑤种子准备。浸种催芽后，用脱水机脱去稻种之间的水分和表面多余的水分，而使稻种达到外干内湿程度，保证播种均匀度，如没有脱水机，可稍加晾干，或掺细土降低水分含量。

（4）软盘育秧的播前准备。①秧田准备。选择排灌方便，肥力中等的田块做集中育秧秧田，塑盘抛秧按秧田与大田1∶（25～30）、机插秧按1∶80的比例准备好秧田。播种前按南北方向做好秧厢，秧厢宽130 cm左右，厢沟宽20～30 cm、深15 cm，围沟宽30 cm、深25 mm。做到沟沟相通。厢面上糊下松、沟深面平、软硬适中。播种前一周施好秧田基肥，每亩秧田施入25%的复合肥25～30 kg。②秧盘准备：机插秧每亩大田一般要准备25张左右软盘，采用机械播种流水线播种的，每台流水线需备足硬盘用于脱盘周转。抛栽可选用353孔软盘每亩70～80张。③农膜及其他材料：每亩机插大田需准备2 m宽农膜长4 m。早春育秧，若气温较低，应采用拱棚增温育秧，按每亩大田备足2m长竹片5根，作拱棚支架用。④种子准备。浸种催芽后，用脱水机脱去稻种之间的水分和表面多余的水分，而使稻种达到外干内湿程度，保证播种均匀度，如没有脱水机，可稍加晾干，或掺细土降低水分含量。

（5）工厂化育秧的播种作业。播种作业是水稻工厂化育秧一个极为重要的环节，机插秧建议采用流水线机械播种，机械播种与手工播种相比，可显著提高播种均匀度和出苗率，通常机械播种的成苗率在80%左右。工厂化育秧联合播种包括水平传送秧盘、撒床土、刷平床土、喷水、播种、覆土、刮土等流水线作业。床土厚度控制在（2.5±0.5 cm）。其中底土2.0～2.6 cm，盖土厚0.3～0.4 cm。要注意严格控制播量和播种均匀度，一般常规稻每盘播干种100～125 g，或播芽谷120～150 g，杂交稻每盘播芽谷90g左右，一般每亩25～30盘。播种时要加大水量，浇透底土，以播种时秧盘底下出现零星滴水为宜；盖籽用纯基质即可，盖籽厚度在0.5 cm左右，做到"谷不见天"。

水稻育秧穴盘播种机是工厂化育秧的核心设备，目前，华南农业大学研制的电磁振动式水稻育秧穴盘配合播种机能连续对秧盘实施装土、播种、覆土、淋水，可靠性系数达到 90% 以上，播种生产率达到每小时 550 盘以上，空穴率小于 2%。

播种后要将秧盘整齐堆放在室内，堆放高度在 40 层左右，顶层加盖 1 张空盘，然后用黑色薄膜覆盖（或白色薄膜加遮阳网），切记要将四周封严封实，防止水分散发，并保证膜内温度在 25℃ ~ 30℃，一般经过催芽的种子在 2 ~ 3 d 后可出齐苗，没有催芽的种子在 3 ~ 4 d 后出齐苗。

（6）双膜育秧的播种作业。①铺地膜。在板面平铺打孔地膜。②固定木条。在板面两边（沿秧板沟边）分别固定木条（宽 2 ~ 3 cm，厚 2.0 cm，长 200 cm 左右，不宜过长）。③铺放底土。铺土厚度与秧板两边固定的木条厚度一致（20 cm），铺土后用木尺刮平。④底土浇水。在播前一天铺好底土后，灌平板面水，使铺散的细土充分吸湿后迅速排放；或直接用喷壶喷洒，使底土水分达饱和状态后立即播种盖土，以防跑湿。⑤定量播种。每平方米播发芽率为 90% 的芽谷 600 ~ 900 g，发芽率超出或不足 90% 时，播量应相应减少或增加。播种进要按畦称种，细播、匀播、分次播，力求播种均匀。然后插好竹拱，盖好地膜。⑥喷药覆土。播种完成后，用敌磺钠 20 g 兑水 15 kg 均匀喷施到厢面，然后覆土。覆土量以盖没种子为宜，厚度为 03 ~ 0.5 cm。覆土后不宜对表土洒水，以免表土板结影响出苗。⑦搭拱盖膜。芽谷播后一般要求温度在 28℃ ~ 35℃，湿度在 90% 以上。为此，播种后要用竹片搭拱盖膜，插竹拱时秧盘两边各留 15 cm 左右空位，防止盖膜后影响厢边秧苗的生长。膜四周用泥土压实，防止被风吹开，提高保温效果。

（7）软盘育秧的播种作业。①手工播种。铺盘、铺土、洒水、播种、盖土 5 道工序为手工操作，关键是要控制好底土厚度（2.0 ~ 2.5 cm）；洇足底土水，按盘计种（一般常规稻每盘播芽谷 120 ~ 150 g，杂交稻每盘播芽谷 90 g 左右）；坚持细播匀播。②机械播种。播前要调试好播种机，使盘内底土厚度稳定在 2 ~ 2.5 cm；每盘播芽谷 120 ~ 150 g（指种子发芽率为 90% 时的用量，若发芽率超出或不足 90% 时，播量就相应减少或增加）；盖土厚度 0.3 ~ 0.5 cm，以看不见芽谷为度。洒水量控制在底土水分饱和状态，盖土后 10 min 内盘面干土应自然吸湿无白面，播种结束后可直接脱盘于秧板，也可叠盘增温出芽后脱盘。

（四）播后管理

培育适合机插的健壮秧苗，是推广水稻机械化插秧成败的关键。机械化插秧基本要求是群体均衡、个体健壮，要求"一板秧苗无高低，一把秧苗无粗细"。壮秧的形态特征与指标：机插秧苗采用中小苗移栽，一般在 3.5 ~ 4.0 叶内带土移栽。秧苗素质的好坏可以秧苗的形态指标和生理指标两方面衡量。在生产实际中，可以通过观察秧苗的形态特征来判断。壮秧的主要形态特征是：茎基粗扁，叶挺色绿、根多色白、植株矮壮、无病株和虫害。其中茎基粗扁是评价壮秧的重要指标，俗称"扁蒲秧"。适合机械化插秧的秧苗，除了个体健壮外，还有一个重要的整体指标，即要求秧苗群体质量均衡，每平方厘米成苗 1.7 ~ 3 株，秧苗根系发达，单株白根 10 条以上，根系盘结牢固，盘根带土厚度 2.0 ~ 2.5 cm，厚薄一致，提起不散，形如毯状，亦称毯状秧苗。

（1）工厂化育秧的播后管理。苗床管理分四个时期：①播种至出苗。将播种覆土后的苗盘在秧架上叠放后，在温室 30℃ 的蒸汽恒温条件下，经过 48 h，使盘内种子长出 10 ~ 15 mm 白色嫩芽。加温加热装置和温控器是工厂化育秧不可缺少的设备，可根据温室大小，采购不同功率的蒸汽发生器等设备。②出齐苗至 1 叶 1 心。出苗后平铺或上架，控温保湿，促进根的正常生长，棚内温度控制在

25℃ ~ 30℃，温度过高时打开膜口。一般播种后 3 ~ 5 d，苗见绿后，就开始通小风，中午 11 时打开，下午 3 时关闭。出苗后减少喷水次数，不干不喷水。稻苗 1 叶 1 心期，进行土壤消毒，预防苗期立枯病。③ 1 叶一心至 2 叶 1 心。棚内温度控制在 20℃ ~ 25℃，日出前打开棚膜，16 时关闭风口。明天中午打开 2 h 通风换气温度低于 10℃时，缩短通风时间及提早关闭通风口，不要长时间通风，以免秧苗受冷害，发生生理障碍。此期若通风不够，温度高，湿度大，形成徒长苗，易得立枯病。④ 2 叶 1 心至移栽。2 叶 1 心期开始轮换上下秧盘位置，促均匀一致生长；进入 2 叶 1 心期后增加喷水次数和时间，结合喷水施用断奶肥，栽插 7 d，开始全天候敞棚炼苗，移栽前 3 d 断水控湿。

（2）双膜育秧和软盘育秧的播后管理。①温度管理。秧苗 1 叶 1 心后，晴天中午秧厢两头注意揭膜通风换气，傍晚时盖好。膜内温度以保持 20℃ ~ 25℃为宜，不能超过 35℃。秧厢过长的，温度太高时除了两头揭膜外，中间也要间隔揭膜，以防烧伤秧苗。如遇长期低温阴雨天气，尽量延长盖膜期，促进秧苗生长。经过充分炼苗后，秧龄在 2.5 ~ 3 叶时揭膜，揭膜时最好选晴天下午，厢沟内先灌水后揭开两头或一侧，以防青枯死苗如遇连续阴雨天气或极端低温恶劣天气要苗。揭膜后，继续盖膜。②水分管理。第一，湿润管理。即采取间歇灌溉的方式，做到以湿为主，达到以水调气，以水调肥，以水调温，以水护苗的目的。揭膜时灌平沟水，自然落干后再上水，如此反复。晴天中午若秧苗出现卷叶要灌薄水护苗，雨天放干秧沟水；早春茬秧遇到校强冷空气侵袭，要灌拦腰水护苗，回暖后换水保苗，防止低温伤根和温差变化过大而造成烂秧死苗；气温正常后及时排水透气，提高秧苗根系活力。移栽前 3 ~ 5 d 控水炼苗。第二，控水管理。即半旱管理，与常规肥床旱育秧管水技术基本相似。试验结果表明，机插水稻的早管育秧有利于培育健壮秧，秧龄弹性大，机插后返青活棵快。操作要点：揭膜时灌一次足水（平沟水），湿透床土后排放（也可采用喷洒补水）。同时旱秧淹水，失去旱育优势。此后若秧苗中午出现卷叶，可在傍晚或次日清晨人工喷 / 洒水一次，使土壤湿润即可。不卷叶则不补水。补水的水质要清洁，否则易造成死苗。③化学调控。由于水稻机插秧苗受株高限制，一般要求秧苗株高在 20 cm 以内，播种露针后或 1 叶 1 心时用 300 mg/kg 多效唑喷施秧床，可增加秧龄弹性，降低水稻秧苗株高，同时有利于增加叶龄，促进分蘖和秧苗矮壮。④施断奶肥。根据床土肥力、秧龄和气温等具体情况因地制宜地进行，一般在 1 叶 1 心期（播后 7 ~ 8 d）施用。每亩秧田用腐熟的人粪肥 500 kg 兑水 1000 kg 或用尿素 5.0 ~ 7.0 kg 兑水 500 kg，于傍晚浇施，床土肥沃的也可不施，油菜田为防止秧苗过高，施肥量可当减少。⑤防病治虫。秧田期病虫主要有稻蓟马、灰飞虱、立枯病、螟虫等。秧田期应密切注意病虫发生情况，及时对症用药防治。近年来水稻条纹叶枯病发生逐年加重，务必做好灰飞虱的防治工作，可于 1 叶 1 心期用吡虫啉 2 g（有效成分）加 80 kg 水喷施。另外，早春育秧期间气温低、温差大，易遭受立枯病、绵腐病等病害的侵袭，揭膜后结合秧床补水，每亩秧池田用敌克松 1000 ~ 1500 倍液 600 ~ 750 kg 喷施预防。

（五）栽前准备

（1）施送嫁肥。秧苗体内氮素水平高，发根能力强，碳素水平高，抗植伤能力强。要使移栽时秧苗既具有软强的发根能力，又具有软强的抗植伤能力，栽前务必要看苗施好送嫁肥，促使苗色青绿，叶片挺健清秀。具体施肥时间应根据机插进度分批使用，一般在移栽前 3 ~ 4 d 进行。用肥量及施用方法应视苗色而定：叶色褪淡的脱力苗，亩用尿素 4 ~ 4.5 kg 兑水 500 kg 于傍晚均匀喷洒或泌浇，施后并洒一次清水以防肥害烧苗；叶色正常、叶挺拔而不下披苗，亩用尿素 1 ~ 1.5 kg 兑水 100 ~ 150 kg 进行根外喷施；叶色浓绿且叶片下披苗，切勿施肥，应采取控水措施来提高苗质。

（2）控水炼苗。栽前通过控水炼苗,减少秧苗体内自由水含量、提高碳素水平、增强秧苗抗菌逆能力,是培育壮秧健苗的一个重要手段,控水时间应根据移栽前的天气情况而定。早春茬秧田由于早播早插,栽前气温、光照强度、秧苗蒸腾量与油菜茬秧比相对较低,一般在移栽前 5 d 控水炼苗。油菜茬秧栽前气温较高,蒸腾量较大,控水时间宜在移栽前 3 d 进行。控水方法 : 晴天保持半沟积水,特别是在起秧栽插前,雨前要盖膜遮雨,防止床土含水率过高而影响起秧和栽插。

（3）施送嫁药。机插苗由于苗小,个体较嫩,易遭受螟虫、稻蓟马及栽后稻象甲的危害,移栽要进行一次药剂防治。在移栽前 1 ~ 2 d 用 25% 快杀灵乳油 30 ~ 35 mL 兑水 40 ~ 60 kg 喷雾,在稻条纹叶枯病发生区,防治时亩加 10% 吡虫啉乳油 15 mL,控制灰飞虱的带毒传播危害,做到带药移栽,一药兼治。

（4）起运移栽。机插育秧起运移栽应根据不同的育秧方法采取相应指施,减少秧块搬动次数,保证秧块尺寸,防止枯萎,做到随起、随运、随栽,遇烈日高温,运秧过程中要有遮阳措施。①软（硬）盘秧 : 有条件的地方可随盘平放运往田头,亦可起盘后小心卷起盘内秧块,叠放于运秧车,叠放层数一般为 2 ~ 3 层为宜,切勿过多加大底层压力,避免秧块变形和折断秧苗,运至田头应随即卸下平放,让秧苗自然舒展,利于机插。②双膜秧 : 在起秧前首先要将整块秧板切成合机插的规格,切块后可直接将秧块卷起,并小心叠放于运秧车。

三、有序机抛集中育秧技术

（一）有序机抛秧育秧技术概要

（1）水稻有序机抛秧对秧苗的基本要求 : 秧龄合适,空穴率低,生长匀健,抛后返青发苗快。

（2）水稻有序机抛秧育秧技术简介。①三个育秧环节。播种前准备:品种选择、种子处理、材料准备。播种与摆盘:可采取三种播种方式,即半机械播种、手工撒播、流水线播种。秧田管理:1 叶 1 心期、2 叶 1 心期、3 叶 1 心期、起秧抛秧前。②三种育秧方式。设施大棚育秧 : 早稻、中稻、再生稻。场地旱育秧:双季晚稻、一季晚稻。秧田湿润（旱地）育秧:早稻、中稻、再生稻、双晚、一晚,均可育秧。③二类播种育秧形式。秧田摆盘后播种（泥浆育秧）、流水线播种后摆盘（基质育秧）。

（3）播种前的准备工作。①品种选择。特别注意选择抗倒性强、生育期适宜的品种。湘北连作晚稻宜选择早熟品种。②种子用量。早稻常规稻 4 ~ 5 kg/ 亩,杂交稻 2 kg/ 亩左右;晚稻常规稻 3 ~ 4 kg/ 亩,杂交稻 1.5 kg/ 亩左右;一季稻常规稻 3 kg/ 亩,杂交稻 1.5 kg/ 亩左右。③播种时段。早稻、再生稻:确保生育期间不遇日均温 12℃以下低温,3 月中下旬播种。中稻、一季晚稻:确保抽穗杨花期不遇极端高温,5 月下旬到 6 月下旬播种。双季晚稻:确保在寒露风到来之前齐穗,并与早稻衔接,6 月中下旬播种。④分批播种。按 100 亩左右一批,每批间隔 3 ~ 4 d,最后一批不晚于迟播临界期,即早稻湘北 3 月底前,湘南 4 月 5 日前,晚稻早熟品种 6 月底或 7 月初,迟熟品种 6 月中旬。⑤秧盘。秧盘规格 : 必须选用 2ZPY–13A 水稻有序抛秧机专用秧盘。具体规格为 : 13 行 × 32 列 =416 孔,长宽厚 630 mm × 400 mm × 23 mm,或 13 行 × 25 列 =325 孔,长宽厚 630 mm × 400 mm × 23 mm。钵上口直径 18mm,下口直径 10 mm,钵深 23 mm。秧盘数量:早稻 55 ~ 60 盘,保证亩抛 2.2 万 ~ 2.4 万蔸;晚稻 45 ~ 50 盘,保证亩抛 1.9 万蔸;一季稻 35 ~ 40 盘,保证亩抛 1.5 万蔸;再生稻 40 ~ 45 盘,保证亩抛 1.7 万蔸左右。⑥钵土。采用播种流水线播种时,须制作钵土。以黄土或稻田土或菜园土为基础;碱性土、草多的土、没有粉碎过筛的土、纯基质不能做钵土;底土与盖土最好分开,下重上轻,需有肥力;

钵土必须消毒。

（二）机抛流水线播种育秧

（1）流水线播种。播种程序：置盘—灌土—播种—盖土—淋水消毒。播种前调试好参数：①底土装置调试使底土体积达到钵体体积的一半左右；②种谷装置调试达到常规早稻 6～8 粒/穴，中晚稻 4 粒/穴，杂交早稻 3～4 粒/穴，中晚稻 2 粒/穴；③盖土量调试以盖没芽谷 3～5 mm 为宜，盘表面泥土清理干净；④检查洒水情况。

播种育秧地点：播种地点最好选择在育秧点附近，建议流水线播种与大棚育秧或场地育秧相结合。

错角叠盘：播种后的秧盘叠盘时，上下层秧盘应错开 15° 左右。

（2）摆盘前出芽。暗室出芽要把握好出芽长度（与机插不同），在控温（28℃～35℃）保湿（温度 90% 以上）的黑暗环境下促进快速齐苗。方法 1：叠盘覆膜遮光，将四周封严封实，保水保湿 48 h。方法 2：将播种覆土后的叠盘置于各地建好的空调密室或智能化催芽暗房，保水保湿 48 h。

（3）大棚摆盘育秧。①大棚设施要求。一是有利管水，大棚排水性好，带喷淋水装置；二是有利控温透气，早稻育秧大棚密闭性要好，中晚稻育秧需通风并有遮阳网。②大棚摆盘育秧过程。整地做床：为确保秧盘每个孔穴接地，摆盘秧床要清除杂草、根茬、秸秆残茬，打碎坷垃，将地面整平。有条件的垫一层薄沙，或铺一层 2～3 cm 拌好壮秧剂的覆土。消毒：摆盘前用石灰、甲基托布津或敌克松等对土壤和大棚设施进行消毒。铺隔泥层：为防止起秧时根部带土影响移栽质量，在做好的床面铺上一层无纺布或编织布或细网纱窗布作隔泥层。铺隔泥层之前如果土壤过于干燥需浇水湿润土壤。摆盘压盘：摆盘前拉好线以利对直，按前进方向摆盘，保证钵盘中的每一个小钵底部都能良好接地；盘与盘保持平面对接，同时钵面持平，以防止透风对秧苗生长不利。秧床经翻耕或浅耕的，摆盘后要进行压盘，即两块木垫板交叉，脚踩木板压盘，使盘底小钵入床土 3 mm 左右从而与床土紧密接合，以保证秧苗水分供应防青枯死苗。铺膜浇水：摆盘后浇足水，以后通过浇水、控温等进行育秧管理。③大棚摆盘育秧期间的管理。保湿：保持钵体土壤湿润，叶有吐水。一般每天喷水 2～3 次。通风：特别注意棚内温度不要超过 35℃，防止烧苗。早稻和再生稻 1 叶 1 心后每天通风透气一次，中晚稻勤通风降温，必要时用遮阳网。炼苗：2 叶 1 心后全面通风炼苗。补肥：对缺肥瘦弱的秧苗，适当补施叶面肥。抛秧前 2 d，施送嫁肥、送嫁药。

（4）秧田小拱棚摆盘育秧。播种出芽后的秧盘在做厢秧田摆盘育秧，尤其适合中、晚稻育秧。秧田与大田比例 1:（45～50）。①选好秧田：选择背风向阳、土质疏松、肥力较高、排灌方便、无污染、杂草少的田块作秧田。秧田尽量靠近大田，地势平坦，便于操作管理以及运秧方便。②开沟做厢：播种前 10～15 d 上水犁田耙地，最后一次旋耕前亩施 45% 复合肥 15～20 kg 与泥混匀。开沟做秧厢（带沟宽 2.0～2.2 m），厢面宽 1.6～1.8 m，沟宽 0.3 m，沟深 0.15 m，四周围沟加深加宽。秧厢做好后排水，使厢面沉实，播种前一天耙平，达到"实、平、光、直"。③铺隔泥层：为防止起秧时根部带土影响移栽质量，在做好的床面铺上一层无纺布或编织布或细网纱窗布作隔泥层。④摆盘压盘：将播种出芽的秧盘，每厢摆 2～3 排，排紧，压实入泥 2～3 mm 以防漏气。视干湿度和天气灌跑马水湿润秧厢，水不上厢面。⑤喷药杀菌：早稻育秧或土壤未经消毒的，摆盘后喷施咪鲜胺等杀菌剂灭菌。⑥搭拱覆膜：早稻搭竹拱盖膜保温，注意将膜边压入泥中防止被风吹开；中晚稻有条件的应搭无纺布等防大雨；播种后清沟排水，早稻保持排水口打开，中晚稻保持厢沟有水。⑦苗床管理：早稻育秧注意防寒保温。出苗前将薄膜盖严保持膜内较高温度以利出苗，1 叶 1 心后，晴天中午秧厢两头揭膜通风，晚上盖好，保持土壤干爽，膜内温度保持 20℃ ~ 25℃ 为宜，揭膜时间为 2.5 ~ 3 叶期，先两头揭开，再全部揭开。中晚稻育秧注意控苗控根。摆盘后秧田跑马水湿润床土；出苗至第 1 叶展开保持厢沟有水；以后以旱管为主，缺水时补水，控制秧苗不卷叶为度；为了控制苗高，在 1 叶 1 心期每亩用 15% 多效唑 50g 兑水喷施；起秧前 2 ~ 3 d 浇水湿润秧厢，并施送嫁肥、送嫁药。

（5）场地摆盘旱育秧。指播种出芽后的秧盘在场地或旱地、旱田摆盘育秧，尤其适合于中晚稻集中育秧。①选地除草整平压实：选择旱地或旱田，摆盘前除草，整平压实土面；也可在硬化地面铺上碎木屑、岩棉等保水保湿材料后摆盘育秧。②喷药杀菌：摆盘前喷施咪鲜胺等杀菌剂杀菌消毒。③铺隔泥层：为防止起秧时根部带土影响移栽质量，在做好的床面铺上一层无纺布或编织布或细网纱窗布作隔泥层。④摆盘：摆盘前接线对直；将播种出芽后的秧盘接前进方向平铺排紧压实，保证钵盘中的每一个小钵底部都能良好接地；中间开沟以利排水，留走道以利管理。⑤浇水：摆盘后将水浇透以利出苗，也可灌水使床土湿润。⑥防护：早稻育秧盖薄膜保温；中晚稻育秧盖遮阳网或无纺布，既防鸟害又防高温。⑦苗床管理：出苗现青前，注意浇水保持床土湿润，第 1 叶展开后以旱管为主，必要时补水以控制秧苗不卷叶为度。中晚稻育秧为了控制苗高，在 1 叶 1 心期每亩用 15% 多效唑 50 g 兑水喷施；起秧前 2 ~ 3 d 浇水湿润秧厢，并施送嫁肥、送嫁药。

四、水稻钵形毯状秧苗育秧技术

水稻钵形毯状秧苗机插技术选用适宜的水稻品种和组合，通过培育机插壮秧，形成下钵上毯的水稻机插秧苗，选择适宜插秧机，适期移栽，并根据机插秧特点配套农艺栽培措施，实现高产高效。

（一）秧盘选择

钵形毯状机插秧苗培育采用钵形毯状秧盘，该秧盘外形尺寸与常规机械秧用的秧盘一致，长 580 mm，宽 280 mm，但秧盘底部由长方形平板上按顺序排列凹下的钵碗构成，机插时根据钵碗大小和数量调整插秧机取秧量，实现定量定位机插。根据插秧机型号和水稻类型选择适宜的秧盘，一般杂交稻选择横向 16 或 18 行秧盘，常规稻选择横向 18 或 20 行秧盘。

（二）培育壮秧，合理控苗

根据机插秧特性合理安排播种期，培育适合机插秧苗，秧苗应根系发达、苗高适宜、基部粗壮、叶挺色绿、均匀整齐。要求秧苗叶龄 3 ~ 5 叶，适宜苗高 12 ~ 20 cm。

选择背风向阳、土壤肥沃、有利排灌、运秧方便、便于操作管理的田块作秧田。钵形毯状秧苗培育可采用泥浆育秧或旱地土育秧，床土选择及处理与传统机插秧相同。播种前用清水选种，用"浸种灵"等杀菌剂防病浸种 48 h，预防苗期病害，催短芽、催短根均匀播种。为实现稀播壮秧，播种量杂交稻控制在每盘 60 ~ 80 g，常规稻播种量 80 ~ 100g/ 盘。将秧盘平铺于已整好的秧板上，每秧板横排辅 2 盘，一定使秧盘床土吃透水分，忌床土发白影响出苗，力求保齐苗和全苗。整个秧田期保持秧板湿润，机插前 3 ~ 4 d，适时控水炼苗，增强秧苗抗逆能力。1 叶 1 心期喷施多效唑等调节苗高。注意看苗施断奶肥，促使苗色青绿。叶片淡黄褪绿的脱力苗，亩用尿素 4 kg 左右，叶色正常的亩施尿素 2 ~ 3 kg，秧田期同注意防治立枯病、恶苗病、稻蓟马等。

（三）适期机插，精确取秧

选择横向取秧量对应的插秧机，一般高速插秧机可横向取秧最大可调 18 次或 16 次，普通手扶插秧机横向取秧最大能调 20 次。根据秧盘类型调整机插取秧量实现钵苗机插。

根据水稻品种与组合的生长特性，选择适宜种植密度，改善群体光照和通风，浅水移栽，促进早发。双季稻机插行距为 30 cm，株距 12 ~ 16 cm，每丛 4 株左右，每亩 1.4 万 ~ 1.8 万穴，每亩栽秧苗 20 ~ 30 盘。单季杂交稻机插行距为 30 cm，株距 17 ~ 22 cm，每丛 2 株左右，每亩大田 1.1 万 ~ 1.3 万穴，每亩栽秧苗 15 ~ 20 盘。机插漏秧率要求低于 5%。机插后灌好扶苗水，防败苗促进秧苗早返青。

五、水稻集中育秧技术操作规程

（一）集中育秧点选择

水稻集中育秧点要科学布局，规模适度，以"方便群众，规避风险"为原则，一组或多组联合设立集中育秧点，每个集中育秧点秧田面积以 5 ~ 20 亩为宜，便于统一管理和农户取秧、运秧。

（二）品种选择

集中育秧结合粮食高产创建项目，统一组织实施，各示范点实行一点一品。10 个重点示范片早稻品种选用局确定的株两优 168、陆两优 996、株两优 819、中嘉早 17 号。

（三）用种量

早杂每亩大田用种量 3 kg，常规稻每亩大田用种量 6 kg。

（四）秧田准备

（1）秧田选择。选择背风向阳，基础条件好，排灌方便，肥力中等的稻田，软盘秧按秧田与大田 1：20、机插秧按 1：（70–80）、湿润洗插秧按 1：8 的比例准备好秧田。

（2）翻耕整厢。2 月中旬以前翻耕好秧田，播种前按南北方向整理好秧厢。软盘抛秧的秧厢按有效宽度以两个秧盘的长度外加每边留 10 cm 为宜，厢沟宽 30 cm、深 15 cm 左右，腰沟深 20 cm 左右，围沟略深，做到沟沟相通。湿润洗插秧，厢宽 150 cm 左右，沟宽 20 cm，深 15 cm 左右。厢面上糊下松，沟深面平、软硬适中。播种前一周施好秧田基肥，每亩秧田施入 25% 的复合肥 25 ~ 30 kg。秧田划厢，要用绳子扯直，厢宽一致，整齐划一。

（3）施用壮秧剂。软盘抛秧，每 11 m² 秧厢，施五增牌壮秧剂一包（400 g）。将壮秧剂与一定量的过筛细土充分拌匀后，均匀撒施在秧厢表面；然后摆放软盘，糊泥浆或放营养土，待泥浆沉实后播种。盘育机插秧，直接采取专用育秧基质育秧，或每亩用适量壮秧剂与营养土拌匀，作为机插秧秧盘底土。湿润洗插秧，将壮秧剂拌土均匀撒施在秧厢表层，再把入 2 cm 土层内，厢面用木板整平后播种，泥浆塌谷。禁用拌有壮秧剂的细土直接盖种，或用壮秧剂拌种等，切忌壮秧剂与种子混播。

（4）育秧物资准备。软盘抛秧每亩大田准备 353 孔软盘 80 ~ 90 片，每亩大田准备长 250 cm 左右竹弓 20 根左右，同时再备宽 30 ~ 50 cm、长约 200 cm 的木板或三合板，用于播种时挡芽谷；盘育机插秧，常规稻每亩大田准备专用软盘（58 cm×28 cm×2.5 cm）32 片左右，杂交稻 25 ~ 28 片。地膜宜选用 0.21 mm 厚的优质地膜。

（5）晒种选种。浸种前晒种 3 ~ 4 h，最好用彩条布或晒垫晒种，避免在水泥坪上曝晒。杂交稻只摊开透气不晒种。选种可用风选、筛选或水选，水选一般用黄泥水、盐水、溶液比重为 1.05 ~ 1.10，选完种后用清水洗净准备浸种。杂交稻种子饱满度较差，一般用清水选种，将不饱满种子分开浸种催芽。

（五）浸种消毒

水温 30℃时约需 30 h，水温 20℃时约需 60 h。浸种时间不宜过长，实行"少浸多露"。杂交种子不饱满，发芽势低，采用间隙浸种或热水浸种的方法，以提高发芽势和发芽率。浸种时用咪酰胺、强氯精进行种子消毒。早稻常规种子先浸 10 ～ 12 h，杂交早稻种子浸 8 ～ 10 h，沥干后再用咪酰胺或强氯精浸种消毒 10 ～ 12 h，保持液面不搅动，然后洗尽药液再用清水浸。

（六）催芽

催芽前，将浸好的种谷洗干沥干，然后用"两开一凉"温水（55℃左右）浸泡 5 min，再起水沥干上堆，保持谷堆温度 35℃ ～ 38℃，15 ～ 18 h 后开始露白。种谷破胸露白后，要翻堆散热，并淋温水，保持谷堆温度 30℃ ～ 35℃。齐根后适当淋浇 25℃左右温水，保持谷堆湿润，促进幼芽生长。同时仍要注意翻堆散热保持适温，可把大堆分小，厚堆摊薄，播种前炼芽 24 h 左右。遇低温寒潮不能播种时，可延长芽谷摊薄时间，结合洒水，防止芽、根失水干枯，待天气转好时播种。每次催芽的种子数量不宜太多，防止"烧包"。要推广温室等设施催芽，控制催芽风险。

（七）播种

（1）播种时间。早稻湿润洗插秧宜在 3 月 20-30 日，抢"冷尾暖头"天气播种，软盘抛秧一般比湿润洗插秧提早 2 ～ 3 d 播种，晚稻宜在 6 月 15-25 日播种，具体时间根据当地安全齐穗期和品种生育期确定。

（2）摆盘。软盘育秧的秧厢必须在播种前 2 ～ 3 d 做好，厢面要做到"平、净、融"，沉淀 1 天后摆盘。横摆 2 个软盘，秧厢两边每边留 10 cm 以上压膜距离，尽量把软盘摆平压实，防止吊气死苗。在播前 1 ～ 2 d 将准备好的拌有壮秧剂的营养土撒入盘孔底部，用扫帚扫入孔内，也可用厢沟泥制作的营养泥填入软盘，用扫帚扫平，保证每孔不超过 2/3 的泥土，以防串根。软盘内泥浆不能太稀，过稀时应延至次日待泥浆沉淀后再播种。采用盘育机插秧的，在育秧盘上铺放 2 ～ 2.5 cm 厚的营养泥浆澄实后直接播种，或采用专用育秧基质育秧。

（3）播种。催好的芽谷摊凉炼芽后即可播种。根据亩用种量和软盘多少确定每厢的播种量，分厢过称，均匀播种。播种时用先前准备好的挡谷板挡在厢边，以防芽谷播到盘外。播种后用扫帚把盘面上的芽谷扫入盘孔，并用泥浆踏谷。

（4）盖膜。播种完成后，用敌克松 20 g 对水 15 kg 均匀喷施到厢面，然后插好竹拱，盖好地膜。插竹拱时注意两边各留 15 cm 左右，防止盖膜后影响厢边秧苗的生长。盖膜后四周用泥土压实，防止被风吹开，提高保温效果。

（八）秧田管理

（1）肥水管理。盘育抛秧，芽期晴天满沟水，阴天半沟水，雨天排干水，保持秧板土壤湿润和供氧充足，严禁水上厢面。水育秧早稻秧苗如遇寒潮低温，则应灌深水护苗，低温过后逐步排浅水层，以免造成秧苗生理失水，导致青枯死苗。3 叶期以后到移栽，采用浅水灌溉。晚稻播种时气温高，为防止秧板晒白，晴天可在傍晚灌跑马水，次日中午前秧板水层渗干，切忌秧板中午积水，造成高温烫芽。2 叶期前露田为主，2 叶期后浅灌为主。

（2）炼苗揭膜。秧苗 1 叶 1 心后，晴天中午秧厢两头注意揭膜通风换气，傍晚时盖好。膜内温度保持 20 ～ 25℃为宜，不能超过 35℃。秧厢过长的，温度太高时除了两头揭膜外，中间也要间隔揭膜，以防烧伤秧苗。如遇长期低温阴雨，尽量延长盖膜期，促进秧苗生长。经过充分炼苗后秧龄在 2.5 ～ 3 叶时揭膜。揭膜时最好选晴天下午，厢沟内先灌水后揭开两头或一侧，以防青枯死苗。揭膜后，如遇连续阴雨天气或极端低温恶劣天气要继续盖膜。

（3）抛栽时间。早稻一般 3.5 ～ 4 叶抛栽，秧龄控制在 28 d 以内，机插秧秧龄控制在 20 d 以内；

晚稻早中熟品种秧龄控制在 30 d 以内，迟熟品种控制在 35 d 以内，机插秧秧龄控制在 18 d 以内，苗高不超过 17 cm。10 个重点示范片，结合高产创建办点要求，早、晚稻大田基肥统一施 42% 的超级稻"种三产四"专用肥（N22%、P8%、K12%、硅 4%、锌 1%）每亩用量为 25 kg。

第二节　双季稻全程机械化生产技术

在双季稻区推广全程机械化生产技术可以缓解双季稻生产季节、用工等茬口矛盾，省工节本，大幅度提高劳动生产率，其技术流程包括：耕整地作业选用旱耕水整、水耕水整或犁耕深翻后旋耕碎垡方式，起浆平整后沉实；种植作业采用机械精准播种育秧、机插栽培；田间管理采用机械施肥和机械植保方式；收获作业采用联合收割机，并对水稻秸秆切碎均匀抛撒还田。

一、双季稻机械化耕作技术

（一）质量要求

耕整地质量要求做到"平整、洁净、细碎、沉实"，耕整深度均匀一致，田块平整，地表高低落差不大于 3 cm；田面洁净，无残茬、无杂草、无杂物、无浮渣等；土层下碎上糊，上烂下实；田面泥浆沉实达到泥水分清，沉实而不板结，机械作业时不陷机、不壅泥。

（二）技术要点

早稻有条件地区的应实行冬翻田，冬翻田应旱耕或湿润耕作；提倡秸秆还田，采用翻耕或旋耕，犁耕耕深 18 ~ 22 cm，旋耕深度 12 ~ 16 cm。移栽前 1 周左右整田，提倡旱耕或湿润旋耕，犁耕深度 12 ~ 18 cm，旋耕深度 10 ~ 15 cm，达到秸秆还田、埋茬覆盖。之后，采用水田耙或平地打浆机平整田面，沉田后达到机插前耕整地质量要求。丘陵山区可采用小型拖拉机匹配相应的旋耕机或犁整田。

晚稻在前茬作物收获后要及时整地，在泥脚较深的稻田，提倡用橡胶履带拖拉机配套旋耕机、反转旋耕灭茬机、平地打浆机等机具进行整地作业，做到田面平整，泥浆沉实后及时机插。翻耕或旋耕应结合施用有机肥及其他基肥，使肥料翻埋入土，或与土层混合。

二、双季稻机械化种植技术

目前已经实现水稻种植机械化的国家，主要有以美国、澳大利亚、意大利为代表的机械直播，以日本、韩国为代表的采用机械移栽（以机插秧为主）。水稻机械种植主要有三种方式：机直播、机插秧、有序机抛。其中，有序抛栽极具中国特色，是在人工抛秧技术基础上的机械化作业模式。

（一）机直播技术

从水稻直播机拥有量和水稻机播面积位居全国前列的 8 个省（区）情况分析，有稻麦两熟区的江苏、安徽、上海、湖北及浙江省；有西北稻区的宁夏；有双季稻区的湖南、江西。可见在这三大稻区都有水稻机直播的着力点和发展空间。

（1）机直播的技术锚点。直播稻具有省工、早熟（生育期比移栽缩短 3 ~ 8 d）、成本较低的明显优势，但同时也面临五大难题：一是生态条件与种植制度的制约。直播稻没有育秧阶段，要求稻谷品种生育期、种植制度与当地温光资源相适应，直播稻的全生育期均为大田生育期，不利于发展多熟种植。二是成苗率低、田间成苗疏密不均，影响产量潜力发挥。三是解决杂草防治难度大，播后鸟害导致缺苗断垄，幼苗期福寿螺危害严重。四是后期易倒伏和早衰。直播稻由于根系入泥很浅，后期容易出现早衰和倒伏。

（2）水稻精量穴直播技术。罗锡文院士团队首创同步开沟起垄水稻精量穴直播技术（图5-1）：①有序精量穴播。行距可选20 cm、25 cm，株距可选10～22 cm六级可调，播量每穴2～6粒可调，伤种率低于1%。②通过开沟起垄技术，提高了成苗率，增加了根系入土深度，为根系发达和深扎创造了良好条件，优化了直播稻的群体结构。③改善了肥水管理技术和施用方法，从而提高了稻谷产量和抗倒伏能力。水稻精量穴直播机的进一步改进，已研发出无人驾驶水稻精量直播机，在湘北环湖平丘区推广应用，产生了很好的效果。

图5-1　水稻精量直播机的田间作业状态

（3）无人机直播技术。无人机直播是机直播的另一发展方向（图5-2），无人机直播具有作业效率高、直播效果好等优点，克服了机械直播的田间掉头转向困境，减少田间漏播、重播，旱直播、水直播、湿润直播均可采用无人机实施。

图5-2　无人机直播现场

（二）有序机抛技术

在人工抛秧技术的背景下，湖南农业大学与中联重科联合研发水稻有序抛栽技术，并于2020年开始推广应用。水稻有序机抛栽培的四大优势：①前期生长启动快、穗数足、产量高。②特别有利于双季稻和季节紧张的茬品搭配。③适用范围广：抛秧密度可调，行距21～32 cm无级调节，株距8档

（11 cm、13 cm、15 cm、16 cm、17 cm、18 cm、22 cm、25 cm）手动调节。适用于双季早晚稻、再生稻、一季稻 / 虾后稻。④有利于化肥和农药减施。成行分蘖，群体基部通透性好，温湿波动大，抗病能力强，可少打农药；通过提早灌水和早发控草，减少除草剂使用，返青立苗快，抛秧后 2 ~ 3 d 可灌水，以苗以水控草，减少除草次数；通过提高抛栽密度，减少化学 N 肥施用，早稻种植密度在 20 万 / 亩以下，亩施用 10 kg 纯氮有明量增产效果，当密度达到 2.2 万 / 亩时，则只需 8 kg 纯氮，可以减氮 20%（图 5-3）。

图 5-3　水稻有序抛秧机

（三）双季稻常规机插技术

1. 品种选择

根据当地生态条件，考虑双季早稻与晚稻品种生育期合理搭配，选择生育期适宜（确保能安全抽穗）、优质、高产、稳产、发芽率和分蘖力较强的适于机插的水稻品种。

2. 育秧

（1）育秧模式。根据生产状况选择适宜的机插育秧模式和规模，尽可能集中育秧，有条件的地区应采用工厂化育秧或大棚旱育秧；也可以采用稻田旱育秧或田间泥浆育秧；早稻需要保温育秧，晚稻育秧需要遮阳防雨（以防高温高湿秧苗徒长），提高成秧率，培育壮秧。

（2）苗床准备。选择排灌、运秧方便，便于管理的田块做秧田（或大棚苗床），按照秧田与大田（1∶120）~（1∶80）的比例备足秧田。选用适宜本地区及栽插季节的水稻育秧基质或床土育秧，育秧基质和旱育秧床土要求调酸、培肥和清毒，早稻育秧土要求 pH 值在 4.5 ~ 6.0，不超过 6.5；晚稻育秧床土的 pH 值可适当提高至 5.5 ~ 7.0，有条件地区提倡育秧基质育秧。

（3）适期播种。播种前做好晒种、脱芒、选种、药剂浸种和催芽等处理工作。根据水稻机插时间确定适期播种，早稻选择冷空气结束气温变暖时播种，秧龄 25 ~ 30 d。晚稻根据早稻收获期及种植方式确定播期，秧龄 15 ~ 20 d。提倡用浸种催芽机集中浸种催芽，根据机械设备和种子发芽要求设置好温度等各项指标，催芽做到"快、齐、匀、壮"。育秧尽可能采用机械化精量播种，可选用育秧播种流水线、轨道式精量播种机械或田间精密播种器播种。有条件地区提倡流水线播种，直接完成装土、洒水（包括消毒、施肥）、精密播种、覆盖表土。根据插秧机栽插行距选择相应规格秧盘，提倡使用钵形毯状秧盘，实现钵苗机插。秧盘播种洒水须达到秧盘的底土湿润，且表面无积水，盘底无滴水，播种覆土后能湿透床土。播前做好机械调试，确定适宜种子播种量、底土量和覆土量，秧盘底土厚度一般 2.2 ~ 2.5 cm，覆土厚度 0.3 ~ 0.6 cm，要求覆土均匀、不露籽。播种量根据品种类型、季节和秧盘规格确定。双季常规稻播种量标准，宽行（30 cm 行距）秧盘一般 100 ~ 120 g/ 盘，每亩 30 盘左右；杂交稻可根据品种生长特性适当减少播种量，窄行（25 cm 行距）秧盘按宽行（30 cm 行距）秧盘的面积作减量相应调整。播种要求准确、均匀、不重不漏。

（4）秧苗管理。早稻播种后即覆膜保温育秧，并保持秧板湿润；根据气温变化掌握揭膜通风时间和揭膜程度，适时（一般 2 叶 1 心开始）揭膜炼壮苗；膜内温度保持在 15℃ ~ 35℃之间，防止烂秧和烧苗。加强苗期病虫害防治，尤其是立枯病和恶苗病的防治。晚稻播种后，搭建拱棚覆盖遮阳网或无纺布遮阳、防暴雨和雀害。出苗后及时揭遮阳网或无纺布，秧苗见绿后根据机插秧龄和品种喷施生长调节剂控制生长，一般用 300 mg/L 多效唑溶液每亩配水 30 kg 均匀喷施。移栽前 3 ~ 4 d，天晴灌半沟水蹲苗，或放水炼苗。移栽前对秧苗喷施一次对口农药，做到带药栽插，以便有效控制大田活棵返青期的病虫害。提倡秧盘苗期施用颗粒杀虫剂，实现带药下田。

3. 机械插秧

适宜机插的秧苗应根系发达、苗高适宜、茎部粗壮、叶挺色绿、均匀整齐，秧根盘结不散。早稻叶龄 3.1 ~ 3.5 叶，苗高 12 ~ 18 cm，秧龄 25 ~ 30 d；晚稻叶龄 3.0 ~ 4.0 叶，苗高 12 ~ 20 cm，秧龄 15 ~ 20 d。

（1）秧苗准备。根据机插时间和进度安排起秧时间，要求随运随栽。秧盘起秧时，先拉断穿过盘底渗水孔的少量根系，连盘带秧一并提起，再平放，然后小心卷苗脱盘，提倡采用秧苗托盘及运秧架运秧。秧苗运至田头时应随即卸下平放，使秧苗自然舒展；做到随起随运随插，尽量减少秧块搬动次数，避免运送过程中挤压伤秧苗、秧块变形及折断秧苗。运到田间的待插秧苗，严防烈日照晒伤苗，应采取遮阴措施防止秧苗失水枯萎。

（2）机械准备。插秧前应先检查调试插秧机，调整插秧机的栽插株距、取秧量、深度，转动部件要加注润滑油，并进行 5 ~ 10 min 的空运转，要求插秧机各运行部件转动灵活，无碰撞卡滞现象，以确保插秧机能够正常工作。装秧苗前须将秧厢移动到导轨的一端，再装秧苗，避免漏插。秧块要紧贴秧厢，不拱起，两片秧块接头处要对齐，不留间隙，必要时秧块与秧厢间要洒水润滑秧厢面板，使秧块下滑顺畅。

（3）机插要求。根据水稻品种、栽插季节、秧盘选择适宜类型的插秧机，有条件的地区提倡采用高速插秧机作业，提高工效和栽插质量。机插要求插苗均匀，深浅一致，一般漏插率 ≤ 5%，伤秧率 ≤ 4%，漂秧率 ≤ 3%，插秧深度在 1 ~ 2 cm，以浅栽为宜，提高低节位分蘖。

根据水稻品种、栽插季节、插秧机选择适宜种植密度，提倡采用窄行（25 cm）插秧机，常规稻株距 12 ~ 16 cm，每穴 3 ~ 5 株，种植密度 1.7 万 ~ 2.2 万穴 / 亩；杂交稻株距 14 ~ 17 cm，每穴 2 ~ 3 株，种植密度 1.6 万 ~ 2.0 万穴 / 亩。

（四）杂交稻单本密植大苗机插栽培技术

双季杂交稻单本密植大苗机插栽培技术的核心是精准定位播种，旱式育秧，低氮、密植、大苗机插栽培，其技术要点如下：

（1）种子精选。在商品杂交稻种子精选的基础上，应用光电比色机对商品种子再次进行精选，以去除发霉变色的种子、稻米及杂物等，获得高活力种子。在生产上，杂交稻种子精选后的大田用量，一般早稻为 1300 g/ 亩左右，晚稻为 800 g/ 亩左右。

（2）种子包衣。应用商品水稻种衣剂，或者采用种子引发剂、杀菌剂、杀虫剂及成膜剂等自配的种衣剂，将精选后的高活力种子进行包衣处理，以防除种子病菌和苗期病虫危害，提高发芽种子的成苗率和成秧率。经包衣处理后的杂交稻种子，一般播种后 25 d 以内不需要再次进行病虫害防治。

（3）定位播种。应用杂交稻印刷播种机，每盘横向播种 16 行（25 cm 行距插秧机）或 20 行（30 cm 行距插秧机），纵向均播种 34 ~ 36 行包衣处理后的杂交稻种子（图 5-4）。早稻定位播种 2 粒，晚稻定位播种 1 ~ 2 粒。边播种边进行纸张卷捆，以便于运输。播种好的纸张可上流水线，即在播种流水线上自动完成装填基质、摆放纸张、覆盖基质、浇水等作业（图 5-5）。

图 5-4　杂交稻印刷播种

图 5-5　基于印刷播种的流水线作业

（4）旱式育秧。旱式育秧是指干谷播种、湿润出苗、干旱壮苗的育秧方法，可采用稻田泥浆育秧、简易场地育秧 2 种方法：

稻田泥浆育秧：选择交通便捷，排灌方便，土壤肥沃，没有杂草等的稻田作秧田。于播种前 3 ~ 4 d 将秧田整耕耙平后撒施 45% 复合肥 20 ~ 40 kg/ 亩。秧床开沟做厢，厢面宽 130 ~ 140 cm、沟宽 50 cm。从田块两头用细绳牵直，四盘竖摆，秧盘之间不留缝隙；把沟中泥浆剔除硬块、碎石、禾蔸、杂草等装盘(手工或泥浆机)，盘内泥浆厚度保持 1.5 ~ 2.0 cm，平铺印刷播种纸张，覆盖专用基质（0.5 ~ 1.0 cm）、喷水湿透基质（图 5-6）。对于早稻育秧，秧床需要用敌克松或恶霉灵兑水喷雾，预防土传病害。

图 5-6　基于泥浆机的稻田泥浆育秧

简易场地育秧：选择平整的稻田、旱地或水泥坪作为育秧场地，可采用软盘或硬盘装填商品基质育秧，也可采用岩棉＋编织袋布（或带孔薄膜）构建固定秧床进行分层无盘育秧。其中，分层无盘育秧技术环节如下：①构建水肥层。在秧床上铺放岩棉，浇水湿透，喷施水溶性肥料（45% 复合肥 40 kg/ 亩）（图 5-7），然后再铺放编织袋布（或带孔薄膜）（图 5-8）. ②构建根层。在编织袋布（或带孔薄膜）上铺放无纺布，然后再在无纺布上填放专用基质（1.5 ~ 2.0 cm）（图 5-9），平铺印刷播种纸张，覆盖基质（0.5 ~ 1.0 cm）（图 5-10），上述过程可采用"无纺布—基质—种纸—基质"铺设一体机一次性完成（图 5-11）；③湿润出苗。在播种的秧床平铺无纺布，浇水湿透种子及基质，保持基质透气、湿润，以利于种子出苗。

图 5-7 秧床上铺放岩棉、浇水、洒施水溶性肥料　　　　图 5-8 岩棉上铺放编织袋布

图 5-9 编织袋布上铺放无纺布带及覆盖基质

图 5-10 铺放印刷播种纸及覆盖基质

图 5-11 "无纺布—基质—种纸—基质"铺设一体机

（5）秧田管理。早稻用竹片搭拱，薄膜覆盖；晚稻用无纺布平铺覆盖，厢边用泥固定，以防风雨冲荡（图 5-12）。种子破胸后、出苗前厢面湿润（无水层）（图 5-13），出苗后干旱管理炼苗（图 5-14）。对于早稻，当膜内温度达到 35℃ 以上，揭开两端薄膜通风换气、炼苗；播种后连续遇到低温阴雨时，揭开两端薄膜通风换气，预防病害。对于晚稻，当秧苗 1 叶 1 心后，揭开无纺布（最迟可到秧苗 2 叶 1 心期），并用 15% 的多效唑粉剂 64 g/ 亩，兑清水 32 kg 细雾喷施，以促进分蘖发生和根系生长。

图 5-12 覆盖小拱薄膜或无纺布

图 5-13 湿润管理出苗

图 5-14 干旱管理炼苗

（6）机械插秧。于插秧前 2 d 平整稻田，当秧龄为出苗后 20 ～ 30 d（或秧苗 4–6 叶期）进行插秧，机插密度为：早稻 2.4 万穴 / 亩以上，晚稻 2.0 万 ～ 2.2 万穴 / 亩（图 5–15）。

图 5–15　起秧、运秧、插秧

三、双季稻机械化管理技术

（一）双季稻机械化施肥技术

根据目标产量及稻田土壤肥力，结合配方施肥要求，合理制定施肥量，培育高产群体。提倡增施有机肥，氮磷钾肥配合。一般氮肥用量为 8 ～ 10 kg/ 亩，磷钾肥按 N：P_2O_5：K_2O=1：0.4：0.7 的比例补偿施用。其中，氮肥分基肥（50%）、蘖肥（20%）、穗肥（30%）3 次平衡施用；磷肥全部做基肥施用；钾肥分基肥（50%）、穗肥（50%）2 次施用。肥料采用机械撒肥机或无人机等施肥机具施入。

推荐使用以下 2 种方法进行大田施肥：

一是"三定"（定目标产量、定群体指标、定技术规范）栽培法，其技术要点为：①根据前 3 年区域平均产量或基础地力产量（不施肥产量）确定目标产量，即在前 3 年区域平均产量的基础上增加 15% ～ 20% 的增产幅度作为目标产量，或按以下公式计算目标产量：目标产量 =1.031× 基础地力产量 +2.421；②根据目标产量设计肥料用量（表 5–1）。通过测苗确定具体追肥用量，即追肥前采用叶色卡测定心叶下 1 叶中部叶色值（图 5–16），随机测定 10 片叶，计算平均值，当叶色值大于 4.0 时，适当少施，当叶色值小于 3.5 时适当多施。

表 5–1　基于目标产量的双季稻推荐施肥量

施肥时间		肥料种类	不同目标产量下的施肥量 /（kg·亩$^{-1}$）		
			500/kg/ 亩	550/kg/ 亩	600/kg/ 亩
基肥	插秧前 1 ~ 2 d	尿素	9 ～ 11	10 ～ 12	11 ～ 13
		过磷酸钙	30 ～ 40	40 ～ 45	35 ～ 40
		氯化钾	4 ～ 5	5 ～ 6	6 ～ 7
蘖肥	插秧后 7 ~ 8 d	尿素	4 ～ 6	4 ～ 6	5 ～ 7
穗肥	穗分化始期	尿素	4 ～ 6	5 ～ 7	5 ～ 7
		氯化钾	4 ～ 5	5 ～ 6	6 ～ 7
	倒 2 叶期	尿素	0 ～ 2	0 ～ 2	0 ～ 2

图 5-16 水稻叶色值田间测定

二是同步侧深施肥技术,即在插秧机上安装侧深施肥机,在插秧的同时一次性将肥料定量、定位施入秧苗侧下方泥土中(图 5-17)。

图 5-17 水稻机插同步侧深施肥作业

(二)双季稻机械化灌溉技术

采用浅湿干灌溉模式。机插后活棵返青期一般保持 1 ~ 3 cm 浅水,秸秆还田田块在栽后 2 个叶龄期内应有 2 ~ 3 次露田,以利还田秸秆在腐解过程中产生的有害气体的释放;之后结合施分蘖肥建立 2 ~ 3 cm 浅水层。全田茎蘖数达到预期穗数 80% 左右时,采用稻田开沟机开沟,及时排水搁田;通过多次轻搁,使土壤沉实不陷脚,叶片挺起,叶色显黄。拔节后浅水层间歇灌溉,促进根系生长,控制基部节间长度和株高,使株形挺拔、抗倒,改善受光姿态。开花结实期采用浅湿灌溉,保持植株较多的活根数及绿叶数,植株活熟到老,提高结实率与粒重。

(三)双季稻机械化病虫草害防治技术

(1)病虫害防治。根据病虫测报,对症下药,控制病虫害发生(表 5-2)。提倡高效、低毒和精准施药,减少污染。可采用车载式、担架式及喷杆式植保机械装备和植保无人机。

表 5–2　双季稻病虫害防治措施

病虫名称	防治时期	防治方法	注意事项
稻瘟病	分蘖末期至破口期	20% 三环唑可湿性粉剂 100 g/ 亩 75% 三环唑可湿性粉剂 40 g/ 亩 40% 稻瘟灵乳油 100 mL/ 亩 25% 咪鲜胺乳油 100 mL/ 亩 40% 多菌灵胶悬剂 100 mL/ 亩 40% 稻瘟酰胺悬浮剂 100 mL/ 亩	兑足水量。发病初期用药，控制苗瘟和叶瘟，狠治穗颈瘟。
稻纹枯病	分蘖末期至抽穗始期	5% 井冈霉素水溶性粉剂 100 g/ 亩 10% 井冈霉素水剂 100 mL/ 亩 30% 苯甲·丙环唑乳油 20 mL/ 亩 10% 己唑醇乳油 40 mL/ 亩 25% 丙环唑乳油 30 mL/ 亩 12.5% 烯唑醇粉剂 50 g/ 亩	兑足水量。如遇雨水较多的高温高湿天气，则连续用药 2 次，间隔期 7 ~ 10 d。
稻曲病	孕穗后期至抽穗始期	30% 苯甲·丙环唑乳油 20 mL/ 亩 43% 戊唑醇乳油 20 mL/ 亩 10% 己唑醇乳油 40 mL/ 亩 23% 醚菌·氟环唑 60 mL/ 亩 25% 富力库乳油 20 mL/ 亩 20% 粉锈宁乳油 80 mL/ 亩	兑足水量。
稻螟虫（二化螟、三化螟）	分蘖末期至抽穗始期	20% 氯虫苯甲酰胺 10 mL/ 亩 20% 氟虫双酰胺 10 g/ 亩 2% 阿维菌素 150 mL/ 亩 5.7% 甲氨基阿维菌素苯甲酸盐 30 g/ 亩	兑足水量。防治指标：分蘖期枯鞘株率为 3.0%–5.0%，穗期枯鞘株率为 2.0%–3.0%。
稻纵卷叶螟	破口期至抽穗始期	20% 氯虫苯甲酰胺 10 mL/ 亩 20% 氟虫双酰胺 10 g/ 亩 40% 氯虫·噻虫嗪 10 g/ 亩 10% 氟虫酰胺·阿维菌素 30 mL/ 亩 20% 三唑磷乳油 150 mL/ 亩 5.7% 甲氨基阿维菌素苯甲酸盐 30 g/ 亩	兑足水量。防治指标：百丛虫量分蘖期为 50 ~ 60 头，穗期为 30 ~ 40 头。
稻飞虱	抽穗始期	25% 噻嗪酮可湿性粉剂 50 g/ 亩 10% 吡虫啉可湿性粉剂 20 g/ 亩 25% 吡蚜酮可湿性粉剂 20 g/ 亩 25% 噻虫嗪 5 g/ 亩 10% 烯定虫胺水剂 30 mL/ 亩 40% 氯虫·噻虫嗪 10 g/ 亩	兑足水量。防治指标：百丛虫量为 1000 ~ 1500 头。若稻飞虱暴发成灾，可选用速效性药剂敌敌畏或速灭威或异丙威乳 150 mL/ 亩等迅速扑灭。

（2）草害防治。在机插前 1 周内结合整地，施除草剂一次性封闭灭草，施药后保水 3 ~ 4 d。机插后 1 周内根据杂草种类结合施肥施除草剂，施药时水层 3 ~ 5 cm，保水 3 ~ 4 d。有条件的地区在机插

后 2 周采用机械中耕除草，除草时要求保持水层 3 ~ 5 cm。

四、双季稻机械化收获技术

收割前 5 ~ 7 d 断水，抢晴天机收，及时晾晒或烘干。收获时，要求稻谷的水分含量在 25% 以下。推荐选用带茎秆切碎装置的全喂入收割机或半喂入联合收割机，要求留茬高度在 15 cm 以下，便于翻耕和秸秆还田，提高土壤肥力，避免秸秆焚烧污染环境。全喂入水稻联合收割机总损失率 ≤ 3%，破碎率 ≤ 2%；半喂入水稻联合收割机总损失率 ≤ 2.5%，破碎率 ≤ 0.5%。稻谷收获后应及时用谷物烘干机烘干或晾晒至标准含水量（籼稻 13.5%，粳稻 14.5%），谷物烘干机根据生产规模配置。

第三节　双季稻病虫草害绿色防控技术

一、水稻主要虫害绿色防控策略

水稻主要虫害绿色防控采用自然繁殖、人工释放和饲养天敌为核心，以害虫 – 天敌 – 天敌食物平衡为基本原则，以物理防治和生物农药控制为辅助的病虫害立体生态防控策略。

（一）害虫 – 天敌 – 天敌食物平衡原则

水稻主要虫害绿色防控的核心是依靠自然繁殖、人工释放和饲养天敌控制。稻田天敌有许多种类，南方稻区的优势天敌主要有蜘蛛、黑肩绿盲蝽、步甲、隐翅虫等，本技术体系中主要人工释放与饲养的天敌有稻螟赤眼蜂等。要实现利用天敌有效控制田间害虫，在主要害虫发生高峰期田间必须有多的天敌数量，稻纵卷叶螟和稻飞虱为迁飞性害虫，时期和数量年份间差异很大，发生高峰明显，人工释放天敌虽然有很好的针对性，防治效果明显，但成本太高，必须通过田间的大量繁殖，田间天敌高密度，自然防控害虫，才能保证病虫害防治的节本与高效。

天敌田间繁殖主要因素包括适于繁殖的优势天敌类群、田间环境条件和足够的食物。田间自然天敌一般具有很强的环境适应生，人工饲养释放的天敌也应具有较强的田间繁殖能力，在此基出上，天敌食物的多寡直接影响到田间天敌的数量与质量。因此，确保田间害虫低发生时期的天敌食物供给是生物防治的重要基础。

天敌食物的来源主要有低量发生的害虫、其他种类植物（豆类、蔬菜等）害虫、中性昆虫（如蚊蝇等）、低产量损失害虫保护螟蛉、稻苞虫等），在田间食物不足的情况下，还可人工释放天敌饲料，包括人工繁殖的不危害水稻的虫卵，蚯蚓等。

（二）物理防治辅助原则

物理防治在一定程度上能够降低田间的虫口密度，可在害虫期很大程度上减少天敌防治的压力。目前，有效的物理主要有灯光诱杀和性引诱剂诱杀两种方法。

研究表明，利用二化螟性引诱剂和诱虫灯，可使田间的害虫发生量减少 60% ~ 80%，是虫害生态防控不可缺少的辅助措施。但二化螟一般为本地虫源，通过多年（3 ~ 4 年）的物理和生态控制，可使二化螟的基数降低至防治指标以下，这时可不必借助性引诱剂的辅助防治。

（三）生育期与虫害发生相结合的原则

虫害的发生量及危害程度对产量的影响在不同生育期有很大不同。分蘖及幼穗分化初期是有效穗决定期，应以保苗数为主，叶片受损对产量影响甚微；幼穗分化至齐穗期是功能叶片容易受损的时期，应以保叶为主；而抽穗后，则必须保证茎叶养分及时输送至稻穗，是在前期压低基数的前提下的重点防治期。确保关键时期的防治效果，放宽其他时期的防治指标是按生育期与虫害发生相结合的原则的精髓。其要点包括分蘖至孕穗初期，应重点防治螟虫，其他所有虫害均放宽防治指标；孕穗至乳熟期，重点防治稻纵卷叶螟，确保功能叶不受伤害；齐穗后重点防治稻飞虱。

（四）南方水稻主要虫害的控制策略

南方水稻主要虫害包括三虫：二化螟、稻纵卷叶螟、稻飞虱。防治基本策略是在保护利用自然天敌和采用常规农业防治的基础上，安装诱虫灯在主要害虫发蛾高峰期进行诱捕，再针对不同虫害采取相应的主要措施：①二化螟：性引诱剂、赤眼蜂。②稻纵卷叶螟：赤眼蜂。③稻飞虱：稻田养蛙、保护蜘蛛。④稻螟蛉、稻苞虫和黏虫不防治，用以田间繁殖赤眼蜂（图5-18）。

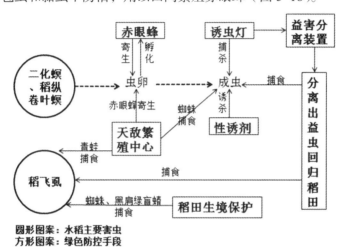

图 5-18　水稻主要害虫绿色防控示意图

二、水稻主要害虫绿色防控技术

（一）景观多样性配置

景观由基质（板块）、廊道和斑块三部分组成，景观中的基质和廊道数量越多，物种多样性和种群数量越大，越有利于系统的稳定。双季稻基质田种植过程为早稻，继而晚稻冬春秋稻田转为紫云英绿肥、油菜、翻耕休闲及板田休闲。条状带的地理实体或称廊道有菜地、灌溉渠道、林带及路和遍布稻田的田埂。还有短期可以出现各种小面积斑块，它们有绿肥留种田、中稻田、早稻秧田、晚稻秧田以及冬春散置田边的残稻草堆。

（1）绿色通道。绿色通道指遍及稻田内部的道路、田埂等除稻田外的网络区域，这些网络区域必须配置有小型树木（大区域中也包括大型树木）、田埂植物（包括杂草）等，是天敌栖息和迁移的重要场所。当稻田进行耕作和淹水时期，这些区域成为天敌避难和栖息的场所，是天敌的保护和繁殖不可缺少的地带。田埂边种植的大豆、玉米、小花木等都是良好的绿色通道作物，同时绿色通道不宜使用除草剂和"三光"除草，杂草过深可用割草机割短。

（2）水池与沟渠。水生天敌如蛙类、龙虱等在水稻晒田和收割期间，如果缺水将导致此类天敌的大量消亡。在田间缺水期，必须保持水油和为源内的水量，一般要求深度 50 cm 以上，距离以 50 m 内为宜。同时在水池与沟渠边种植搭架蔬菜如丝瓜、扁豆、苦瓜等作为阴棚，更有利于蛙类、蜘蛛等天敌的栖息，也可为天敌提供充足的食物。

（3）斑块作物。斑块作物是指在水稻生产区按一定比例种植的一些其他作物，如蔬菜、玉米、瓜类等。这些斑块作物与水稻共受危害的害虫种类较少，而可为稻田天敌提供良好的桥梁，在稻田害虫较少时为天敌提供食物和寄生卵，在收割期间提供避难场所。据黄志农等研究，早稻玉米相嵌田相距 100 m 以外的蜘蛛数量仍有大幅度的提高，比相距 200 m 的双季稻田百丛蛛量分别增加 18.9% ~ 31.7%。研究表明，稻田斑块作物适宜的比例为 1/30，以条状种植效率较高。

（4）冬季作物。冬季作物包括绿肥、油菜和蔬菜等是天敌越冬的重要场所，可为天敌在冬季提供食物和栖息场所，是春后稻田中的主要天敌源。

（二）稻田蜘蛛保护技术

蜘蛛是稻田的高效优势捕食性天敌，专门捕食害虫而不危害水稻，利用蜘蛛治虫无副作用，是一项成本低廉、效果显著的绿色和有机栽培的关键技术。

据湖南、湖北、江西、浙江、江苏、广东等省调查，稻田蜘蛛的种类一般有 80 ~ 90 种以上，蜘蛛的种群数量几乎占整个稻田捕食性天敌总数的 60% ~ 80%，且广泛分布于稻株之间。稻田蜘蛛主要分为结网和不结网两大类。一类是分布于稻株上、中部的结网型蜘蛛，能结网捕捉稻田各种有翅昆虫如蛾、蝶、蝇、蚊等害虫。结网型蜘蛛主要有肖蛸科中的锥腹肖蛸、圆尾肖蛸、华丽肖蛸；圆蛛科中的茶色新圆蛛、黄褐新圆蛛、黄金肥蛛、四点亮腹蛛等；皿蛛科中的草间小黑蛛、食虫沟瘤蛛、隆背微蛛等；球腹蛛科中的背纹球腹蛛、八斑球腹蛛等。这些结网型蜘蛛常大量结网于水稻茎、叶之间，有的早、晚守候在网的中央，有的则隐蔽在张网的某株稻茎或稻叶上，利用丝网捕捉害虫，水稻抽穗后每天早晨人们常常可以见到田间稻株上密布的丝网。另一类不结网蜘蛛，又称为游猎型蜘蛛，住无定所，到处游走，过着游猎生活，平时虽不结网，但不少种类的成蛛常纺丝作巢，产卵其内。游猎型蜘蛛主要有狼蛛、盗蛛、猫蛛、跳蛛、蟹蛛、平腹蛛、管巢蛛等 8 个科中的多种蜘蛛，如拟水狼蛛、类水狼蛛、拟环纹豹蛛、丁纹豹蛛、斜纹猫蛛、猫跳蛛、棕管巢蛛、千岛管巢蛛、梨形狡蛛、三突花蟹蛛等。这类蜘蛛体形较大，性情凶猛，有的常游猎于地面、水面或水稻茎基部的稻丛间捕食稻飞虱等害虫，也有的游猎于水稻的茎叶间或稻叶间捕食稻纵卷叶螟等害虫。因此，水稻的上、中、下三层都有各类蜘蛛活动，既入结网捕捉的蜘蛛类群，也有巡食游猎的蜘蛛类群，在稻田布下捕食害虫的"天罗地网"，形成了一个完整的生态防御系统。

蜘蛛为肉食性的天敌，专提虫子，不吃水稻，是稻虫的理想天敌。一般讲来，蜘蛛的利用有两个途径，一是保护和提高稻田蜘蛛的基数，充分发挥自然条件下蜘蛛捕食害虫的作用；二是大规模人工饲养释放不同类型的蜘蛛，有计划有目的，控制某种害虫的发生为害。但目前技术条件还不成熟，有目的有计划地以蛛治虫还有困难。而稻田蜘蛛的保护利用是当前完全可以做到的，具体措施包括越冬期间、春耕春插和双抢期间的保护。

（1）越冬期间的冬种和小草堆保护。越冬蜘蛛是来年蜘蛛繁殖的重要来源，特别是成群越冬的出方要加以保护。种植绿肥油菜等冬季作物是最好的保护方法。久闲田则应采取堆放小草堆助其安全过冬的方法，晚稻收割后，每亩堆放 2 ~ 3 堆小草堆，让蜘蛛作为越冬安全住所。

（2）春季草把助迁。春插时，要做好蜘蛛的助迁转移工作，尤其是蜘蛛密度大的田块，如草籽田。

翻耕后，灌水前，可将草把散放在田间，按每亩 10 个草把放置于田内，再灌水 1～2 d，然后翻耕，由于蜘蛛不能长期在水中生活，遇水即爬上草把，待蜘蛛爬上草把后，即可移入已插稻田，蜘蛛即能在该稻田繁殖。也可以拍击草把，将蜘蛛抖落于已插稻田，草把仍可回收再用，这是提高早稻田间蜘蛛的一项重要措施。

（3）双抢期间的助迁转移。双抢期间是早稻田间发展起来的蜘蛛遭受毁灭性杀伤的关键时期，必须人工采取措施进行助迁转移，这又是晚稻田蜘蛛能否很快回升发展的关键。为此，在完成早稻收割放水后，翻耕前，要散放草把收集蜘蛛，迅速转移。方法是在早稻收割后，放水翻耕前，沿田埂每隔 5 m 挖一小坑，内放稻草，再用土覆盖上面然后放水翻耕及抛栽晚稻，同时可采取草把助迁方法和在田埂种植大豆等作物，作为蜘蛛在翻耕灌水时的躲避场所。田埂、渠道、路旁种植黄豆、绿豆可为稻由早稻田过渡到晚稻田创造栖息繁衍的生态环境、从而增加晚稻田的天敌数量，这是一项保护天敌的行之有效的措施。

（三）赤眼蜂的饲养与释放技术

用赤眼蜂寄生产卵的特性防治水稻二化螟、稻纵卷叶螟、稻螟蛉、稻苞虫和黏虫等害虫，对环境无任何污染，对人畜安全，可保持生态平衡，是绿色有机栽培实用性很强的核心技术。

（1）赤眼蜂的生物学特性。赤眼蜂，顾名思义是红眼睛的蜂，不论单眼复眼都是红色的，属于膜翅目赤眼蜂属的一种寄生性昆虫。赤眼蜂的成虫体长 0.3～1.0 mm，黄色或黄褐色，大多数雌蜂和雄蜂的交配活动是在寄主体内完成的。它靠触角上的嗅觉器官寻找寄主。先用触角点触寄主，徘徊片刻爬到其上，用腹部末端的产卵器向寄主体内探钻，把卵产在其中。幼虫在蛾类的卵中寄生，因此可用生物防治。易于实验室繁育的微小赤眼蜂已成功地用来防治各种鳞翅目农业害虫。赤眼蜂喜欢找初产下来的新鲜卵寄生。害虫在产卵时会释放一种信息素，赤眼蜂能通过这些信息素很快找到害虫的卵，它们在害虫卵的表面爬行，并不停地敲击卵壳，快速准确地找出最新鲜的害虫卵，然后在那里产卵、繁殖。赤眼蜂由卵到幼虫，由幼虫变成蛹，由蛹羽化成赤眼蜂，甚至连交配怀孕都是在卵壳里完成的。一旦成熟，它们就破壳而出，然后再通过破坏害虫的卵繁衍后代。赤眼蜂的活动和扩散能力受风的影响较大，因此在放蜂时既要布点均匀，又要在上风头适当增加放蜂点的放蜂量。成虫寿命 20℃～25℃时 4～7 d，30℃以上时 1～2 d。雌蜂平均产卵 40 粒左右，在害虫卵内产卵，幼虫孵化后取食卵液，杀死寄主卵，7～12 d 繁殖一代。雌蜂产卵 25℃～28℃，相对湿度 60%～90%，20℃ 以下以爬行为主，活动范围变小，水平扩散半径减小，25℃以上时，赤眼蜂水平扩散半径可达 10 m。放蜂 1～4 d 降水对寄生效果有不良影响。

（2）赤眼蜂品种的选择。赤眼蜂在自然界的种类很多，常见的有玉米螟赤眼蜂、松毛虫赤眼蜂、螟黄赤眼蜂、拟澳洲赤眼蜂、广赤眼蜂、稻螟赤眼蜂等 20 多种。稻螟赤眼蜂对稻田主要鳞翅目害虫均具有较好寄生能力，包括二化螟、稻纵卷叶螟、稻螟蛉、稻苞虫和黏虫，以及小菜蛾等害虫卵，同时因其飞行距离短而针对性优于松毛虫赤眼蜂等类群。我们通过对本地收集与外地引进稻螟赤眼蜂的比较研究，筛选出适合长江中下游双季稻稻区应用的 2 个稻螟赤眼蜂品种——台湾螟赤眼蜂和长沙稻螟赤眼蜂。

（3）放蜂前的准备。放蜂前首先要与当地植保站联系，调查分析稻田害虫羽化日期、产卵期、卵的发育历期以及产卵习性，作出预测预报，以利合理安排放蜂适期。放蜂前应调查害虫发生密度和自然寄生率，作为决定放蜂量和放蜂效果检查的依据。进行繁蜂质量抽查，在各批放蜂前抽样取出卵粒（每张蜂卡取数粒放在室内，待其羽化出壳，必要时加温催化），考察单粒羽化期、羽化率、雌雄比以及成蜂生活力，供分析放蜂效果参考。放入大田的蜂卡在成蜂羽化后，抽查实际羽化出壳率，以核实放出的实际蜂数。

（4）释放时期与释放量。放蜂次数和放蜂量应根据害虫、水稻、赤眼蜂的种类不同而异。应视害虫发生的密度、自然寄生率的高低、蜂体生活力的强弱和放蜂期间的气候变化等具体情况进行分析而定。原则上，保持在害虫的整个产卵期田间都有足够的赤眼蜂对付害虫卵，对防治发生代次比较重叠、产卵较多、虫口密度较高的害虫，放蜂次数应较多较密，每次放蜂量也应较大些；田间自然繁殖数量不足时应加大放蜂量。

1）低量繁殖释放法。早期低量释放法主要是在防治目的害虫之前，释放少量的赤眼蜂并补充寄主，让其在自然界依靠其他害虫卵或人工补充的寄主卵来繁殖，从而逐步扩大赤眼蜂种群数量，以达到在目的害虫出现之时田间有足够数量的赤眼蜂。这种释放方法需要的条件是在放蜂时田间有一定数量的害虫卵可供赤眼蜂寄生与繁殖。一是多年生态防控，田间昆虫类别多、赤眼蜂寄主卵丰富的稻田；二是稻田间种植一定数量的其他作物斑块田，有其他作物的害虫卵可供赤眼蜂的繁殖与寄生，如豆荚螟、小菜蛾等；三是稻田的次要食叶害虫如稻螟蛉、稻苞虫等害虫卵是良好的繁殖赤眼蜂的中间寄主；四是在田间害虫卵不足的情况下，可人工释放易于人工繁殖的米蛾或麦蛾卵。早期低量释放法特别适应长期生态防控稻田、次要害虫发生偏重的稻田和害虫发生不整齐、世代重叠的稻田。最佳释放时期一般以水稻分蘖期鳞翅目害虫包括二化螟、稻纵卷叶螟、稻螟蛉、稻苞虫和黏虫总蛾量达到每亩 100 ~ 200 只或者每亩可寄生的害虫卵总量达到 10000 ~ 20000 粒时。赤眼蜂品种为长沙稻螟赤眼蜂，放蜂量每亩 5000 ~ 10000 粒。

2）动态控害释放法。动态控害释放法是针对二化螟和稻纵卷叶螟等害虫的发生动态进行目标害虫控制，根据目标害虫主害代常年发生期和害虫发育进度，初步预测目标害虫的发蛾期，发蛾初期观察灯下害虫发蛾和田间发蛾量情况。释放最佳时期为害虫发蛾始盛期，释放量为"蛾量 ×30– 田间寄生卵量 ×70%"。一般亩蛾量 150 ~ 200 只时，每亩放蜂 10000 只，如放蜂后 4 ~ 7 d 田间蛾量超过 300 ~ 400 只 / 亩且田间自然蜂量不足时需补放一次。赤眼蜂品种为台湾稻螟赤眼蜂，早稻 1 次或不释放，中晚稻 1 ~ 2 次。田间寄生卵量达到蛾量 30 倍以上时可不释放。

3）后期保效释放法。为确保功能叶片不受卷叶螟和稻螟蛉等叶片虫害危害以及二化螟等蛀穗害虫对稻穗的危害，在孕穗末期至始穗期，须放一次保后蜂以确保后期水稻不受损害。此地具久种害虫的频发期，二化螟、卷叶螟和稻螟蛉等害虫几乎每年季都有不同程度的发生，而在此后 10 ~ 15 d 后此类害虫已难以危害水稻。因此，此期为赤眼蜂释放的关键时期，无论虫量大小都有释放的必要，且均有显著的防治效果。此期的赤眼蜂释放量应根据害虫数量和田间赤眼蜂存量综合确定，一般每亩 10000 ~ 15000 只。赤眼蜂品种为长沙和台湾稻螟混合赤眼蜂，除早稻虫量很低不需防治外，一般需按期释放。

（5）释放方法。在水稻田间主要采用卵卡释放法，把将要羽化蜂的卵卡，分别放入放蜂器内。稻田放蜂器一般选用能防雨、防风、防日晒的一次性塑料杯或防水性较好的硬纸杯，把卵卡用透明胶纸贴于杯内，让蜂在放蜂器内（卵卡杯内）自行羽化。成蜂由放蜂器的开口处自由飞出，寻找寄主卵寄生。在叶片宽大的作物上，可利用叶片本身作为放蜂器，如玉米田在放蜂点上可选择一个离地半米左右的玉米叶片，叶中部沿中脉基部撕开一条口子，把蜂卡放在叶片下边，经基部卷成一个小卷，用细绳扎起来，做成放蜂器。用卵卡放蜂简便，释放均匀，但易受蜘蛛等天敌侵袭，影响放蜂效果。把卵卡杯用粗线或细绳吊在 1.8 ~ 2 m 的竹竿上，放蜂杯离稻株 30 ~ 50 cm，应随水稻的生长逐步升高。

（6）放蜂点。放蜂点的多少取决于赤眼蜂的扩散能力和卵卡数量的多小赤眼蜂在田间的寄生活动是由点到面以圆形向外扩散的，有效业径 10 ~ 15 m，并以 8 ~ 10 m 的寄生率为最高。赤眼蜂的扩散范围与风向、风速、气温有关。顺风面赤眼蜂的活动范围会更为些。根据赤眼蜂的活动能力，稻田大面积放蜂一般每亩放 9 ~ 10 个点，每个点插一根挂有卵卡杯的长竹竿。释放时，应根据地形不同，要均匀，以梅花形分布较好，也可采用四方形。一般竹经间距 8 ~ 9 m，田边距离 3 ~ 4 m，如果周边为化学防治区，因害虫对化学农药有一定的趋避性，附近的生态防治稻田一般密度较高，放蜂区四周的丘块须增加 1 倍的放蜂点。

（7）放蜂时间。放蜂应选择在阴天或晴天，雨天不宜放蜂。赤眼蜂有喜光和多在上午羽化，白天活动，晚上静止的习性。所以，应在 8 时左右散放赤眼蜂。因一般赤眼蜂释放后 1 ~ 3 d 方羽化，也可于下午释放。但不宜在高温时期的中午释放，这时赤眼蜂刚从冷藏条件出来，易受高温伤害。

（8）田间赤眼蜂量的估测。赤眼蜂寄生 4 ~ 5 d 后，害虫卵粒呈黑色且有光泽，一般每亩调查 5 个点 20 ~ 30 株，计算单株寄生卵数量，以此估算田间赤眼蜂数量，并根据当时的气候条件估算赤眼蜂的羽化率，如果每亩赤眼蜂寄生卵总量达到 15000 粒以上，特别是稻螟蛉寄生卵量达到 8000 粒以上时，一般可以节约一次放蜂。

（9）赤眼蜂的田间繁殖。田间自然繁殖的赤眼蜂活力强，并可大幅度降低成本，是一项经济有效的重要技术。一是田间四周种植其他种类植物（玉米、蔬菜豆类等），赤眼蜂可将这些植物的害虫卵作为中间寄主进行繁殖。二是保护对产量影响不大的害虫（稻螟蛉、稻苞虫等），在生长前期这些食叶害虫的危害对产量不会有明显的影响，利用这些害虫的卵繁殖一代赤眼蜂可大幅度减少放蜂量和确保控制效果。三是人工投放天敌饲料，在田间没有赤眼蜂其他食物且害虫发生高峰不明显时，需在释放赤眼蜂的同时放等量的米蛾（麦蛾）或其他鳞翅目害虫卵，达到田间繁殖一代赤眼蜂的目的。

（四）害虫灯光诱杀技术

灯光诱杀技术是利用害虫的趋光、趋波和趋色等生物学特性，利用对害虫成虫具有极强诱杀作用的光源、波长及频振高压电网来诱集触杀主要稻虫，它是一种应用现代物理技术来防控害虫的有效措施。

1. 主要产品简介

诱虫灯有很多种类型，主要有常规黑光灯、频振式杀虫灯和扇吸式诱虫灯等类型，能源利用有常规电源和太阳能两种类型。现主要介绍频振式杀虫灯和扇吸式诱虫灯两个产品。

（1）频振式杀虫灯。根据不同昆虫对不同波长光源的趋性，采用不同的生产工艺，配置能产生不同波长光线的荧光粉，生产波长为 320 ~ 400 mm 的光源，配高压电网，对害虫诱杀能力明显优于传统的黑光灯等杀虫灯。

农业部推荐的主要代表性产品为佳多频振式杀虫灯，有 PS–15T、PS–15 Ⅱ、PS–15 Ⅲ、PS–15 Ⅳ 等多种型号。该类杀虫灯对害虫诱杀效果好、诱杀害虫种类多，可诱杀鳞规目、鞘翅目、直翅目、半翅目、同翅目、膜翅目、双翅目，广翅目、毛翅目、革翅目、蜚嫌目等 11 个目的 180 余种害虫，比其他灯具多诱杀 5 ~ 12 种害虫。棉花、水稻、蔬菜、玉米、小麦、果树等主要农作物的重要害虫如棉铃虫、稻螟虫、稻飞虱、稻纵卷叶螟、黏虫、甜菜夜蛾、斜纹夜蛾、玉米螟、草地螟、金龟子、地老虎等均能被诱杀。

频振式杀虫灯诱杀各类害虫的数量一般是黑光灯的 2 ~ 5 倍,诱杀棉铃虫的数量是黑光灯的 3.3 倍,诱杀大地老虎数量是黑光灯的 2.9 倍,诱杀小地老虎是黑光灯的 3.0 倍。水稻上应用杀虫灯诱杀稻飞虱量占总诱杀虫量的 50% ~ 80%,诱杀稻纵卷叶螟量占总诱杀虫量的 10% ~ 40%。

频振式杀虫灯诱杀具有一定的选择性,根据不同昆虫对不同波长光源的趋性,首次采用不同的生产工艺,研制出能产生不同波长光线的荧光粉,生产波长为 320 ~ 400 nm 的光源。佳多频振式杀虫灯外壳颜色采用了能驱避开天敌的波长,触杀网采用的特殊结构设计,均能够减少对天敌的诱杀。频振式杀虫灯诱杀的益害比为（1:14.9）~ 1:463),黑光灯为（1:1.2）~（1:71.4),佳多频振式杀虫灯益害比远低于黑光灯,能有效保护害虫天敌。

（2）益害虫分离型扇吸式诱虫灯。扇吸式诱虫灯是一种新型的稻田诱虫装置,该诱虫灯具有诱虫量大、不伤害昆虫、安装方便和不需要每天清理等特点,更适合稻田应用。同时该诱虫灯安装有益害昆虫分离及益虫生存的装置,可有效消灭害虫和保护益虫。益害虫分离式高效诱虫灯的技术原理是利用害虫植食、益虫肉食的原理,混合收集趋光昆虫,营造通风湿润的良好环境,使天敌舒适足食而生存,使害虫因饥饿、产卵和成为益虫食物而死亡。

益害虫分离式高效诱虫灯的主要设置包括：①喜湿天敌保护区：在分离箱底部放置泥浆或保水材料。可防止步甲、龙虱和隐翅虫等天敌因缺水而受到伤害。②小型天敌保护区：在分离箱中部设有小型天敌避难区,防止大型天敌取食。并放置新鲜植株或秸秆供飞虱等害虫产卵作为绿盲蝽等小型天敌食物。③害虫产卵网纱：鳞翅目害虫产卵于网纱上,可用毛刷刷下供赤眼蜂繁殖。④天敌歇息区：在诱虫量较大和遇大雨时,小型天敌保护区防部可作为天敌的歇息区。

益害虫分离式高效诱虫灯诱虫效果一般可达到普通灯的 2 ~ 3 倍,还能利用害虫天敌取食害虫而达到消灭害虫、保护益虫的目的,大大提高了益虫的存活率;此外,鳞翅目昆虫产下的卵为赤眼蜂繁殖提供了寄主,在很大程度上降低了室内繁蜂的成本,显著地增加了田间的害虫天敌数量,从而有效地控制了田间的害虫数量,减少甚至脱离化学药剂的使用,是一种适应生态农业发展的新型诱虫设备。该类诱虫灯的安装方法同常规诱虫灯,一般每 40 ~ 50 亩安装一盏。

2、诱虫灯的安装

根据稻田地理状况,一般每 40 ~ 50 亩安装 1 盏诱虫灯,灯距 100 ~ 150 m,安装程序如下：①将箱内吊环固定在顶帽的圆孔内旋紧（太阳能灯除外)。②将附带的边条用螺丝固定在接虫盘四周、接虫袋固定在接虫口上（最好采用专用接虫袋)。③将灯吊挂在牢固的物体上并固定,接虫口对地距离以 1 ~ 1.5 m 为宜;农作物超过 1.5 m 时,灯的高度可略高于农作物或诱杀特定昆虫时安装至特定高度。④按照灯的指定电压接通电源后闭合电源开关,指示灯亮,经过 30 s 左右整灯进入工作状态。⑤开灯和关灯时间因地而异。⑥使用、检查人员请注意做到线好、灯亮、有高压,接虫袋子标准挂,看线、试灯、验高压,网线干净,无短路。

3. 诱虫灯的使用方法

（1）开灯时间。生态栽培要求诱虫灯在杀灭害虫的同时,切实保护好有益虫和中性昆虫,开灯时间必须遵循这一原则。因此只有在田间主要害虫发蛾高峰期才有必要开启诱虫灯,而在田间虫量没有达到指标时则不宜开灯,以保证田间各种天敌有足够食物,才能确保田间天敌的高密度。

（2）频振式杀虫灯的使用方法。①灯下禁止堆放柴草等易燃物品。②接通电源后切勿触摸高压电网。③每天都要清理一次接虫袋和高压电网的污垢,清理时一定要切断电源,顺网横向清理。如污垢太厚,需更换新电网或将电网拆下，用清网剂清除污垢，然后重新绕好，绕制时一定注意两根高压电网不要短路。④雷雨天气不要开灯。⑤出现故障后务必切断电源进行维修。

（3）扇吸式诱虫灯的使用方法。①及时调整诱虫灯风扇的方向。诱虫灯风扇的方向最好与自然风风向相同，不宜逆风安装，不同季节注意及时调整方向。当扇吸式诱虫灯的风向处于逆风状态时，会抵消风扇的吸力，浪费电能且吸虫效率降低。②保持收虫瓶内良好的环境。随时注意收虫瓶内环境条件，保持瓶内通风、足够的湿度和适宜的温度，防止暴晒和缺水，以增强益虫的活力和生存能力。

（4）益害昆虫分离与益虫、害虫卵的回收方法。①益害昆虫分离与益虫的回收方法。益害昆虫分离的原理是依据害虫植食和益虫肉食的原理，在环境适合的情况下，益虫因食物充足而可长时间生存，害虫因缺食在2～3 d即死亡。取瓶的时间要依据瓶内吸虫量和外界温湿度条件而定。一般当瓶内虫量达到收虫瓶的1/3时就应取瓶，如虫量太多会影响天敌的生存环境导致部分天敌死亡。当外界温度在30℃以下的情况下，天敌和害虫的生命力都比较强，取瓶的间隔时间可在7～10 d，而当温度高于35℃时，天敌和害虫的生命力都会明显降低，需2～3 d回收一次。一般情况下，每3～4 d要将收虫瓶取下，换上备用的收虫瓶，换下的收虫瓶封口后放置于水稻田间，3～4 d后待害虫产卵或基本死亡后，及时将天敌放回大田。②害虫卵的回收和赤眼蜂的瓶内繁殖。多数昆虫一般在夜间产卵，在收集的昆虫量较多时，应于每天（或隔天）收卵一次，方法是将收虫瓶横置于比其稍大的磁盘上，用毛刷将筛网上的虫卵轻轻刷下，刷完后再将瓶内昆虫及残体利用瓶内筛网再筛1～2次即可将昆虫卵收集用于赤眼蜂繁殖。昆虫卵的收集也可采用逐日回收的方法，即每天早晨将收集到的所有昆虫集中倒入体积较大的产卵箱内，再移入培养室集中产卵和收集，收集方法同上。这种方法更有利于昆虫卵的利用。当瓶内昆虫量较少时，则可利用收虫瓶直接繁殖赤眼蜂，方法是将收虫瓶置于有足够赤眼蜂的田间即可，如田间赤眼蜂不足，可在诱虫灯旁1～3 m范围挂赤眼蜂卵卡1～2张，提供蜂源。利用收虫瓶直接繁蜂如超过10 d应清扫一次，以利瓶内通风和新收昆虫的产卵。

三、水稻主要病害绿色防控技术

因地制宜选用抗稻瘟病、稻曲病、纹枯病的水稻品种，加强健身栽培和生态调控，使用农业防治、物理防治、生物防治手段，综合防控水稻病害。

（一）水稻病害绿色防控策略

选择优良品种。不同水稻品种的抗病害能力有所差异，抗病害能力较强的品种在一定范围内不会受到病害侵蚀，因此可以从根本上降低病害发生率。在老病区要尽可能降低染病品种种植数量。

调整品种布局，实施保健栽培。施肥时以有机肥为主，并配合氮肥、磷肥、钾肥。在水分管理方面，采用浅水分蘖、有水抽穗、干湿壮籽的科学管水手段，够苗排水晒田，以减轻纹枯病的影响。

及时处理稻桩、稻草，避免病害侵染。移栽工作开始前，要清除病稻、枯稻，将水面漂浮废渣进行集中处理，减少菌源数量。

生物农药防治。绿色防治需要保证无公害化，而生物农药不会对稻田造成负面影响或污染。在生物农药喷洒阶段，必须要避开高温干旱时期，相比化学农药来说，喷洒时期要提前两三天。

（二）主要病害绿色防控技术

（1）水稻稻瘟病。包括稻叶瘟和穗颈瘟。稻瘟病的防治原则：首先要从种植抗病品种入手。要根据近两年水稻品种抗病性监测结果，为科学有效控制稻瘟病提供基础技术保障。结合当地监测圃内品种抗性表现及生产田发病情况，合理种植抗病品种，从根本上降低稻瘟病暴发风险。同时，根据不同品种发生稻瘟病风险等级，结合栽培状况与天气条件，有针对性地开展分类精准防控指导。其次是抓早防、抓预防，即早防叶瘟，预防穗瘟。防治叶瘟应在田间病指达到 2 级时及时施药；穗颈瘟必须采取提前预防，发病后再打药不能减轻病情。预防穗颈瘟必须在水稻破口期打第 1 遍药；品种发病风险高、气候适宜病害流行时，要在齐穗期打第 2 遍药，如天气条件仍适宜发病，还要考虑再防 1 次。防治药剂应尽量选择防效好、具有增产和兼防纹枯病、稻曲病效果的药剂，做到"一喷多防"和"防病增产"，并优先选择生物药剂，如枯草芽孢杆菌、井冈·蜡芽菌、多抗霉素、春雷霉素、春雷·寡糖、申嗪霉素、四霉素等。

（2）水稻纹枯病。稻田耙地平整灌水后，水稻移栽前，在田边下风处使用适宜工具捞除菌核，带出田外集中处理，减少纹枯病菌源。在水稻分蘖末期至孕穗期，病丛率达到 20% 时，可结合防治稻瘟病进行兼防。药剂可选用井冈·蜡芽菌、多抗霉素、申嗪霉素、井冈霉素 A 等生物药剂。

（3）水稻稻曲病。稻曲病有效防控的两个关键：一是必须准确把握住水稻破口前 7 d ~ 10 d（10% 水稻剑叶叶枕与倒 2 叶叶枕齐平时）这一关键时期，及时施药预防，如遇多雨天气，7 d 后配合防治稻瘟病和纹枯病，进行第 2 次施药。二是选用适宜药剂。如井冈霉素 A、井冈·蜡芽菌、申嗪霉素等生物药剂。

四、水田杂草科学防控技术策略

水田杂草重点防控稗草、千金子等禾本科杂草，水苋菜属、鸭舌草、野慈姑、雨久花等阔叶杂草。根据水稻种植方式、杂草种类与分布特点，开展分类指导。

（一）防控目标

杂草防治处置率达到 90% 以上，防治效果 90% 以上，杂草危害损失控制在 5% 以下。

（二）防控策略

执行"预防为主综合防治"的植保方针，以作物增产增收和除草剂减量控害为目标，按照"综合防控、治早治小、减量增效"的原则，突出恶性杂草、重点区域，坚持分类指导、分区施策，采取以农业措施为基础，化学措施为重要手段，辅以物理、生态等防治措施的综合治理策略，实现水田杂草绿色可持续防治的目标。

（三）基本原则

（1）坚持综合防控。充分发挥轮作休耕、深耕除草、覆盖除草、调控水层等农业、物理及生态措施的作用，降低杂草发生基数，减轻化学除草压力。

（2）坚持治早治小。出苗期和幼苗期是农田杂草最为敏感脆弱的阶段，也是杂草与作物竞争刚刚开始的阶段。根据作物栽培模式、土壤墒情以及除草剂特性，优先进行土壤封闭处理，在杂草幼苗期趁小实施茎叶喷雾处理，提高杂草防治效果。

（3）坚持减量增效。大力推广除草剂减量使用技术，选用高效安全除草剂品种和增效助剂，轮换使用不同作用机理除草剂产品，坚持对靶选药、适时适量施药，严防违规用药，避免乱用药。

（四）化学控草技术

稻田杂草因地域、种植方式的不同，采用的化除策略和除草剂品种有一定差异。

（1）机插秧田。杂草防控采用"一封一杀"策略。早稻插秧时气温较低，缓苗较慢，选择在插秧后的 7 ~ 10 d，秧苗返青活棵后选用丙草胺、苯噻酰草胺、五氟磺草胺、苄嘧磺隆、吡嘧磺隆等药剂及其复配制剂进行土壤封闭处理，后期根据田间杂草发生情况进行茎叶喷雾处理，选用氰氟草酯、噁唑酰草胺、双草醚、氯氟吡啶酯、二氯喹啉酸等药剂及其复配制剂防治稗草、千金子等禾本科杂草，选用 2 甲 4 氯钠、吡嘧磺隆、灭草松等药剂及其复配制剂防治鸭舌草、耳叶水苋、异型莎草等阔叶杂草及莎草。中晚稻在插秧前 1 ~ 2 d 或插秧后 5 ~ 7 d 选用丙草胺、苄嘧磺隆、吡嘧磺隆、嗪吡嘧磺隆、苯噻酰草胺等药剂及其复配制剂进行土壤封闭处理；插秧后 15 ~ 20 d，选用五氟磺草胺、氰氟草酯、二氯喹啉酸、噁唑酰草胺等药剂及其复配制剂防治稗草、千金子等禾本科杂草，选用吡嘧磺隆、2 甲 4 氯钠、氯氟吡啶酯、灭草松等药剂及其复配制剂防治鸭舌草、耳叶水苋、异型莎草等阔叶杂草及莎草。

（2）水直播稻田。在长江流域及华南水直播稻田，杂草防控采用"一封一杀"策略。在气候条件适宜的情况下，播后 1 ~ 3 d，选用丙草胺、苄嘧磺隆等药剂及其复配制剂进行土壤封闭处理；如果在播种后天气条件不适宜，可将土壤封闭处理的时间推后，选用五氟磺草胺、丙草胺等药剂及其复配制剂采取封杀结合的方式进行处理。在第一次用药后，早稻间隔 18 ~ 20 d，中晚稻间隔 12 ~ 15 d，选用氰氟草酯、噁唑酰草胺、五氟磺草胺、氯氟吡啶酯、双草醚等药剂及其复配制剂防治稗草、千金子等禾本科杂草，选用苄嘧磺隆、吡嘧磺隆、2 甲 4 氯钠、灭草松等药剂及其复配制剂防治鸭舌草、丁香蓼、异型莎草等阔叶杂草及莎草。

（3）人工移栽及抛秧稻田。杂草防控采用"一次封（杀）"策略。在秧苗返青后，杂草出苗前，选用丙草胺、苯噻酰草胺、苄嘧磺隆、吡嘧磺隆、嗪吡嘧磺隆等药剂及其复配制剂进行土壤封闭处理；或者在杂草 2 ~ 3 叶期，根据杂草发生情况，茎叶喷雾处理药剂选择同机插秧田。

（五）抑芽—控长—杀苗生物控草技术

1. "抑芽、控长、杀苗"的有机控草肥抑草技术原理

（1）筛选出高效的化感植物和稗草致病菌。利用入侵杂草化感克生的生态学原理，通过植物组织浸提液对稻田主要杂草种子萌发及幼苗生长影响的生测实验，从 173 种入侵植物中筛选出对稗草、千金子、鸭舌草等杂草生长具有广谱抑制能力的化感植物材料：龙葵、小飞蓬和艾蒿，并分离提取出三种除草活性较高的化感物质：异戊酸、柠檬酸、葵酸。化感物质异戊酸、柠檬酸、葵酸活性单体分别对稗草种子萌发的抑制率为 94.6%、93.1% 和 92.2%。野外采集稗草发病样本，并分离纯化出致病菌新月弯孢菌和枯草芽孢杆菌 L5，可高效侵染 3 叶期前杂草并致病死亡，对稗草幼苗的致病率达 85%。

（2）建立了有机控草肥制备工艺和大田应用技术。以化感植物为材料，富含黑褐色腐殖质等有机辅料为载体，合理复配致病菌，采用"发酵机 + 场地"联合制作工艺，即利用发酵机 85℃处理 2h，再降温至 65℃处理 16 h，然后转入场地，堆肥发酵到 15 d 后的物料呈褐灰色纤维状松散物，含水量为 40% 左右，略有酸香气味，符合农业部 NY525—2012 标准。通过均匀分布设计田间小区，明确了最佳施用量 100 kg/ 亩、施用时间移栽后 3 ~ 5 d 及保水 7 ~ 10 d 等应用技术参数，建立了有机控草肥的使用技术规程。水稻移栽田大面积推广应用控草效果，对莎草和阔叶草防效可达 90%，对稗草防效可达 85%，对千金子防效可达 95%，具有控草活性强、杀草谱广、作用时间长、绿色安全等优点。

（3）明确了"抑芽、控长、杀苗"有机控草肥多元抑草机制。有机控草肥在移栽稻田施用后，杂草种子萌发受到有机酸类化感物质的抑制，种子萌发抑制率达 60%；一般在施用 2 ~ 3 d 后，有机物和微生物的共同作用形成一层黑褐色腐泥层，形成一道生物遮光膜，即使部分杂草种子萌发，由于缺乏生长必需的光照条件而受到抑制，杂草幼苗抑制率达 50%；突破腐泥层的杂草幼苗，受到致病菌新月

弯孢菌和枯草芽孢杆菌 L5 侵染致病死亡，致死率达 50%；三大功能协同防治效果达 90%，实现"抑芽、控长、杀苗"多元控草效果。

2. 移栽稻田生物控草有机肥施用技术规程

为规范移栽稻田（人工移栽、软盘抛栽、机插）生物控草有机肥施用时间、施用量、田间管理等技术要求，制定本规程。本规程适用于湖南移栽稻田杂草的生物防控。

（1）控草原则。遵循"预防为主,综合治理"植保方针,以及"公共植保,绿色植保,科学植保"理念。根据移栽稻田杂草发生特点,以生物控草有机肥为主要载体,充分发挥生物控草功能,促进水稻有机生产。

（2）主要杂草种类。湖南省移栽稻田的杂草发生种类主要有禾本科类、莎草科类和阔叶类杂草,包括 48 科, 147 种,其中危害严重的杂草种类为稗、千金子、鸭舌草、异型莎草、陌上菜、荆三棱、空心莲子草和水蓼。

（3）生物控草有机肥质量要求。生物控草有机肥（登记号：湘农肥（2015）准字 1832 号）的质量指标符合生物有机肥国家行业标准 NY 884—2012（企业标准）。

（4）生物控草有机肥施用技术。前期准备：耕层深翻, 稻田整平, 施足基肥。施用时间：水稻移栽后 5 ~ 6 d 禾苗返青后, 晴天施用。 施用量：早稻 180 ~ 200 kg/ 亩,一季稻和晚稻每亩施用 100 ~ 120 kg。施用方法：均匀撒施,并保持水层 3 ~ 5 cm（以不淹没心叶为准）, 只进不出, 维持水层 10 ~ 15 d。

（5）肥水管理和病虫害防治。根据水稻长势情况, 合理使用追肥, 根据病虫害发生情况, 进行防治病虫。

（6）生产档案。建立档案记录, 档案应专人负责, 并保存 2 年以上, 记录应清晰、完整、详细。

第四节　双季稻避灾减损生态调控技术

水稻的生长发育受到温度、水分和光照等多重气候因素影响,虽然通过田间耕作管理措施能够改善水稻生长的小气候环境,但仍无力控制大范围不利天气气候的影响。气象灾害一直是水稻安全生产最突出的威胁因素之一,是决定水稻大面积丰产或欠收的决定性因素。

近年来,长江中下游南部双季稻区稻作农业出现两个新特点：一是稻作生产进入规模化、产业化经营的新时代,伴随土地流转政策的落地,土地集约化利用程度极大提高,各地水稻生产任务主要由种植大户、专业合作社、农业企业等新型农业主体承担；二是以增暖为特征的全球气候变化加剧,天气气候要素波动幅度加大,气象灾害发生频率和强度上升趋势明显。双季稻气象灾害呈现出新的特点：灾害发生的周期缩短频率增大；大灾次数增加,小灾次数减少；受灾面积和强度加大。双季稻周年受灾,经济损失越来越严重。因此,开展双季稻低温冷害、高温热害和干旱等主要气象灾害防控势在必行。

一、耐性高产良种筛选

筛选抗逆性强的高产品种是有效防控水稻气象灾害的重要途径。通过关键致灾气象因子（高温、低温和水分）与品种间的双因子裂区试验,分析温度、水分胁迫条件下,不同品种的产量和产量构成性状与对照的灾损率，综合评价筛选获得耐高温、耐低温和耐旱性强的高产良种。

二、灾害监测预报预警

水稻气象灾害预警主要通过判识各种水稻的主要气象灾害指标，结合未来天气预报和气候预测，根据未来气象的发生时间、范围和强度进行预报、预测结果、发布预警及可行的防御措施。

灾害预报预警信息主要由致灾因子阈值、临灾前后特定时段环境因子监测值与预测值和灾害预警模型共同合成。灾害预报预警流程：首先获取水稻种植区天气实况临近气象台站中短期天气气候预报，监测掌握水稻的生长发育进程，然后根据水稻所处的不同灾害敏感时期，运行不同的预报预测模型。最后根据水稻高温热害、低温冷害和干旱等预警指标，进行灾害预警信息合成，实现灾害提前预报，以便做好灾害防控应对（图 5-19）。

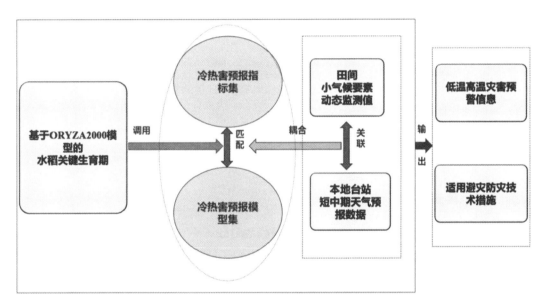

图 5-19　双季稻周年冷热害监测预警原理

对影响双季稻生长发育和最终产量形成的关键致灾因子（敏感期的温度和水分等气象要素），进行人工控制环境试验和大田分期播种试验，探索敏感期温度条件与水稻生长指标及产量构成指标间的规律，建立致灾敏感期灾害预测预警技术，进而通过灾前不同时域的预警信息为避灾抗灾物化措施提供选择依据。包括三个部分：

（1）高抗品种灾害指标阈值：在高抗良种筛选试验的基础上，进行人工气候控制试验，探明不同品种不同灾害的指标阈值；

（2）区域适用的主要灾害预警指标和模型集：进行人工控制试验，并综合已有研究成果，构建早稻分蘖期冷害、晚稻抽穗开花期冷害、早稻育秧期冷害、早稻抽穗开花期热害和灌浆乳熟期热害等预警指标集和模型集。

（3）双季稻周年灾害动态监测预防：集成基于"田间小气候动态监测数据 + 紧邻气象台站滚动天气预报"关联分析、灾害预警指标与模型集和各种单项防灾措施于一体的多维防灾技术（表 5-3）。

表 5–3 双季稻主要气象灾害预警技术要点和指标

灾害种类	致灾机理	预警指标	预警技术要点
双季晚稻寒露风灾害	晚稻抽穗扬花期经低温处理后，功能叶活性氧生成量增加，内部生理生化代谢发生紊乱，内源激素平衡被破坏，光合性能受到损害，穗结实率、千粒重、籽粒充实度和花粉活力降低，空壳率增加，产量下降。	综合人工气候控制试验和相关研究资料，选定日平均气温、日最低气温和日雨量等要素及其不同强度持续日数为预警指标；根据日雨量的大小分为干冷型、湿冷型两大类；以低位强度及其持续时间为主，考虑因灾减产幅度，分为轻度、中度、重度三个等级。	以日平均气温 ≤ 23℃（湿冷型）或 22℃（干冷型）的持续天数、日平均气温 ≤ 21℃（湿冷型）或 20℃（干冷型）的持续天数、日最低气温 ≤ 17℃的总天数、日雨量 ≥ 1.0mm 的总天数为基础，进行预警等级划分。
双季早稻五月低温冷害	早稻幼穗分化期低温胁迫导致了生育期延迟，叶片同化能力降低，叶绿素含量下降，穗长、穗重发育受到抑制，秕谷率增多，千粒重下降，产量大幅度降低。	根据人工气候控制试验和历史资料综合分析，确定日平均温度 ≤ 18℃持续 1 d 及以上或日平均温度 ≤ 21℃持续 2 d 及以上作为早稻孕穗期低温阈限指标。	分析孕穗期低温对早稻穗长、穗重、幼穗分化进程、千粒重等的影响，得出早稻低温农业气象灾害指标判别标准：穗长、穗重、结实率、千粒重、单株产量，构建不同低温处理下各指标隶属函数，将隶属度值分为三个等级。
双季早稻高温逼熟灾害	早稻乳熟期经高温处理后，膜脂过氧化加剧，细胞膜透性增强，而活性氧清除能力下降，内部生理生化代谢发生紊乱，内源激素平衡被破坏，叶绿素含量和灌浆速率下降，成熟期提前，结实率、千粒重、籽粒充实度和单株产量下降。	根据人工气候控制试验结果，日最高温度及其不同强度持续日数作为高温逼熟指标：日最高温度 ≥ 35℃持续 5 d 及以上或日最高温度 ≥ 36℃持续 4 d 及以上或日最高温度 ≥ 37℃持续 3 d 及以上。	采用主成分分析和聚类分析法，选择与早稻乳熟初期高温热害关系密切的四个因子（结实率、秕谷率、千粒重和单株产量）与相关的因子进行分析，得到预警等级指标。

三、临灾应急降灾保产

（1）高温热害防御：根据高温预警信息，于高温临近时段（不超过 24 h），通过向稻田灌水或喷水，可降温增湿，缓解高温危害。一是在轻、中度高温临近时，向稻田灌水，水层深 8 ~ 10 cm，灌夜排或于 11 时前灌水，到午后 14 ~ 15 时排水。灌水稻田冠层稻穗温可降低 1℃ ~ 2℃，相对湿度提高 10% 以上。二是重度高温预警时，在 11 ~ 14 时水稻闭颖后，每亩喷施清水 200 ~ 250 kg，可降低温度约 2℃，湿度增加 10% ~ 15%，且能维持约 2 h。

（2）低温冷害防御：通常于低温临近前 24 ~ 48 h，据监测预报的低温信息，采取灌水、喷施抗灾剂或"灌水 + 喷施抗灾剂"等保温降灾措施。一是灌水。低温来临前向田间灌水 8 ~ 10 cm，灌水后第二天上午排干，傍晚重灌，维持保温效果。田面和穗部温度能提高 1℃ ~ 2℃。二是喷施保温剂，在水稻茎叶上形成小块膜状物覆盖气孔，抑制蒸腾，减少热能消耗。三是喷施叶面肥等，减轻低温危害。

（3）干旱灾害防御：一是抗旱救苗。充分利用有效灌溉动力与水利设施，全力投入抗旱救苗、保苗。具体掌握"四先四后"，即先水稻后旱谷，先高田后低田，先远田后近田。在旱情较重不能全部救苗的情况下，先常规水稻后杂交水稻。因受水量限制，宜先进行湿润灌溉，遇降雨后再浅水灌溉。二是及时施肥。复水后抓紧追施氮肥和复合肥，数量因苗而定，一般每亩用纯氮 5 kg 左右。三是加强病虫防治。受旱水稻生育进程都有不同程度推迟，复水施肥后叶色加深，需加强对稻纵卷叶螟、稻飞虱、三代三化螟及稻瘟病等的防治。

第五节　双季稻水肥药高效利用技术

一、双季稻减肥替代技术

目前，水稻种植中肥料施用存在两个突出问题，一是化肥的过量施用及其较低的养分利用效率问题，二是由此造成的环境污染问题。如何提高化肥利用效率及减少农业面源污染，是我国粮食安全和生态环境等研究领域关注的重点问题。关于提高化肥利用效率主要经历了两个发展阶段：①施肥技术的进步阶段，形成测土推荐施肥、氮肥深施、灌溉施肥、以水代氮、前氮后移、缓控施肥等成熟的施肥技术，推动了施肥技术的进步；②区域用量控制施肥理念及技术体系的发展阶段，由于我国农田分散、地块面积小等现实问题使得实现科学施肥的推广难度较大，因此在已有的施肥技术基础上形成了"区域用量控制与田块微调相结合推荐施肥"和"土壤养分分区管理和分区平衡施肥技术"的理念，用来指导区域上养分利用效率的提高。

目前，农田环境背景肥力高是即成事实，如水体氮、磷富集和大气氮沉降增加等，上述方法及理念在提高区域养分利用效率方面起到了较好的推动作用，而在环境高肥力背景下的肥料利用效率的提高技术比较缺乏。现实生产中化肥过量施用依然是普遍现象，化肥施用更进一步降低肥料利用效率，加剧农田施肥对环境污染。而减少稻田施肥对环境不良影响及提高肥料利用效率的有效途径之一是减少化肥投入量，而减少投入量的前提是保障粮食安全，不仅仅是减少过量的化肥施肥量，而是在满足水稻养分需求基础上，有效利用稻田有机废弃物中养分来替代化肥养分，以进一步减少化肥的施用量。

目前天然化学养分替代资源，如稻田秸秆、绿肥资源的利用，是替代化肥养分是减少化肥施用量的有效措施。由于劳动力短缺，稻草直接弃田成为普遍现象，另外，稻田休闲期长及休闲面积不断扩大，绿肥紫云英的种植潜力变大，两者都是比较清洁的有机肥资源，作为稻田养分的天然来源使得化肥养分的替代成为可能。

有机物含有 N、P、K 养分，因此在涉及具体的减量施肥方案中，不仅要考虑 N 肥的减量，还要考虑 P、K 肥的减量，充分利用稻田天然投入的有机资源替代 N、P、K 化肥，主要的技术方案如下：

（1）首先确定区域确定目标产量。调研示范或研究区域近 5 年来双季稻产量，以平均产量的 95% ~ 105% 作为减量施肥方法的目标产量。

（2）确定区域平均适宜施肥量。根据区域对施肥量、产量及其养分利用效率的相关研究结果，以研究中达到该目标产量的推荐施肥量的 90% ~ 100% 作为区域平均适宜施肥量。

（3）施用有机肥。利用农户自然还田方式（稻草自然弃田、休闲期紫云英春耕翻压还田）下的农田有机物资源作为有机肥来部分替代化肥养分，根据区域试验报道结果（统计区域稻草和紫云英的干物量）来确定有机肥资源量，计算得到稻草和紫云英 N、P、K 养分量对化肥养分的替代量，即得到化肥的减施量。有机物资源稻草中的养分按如下方式计算:N、P、K 养分量分别占稻草干物量的 0.8%、0.1%、1.7%，有机物资源紫云英中的养分按如下方式计算:N、P、K 养分量分别占紫云英干物量的 3.1%、0.31%、2.1%,因稻草和紫云英还田后 P、K 易于从有机物中释放而被作物利用，可全量替代化学养分（化肥中 P、K 的养分），而有机物中含有的 N 可用性差，按半量来替代化学养分量（化肥中 N 的养分），得到稻草和紫云英 N、P、K 养分量对化学养分的替代量，即得到化肥的减施量。

（4）化肥施用。步骤 2 中的区域平均适宜施肥量减去步骤 3 中的化学养分替代量即为化肥施用量，早稻氮肥按基肥、蘖肥施用，晚稻氮肥按基肥、蘖肥和穗肥施用；磷肥作为早稻基肥一次性施入，钾肥作为晚稻基肥一次性施入。基肥为底肥，即在水稻移植前施用的肥料，蘖肥为水稻分蘖初期施入农田的肥料，穗肥为水稻抽穗初期施入农田的肥料。

（5）减量施肥效益分析。通过以下4个效益指标分析减量化肥施用方法的可行性，建立区域基于目标产量的减量化肥施用效益评价方法：①分析减量化肥施用方法下产量（均产）是否达到目标产量，同时采用相对误差法评价该方法与区域平均适宜化肥施用量方法的产量差异。相对误差法的评价过程为：通过相对误差法计算公式：年际产量相对误差均值 =[（X11–X01）/ X01+（X12–X02）/ X02……+（X1n–X0n）/ X0n] × 100/n 计算 1 ~ n 年产量相对误差的均值，相对误差小于 5% 为达到目标产量。式中 X1 为减量化肥施用方法稻谷产量，X0 为区域平均适宜化肥施用量方法稻谷产量，下标 1,2……n 为试验年数。②计算稻谷产量年际变异系数，来评价减量化肥方法下稻谷产量的稳定性及安全性，计算公式为：变异系数(CV%)= 产量的标准差 ×100/ 产量均值。③以稻田不施肥试验作为对照计算肥料表观利用率，用以综合表征施入化肥养分被水稻累积吸收的百分比，表观利用率计算公式：肥料表观利用率 =（ 施肥区水稻吸 N、P、K 总量 – 无肥区水稻吸 N、P、K 总量）/ 所施肥料中 N、P、K 素总量 ×100%。④利用稻田表层土壤碳、氮积累量来表征减量化肥施用方法下的稻田 C、N 减排效果。土壤碳氮积累量计算公式为：A =conci × M_0 × 10–3 和公式 M_0=BD_0 × H_0 × 10^4，式中 M_0 是试验开始时基准统计厚度 H_0 内的土壤质量（t/hm²），A 是第 i 年 M_0 土壤质量内的碳、氮储量（t/hm²），conci 是第 i 年 M_0 土壤质量内的碳、氮含量（kg/t），BD_0 和 H_0 是试验开始时的土壤容重（t/m³）和表层土壤厚度，10^{-3} 和 10^4 是单位转化系数。

与现有技术相比，本发明具有以下优点：在实现目标产量的前提下减量施用化肥，采用农田有机废弃物作为减量化肥养分的天然替代品，而农田有机废弃物利用方式为农民自然处理方式，本发明中农田有机废弃物利用额外增加的劳动力极少，操作简便，易于推广。最后通过评价产量、产量稳定性、养分表观利用率、碳氮积累量等指标，综合评价减量施肥方法的可行性（图 5–20）。

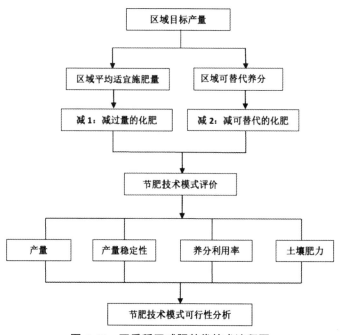

图 5–20　双季稻田减肥替代技术流程图

二、双季稻药肥调减技术

根据稻田土壤肥力状况和双季稻目标亩产 1150 kg 确定氮肥的用量，并根据土壤磷、钾含量确定磷、钾肥的用量，再减去有绿肥或者没有绿肥的田中已有氮磷钾的基数，从而确定肥料配方，然后合理施肥。

（1）有绿肥的双季稻稻田。操作规程及技术要点：①早稻：水稻犁田后，耙田前，撒施复合肥 50 kg/ 亩，再耙田。在水稻抛秧后 5 ~ 10 d（早稻 7 ~ 10 d，晚稻 5 ~ 7 d），追施除草杀虫药肥 10 kg/ 亩。晒田覆水追施复合肥 10kg/ 亩。②免喷施第一次除草剂和杀虫剂。③肥料总用量可在常规施肥的基础上减少 10% ~ 20%。

（2）无绿肥的双季稻田。操作规程及技术要点：①水稻犁田后，耙田前，撒施复合肥 55 kg/ 亩，再耙田。在水稻抛秧后 5 ~ 10 d（早稻 7 ~ 10 d，晚稻 5 ~ 7 d），追施除草杀虫药肥 12 kg/ 亩。晒田覆水追施复合肥 12 kg/ 亩。②免喷施第一次除草剂和杀虫剂。

与现有技术相比，该节肥技术模式具有以下优点：在实现目标产量的前提下减量施用化肥，施肥、除草、杀虫农事操作集于一体，操作简便，节省人工，易于推广。

三、双季稻节水农艺技术

依据长期水分定位试验和短期节水大田实验结果，构建了本节水管理技术。节水技术按季节分为早稻、晚稻和休闲期水分管理，又根据水稻不同生育期内不同的需水要求，分成 4 个时期进行常规水分管理，分别为返青期、分蘖期、幼穗发育期、抽穗开花期的控水管理，具体如下：

早稻不（少）灌水。本研究区域早稻期间多雨，天灌模式（雨养）能保障产量的 95% 以上，因此早稻期间不进行返青期、分蘖期、幼穗发育期、抽穗开花期的水分灌溉管理。翻耕后维持田面的浅水层管理（5 cm 水层左右），直到移栽前 2 d 施用基肥后封排水口与田埂齐平。在分蘖期中期，降低出水口高度（主要是排降雨），维持浅水层促进分蘖；分蘖末期排水口降到与田面（土面）齐，但该时段大多数年份降雨量大，晒田效果不理想。水稻幼穗发育期封住出水口，主要依靠降雨维持田间水分，该时期是水稻的生理需水期（生理需水临界期）。抽穗开花期是干旱敏感期，根据田间水分状况间隙灌水（大多数年份不需要灌溉）。早稻期间水分管理概括为前期浅水管理防溢流，中期排水管理促分蘖，后期根据水分状况适当补水。

晚稻不（少）排水。在每年的 7 ~ 9 月份南方大多数区域出现季节性干旱，降雨少而蒸发量大，主要关注的是灌溉水管理，根据生育期需水要求调控灌溉节奏，控制晚稻期间田间不排水。水稻分蘖期的晒田管理因该时段降雨少而易于实现，节水潜力主要在分蘖期和幼穗发育期的水层控制（浅水层维持，特别是晒田前 2 周的节水，到晒田期不需要排水）。幼穗发育期和抽穗开花期采取间歇灌溉，维持浅水层。

休闲末期田间集水。每年 3 月底到 4 月初，封住大田排水口，收集降雨在田面形成水层，减少春耕灌溉水量。

四、双季稻节水节肥技术集成

依据长期水分定位试验和短期节水大田实验结果，综合减肥替代技术，项目集成了双季稻田节水、节肥高效施用综合技术。

（1）早稻水分、养分管理模式。①水分管理技术：早稻期间不进行返青期、分蘖期、幼穗发育期、抽穗开花期的水分灌溉管理。该时期水分变化主要发生在春耕期的淹水翻耕，翻耕前紫云英和杂草打碎原位还田，翻耕后维持田面的浅水层管理（5 cm 水层左右），直到移栽前 2 d 施用基肥后封排水口与田埂齐平。因春季多雨，前期浅水管理主要是防止移栽后 20 d 内的降雨田面溢流，防止该时期施用的基肥和蘖肥的养分流失。在分蘖期中期，降低出水口高度（主要是排降雨），维持浅水层促进分蘖；分蘖末期排水口降到与田面（土面）齐。水稻幼穗发育期封住出水口，收集降雨维持田间水分。抽穗开花期根据田间水分状况间隙补水（大多数年份不需要灌溉）。早稻期间水分管理概括为前期浅水管理防溢流，中期期排水管理促分蘖，后期根据水分状况适当调水。②减肥替代技术：根据目标产量确定区域适宜施肥量，减少过量的化肥，根据区域稻田和绿肥的养分供给量减可替代的养分量（具体方式减肥及替代技术），与习惯施肥量相比，化肥总体减少 15% ~ 30%。早稻季低温影响产量，为减少及低温逆境，早稻不减肥或者降低减肥量（占减肥比重的 10% ~ 20%），减肥量比重主要放在晚稻上。早稻收割后，稻田内半量稻草切碎还田。

（2）晚稻水分、养分管理模式。①晚稻水分管理主要关注的是灌溉水管理，根据生育期需水要求调控灌溉节奏，控制晚稻期间田间不排水。晒田前 2 周浅水层维持节水，到晒田期不需要排水；幼穗发育期和抽穗开花期采取间歇灌溉，维持浅水层。②节肥管理技术：减肥比重主要放在晚稻，施肥分 3 个时期：基肥、蘖肥和穗肥，氮肥的比重分别为 40%，50% 和 10%，PK 肥作为基肥一次施用。在晚稻收割前 2 周左右，田间撒播绿肥紫云英种子，晚稻收割后半两秸秆切碎还田。

（3）休闲期稻田水分、养分管理模式。①在水稻收割后一个半月内，设置稻田排水口低于田面 0 ~ 5 cm，同时满足杂草、绿肥和水稻茎叶再生的水分条件；在水稻收割后一个半月后，设置稻田排水口低于田面 5 ~ 10 cm，保持排水通畅，有利于紫云英和杂草的生长。通过该水分管理方式主要目的通过休闲期田间植物的生物来吸收稻田残留养分，用于养分在稻田生态系统内的循环利用。②每年 3 月底到 4 月初，封住大田排水口，收集降雨在田面形成水层，减少春耕灌溉水量。③春耕：将杂草和紫云英打碎后水耕翻压入泥，把休闲期田间植被固定的养分原位归还到土壤。

第六节　稻谷生产经营信息化服务技术

稻谷生产经营信息化服务云平台整合水稻生产过程物联网监测、水稻生产过程遥感监测、稻谷生产经营面板数据采集、稻谷生产经营远程服务等方面的资源，建成集农业大数据资源采集、信息化服务、科技资源共享服务于一体的现代化工作平台。2018 年以来在湖南省内运行，定点对接湖南省 38 个基点县、1109 个新型农业经营主体（家庭农场、农民专业合作社）、48 家粮油加工企业，面上服务 208998 人次，常年为湖南省农业农村厅市场与信息化处提供数据支持，为稻谷生产经营者提供全方位的信息化服务，为水稻专家提供科研台账支撑，是面向智慧农业探索的科技资源共享服务平台。

一、稻谷生产经营信息化服务云平台技术框架

（一）平台业务架构

稻谷生产经营信息化服务云平台是在稻谷生产经营面板数据采集系统为主体，通过挂接水稻生产过程物联网监测、水稻生产过程遥感监测、远程诊断、在线交流、在线学习、质量溯源、科研台账等，

构建稻谷生产经营信息化服务云平台业务架构（图5-21）。

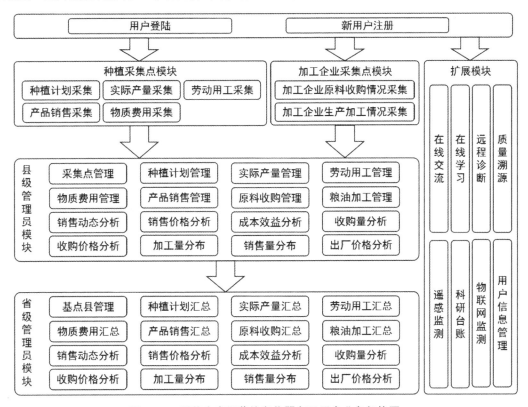

图5-21　稻谷生产经营信息化服务云平台业务架构图

稻谷生产经营信息化服务云平台的软件资源和数据库采用租赁云服务模式运营，委托长沙蒙客多信息技术有限公司提供云服务衔接，云服务提供：平台域名 www.cropro.net，云服务器2台，云数据库服务器1台，云服务提供商保障稻谷生产经营信息化服务云平台的数据采集、存储、处理、应用等方面的正常使用。

（二）平台入口与主界面

（1）平台入口。稻谷生产经营信息化服务云平台可以利用智能手机或PC机，通过互联网或移动互联网，在浏览器网址栏键入 http://www.cropro.net/，系统将自动弹出登录页面，正确输入用户名、密码和验证码，点击"确认登录"，即可使用稻谷生产经营信息化服务云平台（图5-22）。

图5-22　稻谷生产经营信息化服务云平台入口

（2）平台主界面。稻谷生产经营信息化服务云平台主界面包括在线交流、在线学习、远程诊断、质量溯源、物联网监测、遥感监测、科研台账、面板数据等功能模块，还包括用户信息和退出平台辅助模块（图 5-23）。"在线交流"链接"水稻规模化生产社会化服务虚拟社区"，实现在线交流与交易搓合；"在线学习"挂接水稻生产新技术、水稻生产新模式、"互联网+"现代农业、智慧农业引论、休闲农业与乡村旅游等在线学习资源，搭建在线学习与远程培训平台；远程诊断链接远程诊断与视频会议系统，提供稻谷生产经营的远程诊断服务和视频会议平台；质量溯源链接品牌稻米追溯系统，实现生产者追溯和消费者溯源功能；遥感监测挂接水稻生产过程遥感监测图件；物联网监测链接水稻生产过程物联网监测体系，实时采集和有效积累水稻生产过程的农业大数据资源；面板数据系内置的稻谷生产经营信息采集系统，实时采集和有效积累稻谷生产经营面板数据资源；科研台账系内置科研台账管理系统，采集超高产攻关田、核心试验区、核心示范区、辐射推广区的科研台账数据。

图 5-23　稻谷生产经营信息化服务云平台主界面

（三）平台用户设置

稻谷生产经营信息化服务云平台面向不同服务对象设置五类用户：

（1）社会公众用户。用户名 000000，密码 123456，面向社会公众，允许使用可公开的农业大数据资源，同时提供远程诊断与在线咨询、在线交流与交易搓合、在线学习与远程培训、农产品质量追溯等功能。

（2）监测点用户。包括稻田资源环境监测点和视频监测点，这类用户可以使用本监测点的全部农业大数据资源和相关硬件资源，同时可以使用"社会公众用户"的全部资源。针对这类用户设置了特异性用户名并可由用户自主更改密码。

（3）采集点用户。包括稻谷生产经营面板数据采集点用户和基点县管理员用户，采集点必须根据系统要求按时上报稻谷生产经营面板数据，基点县管理员管理本县范围内的采集点，用户可使用授权范围内的数据资源，同时可以使用"社会公众用户"的全部资源。这类用户设置了特异性用户名并可由用户自主更改密码。

（4）水稻专家用户。针对水稻生产领域的科学研究，允许组织台账录入，可以自主查询科研台账数据，同时可以使用"社会公众用户"的全部资源。这类用户设置了特异性用户名，并可由用户自主更改密码。

（5）平台管理员。平台管理员具有最高权限，可以使用平台的全部功能，可以自主增加新的用户并设置用户权限，可以对各类用户进行用户名和密码初始化处理。针对政府部门的特异性需求和科技创新的特异性需求，平台管理员可以现场演示不宜公开的农业大数据资源。

（四）平台服务模式

（1）平台服务内容。①农业大数据采集平台。水稻生产过程物联网监测、水稻生产过程遥感监测和稻谷生产经营面板数据都属于农业大数据资源采集，是稻谷全产业链大数据采集平台的核心，属于公益事业范畴，是湖南省数字农业建设的实际行动。农业大数据是支撑农业科技创新、政府宏观决策的重要资源。②为稻谷生产经营者提供信息服务。稻谷生产经营信息化服务云平台中的资源环境监测点、视频监测点、面板数据采集点本来就是稻谷生产经营者，他们可以直接利用平台中本监测点或采集点的全部数据资源，同时平台还为各类用户提供远程诊断与在线咨询、在线交流与交易搓合、在线学习与远程培训、农产品质量追溯等功能，实现了为稻谷生产经营者提供全方位的信息服务。③为政府决策提供数据支撑。第一，稻谷生产经营面板数据资源中，种植计划、实际产量、劳动用工、物资费用、收购价格、收购进度、粮油加工企业运行数据、农产品批发市场日报数据等，为政府决策提供了详实的数据支撑。第二，水稻生产过程遥感监测、水稻生产过程物联网监测等农业大数据资源的实时采集和有效积累，奠定了湖南水稻生产领域的农业大数据资源基础。④为水稻科技创新提供科研台账。第一，水稻生产过程物联网监测、水稻生产过程遥感监测、稻谷生产经营面板数据等农业大数据资源是水稻科技创新的重要资源。第二，"科研台账"模块提供台账录入、数据查询，针对水稻生产科技创新领域的超高产攻关田、核心试验区、核心示范区、辐射推广区，提供了生产日志、投入品数据、产出数据、效益分析等方面的台账记录，实现了对水稻生产领域的科研服务。

（2）资源持续整合与服务能力。稻谷生产经营信息化服务云平台的人力资源，除项目团队成员以外，还包括湖南省农业农村厅市场与信息化处、种植业处、农情调度中心和湖南省农业信息中心的公务员，以及各县级行政区农业农村局市场与信息化股的公务员，还包括一大批新型农业经营主体（家庭农场或农民专业合作社）的监测点或采集点的相关人员，这是一种基于利益联结机制而构建的多赢体系，农业行政部门承担基层监测点或采集点管理，同时依托平台获取农业信息资源；监测点或采集点管理员一般是新型农业经营主体的负责人，他们承担信息采集服务，同时享受平台所提供的各种信息资源和交流平台，实现多方共赢。此外，平台提供的"科研台账"模块，整合了湖南省内水稻专家，他们可以利用平台实现台账管理信息化，利用平台的农业大数据资源支撑科技创新，利用平台加速科技成果转化和推广应用，同时义务承担远程诊断、在线咨询、在线交流，并为平台提供多样化科技信息资源。

（3）运行与支撑保障能力。稻谷生产经营信息化服务云平台的常年、持续、稳定运行，具有以下运行与支撑保障能力：①承担单位湖南农业大学的持续支持。湖南农业大学作物学一级学科博士学位授权点和博士后科研流动站设置了作物信息科学二级学科博士点，具有培养作物信息技术与智慧农业工程专业的硕士／博士研究生的导师团队，湖南农业大学农学院开设了智慧农业专业，为平台运行提供了强劲的智力资源支撑。②参与单位湖南元想科技有限公司的市场化运作为稻谷生产经营信息化服务云平台持续提供大量的拓展资源和农业大数据采集点，包括物联网资源环境监测点和视频监测点，推进湖南省内农业信息化资源的统筹。③项目团队成员的科研资源能够为稻谷生产经营信息化服务云平台的进一步建设提供强力支撑。稻谷生产经营信息化服务云平台的前期建设完全依托项目团队成员的科研经费和智力资源，项目团队成员的在线项目和"十四五"期间的科研项目，可以继续为稻谷生产经营信息化服务云平台的建设、维护、运行监管提供经费支持和智力支持。④政府部门的持续支持。湖南省农业农村厅市场与信息化处、种植业处和农情调度中心十分关注稻谷生产经营信息化服务云平台的运行情况，湖南省农业信息中心高度重视稻谷生产经营信息化服务云平台的农业大数据实时采集与有效积累，湖南省14市州和大部分县级行政区农业农村局的市场与信息化部门是稻谷生产经营信息化服务云平台的基点县用户，他们在本县范围内遴选家庭农场或农民专业合作社作为监测点或采集点，使平台能够常年持续稳定运行。

（4）平台服务方式。①面向社会公众用户的服务，主要体现在农业科技资源的推广普及，全面提升农业信息化的总体水平。②面向监测点用户、采集点用户的服务，体现在监测点履行管理监测点软硬件资源、采集点实时上报面板数据的前提下，享受平台提供的科技资源服务，他们是平台资源提供者，同时也是平台资源享受者。③面向水稻专家用户的服务，主要体现在为水稻专家提供科研台账记录平台和农业大数据资源，为农业科技创新提供大数据资源支撑，服务方式可以提交原始数据，也可以提供专题分析报告。④面向政府部门的服务，具体表现在为政府决策提供数据支撑，服务方式可以呈现原始数据，也可以提交专题报告。

二、稻谷生产经营信息化服务云平台功能模块

（一）水稻生产过程物联网监测

进入稻谷生产经营信息化服务云平台主界面，执行"物联网监测"命令，即可进入水稻生产过程物联网监测功能模块（图 5-24）。

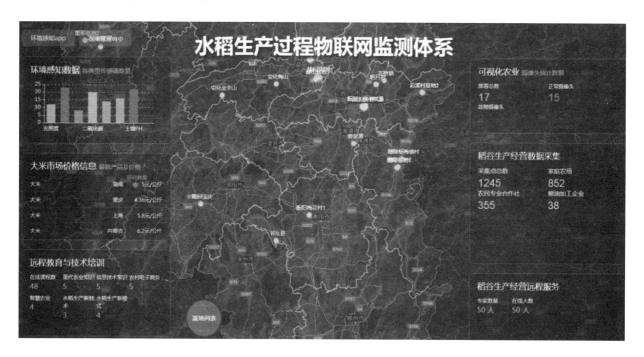

图 5-24　水稻生产过程物联网监测页面

水稻生产过程物联网监测体系为用户提供基点列表，供用户选择需要查看数据的监测点，用户选择需要查看的监测点后，可查看该监测点的环境感知数据、视频监测数据，同时实时提供全国各地的大米市场价格。水稻生产过程物联网监测依托布设在各监测点的稻田多源信息智能感知传感器集成终端，实时采集 5 cm、15 cm、35 cm 土层深度的土壤温湿度、土壤酸碱度、土壤电导率，以及稻田冠层空气温湿度、光照强度、光合有效辐射、降水量等指标，能够实现常年采集农业大数据资源。

水稻生产过程物联网监测体系的视频监测采用 360° 旋转网络球机，采用现场视频呈现数据，历史数据可采用云端调用或拷贝。水稻生产过程物联网监测体系的环境感知数据呈现，前台采用 K 线图方式呈现指定时段的数据，可使用 PC 机或智能手机直接查看（图 5-25）。

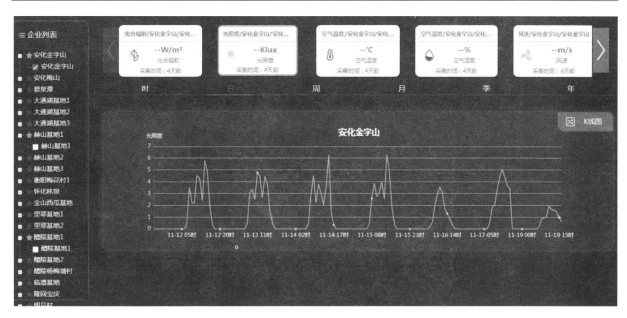

图 5-25 PC 机呈现的光照度 K 线图

（二）水稻生产过程遥感监测

进入稻谷生产经营信息化服务云平台主界面，执行"遥感监测"命令，即可进入水稻生产过程遥感监测功能模块（图 5-26）。遥感监测按早稻遥感监测、晚稻遥感监测、中稻遥感监测、再生稻遥感监测等呈现项目组的遥感监测研究成果，具体包括各种作物的长势遥感监测和产量遥感估测等方面的遥感图像。

图 5-26 水稻生产过程遥感监测页面

2017—2019 年，项目组通过大量地面试验构建遥感估测模型，利用无人机遥感图像和卫星遥感影像，形成了一系列的研究成果，精度可达 90% 以上。

（三）稻谷生产经营面板数据

稻谷生产经营信息化服务云平台内置稻谷生产经营信息采集系统（图 5–27），实时采集稻谷生产经营面板数据。系统湖南省内定点对接湖南省 38 个基点县、1109 个新型农业经营主体、48 家粮油加工企业，实时采集种植计划、实际产量、劳动用工、物资费用、销售进度、销售价格以及稻米加工企业运营数据，并对面板数据进行自动分析，常年为湖南省农业农村厅市场与信息化处提供数据支持。

稻谷生产经营信息采集系统(热烈欢迎管理员高志强使用本系统)

历史数据: 2020年 ▼ 基点县管理 种植计划 实际产量 劳动用工 物资费用 产品销售 粮油加工 数据分析 信息管理 进入云平台 退出系统

基点县列表

基点县管理 ▼

基点县名称	基点县编码	管理员姓名	性别	出生年月	文化程度	固定电话	移动电话	初始化密码	删除
长沙	430121	刘忠华	男	1964/11/8	大学本科		13637428534	初始化	删除
宁乡	430124	孙新平	男	1977/6/10	大学专科		13517310240	初始化	删除
浏阳	430181	刘博文	男	1970/1/1	大学本科		430181060100169T	初始化	删除
攸县	430223	430223	男	1988/10/14	研究生		18374000601	初始化	删除
醴陵	430281	蔡华军	男	1977/7/28	大学专科		13787196587	初始化	删除
湘潭	430321	唐丁力	男	1970/1/1	大学本科		430321	初始化	删除
衡阳	430421	唐倩	女	1970/1/1	大学本科		18773496915	初始化	删除
衡南	430422	肖丹	女	1975/4/9	大学专科		15273411138	初始化	删除
常宁	430482	管理员	女	1974/6/7	大学专科		13973429617	初始化	删除

图 5–27　稻谷生产经营面板数据页面

（四）稻谷生产经营远程服务

（1）远程服务与在线交流。稻谷生产经营信息化服务云平台链接"稻谷生产经营远程诊断系统"，提供远程诊断服务和视频会议，实现了农业专家与农业生产经营者的高效对接，同时为农业生产经营者的交流互动提供了现代化平台（图 5–28）。

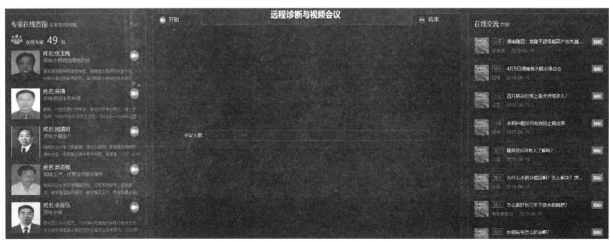

图 5–28　远程诊断与视频会议页面

（2）在线学习与远程培训。稻谷生产经营信息化服务云平台大量的在线学习资源，为新型职业农民、农村基层干部、农业企业管理人员、农业科技人员提供在线学习和远程培训平台，为广大农民和涉农人员终身学习创造了特殊条件，同时也为新品种、新技术、新模式、新材料、新工艺推广应用提供现代化平台（图5-29）。

图5-29　在线学习与远程培训页面

（3）农产品生产者追溯与消费者溯源。稻谷生产经营信息化服务云平台链接"品牌稻米追溯系统"，提供农产品质量追溯接口，实现了农业生产经营者的生产过程追溯和消费者的农产品质量溯源，为推进农产品身份证制度提供了特色平台（图5-30）。

图5-30　质量溯源页面

（五）科研台账管理系统

（1）科研台账录入。面向国家重点研发计划"粮食丰产增效科技创新"重大专项湖南省项目，"云平台"内置科研台账录入与检索系统，为超高产攻关田、核心试验区、核心示范区、辐射推广区提供科研台账服务。科研台账由生产经营者或水稻专家采用PC机或智能手机根据实际情况及时录入（图5-31）。

国家重点研发计划"粮食丰产增效科技创新"重点专项湖南省项目实施台账填报表

填报人：高志强

项目	值	项目	值	项目	值
试验田类型:	=请选择=	生态型:	=请选择=	生态区:	=请选择=
实施年份:	2020	联系人:		联系电话:	
实施地点:	(县名+经营主体)	实施面积(亩):	亩	主栽品种:	
播种时间:		大田用种量(千克/亩):	千克/亩	种植方式:	=请选择=
农药费用(元/亩):		病虫害损失率(%):		气象灾害损失率(%):	
收获时间:		单产(千克/亩):	千克/亩	稻谷销售价格(元/千克):	
季内降雨量(mm):		季内灌水量(mm):		季内日照时数(h):	
季内累计辐射能(MJ/m²):				季内大于10度积温(°C):	
养分投入(千克/亩)	0	N(千克):		P2O5(千克):	K2O(千克):
生产成本(元/亩)	0	劳动用工(天/亩):		日工资(元/天):	物资费用(元/亩):

提交　　返回

图 5-31　科研台账录入页面

（2）科研台账查询。科研台账录入系统只需填报原始数据，系统在原始数据的基础上，针对作物学科技创新需求，形成了一系列衍生数据，共同构成科研台账查询数据资源。进入科研台账的授权用户，可以方便地查看系统内的全部科研台账（表5-32），

国家重点研发计划"粮食丰产增效科技创新"重点专项湖南省项目实施台账汇总表

=请选择课题名称=　　==请选择实施年份==　　联系人:　　　　查询

删除　导出当前页面数据　导出全部数据

课题编码	填报日期	试验田类型	实施年份	联系人	联系电话	生态型	生态区	实施地点	实施面积(亩)	主栽品种	播种时间	用种量(公斤/亩)	种植方式
2017YFD0301503	2019/1/11	核心试验区	2017	凡红军	13574546148	晚稻	湘南	安仁县平背乡	500.00	H优518	2017/6/24	0.65	机插
2017YFD0301503	2019/1/11	核心试验区	2017	段清明	13874342195	早稻	湘北	赫山区欧江岔镇	100.00	株两优819	2017/3/22	1.45	机插
2017YFD0301503	2019/1/11	核心试验区	2017	段清明	13874342195	晚稻	湘北	赫山区欧江岔镇	100.00	桃优香占	2017/6/21	0.65	机插
2017YFD0301503	2019/1/11	核心试验区	2017	陈冬科	13367493401	早稻	湘中东	浏阳市永安镇	210.00	株两优189	2019/3/26	1.50	机插
2017YFD0301504	2019/1/15	核心试验区	2017	陈尧	13739059670	早稻	湘中东	长沙县	160.00	株两优819	2017/3/24	3.00	机插
2017YFD0301503	2019/1/11	核心试验区	2017	陈冬科	13367493401	晚稻	湘中东	浏阳市永安镇	300.00	泰优390	2017/6/23	0.60	机插
2017YFD0301504	2019/1/11	核心试验区	2017	陈立	13974961160	晚稻	湘中东	长沙县	160.00	H优518	2017/6/25	3.00	机插
2017YFD0301502	2019/1/15	核心试验区	2017	李正春	13135037407	早稻	湘中东	醴陵市+醴陵市李正春种植	680.00	中嘉早17	2017/3/18	2.50	机插
2017YFD0301502	2019/1/15	核心试验区	2017	李正春	13135037407	晚稻	湘中东	醴陵市+醴陵市李正春种植	680.00	H优518	2017/6/20	3.00	机插
2017YFD0301504	2019/1/16	核心试验区	2017	陈立	13974961160	早稻	湘中东	长沙县	160.00	株两优819	2017/3/23	4.00	机插

图 5-32　科研台账查询页面

三、稻谷生产经营信息化服务云平台操作指南

（一）社会公众用户

社会公众用户使用稻谷生产经营信息化服务云平台中允许公开的信息资源和服务。用户名 000000，密码 123456，面向社会公众，允许使用可公开的农业大数据资源，同时提供远程诊断、在线咨询、交易搓合、在线交流、在线学习、远程培训、农产品质量追溯功能（图 5-33）。

图 5-33　社会公众用户入口

社会公众用户是面向稻谷生产经营者和其他社会公众提供的开放性演示用户，对于稻谷生产经营者而言，使用平台的"远程诊断与视频会议"功能，可在田间或生产现场与相关专家联系，利用智能手机实时拍摄现场实景和田间状况，直观地呈现给远程专家，由远程诊断专家进行诊断、鉴定并告知解决办法和处理策略，有效地解决了农业生产现场问题与行业专家的地理分隔，也大大提高了农业生产问题解决的时效性和准确性。

稻谷生产经营信息化服务云平台提供"在线学习"功能模块，为新型职业农民和现代青年农场主培育提供特色平台。农民可使用智能手机或家用电脑，利用农闲季节或闲暇时间，在线观看平台所提供的视频教学资源，为全面提升农业劳动者的科学文化水平和生产经营素质提供了条件。例如，稻谷生产经营信息化服务云平台的在线学习模块下的水稻生产新技术，提供了当前水稻生产主推技术的微课视频教学资源，为稻农提供了学习资源，同时也为新技术推广应用提供了现代化工作平台。

稻谷生产经营信息化服务云平台的在线学习模块中，提供了智慧农业、"互联网+"现代农业、休闲农业与乡村旅游等在线学习资源，拓展了学习资源，同时为当前农业科技文化知识传播提供了特殊通道。2017 年以来，国家积极推进数字农业建设、精准农业实践、智慧农业探索，为了加速现代农业最新发展动态方面的知识传播，项目组制作了 30 个微课视频资源，建成了《智慧农业引论》网络课程资源体系（图 5-34）。

图 5-34　在线学习资源：智慧农业

（二）面板数据用户群

　　包括采集点用户和基点县管理员用户，采集点（家庭农场、农民专业合作社、粮油加工企业）必须根据系统要求实时上报稻谷生产经营面板数据，基点县管理员则管理本县范围内的采集点，用户可使用授权范围内的数据资源。这类用户设置了特异性用户名并可由用户自主更改密码，"进入云平台"可以使用"社会公众用户"的全部资源（图 5-35）。

图 5-35　面板数据用户群入口

　　面板数据用户群是依托湖南省农业农村村市场与信息化处的行政体系，在湖南省内遴选 38 个基点县、1109 个新型农业经营主体，实现对稻谷生产经营面板数据的常年采集，图 5-36 呈现的是基点县信息分析员的相关资料。基点县信息分析员可以自行更改用户名和密码，若忘记密码则由省级管理员处理。

基点县信息分析员负责本县采集点的管理，包括采集点遴选、资格审查、数据审核等工作。本县采集点可以自主修改用户名和密码，若忘记密码则由基点县信息分析员处理。

基点县管理▾

基点县名称	基点县编码	管理员姓名	性别	出生年月	文化程度	固定电话	移动电话	初始化密码	删除
长沙	430121	刘忠华	男	1964/11/8	大学本科		13637428534	初始化	删除
宁乡	430124	孙新平	男	1977/6/10	大学专科		13517310240	初始化	删除
浏阳	430181	刘博文	男	1970/1/1	大学本科		430181060100169T	初始化	删除
攸县	430223	430223	男	1988/10/14	研究生		18374000601	初始化	删除
醴陵	430281	蔡华军	男	1977/7/28	大学专科		13787196587	初始化	删除
湘潭	430321	唐丁力	男	1970/1/1	大学本科		430321	初始化	删除
衡阳	430421	李勤	男	1975/7/1	大学本科		15874774096	初始化	删除
衡南	430422	肖丹	女	1975/4/9	大学专科		15273411138	初始化	删除
常宁	430482	管理员	女	1974/6/7	大学专科		13973429617	初始化	删除
邵东	430521	王鹏辉	男	1970/1/1	大学专科		13677437229	初始化	删除
邵阳	430523	管理员	女	1970/1/1	大学本科		15873775986	初始化	删除
洞口	430525	430525	男	1970/1/1	大学本科		NULL	初始化	删除

图 5–36　面板数据用户群的基点县列表（部分）

稻谷生产经营信息采集系统从 2018 年开始常年采集基层生产单位（稻谷种植类家庭农场、农民专业合作社和稻米加工企业）的监测信息，包括水稻生产领域的种植计划、收获面积、实际产量、劳动用工、物质费用、销售进度、销售价格和稻米加工方面的运行情况监测信息。在此基础上，系统对基础数据进行了一定的综合分析，形成了一系列的数据综合分析表，包括销售动态分析表、销售价格分析表（图 5–37）、生产成本 / 效益分析表（图 5–38）、稻米加工企业收购价格分析表等。

种类	1月			2月			3月			4月			5月			6月			7月			8月			9月		
	05	15	25	05	15	25	05	15	25	05	15	25	05	15	25	05	15	25	05	15	25	05	15	25	05	15	25
早稻_普通	2.32	2.32	2.31	2.32	2.32	2.32	2.31	2.31	2.30	2.29	2.32	2.31	2.32	2.33	2.34	2.33	2.33	2.33	2.34	2.28	2.32	2.35	2.35	2.36	2.40	2.42	2.40
早稻_优质	2.45	2.45	2.43	2.43	2.43	2.44	2.45	2.45	2.42	2.43	2.43	2.43	2.43	2.47	2.48	2.48	2.48	2.48	2.50	2.48	2.48	2.52	2.54	2.54	2.56	2.56	2.58
中稻_普通	2.49	2.47	2.49	2.48	2.49	2.50	2.51	2.51	2.48	2.50	2.55	2.56	2.58	2.58	2.58	2.56	2.57	2.57	2.59	2.60	2.60	2.62	2.63	2.63	2.67	2.66	2.68
中稻_优质	2.78	2.78	2.79	2.81	2.81	2.81	2.82	2.82	2.81	2.81	2.95	2.95	2.97	2.97	2.92	2.90	2.91	2.92	2.93	2.93	2.92	2.94	2.93	2.93	2.97	2.98	3.00
再生稻_头茬	2.51	2.52	2.54	2.53	2.53	2.53	2.54	2.55	2.47	2.46	2.50	2.49	2.53	2.51	2.51	2.52	2.53	2.54	2.53	2.52	2.53	2.56	2.59	2.60	2.63	2.60	2.64
再生稻_二茬	2.82	2.81	2.80	2.81	2.82	2.81	2.84	2.82	2.75	2.79	2.80	2.81	2.80	2.78	2.76	2.76	2.78	2.78	2.77	2.76	2.75	2.82	2.83	2.84	2.88	2.84	2.87
晚稻_普通	2.51	2.51	2.52	2.53	2.52	2.52	2.52	2.52	2.50	2.52	2.55	2.56	2.58	2.58	2.60	2.59	2.59	2.60	2.61	2.62	2.61	2.64	2.64	2.64	2.67	2.67	2.69
晚稻_优质	2.67	2.67	2.65	2.66	2.67	2.67	2.69	2.70	2.68	2.70	2.72	2.73	2.76	2.79	2.78	2.75	2.75	2.75	2.78	2.77	2.76	2.79	2.78	2.79	2.83	2.82	2.86
油菜_菜籽	5.83	5.84	5.71	5.69	5.72	5.70	5.78	5.78	5.78	5.78	5.76	5.72	5.71	5.65	5.70	5.71	5.76	5.76	5.76	5.78	5.82	5.81	5.85	5.87	5.89	5.87	5.89

导出到Excel中

注：表中各项同期调用全省平均收购价格数据。

图 5–37　销售价格分析表示例（部分）

指标	平均工资 (元/天)	土地流转费 (元/亩/年)	劳动用工 (天/亩)	人工成本 (元/亩)	物化成本 (元/亩)	平均单产 (公斤/亩)	销售价格 (元/50公斤)	平均产值 (元/亩)	毛收入 (元/亩)	纯收入 (元/亩)	利润 (元/亩)
早稻	144.63	237.32	1.92	277.16	504.53	391.00	121.58	950.73	446.20	169.04	97.52
再生稻_头茬	131.65	237.32	2.02	265.63	563.83	505.48	128.93	1,303.44	739.61	473.99	395.96
中稻	142.84	237.32	2.39	341.32	603.74	510.83	140.17	1,432.03	828.28	486.96	395.93
再生稻_二茬	128.33	237.32	0.65	83.82	160.13	167.82	143.16	480.51	320.38	236.56	197.55
晚稻	143.31	237.32	1.86	266.59	532.54	330.01	135.28	892.89	360.35	93.76	15.74
油菜	133.56	237.32	2.17	290.21	318.44	122.43	290.29	710.83	392.39	102.18	-14.85
早稻_普通	144.63	237.32	1.92	277.16	504.53	379.01	118.06	894.95	390.41	113.25	41.73
早稻_优质	144.63	237.32	1.92	277.16	504.53	406.63	125.65	1,021.88	517.34	240.18	168.66
中稻_普通	142.84	237.32	2.39	341.32	603.74	520.08	130.14	1,353.69	749.95	408.63	317.60
中稻_优质	142.84	237.32	2.39	341.32	603.74	508.42	146.48	1,489.48	885.74	544.42	453.39
晚稻_普通	143.31	237.32	1.86	266.59	532.54	302.49	131.10	793.12	260.58	-6.01	-84.03
晚稻_优质	143.31	237.32	1.86	266.59	532.54	338.56	138.92	940.68	408.14	141.55	63.53
再生稻	131.65	237.32	2.67	351.62	723.96	673.30	0.00	1,783.95	1,059.99	708.37	591.34

导出到Excel中

图 5-38　生产成本 / 效益分析表示例

（三）水稻专家用户

针对水稻生产领域的科学研究，允许组织台账录入，可以自主查询科研台账数据，同时可以使用"社会公众用户"的全部资源。这类用户设置了特异性用户名并可由用户自主更改密码，可以使用除面板数据以外的平台资源（图 5-39）。

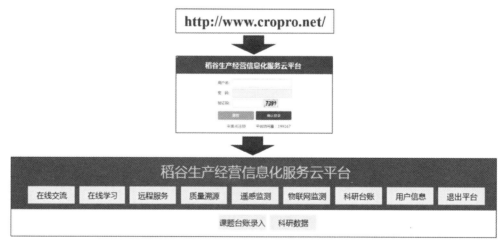

图 5-39　水稻专家用户入口

水稻专家用户可以利用稻谷生产经营信息化服务云平台中的农业大数据资源进行科学研究，享受平台的科技资源共享服务。所谓大数据，是指体量巨大，无法采用常规手段获取、传输和处理，需要应用新的处理模式才能形成更强的洞察发现能力、流程优化能力和决策力的海量、高增长率和多样化的信息资源。计算机中 1 个二进制数称为 1 个二进制位。信息存储单位以字节计算，1 字节存储 8 位二进制数，比字节更大的单位按 2 的 10 次方的几何级数上升，分别为千字节、兆字节、吉字节等，常规数据的存储单位一般只需要若干兆字节，图像、音频、视频等大数据资源的存储需要用到若干吉字节、太字节、拍字节，所以称为"大数据"。大数据具有五大特点：一是数据体量巨大，存储单位从吉字节上升到太字节、拍字节、艾字节、泽字节级；二是类型多样，包括文本、图像、音频、视频等多种信息形式；三是快速度，包括大数据产生和更新快，发展速度快，要求输入 / 输出快速度；四是价值空间，表现为低价值密度和高应用价值，即单位数据量的价值不高，但通过大数据处理后能够获得很高的应用价值；五是真实可靠，不会介入操作人员的主观影响。

农业大数据是指农业领域的数字信息资源，数字农业建设的基本任务是获取农业大数据资源，奠定精准农业、智慧农业的数据资源基础。农业大数据资源可以分为资源环境大数据、农业生物大数据、生产经营大数据三大类。资源环境大数据是指利用各种农业传感器，实时监测气象因子、土壤因子、水分因子和生物因子的大数据资源。田间监测气象因子、土壤因子、水分因子等的当前状态和变化规律。农业生物大数据也称为生物信息，分为三大类：①内源本体类生物信息是指生物基因型及其表达过程所形成的生物信息，属于基因组学范畴。②生命活动类生物信息是生物的生命活动过程以及生物响应环境所形成的生理、生化、代谢机制监测信息，属于代谢组学范畴。表型特征类生物信息是指基于生物组织层次的高通量表型监测信息及其遗传机制关联性，目前侧重于器官、个体、种群层面的研究，田间高通量植物表型平台和植物 CT 为高通量生物表型信息采集提供了技术支撑。③生产经营大数据包括农业生产经营过程的静态物象、动态过程监测信息和农业面板数据资源三类，实时采集农业生产过程、农业生产设施、农业经济运行情况、农产品市场动态等监测信息。

大数据获取技术有传感技术、遥感技术、探测技术、标识技术和面板数据采集技术。传感技术是人类感器官功能延伸的现代信息技术。传感是一种接触性感知，主要通过安装在现场的各种传感器来实现信息感知和数据采集。传感器是一种检测装置，能感知被测对象的物质、化学、生物学信息。传感器实时感知被测对象的输出信息，类似于人类的感觉器官，如声敏传感器类似于听觉，光敏传感器类似于视觉。遥感是指非接触性的远距离感知，航天遥感通过人造地球卫星获取地面信息，航空遥感利用飞机、无人机获取地面信息，近地遥感采用车载、船载、高塔。搭载遥感设备实现数据采集。探测技术则是针对不同需求，利用激光、雷达、微波、红外线、X 射线、伽马射线等技术获取大数据资源。物联网能够实现物物相连、人物对话，其中一项重要技术就是目标对象标识技术，包括对物品或农业生物的标识。标识技术是目标对象的唯一身份码承载介质及其读写技术，从条形码发展到二维条形码，进而发展到无线射频识别技术，体现了技术水平的从低级向高级发展，也实现了承载信息量的几何级数增长。面板数据是指在时间序列上取多个截面获取的样本数据，面板数据采集技术包括系统日志数据采集、网络数据采集、面上普查、抽样调查、上报统计等，广泛应用于商贸交易数据采集、生产经营数据采集等领域。

例如，水稻专家用户需要某地详实的气象数据，可以找到试验地附近的某一资源环境监测点，直接调用相应区域的数据资源（图 5–40、图 5–41、图 5–42）。

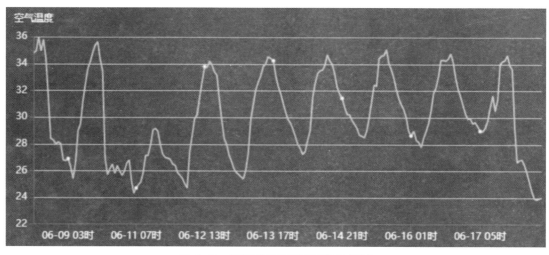

图 5-40 某监测点的空气温度 K 线图

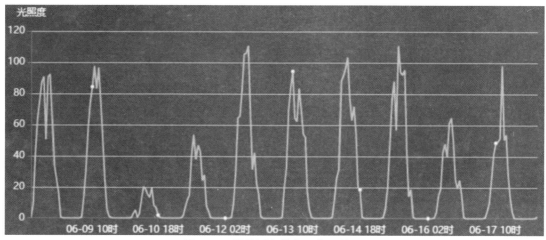

图 5-41 某监测点的光照度 K 线图

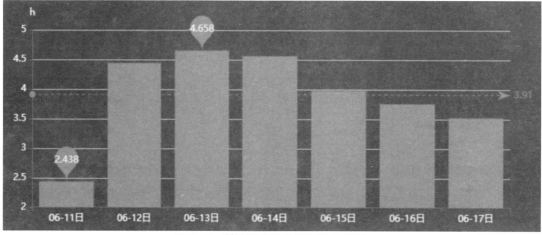

图 5-42 某监测点的日照时数 K 线图

稻谷生产经营信息化服务云平台是依托国家重点研发计划"粮食丰产增效科技创新"重点专项而开发的现代化工作平台，平台中的水稻专家用户主体是"粮食丰产增效科技创新"重点专项的 2017 年度湖南专项和 2018 年度湖南专项的全体专家，并为湖南专项提供了超高产攻关田、核心试验区、核心示范区、辐射推广区共 4 类科研台账，水稻专家可根据实际情况录入台账数据，也可以实时查询相关科研台账数据。

（四）系统管理员

平台管理员具有最高权限，针对政府部门的特异性需求和科技创新的特异性需求，平台管理员可以现场演示不宜公开的农业大数据资源（图 5–43），也可根据农业行政部门或领导要求提供专题报告。

图 5–43　平台管理员用户入口

第六章　双季稻绿色丰产节本增效模式构建

针对长江中下游南部双季稻区（湖南）的生态条件和生产问题，研发了"1+3"双季稻丰产节本增效技术模式，其中"1"是指适应长江中下游南部双季稻区的共性模式，"3"是指分别适应湘北环湖平丘区、湘中东丘岗盆地区、湘南丘岗山区的区域化模式。

第一节　模式构建的技术策略与实施成效

一、模式构建的目标设定

针对长江中下游南部的生态环境复杂多样、资源分布与生产水平不均衡、气候变化灾害性天气增多、病虫草等生物灾害加剧、水土资源约束增强、肥水资源过度利用、生产成本刚性抬升等区域性生产约束特点，在整合项目资源与阶段性研究成果的基础上，根据湘中东丘岗盆地区、湘北环湖平丘区和湘南丘岗山区三大双季稻生产主要优势区域的区域生态特点与生产基础，通过共性关键技术集成、区域技术模式创新与常规技术提升，集成双季稻绿色丰产节本增效共性关键技术体系和构建稻作系统丰产增效区域性技术模式，从而构建长江中下游南部双季稻周年水肥高效协同与灾害绿色防控节本丰产增效技术模式，解决双季稻生产中的产量潜力难发挥、产量水平难稳定、高产高效难协调、稻米品质难提高等问题。同时，建设亩产 1150 kg 双季稻核心试验区 10000 亩，实现双季稻生产中肥料和农药利用率提高 10% 以上，光热资源利用效率提高 15%，气象灾害与病虫损失降低 2% ~ 5%，双季稻机插秧率提高 10%，节本增效 100 元 / 亩，以实现核心试验区稻米品质显著改善，机械化、信息化、标准化、轻简化水平显著提升，有效控制肥水资源过度利用，生产效率显著提升。

（一）背景参数与本底状态

（1）2014—2016 年间的双季稻生产概况。2016 年湖南省早稻播种面积为 2132 万亩，晚稻播种面积为 2189 万亩。2014—2016 年三年间，平均早稻种植面积 2160 万亩、单产 393 kg / 亩，双季晚稻种植面积 2222 万亩、单产 429 kg / 亩（表 6–1）。

表 6–1　2014—2016 年湖南水稻生产情况

年度	早稻		中稻和一季晚稻		晚稻	
	面积 / 万亩	单产 / (kg·亩$^{-1}$)	面积 / 万亩	单产 / (kg·亩$^{-1}$)	面积 / 万亩	单产 / (kg·亩$^{-1}$)
2016	2132	391	1769	460	2189	428
2015	2168	396	1761	465	2237	431
2014	2180	392	1780	464	2241	430
平均	2160	393	1770	463	2222	429

（2）2016年水稻生产机械化水平。湖南省2016年农业机械总动力为6097.54万kw（全国排名前五），较上年度增加3.27%。在水稻生产机械化作业方面（表6-2），机耕、机收已基本普及，占比分别达到99.9%和88.33%。全省机插面积1599万亩，机插率约26%，剔除94万亩机直播面积，仍有70%以上的手工直播、手插秧、人工抛秧等。由于直播稻存在过量使用除草剂等现象，主要发展方向应该为机插或机抛。

表6-2　2016年湖南水稻生产机械化水平

农机作业类型	机耕	机直播	机插	机收
作业面积/万亩	6128.25	93.77	1598.7	5413.07
占比/%	99.99	1.53	26.09	88.33

（3）双季稻种植主体年龄及文化程度。由表6-3可知，调研区域双季稻种植主体平均年龄较高，达51岁，其湘北、湘南平均年龄较湘中东的高约5岁。从文化程度来看，三区范围内，具有初、高中文化的占83.9%，小学文化程度的仅占13.4%，说明湖南省双季稻优势区种植主体文化程度有所提高，但受过高等教育的种植主体偏少，仅占2.7%。分区域来看，湘中东和湘北种植主体具有初、高中及以上文化程度的比例较湘南高约10%，且受高等教育的种植主体主要集中在经济较为发达的湘中东地区。种植主体不同年龄阶段其文化程度也存在差异（表6-4），且年龄越大文化水平越低。具初中文化程度的种植主体主要集中在50～60岁阶段，具高中文化程度的主体主要集中在40～50岁阶段，而具小学文化程度的主体主要集中在60以上的阶段。

表6-3　三大优势区域双季稻种植主体的年龄与文化程度

区域	平均年龄/岁	文化程度/%			
		小学	初中	高中	大学
湘中东	47.9	12.0	46.0	34.0	8.0
湘北	52.9	8.0	80.0	12.0	0.0
湘南	52.33	20.4	53.1	26.5	0.0
三区平均	51	13.4	59.7	24.2	2.7

表6-4　不同年龄阶段种植主体的文化程度

年龄段/岁	文化程度/%			
	小学	初中	高中	大学
＜40	0.0	3.4	4.7	0.7
40～50	1.3	17.4	10.1	1.3
50～60	4.0	24.2	9.4	0.7
60以上	8.1	4.7	0.0	0.0

（4）家庭人口与劳动力情况。据统计，调研区域内家庭平均人口数为4.5人，平均劳动力人数为2.0人。一般来看，家族人口数越多，劳动力数越多，但家庭人口数量的增加与家庭劳动力人数增加不同

步，且存在区域差异（表 6–5）。家庭人口数为 3 ~ 5 人时，湘中东地区劳动力数最多，达 1.82 人，湘北、湘南相对较少，分别为 1.20 人和 1.29 人；家庭人口数为 5 人以上时，以湘南劳动力数最多，达 3.57 人，而湘中东地区劳动力人数最少，仅为 1.64 人。说明在经济相对发达的湘中东地区，家庭人口数越多，参与水稻生产的劳动力越少。

表 6–5　家庭人口数与劳动力人数的关系

区域	劳动力人数		
	家庭人口 3 人以下	家庭人口 3 ~ 5 人	家庭人口 5 人以上
湘中东	—	1.82	1.64
湘北	—	1.20	2.50
湘南	1.08	1.29	3.57
三区平均	1.08	1.43	2.41

（5）土地流转情况。在调研区域范围内，湖南省双季稻三大优势区土地流转情况表现出较大差异（表6–6），农户承包水田面积以及土地流转总面积，均以湘中东地区最大，户均承包面积与户均流转面积分别为109.06亩和235.49亩；湘北与湘南地区土地流转总面积差异不大，但由于湘南地区户均承包水田面积较小，仅为0.2亩，土地流转后的户均面积也最小，为85.63亩/户；从土地流转率来看，以湘南最高，流转面积占种植面积的96.11%，湘中东地区最小，为66.99%；从土地流转费用标准来看，湘中东平均土地流转费最高，为 417.91 元·亩$^{-1}$，湘南最低，为 158.68 元。

表 6–6　土地流转情况

区域	承包面积 / 亩	流转面积 / 亩	每亩流转费标准 / 元	户均面积 / 亩
湘中东	5452.75	11068.21	471.91	330.42
湘北	662.43	4015.80	213.00	93.56
湘南	162.30	4033.50	158.68	85.63
三区总计 / 平均	6277.48	19117.51	300.87	170.44

（6）种粮补贴情况。三大区域双季稻种粮补贴包含保护性耕地补贴、种粮大户补贴以及家族农场补贴3种类型。由表6–7可知，三大区域保护性耕地的补贴标准差异不大，均为175元/亩左右（保护性耕地面积未统计），而大户补贴与家庭农场补贴在区域之间有较大差异。因土地流转情况不同，各地区户均种粮200亩以上的农户数以湘中东最多，共35户，占该地区调研总数的70%，湘北、湘南相对较少，分别为3户和2户；对于补贴面积而言，调研范围内以湘中东最多，湘北次之，湘南最少；对于大户补贴标准而言，因湘中东地区土地流转面大，户均种植面积大，大户补贴相对较少，每亩仅35.90元，而在土地资源相对缺乏的湘南地区，土地流转费达到了70元/亩。此外，在调研范围内，仅湘中东地区包含有12个家庭农场，其家庭农场补贴标准为每亩90.00元，共补贴2473.60亩。

（7）主栽品种。开展2016年的主栽品种调研，为品种选择和品种搭配提供基础数据。湖南省三大双季稻优势产区2016年主栽品牌见表6–8、表6–9。

表 6-7　种粮补贴情况

区域	大户补贴面积/亩	大户补贴标准/（元·亩⁻¹）	家庭农场补贴面积/亩	家庭农场补贴标准/（元·亩⁻¹）	200 亩以上户数	家庭农场数
湘中东	8206.69	35.90	2473.6	90.00	35	12
湘北	3059.00	57.40	–	–	3	0
湘南	2240.00	70.00	–	–	2	0
三区合计/平均	13505.69	53.30	2473.6	90.00	40	12

表 6-8　不同地区早稻主栽品种

地区	品种	面积/亩	占比/%	亩产/（kg·亩⁻¹）
湘中东	旱伏 45	460.5	4.15	425.00
	5–34	109.6	0.99	460.00
	黄华占	198.0	1.78	450.00
	嘉育 39	191.3	1.72	421.00
	湘早籼 24 号	799.2	7.19	393.20
	湘早籼 45 号	7528.2	67.77	416.28
	中嘉早 17	213.0	1.92	425.00
	中嘉早 39	1901.2	17.11	429.44
湘北	5–34	153.9	4.01	491.76
	黄华占	198.0	5.16	450.00
	金优 499	29.0	0.76	450.00
	金优 996	145.0	3.78	486.25
	湘早籼 24 号	280.13	7.30	427.14
	中嘉早 17	273.0	7.12	450.00
	中嘉早 39	2663.0	69.42	460.62
湘南	陵两优 942	402.1	10.45	452.83
	陆两优 996	32.7	0.85	500.00
	威优 463	32.9	0.86	487.50
	中嘉早 17	732.0	19.03	458.33
	中嘉早 39	2387.0	62.05	449.85
	株两优 4024	260.2	6.76	483.33

表 6-9　不同地区晚稻主栽品种

地区	品种	面积/亩	占比/%	亩产/（kg·亩⁻¹）
湘中东	H 优 159	571.0	5.05	494.00
	H 优 518	15.8	0.14	500.00
	V644	10.0	0.09	500.00
	Y 优	16.5	0.15	480.00
	华润 2 号	815.0	7.20	515.60

续表

地区	品种	面积/亩	占比/%	亩产/（kg·亩$^{-1}$）
湘中东	黄华占	3709.43	32.79	461.33
	深优9588	834.9	7.38	468.15
	桃优香占	470.0	4.15	480.00
	湘晚籼12号	4655.84	41.16	443.00
	玉针香	218.8	1.93	390.00
湘北	5–34	119.2	3.18	505.38
	H优518	1491.0	39.73	498.00
	T优272	849.0	22.62	538.83
	V644	25.13	0.67	540.00
	华润2号	371.0	9.88	525.00
	黄华占	206.0	5.49	400.00
	桃优香占	134.2	3.58	460.00
	天优华占	277.0	7.38	535.00
	五优华占	126.0	3.36	478.00
	株两优996	143.7	3.83	485.00
湘南	5优308	519.0	12.38	531.25
	T优272	180.0	4.29	540.0
	泰优390	1612.5	38.47	562.00
	天优998	302.0	7.2	475.00
	天优华占	1257.9	30.01	513.10
	天优华占	320.0	7.63	536.67

（二）产量目标与经济效益

（1）超高产攻关田。课题任务书明确：在长江中下游南部湘中东丘岗盆地区、湘北环湖平丘区和湘南丘岗山区三个双季稻生产的主要优势区域建设双季稻超高产攻关田50亩、亩产分别达到1250 kg。要实现这一目标，必须在湖南省2014—2016年三年平均双季稻产量822 kg的基础上增产428 kg，单季增产应在214 kg以上，由此推断，早稻亩产量应保证510 kg以上，晚稻亩产应保证640 kg以上。诚然，超高产攻关田是一种产量潜力攻关研究，同时也是技术模式构建的基础，必须通过多年多点联合试验来进行技术攻关。

（2）万亩核心试验区。课题任务书明确：在长江中下游南部双季稻区建设10000亩核心试验区，亩产达到1150 kg，节本增效100元/亩。万亩核心试验区是本项目的重要指标，既是关键技术创新的生产第一线检验依据，又是模式构建的实现目标。

（三）生态效益与资源利用率

课题任务书明确：肥料和农药利用效率提高10%以上；光热资源利用效率提高15%；气象灾害与病虫害损失显著降低2%～5%；双季稻机插秧率提高10%。

二、模式构建的技术策略

（一）模式构建的基本技术路线

"长江中下游南部双季稻周年水肥高效协同与灾害绿色防控丰产节本增效关键技术研究与模式构建"项目按图 6-1 所示技术路线执行，在继承本区域六大成熟技术的基础上全面开展技术攻关，实现了十大技术创新，集成了六大关键技术，并形成了"1+3"应用模式体系——"1"是指面向长江中下游南部双季稻区的共性技术模式：双季稻绿色丰产节本增效技术模式；"3"则指根据三大双季稻优势产区的生态特点和现实生产问题形成的三大区域性生产模式：湘北环湖平丘区双季稻全程机械化高效生产模式、湘中东丘岗盆地区超高产绿色生产模式、湘南丘岗山区双季稻耐逆稳产轻简化生产模式。

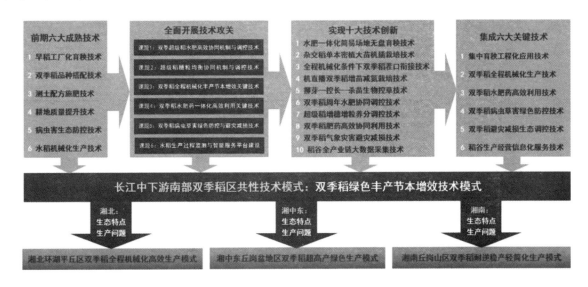

图 6-1　模式构建的基本技术路线

（二）关键技术研究的继承与创新

（1）继承前期六大成熟技术。湖南是传统双季稻优势产区，积累了丰富的生产经验和特色技术。农业科技创新必须坚持继承与创新相结合的原则，为此，项目组总结"十三五"期间的相关技术及其实施效果，形成了六大成熟技术：一是早稻工厂化育秧技术，包括机插秧流水线播种、密室催芽、保护地设施育秧等技术环节；二是双季稻品种搭配技术，综合考虑湖南各地的气候条件和双季稻品种资源，通过早稻、晚稻品种的合理搭配，优化茬口衔接，提高光热资源利用率；三是测土配方施肥技术，为化肥减量提供科学依据；四是耕地质量提升技术，包括绿肥利用技术、秸秆还田技术、低产田改良、镉污染治理等；五是病虫害生态防控技术，形成了蜂-蛙-灯生态防控技术体系，大力推广统防统治；六是水稻机械化生产技术，机耕、机收、机烘技术已基本普及，毯苗机插、钵苗机插已有一定基础，机直播也有一定尝试。

（2）全面开展双季稻关键技术攻关。"长江中下游南部双季稻周年水肥高效协同与灾害绿色防控丰产节本增效关键技术研究与模式构建"项目设置了 7 个课题，其中前 6 个课题负责关键技术研究，第 7 课题负责模式建构。因此，第一至第六课题分别开展了技术攻关：第一，水肥高效协同机制与调控技术攻关，包括水肥高效协同利用的品种筛选、双季稻化肥减量高产稳产高效施肥技术研究、大量元素与中微量元素肥料配合关键技术研究、灌溉方式和化学调控对双季稻产量形成及生理特性的影响、化学调控与肥料运筹对双季超级稻产量形成及生理特性的影响等内容。第二，超级稻穗粒均衡协同机制与调控技术攻关，包括大穗型超级稻增穗协同机制及高产关键技术、多穗型超级稻壮穗协同机制及高产关键技术、穗粒兼顾型超级稻穗粒均衡机制与双增高产关键技术、不同穗粒型超级稻生态适应性与高产栽培技术研究等内容。第三，双季稻全程机械化技术攻关，包括双季稻增密减氮机械化栽培丰产增效协同机制研究、双季稻机插高产高效栽培关键技术研究、双季稻机直播高产高效栽培关键技术研究、双季稻机械化栽培配套物化产品研制等内容。第四，双季稻水肥药综合高效利用技术攻关，包括减施化肥下紫云英翻压量对双季稻产量及稻田土壤的影响、绿肥稻草协同利用对双季稻产量和土壤库容量影响、化肥减量替代的长期效果、双季稻药肥新技术与新产品研发等内容。第五，病虫草害绿色防控与气象灾害避灾减技术攻关，包括绿色防控关键技术研究、PQQ诱导稻纹枯病抗性的研究、稻田杂草绿色防控技术攻关、气象灾害避灾减损技术攻关。第六，水稻生产过程监测技术攻关，包括稻田多源信息智能感知技术攻关、稻田管式土壤监测仪研发、稻田多源信息智能感知集成终端研发、水稻生产过程遥感监测技术攻关等内容。

（3）实现双季稻十大技术创新。在全面开展技术攻关的基础上，实现了十大双季稻技术创新：一是水肥一体化简易场地无盘育秧技术，二是杂交稻单本密植大苗机插栽培技术，三是全程机械化条件下双季稻茬口衔接技术，四是机直播双季稻增苗减氮栽培技术，五是抑芽－控长－杀苗生物控草技术，六是双季稻周年水肥协同调控技术，七是超级稻增穗增粒养分调控技术，八是双季稻肥药高效协同利用技术，九是双季稻气象灾害避灾减损技术，十是稻谷全产业链大数据采集技术。

（4）集成六大关键技术。通过全面技术攻关，综合六大成熟技术和十大技术创新，集成了六大关键技术：一是集中育秧工程化应用技术，重点为新型农业经营主体（家庭农场、农民专业合作社或农业企业）提供规模化、工厂化、标准化集中育秧技术；二是双季稻全程机械化生产技术，涵盖机械化耕作技术、机械化种植技术、机械化管理技术、机械化收获技术；三中双季稻病虫草害绿色防控技术，在蜂－蛙－灯绿色防控技术体系的基础上，进一步迭代更新，形成病虫草害绿色防控技术体系；四是双季稻避灾减损生态调控技术，包括耐性品种筛选、灾害监测预报预警、临灾应急降灾减损等技术；五是双季稻药肥高效协同利用技术，包括绿肥和秸秆还田技术、双季稻药肥调减技术、药肥复合产品开发与应用；六是稻谷生产经营信息化服务技术，包括水稻生产过程物联网监测、遥感监测、稻谷生产经营面板数据采集等大数据采集技术，同时还包括远程诊断与在线咨询、在线学习与远程培训、农产品质量溯源、科研台账系统等远程信息化服务技术。

（三）模式构建的农业技术经济背景

综合分析长江中下游南部双季稻区及三大双季稻优势产区的生态特点、现实主要生产问题和社会经济条件，形成了"1+3"模式体系，即一个面向长江中下游南部双季稻区的共性技术模式和分别面向三大双季稻优势产区的三个区域性生产模式。

（1）面向长江中下游南部双季稻区的共性技术模式：双季稻绿色丰产节本增效技术模式。为了提升农业技术经济效果，切实解决长江中下游南部双季稻区的现实生产问题，利用集中育秧工程化应用技术以充分发挥新型农业经营主体的引领作用和榜样示范效应，利用双季稻病虫草害绿色防控技术减少农药用量减轻农业面源污染，利用全程机械化技术减少活劳动消耗实现轻简化和节本增效，利用信息化服务技术加速农业技术推广应用。

（2）面向三大双季稻优势产区的区域性生产模式。根据湘北环湖平丘区的生态特点、生产问题和农业经济技术条件，构建湘北环湖平丘区双季稻全程机械化高效生产模式，充分发挥环湖平丘区商品粮生产优势。根据湘中丘岗盆地区的生态特点、生产问题和农业经济技术条件，构建湘中东丘岗盆地区双季稻绿色丰产增效生产模式，利用绿色防控技术重点控制稻纵卷叶螟、稻二化螟，以节水农艺技术缓解"干旱走廊"的水资源困境。根据湘南丘岗山区的生态特点、生产问题和农业经济技术条件，构建湘南丘岗山区双季稻耐逆稳产节本增效生产模式，重点应对湘南地区灾害频繁以实现稳产。

三、超高产攻关田建设与技术集成

（一）超高产攻关田设置

2018—2020年，项目组在长江中下游南部双季稻区的三大双季稻优势产区开展基于多年多点试验的超高产攻关（表6-10）。

表6-10　超高产攻关田建设的实施方案

双季稻优势产区	代表性县	实施面积/亩	具体位置
湘中东丘岗位盆地区	醴陵市	52	醴陵市泗汾镇符田村
湘北环湖平丘区	益阳市赫山区	50	赫山区笔架山乡中塘村
湘南丘岗山区	衡阳县	50	衡阳县西渡镇梅花村

（二）超高产攻关的技术策略

（1）湘北环湖平丘区。在益阳市赫山区笔架山乡中塘村设置超产攻关田50亩。早稻品种选用株两优819和陵两优268；晚稻选用天优华占（全生育期119.2 d）和Y两优911（全生育期119.8 d）。

育苗移栽：早稻3月16日左右浸种，3月22日左右播种，抛秧前大田分厢开沟，厢宽控制在3 m左右，厢沟宽20 cm、深15 cm，厢沟与围沟相通，以便排水和农事操作。4月15～16日抛秧移栽，密度2.2万～2.4万蔸；7月11日左右收割、称重测产。晚稻6月15 d左右播种，7月15日左右抛秧移栽，每亩1.7万～1.8万蔸，抛秧前大田开围沟。10月26～27日左右收割、称重测产。

田间管理：在分蘖期、幼穗分化期和抽穗结实期分阶段养分管理。早稻施N肥11 kg/亩，N：P_2O_5：K_2O为1∶0.5∶0.6；晚稻施N肥14 kg/亩，N：P_2O_5：K_2O为1∶0.4∶0.9；磷肥全部作基肥，钾肥50%作分蘖肥、50%作穗肥；分蘖肥早稻抛秧后5 d天施用，晚稻插后7 d施用，施肥后保持4 d不排水，以免肥料流失。增施有机肥作基肥，早稻120 kg/亩，晚稻200 kg/亩。看苗施穗肥，拔节后禾苗退色可施，正常情况下早稻在幼穗分化3～4期施，每亩追尿素4 kg/亩、氯化钾8 kg/亩；晚稻在幼穗分化2～4期施，每亩追尿素6 kg/亩、氯化钾10 kg/亩。除施肥后保持4 d不排水外，移栽活蔸后至孕穗期采用湿润灌溉，抽穗扬花期保持2～3 cm水层，齐穗钩头后立即排干，保持田间湿润。针对稻瘟病、纹枯病和螟虫、卷叶虫及稻飞虱等进行统防统治。

（2）湘中东丘岗盆地区。在醴陵市泗汾镇符田村设置52亩超高产攻关田。早稻采用超级杂交稻株两优819，晚稻采用超级杂交稻天优华占。

育苗移栽：早晚稻采取软盘育秧，早稻每亩大田用种量2.5 kg，于3月25 d左右播种；晚稻每亩大田用种量1.5 kg，于6月19 d左右播种，秧田期采用"超级稻壮秧剂"，培育壮秧。采取软盘抛秧方式，早稻于 4 月 19 日抛秧，抛秧密度 2.9 万蔸左右、每蔸 2～3 粒谷；晚稻 7 月 15 日前完成抛秧，抛秧密度 2.2 万蔸左右、每蔸 2～3 粒谷。

田间管理：早稻亩施纯氮 11.5 kg，N、P、K 配比为 1：0.5：1，其中氮肥按基：蘖：穗 =4：4：2 比例施用；K$_2$O 按基肥：追肥 =5：5 比例施用；P$_2$O$_5$ 全部作基肥一次性施用。晚稻基肥深施 "超级稻专用肥"，有效成分质量分数为：N 12.5%、P$_2$O$_5$ 6.0%、K$_2$O 10.0%、有机质 15.0%，亩施 60 kg；返青分蘖期亩追施 "超级稻专用肥" 40 kg，亩施纯 N、P、K 分别为 12.5 kg、6.0 kg 和 10.0 kg。采用 "好气湿润灌溉" 技术（移栽返青期、水分敏感期（孕穗 5～7 期）、抽穗扬花期和施肥、用药时采取浅水灌溉），改善土壤通透性，达到前期养根、促根，后期延缓根系衰老，保障早发低位分蘖和促有效大穗形成。采用病虫无害化控制技术，利用频振式杀虫灯，二化螟、稻纵卷叶螟性引诱技术等，结合高效低毒生物药剂进行绿色防治。

（3）湘南丘岗山区。在衡阳县西渡镇梅花村设置超产攻关示范片 50 亩。早稻品种选用株两优 819 和陆两优 996；晚稻选用五丰优 T025 和 H 优 518。

育苗移栽：早稻于 3 月 18 日（晴天）左右播种，选择背风向阳管理方便的田块作秧田，采用催芽器催芽、用软盘育秧加小拱双膜覆盖等进行专业化集中育秧。早稻播种量每亩 2.5 kg，采用宽行窄株 13.3 cm×23.3 cm 定植，每亩 2.14 万穴 / 亩，每穴 2～4 亩，基本苗 6 万～8 万 / 亩，及时晒田，减少分蘖穗比重，争取主穗占 30% 以上。晚稻 7 月 12 d 前完成抛秧，抛秧密度 2.2 万蔸左右、每蔸 2～3 粒谷。

田间管理：遵循 "重施基肥、早施追肥、看苗施穗肥、根外补施粒肥" 的原则，选择超级稻专用缓释肥 675 kg/hm² 作基肥并配施有机肥，并适当施用硅钙肥和微肥。亩施纯 N 10 kg，N、P、K 配比为 1：0.5：1，防止偏氮贪青晚熟，确保黄丝亮秆活熟到老。间隙灌溉，确保养根保叶。使用大型高效机动喷雾器，做好中后期病虫害统防统治。晚稻搭配迟熟品种，用种量每亩 1.25 kg，播种前用烯效唑浸种，以培育分蘖壮秧。采用宽窄行 16.7 cm×23.3 cm 插植，1.7 万穴 / 亩，每穴 2 粒谷苗。晚稻亩施纯 N 15 kg，N、P、K 配比为 1：0.5：1.2。重视穗肥和粒肥的施用，基肥在整地时用复合肥全层施，分蘖肥在移栽后返青后尽早施用，穗肥在幼穗分化Ⅳ～Ⅴ期即 8 月 20 日前施用，抽穗后酌情施用粒肥 1 次。基肥、分蘖肥、穗肥、粒肥之比为 4：3：2：1。管水做到全生育期除移栽后化学除草和抽穗期实行水层灌溉外，其余时期湿润灌溉。病虫害进行专业化统防统治。

（三）超高产攻关的实施效果

2018—2020 年连续三年的超高产攻关，实施效果见表 6-11。2018 年度，3 个区域超产攻关示范田产量平均为 1176.03 kg/ 亩，其中，湘中东地区产量最高，达 1189.2 kg/ 亩，湘北和湘南地区产量差异不大，分别为 1170.7 kg/ 亩，和 1168.2 kg/ 亩，均未达本项目超产攻关目标产量 1250 kg/ 亩，。湘中东、湘北和湘南 3 个区域超产攻关示范田产量较目标产量的差距分别为 60.8 kg/ 亩、79.3 kg/ 亩，和 81.8 kg/ 亩。2019 年度，3 个区域超产攻关示范田，均达成项目超产攻关目标产量 1250 kg/ 亩，其产量平均为 1262.6 kg/ 亩。其中，醴陵市早稻产量 618.0 kg/ 亩，晚稻 655.3 kg/ 亩，双季产量达 1273.3 kg/ 亩；赫山区早稻亩产 585.3 kg，晚稻亩产 672.0 kg，双季产量达 1257.3 kg/ 亩；衡阳县早稻亩产 597.0 kg，晚稻亩产 660.2 kg，双季产量 1257.2 kg/ 亩。2020 年度，3 个区域超产攻关示范田，均达到项目超产攻关目标产量 1250 kg/ 亩。其中，赫山区早稻产量 588.9 kg/ 亩，晚稻 662.9 kg/ 亩，双季产量达 1251.8 kg/ 亩；醴陵市早稻亩产 580.1 kg，晚稻亩产 670.7 kg，双季产量达 1250.8 kg/ 亩；衡阳县早稻亩产 591.3 kg，晚稻亩产 672.97 kg，双季产量 1264.3 kg/ 亩。

表 6–11 超高产攻关田 2018—2020 年双季产量表现

区域	地点	实施面积 /亩	双季每亩产量合计 /kg			测产方式
			2018 年	2019 年	2020 年	
湘中东丘岗盆地区	醴陵市泗汾镇符田村	52	1189.2	1273.3	1250.8	
湘北环湖平丘区	赫山区笔架山乡中塘村	50	1170.7	1257.3	1251.8	全面积专家现场测产
湘南丘岗山区	衡阳县西渡镇梅花村	50	1168.2	1257.2	1264.3	
	平均		1176.03	1262.6	1255.6	

四、万亩核心试验区及其实施成效

（一）万亩核心试验区基地布局

万亩核心试验区基地布局见表图 6–2、表 6–12。

五角星标注的是超高产攻关田位置，实心三角形标注的是核心试验区实施地点

图 6–2 超高产攻关田和核心试验区的地理分布

表 6–12　万亩核心试验区基地布局

区域	县（市、区）	核心试验区/亩	示范面积/亩	具体位置
湘中东丘岗盆地区	长沙县	3000	100	路口镇明月村
	浏阳市	500	100	永安镇坪头村
	醴陵市	1000	100	泗汾镇符田村
湘北环湖平丘区	赫山区	2900	100	欧江岔镇欧江岔村；笔架山乡中塘村
	湘阴县	500	100	静河镇创新现代农业种养专业合作社
	沅江县	500	100	草尾镇乐园村
湘南丘岗山区	祁东县	1000	150	祁东县灵官镇付家町村九组
	安仁县	300	150	安平镇塘田村
	冷水滩	700	100	永州市冷水滩区岚角山镇香山前村

（二）万亩核心试验区实施效果

通过技术集成与区域模式构建，2019 年、2020 年连续两年 9 个核心试验基地示范区双季稻平均产量均超过课题研究的目标产量 1150 kg/ 亩（表 6–13）。具体而言，2018 年度，9 个核心试验区平均双季亩产量为 1129.57 kg，超出目标产量的基地县 5 个，从高到低依次为沅江市、浏阳市、安仁县、长沙县和赫山区，其平均双季亩产量为 1174.5 kg；2019 年度，9 个核心试验区平均双季亩产量为 1175.13 kg，超出目标产量的基地县 8 个，从高到低依次为长沙县、安仁县、祁东县、醴陵市、赫山区、湘阴县、沅江市、浏阳市，其平均每亩达 1182.1 kg；2020 年度，9 个核心试验区平均双季亩产量为 1158.1 kg，超出目标产量的基地县 8 个，从高到低依次为祁东县、长沙县、冷水滩区、醴陵市、湘阴县、赫山区、沅江市、安仁县，其平均每亩达 1164.6 kg。

表 6–13　万亩核心试验区 2018—2020 年双季产量表现　　　　　　　　　　kg

区域	县（市、区）	示范面积/亩	2018 年	2019 年	2020 年	测产方式	生产模式
湘中东	长沙县	100	1167.3	1220.8	1178.6	专家现场测产	湘中东丘岗盆地区双季稻超高产绿色生产模式
	浏阳市	100	1180.2	1157.7	1106.2		
	醴陵市	100	1115.9	1178.1	1169.3		
湘北	赫山区	100	1152.3	1176.6	1152.6	专家现场测产	湘北环湖平丘区双季稻全程机械化高效生产模式
	湘阴县	100	1141.1	1170.7	1162.4		
	沅江市	100	1198.6	1160.3	1152.1		
湘南	祁东县	150	1037.9	1179.2	1179.3	专家现场测产	湘南丘岗山区双季稻耐逆稳产轻简化生产模式
	安仁县	150	1174.0	1213.7	1150.7		
	冷水滩	100	998.8	1119.1	1176.7		
平均双季产量			1129.6	1175.1	1158.1		

第二节　长江中下游南部双季稻区共性技术模式

一、模式概述

（1）模式名称：双季稻绿色丰产节本增效技术模式。

（2）适用范围：长江中下游南部双季稻区。

（3）生态条件：湖南省属于长江中游地区，地处东经108°47′～114°15′。湖南全境为大陆性亚热带季风湿润气候，气候具有三个特点：第一、光、热、水资源丰富，三者的高值又基本同步。第二，气候年内变化较大。冬寒冷而夏酷热，春温多变，秋温陡降，春夏多雨，秋冬干旱。气候的年际变化也较大。第三，气候垂直变化最明显的地带为三面环山的山地。尤以湘西与湘南山地更为显著。湖南年日照时数为1300～1800 h，湖南热量丰富。年气温高，年平均温度在15～18℃之间。湖南冬季处在冬季风控制下，而东南西三面环山，向北敞开的地貌特性，有利于冷空气的长驱直入，故一月平均温度多在4～7℃之间，湖南无霜期长达260～310 d，大部分地区都在280～300 d之间。年平均降水量1200～1700 mm，雨量充沛。湖南是双季稻优势产区，主要分为三大双季稻优势产区：湘北环湖平丘区、湘中东丘岗盆地区、湘南山区。

（4）生产问题：①生产成本刚性抬升。湖南农业劳动用工平均日工资高达136元/天，人工成本抬升成为恢复双季稻种植面积的最大障碍因素。同时，农业投入品价格上涨、用量增加，导致稻谷生产物化成本逐年抬升。②劳动力资源困境。农民工大潮使湖南农村的青壮年劳动力大量外出务工经商，农民老龄化现象十分严重。在转变农业发展方式推进现代农业建设的现实背景下，农村劳动力素质问题也日益凸显。③多样化品种资源的"双面刃"效应。种业市场化推动了水稻新品种的推广应用，为提高水稻产量做出了巨大贡献，但水稻品种数量多推广渠道多、种子价格高、缺乏针对性栽培技术等现实问题，给农民选择品种和早晚稻品种搭配带来了挑战。④稻田资源环境劣变，灾害频繁。稻田耕作层变浅、犁底层局部破坏等问题日益严重，山区和丘陵区的耕地细碎化现象是阻碍全程机械化的障碍因素，衡邵干旱走廊、湘北洪涝、湘南气象灾害是制约湖南双季稻发展的典型限制因素，防灾减损技术严重滞后。近年来，纵卷叶螟、二化螟危害日益严重，福寿螺危害面积迅速扩张，成为发展双季稻的新挑战。⑤水肥药利用效率不高。湖南水资源相对丰富，突出问题是肥药利用效率低和水肥药协同高效利用技术滞后。在劳动力成本迅速抬升的现实背景下，一季稻直播深受农民青睐，但直播稻田依赖大量使用除草剂控制农田杂草，导致土壤理化性质劣变。落实"一控两减三基本"战略，湖南双季稻生产的重点是减少化肥、农药使用量，推进"两减"而不减产，必须研发新的配套技术。⑥生产现状不适应规模化、机械化、标准化与信息化发展需要。地方政府积极推进土地流转，使适度规模经营的新型农业经营主体（家庭农场、农民专业合作社）得到迅速发展，但总体状况仍然不能适应规模化、机械化、标准化、信息化发展需要。

二、模式构建

针对长江中下游南部双季稻区生态条件和生产问题，构建长江中下游南部双季稻区共性技术模式——双季稻绿色丰产节本增效技术模式。综合项目组其他各课题的研究成果，以绿色丰产节本高效生产为目标，以双季稻"规模、轻简、绿色、优质、高效"为基本原则，针对湖南双季稻生产中的产量潜力难发挥、产量水平难稳定、资源利用率低、高产高效难协调等共性问题，集成了集中育秧工程化应用技术、双季稻全程机械化生产技术、双季稻病虫草害绿色防控技术、双季稻水肥药高效利用技术，构建长江中下游南部双季稻区共性技术模式。

（一）集中育秧工程化应用技术

针对小户分散育秧发芽率低、成苗率低、秧盘缺穴多、育秧成本高、设施化水平低等生产问题，依托各地农机合作社、种植合作社、家庭农场或种粮大户，着力培育规模化、工程化、社会化服务的集中育秧基地，采用智能化水稻催芽设备、水稻播种流水线、印刷播种设备、工厂化育秧设施、集中育秧智能温室、场地设施育秧条件，形成特色化、规模化、工程化、标准化的集中育秧社会化服务模式。

（二）双季稻全程机械化生产技术

大力发展农机专业合作社，在继续推广机械化耕作、机械化收获技术的基础上，重点推广双季稻机械化种植技术、双季稻机械化管理技术。在这里，双季稻机械化种植技术中重点推广大苗机插技术和有序抛栽技术，双季稻机械化管理技术中重点推广双季稻病虫草害"统防统治"专业化服务，实现双季稻生产全程机械化，以提高生产效率，减少劳动投入，实现省工节本与提高劳动生产率。

（三）双季稻病虫草害绿色防控技术

加速推广蜂–蛙–灯稻田害虫绿色防治技术，有效控制稻纵卷叶螟、二化螟、稻飞虱等害虫危害；以推广抗病品种为重点，综合利用农艺措施、物理措施、化学防控措施，加强双季稻病害绿色防控；不断完善稻田化学控草技术的基础上，积极推广抑芽–控长–杀苗生物控草技术。

（四）双季稻避灾减损生态调控技术

在推广耐性高产良种和抗逆稳产栽培技术的基础上，构建长江中下游南部双季稻区灾害监测预警长效机制，整合气象部门、水利部门、农业部门的技术力量和工作机制，形成对洪涝、干旱、风雹、寒冻等气象灾害和病虫草害的科学预警、快捷预报和应急响应，充分发挥避灾减损技术的作用。

三、效益分析

2019—2020年，按照长江中下游南部双季稻区共性技术模式的标准和要求，分别在湘北、湘中东和湘南三大双季稻优势产区组织实施核心试验区30765亩，其中湘北环湖平丘区13177亩、湘中东丘岗盆地区5948亩、湘南丘岗山区11640亩，产生了良好的经济、社会和生态效益。

（1）产量与经济效益。核心试验区采用长江中下游南部双季稻绿色丰产节本增效技术模式进行双季稻生产，产生了很好的经济效益（表6–14）：①平均单季亩产584.47 kg/亩，比2014—2016年间的平均增产173.47 kg/亩，增幅29.68%；核心试验区平均双季稻亩产1168.94 kg，总体达到了双季稻亩产1150千克的目标，但由于2020年9月下旬异常低温导致晚稻减产使2020年双季稻产量偏低。②试验区的机械种植率达到67.92%，比2014—2016年间的平均机械种植率25.85%提高42.07个百分点。③在稻谷收购价格下跌的背景下，双季稻增收效果显著。2019—2020年间的平均销售价格为2.56元/kg，2014—2016年间的销售价格为2.76元/kg，销售价格下降6.9%；2019—2020年间平均单季产值1499.19元/亩，2014—2016年间的平均单季产值1134.02元/亩，产值增加365.17元/亩、增幅24.36%。④从生产成本来分析，2019—2020年间平均单季人工成本263.06元/亩、物化成本576.82元/亩，2014–2016年间的平均单季人工成本493.81元/亩、物化成本501.40元/亩，比较起来，人工成本减少 230.75 元 / 亩、物化成本增加 83.01 元 / 亩(增加的主要是机械作业费用),总体节本 147.74 元 / 亩。
⑤ 2019—2020 年间平均单季劳动用工 1.93 d,劳动生产力平均达到 305.34 kg/d;2014—2016 年间的平均单季劳动用工 6.39 天,劳动生产率为 64.32 kg/d,双季稻全程机械化生产技术的推广应用显著地提高了劳动生产力,同时大大改善了农民的工作环境和工作状态。

表 6-14　核心试验区的产量与经济效益数据一览表

生态区	实施年份	生态型	实施面积/亩	机插秧率/%	单产/ (kg·亩$^{-1}$)	销售价格/ (元·kg^{-1})	产值/ (元·亩$^{-1}$)	物化成本/ (元亩$^{-1}$)	劳动用工/ (d·亩$^{-1}$)	人工成本/ (元亩$^{-1}$)	亩纯收入/ (元亩$^{-1}$)	劳动生产率/ (kg·d^{-1})
湘北	2019	早稻	2481	77.83	557.75	2.43	1353.54	542.50	1.93	262.48	548.56	289.27
湘北	2019	晚稻	3518	84.37	606.80	2.58	1566.90	611.00	1.92	261.66	694.24	321.19
湘北	2020	早稻	3437	100.00	546.80	2.39	1305.12	547.00	1.92	260.58	497.55	285.40
湘北	2020	晚稻	3741	100.00	591.80	2.90	1711.04	613.00	1.92	261.66	836.38	313.12
湘中东	2019	早稻	1470	48.64	579.00	2.40	1389.68	538.33	1.95	265.65	585.69	296.84
湘中东	2019	晚稻	1235	38.87	626.00	2.60	1627.00	530.00	1.89	257.04	839.96	332.53
湘中东	2020	早稻	1270	59.45	571.50	2.37	1354.21	535.00	2.00	272.00	547.21	285.75
湘中东	2020	晚稻	1973	61.73	580.25	2.66	1542.84	595.00	1.84	249.56	698.28	316.87
湘南	2019	早稻	2000	50.00	583.50	2.52	1467.24	560.00	2.18	296.48	610.76	275.38
湘南	2019	晚稻	2400	58.33	600.00	2.65	1586.10	645.00	1.78	242.08	699.02	337.08
湘南	2020	早稻	3820	73.82	587.00	2.59	1516.64	560.00	2.06	279.48	677.16	290.36
湘南	2020	晚稻	3420	61.99	583.20	2.70	1570.00	645.00	1.82	248.06	676.94	320.35
2019—2020 二年单季平均				67.92	584.47	2.56	1499.19	576.82	1.93	263.06	659.31	305.34
2014—2016 三年平均		早稻			393.00	2.66	1045.38	453.65	5.91	455.84	135.89	66.50
		晚稻			429.00	2.85	1222.65	533.97	6.87	546.96	141.72	62.45
		平均		25.85	411.00	2.76	1134.02	493.81	6.39	501.40	138.81	64.32

注:2014—2016 年间的平均值数据来源于 2015—2017 年湖南农村统计年鉴等统计数据;劳动生产率 = 单产 / 每亩劳动用工。

（2）生态效益与资源利用效率。双季稻绿色丰产节本增效技术模式在长江中下游南部双季稻区的推广应用,形成了很好的生态效率,也有效提高了资源利用效率（图 6-15）。① 2019—2020 年间的单季平均病虫损失率 1.09%、气象灾害损失率 4.31%,2014—2016 年间的单季平均病虫损失率 6.16%、气象灾害损失率 4.88%,病虫损失率降低 5.07 个百分点、气象灾害损失率降低 0.57 个百分点,总体病虫害和气象灾害损失率低低 5.64%。② 2019—2020 年间的单季平均养分投入 23.77 千克（按 N、P$_2$O$_5$、K$_2$O 计）,比 2014—2016 年间的单季平均养分投入 25.98 千克 / 亩减少 2.21 千克、减幅 8.51%。肥料偏生产力则由 15.82 提升到 25.04,增幅 36.82%,有效地提高了肥料利用率和利用效率。③农药费用从 2014—2016 年间的 72.70 元 / 亩降低到 2019—2020 年间的 71.46 元 / 亩,降幅 1.69%;农药利用效率则从 5.65 kg/ 元提高到 8.34kg/ 元,增幅 32.25%,得益于病虫草害绿色防控技术和水肥药高效利用技术的推广应用。④从资源利用效率来看,降水利用效率提高 63.32%、日照利用效率提高 41.94%、积温利用效率提高 32.00%,证明双季稻绿色丰产节本增效技术模式能显著提高光、热、水、肥、药的利用率和利用效率。

表 6-15　核心试验区的生态效益与资源利用率

生态区	年份	生态型	病虫损失/%	气象灾害损失/%	养分投入/(kg·亩⁻¹)	肥料偏生产力/(kg·kg⁻¹)	农药费用/(元·亩⁻¹)	农药利用效率/(kg元⁻¹)	季内降水/mm	降水利用效率/(kg·mm⁻¹)	季内日照/h	日照利用效率/(kg·h⁻¹)	季内有效积温/℃	积温利用效率/(kg·℃⁻¹)
湘北	2019	早稻	0.69	2.01	18.60	30.38	58.75	9.58	899.70	0.62	279.80	1.99	2062.50	0.27
湘北	2019	晚稻	1.23	2.24	23.42	26.43	73.00	8.50	181.90	3.34	630.90	0.96	2634.80	0.23
湘北	2020	早稻	0.80	3.37	22.00	25.07	61.20	9.07	524.74	1.13	283.56	1.93	2141.54	0.26
湘北	2020	晚稻	1.00	8.92	23.01	25.78	76.50	7.90	525.18	1.43	499.54	1.20	2452.32	0.24
湘中东	2019	早稻	1.00	3.03	22.53	25.93	66.33	8.77	985.40	0.59	216.50	2.67	2093.90	0.28
湘中东	2019	晚稻	1.30	3.55	25.55	24.88	72.50	8.91	98.70	6.34	701.60	0.89	2653.20	0.24
湘中东	2020	早稻	0.92	2.78	24.10	24.40	70.00	8.33	695.50	0.82	352.00	1.62	2245.10	0.25
湘中东	2020	晚稻	1.70	5.33	27.08	21.64	77.50	7.64	290.60	2.00	491.40	1.18	2460.90	0.24
湘南	2019	早稻	0.92	3.13	22.70	25.69	69.00	8.46	719.90	0.81	238.80	2.44	2132.70	0.27
湘南	2019	晚稻	1.55	3.18	26.05	23.33	80.00	7.50	97.30	6.17	644.00	0.93	2730.20	0.22
湘南	2020	早稻	0.80	3.94	23.24	25.27	71.75	8.23	335.00	1.75	392.70	1.49	2330.50	0.25
湘南	2020	晚稻	1.13	8.22	27.00	21.65	81.00	7.20	230.40	2.53	453.90	1.28	2511.50	0.23
2019—2020二年单季平均			1.09	4.31	23.77	25.04	71.46	8.34	465.36	2.29	432.00	1.55	2370.76	0.25
2014—2016三年单季平均			6.16	4.88	25.98	15.82	72.7	5.65	489.78	0.84	458.59	0.9	2421.84	0.17

注：2014—2016 年间的三年平均值数据来源为 2015—2017 湖南农村统计年鉴等统计数据；肥料偏生产力 = 单产/养分投入；农药利用效率 = 单产/农药费用；降水利用效率 = 单产/季内降水；日照利用效率 = 单产/季内日照；积温利用效率 = 单产/季内有效积温。

第三节　湘北环湖平丘区生产模式

一、模式概述

（1）模式名称：湘北环湖平丘区双季稻全程机械化高效生产模式。

（2）适用范围：湖南省湘北环湖平丘区。

（3）生态条件：湘北环湖平丘区区境以平原为主，属于中亚热带向北亚热带过渡的季风湿润性气候。其特点是四季分明，光热丰富，雨量充沛，盛夏较热，冬季较冷，春暖迟，秋季短，夏季多偏南风，其他季节偏北为主导风向，气温年较差大，日较差小，地区差异明显。

（4）生产问题：湘北环洞庭湖区是湖南省的重要商品粮生产基地，目前面临的主要生产问题如下：①劳动力资源困境。在农民工大潮冲击下，湘北环湖平丘区的大量青壮年劳动力进城务工经商，导致劳动力数量不足，农业劳动力素质偏低，不能适应现代生产需求。②"双改单""双改再"趋势明显。面对粮食价格偏低、生产成本持续攀升、劳动力季节性需求难以满足等现实困境，湘北传统双季稻区出现了双季稻改一季稻或再生稻的趋势，导致双季稻种植面积锐减。③福寿螺危害成为新难题。20 世纪湘北地区小龙虾危害严重，近年来中国"吃货"们掀起了小龙虾消费高潮，小龙虾的危害得到了有效控制，但早年为"吃货"们引进的福寿螺因寄生虫问题和食味品质撤出了食谱，流入野外后成为新的典型生物入侵案例，目前湘北环洞庭湖区的福寿螺危害已十分严重，直播水稻幼苗期一只福寿螺一晚可吃掉 1 m² 以上的幼苗根茎，严重影响水稻生产，必须引起高度重视。④化肥、农药利用率低，农业面源污染严重。

二、模式构建

湘北环湖平丘区是传统商品粮基地，也是最重要的双季稻优势产区，面对近年来双季稻面积减少的现实困境，必须通过节本增效来增加双季稻经济效益，提高农民和新型农业经营主体的双季稻生产积极性，逐步恢复双季稻面积；湘北环湖平丘区的人均耕地面积较大，全程机械化是发展双季稻的核心技术，因此，将湘北环湖平丘区的生产模式定位为双季稻全程机械化高效生产模式。主要包括：

（一）集中育秧工程化应用技术

（1）建设高标准集中育秧基地。按照 1000 ～ 3000 亩稻田覆盖面积规划布设集中育秧基地，遴选具有良好基础和实践经验的农机合作社、种植合作社或规模较大的家庭农场，建成高标准集中育秧基地，要求设施完备、管理科学、技术全面。

（2）推进集中育秧标准化技术。包括毯苗机插、钵苗机插、大苗机插无盘育秧和有序抛栽等多样化的机械移栽技术体系，组织当地具有较强经济实力和技术水平的新型农业经营主体实施集中工厂化育秧，采取"七统一"的技术措施：统一秧田平整、统一施用基肥、统一品种布局、统一育秧时间、统一拌种处理、统一技术培训、统一管理措施。有效规避了散户由于缺乏技术致使育秧失败的风险。

（3）完善集中育秧的社会化服务体系。集中育秧的社会化服务包括秧苗育成、秧苗运输、大田耕作平整、机械种植（机插或机抛）等环节。

（二）双季稻全程机械化生产技术

（1）双季稻机械化耕作。湘北环湖区的稻田土质优良，田园化改造水平高，适合全程机械化作业，双季稻机械化耕作技术已全面普及。早稻田推广铧式犁翻耕—旋耕机碎土泥浆化—激光平地机平泥，晚稻推广旋耕机碎土泥浆化—激光平地机平泥。

（2）双季稻机械化种植。重点推广机插、机抛技术，稳步探索机直播技术。

（3）双季稻机械化管理。基肥和石灰施用机械化已逐步普及，病虫草害防治机械化方面，全面推广"统防统治"专业化服务。

（4）双季稻机械化收获。湘北环湖平丘区主体推广低桩收获，收获机械自带秸秆粉碎功能实现秸秆还田。稻谷机烘技术已普及，但需要合理化机烘服务点布局。

（三）双季稻病虫草害绿色防控技术

（1）采用专业化统防统治方式，通过招投标方式确定病虫害统防统治公司，并由统防统治公司实施植保无人机喷施农药。

（2）在水稻生长期，根据病虫发生情况开展病虫综合防治，重点防治"三虫二病"，即稻飞虱、二化螟、稻纵卷叶螟、稻瘟病、纹枯病等病虫害。在稻田杂草防除方面，早稻在移栽前 7 ～ 10 d 翻耕，平整时灌浅水封杀杂草。栽插后 7 ～ 10 d 结合施肥拌入吡嘧苯噻酰等除草剂防除杂草。每次施药后保持 3 ～ 5 cm 水层 5 ～ 7 d，充分发挥除草效果。

（3）在田间放置性诱剂、安装杀虫灯、放养赤眼蜂、江南水鸭、青蛙等，充分发挥物理和生化等防控技术作用，达到绿色防控的目的。此外，湘北环湖平丘区的福寿螺危害日益严重，目前主要采用化学方法防治，项目组成员发明了一种防止福寿螺幼体和卵随流水进入田间的装置，具有一定的推广价值。

（四）双季稻水肥药高效利用技术

（1）提升耕地质量。积极发展冬季作物，通过冬季种植油菜或紫云英等绿肥，改善土壤理化性质，维持地力常新壮。

（2）采用双季稻病虫草害统防统治模式，利用专业公司的技术力量和设备条件，推广肥药一体化技术，利用大型植保机械，实现中后期叶面施肥与病虫防治一体化，取得了很好的实施效果。

（3）推广秸秆还田技术。采用低留桩方式机械收割水稻的同时粉碎秸秆抛撒田中，放水泡田后补施氮肥，然后用旋耕机进行埋草整地作业，施用腐熟剂加快秸秆腐熟即可。通过秸秆还田技术可以改良土壤，减少环境污染，对提高水稻产量起到较好的作用。

（4）测土配方施肥。通过对水稻种植区域土地肥力测定确定水稻生产施肥方案，以招投标的方式选择配方肥定点生产企业，以确保肥料质量可靠。增施有机肥料，在秸秆还田技术的基础上，采用增施有机肥，重施基肥，早施分蘖肥，补施壮籽肥的平衡施肥原则。一般亩施配方肥 25 kg 加碳铵 10 ~ 15 kg 作基肥深施；移栽后 5 d 左右，结合施直播净每亩追尿素 5 ~ 7.5 kg 加钾肥 5 kg，促进分蘖早生快发，及早搭好丰产苗架；晒田复水后，对禾苗长势较弱的，每亩施尿素和钾肥各 2 ~ 3 kg；齐穗后酌情喷施谷粒饱或磷酸二氢钾以延长功能叶寿命和增加千粒重。

（五）双季稻辟灾减损生态调控技术

（1）春季寒潮避灾技术。针对春季寒潮对早稻育秧的危害，全面推广集中育秧工程化应用技术，利用智能温室、塑料大棚等保护设施，避开露地寒潮危害，同时也使早稻育秧从原来的 3 月下旬提早到了 3 月中旬。实践证明，利用保护地设施集中育秧，早稻播种期可提前至 3 月 10 日左右，提高了光热资源利用率。

（2）秋季寒露风避灾减损技术。针对秋季寒露风危害，通过合理的品种搭配规避风险。

（3）湘北环湖区洪涝灾害历来都很严重，每年 6 ~ 7 月的重点工作是防洪抢险，当地干群具有丰富的经验。三峡大坝建成后该洪涝灾害有所减轻，抗洪抢险任务仍然很艰巨。

三、效益分析

双季稻全程机械化高效生产模式示范推广实现了水稻稳产高产，给农民带来了增产增收，产生了良好的经济、社会和生态效益，具有十分广阔的推广前景。

（1）产量与经济效益。采用双季稻全程机械化高效生产模式的湘北环湖平丘区，2020 年全部实现了机械化种植，2019—2020 年单季平均亩产 575.79 kg，增产幅度为 28.62%，产值增幅 23.59%；2019 年双季稻亩产 1164.55 kg，2020 年由于 9 月下旬异常低温导致双季稻亩产仅 1138.6 kg；单季人工成本平均减少 239.8 元 / 亩、物化成本增加 84.57 元 / 亩，实现总体节本 155.23 元 / 亩；单季纯收入增加 505.37 元 / 亩，增幅 78.45%（图 6-16）。

（2）生态效益与资源利用效率。病虫损失率降低 5.23 个百分点，气象灾害损失率降低 0.74 个百分点，总体减损 5.97%；单季有效养分投入减少 4.22 kg/ 亩，肥料偏生产力提高 41.23%；降水利用效率、日照利用效率、积温利用效率分别提高 48.47%、40.79%、32.00%，光、热、水、肥利用率和利用效率均得到显著提升（图 6-17）。

表6-16　湘北环湖平丘区全程机械化高效生产模式的产量与经济效益

实施年份	生态型	机插秧率/%	亩产/kg	每千克销售价格/（元·kg⁻¹）	亩产值/元	每亩物化成本/元	每亩劳动用工/天	每亩人工成本/元	亩纯收入/元	劳动生产率/（kg·d⁻¹）
2019	早稻	77.83	557.75	2.43	1353.54	542.50	1.93	262.48	548.56	289.27
2019	晚稻	84.37	606.80	2.58	1566.90	611.00	1.92	261.66	694.24	321.19
2020	早稻	100.00	546.80	2.39	1305.12	547.00	1.92	260.58	497.55	285.40
2020	晚稻	100.00	591.80	2.90	1711.04	613.00	1.92	261.66	836.38	313.12
2019—2020单季平均		90.55	575.79	2.57	1484.15	578.38	1.92	261.60	644.18	302.25
2014—2016单季平均		25.85	411.00	2.76	1134.02	493.81	6.39	501.40	138.81	64.32

表6-17　湘北环湖平丘区全程机械化高效生产模式的生态效益与资源利用率

实施年份	生态型	病虫损失/%	气象灾害损失/%	养分投入/（kg·亩⁻¹）	肥料偏生产力/（kg·亩⁻¹）	农药费用/（元·亩⁻¹）	农药利用效率/（kg·元⁻¹）	季内降水/mm	降水利用效率/（kg·mm⁻¹）	季内日照/h	日照利用效率/（kg·h）	季内有效积温/℃	积温利用效率/（kg℃⁻¹）
2019年	早稻	0.69	2.01	18.60	30.38	58.75	9.58	899.70	0.62	279.80	1.99	2062.50	0.27
2019年	晚稻	1.23	2.24	23.42	26.43	73.00	8.50	181.90	3.34	630.90	0.96	2634.80	0.23
2020年	早稻	0.80	3.37	22.00	25.07	61.20	9.07	524.74	1.13	283.56	1.93	2141.54	0.26
2020年	晚稻	1.00	8.92	23.01	25.78	76.50	7.90	525.18	1.43	499.54	1.20	2452.32	0.24
2019—2020年单季平均		0.93	4.14	21.76	26.92	67.36	8.76	532.88	1.63	423.45	1.52	2322.79	0.25
2014—2016年单季平均		6.16	4.88	25.98	15.82	72.7	5.65	489.78	0.84	458.59	0.9	2421.84	0.17

（3）社会效益。集中育秧工程化应用技术的推广，有效推进了农业生产的规模化、专业化、标准化进程；双季全程机械化生产技术的普及，有效地缓解了湘北环湖平丘区劳动力资源困境；双季稻水肥药高产利用技术的推广应用，提高了农业投入品的利用率和利用效率，减轻了农业面源污染。水稻避免了分散育秧所带来的成秧率低、灾害损失大、面源污染等问题；稻谷生产经营信息化服务技术的应用，推进了农业信息化进程，奠定了现代农业建设的资源基础。

第四节　湘中东丘岗盆地区生产模式

一、模式概述

（1）模式名称：湘中东丘岗盆地区双季稻超高产绿色生产模式。

（2）适用范围：湘中东丘岗盆地区。

（3）生态条件：湘中东主要包括长沙、株洲、湘潭等地，属于典型的亚热带季风湿润气候，年均气温17.5℃，年内最高气温36.7℃，最低气温–1.2℃。年降水量1534.1 mm，年平均蒸发量1480 mm，年平均湿度大于80%，年平均无霜期275 d，平均日照时数1663 h。由于该地区降水充沛，温光充足，四季分明，非常适合双季稻种植，双季稻在该地区粮食生产中占有举足轻重的地位。

（4）生产问题：第一，该区经济相对较发达，从事农业的劳动力较少，生产资料和劳动力价格成本偏高，导致种植双季稻效益较低。第二，双季稻生产季节紧张，劳动强度大，迫切需要解决生产过程中的机械化作业问题。近年来机耕率和机收率已达90%以上，但机插秧率仍徘徊在27.0%左右。第三，该地区双季稻生产受亚热带季风气候的影响明显，如早稻秧苗期寒潮，灌浆期高温，晚稻抽穗期寒露风等，需选择适宜的品种搭配及配套的栽培技术。第四，该地区双季稻稻瘟病、纵卷叶螟、二化螟等病虫危害严重，同时，过度使用化学农药和化肥，导致面源污染、重金属污染和农药残留等生态环境问题突出，迫切需要综合防治及绿色防控等技术措施。

二、模式构建

针对湘中东丘岗盆地区的生态条件和生产问题，构建湘中东丘岗盆地区双季稻超高产绿色生产模式，在长江中下游南部双季稻区共性技术模式的基础上，明确了湘中东丘岗盆地区的技术实施策略和操作性规范。

（一）集中育秧工程化应用技术

针对小户分散育秧发芽率低、成苗率低、秧苗素质差、育秧成本高等生产问题，依托各地农机合作社、种植合作社或种粮大户，采用秧盘播种流水线、智能化密室催芽、工厂化育秧或大棚集中育秧等技术，配合机插、机抛专业化服务，形成集中育秧专业化服务模式。重点推广无盘育秧大苗机插技术、机钵体育秧有序抛栽技术。组织当地具有较强经济实力和技术水平的新型农业经营主体实施集中工厂化育秧，有效规避了散户由于缺乏技术致使育秧失败的风险。

（二）双季稻全程机械化生产技术

湘中东地区双季稻机耕、机收、机运、机烘技术已基本普及，机械移栽是全程机械化生产的技术瓶颈。在现有毯苗机插、钵苗机插技术的基础上，重点推广两大机械移栽新技术：印刷播种无盘育秧大苗机插技术、机钵体育秧有序抛栽技术。通过采用印刷播种、秧盘播种流水线作业、机械耕整地技术、机械插秧或抛栽技术、飞防飞控技术、机械收获技术、机械烘干技术等，实现水稻生产全程机械化，以提高生产效率，减少劳动投入，实现省工节本与提高劳动生产率。

（三）双季稻病虫草害绿色防控技术

推广双季稻病虫草害专业化统防统治模式，利用大型植保机械、植保无人机等现代设施，提高劳动生产率和防治效果。重点防治"三虫二病"（稻飞虱、二化螟、稻纵卷叶螟、稻瘟病、纹枯病）。在稻田杂草防除方面，早稻在移栽前7～10 d翻耕，平整时灌浅水封杀杂草。建立专业化病虫害绿色防控体系，在做好病虫害预测预报的同时，做到长效防控和统防统治相结合。主要技术包括频振灯、性诱剂、赤眼蜂、稻田养鸭以及蜂灯性诱剂联动的生物防治模式，形成安全、优质、丰产和高效的水稻绿色生产规范化技术体系。推荐使用稻螟赤眼蜂控制二化螟和稻纵卷叶螟技术，扇吸式益害昆虫分离诱虫灯保益控害诱杀技术，性引诱剂诱杀二化螟技术，稻田天敌保育技术防治稻飞虱，稻田养鸭治虫防病除草等。

（四）双季稻避灾减损生态调控技术

（1）针对春季寒潮对早稻育秧的危害，全面推广早稻集中育秧工程化应用技术，利用智能温室、塑料大棚等保护设施规避露地寒潮危害。

（2）针对秋季寒露风危害，通过合理的品种搭配规避风险。该地区早稻全生育期为 106 ~ 112 d，早稻集中育秧一般在 3 月 15 d 左右播种，4 月中下旬移栽，7 月上旬收割。晚稻的全生育期为 112 ~ 128 d，常在 6 月下旬播种，7 月中下旬移栽，10 月底到 11 月初收割。根据品种生育期、抗性、品质、丰产性等因素，早稻宜选用中嘉早 17、中早 39、湘早籼 42 号、陆两优 268、株两优 189、株两优 819、陆两优 942、两优 287 等品种，晚稻宜选用泰优 390、C 两优 396、H 优 518、盛泰优 018 和天优华占等超级稻或优质稻品种。以"早专晚优"或"双超"品种搭配模式为主。

（五）双季稻水肥药高效利用技术

（1）双季稻水肥药高效利用技术。采用双季稻病虫草害统防统治模式，利用专业公司的技术力量和设备条件，推广肥药一体化技术，利用大型植保机械，实现中后期叶面施肥与病虫防治一体化，取得了很好的实施效果。在确定目标产量和稻田肥力水平的基础上，确定平均适宜施肥量和可减少的化肥用量，实现"肥药双减"和水、肥、药高效利用。推荐使用配方肥和配方药，药肥复合产品有"水稻除草杀虫药肥""超敏蛋白复合酶生物制剂"等，施肥方式推荐采用侧深施肥。

（2）耕地质量提升技术。通过测土配方施肥，农作物秸秆覆盖、翻压、墒沟填埋和草炭等方式还田，绿肥 - 稻草协同高效生产利用技术、有机肥替代部分化肥等，增加土壤有机质含量、改善土壤理化性质，以改善生态环境、减少化肥施用和培肥地力。

（六）水稻生产经营信息化服务技术

利用稻谷生产经营信息化服务云平台为水稻生产经营者提供全方位信息化服务，免费享受远程诊断与在线咨询、在线学习与远程培训、质量溯源等服务。同时，组织长沙、宁乡、浏阳、醴陵、湘潭采集稻谷生产经营面板数据，在湘潭县碧泉潭基地、长沙县路口镇明月村、浏阳沿溪镇、醴陵等地安装 5 套稻田多元信息智能感知传感器集成终端，全面采集和有效积累稻田资源环境大数据，奠定智慧农业的大数据资源基础。

三、效益情况

2018 年 –2020 年，按照湘中东丘岗盆地区双季稻超高产绿色生产模式的标准及其技术要求，分别在长沙县青山铺镇和路口镇、醴陵市泗汾镇、浏阳市永安镇组织开展生产示范，核心示范区面积 267 公顷。由湖南省农学会组织省内外有关专家进行现场测产验收，2018 年区域生产示范中，浏阳市示范区早稻选用株两优 819，平均亩产 530.0 kg，晚稻选用天优华占，平均亩产 541.4 kg，双季稻平均亩产 1071.4 kg。长沙示范区早稻选用株两优 819，平均亩产为 548.6 kg，晚稻选用 C 两优 396，平均亩产 618.7 kg，双季稻平均亩产 1167.3 kg。醴陵核心示范区早稻选用陆两优 268，平均亩产为 550.9 kg，晚稻选用 H 优 518，平均亩产 629.3 kg，双季稻平均亩产 1180.2 kg。2019 年区域生产示范中，浏阳市早稻选用株两优 819，亩产 529.6 kg，晚稻选用泰优 390，亩产 628.1 kg，双季稻平均亩产 1157.7 kg。长沙县早稻选用株两优 819，亩产 590.2 kg，晚稻选用 C 两优 396，亩产 630.6 kg，双季稻平均亩产 1220.8 kg。醴陵市早稻选用中嘉早 17，亩产 550.0 kg，晚稻选用隆优丝苗，亩产 628.1 kg，双季稻平均亩产 1178.1 公斤。三个核心示范基地均达到并超过目标产量。

（1）产量与经济效益。采用双季稻超高产绿色生产模式的湘中东丘岗盆地区，核心试验区的机插秧率达到 52.17%，双季稻机械化种植（机插、机抛）水平得到大幅度提升。单季平均单产 589.19 kg / 亩，增产幅度为 30.24%；2019 年双季稻亩产 1205 kg，2020 年双季稻亩产 1151.75 kg，均已实现双季稻亩产 1150 kg 的目标。单季平均人工成本降低 240.34 元 / 亩、物化成本增加 55.77 元 / 亩（主要为机械作业成本增加），实现单季总体节本 184.57 元 / 亩。单季每亩纯收入 667.79 元，实现单季增收 528.98 元 / 亩。推广双季稻全程机械化生产技术，劳动生产率得以显著提升（图 6–18）。

表 6–18　湘中东丘岗盆地区双季稻超高产绿色生产模式的产量与经济效益

实施年份	生态型	机插秧率/%	亩产/kg	每千克销售价格/（元·kg⁻¹）	亩产值/元	每亩物化成本/元	每亩劳动用工/天	每亩人工成本/元	亩纯收入/元	劳动生产率/（kg·d⁻¹）
2019	早稻	48.64	579.00	2.40	1389.68	538.33	1.95	265.65	585.69	296.84
2019	晚稻	38.87	626.00	2.60	1627.00	530.00	1.89	257.04	839.96	332.53
2020	早稻	59.45	571.50	2.37	1354.21	535.00	2.00	272.00	547.21	285.75
2020	晚稻	61.73	580.25	2.66	1542.84	595.00	1.84	249.56	698.28	316.87
2019—2020单季平均		52.17	589.19	2.51	1478.43	549.58	1.92	261.06	667.79	308.00
2014—2016单季平均		25.85	411.00	2.76	1134.02	493.81	6.39	501.40	138.81	64.32

（2）生态效益与资源利用率。平均单季病虫损失率降低 4.93 个百分点，气象灾害损失率降低 1.21 个百分点，总体灾害损失率降低 6.14%。单季养分投入（N、P$_2$O$_5$、K$_2$O）减少 1.17 千克 / 亩，减幅 4.5%，肥料偏生产力提高 34.66%。单季农药费用减少 1.12 元 / 亩，农药利用效率提高 32.82%。降水利用效率、日照利用效率、积温利用效率分别提高 65.57%、43.40%、32.00%，光、热、水、肥、药的利用效率得到显著提升（图 6–19）。

表 6–19　湘中东丘岗盆地区双季稻超高产绿色生产模式的生态效益与资源利用率

实施年份	生态型	病虫损失/%	气象灾害损失/%	养分投入/（kg·亩⁻¹）	肥料偏生产力/（kg·kg⁻¹）	农药费用/（元·亩⁻¹）	农药利用效率/（kg·元⁻¹）	季内降水/mm	降水利用效率/（kg·mm⁻¹）	季内日照/h	日照利用效率/（kg·h⁻¹）	季内有效积温/℃	积温利用效率/（kg·℃⁻¹）
2019	早稻	1.00	3.03	22.53	25.93	66.33	8.77	985.40	0.59	216.50	2.67	2093.90	0.28
2019	晚稻	1.30	3.55	25.55	24.88	72.50	8.91	98.70	6.34	701.60	0.89	2653.20	0.24
2020	早稻	0.92	2.78	24.10	24.40	70.00	8.33	695.50	0.82	352.00	1.62	2245.10	0.25
2020	晚稻	1.70	5.33	27.08	21.64	77.50	7.64	290.60	2.00	491.40	1.18	2460.90	0.24
2019–2020单季平均		1.23	3.67	24.81	24.21	71.58	8.41	517.55	2.44	440.38	1.59	2363.28	0.25
2014–2016单季平均		6.16	4.88	25.98	15.82	72.7	5.65	489.78	0.84	458.59	0.9	2421.84	0.17

（3）社会效益。双季稻超高产绿色生产模式实行了机械化生产、专业化服务，有效地缓解了当前水稻生产的劳动力资源困境，同时大大提高了农业劳动力的综合素质，有利于优化农村种植结构，促进产业结构升级，推进社会主义新农村建设。

第五节 湘南丘岗山区生产模式

一、模式概述

（1）模式名称：湘南丘岗山区双季稻耐逆稳产轻简化生产模式。

（2）适用范围：湘南丘岗山区。

（3）生态条件：湘南丘岗山区出现降温幅度大，持续时间长的冬季冷冻和春秋低温阴雨天气。春末夏初在复杂气候因素影响下，降水集中并多暴雨，容易造成洪涝灾害。盛夏初秋，出现的"干热风"影响，形成夏秋持续高温，河谷盆地最高气温 ≥ 30℃ 的日期可持续 80 d 以上。7 ~ 9月的总降水量不及蒸发量的 1/2，且降水形式多为雷阵雨，有效性差。湘南丘岗山区，因保水性差和储水困难，加剧了旱情。红壤，土层深厚，黏性重，透水性差，抗蚀抗冲能力弱，易遭面蚀，植被破坏后还易形成沟蚀和崩塌，往往造成严重的水土流失。东、南、西边境山区，山高坡陡，生态脆弱等，都是农业生产的重要限制因素。湘南丘岗山区农业生产发展也还存在着经济发展水平不高，农业基础薄弱，抗御农业自然灾害的能力不强；农业劳动力的素质低，农业科技落后等问题。

（4）生产问题：①耕地细碎化困境。湘南丘岗山区稻田主要集中于河谷地区、小盆地和山间谷地，单丘面积小，田块不规则，丘块间高程差异大，极不利于机械化作业，还存在串灌、田埂占地多等问题。②湘南丘岗山区气候多变、灾害频繁、产量差异大、重演性差。③氮肥用量过高、现有栽培技术体系难以充分适应大面积增产。

二、模式构建

针对湘南丘岗山区的生态条件和生产问题，构建湘南丘岗山区双季稻耐逆稳产轻简化生产模式，在长江中下游南部双季稻区共性技术模式的基础上，根据湘南丘岗山区的生态条件和生产问题，具体实施策略及操作性规范如下：

（一）集中育秧工程化应用技术

湘南丘岗山区的人均耕地面积少，稻田分散度高，集中育秧工程化应用技术主要应用于早稻，集中育秧除了地对机插、机抛技术实施以外，还有部分人工抛秧也可以实现集中育秧。此外，湘南丘岗山区烤烟种植面积较大，烟草漂浮育苗设施一般在3月上旬完成移栽，可以利用这类设施进行集中育秧。

（二）双季稻全程机械化生产技术

（1）双季稻机械化生产技术。双季稻机械化耕作技术和收获技术已普及，机械化种植技术重点推广机插技术和机抛技术，机械化管理技术重点推广病虫草害"统防统治"专业化服务模式。

（2）轻简化栽培技术。随着社会经济的快速发展、农村劳动力的大量转移，水稻生产轻简化是必然趋势。针对湘南丘岗山区双季稻生产，充分利用当地的光温资源，农村劳动力数量和质量下降，利用水稻抛秧技术、直播技术以及工厂化育秧机械插秧，结合课题3的研究成果，研究不同类型的早稻 - 晚稻搭配的轻简化稳产栽培模式，形成双季稻标准化技术体系并进行示范推广。

（三）双季稻病虫草害绿色防控技术

针对湘南丘岗山区病虫草的特征，保护天敌，利用"蜂蛙灯"结合课题 5 的研究成果，对湘南丘岗山区病虫草害进行生物防治，保护环境集成生物防治技术等绿色防控措施，减少农药施用，控制稻田、稻米农药残留，确保稻米质量安全，形成湘南丘岗山区双季稻绿色防控技术集成体系并进行示范绿色防控。以自然繁殖、人工释放和饲养天敌为核心，物理防治为辅助的立体生态防控策略，形成安全、优质、丰产和高效的水稻绿色生产规范化技术模式。推荐使用稻螟赤眼蜂优良种群及"繁控保"释放法控制二化螟和稻纵卷叶螟技术，扇吸式益害昆虫分离诱虫灯保益控害诱杀技术，性引诱剂诱杀二化螟技术，稻田天敌保育技术防治稻飞虱等。

（四）双季稻避灾减损生态调控技术

（1）干旱灾害防御。一是抗旱救苗。邵阳、衡阳等干旱走廊地区，晚稻育秧移栽旱灾影响较大，大田育秧应高度重视抗旱保苗，将有限的灌溉水资源确保秧田用水。二是蓄水抢插。稻谷生产经营者应提前做好规划，充分利用灌溉水资源和水利设施，确保晚稻移栽田间用水。三是水肥耦联。复水后抓紧时间追肥，全面提高水肥利用率和利用效率。四是水药耦联。需要进行病虫草害防治施用农药时，注意灌水后抓紧时间施药，提高水药利用效率。五是推广应用节水农艺技术。应积极推广集中育秧工程化应用技术，大田生育期间重视水分运筹，合理利用降水资源，提高灌溉水利用效率。

（2）针对早春低温导致烂秧，积极推广早稻集中育秧工程化应用技术，利用集中育秧的设施保护，不仅避免了早春低温的影响，还可以提早播种期 5 ～ 10 d，延长双季稻田间生育期。

（3）针对晚秋剧烈变温和寒露风严重影响晚稻结实的低温逆境，通过双季稻品种搭配技术规避寒露风危害。早稻选用大穗型迟熟品种陆两优 996、株两优 30、株两优 101 等品种，晚稻选用优质高产品种泰优 390、五优 103、隆晶优 1 号等品种。适时提前播种（早稻在 3 月 10 ～ 18 号播种，晚稻在 6 月 15 日　前播种），充分利用湘南的光热资源，减少气象灾害损失机率，增加大田基本苗到达增苗减氮的效果。侧给性施肥侧给性施肥 N 素后移，增加大田有效穗数和穗粒总数，提升耕地质量。统防统治，无人机统一施用农药防治病虫害，减少人工，提高效率。实用技术应用：双季稻品种搭配，双季稻全程机械化；单本密植；增苗减氮；超级稻增穗增粒养分调控；双季稻水肥高效利用；气象灾害避灾减损；耕地质量提升；测土配方施肥。

（五）双季稻水肥药高效利用技术

根据湘南丘岗山区土壤养分含量和双季稻的不同生育期需肥规律和特点，集成项目研究成果，采用合理的田间蓄水、早水晚用、覆盖栽培、少免耕技术、梯式灌溉栽培等节水技术，结合课题 1 和课题 4 的研究成果，实行系统化的供水、供肥，形成湘南丘岗山区双季稻节水、减肥、减药的水肥药协同一体化栽培技术体系并进行示范。

三、效益分析

双季稻耐逆稳产轻简化生产模式实现了耐逆、稳产、轻简化，产生了良好的经济、社会和生态效益，具有十分广阔的推广前景。

（1）产量与经济效益。采用湘南丘岗山区耐逆稳产轻简化生产模式，核心试验区双季稻机械种植率达 61.04%，双季稻机械化种植水平显著提升。单季平均单产 588.43 kg/ 亩，增产 177.43 kg/ 亩，增幅

30.15%；2019 年双季稻亩产 1193.5 kg，2020 年 1170.2 kg，均已实现核心试验区的产量目标。平均单季产值增加 400.98 元 / 亩，增幅 26.12%。单季平均人工成本降低 234.87 元 / 亩、物化成本增加 108.69元 / 亩（主要增加了机械作业费用），实现总体单季节本 126.18 元 / 亩。每亩单季纯收入增加 527.16 元，增幅 79.16%，劳动生产率得到大幅提升。

表 6–20　湘南丘岗盆山区双季稻耐逆稳产轻简化生产模式的产量与经济效益

实施年份	生态型	机插秧率/%	亩产/kg	每千克销售价格/（元·kg⁻¹）	亩产值/元	每亩物化成本/元	每亩劳动用工/天	每亩人工成本/元	亩纯收入/元	劳动生产率/（kg·d⁻¹）
2019 年	早稻	50.00	583.50	2.52	1467.24	560.00	2.18	296.48	610.76	275.38
2019 年	晚稻	58.33	600.00	2.65	1586.10	645.00	1.78	242.08	699.02	337.08
2020 年	早稻	73.82	587.00	2.59	1516.64	560.00	2.06	279.48	677.16	290.36
2020 年	晚稻	61.99	583.20	2.70	1570.00	645.00	1.82	248.06	676.94	320.35
2019—2020年单季平均		61.04	588.43	2.61	1535.00	602.50	1.96	266.53	665.97	305.79
2014—2016年单季平均		25.85	411.00	2.76	1134.02	493.81	6.39	501.40	138.81	64.32

（2）生态效益与资源利用率。单季病虫损失率降低 5.06 个百分点，气象灾害损失率降低 0.26 个百分点，总体单季灾害损失率降低 5.32%；单季农药费用减少 2.74 元 / 亩，农药利用效率提高 28.03%。单季养分投入减少 1.23 千克 / 亩，肥料偏生产力提高 34.06%，降水利用效率、日照利用效率、积温利用效率分别提高 70.21%、41.56%、29.17%，光、热、水、肥、药的利用效率得到了显著提升。

表 6–21　湘南丘岗盆山区双季稻耐逆稳产轻简化生产模式的生态效益与资源利用率

实施年份	生态型	病虫损失/%	气象灾害损失/%	亩养分投入/kg	肥料偏生产力/（kg·kg⁻¹）	每亩农药费用/元	农药利用效率/（kg·元⁻¹）	季内降水/mm	降水利用效率/（kg·mm⁻¹）	季内日照/h	日照利用效率/（kg·h⁻¹）	季内有效积温/℃	积温利用效率/（kg·℃⁻¹）
2019 年	早稻	0.92	3.13	22.70	25.69	69.00	8.46	719.90	0.81	238.80	2.44	2132.70	0.27
2019 年	晚稻	1.55	3.18	26.05	23.33	80.00	7.50	97.30	6.17	644.00	0.93	2730.20	0.22
2020 年	早稻	0.80	3.94	23.24	25.27	71.75	8.23	335.00	1.75	392.70	1.49	2330.50	0.25
2020 年	晚稻	1.13	8.22	27.00	21.65	81.00	7.20	230.40	2.53	453.90	1.28	2511.50	0.23
2019—2020年单季平均		1.10	4.62	24.75	23.99	75.44	7.85	345.65	2.82	432.35	1.54	2426.23	0.24
2014—2016年单季平均		6.16	4.88	25.98	15.82	72.7	5.65	489.78	0.84	458.59	0.9	2421.84	0.17

（3）社会效益。湘南丘岗山区的农业经济技术条件相对较差，气象灾害频繁发生，推广双季稻耐逆稳产轻简化生产模式，有效地缓解了当地农业劳动力资源困境，提升了农业劳动力的综合素质，促进了地方经济健康、可持续发展。

参考文献

[1] 陈彦宾, 张凯, 许宁, 等. 农业农村部科技发展中心"十三五"国家重点研发计划实施成效综述 [J]. 农业科技管理, 2021,40(02):4-9.

[2] 周淑丽. 浅析加快推进农作物病虫害绿色防控工作的对策 [J]. 内江科技, 2021,42(04):63+27.

[3] 朱春权, 曹小闯, 朱练峰, 等. 不同属性特征基质对早稻秧苗耐低温的影响 [J/OL]. 中国水稻科学, 2021,35(4):503-512[2021-07-29].http://kns.cnki.net/kcms/detail/33.1146.S.20210421.1103.006.html.

[4] 柳开楼, 韩天富, 李文军, 等. 紫云英不同翻压年限下驱动水稻产量变化的土壤理化因子分析 [J]. 中国水稻科学, 2021,35(03):291-302.

[5] 段秀建, 张巫军, 姚雄, 等. 稻油两熟区机插水稻移栽叶龄及穴基本苗适宜值研究 [J]. 西南大学学报(自然科学版),2021,43(04):36-43.

[6] 贾先勇, 彭春娥, 华文杰, 等. 2020 年水稻生产对气象灾害预防的启示 [J]. 农业科技通讯, 2021(04):12-15.

[7] Ibrahim Ali,Saito Kazuki,Bado Vincent B., et al. Thirty years of agronomy research for development in irrigated rice-based cropping systems in the West African Sahel: Achievements and perspectives[J]. Field Crops Research,2021,266.

[8] 吴罗发, 张文毅, 舒时富, 等. 适宜南方丘陵双季杂交稻的精量育秧播种装备的研制与试验 [J]. 江西农业学报, 2021,33(04):108-112.

[9] 刘德利, 吴文勇, 肖娟, 等. 不同灌溉施肥时机对稻田肥料分布和水稻生长的影响 [J]. 灌溉排水学报, 2021, 40(04):29-36.

[10] 张玉盛, 张小毅, 肖欢, 等. 粒肥施用时间对双季稻乳熟期亚细胞镉分布的影响 [J]. 农业环境科学学报, 2019(3): 1-16.

[11] 李尚, 陈雪飞, 田贵康, 等. 重庆市水稻机插秧关键共性技术研究及应用 [J]. 南方农机, 2021,52(07):67-69.

[12] 郑佳舜, 胡钧铭, 韦翔华, 等. 绿肥压青对粉垄稻田土壤微生物量碳和有机碳累积矿化量的影响 [J]. 中国生态农业学报: 中英文, 2021,29(04):691-703.

[13] 刘凤春. 水稻全程机械化生产关键技术与实施途径分析 [J]. 农机使用与维修, 2021(04):127-128.

[14] 夏子余. 舒城县水稻机插侧深施肥简化减量施肥试验 [J]. 现代农业科技, 2021(07):13-14.

[15] 胡根生. 侧深施肥用量对中籼杂交水稻生长和产量的影响 [J]. 安徽农业科学, 2021,49(07):167-169.

[16] 杜鹰, 张秀青, 张学彪. 当前水稻生产收益的下滑趋势及政策建议 [J]. 中国物价, 2021(04):88-90.

[17] 张小红, 钟平, 邵文奇, 等. 水稻托盘育秧技术 [J]. 上海农业科技, 2021(02):34-35+69.

[18] 徐海云, 李加奎, 布芳芳. 水稻机械化育插秧高密度播种、低叶龄移栽技术初探 [J]. 上海农业科技, 2021(02): 36-37.

[19] 张洪程, 胡雅杰, 杨建昌, 等. 中国特色水稻栽培学发展与展望 [J]. 中国农业科学, 2021,54(07):1301-1321.

[20] 彭碧琳, 李妹娟, 胡香玉, 等. 轻简氮肥管理对华南双季稻产量和氮肥利用率的影响 [J]. 中国农业科学, 2021,54(07):1424-1438.

[21] 朱铁忠，柯健，姚波，等. 沿江双季稻北缘区机插早稻的超高产群体特征 [J]. 中国农业科学 ,2021,54(07):1553–1564.

[22] 郑华斌，李波，王慰亲，等. 不同栽培模式对"早籼晚粳"双季稻光氮利用效率及产量的影响 [J]. 中国农业科学 ,2021,54(07):1565–1578.

[23] 吴庆香. 晶两优华占在邵武市作再生稻种植表现及高产栽培技术 [J]. 福建稻麦科技 ,2021,39(01):42–44.

[24] 吴咏梅. 水稻密苗育秧及配套机插秧技术试验示范分析 [J]. 江苏农机化 ,2021(02):20–22.

[25] Song Kaifu,Zhang Guangbin,Yu Haiyang, et al. Evaluation of methane and nitrous oxide emissions in a three–year case study on single rice and ratoon rice paddy fields[J]. Journal of Cleaner Production,2021,297.

[26] 周为华. 水稻机插秧密播稀植技术适应性试验研究 [J]. 农业开发与装备 ,2021(03):134–135.

[27] 刘萍，邵彩虹，张红林，等. 基于季节性降雨的双季稻生育后期干湿交替灌溉对稻谷产量及品质的影响 [J]. 作物杂志 ,2021(02):153–159.

[28] 樊鹏飞，刘伟民，杨勇，等. 湖南双季稻田氮素去向及残效定量研究 [J]. 南方农业学报 ,2021,52(01):45–54.

[29] 王紫君，王鸿浩，李金秋，等. 椰糠生物炭对热区双季稻田 N_2O 和 CH_4 排放的影响 [J/OL]. 环境科学 ,2021,42(8):3931-3942[2021–07–29].https://doi.org/10.13227/j.hjkx.202011247.

[30] 谭文芳，梁建红，张潇. 2019 年涟源市深两优 867 机收再生稻"四防一增"技术示范推广探讨 [J]. 现代农业科技 ,2021(06):54–55.

[31] 夏景霞. 加快农机合作组织发展的调查与思考 [J]. 中国农机监理 ,2021(03):29–32.

[32] 曹鹏，张建设，蔡鑫. 湖北省水稻产业高质量发展路径探析 [J]. 农学学报 ,2021,11(03):84–88.

[33] 宋恩明. 安徽水稻机械化种植的问题与措施分析 [J]. 农家参谋 ,2021(05):97–98.

[34] 刘付仁，张青，钟其全，等. 杂交水稻制种精准印刷播种育秧技术应用示范 [J]. 中国种业 ,2021(03):106–108.

[35] 林祁，林强，蒋家焕，等. 谷优 676 作再生稻大面积示范高产栽培技术 [J]. 杂交水稻 ,2021(4):1-3.

[36] Deng Fei,Yang Fan,Li Qiuping, et al. Differences in starch structural and physicochemical properties and texture characteristics of cooked rice between the main crop and ratoon rice[J]. Food Hydrocolloids,2021(5):116.

[37] 周跃良，龙俐华，贺森尧，等. Y 两优 9918 的选育及高产栽培与制种技术要点 [J]. 湖南农业科学 ,2021(02):11–14.

[38] 刘路广，陈扬，吴瑕，等. 不同水肥综合调控模式下水稻生长特征、水肥利用率及氮磷流失规律 [J]. 中国农村水利水电 ,2020(12):67–72+76.

[39] 李敏，罗德强，蒋明金，等. 控水增密模式对水稻减氮后光合生产特性的影响 [J]. 贵州农业科学 ,2020,48(10):1–4.

[40] 马鹏，张宇杰，林郸，等. 油 – 稻轮作下前茬氮肥投入与稻季氮肥运筹对稻田土壤养分、碳库及作物产量的影响 [J]. 江苏农业学报 ,2020,36(04):896–904.

[41] 吴宗钊，原保忠. 水肥耦合对水稻生长、产量及氮素利用效率的影响 [J]. 水资源与水工程学报 ,2020,31(04):199–207+215.

[42] 卢依灵. 钵苗机插和毯苗机插对中早 39 水稻产量及其构成的影响 [J]. 现代农业科技 ,2020, (15):8+11.

[43] 徐飞，隋文志，张拓，等. 叶龄调控下水肥耦合对寒地水稻生物学特征及水肥利用效率的影响 [J]. 中国水稻科学 ,2020,34(04):339–347.

[44] 孙志祥. 有机肥替代化肥对双季稻生长及稻田温室气体排放的影响研究 [D]. 合肥 : 安徽农业大学 ,2020.

[45] 缪杰杰. 不同施肥管理对水稻养分吸收及稻田氮磷流失的影响 [D]. 合肥 : 安徽农业大学 ,2020.

[46] 李敏，罗德强，江学海，等. 控水增密模式对杂交籼稻减氮后产量形成的调控效应 [J]. 作物学报 ,2020,46(09):1430–1447.

[47] 金聪颖，韩建华，刘文政，等. 不同植物配置的生态沟渠对稻田氮磷养分流失拦截效果分析 [J]. 天津农林科技 ,2020(03):4–5+7.

[48] 欧达. 播量和秧龄对钵苗机插水稻秧苗素质及产量形成的影响 [D]. 贵阳 : 贵州大学 ,2020.

[49] 徐富贤，周兴兵，张林，等. 稻田养鱼与氮密互作对土壤肥力、水稻产量及其养分累积的影响 [J]. 中国农学通报 ,2020,36(15):1–7.

[50] 周文涛，龙文飞，毛燕，等. 节水轻简栽培模式下增密减氮对双季稻田温室气体排放的影响 [J]. 应用生态学报 ,2020,31(08):2604–2612.

[51] 柳瑞 ,Hafeez Abdul, 等. 减氮配施稻秆生物炭对稻田土壤养分及植株氮素吸收的影响 [J]. 应用生态学报 ,2020,31(07):2381–2389.

[52] 周天阳. 栽培措施对超级稻产量和品质的影响 [D]. 扬州 : 扬州大学 ,2020.

[53] 田昌，周旋，杨俊彦，等. 化肥氮磷优化减施对水稻产量和田面水氮磷流失的影响 [J]. 土壤 ,2020,52(02):311–319.

[54] 王忍，伍佳，吕广动，等. 稻草还田 + 稻田养鸭对土壤养分及水稻生物量和产量的影响 [J]. 西南农业学报 ,2020,33(01):98–103.

[55] 杨松，贾一磊，王进友，等. 毯苗机插水稻稀播长秧龄农机与农艺相配套技术研究 [J]. 中国稻米 ,2020,26(02):73–76+79.

[56] 邹应斌. 杂交稻单本密植大苗机插栽培技术 [J]. 湖南农业 ,2020(01):15.

[57] 李美霖. 不同化肥减施模式下稻田土壤养分及微生物群落的变化 [D]. 杭州 : 浙江农林大学 ,2019.

[58] 罗遥，陈效民，刘巍，等. 有机肥添加对镉污染稻田土壤养分及镉有效性的影响 [J]. 土壤通报 ,2019,50(06):1471–1477.

[59] 袁迎春，邹伟，郭红艳，等. 紫云英翻压还田条件下化肥减量对稻田土壤养分及水稻产量性状的影响 [J]. 天津农业科学 ,2019,25(12):28–32.

[60] 孙亚军，秦广建，葛霞，等. 水稻钵苗机插高产示范与应用 [J]. 耕作与栽培 ,2019(05):56–58.

[61] 李超，肖小平，唐海明，等. 减氮增密对机插双季稻生物学特性及周年产量的影响 [J]. 核农学报 , 2019,33(12):2451–2459.

[62] 杨志远，李娜，马鹏，等. 水肥"三匀"技术对水稻水、氮利用效率的影响 [J]. 作物学报 ,2020, 46(03):408–422.

[63] 朱聪聪，杨洪建，管永祥，等. 江苏水稻钵苗机插绿色高效栽培技术研究进展 [J]. 中国稻米 ,2019, 25(05):37–41.

[64] 臧峥峥，陈芹，沈军. 水稻毯苗机插精确定量栽培技术初探 [J]. 农业开发与装备 ,2019(08):194–195.

[65] 何孝光，陈立冬，李志强，等. 秸秆还田水肥耦合对氮素利用的影响 [J]. 水利技术监督 ,2019, (04):159–162.

[66] 严串串. 水稻钵苗有序宽幅抛秧机构设计与试验 [D]. 长沙 : 湖南农业大学 ,2019.

[67] 晏军，李亚芳，马萌萌，等. 南方稻作区水肥调控研究现状及其发展趋势 [J]. 安徽农业科学 ,2019, 47(09):14–18.

[68] 李志康. 超级稻高产高效栽培措施的研究及其激素调控机制 [D]. 扬州 : 扬州大学 ,2019.

[69] 孙凯文，熊瑞恒，裴昌林，等. 水稻钵苗机插侧位施肥应用效果 [J]. 安徽农业科学 ,2019,47(03): 123–125.

[70] 裘实,吴如华,韩超,等.氮磷钾配施对钵苗机插优质食味水稻南粳 9108 的产量和品质的影响 [J].农业开发与装备,2019(01):123–127.

[71] 程建平,李进兰,李阳,等.油菜秸秆还田下不同水稻栽培模式对产量和氮肥利用率的影响 [J].湖北农业科学,2018,57(24):62–65.

[72] 郭丽华.水稻钵苗机插栽培育壮秧技术 [J].农家致富,2018(24):29–30.

[73] 肖小平,李超,唐海明,等.秸秆还田下减氮增密对双季稻田土壤氮素库容及氮素利用率的影响 [J].中国生态农业学报:中英文,2019,27(03):422–430.

[74] 段秀建,张巫军,姚雄,等.杂交中稻机收蓄留再生稻高产高效栽培技术 [J].杂交水稻,2019,34(01):44–46.

[75] 周宇,任海建,车艳波.钵苗机插水稻群体动态及产量构成 [J].中国稻米,2018,24(04):81–83.

[76] 王强盛,管永祥,章泳,等.水稻大苗机插存在问题及技术途径 [J].中国稻米,2018,24(04):24–26.

[77] 于广星,代贵金,刘宪平,等.水稻机械增密减氮高效栽培模式效益分析 [J].园艺与种苗,2018,38(07):45–46.

[78] 吴汉.氮肥运筹对钵苗机插水稻产量、品质及氮肥利用的影响 [D].合肥:安徽农业大学,2018.

[79] 何勇,向薇薇,李柏桥,等.水稻钵苗机插和毯苗机插的应用效果研究 [J].农业开发与装备,2018,(05):98–99.

[80] 陈颖.栽培措施对水稻产置和氮肥利用率的影响及其生理机制 [D].扬州:扬州大学,2018.

[81] 潘荣光,孙红梅.增密减氮处理对水稻纹枯病发生的影响 [J].辽宁农业科学,2017(02):79–81.

[82] 刘根如,姚易根,郑伟,等.双季晚稻"增密减氮"试验初报 [J].江西农业,2016(11):21–22.

[83] 费震江,程建平,吴建平,等.不同抛栽方式对水稻生育特性与产量的影响 [J].湖北农业科学,2009,48(07):1564–1567.

[84] 任万军,胡晓玲,杨万全,等.水稻优化定抛的增产机理与关键技术 [J].中国稻米,2008(03):54–56.

[85] 李玉同.水稻钵栽机高产栽培技术 [J].江苏农机化,2006(06):27–28.

[86] 李秋原,黄继庆,黄绍富.水稻智能信息化测土配方施肥试验 [J].广西农业科学,2006(05):560–562.

[87] 王玉兴,罗锡文,唐艳芹,等.气力有序抛秧机输秧机构动态模拟研究 [J].农业工程学报,2004(02):109–112.

[88] 马瑞峻,区颖刚,赵祚喜,等.水稻钵苗机械手取秧有序移栽机的改进 [J].农业工程学报,2003,(01):113–116.

[89] 王桂平.大数据在中国农业中的应用及展望——以菏泽牡丹产业为例 [J].商业经济,2021(04):102–104.

[90] 宋俊慷,黄秀梅,杨秀增.EDP 协议在物联网智慧农业监测中的应用 [J].农业开发与装备,2021(03):56–58.

[91] 张兴达.基于物联网技术的教学用智慧农业沙盘的设计 [J].南方农机,2021,52(06):62–64+153.

[92] 李燕.中国数字乡村的发展模式与实现路径 [J].探求,2021(02):108–115.

[93] 朱婉雪,孙志刚,李彬彬,等.基于无人机遥感的滨海盐碱地土壤空间异质性分析与作物光谱指数响应胁迫诊断 [J].地球信息科学学报,2021,23(03):536–549.

[94] 牟恩东.时代春耕 [J].新农业,2021(06):1.

[95] 刘军.简析精确农业对农业机械化发展的影响及相关问题 [J].新农业,2021(06):67.

[96] 谭文迪.新形势下土地资源管理策略 [J].低碳世界,2021,11(03):166–167.

[97] 冯国富,李张红,尤伟伟,等.面向农业物联网的网关功率自适应技术研究 [J].制造业自动化,2021,43(03):50–55.

[98] 李翼南.中联重科打造湖南首家智慧农业示范基地 [J].当代农机,2021(03):20.

[99] 匡思莉,戴小红.新时期浙江农产品冷链物流发展的问题与对策 [J].物流技术,2021,40(03):29–33.

[100] 胡晓峰.农业供应链金融数字化转型的实践及其推进思路 [J].西南金融,2021(04):52–62.

[101] 卜珍和.加快数字农业建设为农业高质量发展提供新动能 [N].合肥晚报,2021–03–24(A02).

[102] 魏壮志 . 农业信贷担保服务 "三农" 发展研究 [J]. 农村 · 农业 · 农民 :B 版 ,2021(03):37–38.

[103] 吴新标 , 张欢 . 江西省数字农业发展现状、问题与建议 [J]. 北京农业职业学院学报 ,2021, 35(02):18–22.

[104] 李景如 , 刘美彤 , 左书菡 , 等 . 互联网农业大数据云服务平台现状研究 [J]. 现代农机 ,2021(02): 4–5.

[105] 杨丽娟 , 王士坤 , 李洋 , 等 . 大数据背景下的信息化育种 [J]. 农学学报 ,2021,11(03):55–59.

[106] 阿布都热合曼·卡的尔 , 陈茜 , 申炳豪 . 基于区块链的生鲜农产品冷链可追溯性研究 [J]. 佛山科学技术学院学报 : 社会科学版 ,2021,39(02):49–56.

[107] 张梦瑶 . 基于物联网技术的智慧农业发展现状研究 [J]. 物流工程与管理 ,2021,43(03):98–99+102.

[108] 张岩 , 吴帅 , 张婷 , 等 . 枣庄市农产品质量安全追溯体系建设现状及存在问题 [J]. 中国果菜 ,2021, 41(03):48–51.

[109] 周斌斌 . 农业物联网技术应用及创新发展策略研究 [J]. 科技经济导刊 ,2021,29(08):34–35.

[110] 王文婷 . 基于国土资源大数据应用的土地资源管理模式创新分析 [J]. 农业科技与信息 ,2021, (05):75–76.

[111] 刘万元 , 黄连清 , 黄方连 , 等 . 基于 OneNET 物联网开放平台的智慧农业监测系统设计 [J]. 农业科技与信息 ,2021(05):82–85.

[112] 衡水市完善农产品质量安全追溯平台 [J]. 河北农业 ,2021(03):66.

[113] 王志强 , 盖素丽 , 崔彦军 , 等 . 基于数字孪生与区块链的智慧农业系统研究 [J]. 河北省科学院学报 ,2021,38(01): 66–73.

[114] 熊雪颖 . 基于区块链与农业物联网技术的订单农业供应链运营决策 [J]. 北方水稻 ,2021,51(02):59–64.

[115] 王瑞锋 , 王东升 . 基于 ARM 技术的智慧农业网络架构布局分析 [J]. 农机化研究 ,2021,43(12):242–246.

[116] 孙瑶 . 探讨智慧农业发展中物联网技术在设施农业中的应用 [J]. 现代化农业 ,2021(03):62–63.

[117] 吴荣信 , 杜茜亚 , 王孟玉 , 等 . 基于物联网技术的农作物生产研究 [J]. 现代化农业 ,2021(03): 71–72.

[118] 王俊杰 . 江苏宿迁 : 以电子合格证为载体助推可追溯农产品直供校园 [J]. 农产品市场 ,2021, (06):35.

[119] 赵立军 , 李强 , 陈爽 , 等 . 智能鱼菜共生装置的设计与试验研究 : 基于物联网远程控制 [J]. 农机化研究 ,2021,43(11):98–104.

[120] 赵荣阳 , 王斌 , 姜重然 , 等 . 基于物联网的农业大棚生产环境监控系统设计 [J]. 农机化研究 ,2021, 43(11):131–137.

[121] 郭婷婷 , 李丹丹 , 王静 , 等 . 建设作物品种数据库 助力实施 "藏粮于技" 战略 [J]. 河南农业 ,2021(07):8.

[122] 炼晨 . 遥感技术让农业生产更 "智慧" [J]. 中国农资 ,2021(06):15.

[123] 刘立文 , 段永红 , 徐立帅 , 等 . 面向新农科的遥感 "课程思政" 建设 [J]. 测绘与空间地理信息 ,2021,44(02):5–8.

[124] 綦方中 , 陈心怡 , 王佳依 . 生鲜农产品可追溯信息的消费者行为与偏好研究 [J]. 科技与经济 ,2021,34(01):46–50.

[125] 武海青 . 农产品质量安全追溯监管信息系统运用探讨 [J]. 种子科技 ,2021,39(03):133–134.

[126] 赵茂楠 , 韩丰霞 . 基于大数据的云南高原特色现代农产品物流发展对策分析 [J]. 中国物流与采购 ,2021(04):62–64.

[127] 刘德阳 , 宋淑亚 , 张静林 . 洛阳市地理标志农产品追溯体系建设和发展现状 [J]. 农产品加工 ,2021(03):93–95.

[128] 崔娟 . 关于推进农产品质量安全追溯体系建设的分析 [J]. 农业与技术 ,2021,41(03):48–50.

[129] 崔建玲 . 农产品全程追溯 , 步子迈得再大些 [J]. 农产品市场 ,2021(04):1.

[130] 项艳琳 . 福建省食用农产品质量安全可追溯体系建设探析 : 以安溪县为例 [J]. 现代农业科技 ,2021(03):223–

224+228.

[131] 郁李 . 农产品质量安全追溯体系建设现状和发展趋势 [J]. 农经 ,2021(Z1):40–43.

[132] 李霞 , 张莉 . 无锡市农产品质量安全追溯管理平台推广应用现状和建议 [J]. 上海农业科技 , 2021(01):9–10.

[133] 颜佳 , 邹建芬 , 周芳 . 浅谈武进区农产品质量安全追溯体系建设 [J]. 上海农业科技 ,2021(01):11–12.

[134] 徐观华 . 推动产地农产品追溯进入下游流通消费环节 [N]. 农民日报 ,2021–02–03(007).

[135] 刘敏 , 李百秀 . 基于信息链的农产品质量安全追溯体系研究 : 以山东省为例 [J]. 浙江档案 , 2021(01):44–46.

[136] 科学家研发新一代全球高精度耕地分布制图数据产品 [J]. 农业科技与信息 ,2021(02):57.

[137] 王大琳 . 区块链技术在农产品质量安全追溯体系中的应用设想 [J]. 农业开发与装备 ,2021 (01):52–53.

[138] 何勇 , 杨培洁 , 张春梅 , 等 . 高光谱技术在农业遥感中的应用思考 [J]. 南方农业 ,2021,15(02): 219–220.

[139] 付晓晨 , 刘义 . 基于农业遥感技术的垦区水稻长势动态监测研究 [J]. 现代化农业 ,2021(01):61–62.

[140] 朱航 , 王月 , 兰玉彬 , 等 . 长航时轻型固定翼农用遥感无人机设计与仿真 [J]. 农业机械学报 ,2021, 52(03):234–242.

[141] 王儒敬 , 谢成军 . 大力发展智慧农业技术 提速农业农村现代化 [J]. 中国农村科技 ,2021(01): 24–27.

[142] 张伟东 , 魏宝安 , 刘义 , 等 . 基于多源遥感数据的青海省农业旱情监测研究 [J]. 经纬天地 ,2020(06):62–66.

[143] 刘佳 , 王利民 , 滕飞 , 等 . 高分六号卫星在农业资源遥感监测中的典型应用 [J]. 卫星应用 ,2020 (12):18–25.

[144] 张春梅 , 何勇 , 杨培洁 , 等 . 农业遥感卫星发展现状及我国监测需求分析 [J]. 南方农业 ,2020, 14(36):179–180.

[145] 徐世武 , 饶蕾 . 情景体验在遥感应用模型教学中的探索 [J]. 中国信息化 ,2020(12):86–88.

附录 A　水稻育插秧机械化技术规程

第 1 部分：育秧

A1　范围

本部分规定了机插水稻盘育秧的术语和定义、品种选择、操作流程、种子处理、床土、秧厢、材料准备、播种、苗期管理、秧苗、起运等。

本部分适用于机插水稻软盘和硬盘育秧。

A2　规范性引用文件

下列文件对于本文件的应用是必不可少的。凡是注日期的引用文件，仅所注日期的版本适用于本文件。凡是不注日期的引用文件，其最新版本（包括所有的修改单）适用于本文件。

GB/T 3543.4　农作物种子检验规程　发芽试验

GB/T 4404.1　粮食作物种子　禾谷类

GB/T 13735　聚乙烯吹塑农用地面覆盖薄膜

GB/T 19603　塑料无滴膜

A3　术语和定义

下列术语和定义适用于本文件。

A 3.1

秧块

单个秧盘所培育出的秧苗单元。

A 3.2

秧厢

在大田盘育秧时，摆放秧盘的每厢田块。

A4　品种选择

A 4.1　选择适合机械栽插的高产优质品种。

A 4.2　早、晚稻宜选择早、中熟品种；湘北地区晚稻要求在 9 月 10 号以前齐穗，湘中地区晚稻要求在 9 月 15 号以前齐穗，湘南地区晚稻要求在 9 月 20 号以前齐穗。

A 4.3　种子质量应符合 GB/T 4404.1 中的常规稻良种级标准和杂交稻二级标准。

A 4.4　每批次育秧品种超过一个以上应有明显标志，严防混杂。

A 5　操作流程

早稻低拱膜育秧操作流程见图 A1。早稻大棚育秧操作流程见图 A2。

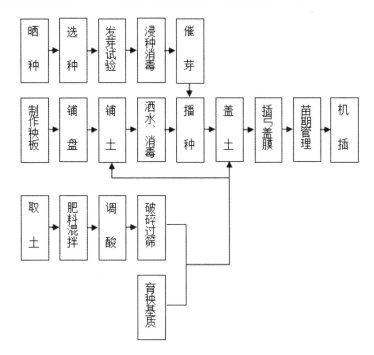

图 A1　早稻低拱膜育秧操作流程图

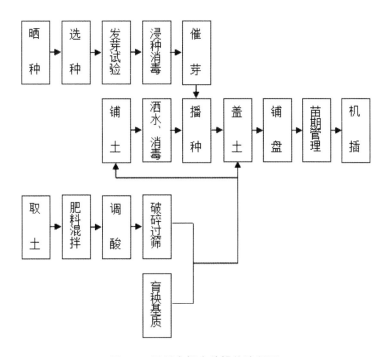

图 A2　早稻大棚育秧操作流程图

中稻、一季晚稻及双季晚稻育秧操作流程在早稻育秧流程上减少插弓、盖膜环节。

A6 种子处理

A6.1 晒种

浸种前晒种 1 ~ 2 d，提高发芽率、发芽势。

A6.2 选种

采用风选、泥水选等方式选种，或直接选用已经过选种的良种。若采用泥水选种，泥水比重应为 1.06 ~ 1.12，选种后应立即用清水淘洗。杂交稻种子饱满度差，一般用清水选种。常规稻只保留饱满种子，杂交稻饱满种子和不饱满种子用尼龙网袋分装浸种催芽。

A6.3 浸种

A6.3.1 常规稻：将选好的种子放入清水中浸泡 24 h 左右，再用强氯精 10 g 和咪鲜胺有效成份 0.5 g 与水配制成（1∶400）~（1∶500）的药液浸泡杀菌，药液质量为处理稻种质量的 1.5 ~ 2.0 倍，浸泡时间为 12 h 左右，然后用清水洗净，继续浸种 20 h 左右，注意换水。

A6.3.2 杂交稻：采用间隙浸种方法，饱满种子和不饱满种子分开浸种，其它与常规稻相似。

A6.4 催芽

早稻在浸种后将清水洗净的种子在 35 ~ 38℃下进行保湿催芽至破胸。中稻、晚稻采取多起多落浸种催芽。催芽标准为破胸露白率达 90% 以上。催芽后置阴凉处，摊晾至宜手撒播即可。

A7 床土

A7.1 床土选择

床土可选择有机营养土或基质，不应选择重黏土、重沙土和 pH 值超过 6.5 的土壤。

A7.2 床土质量

营养土应选择土壤肥沃疏松的菜园地、耕作熟化的旱地或经秋耕、冬翻的稻田表层土，土壤中应无硬杂物、杂草。

A7.3 床土培肥

A7.3.1 肥沃疏松的菜园地和冬翻田取的床土，可直接使用。

A7.3.2 其他适宜土壤在取土前，选择以下一种方式对土壤进行培肥：

a）腐熟人畜粪 2000 kg/ 亩（1 亩≈666.7 m²，下同）；

b）25% 氮、磷、钾复合肥 60 ~ 70 kg/ 亩；

c）硫酸铵 12 kg、过磷酸钙 6 kg、氯化钾 4 kg/ 亩；

d）采用旱秧壮秧剂的，在过筛时每 100 kg 细土加 0.5 ~ 0.8 kg 旱秧壮秧剂均匀拌制。

A7.3.3 床土施肥后旋耕 2 ~ 3 遍，取不大于 15 cm 表土堆制并覆盖薄膜至床土熟化，保持干燥。

A7.4 床土加工

对粒径大于 5 mm 的土块应先进行粉碎，床土含水率应为 10% ~ 15%（细土手捏成团，落地即散），然后用孔径不大于 5 mm 的筛进行过筛，筛后继续覆膜堆闷。

A7.5 床土消毒

用 65% 敌克松与水配制成（1∶1000）~（1∶1500）的药液，对床土进行喷洒消毒，以床土湿透为宜。

A7.6 床土调酸

播种前，pH 值未达到 5.5 ～ 6.5 的床土应进行调酸处理。可根据实际情况增施硫磺粉降低 pH 值。

A 7.7　床土用量

每张盘应备合格营养土 2.5 ～ 3.5 kg 或基质 0.9 ～ 1.2 kg。

A 8　秧厢

A 8.1　确定秧厢面积和选址

A 8.1.1　秧厢面积与大田面积比例宜为（1：80）～（1：100）。

A 8.1.2　选择排灌方便、避风防寒、光照充足、土壤肥沃、运秧方便的地块作秧厢。

A 8.2　大田育秧秧厢制作

秧厢应在播前 5 d 制作完成，秧厢宽 1.3 ～ 1.4 m，秧沟宽 0.25 ～ 0.50 m，深 0.15 ～ 0.20 m，平整光滑，四周开围沟，确保水系畅通，播种时厢面湿润、沉实。

A 9　材料准备

A 9.1.1　育秧盘规格尺寸为 580 mm × 280 mm × 25 mm（长 × 宽 × 高）时，常规稻每亩需备育秧盘 25 ～ 28 张；杂交稻每亩需备育秧盘 23 ～ 25 张。育秧盘规格尺寸为 580 mm × 225 mm × 25 mm（长 × 宽 × 高）时，常规稻每亩需备育秧盘 30 ～ 35 张；杂交稻每亩需备育秧盘 28 ～ 30 张。

A 9.1.2　低拱膜育秧每亩秧田，应备 2 m 幅宽的薄膜约 900 m。所选薄膜应符合 GB13735 规定。所选无滴膜应符合 GBT19603 规定。

A 9.1.3　早稻低拱膜育秧，每亩秧田的机插秧应备长约 2.0 m、宽 2.0 ～ 3.0 cm、厚约 0.5 cm 的竹条 360 根。

A 10　播种

根据水稻品种特性、茬口及晚稻安全齐穗期确定播种期。一般根据适宜移栽期，按照秧龄 18 ～ 25 d 倒推播种期。做好分期播种，防止移苗超龄。

A 10.1 早稻低拱膜育秧播种

A 10.1.1　铺盘

秧盘依次平铺，紧密整齐，盘底与秧厢密合。秧盘四周宜用木条或含水量较小的泥土扎实。

A 10.1.2　铺土

铺撒准备好的床土，土层厚度为 2.0 ～ 2.5 cm，厚薄均匀，土面平整。

A 10.1.3　补水

播种前一天，灌平沟水，待床土充分吸湿后迅速排水，亦可在播种前直接用喷雾器等雾化喷水，以不冲动床土为宜，要求播种时土壤含水率达 85% ～ 90%。

A 10.1.4　播种

按盘称种，早稻每盘播种量：当育秧盘规格尺寸为 580 mm × 280 mm × 25 mm（长 × 宽 × 高）时，常规稻约 200 g，杂交稻约 120 g；当育秧盘规格尺寸为 580 mm × 225 mm × 25 mm（长 × 宽 × 高）时，常规稻约 160 g，杂交稻约 100 g。晚稻每盘播种量：当育秧盘规格尺寸为 580 mm × 280 mm × 25 mm（长 × 宽 × 高）时，常规稻约 120 g，杂交稻约 100 g；当育秧盘规格尺寸为 580 mm × 225 mm × 25 mm（长

× 宽 × 高）时，常规稻约 100 g，杂交稻约 80 g。适宜的播种密度为 2.5 粒 /cm² 左右。播种时要做到分次细播，力求均匀。

A 10.1.5　覆土

播种后应覆土，覆土厚度 0.3 ~ 0.5 cm，以盖没芽谷为准。

A 10.2　大棚育秧播种

A 10.2.1　铺土

按 10.1.2 款的要求执行。

A 10.2.2　补水

按 10.1.3 款的要求执行。

A 10.2.3　播种

按 10.1.4 款的要求执行。

A 10.2.4　覆土

按 10.1.5 款的要求执行。

A 10.2.5　铺盘

按 10.1.1 款的要求执行。

A 10.3　制拱封膜

对于早稻低拱膜育秧，盖土后，用竹片作为支撑物，在厢面上每隔 50 ~ 60 cm 拱一根竹条，竹拱拱高 25 ~ 30 cm，覆盖薄膜，将四周拉紧封严封实。膜内温度控制在 28℃ ~ 35℃。

A 11　苗期管理

A 11.1　揭膜炼苗

齐苗后，在第一完全叶抽出 0.8 ~ 1.0 cm 时揭膜炼苗，按照:晴天傍晚揭、阴天上午揭、小雨雨前揭、大雨雨后揭的要求进行揭膜。若揭膜时最低温度低于 12℃时可适当推迟揭膜时间，当最低气温稳定在 15℃以上可揭膜补水。

A 11.2　水分管理

揭膜当天补一次足水，而后缺水补水，保持床土湿润，晴天中午秧苗不应卷叶。秧田集中地块可灌平沟水，零散育秧可采取早晚洒水补湿。早稻移栽前 5 ~ 6 d 排水，晚稻移栽前 2 ~ 3 d 排水，控湿炼苗，促进秧苗盘根，增加秧块拉力，便于卷秧与机插。

A 11.3　施断奶肥

施断奶肥应视床土肥力、秧龄和天气特点等具体情况进行。一般在 2 叶 1 心期(在揭膜时或其后 1 ~ 2 d) 进行，每亩苗床用腐熟人粪清等农家肥 400 kg 兑水 800 kg 或用尿素 5 kg 兑水 500 kg 于傍晚喷施。

A 11.4　病虫害防治

根据病虫害发生的情况，做好秧田绵腐病、南方水稻黑条矮缩病、稻飞虱和稻蓟马等常发性病虫防治工作。秧田期管理中，应经常去除秧田杂株和杂草，保证秧苗纯度。

防治绵腐病：每亩用 25% 甲霜灵可湿性粉剂 130 mL 与水配制成（1：800）~（1：1000）倍药液均匀喷雾。绵腐病发生严重时，秧田应换清水 2 ~ 3 次后再施药。

防治南方水稻黑条矮缩病、稻蓟马和稻飞虱：每亩用吡蚜酮有效成份 6 g 或噻嗪酮有效成份 10 g

与水配制成 1 ： 2000 倍药液均匀喷雾。

防治霉菌:每亩用75%百菌清粉剂40 g 或70%甲基托布津粉剂40g与水配制成(1:800)~(1:1000)倍药液均匀喷雾。

A 11.5 带药移栽

机插秧苗由于苗小、个体较嫩,易遭受螟虫、稻蓟马及栽后稻象甲等危害,栽前要进行一次药剂防治。在栽前 1 ~ 2 d 每亩用噻虫嗪有效成分 1 g 与水配制成（1:800）~（1:1200）的药液进行喷雾。

A 12 秧苗

A 12.1 秧苗要求

秧苗应苗高适宜,均匀整齐,茎部粗壮,青秀无病,无黑根枯叶。碳氮比适当,叶挺有弹性,根原基数较多,移栽后发根力、抗逆性强,能够早扎根、早活棵、早发苗。晚稻育秧期间气温高,秧苗生长快,为延缓植物生长速度,可在育秧时,在秧苗生长期按每亩秧田用 15% 多效唑可湿性粉剂 80 g 兑水（1:600）~（1:800）药液喷雾。壮秧指标见表 A 1。

表 A 1 壮秧指标

项目	指标
秧龄 / 天	18 ~ 25
叶龄 / 叶	2.5 ~ 3.5
苗高 /cm	13 ~ 20
茎基宽 /mm	≥ 2.0
白根数 / 条	≥ 10

A 12.2 秧块要求

苗齐苗匀,根系盘结牢固,提起不散。

常规稻：平均每 1 cm² 有苗 1.7 ~ 3.0 株；杂交稻：平均每 1 cm² 有苗 1.2 ~ 2.5 株。

A 13 起运

A 13.1 起秧

先连盘带秧一并提起平放,后小心卷苗脱盘,起秧时应减少秧苗茎折,确保秧块不变形、不断裂。

A 13.2 运秧

起运移栽应根据不同的育秧方法采取相应措施,做到随起、随运、随插,减少秧块搬动次数,防止枯萎。遇烈日高温,运放过程中要有遮阳设备。有条件的地方可用专用秧架随盘平放运往田头,亦可起盘后小心卷起盘内秧块,叠放于运秧车上,堆放层数一般以 2 ~ 3 层为宜,切勿堆放过多,避免秧块变形和折断秧苗,运至田头应随即卸下平放,让秧苗自然舒展,以利于机插。

第 2 部分：插秧

1 范围

本部分规定了机动水稻插秧机（以下简称插秧机）的作业条件、插秧机试运转、栽插作业、大田管理、维护保养、安全事项等技术规范。

本部分适用于步进式、乘座式插秧机栽植作业。

2 规范性引用文件

下列文件对于本文件的应用是必不可少的。凡是注日期的引用文件，仅所注日期的版本适用于本文件。凡是不注日期的引用文件，其最新版本（包括所有的修改单）适用于本文件。

GB/T 6234　水稻插秧机　试验方法

GB/T 20864　水稻插秧机　技术条件

NY/T 989　机动插秧机　作业质量

NY/T 1000　机动插秧机运行　安全技术条件

DB43/T 742.1　《水稻育插秧机械化技术规范》第 1 部分：育秧

3 作业条件

3.1 秧苗条件

3.1.1 秧苗应符合插秧机产品说明书的规定。

3.1.2 机插秧苗应使用规格化培育的毯状、带土秧苗。秧苗条件参照 DB43/T 742.1—2013 第 12 章的要求。

3.1.3 机插前，提前 2 ～ 3 d 脱水晒板，秧块表层土壤湿度以手指下压稍微起窝为宜。

3.1.4 起秧及运秧应按照 DB43/T 742.1—2013 第 13 章的规定进行。

3.2 大田条件

3.2.1 根据茬口、土壤性状采用相应的耕翻方式，耕作深度不超过 15 cm；沟系配套，灌排方便。

3.2.2 清除田面过量残物；泥土上软下实，上细下粗，细而不糊；田面平整，田块内高低落差不大于 3 cm。

3.2.3 移栽前需泥浆沉实，沙质土沉淀 1 d，壤土沉淀 2 d，黏土沉淀 3 d，达到沉实不板结，水清不浑浊。

3.2.4 移栽前结合泥浆沉实，选用水稻幼苗期可应用的除草剂，每亩用 20% 丁苄 30 ～ 35 g 或 50% 丁草胺乳油 100g。使用方法为液态药剂先与 1 ～ 2 kg 干细土拌匀，粉状药剂先与 1 ～ 2 kg 湿润细土拌匀，达"手捏成团，落地能散"的程度，再均匀混入肥料中撒施。

4 插秧机试运转

4.1 试运转前检查

4.1.1 检查和调整各紧固件、传动件、栽插臂和各运动部件的联接牢固性。

4.1.2 检查和调整秧针、秧叉、秧箱、导轨、秧门等部件的装配间隙。

4.1.3 检查和调整各拉线的张紧程度。

4.1.4 检查发动机燃料油、机油和各部位润滑油的加注量。

4.2 空车试运转

4.2.1 将插秧机置于"空档",启动发动机。

4.2.2 检查和调整各离合器手柄的操作可靠性。

4.2.3 检查和调整液压升降机构和液压仿形系统的响应能力。

4.2.4 检查和调整栽插臂、秧箱的工作状况。

4.2.5 检查和调整变速档位、左右转向机构的操作灵活性。

5 栽插作业

5.1 插秧机调整

5.1.1 调节纵向取苗量和横向取苗次数,选择适宜的取苗量。

5.1.2 按当地农艺要求调整株距档位。

5.1.3 先预设插深,在田中试插后,依据情况调整插深。

5.2 栽插路线

5.2.1 根据稻田形状,考虑通风透光性能,确定栽插路线。建议栽插路线方案如下(图 A3):

a)路线一:在田块周围留出一个工作幅宽的余地,按图一路线直至插完整个田块;

b)路线二:第一行直接靠田埂插秧,田块两端留有两个工作幅宽的余地,按图二路线直至插完整个田块。

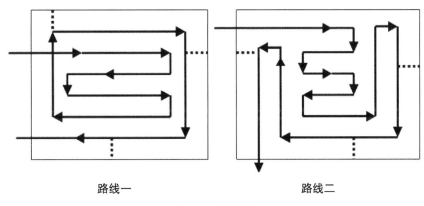

路线一　　　　　　　　　　　　路线二

图 A3　栽插路线

5.2.2 当田块的宽度为插秧机幅宽的非整数倍时,应在最后第二行程,根据需要停止一行或数行插秧,尽量留有最后一趟满幅工作的余量。

5.2.3 对形状不规则田块,先规划成多块规则形状,选择最优行驶方案,尽可能减少空白区域。

5.3 插秧前准备

启动插秧机,在提升状态下,缓慢驶入田中,置下降状态,准备插秧。

5.4 装秧、秧苗补给

5.4.1 首次装秧时，应将秧厢移到最左侧或最右侧。

5.4.2 秧块应展平放置在秧厢上，底部紧贴秧箱。压下压苗器，压苗器压紧程度应确保秧块能顺利滑动，且不上下跳动。

5.4.3 在栽插过程中应及时补给秧块，补给秧块时若秧块超出秧厢，应拉出秧箱延伸板，防止秧块弯曲断裂。

5.5 划印和对行

5.5.1 栽插时，拨开插秧机未栽插一侧的划印杆划印。转向前，收回划印杆。栽插下一行程时，插秧机中间标杆对准划印线，同时拨开下一行程插秧侧的划印杆。

5.5.2 拉开侧对行器，侧对行器对准最外侧已插秧行。

5.6 作业质量

5.6.1 插秧机栽插作业质量应符合 NY/T 989 机动插秧机作业质量的要求。

5.6.2 早稻栽插以不漂不倒尽可能浅栽为原则，深度可控制在 1cm 左右。

5.7 插秧作业注意事项

5.7.1 插秧机作业的第一行程，应尽量保持插秧机按设定路线直线行驶。

5.7.2 栽插作业过程中要保持匀速前进。

5.7.3 田间转弯时，发动机应减速，停止栽插并提升栽插部件。

5.7.4 田间转移时，插秧机栽插部件应提升至最高位置，缓慢行驶。

5.7.5 机器发生异常，应迅速切断主离合器，熄灭发动机，确定故障原因，并及时排除。

6 大田管理

6.1.1 移栽后发现连续缺穴达 3 穴以上时，应进行人工补插。

6.1.2 插后 3 ~ 4 d 保持薄水层（即瓜皮水），切忌长时间深水，避免水稻僵苗甚至死苗。

6.1.3 栽插后 5 ~ 7 d 施第一次返青分蘖肥，每亩施用 5 ~ 7 kg 尿素，促禾苗早生快发。

6.1.4 其他大田管理措施与抛秧相同。

7 维护保养

7.1 日常保养

7.1.1 作业结束后，应清除车轮等驱动部件杂物，并用清水洗净泥泞，清洗时应防止水进入发动机空气滤清器。

7.1.2 检查机器各工作部件，确保部件完好，运转正常。

7.1.3 加注或补充燃油和润滑油。

7.2 入库保养

按照插秧机产品说明书进行入库保养。

8 安全事项

8.1 插秧机作业的操作安全应按 NY/T 1000 的规定进行。

8.2 插秧机操作人员必须经过技术培训后才能操作插秧机。

8.3　插秧机在提升状态检查或保养时，应在确认液压装置有效、并采取有效的防降措施后才能进行。

8.4　在室内起动运转发动机进行检查保养时，应注意开启门窗通风换气。

8.5　插秧机作业中，禁止与作业无关人员靠近插秧机。在起步运行或作业中，应注意插秧机周围情况。

8.6　插秧机田间倒车，应将栽植部件置于提升状态，步进式插秧机倒车距离应较短，以防止由于陷脚而造成人身伤害的危险。

8.7　插秧机作业行走困难时，应断开插秧离合器手柄，采取有效措施驶离。注意不能推拉导轨、秧厢等薄弱部分，以免损伤插秧机。

8.8　插秧机在道路行驶和作业时，应收回划印杆，防止导轨左、右两侧碰撞折损。

8.9　下坡行驶时，禁止空档滑行。

附录 B 杂交稻单本密植大苗机插栽培技术规程

为规范湖南省杂交稻单本密植大苗机插栽培技术，特制定本规程。

1 品种选择

选择适合当地种植的杂交稻品种。双季早稻品种和晚稻品种根据当地安全齐穗要求进行搭配。

2 种子处理

2.1 种子精选

选用符合 GB4404.1 要求的杂交稻种子。使用前进行种子精选（精选后种子发芽率达 95% 以上）。

2.2 种子包衣

应用商品水稻种衣剂（含杀菌剂、杀虫剂、微量元素、生长调节剂），将精选后的种子进行包衣处理。

2.3 定位播种

精选后的包衣种子每亩大田用量早稻约 1300 g，双季晚稻约 800 g，中稻和一季晚稻约 550 g。应用杂交稻印刷播种机播种。早稻每点位播种 2 粒，中稻、一季晚稻和双季晚稻每点位播种 1 ～ 2 粒。

3 育秧

3.1 播种期

根据适宜机插的秧龄，参照当地常规栽插时间选择适宜播期。按照生产规模做好分期播种，防止秧苗超龄。

3.2 育秧方式

采用稻田泥浆育秧或场地分层无盘育秧。

3.2.1 稻田泥浆育秧

选择交通便捷、排灌方便、土壤肥沃的稻田作秧田。播种前 3 ～ 4 d 将秧田整耕耙平后，每亩秧田施用 45% 复合肥 20 ～ 40 kg。秧田开沟（沟宽 50 cm），做厢（厢面宽 130 ～ 140 cm）。秧盘沿直线四盘靠紧竖摆于厢面上。将沟泥中的硬块、碎石、禾蔸、杂草等剔除后装盘（厚度 1.5 ～ 2.0 cm）；种子朝上平铺印刷播种纸张；覆盖基质（厚度 0.5 ～ 1.0 cm），喷水湿透基质。对于早稻育秧，秧床需用杀菌剂消毒。

3.2.2 场地分层无盘育秧

选择平整的稻田、旱地或水泥坪作为育秧场地，采用岩棉＋编织袋布（或带孔薄膜）构建固定秧床进行分层无盘育秧，其技术要点如下：

1）构建水肥层。在育秧场地上铺放农用岩棉作秧厢，浇水或灌水使岩棉湿透，每亩育秧场地喷施水溶性肥料（45% 复合肥）40 kg 于岩棉上，然后在岩棉上铺放编织袋布（或带孔薄膜）。

2）构建根层。在编织袋布（或带孔薄膜）上铺放无纺布，在无纺布上覆盖专用基质（厚度 1.5 ～ 2.0

cm），种子朝上平铺印刷播种纸张，覆盖基质（厚度 0.5 ~ 1.0 cm）。

3）湿润出苗。用细雾浇水湿透种子及基质，保持基质透气、湿润（无水层）。

4 秧田管理

早稻和中稻秧厢搭拱覆盖薄膜；一季晚稻和双季晚稻秧厢用无纺布平铺覆盖。厢边用泥固定。

种子破胸后、出苗前保持厢面湿润，出苗后干旱管理炼苗。对于早稻和中稻，当膜内温度达到或超过 35℃时，揭开两端薄膜通风换气、炼苗；播种后遇到连续低温阴雨时，揭开两端薄膜通风换气。对于一季晚稻和双季晚稻，在 1 叶 1 心期每亩秧田用 15% 的多效唑粉剂 64 g 兑清水 32 kg 细雾喷施，1 叶 1 心期后（最迟到秧苗 2 叶 1 心期）可揭开无纺布。

5 大田选择与耕整

5.1 大田选择

选择适宜机械化操作的稻田。

5.2 大田耕整

于插秧前 2 d 采用旋耕机或耕整机整地，要求翻耕深度 10 ~ 15 cm，平整后的田块高低相差不超过 3 cm。

6 机械插秧

出苗后 20 ~ 30 d 或秧苗 4 ~ 6 叶期进行插秧。机插密度早稻 2.4 万穴/亩以上，双季晚稻 2.0 万 ~ 2.2 万穴/亩，中稻和一季晚稻 1.6 万穴/亩以上。如漏蔸率超过 10%，需适当增加栽插密度。

7 大田管理

7.1 大田施肥

肥料使用要符合 NY/T496 的规定。氮肥（N）用量早稻和双季晚稻为 8 ~ 10 kg/亩，中稻和一季晚稻为 10 ~ 12 kg/亩，分基肥（50%）、蘖肥（20%）和穗肥（30%）3 次施用。磷肥（P_2O_5）用量早稻和双季晚稻为 3.2 ~ 4.0 kg/亩，中稻和一季晚稻为 4.0 ~ 4.8 kg/亩，全部作基肥施用。钾肥（K_2O）用量早稻和双季晚稻为 5.6 ~ 7.0 kg/亩，中稻和一季晚稻为 7.0 ~ 8.4 kg/亩，分基肥（50%）和穗肥（50%）2 次施用。

7.2 大田管水

分蘖期浅水灌溉；当每亩苗数达 18 万 ~ 20 万开始晒田，晒至田泥开裂；一周后复水，保持干湿交替灌溉；孕穗至抽穗保持浅水；抽穗后保持干湿交替灌溉；成熟前一周断水。

7.3 大田病虫草害防治

按照当地植保部门病虫情报，确定防治田块和防治适期，对病虫害进行防治（表 B1）。农药使用要符合 GB4285 和 GB/T8321 的规定。推荐使用翻耕灌深水灭蛹、性信息激素全程诱杀、种植诱杀和天敌功能植物、稻田养鸭等绿色防控技术。

8 收获

当 90% 以上的稻谷成熟时，选晴天采用收割机及时收割脱粒。

9 档案记载

对种子、农药、肥料等投入品使用及整地、播种、施肥、病虫草害防治等农事操作情况进行记载，建立田间档案。

10 引用和参考资料

GB4404.1	粮食作物种子
GB4285	农药安全使用标准
GB/T8321	农药合理使用准则
NY/T496	肥料合理使用准则通则

表 B1　杂交稻单本密植大苗机插栽培病虫害防治措施

病虫名称	防治时期	防治方法	注意事项
稻瘟病	分蘖末期至破口期	（1）20% 三环唑可湿性粉剂 100 g/ 亩 （2）75% 三环唑可湿性粉剂 40 g/ 亩 （3）40% 稻瘟灵乳油 100 mL/ 亩 （4）25% 咪鲜胺乳油 100 mL/ 亩 （5）40% 多菌灵胶悬剂 100 mL/ 亩 （6）40% 稻瘟酰胺悬浮剂 100 mL/ 亩	兑足水量。发病初期用药，控制苗瘟和叶瘟，狠治穗颈瘟。
稻纹枯病	分蘖末期至抽穗始期	（1）5% 井岗霉素水溶性粉剂 100 g/ 亩 （2）10% 井岗霉素水剂 100 mL/ 亩 （3）30% 苯甲·丙环唑乳油 20 mL/ 亩 （4）10% 己唑醇乳油 40 mL/ 亩） （5）25% 丙环唑乳油 30 mL/ 亩 （6）12.5% 烯唑醇粉剂 50 g/ 亩	兑足水量。如遇雨水较多的高温高湿天气，则连续用药 2 次，间隔期 7 ~ 10 d。
稻曲病	孕穗后期至抽穗始期	（1）30% 苯甲·丙环唑乳油 20 mL/ 亩 （2）43% 戊唑醇乳油 20 mL/ 亩 （3）10% 己唑醇乳油 40 mL/ 亩 （4）23% 醚菌·氟环唑 60 mL/ 亩 （5）25% 富力库乳油 20 mL/ 亩 （6）20% 粉锈宁乳油 80 mL/ 亩	兑足水量。
稻螟虫（二化螟、三化螟）	分蘖末期至抽穗始期	（1）20% 氯虫苯甲酰胺 10 mL/ 亩 （2）20% 氟虫双酰胺 10 g/ 亩 （3）2% 阿维菌素 150 mL/ 亩 （4）5.7% 甲氨基阿维菌素苯甲酸盐 30 g/ 亩	兑足水量。防治指标：分蘖期枯鞘株率为 3.0% ~ 5.0%，穗期枯鞘株率为 2.0% ~ 3.0%。

续表

病虫名称	防治时期	防治方法	注意事项
稻纵卷叶螟	破口期至抽穗始期	（1）20% 氯虫苯甲酰胺 10 mL/ 亩 （2）20% 氟虫双酰胺 10 g/ 亩 （3）40% 氯虫·噻虫嗪 10 g/ 亩 （4）10% 氟虫酰胺·阿维菌素 30 mL/ 亩 （5）20% 三唑磷乳油 150 mL/（667 m²） （6）5.7% 甲氨基阿维菌素苯甲酸盐 30 g/ 亩	兑足水量。防治指标：百丛虫量分蘖期为 50 ~ 60 头，穗期为 30 ~ 40 头。
稻飞虱	抽穗始期	（1）25% 噻嗪酮可湿性粉剂 50 g/ 亩 （2）10% 吡虫啉可湿性粉剂 20 g/ 亩 （3）25% 吡蚜酮可湿性粉剂 20 g/ 亩 （4）25% 噻虫嗪 5 g/ 亩 （5）10% 烯定虫胺水剂 30 mL/ 亩 （6）40% 氯虫·噻虫嗪 10 g/ 亩	兑足水量。防治指标：百丛虫量为 1000 ~ 1500 头。若稻飞虱暴发成灾，可选用速效性药剂敌敌畏或速灭威或异丙威乳 150 mL/ 亩等迅速扑灭。

附录 C 双季超级稻氮肥后移壮穗技术规程

1 范围

本文件规定了双季超级稻氮肥后移壮穗技术的术语和定义、肥料选择、施用量和施用比例、施用时期和方法等内容。

本文件适用于双季超级稻施肥。

2 规范性引用文件

下列文件中的内容通过文中的规范性引用而构成本文件必不可少的条款。其中,注日期的引用文件,仅该日期对应的版本适用于本文件;不注日期的引用文件,其最新版本(包括所有的修改单)适用于本文件。

GB/T 2440 尿素质量标准

GB/T 6549 氯化钾质量标准

GB/T 15063 复合肥料质量标准

GB/T 18877 有机无机复混肥料质量标准

GB/T 20412 钙镁磷肥质量标准

GB/T 20413 过磷酸钙质量标准

GB 38400 肥料中有毒有害物质限量要求

NY/T 496 肥料合理使用准则通则

3 术语和定义

下列术语和定义适用于本文件。

3.1 超级稻

指采用理想株形塑造与杂种优势利用相结合的技术路线等途径育成的产量潜力大、配套超高产栽培技术后比现有水稻品种在产量上有大幅度提高、并兼顾品质与抗性的水稻新品种(组合)。

3.2 氮肥后移壮穗

是将常规施用中的 10% ~ 30% 总氮量移至后期作穗肥或穗肥、粒肥施用,促进超级稻提高成穗率、增加穗粒数和千粒重的一种氮肥运筹技术。

4 肥料选择

4.1 肥料类型

一般选用复合肥料或有机无机复混肥料,养分不足部分用单质化肥(尿素、过磷酸钙或钙镁磷肥、氯化钾)补充。

选用的肥料中有毒有害物质限量应符合国家 GB 38400 的要求。

4.2　肥料质量

复合肥料质量应符合 GB/T 15063 的要求。

有机无机复混肥料质量应符合 GB/T 18877 的要求。

尿素质量应符合 GB/T 2440 的要求。

氯化钾质量应符合 GB/T 6549 的要求。

钙镁磷肥质量应符合 GB/T 20412 的要求。

过磷酸钙质量应符合 GB/T 20413 的要求。

5　施肥量和施肥比例

5.1　氮肥施用量

在施用有机氮量 2 kg/ 亩的有机肥料作基肥条件下，超级早稻目标产量 500 ~ 550 kg/ 亩，施化肥纯 N 量 8 ~ 10 kg/ 亩；超级晚稻目标产量 550 ~ 650 kg/ 亩，施化肥纯 N 量 9 ~ 11 kg/ 亩。

5.2　N、P、K 配施比例

超级早稻一般 N : P_2O_5 : K_2O 为（1 : 0.4）~（0.5 : 0.5 ~ 0.7）；超级晚稻 N : P_2O_5 : K_2O 为（1 : 0.3）~（0.4 : 0.6 ~ 0.8）。

磷肥全部作基肥施用，钾肥 50% 作基肥，50% 作穗肥。

5.3　氮肥基、追肥比例

根据土壤质地，砂土、壤土、粘土氮肥基、追肥施用比例不同，具体比例见表 C1。

表 C1　不同土壤质地稻田氮肥基、追肥施用比例表

土壤质地	早稻	晚稻
	基肥 : 蘖肥 : 穗肥 : 粒肥	基肥 : 蘖肥 : 穗肥 : 粒肥
沙土	4 : 3 : 2 : 1 或 5 : 3 : 1 : 1	4 : 3 : 2 : 1 或 5 : 3 : 1 : 1
壤土	5 : 3 : 2 : 0 或 5 : 3 : 1 : 1	5 : 3 : 2 : 0 或 5 : 3 : 1 : 1
黏土	6 : 3 : 1 : 0 或 5 : 3 : 2 : 0	5 : 4 : 1 : 0 或 5 : 3 : 2 : 0

6　施用时期和方法

6.1　基肥

基肥施氮量占总氮量的 40% ~ 60%。常用复合肥料作基肥，按施用比例施用量不足部分用单质肥补足。如果基肥施用单质氮、磷、钾肥料，则按确定的氮、磷、钾肥配施比例将单质肥料混匀施用。

6.1.1　施用时期

机械侧深施在插秧时同时进行，其他施肥方式在最后一次耙田前施用。

6.1.2　施用方法

主要有以下 3 种方法：

a）机械侧深施肥，在插秧机或直播机上加装施肥机，在机插秧或机直播水稻的同时将复合肥施于秧苗或直播种子一侧，肥料距离秧苗或种子 5 cm 处。该方法适用于机插秧、机直播稻。

b）机械抛施肥，一般在最后一次耙田前，用背负式半自动施肥机将复合肥均匀抛撒到稻田中，再将田面耙平。该方法适用于机插秧、直播稻、抛栽田、移栽田。

c）人工撒施肥，在最后一次耙田前，将基肥人工撒施于稻田中，再将田面耙平，使肥料与表层土壤混合。

6.2　分蘖肥

一般施用尿素，复合肥料或尿素＋复合肥料。

6.2.1　施用时期

早稻在插秧后 5 ～ 7 d 施用，晚稻在插秧后 3 ～ 5 d 施用。

6.2.2　施用方法

采用机械抛施或人工撒施。在追肥时，水稻叶面应干爽，不沾肥料。

6.3　穗肥

一般施用尿素、氯化钾，或复合肥料。氮肥施用量占总氮量的 10% ～ 20%。

6.3.1　施用时期

水稻拔节期或幼穗长度 1 ～ 4 mm 时施用。

6.3.2　施用方法

采用机械抛施或人工撒施。在追肥时，水稻叶面应干爽，不沾肥料；田面应有 2 ～ 3 cm 薄水层，追肥后 3 ～ 4 d 内不排水。

6.4　粒肥

一般施用尿素。氮肥施用量占总氮量的 10%。

6.4.1　施用时期

抽穗 50% 时施用。

6.4.2　施用方法

采用机械抛施或人工撒施。在追肥时，水稻叶面应干爽，不沾肥料；田面应有 2 ～ 3 cm 薄水层，追肥后 3 ～ 4 d 内不排水。根据水稻长势调整粒肥施用量，抽穗期水稻叶色浓绿的不施粒肥。

附录 D　水稻增苗节氮栽培技术规程

为规范水稻增苗节氮栽培技术，实现化肥零增长战略目标，制定本规程。

1　产地条件

1.1　环境条件

环境良好，远离污染源，符合 HJ332 的规定。

1.2　土壤要求

土壤肥沃、土层深厚、透气性好，保肥保水、排灌方便的稻田。

2　密度与施氮量

增苗幅度 15% ~ 20%，减氮幅度 20% ~ 30%。

2.1　早稻常规稻

在常规密度 2.0 万蔸/亩基础上增加至 2.3 万 ~ 2.4 万蔸/亩，施氮量在常规施氮 10 ~ 11 kg/亩基础上减少至 8 ~ 9 kg/亩。

2.2　早稻杂交稻

在常规密度 1.8 万蔸/亩基础上增加至 2.1 万 ~ 2.2 万蔸/亩，施氮量在常规施氮 12 ~ 13 kg/亩基础上减少至 10 ~ 11 kg/亩。

2.3　晚稻常规稻

在常规密度 2.0 万蔸/亩基础上增加至 2.2 万 ~ 2.3 万蔸/亩，施氮量在常规施氮 11 ~ 12 kg/亩基础上减少至 9 ~ 10 kg/亩。

2.4　晚稻杂交稻

在常规密度 1.8 万蔸/亩基础上增加至 2.0 万 ~ 2.1 万蔸/亩，施氮量在常规施氮 13 ~ 14 kg/亩基础上减少至 11 ~ 12 kg/亩。

3　早稻栽培技术

3.1　品种选择

宜选择生育期 110 d 以内的优质、高产、株形紧凑、抗倒、分蘖力较强、抗性好的中熟品种，主要品种有中早 39、中嘉早 17、湘早籼 45 号等早稻常规稻和株两优 819、株两优 189、株两优 211、陵两优 268、陵两优 211 等早稻杂交稻。种子质量应符合 GB4404.1 的规定。

3.2　育秧

3.2.1　播种期

3 月底至 4 月初播种。

3.2.2　播种量

常规稻每亩用种 4.5 ～ 5.5 kg,杂交稻每亩用种 3.0 ～ 3.5 kg;注意做好种子消毒,预防恶苗病等病害。

3.2.3 育秧方式

机插秧采用平底硬盘低拱地膜育秧,每亩大田用硬盘 45 ～ 50 盘（常规稻）或 40 ～ 45 盘（杂交稻）;抛秧采用穴盘低拱地膜育秧,每亩大田用 308 孔软盘 100 ～ 110 盘（常规稻）或 90 ～ 100 盘（杂交稻）。

3.2.4 秧田管理

3 叶期亩施尿素 3 ～ 4 kg 作分蘖肥,兑水洒施。秧田应加强稻蓟马等病虫草害的防治,移栽前 1 ～ 2 d 选择防治螟虫等农药喷施,做到秧苗带药下田。秧田土壤苗期不能太干,3 叶后不能太湿,以免移栽时粘接成团。注意通风透气,移栽前选择晴天炼苗 1 ～ 2 次。

3.3 土壤耕作与基肥施用

大田在抛插秧前旋耕 2 ～ 3 次,旋耕后每亩施用 40% 的水稻专用复合肥（N：P_2O_5：K_2O=20：10：10）25 kg（常规稻）或 30 kg（杂交稻）作基肥,然后整平。

3.4 机插与抛栽

于 4 月底,采取大中苗栽插,秧龄控制在 25 ～ 30 天。

栽插密度：常规稻每亩 2.3 万 ～ 2.4 万兜,杂交稻每亩 2.1 万 ～ 2.2 万兜。

3.5 田间管理

3.5.1 早施追肥

移栽后 5 ～ 7 d,每亩用氯化钾 5 ～ 7 kg、尿素 5 kg（常规稻）或 6 kg（杂交稻）加除草剂混合撒施,维持水层 3 d 后即自然落干。晒田复水后,每亩施尿素 3 kg（常规稻）或 4 kg（杂交稻）、氯化钾 2.5 kg。

3.5.2 水分管理

移栽活兜后,实行干湿交替灌溉（后水不见前水）,促进根系生长。当杂交稻达 26 万苗左右、常规稻 28 万苗时左右,开始晒田。晒田复水后,实行干湿灌溉,直至收割,切忌断水过早。

3.6 及时收割

7 月中旬,当稻谷成熟度达 90% 时,及时收割。

4 晚稻栽培技术

4.1 品种选择

宜选择生育期 115 d 以内的优质、高产、株形紧凑、抗倒、分蘖力较强、抗性好的中熟品种,主要品种有湘晚籼 12 号、湘晚籼 13 号、湘晚籼 17 号、农香 18 等晚稻常规稻和 H 优 518、岳优 9113、岳优 9264、晶两优华占、玖两优 47、玖两优黄华占等晚稻杂交稻。种子质量应符合 GB4404.1 的规定。

4.2 育秧

4.2.1 播种期

根据早稻茬口和晚稻品种生育期安排播种期,机插及抛秧一般在 6 月中下旬播种。

4.2.2 播种量

与早稻相同

4.2.3 育秧方式

与早稻相同

4.2.4　秧田管理

在 1 叶 1 心期，每亩用多效唑 150 ～ 200 g，兑水 75 kg 喷施，控长促蘖。其他与早稻相同。

4.3　土壤耕作与基肥施用

早稻收获后，旋耕 2 ～ 3 次，每亩施用 40% 的水稻专用复合肥（N：P_2O_5：K_2O=20：10：10）30 kg（常规稻）或 35 kg（杂交稻）作基肥，然后整平。

4.4　机插与抛栽

晚稻栽插时期一般控制在大暑前，秧龄一般控制在 20 ～ 25 d，最多不能超过 30 d。

栽插密度：常规稻每亩 2.2 万 ～ 2.3 万蔸，杂交稻每亩 2.0 万 ～ 2.1 万蔸。

4.5　田间管理

4.5.1　追肥

与早稻相同

4.5.2　水分管理

与早稻相同。

4.6　收获

10 月下旬，当稻谷成熟度达 90% 以上时，即可收获。

5　病虫害防治

5.1　生物防治：主要利用赤眼蜂、性引诱剂、捕食性昆虫及动物等消灭害虫。

5.2　物理防治：主要利用杀虫灯诱杀害虫。

5.3　化学防治：重点防治第三代、第四代二化螟，稻飞虱、纹枯病和稻曲病。病虫害防治根据当地植物保护部门的预测预报情况进行。农药使用应符合《农药合理使用准则》（GB/T8321）。

6　质量关键控制点

6.1　产地必须远离污染源，环境条件符合 HJ332 的规定。

6.2　合理搭配早晚稻品种，控制播种期，严格按品种的适宜播种期播种，保证各生长期所需时间，保证产品质量。

6.3　严格控制农药使用间隔期，按《农药合理使用准则》（GB/T8321）要求，严格控制农药施用次数、施用量和施用安全间隔期。

7　档案记载

早稻和晚稻各项农事操作，应逐项如实记载。应对早稻、晚稻品种、播种量、播种时间、栽插时间、成熟（收获）时间、施肥、生育期、密度、产量等进行记载。

8　引用和参考资料

HNZ116—2016

GB/T 3543.3—1995 农作物种子检验规程

附录 E 稻谷生产经营信息采集技术规程

为了规范稻谷生产经营信息采集工作，制定本规程。

一、信息采集报送流程

稻谷生产经营信息采集工作由省农业农村厅市场与信息化处主持并组织实施，由省级管理平台、基点县平台及信息采集点构成。稻谷生产经营信息采集报送按图 E1 所示流程进行。省级管理平台由省农业农村厅市场与信息化处管理或采用政府购买公益服务方式指定第三方代理。

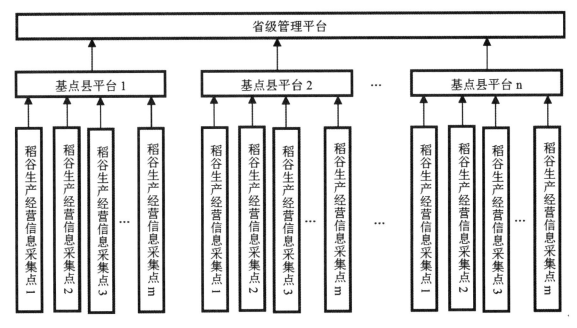

图 E1 稻谷生产经营信息采集报送流程图

二、基点县信息采集平台

（一）基点县选定

根据近 3 年稻谷种植面积统计数据，在全省范围内选定排位相对较前的县（市区），对入选的县（市区）再根据地域分区和生产水平分类，综合考虑地域分区等距离和生产水平高、中、低层次合理抽样原则，确定稻谷生产经营信息采集基点县。基点县由省农业农村厅确定，每个市州至少有一个基点县。

（二）责任机构

基点县农业农村局市场与信息化部门总体负责本县稻谷生产经营信息采集报送工作，具体工作包括采集点的布设与管理以及本县监测信息的采集、审核、报送。

（三）条件要求

基点县农业农村局市场与信息化部门要安排固定的办公场地，配备采集报送信息的必备软硬件设备，能实现采集报送信息电子化处理和网络传输。

（四）人员配备

基点县农业农村局市场与信息化部门至少确定 1 名专职信息分析员，负责本县稻谷生产经营信息的收集、整理、复核、报送。信息分析员均应具有高中以上文化程度，政治觉悟高，能按时、按质、按量整理、审核和上报信息。

（五）基点县编码

基点县编码使用本县行政区划代码的前六位，如长沙县为 430121。

三、信息采集点布设

（一）采集点选定

每个基点县在辖区内遴选 1 个稻米加工监测信息采集点（规模较大的稻米加工厂）、30 个以上的稻谷生产信息采集点（稻谷种植面积在 6 hm² 以上的家庭农场或农民专业合作社）。

（二）信息采集员

每个信息采集点至少明确 1 名信息采集员，负责本采集点稻谷生产经营信息的采集和报送。信息采集员均应具有高中以上文化程度，政治觉悟高，能按时、按质、按量采集、整理和报送信息。

（三）采集点编码

采集点为已在本县工商行政管理部门登记注册的家庭农场、农民专业合作社或稻米加工企业，其统一社会信息代码或营业执照注册号就是本系统的采集点编码。例如，宁乡县立辉水稻种植专业合作社的统一信用代码是 93430124MA4LFUNL5A，即为该采集点编码。

四、稻谷生产经营信息采集报送要求

（一）安全性

处理、上传监测信息的计算机设备要定期备份粮油作物生产经营监测信息数据库，备份数据储存介质应单独存放，避免数据丢失；粮油作物生产经营监测信息网上直报系统基点县平台的用户名和密码要不定期更换，防止他人进入系统。

（二）保密性

粮油作物生产经营监测信息网上直报系统基点平台的用户名、密码要妥善保管，不得泄露给他人，不允许他人利用信息采集人员设定的用户名、密码录入和修改信息；未经许可，任何单位和个人不得引用、公布监测信息内容及其分析结果。

（三）全面性

采集点必须根据实际情况如实上报全部数据，禁止出现漏报、错报、缺报等现象，基点县信息分析员在审核采集点上报数据时必须认真把关，及时提醒和督促采集点按时上报数据。

（四）准确性

采集点必须根据实际情况和粮油作物生产经营监测信息网上直报系统的要求，准确上报数据，切实保证数据的真实性。基点县信息分析员必须认真审核采集点上报数据，发现数据异常时应及时提醒和督促采集点重报。

（五）时效性

必须严格按照粮油作物生产经营监测信息网上直报系统要求的时间节点按时上报数据，基点县应及时提醒和督促采集点按时上报数据。

五、稻谷生产信息采集和报送

（一）种植计划监测信息

1、种植计划监测信息

（1）采集内容。按表 E1 执行。采集点在上报种植计划时只有一种种植模式

表 E1　种植计划信息记录表

种植模式	作物种类	上年种植面积 / 亩	上年平均单产 /（kg·亩）	本年计划种植面积 / 亩
双季稻	早稻（普通）	＿＿＿＿＿亩	＿＿＿＿＿kg/ 亩	＿＿＿＿＿亩
	早稻（优质）	＿＿＿＿＿亩	＿＿＿＿＿kg/ 亩	＿＿＿＿＿亩
	晚稻（普通）	＿＿＿＿＿亩	＿＿＿＿＿kg/ 亩	＿＿＿＿＿亩
	晚稻（优质）	＿＿＿＿＿亩	＿＿＿＿＿kg/ 亩	＿＿＿＿＿亩
再生稻	头茬（第一次收获）	＿＿＿＿＿亩	＿＿＿＿＿kg/ 亩	＿＿＿＿＿亩
	再生茬（第二次收获）	＿＿＿＿＿亩	＿＿＿＿＿kg/ 亩	＿＿＿＿＿亩
一季稻或稻油两熟	一季稻（普通）	＿＿＿＿＿亩	＿＿＿＿＿kg/ 亩	＿＿＿＿＿亩
	一季稻（优质）	＿＿＿＿＿亩	＿＿＿＿＿kg/ 亩	＿＿＿＿＿亩
	油菜	＿＿＿＿＿亩	＿＿＿＿＿kg/ 亩	＿＿＿＿＿亩

注：优质稻是指收购价格在 130 元 /50 kg 以上者，再生稻的头茬和再生茬不分普通稻和优质稻。

（2）报送要求和填报说明。①填报时间为 3 月 5 ~ 15 日。②填报数据保留 2 位小数。③秧田占用的耕地不纳入统计。④未发生可空缺。

（二）实际产量监测信息

（1）采集内容。按表 E2 执行。

表 E2　实际产量监测信息记录表

种植模式	作物种类	主栽品种名称	种子购买价格 /（元·kg）	实际收获面积 / 亩	平均单产 /（kg·亩）	总产量 /t
双季稻	早稻（普通）	（请填一个品种）	＿＿＿元 /kg	＿＿＿亩	＿＿＿kg/ 亩	
	早稻（优质）	（请填一个品种）	＿＿＿元 /kg	＿＿＿亩	＿＿＿kg/ 亩	
	晚稻（普通）	（请填一个品种）	＿＿＿元 /kg	＿＿＿亩	＿＿＿kg/ 亩	
	晚稻（优质）	（请填一个品种）	＿＿＿元 /kg	＿＿＿亩	＿＿＿kg/ 亩	
再生稻	头茬	（请填一个品种）	＿＿＿元 / kg	＿＿＿亩	＿＿＿kg/ 亩	
	再生茬	同上	同上	＿＿＿亩	＿＿＿kg/ 亩	
一季稻或稻油两熟	一季稻（普通）	（请填一个品种）	＿＿＿元 / kg	＿＿＿亩	＿＿＿kg/ 亩	
	一季稻（优质）	（请填一个品种）	＿＿＿元 / kg	＿＿＿亩	＿＿＿kg/ 亩	
	油菜	（请填一个品种）	＿＿＿元 / kg	＿＿＿亩	＿＿＿kg/ 亩	

（2）报送要求和填报说明。①填报时间:油菜 5 月 5 ~ 15 日,早稻 7 月 5 ~ 15 日,中稻 9 月 5 ~ 25 日, 晚稻 11 月 5 ~ 15 日, 再生稻 11 月 5 ~ 15 日（再生稻头茬收获时请记录好相关数据, 再生茬收获时填报头茬和再生茬相关数据）。②填报数据保留 2 位小数。③未发生可空缺。

（三）劳动用工监测信息

（1）采集内容。按表 E3 执行。

表 E3　每亩劳动用工监测信息记录表

信息采集点编码: ＿＿＿＿＿＿＿＿＿＿＿＿＿　　　　填报时间: ＿＿＿＿年＿＿＿＿月＿＿＿＿日

项目选择: □早稻　　　□晚稻　　　□再生稻（头茬 + 再生茬）　　　□一季稻　　　□油菜

序号	项目名称	实际数值
1	每亩劳动用工合计	
2	其中: 翻耕整地用工	＿＿＿＿＿＿＿天 / 亩
3	播种育秧移栽用工	＿＿＿＿＿＿＿天 / 亩
4	田间管理用工	＿＿＿＿＿＿＿天 / 亩
5	收获用工	＿＿＿＿＿＿＿天 / 亩
6	初制加工用工	＿＿＿＿＿＿＿天 / 亩
7	其他用工	＿＿＿＿＿＿＿天 / 亩
8	附记: 本地雇工平均日工资	＿＿＿＿＿＿＿元 /d

（2）报送要求和填报说明。①填报时间 : 早稻 7 月 5 ~ 15 日, 中稻 9 月 5 ~ 15 日, 再生稻 10 月 5 ~ 15 日（再生稻头茬收获时请记录好相关数据, 再生茬收获时合并填报）, 晚稻 11 月 5 ~ 15 日。② 填报数据保留 2 位小数。③各指标逻辑关系 : 1=2+3+4+5+6+7。

（3）指标解释。为了标准化统计口径, 需对每亩劳动用工监测信息的相关指标进行统一规范。在报送劳动用工时, 请注意按每个项目的总劳动用工分摊到每亩, 尽量按照一天工作 8 h 的标准上报实际劳动消耗, 上报数据精确到小数点后 2 位。

翻耕整地用工 : 按本季实际消耗的秧田和大田翻耕整地总工日数除以大田面积计算。租用役畜或机械耕翻时按实际支出计入 "畜力及机械作业费", 不另计算劳动用工 ; 自有役畜或机械作业则按当地市价计入 "畜力及机械作业费", 操作人员不计劳动用工。

播种育秧移栽用工 : 按本季播种、育秧、移栽所耗费的实际总工日数除以大田面积计算。工厂化集中育秧的按实际支出计入种子费用, 不另计算劳动用工 ; 使用插秧机作业时, 按当地市价计入 "畜力及机械作业费", 农机手不另计算劳动用工, 辅助人员（如运秧等）按实际用工分摊到亩。

田间管理用工 : 单季每亩用于施肥、打药、排灌、中耕除草、田间巡视看护等所耗费的实际工日数。病虫 "统防统治" 者按实际支出计入 "农药费", 不另计算劳动用工。集体统一组织的排灌按实际支出计入 "排灌费用", 不另计算劳动用工。

收获用工 : 单季每亩收获所耗费的实际工日数。使用机械收获时, 农机使用费及操作人员薪酬合并计入 "畜力及机械作业费"。

初制加工用工 : 用于产品晾晒、风选、装袋、入仓等所耗费的实际工日数（按总工日数分摊到亩）。

使用烘干设备进行粗加工时，按当地市价计入"畜力及机械作业费"，不另计算劳动用工。

其他用工：不能计入上述各项，又与本季作物生产有直接或间接关系的用工分摊到每亩单季作物中的工日数，如积肥用工分摊、经营管理用工分摊、销售用工分摊等。

本地雇工平均日工资：指本地雇佣中等劳动力从事非专业技术性工作的日平均工资。

（四）物质费用监测信息

（1）采集内容。按表 E4 执行。

表 E4 每亩物质费用监测信息记录表

信息采集点编码：＿＿＿＿＿＿＿＿＿＿＿＿　　　　　填报时间：＿＿＿年＿＿＿月＿＿＿日

项目选择：□早稻　　　□晚稻　　　□再生稻（头茬＋再生茬）　　　□一季稻　　　□油菜

编号	项目名称	实际数据值
1	每亩物质费用合计	
2	其中：种苗费用	＿＿＿＿＿＿元/亩
3	农家肥费	＿＿＿＿＿＿元/亩
4	化肥费	＿＿＿＿＿＿元/亩
5	农药费（含除草剂）	＿＿＿＿＿＿元/亩
6	畜力及机械作业费	＿＿＿＿＿＿元/亩
7	排灌费用	＿＿＿＿＿＿元/亩
8	其他费用	＿＿＿＿＿＿元/亩

（2）报送要求和填报说明。①填报时间：早稻 7 月 5～15 日，中稻 9 月 5～15 日，再生稻 10 月 5—15 日（再生稻头茬收获时请记录好相关数据，再生茬收获时合并填报），晚稻 11 月 5～15 日。②填报数据保留 2 位小数。③各指标逻辑关系：1=2+3+4+5+6+7+8。

（3）指标解释。为了标准化统计口径，需对每亩物质费用监测信息的相关指标进行统一规范。在报送物质费用时，请注意按每个项目的总物质费用分摊到每亩，必须精确到小数点后 2 位。

种苗费用：单季每亩实际消耗的种子和幼苗费用。自购种子直播或育苗（秧）者，仅计算种子费用；水稻采用工厂化集中育秧的，按每亩秧苗的实际购买价计算；其他外购幼苗按市价计算。

农家肥费：①人粪尿和畜禽粪肥按当地市价计算费用；②绿肥、沤肥、堆肥只计算实际消耗的种子费用和物质费用（用工计入"其他用工"）；③饼肥按平均市价计算；④自制菌肥按制作成本计算。

化肥费：按实际购买价和每亩使用量计算。

农药费：按购买的各类杀虫剂、灭菌剂、除草剂的实际购买价和每亩使用量计算。有用统防统治服务外包者，按实际每亩付费标准计算。

畜力及机械作业费：使用役畜或机械作业（包括机耕、机播、机插、机收和产品烘干等）按实际支出计算每亩费用，自有役畜或自有农机按当地市场平均价计算费用（含操作人员劳动报酬）。

排灌费用：每亩所分摊的排灌费用。外来服务（包括集体统一组织的排灌）按实际支付的费用分摊到亩；自有排灌设备设施参照外来服务收费标准计算费用。

其他费用：不能列入上述项目的其他直接或间接费用，包括消耗性材料费（薄膜、竹弓、竹签、纤维袋等）、用具工具折旧费（抛秧软盘、机插软盘、农用工具等按原价 25% 计算）、销售费用（指销售所发生的运输、包装、广告、管理等费用）、管理费用、生产性贷款利息、保险费、农业技术推广机构的技术承包费等，按实际开支分摊到每亩单季计算物质费用。自有农机因按市价计入成本故不考虑折旧。

（五）销售情况监测信息

（1）采集内容。按表 E5 执行。

表 E5　销售情况监测信息记录表

信息采集点编码：_____　　　　　　　　　填报时间：_____年_____月_____日

种植模式	产品种类	本年总产量 /t	销售余额 /t	本期销售量 /t	当日收购价格 /（元·kg）
双季稻	早稻（普通）			_____t	_____元 / kg
	早稻（优质）			_____t	_____元 / kg
	晚稻（普通）			_____t	_____元 / kg
	晚稻（优质）			_____t	_____元 / kg
再生稻	头茬			_____t	_____元 / kg
	再生茬			_____t	_____元 / kg
一季稻或稻油两熟	一季稻（普通）			_____t	_____元 / kg
	一季稻（优质）			_____t	_____元 / kg
	油菜籽			_____t	_____元 / kg

（2）报送要求与填报说明。每年 5 ~ 12 月旬报，实时记录，每月逢 5 日集中报送，"本期销售量（t）"指上次报送日期到当日期间发生的销售量，未发生可空缺；"销售余额（t）"由系统自动计算；"当日收购价格（元 /kg）"填报当日入户收购价格（或地头收购价格，地头收购湿谷时应折算成干谷价格）；再生稻的头茬和再生茬不分优质稻和普通稻，按种植户实际种植的多个品种填报平均价格。

六、稻米加工信息采集和报送

稻米加工信息采集点为基点县辖区内较大规模的稻米加工企业，监测信息采集实行周报制，每周星期三为上报时间，全年上报时段为 3 ~ 12 月。稻米加工监测信息采集与报送执行表 E6、表 E7。

表 E6　稻谷收购情况监测信息记录表

信息采集点编码：_____　　　　　　　　　填报时间：_____年_____月_____日

原料种类	本周采购总量	入户收购价格	小粮商代收价格	厂部直接收购价格
早稻	_____t	_____元 /t	_____元 /t	_____元 /t
晚稻（普通）	_____t	_____元 /t	_____元 /t	_____元 /t
晚稻（优质）	_____t	_____元 /t	_____元 /t	_____元 /t
一季稻（普通）	_____t	_____元 /t	_____元 /t	_____元 /t
一季稻（优质）	_____t	_____元 /t	_____元 /t	_____元 /t
再生稻（头茬）	_____t	_____元 /t	_____元 /t	_____元 /t
再生稻（再生茬）	_____t	_____元 /t	_____元 /t	_____元 /t

说明："本周采购量"是指上次填报日期之后至本次填报日期之间的发生量，湿谷时应折算成干谷重量。

表 E7　稻米加工情况监测信息记录表

商品类别	商品名称	本周加工产量	本周销售量	成品出厂销售价格
加工型大米	（请准确填写品牌名称）	＿＿＿＿t	＿＿＿＿t	＿＿＿＿元/t
食用型大米 1	（请准确填写品牌名称）	＿＿＿＿t	＿＿＿＿t	＿＿＿＿元/t
食用型大米 2	（请准确填写品牌名称）	＿＿＿＿t	＿＿＿＿t	＿＿＿＿元/t

附录 F　双季稻早专晚优全程机械化生产技术规程

为规范双季稻早专晚优全程机械化生产技术，制定本规程。

1 农机设备与设施

1.1 耕整机械
选用拖拉机牵引的水田耕整机、自走式旋耕机、水田激光平地机等耕、整地机械。

1.2 播种机械
选用播种流水线或自走式秧盘播种机。

1.3 床土机械
粉碎机、筛选机。

1.4 催芽设施
催芽器、催芽室。

1.5 喷水设施
喷灌、洒水设备。

1.6 插秧机械
选用行距 25 cm，株距 9 ～ 17 cm 的插秧机或抛秧机。

1.7 育秧托盘
选用与插秧机、抛秧机配套的毯秧、钵毯秧或钵秧硬质塑料育秧盘。

1.8 植保机械
选用单旋翼或多旋翼植保无人机、喷杆式或喷枪喷雾机等喷雾机械。

1.9 保温设施
简易育秧大棚、工厂化育秧温室或塑料薄膜、竹弓等覆盖物。

1.10 收割机械
选用损耗低，清选效果好的水稻联合收割机。

1.11 烘干机械
选用低温循环式或横流式、混流式谷物烘干机。

2 大田条件

双季稻区集中连片，田块面积较大，地势较平坦，适于农机作业的非潜育性稻田。

3 品种选择与搭配

3.1 早稻品种
早稻选用适合加工专用稻品种。米粉稻品种为直链淀粉含量为 21% ～ 25%，碱消值在 5 ～ 7；饲

料稻品种为糙米率 >79%、粗蛋白质含量 >10%；糖浆稻为大米总淀粉含量 >72%、蛋白质含量 <7% 等。全生育期湘中以北不长于 110 d，湘中以南不长于 115 d，综合性状好，种子质量符合国家相关标准规定。

3.2 晚稻品种

晚稻选用米质达部颁三等优质米标准以上，食味佳的优质稻品种。全生育期湘中以北不长于 115 d，湘中以南不长于 120 d，综合性状好，种子质量符合国家相关标准规定。

3.3 品种搭配

早晚两季品种生育期搭配，湘中以北地区可选用早熟品种加中熟品种或中熟品种加早熟品种搭配，湘中以南地区可选用中熟品种加中熟品种搭配，确保晚稻在寒露风来临前安全齐穗。

4 机械育秧

4.1 育秧大棚

育秧大棚应建在避风向阳、水源充足、排灌畅通、运秧方便的地方，不能建在低洼潮湿，易积水的地方。工厂化育秧大棚按每 500 亩大田建 1 个 1050 m² 多层立体大棚的规模建设。育秧塑料大棚按 30 亩大田建设 1 个 30 m×8 m×3.2 m 塑料大棚的规模建设。拱膜育秧，秧田要选择排灌畅通，运输方便，位于机插大田中心田块。秧田与大田比为 1∶60。

4.2 育秧基质

选用商品基质或过筛细土（粒径 ≤ 5 mm，pH 值为 5.5 ～ 6.5）或秧田泥浆。

4.3 浸种催芽

种子经清水或盐水清选后，用强氯精或咪酰胺等消毒剂浸种消毒 8 ～ 12 h，清水洗净后，然后用种子催芽器或在催芽室内催芽至 90% 的种子破胸露白，芽长、根长不超过 2 mm。芽谷在阴凉处晾干 6 ～ 8 h 或过夜后播种，播种前芽谷还可用烯效唑和防治苗期病虫效果好的拌种剂拌种。

4.4 适时播种

早稻在日平均气温稳定在 8℃以上、棚内温度稳定在 12℃以上时开始播种，宜在 3 月 15 ～ 25 日播种，确保秧龄 17 ～ 22 d 机插，最长不超过 25 d。晚稻一般根据早稻的成熟期确定播种期，早稻齐穗后要及时播种。早稻在 7 月 15 日前成熟时，宜在 6 月 25 ～ 28 日播种；早稻 7 月 15 日以后成熟时，宜在 6 月底至 7 月初播种，确保晚稻秧龄 16 ～ 22 d 插完，最长不超过 25 d。

4.5 精量播种

种子用量为每亩大田杂交稻 2.0 ～ 2.5 kg，常规稻 3.0 ～ 4.0 kg。每亩大田备秧 45 盘，每盘播种芽谷量为杂交稻 60 ～ 70 g，常规稻 110 ～ 130 g。用 58 cm×23 cm×2.5 cm 规格的毯秧或钵毯秧硬塑秧盘，采用播种流水线或自走式秧盘播种机播种。秧盘底土厚度 2 cm，盖土以盖没芽谷为宜。泥浆育秧，在整好的秧厢上摆盘上泥浆，泥浆厚度约 2 cm，抹平并适当沉实后用自走式秧盘播种机或手工播种。

4.6 叠盘出苗

播种后将秧盘集中叠码在秧架中间，层高 7 ～ 8 盘，用地膜严密覆盖保温保湿或密室出苗。一般叠盘 4 ～ 5 d，待芽长达到 5 mm 左右、根系开始下扎时及时上架育苗。

4.7 育苗管理

4.7.1 温光控制

出苗期棚内温度控制在 30 ～ 32℃；1 叶期，棚内温度控制在 22 ～ 25℃；秧苗 1.5 ～ 2.5 叶期，逐步增加通风量，棚内温度控制在 20 ～ 22℃，严防高温烧苗和秧苗徒长；秧苗 2.5 ～ 3.0 叶期，棚内温度控制在 20℃以下；移栽前将大棚边膜揭开炼苗 3 d 左右。出苗后注意调整棚内光照，使秧盘受光均匀，秧苗生长一致。

4.7.2 水分管理

出苗阶段保持盘土湿润。出苗后，如盘土表面发白，秧苗微卷，应及时喷水，喷至盘底开始滴水为止。机插时秧块含水量以不超过 40% 为宜。

4.7.3 病害防治

齐苗和雨过天晴后，亩用 75% 敌克松可湿性粉剂 250 g 兑水 40 kg 或 90% 恶霉灵可湿性粉剂 1500 倍液喷施，预防立枯病和绵腐病。

4.7.4 叶面施肥

秧苗后期如出现脱肥现象，应叶面喷施大量元素水溶性肥料（按使用说明书操作）；起秧前 1 天，喷施 1 次 0.5% 尿素溶液作"送嫁肥"。

4.7.5 壮秧指标

秧龄 18 ～ 25 g，叶龄 2.5 ～ 3.5 叶，苗高 12 ～ 17 cm，茎基宽 ≥ 2.0 mm，单株白根数 ≥ 10。秧块苗齐苗匀，根系盘结牢固，提起不散，每平方厘米秧苗数杂交稻 1.5 ～ 2.5 株，常规稻 2.5 ～ 3.5 株。

5 大田耕整

早稻田一般在机插前 10 ～ 15 d 进行翻耕，机插前 2 ～ 3 d 进行旋耕和平田；晚稻田待早稻收割后即灌水翻耕。犁耕深度 15 ～ 20 cm，旋耕深度 10 ～ 15 cm，田面平整无残茬杂物、高低差 < 3 cm，大田平整沉实 1 ～ 2 d 后机插或机抛。

6 机械插秧

6.1 插秧机调试

机插前按程序做好插秧机和抛秧机保养与调试工作，确保各系统和整机运转正常。

6.2 起秧与运秧

起秧时可将秧块连同秧盘提起，平放在运秧车或运秧架上运往田头。也可从秧盘内小心卷起秧块，叠放于运秧车或其他运秧工具内，叠放层数一般 2 ～ 3 层，秧块运至田头应随即卸下平放，使秧苗自然舒展，以利机插或机抛。

6.3 密度与基本苗

机插密度常规稻 25 cm × 10/12 cm，杂交稻 25 cm × 13/14 cm，每亩插 2 万 ～ 2.6 万蔸。基本苗：杂交稻 7 万 ～ 9 万，常规稻 9 万 ～ 11 万，具体根据品种特性、气候条件、土壤质地、肥力和管理水平等调整确定。

6.4 插秧机和抛秧机行走路线

根据田间道路布局和田块形状、大小，确定插秧机或抛秧机进出田块的位置，设计好插秧机行走路线，从第二插幅开始插秧或抛秧。

6.4 取秧量和插秧机试插

为保证基本苗，毯秧机插一般将插秧机取秧量调到最大。钵毯秧机插要求每蔸插 1 钵秧，须将横向取秧次数调至与秧盘横向钵数相同，纵向取秧量与秧盘纵向钵间距相同。在各调节手柄按作业要求设定并在载秧台放置秧苗后试插 2 ~ 3 m，确认穴株数和栽插深度，调准取秧量。栽插深度以 1 cm 左右为宜。

6.5 插秧质量

"五花水"（水深处不超过 2 cm）插秧，漏插率＜ 5%，漂倒率＜ 5%，伤秧率＜ 5%，不弯蔸，不雍泥，每蔸苗数 2 ~ 5 苗，平均 3 ~ 4 苗，插完后灌浅水护苗活蔸。

7 大田管理

7.1 科学管水

坚持浅水插秧（水深 1 ~ 2 cm），插后立即灌浅水护苗活蔸，灌水深度，以全田不见泥，水不淹心叶为度，促返青分蘖；返青后应薄水勤灌，促进根系生长，分蘖期内宜多次短时间（每次 2 ~ 3 d）露田，促发新根和分蘖；当每亩苗数杂交稻达 18 万 ~ 20 万、常规稻达 22 万 ~ 25 万时，排水晒田，控制无效分蘖；幼穗分化期应浅水常灌，保持干干湿湿；孕穗至抽穗期保持 3 cm 左右水层，不能缺水；灌浆乳熟期干干湿湿，以干为主，以水调气，养根保叶，壮籽防衰；收割前 7 d 断水，切忌断水过早。若遇强冷空气和异常高温天气时，要注意灌深水保温和降温。

7.2 合理施肥

基肥在大田翻耕前每亩施用水稻配方肥或复合肥 25 ~ 40 kg；分蘖肥在插后 5 ~ 7 d 第一次亩施尿素 6 kg，第二次插后 10 ~ 12 d 亩施尿素 5 kg、氯化钾 7.5 kg，促进分蘖早发、稳发；孕穗肥在晒田复水后视苗情每亩补施尿素 3 ~ 4 kg、氯化钾 3 kg，促进颖花分化争大穗；壮籽肥在齐穗期叶面喷施大量元素水溶性肥料，壮籽防早衰。

7.3 封闭除草

机插或抛秧后 5 ~ 7 d 结合追施第一次分蘖肥，选用异丙草胺或苯噻酰与苄嘧磺隆或吡嘧磺隆复配可湿性粉剂与肥料拌匀撒施，施药后保持 3 ~ 5 cm 水层 5 ~ 7 d，进行第一次封闭除草；移栽后 15 ~ 20 d，如田间稗草和千金子较多，则每亩叶面喷施 2.5% 五氟磺草胺乳油 60 mL 或 10% 氰氟草酯乳油 50 ~ 80 mL，进行第二次除草。

7.4 病虫害防控

防控对象主要有纹枯病、稻瘟病、二化螟、稻纵卷叶螟、稻飞虱、稻水象甲等。应根据当地植保部门的预测预报和防治指导意见，使用高效率植保机械防治，提倡由专业化服务组织统防统治。施药时，一是每亩兑足 30 kg 水喷雾（使用植保无人机低容量喷雾，亩药液量 500 ~ 1000 mL）；二是露水未干时不施药，宜选晴天 15 时以后或阴天施药；三是施药时田中有 2 ~ 3 cm 水层；四是药剂需二次稀释兑成母液后再兑水喷雾。

8 机械收割

谷粒黄熟达 90% 时，选晴好天气用损耗低（损失率＜ 3%），清选效果好的水稻联合收割机及时收割。

9 机械干燥

根据生产规模和稻谷含水量，配套相应的烘干机械和设施，选择相应的干燥技术参数，按烘干机使用说明和程序操作烘干稻谷，入库储藏。

10 生产档案

对种子、农药、化肥、地膜等投入品使用情况及品种选配、播种处理、秧苗管理、机插机抛情况、大田管理、机收时间、烘干作业、稻谷产量、经济性状等情况进行记载，建立生产档案。

11 技术术语

11.1 早专晚优全程机械化生产技术

早稻选用加工专用品种和晚稻选用优质稻品种的双季稻搭配模式，结合从稻田耕整、播种移栽、病虫草害防控、收割干燥等主要环节实行机械化作业的水稻生产技术。

11.2 毯秧

用底面平整的塑料秧盘育成，根系盘结成毯状的盘育秧块。

11.3 钵毯秧

用底部为钵，上毯下钵（钵深约 1 cm）的专用塑料秧盘育成，根系盘结成毯状的盘育秧块。

12 引用和参考资料

GB4285—1989《农药安全使用标准》。

GB/T8321.10—2018 农药合理使用准则

NY/T393—2000《绿色食品农药使用准则》

NY/T 391—2013 绿色食品 产地环境质量

NY/T2911—2016《测土配方施肥技术规程》

NY/T496—2010《肥料合理使用准则》

NY/T 394—2013 绿色食品 肥料使用准则

NY/T1534—2007《水稻工厂化育秧技术要求》

DB37T 3441—2018《水稻全程机械化生产技术规程》

DB34/T795—2008《机插水稻大田耕整地作业技术规范》

DB43/T 742.1—2013《水稻育插秧机械化技术规范 第 1 部分：育秧》

DB43/T 742.2—2013《水稻育插秧机械化技术规范 第 2 部分：插秧》

附录 G　稻稻薯全程机械化生产技术规程

为规范稻稻薯全程机械化生产技术，制定本规程。

1 农机设备与设施

1.1 耕整机械
选用拖拉机牵引的水田耕整机、自走式旋耕机、起垄机、水田激光平地机等耕、整地机械。

1.2 播种机械
选用水稻播种流水线或自走式秧盘播种机，马铃薯多功能播种机。

1.3 床土机械
粉碎机、筛选机。

1.4 催芽设施
催芽器、催芽室。

1.5 喷水设施
喷灌、洒水设备。

1.6 插秧机械
选用行距 25 cm，株距 9 ~ 17 cm 的插秧机或抛秧机。

1.7 育秧托盘
选用与插秧机、抛秧机配套的毯秧、钵毯秧或钵秧硬质塑料育秧盘。

1.8 植保机械
选用单旋翼或多旋翼植保无人机、喷杆式或喷枪喷雾机等喷雾机械。

1.9 保温设施
简易育秧大棚、工厂化育秧温室或塑料薄膜、竹弓等覆盖物。

1.10 收割机械
选用损耗低、清选效果好的水稻联合收割机，马铃薯收获机。

1.11 烘干机械
选用低温循环式或横流式、混流式谷物烘干机。

2 大田条件

大田选用集中连片、面积较大、地势高燥、排水方便、适于农机作业的轻质沙壤土稻田。

3 品种选择

3.1 早稻品种
全生育期湘中以北不长于 108 d，湘中以南不长于 112 d，综合性状好，种子质量符合国家相关标准规定。

3.2 晚稻品种

全生育期湘中以北不长于 115 d，湘中以南不长于 120 d，综合性状好，种子质量符合国家相关标准规定。

3.3 马铃薯品种

选用结薯早、薯块集中、块茎前期膨大快、生理早熟、生育期在 60 ～ 80 d 的早、中熟品种，宜选用 3 代以内的脱毒种薯。

4 水稻机械育秧

4.1 育秧大棚

育秧大棚应建在避风向阳、水源充足、排灌畅通、运秧方便地方，不能建在低洼潮湿、易积水的地方。工厂化育秧大棚按每 500 亩大田建 1 个 1050 m² 多层立体大棚的规模建设。育秧塑料大棚按 30 亩大田建设 1 个 30 m × 8 m × 3.2 m 塑料大棚的规模建设。拱膜育秧，秧田要选择排灌畅通、运输方便、位于机插大田中心田块。秧田与大田比为 1 ：60。

4.2 育秧基质

选用商品基质或过筛细土（粒径 ≤ 5 mm，pH5.5 ～ 6.5）或秧田泥浆。

4.3 种子处理

4.3.1 浸种催芽

种子经清水或盐水清选后，用强氯精或咪酰胺等消毒剂浸种消毒 8 ～ 12 h，清水洗净后，然后用种子催芽器或在催芽室内催芽至 90% 的种子破胸露白，芽长、根长不超过 2 mm。芽谷在阴凉处晾干 6 ～ 8 h 或过夜后播种，播种前芽谷还可用烯效唑和防治苗期病虫效果好的拌种剂拌种。

4.4 适时播种

早稻在日平均气温稳定在 8℃ 以上、棚内温度稳定在 12℃ 以上时开始播种，宜在 3 月 15 ～ 25 日进行，确保秧龄 17 ～ 22 d 机插，最长不超过 25 d。晚稻一般根据早稻的成熟期确定播种期，早稻齐穗后要及时播种。早稻在 7 月 15 日前成熟，宜 6 月 25 ～ 28 日播种；7 月 15 日以后成熟，宜 6 月底至 7 月初播种，确保晚稻秧龄 17 ～ 22 d 插完，最长不超过 25 d。

4.5 精量播种

水稻种子用量为每亩大田杂交稻 2.0 ～ 2.5 kg，常规稻 3.0 ～ 4.0 kg。每亩大田备秧 45 盘，每盘播种芽谷量为杂交稻 60 ～ 70 g，常规稻 110 ～ 130 g。水稻用 58 cm × 23 cm × 2.5 cm 规格的毯秧或钵毯秧硬塑秧盘，采用播种流水线或自走式秧盘播种机播种。秧盘底土厚度 2 cm，盖土以盖没芽谷为宜。泥浆育秧，在整好的秧厢上摆盘上泥浆，泥浆厚度约 2 cm，抹平并适当沉实后用自走式秧盘播种机播种。

4.6 叠盘出苗

水稻播种后将秧盘集中叠码在秧架中间，层高 7 ～ 8 盘，用地膜严密覆盖保温保湿或密室出苗。一般叠盘 4 ～ 5 d，待芽长达到 5 mm 左右、根系开始下扎时及时上架育秧或大田育秧。

4.7 育秧管理

4.7.1 温光控制

出苗期棚内温度控制在 30℃ ～ 32℃；1 叶期，棚内温度控制在 22℃ ～ 25℃；秧苗 1.5 ～ 2.5 叶期，逐步增加通风量，棚内温度控制在 20℃ ~ 22℃，严防高温烧苗和秧苗徒长；秧苗 2.5 ~ 3.0 叶期，棚内温度控制在 20℃以下；移栽前将大棚边膜揭开炼苗 3 d 左右。出苗后注意调整棚内光照，使秧盘受光均匀，秧苗生长一致。

4.7.2 水分管理

出苗阶段保持盘土湿润。出苗后，如盘土表面发白，秧苗微卷，应及时喷水，喷至盘底开始滴水为止。机插时秧块含水量以不超过 40% 为宜。

4.7.3 病害防治

齐苗和雨过天晴后，亩用 75% 敌克松可湿性粉剂 250 g 兑水 40 kg 或 90% 恶霉灵可湿性粉剂 1500 倍液喷施，预防立枯病和绵腐病。

4.7.4 叶面施肥

秧苗后期如出现脱肥现象，应叶面喷施大量元素水溶性肥料（按使用说明书操作）；起秧前 1 d，喷施 1 次 0.5% 尿素溶液作"送嫁肥"。

4.7.5 壮秧指标

秧龄 18 ~ 25 d，叶龄 2.5 ~ 3.5 叶，苗高 12 ~ 17 cm，茎基宽 ≥ 2.0 mm，单株白根数 ≥ 10。秧块苗齐苗匀，根系盘结牢固，提起不散，每平方厘米秧苗数杂交稻 1.5 ~ 2.5 株，常规稻 2.5 ~ 3.5 株。

5 马铃薯播种

5.1 种薯处理

50 g 以下的种薯一般不切块，整薯播种；50 g 以上的种薯应进行切块，切块时要纵切或斜切，每个切块应含有 1 ~ 2 个芽眼，平均单块重 25 ~ 50 g，切块应为楔状。切块时切刀要用 1% 的高锰酸钾溶液消毒，切块后将顶芽薯块与侧芽薯块分开堆放，用草木灰加入 4% ~ 8% 甲基托布津或多菌灵拌种，分开播种。

5.2 播种时期

马铃薯播种时期依覆盖地膜与否而定，不覆盖地膜的应提早到 12 月上旬播种，覆盖地膜的应推迟到 12 月下旬播种。

5.3 播种量

马铃薯每亩播种种薯 5500 块左右，用种量 200 kg 左右。

5.4 机播种薯

起垄采用适宜起垄机具，起垄方式有单垄单行和单垄双行，要求垄高 20 ~ 25 cm，单垄单行垄宽 40 ~ 50 cm，单垄双行 80 ~ 90 cm；播种机采用单行或双行多功能播种机，一次性完成开沟、施肥、播种、覆土、喷除草剂、铺膜垄等作业工序；不重播、不漏播、不损伤种薯；播种深度 18 ± 2 cm，深浅一致，覆盖均匀严实。

6 水稻大田耕整

早稻田一般在机插前 10 ~ 15 d 进行翻耕，机插前 2 ~ 3 d 进行旋耕和平田；晚稻田待早稻收割后即灌水翻耕。犁耕深度 15 ~ 20 cm，旋耕深度 10 ~ 15 cm，田面平整无残茬杂物、高低差 < 3 cm，大田平整沉实 1 ~ 2 d 后机插或机抛。

7 水稻机械插秧或抛秧

7.1 插秧机调试

机插前按程序做好插秧机或抛秧机保养与调试工作，确保各系统和整机运转正常。

7.2 起秧与运秧

起秧时可将秧块连同秧盘提起，平放在运秧车或运秧架上运往田头。也可从秧盘内小心卷起秧块，叠放于运秧车或其他运秧工具内，叠放层数一般 2 ~ 3 层，秧块运至田头应随即卸下平放，使秧苗自然舒展，以利机插或机抛。

7.3 密度与基本苗

机插密度常规稻 25 cm × 10/12 cm，杂交稻 25 cm × 13/14 cm，每亩插 2 万 ~ 2.6 万兜。基本苗：杂交稻 7 万 ~ 9 万，常规稻 9 万 ~ 11 万，具体根据品种特性、气候条件、土壤质地、肥力和管理水平等调整确定。

7.4 插秧机或抛秧机行走路线

根据田间道路布局和田块形状、大小，确定插秧机进出田块的位置，设计好插秧机或抛行走路线，从第二插幅开始插秧或抛秧。

7.5 取秧量和插秧机试插

为保证基本苗，毯秧机插一般将插秧机取秧量调到最大。钵毯秧机插要求每兜插 1 钵秧，须将横向取秧次数调至与秧盘横向钵数相同，纵向取秧量与秧盘纵向钵间距相同。在各调节手柄按作业要求设定并在载秧台放置秧苗后试插 2 ~ 3 m，确认穴株数和栽插深度，调准取秧量。栽插深度以 1 cm 左右为宜。

7.6 插秧质量

"五花水"（水深处不超过 2 厘米）插秧，漏插率 < 5%，漂倒率 < 5%，伤秧率 < 5%，不弯兜，不壅泥，每兜苗数 2 ~ 5 苗，平均 3 ~ 4 苗，插完后灌浅水护苗活兜。

8 大田管理

8.1 科学管水

水稻坚持浅水插秧（水深 1 ~ 2 cm），插后立即灌浅水护苗活兜，灌水深度，以全田不见泥，水不淹心叶为度，促返青分蘖；返青后应薄水勤灌，促进根系生长，分蘖期内宜多次短时间（每次 2 ~ 3 d）露田，促发新根和分蘖；当每亩苗数杂交稻达 18 万 ~ 20 万，常规稻达 22 万 ~ 25 万时，排水晒田，控制无效分蘖；幼穗分化期应浅水常灌，保持干干湿湿；孕穗至抽穗期保持 3 cm 左右水层，不能缺水；灌浆乳熟期干干湿湿，以干为主，以水调气，养根保叶，壮籽防衰；收割前 7 d 断水，切忌断水过早。若遇强冷空气和异常高温天气时，要注意灌深水保温和降温。马铃薯生长季节，雨季要注意清通四周围沟、畦沟，沟沟相通，及时排除田间积水。

8.2 合理施肥

水稻的基肥在大田翻耕前每亩施用水稻配方肥或复合肥 25 ~ 40 kg；分蘖肥在插后 5 ~ 7 d 第一次亩施尿素 6 kg，第二次插后 10 ~ 12 d 亩施尿素 5 kg、氯化钾 7.5 kg、促进分蘖早发、稳发；孕穗肥在晒田复水后视苗情每亩补施尿素 3 ~ 4 kg、氯化钾 3 kg，促进颖花分化争大穗；壮籽肥在齐穗期叶面喷施大量元素水溶性肥料（按产品说明书使用），壮籽防早衰。马铃薯种肥采用侧位分层施肥，施肥深度 6 ～ 10 cm，施硫酸钾型复合肥（15∶15∶15）100 kg/亩，种薯与肥的隔离土层大于 5 cm。

8.3 封闭除草

水稻插秧或抛秧后 5 ～ 7 d 结合追施第一次分蘖肥，选用异丙草胺或苯噻酰与苄嘧磺隆或吡嘧磺隆复配可湿性粉剂与肥料拌匀撒施，施药后保持 3 ～ 5 cm 水层 5 ～ 7 d，进行第一次封闭除草；移栽后 15 ～ 20 d，如田间稗草和千金子较多，则每亩叶面喷施 2.5% 五氟磺草胺乳油 60 mL 或 10% 氰氟草酯乳油 50 ～ 80 mL，进行第二次除草。马铃薯播种在地膜覆盖前每亩先用芽前除草剂（金都尔、乙草胺等）100 mL 兑水 50 kg 全田均匀喷雾除草。

8.4 马铃薯破膜引苗与控型

地膜覆盖的马铃薯幼苗开始顶膜时，应在出苗处将地膜了破小口将苗引出；若马铃薯植株出现疯长时，可使用浓度为 100 ～ 150 mg/kg 烯效唑叶面喷雾控制株形。

8.5 病虫害防控

水稻主要病虫害有纹枯病、稻瘟病、二化螟、稻纵卷叶螟、稻飞虱和稻水象甲等。马铃薯主要病虫害有早疫病、晚疫病、黑胫病、蚜虫和二十八星瓢虫等。应根据当地植保部门的预测预报和防治指导意见，使用高效率植保机械防治，提倡由专业化服务组织统防统治。

9 机械收获

水稻在谷粒黄熟达 90% 时，选晴好天气用损耗低（损失率＜ 3%），清选效果好的水稻联合收割机及时收割。马铃薯在 4 月中旬选晴天用薯类收获机进行收获，将薯块放在太阳下适度晾干表面水分即可按薯块大小进行分级装袋或装箱出售。

10 水稻机械干燥

根据生产规模和稻谷含水量，配套相应的烘干机械和设施，选择相应的干燥技术参数，按烘干机使用说明和程序操作烘干稻谷，入库储藏。

11 生产档案

对种子、农药、化肥、地膜等农资使用及品种选配、种子（薯）处理、播种情况、机插（播）时间、机插（播）质量、大田管理、机收时间、烘干操作、经济性状和产量情况等进行记载，建立生产档案。

12 技术术语

12.1 稻稻薯全程机械化生产技术

早稻加晚稻加冬季马铃薯一年三熟的种植模式，结合从大田耕整、播种移栽、病虫草害防控、收割干燥等全生产环节实行机械化作业的生产技术。

12.2 脱毒种薯

利用不带 PSTV（纺锤状块茎类病毒）的马铃薯材料，通过茎尖分生组织培养，获得脱除马铃薯花叶型、卷叶型等主要病毒的脱毒核心材料，在人工严格隔离条件下生产的原原种，在自然隔离条件下生产的原种和良种，并经检验合格的健康种薯。

13 引用和参考资料

GB4285—1989《农药安全使用标准》。

GB/T8321.10—2018 农药合理使用准则

NY/T393—2000《绿色食品农药使用准则》

NY/T391—2013 绿色食品 产地环境质量

NY/T2911—2016《测土配方施肥技术规程》

NY/T496—2010《肥料合理使用准则》

NY/T394—2013 绿色食品 肥料使用准则

NY5010 无公害食品、蔬菜产地环境条件

NY/T1534—2007《水稻工厂化育秧技术要求》

DB42/T1328—2018《马铃薯机械化生产技术规程》

DB37/T3441—2018《水稻全程机械化生产技术规程》

DB34/T795—2008《机插水稻大田耕整地作业技术规范》

DB43/T742.1—2013《水稻育插秧机械化技术规范 第 1 部分：育秧》

DB43/T742.2—2013《水稻育插秧机械化技术规范 第 2 部分：插秧》

附录 H 南方双季稻区水稻施肥技术规程

本规程规定了南方双季稻区水稻科学施肥的原则、氮磷钾肥用量及配方、施肥方法及中微量元素肥料施用的技术。本规程适用于南方双季稻区水稻绿色高产高效施肥技术的实施和指导，可以作为指导企业生产水稻专用（配方肥）的依据。

H1 科学施肥原则

针对南方双季稻区水稻氮磷钾施用不平衡，肥料增产效率下降，有机肥施用不足，中微量元素缺乏时有发生等问题，在测土配方施肥的基础上，根据土壤供肥能力和目标产量计算出肥料的补充量，提出以下施肥原则：

（1）推荐秸秆还田或增施有机肥，坚持有机无机配合施用。
（2）依据土壤氮素肥力状况和目标产量，控制氮肥总量，调整基、追比例，氮肥分次施用。
（3）依据土壤磷钾素丰缺状况和目标产量，合理施用磷钾肥。
（4）中微量元素因缺补缺。
（5）肥料施用应与绿色高产高效栽培技术相结合。
（6）pH值低于5.5的稻田土壤，应用石灰调酸并施用碱性肥料。

H2 氮磷钾施肥量

产量水平350 kg/亩以下，氮肥（N）用量6～7 kg/亩；产量水平350～450亩，氮肥（N）用量7～8 kg/亩；产量水平450～550 kg/亩，氮肥（N）用量8～10 kg/亩；产量水平550 kg/亩以上，氮肥（N）用量10～12 kg/亩。磷肥（P_2O_5）3～7 kg/亩，钾肥（K_2O）4～10 kg/亩。

H3 氮磷钾肥料配方

早稻推荐23–10–12、20–10–10、15–7–8、20–12–13、14–8–8、12–6–7、22–9–9、14–5–6（N–P_2O_5–K_2O）或相近配方的配方肥，晚稻推荐24–9–12、21–7–12、13–4–8、24–8–13、22–6–12、17–5–8、13–5–7、20–9–11（N–P_2O_5–K_2O）或相近配方的配方肥。

H4 氮磷钾施肥建议

建议基肥深施，追肥"以水带氮"。氮肥50%～60%作为基肥，20%～40%作为蘗肥，10%～30%作为穗肥；磷肥全部作基肥；钾肥50%～60%作为基肥，40%～50%作为穗肥。基肥于水稻移栽前1 d或移栽当天施用，分蘗肥于水稻移栽后7～15 d施用，穗肥于水稻移栽后30～50 d施用。施用有机肥或种植绿肥翻压的田块，化肥施用量可减少10%～30%；常年秸秆还田的地块，钾肥用量可适当减少30%。

H5 中微量元素肥料的应用

土壤有效锌（Zn）低于 0.5 mg/kg 的稻田，隔年基施 0.5 ~ 1 kg/666.7m² 硫酸锌。硫酸锌可与生理酸性肥料混匀施用，但不能与磷肥混施。土壤有效硅（SiO_2）低于 100 mg/kg 的稻田，建议基施或水稻返青后追施 10 kg/666.7m² 硅酸钠。冷浸田及锈水田等酸性强的土壤施用石灰调酸，土壤 pH 值范围为 5 ~ 6 的稻田施石灰 50 ~ 75 kg/666.7m²，土壤 pH 值范围为 4 ~ 5 的稻田施石灰 75 ~ 100 kg/666.7m²，可隔年施用，或隔 2 年施用。

H6 肥料实物量的换算见（附录 J）

H7 术语和定义

7.1 测土配方施肥

以土壤测试和肥料田间试验为基础，根据作物需肥规律、土壤供肥性能和肥料效应，在合理施用有机肥料的基础上，提出氮、磷、钾及中、微量元素等肥料的施用品种、数量、施肥时期和施用方法。

7.2 目标产量

指作物计划达到的产量（生产者希望达到的水稻产量），是指导施肥定量的依据之一。

H8 引用和参考资料

下列文件中的条款通过本标准的引用而成为本标准的条款。凡是注日期的引用文件，其随后所有的修改单（不包括勘误的内容）或修订版均不适用于本标准，然而，鼓励根据本标准达成协议的各方研究是否可使用这些文件的最新版本。凡是不注日期的引用文件，其最新版本适用于本标准。

DB14/T 1072—2015 石灰性农田土壤有效磷的测定

NY/T 889—2004 土壤速效钾和缓效钾含量的测定

NY/T 890—2004 土壤有效态锌、锰、铁、铜含量的测定二乙三胺五乙酸（DTPA）浸提法

NY/T 2911—2016 测土配方施肥技术规程

NY/T496—2010 肥料合理使用准则通则

NY/T 797—2004 硅肥

NY /T1105—2016 肥料合理使用准则 氮肥

附录

（规范性附录）

肥料实物量与纯量之间转换方法

1 化肥纯量的计算

1.1 1 袋 50 kg 装的尿素，包装袋上标有 N 46%；购买 1 袋 50 kg 装的磷酸二铵，包装袋上标有 N：18%，P_2O_5：46%；购买 1 袋 50 kg 装的氯化钾，包装袋上标有 K_2O：60%，这 3 袋化肥的纯量各是多

少千克。

计算公式：化肥重量（kg）× 包装袋标明量

（1）1 袋 50 kg 装尿素的纯 N 量为：$50 × 46\% = 23.0$（kg）

（2）1 袋 50 kg 装磷酸二铵的纯 N 量为：$50 × 18\% = 9.0$（kg）

（3）1 袋 50kg 装磷酸二铵的纯 P_2O_5 量为：$50 × 46\% = 23.0$（kg）

（4）1 袋 50 kg 装氯化钾纯 K_2O 量为：$50 × 60\% = 30$（kg）

某农户购买了 1 袋 50kg 装的复合肥，包装袋上标 N、P_2O_5、K_2O 的含量为 15：10：5，N、P_2O_5、K_2O 的纯量各是多少千克。

计算公式：化肥重量 kg× 包装袋标明量

（1）纯 N 量为：$50 × 15\% = 7.5$（kg）

（2）纯量 P_2O_5 量为：$50 × 10\% = 5.0$（kg）

（3）纯量 K_2O 量为：$50 × 5\% = 2.5$（kg）

2 化肥施用实物量的计算

2.1 单质肥料实物量的计算

1 公顷水稻基肥施用纯 N=60 kg、P_2O_5=50 kg、K_2O=60 kg，1 公顷水稻地块基肥应用含 N 量 46% 的尿素多少千克？施用含 P_2O_5 = 46% 的磷酸二铵多少 kg？施用 K_2O=60% 氯化钾多少 kg？

计算公式为：应施肥实物量 =（施肥纯量 ÷ 化肥的有效含量）× 100

计算得结果如下：

由于磷酸二铵中同时含有氮、磷两种养分，因此先以磷素含量计算磷酸二铵的施用量：应施入含 P_2O_5 46% 的磷酸二铵 =（50 ÷ 46）× 100 = 108.7 kg；

含 N 量 46% 尿素施用量的计算方法为：（施肥纯 N 量 – 其他肥料带入纯 N 量）÷ 尿素含氮量 =（60–108.7 × 18%）÷ 46% = 87.9 kg

应施入含 K_2O 60% 的氯化钾 =（60 ÷ 60）× 100 = 100 kg

2.2 复合肥与单质肥料共同施用实物量的计算

以每公顷水稻基肥施用纯 N=60 kg、P_2O_5=60 kg、K_2O=65 kg 为例，演算施用单质化肥和复合肥的实物用量。

施用复合肥用量要先以设计施肥纯量最少的来计算，然后添加其它两种肥。

如某种复合肥袋上标示的氮、磷、钾含量为 15：15：15，那么，该地块应施这种复合肥量为（60 ÷ 15）× 100 = 400 kg

同时也表明了，该地块施入 400 kg 氮磷钾含量分别为 15%、15%、15% 的复合肥后，相当于施于土壤中纯 N（400 × 15）÷ 100 = 60.0 kg，P_2O_5（400 × 15）÷ 100 = 60.0 kg，K_2O（400 × 15）÷ 100 = 60.0 kg。

与设计施肥量相差的养分，需添单质肥料加以补充。

计算公式为：增补施肥数量 =（设计施肥量 – 已施入肥量）÷ 准备施入化肥的有效含量

从上述计算结果看出，氮肥、磷肥的用量已满足需要，还需增补钾肥。

根据设计施肥量纯 K_2O=65 kg 的要求，还需要增施：氯化钾（65–60）÷ 60% = 8.3 kg。

附录I 水稻秸秆还田高效施钾技术规程

本技术规程适用于湖南省湘中、湘北以及洞庭湖平原、湘东、湘东南等双季稻种植区。规程重点突出了水稻秸秆还田条件下钾肥高效施用技术。

1 主要技术流程

早稻种植前放水泡田→机械整田→早稻种植→田间管理→早稻机械化收割秸秆粉碎还田→放水泡田→机械整田→晚稻种植→田间管理→晚稻机械化收割秸秆还田。

2 对早稻栽培的技术要求

2.1 种植方式

采用移栽、直播、抛秧或机械插秧，可根据劳动力情况和机械条件进行选择。

2.2 种植时间

直播早稻一般在4月10日前后播种，移栽、抛秧或机械插秧早稻育秧播种一般在3月中下旬，移栽、抛秧或机械插秧一般在4月下旬。

2.3 种植密度

以选用水稻品种推荐栽培技术为准。一般移栽每穴栽插2～3粒种子苗，每亩栽插或抛秧2.0万～2.2万蔸，直播水稻每亩播种量2.5～4.0 kg。

2.4 田间管理

2.4.1 肥料用量

化肥施用量主要根据当地测土配方施肥推荐的肥料用量，一般中等肥力田块，在产量350–450 kg/亩条件下，施用氮肥（N）8～10 kg/亩，磷肥（P_2O_5）4～5 kg/亩，钾肥（K_2O）4～6 kg/亩。

2.4.2 施用方法

氮肥60%做基肥、20%做分蘖肥、20%做穗肥；磷肥全部做基肥；钾肥50%做基肥、20%做分蘖肥、30%做穗肥。

2.4.3 水分管理

2.4.3.1 采取少量多次灌溉的原则，尽量减少田间水分排放量。

2.4.3.2 浅水栽秧，以秧苗不浮起为原则；直播水稻田面水深不宜超过1 cm，根据田面湿润情况进行补灌。

2.4.3.3 有效分蘖期田间水深3 cm左右。当全田总茎蘖数超过计划穗数的85%时进行晒田。

2.4.3.4 孕穗期田间保持5 cm的水深。到抽穗时尽量自然落干到2～3 cm。

2.4.3.5 灌浆结实期宜干湿交替间歇灌溉。

2.4.3.6 黄熟期后排水落干，促进籽粒饱满，以便收割。

2.4.4 病虫害和杂草防治

根据生长情况，利用化学药剂或人工进行控制病虫害和杂草。

2.4.5 收割

水稻成熟后，采用安装秸秆粉碎装置的水稻联合收割机进行收割，粉碎的秸秆应均匀抛洒在田面，可均匀喷洒秸秆腐解剂，泡水整田后种植晚稻。

3 对晚稻栽培技术的要求

3.1 种植方式
采用移栽、抛秧或机械插秧，可根据劳动力情况进行选择。

3.2 种植时间
早稻收割后 5 ~ 10 d，一般在 7 月中下旬。

3.3 种植密度
以选用水稻品种推荐栽培技术为准，一般移栽每穴栽插 1 ~ 2 粒种子苗，每亩栽插或抛秧 1.8 万 ~ 2.0 万蔸。

3.4 田间管理

3.4.1 肥料用量
化肥施用量主要根据当地测土配方施肥推荐的肥料用量，一般中等肥力田块，在产量 400 ~ 550 kg / 亩条件下，施用氮肥（N）10 ~ 12 kg / 亩，磷肥（P_2O_5）3 ~ 5 kg / 亩，钾肥（K_2O）6 ~ 8 kg / 亩。

3.4.2 施用方法
氮肥 70% 作基肥、20% 作分蘖肥、10% 作穗肥；磷肥全部作基肥；钾肥 50% 作基肥、20% 作分蘖肥、30% 作穗肥。

3.4.3 水分管理
3.4.3.1 采取少量多次灌溉的原则，尽量减少田间水分排放量。

3.4.3.2 早稻秸秆粉碎还田作业后，沉降 2 ~ 3 d 整田后进行种植水稻。

3.4.3.3 浅水栽秧，以秧苗不浮起为原则。

3.4.3.4 有效分蘖期田间水深 3 cm 为宜。当全田总茎蘖数超过计划穗数的 85% 时进行晒田。

3.4.3.5 孕穗期田间保持 5 cm 的水深。到抽穗时尽量自然落干到 2 ~ 3 cm。

3.4.3.6 灌浆结实期宜干湿交替间歇灌溉。

3.4.3.7 黄熟期后排水落干，促进籽粒饱满，以便收割。

3.4.4 病虫害和杂草防治
根据生长情况，利用化学药剂或者人工方式进行防控病虫害和杂草。

3.5 收割
水稻成熟后，采用联合收割机进行收割，稻草采用粉碎还田或整段还田，均匀抛洒在田面。

4 秸秆还田机械化作业前的准备

4.1 对早稻秸秆还田的要求
4.1.1 早稻收获时，采取留茬 5 ~ 7 cm 收割，利用秸秆粉碎装置将秸秆粉碎至 5 ~ 10 cm，利用导流装置将秸秆均匀抛洒在田面，可均匀喷洒秸秆腐解剂。

4.1.2 秸秆还田量每亩不宜超过 450 kg，以原位还田为主。

4.1.3 对于发生严重病虫害的田块禁止秸秆还田。

4.2 对晚稻秸秆还田的要求

4.2.1 晚稻收获时，采取留茬 5 ～ 10 cm 收割，可利用秸秆粉碎装置将秸秆粉碎至 5 ～ 10 cm，利用导流装置将秸秆均匀抛洒在田面，或采用稻草整段还田，均匀覆盖在田面。

4.2.2 秸秆还田量每亩不宜超过 500 kg，以原位还田为主。

4.2.3 对于发生严重病虫害的田块禁止秸秆还田。

4.3 对田块的要求

4.3.1 水稻收割时，应排净田间渍水。

4.3.2 作业前检查、清除田块障碍，不能清除的进行标识。

4.4 对农机手的要求

4.4.1 农机驾驶操作人员必须按规定经县（含县）以上农机安全监理部门考验合格，领取驾驶、操作证后，方可驾驶，操作证件签注相符的农业机械。

4.3.2 驾驶各种类型的拖拉机、联合收割机、农机运输车及其它自走式农业机械的人员，须持有"中华人民共和国农业机械驾驶证"或"中华人民共和国机动车驾驶证"。

4.3.3 严禁酒后驾驶、操作。

4.4 秸秆粉碎还田机要求

秸秆粉碎还田机技术指标、安全要求、粉碎效果以及保管维修等参照 GB/T24675.6—2009 执行。

5 秸秆粉碎还田作业

5.1 作业前农机具检查

检查农机具安全螺栓、连接部位、传动装置等。

5.2 作业前农机具调整

按照说明横向和纵向调整农机具，调整耕深。

5.3 农机具试运转

调整好的农机具在田边进行试运行，查看个部件是否运转正常，空转 20 min 后，若无异常，进行机械化作业。

附录 J 双季稻除草药肥／杀虫药肥一体施用技术规程

1 适应范围

本规程规定以氮磷钾普通肥料作为基肥，以药肥作为追肥，规范普通肥料用量、药肥的选择、施用量、施用时期和施用方法。该规程适用于湖南双季稻区药肥一体轻简栽培施肥。

2 术语和定义

（1）颗粒剂药肥。以肥料为填充或载体，混合加工而成的一类农药颗粒状制剂产品，并可直接使用的一类药肥产品，本规程所使用的药肥为颗粒剂药肥。

（2）可溶剂药肥。可溶于水使用的一类颗粒药肥产品。

（3）除草药肥。是指将化学除草剂与化学肥料相混合，并通过一定工艺生产而成的除草型的化学肥料。研究开发除草药肥的目的是使肥料具有除草功能，农民在使用除草药肥的时候，一次田间作业，便能收到施肥和除草的双重效果，以达到省工节本的目的，将除草剂与普通化肥复配成除草药肥，一般可以有效防治稗草、单子叶杂草和阔叶杂草等，除草药肥为本规程选定为追肥。

（4）杀虫药肥。杀虫药肥是将杀虫农药和肥料按一定的比例配方混合，通过一定的工艺技术将肥料和农药稳定于特定的复合体系中而形成的新型生态复合肥料，一般以肥料作农药的载体，如呋虫胺类药肥对水稻主要害虫二化螟、稻飞虱、稻象甲等均具有较好的防治效果，杀虫药肥为本规程选定为追肥。

3 双季稻田药肥一体化施用原则

（1）药肥一体化施用与有机肥和化肥相结合的原则。

（2）根据稻田土壤供肥状况和水稻需肥特点，推荐肥料用量与施用方法。

（3）根据稻田土壤微量元素养分丰缺状况，推荐锌肥等微量元素肥料的用量及施用方法。

（4）磷肥作基肥一次性施用，氮、钾肥分水稻生长前、中、后期 3 次施用。

（5）肥料施用与水稻丰产栽培技术相结合原则。

4 早稻施肥与药肥一体施用方法

4.1 基肥：可将畜禽粪堆肥与化肥相配合，每亩施腐熟的畜禽粪堆肥 500 kg（或腐熟的沼渣沼液 1000～1500 kg），水稻专用肥料（N–P_2O_5–K_2O:20%–10%–10%）30 kg 左右。如果不施用有机肥，则需要增施水稻专用肥料，即每亩施用水稻专用肥料（N–P_2O_5–K_2O:20%–10%–10%）40 kg 左右。如果选择其它相近配方的水稻专用肥料，则根据其肥料氮、磷、钾含量比例，适当调整肥料施用量。

4.2 分蘖期追肥：移栽后 7～15 d 选择施用返青除草药肥，可以选择市场上销售的除草剂产品（N：16%，苄嘧磺隆≥0.032%，丁草胺≥0.608%）10～20 kg／亩结合配施氯化钾 2～6 kg/亩。

施药肥时保持田间水深 2 ~ 3 cm，将肥料均匀撒在田块里，保水 7 ~ 10 d，该除草药肥对水稻田中的稗草、鸭舌草、矮慈姑、牛毛毡、三棱草、异型莎草等一年生杂草效果明显。如果选择市场上其他不同类型的除草药肥产品，要求严格按照产品说明书施用。

4.3 穗期追肥：幼穗分化期和抽穗前选择施用市场上销售的杀虫药肥（N：20%，有效成分呋虫胺 ≥ 0.1%）3 ~ 6 kg/ 亩结合配施氯化钾 1.5 ~ 4 kg/ 亩，根据虫害发生情况施用 1 ~ 2 次。

施药肥时保持田间水深 2 ~ 3 cm，通过人工手施，将肥料均匀撒在田块里，保水 7 ~ 10 d。可以有效防治水稻稻飞虱和二化螟等虫害；根据实际情况可以选用当地市场上其他药肥产品，要求严格按照产品说明书施用。

5 晚稻施肥与药肥一体施用方法

5.1 基肥：早稻收获后稻草还田，每亩施用水稻专用复混肥（N–P_2O_5–K_2O：20%–8%–12%）30 kg 左右。如果不采用稻草还田，可适当增施水稻专用肥料，即每亩施用水稻专用肥料（N–P_2O_5–K_2O：20%–8%–12%）40 kg 左右。如果选择其它相近配方的水稻专用肥料，则根据其肥料氮、磷、钾含量比例，适当调整肥料施用量。

5.2 分蘖期追肥：移栽后 7 ~ 15 d 施用返青除草药肥，可以选择市场上销售的除草剂药肥产品（N：16%，苄嘧磺隆 ≥ 0.032%，丁草胺 ≥ 0.608%）10 ~ 20 kg/ 亩结合配施氯化钾 2 ~ 5 kg/ 亩。

施药肥时保持田间水深 2 ~ 3 cm，将肥料均匀撒在田块里，保水 7 ~ 10 d，该除草药肥可以有效防治水稻田中的稗草、鸭舌草、矮慈姑、牛毛毡、三棱草、异型莎草等，也可以根据实际情况选择市场上其他不同的除草药肥产品，要求严格按照产品说明书施用

5.3 穗期追肥：幼穗分化期和抽穗前施用杀虫药肥（N：20%，有效成分呋虫胺 ≥ 0.1%）3 ~ 6 kg/ 亩结合配施氯化钾 1.5 ~ 3 kg/ 亩，根据虫害发生情况施用 1 ~ 2 次。

施药时保持田间水层 2 ~ 3 cm，将肥料均匀撒在田块里，保水 7 ~ 10 d。可以有效防治水稻稻飞虱和二化螟等虫害；也可以根据实际情况选用当地市场上其他药肥产品，要求严格按照产品说明书施用。

6 注意事项

一般按照以上技术施用肥料，可以不再施用除草剂和杀虫剂进行杂草与病虫防治，但对于稻瘟病和其它虫害发生严重地区，建议选择适当的病虫害高效低毒的环保农药进行防治，要特别注意药肥施用稻田远离鱼塘和其他动物养殖基地，药肥不适合稻虾和稻鱼等种养结合稻田。

7 建立水稻田间生产档案

建立田间生产档案，即农户田间生产的记录，可追溯水稻品种、种植田块、施肥种类和数量、时间、种植者等信息，建立农产品生产质量管理体系，确保高质量农产品走向市场。

8 规范性引用文件

下列文件中的条款通过本规程的引用而成为本规程的条款。凡是注日期的引用文件，仅注日期的版本适用于本文件。凡是不注日期的引用文件，其最新版本（包括所有的修改单）适用于本文件。

（a）GB/15063—2009 复混肥料（复合肥料）；

（b）GB4285　　　　　　　　农药安全使用标准；

（c）GB/T8321　　　　　　　农药合理使用准则；

（d）NY/T496　　　　　　　肥料合理使用准则通则；

（e）NY/T3589—2020　　　　颗粒状药肥技术规范。

附录 K　稻田地表径流氮磷减排技术规程

1　范围

本标准规定了不影响产量条件下,防控稻田氮磷地表径流面源污染对田埂及排水口、前茬作物秸秆、耕种方式选择、播栽时间、肥料用量和用法、水分管理等的要求和操作方法。

本标准适用于湖北省及长江中下游类似区域稻田地表径流面源污染防控。

2　术语和定义

下列术语和定义适应于本标准。

（1）稻田。指围有田埂（坎）,可以经常蓄水,用于种植水稻的耕地。

（2）农田地表径流。指借助降水、灌水或冰雪融水将农田土壤中的氮、磷等污染物向地表水体径向迁移的过程,是农田面源污染产生的重要途径之一。

（3）农田面源污染。指借助降水、灌水或冰雪融水使农田土壤表面或土体中的氮、磷等营养物质向地表水或地下水迁移的过程,是地表水富营养化和地下水硝酸盐污染的重要原因之一。

3　田埂及排水口

（1）田埂。除了方便人和机械田间操作外,还要确保不漏水漏肥,不易垮塌,可以经常蓄水。田埂应高于田面 15 ～ 20 cm。

（2）田埂排水口。排水口应开关方便、高度可控,可以是预制件,也可以是简易排水口,但都要保证田间可蓄水水面高于田面 10 cm 以上。排水口应在上茬作物收获后及时关闭,在整个水稻生长期,除了灌水、机插秧人为排水、晒田、后期收获以及遇到洪涝灾害外,排水口都应处于关闭状态。

4　前茬作物秸秆

（1）留茬。前茬作物收获时,尽可能齐地收割,留茬高度小于 10 cm。

（2）粉碎。收获的同时要将秸秆粉碎,粉碎长度小于 8 ～ 10 cm,粉碎后的秸秆要均匀地抛撒在田面。

（3）不得随意丢弃秸秆。前茬作物秸秆在收获以及后期还田过程中力求全部放于田间,严禁随意丢弃于田头、沟边。

（4）秸秆还田。前茬作物收获后,及时关闭田埂排水口,并尽快开展还田作业,还田时应做到全量还田。小麦、油菜、水稻等上茬作物秸秆的还田应符合 DB42/T 1171.1—2016、DB42/T 1171.2—2016、DB42/T 1171.3—2016 的要求。但对于病虫害爆发区的作物秸秆,不能直接还田,需经过堆沤高温发酵后还田。

5　耕作方式

（1）直播水稻。直播水稻要求采用先无水旋耕再灌水泡田后播种的耕作方式。具体过程为：前茬作物收获后，田间先不灌水泡田，待施底肥旋耕 2 次后再灌水泡田，灌溉泡田水力求做到耕层湿润但田面无积水，泡田后直播水稻。

（2）人工移栽水稻。人工移栽水稻优先采用先无水旋耕再灌水泡田后栽秧的耕作方式，也可以采用先灌水泡田后旋耕再栽秧的方式。先耕后灌水的具体过程为：前茬收获后，先不灌水泡田，待施底肥旋耕 2 次后，再灌水泡田，灌溉泡田水至田面积水层达 2 ~ 3 cm，然后栽秧。先灌水后耕的具体过程为：前茬作物收获后，在移栽前几天，先灌水泡田，待田面积水层达 6 ~ 7 cm 后，旋耕 2 次，旋耕结束后直接栽秧，严禁排放泡田水。

（3）人工抛秧水稻。人工抛秧水稻要求采用先无水旋耕后灌水泡田再抛秧的耕作方式。具体过程为：前茬作物收获后，先不灌水泡田，待施底肥旋耕 2 次后再灌水泡田，灌溉泡田水力求做到耕层湿润但田面无积水，泡田后抛秧。

（4）机插秧水稻。机插秧水稻要求采用先灌水泡田后旋耕再机插秧的耕作方式。具体过程为：在水稻插秧前几天，先灌水泡田至田面积水层达 7 ~ 8 cm（不要超过 10 cm），然后旋耕 2 次，旋耕时严禁将泡田水溢出，旋耕后晾田 2 ~ 3 d，然后再排掉部分田面水至田面积水层为 1 ~ 2 cm，排掉田面水后插秧。

6 播栽时间

水稻播栽时间与品种、区域气候、栽植方式（直播、人工栽、机械栽）等因素有关。但不论哪个地区、何种栽植方式都须遵循的原则是：要使水稻在梅雨来临前至少 1 周完成返青，也即在梅雨来临前至少一周完成分蘖肥的施用。

7 肥料用量和用法

（1）施肥原则。水稻施肥应遵循以下原则：①有机与无机相结合，大量元素肥料与中微量元素肥料相结合；②科学配比，平衡施肥；③化学肥料推荐使用缓控释肥；④肥料的运筹和施用时间不仅要考虑水稻需肥规律、土壤供肥特点，还要考虑区域降雨规律。

（2）肥料用量。①肥料用量的确定。综合水稻品种营养特性、目标产量、土壤肥力及区域特点，确定肥料用量。具体用量参考当地水稻测土配方施肥推荐量。一般情况下为：氮（N）：150 ~ 225 N kg/hm²，磷（P_2O_5）：45 ~ 90 kg/hm²，钾（K_2O）：75 ~ 135 kg/hm²，硅（SiO_2）：12 ~ 24 kg/hm²，锌（Zn）：0.9 ~ 1.8 kg/hm²。对于中稻的肥料用量确定标准参考 DB42T 1137。②肥料用量的优化。在确定肥料用量的基础上，再根据秸秆还田量、是否施用缓控释肥、是否施用有机肥等优化肥料用量。一般情况下，秸秆全量还田可减少 10% ~ 20% 的氮肥和磷肥、40% ~ 60% 的钾肥，全部施用缓控释氮肥可减少 10% ~ 20% 的氮肥。

（3）肥料类型。①有机肥（生物有机肥）。水稻生产中的有机肥和生物有机肥标准应符合 NY 884、NY 525 的规定要求。自制农家肥（包括畜禽粪便、堆肥、沤肥、厩肥、沼肥等）需沤制腐熟后方能使用。②大量元素单质肥料。常用大量元素单质肥料有尿素、碳酸氢铵、氯化铵、过磷酸钙、氯化钾等。③复混肥料与有机 – 无机复混肥料。符合 GB/T 15063、GB/T 18877 等标准。④缓控释肥料。符合 GB/T 23348 和 HG/T 3931 的标准，推荐施用水稻专用缓控释肥。⑤中微量元素肥料。水稻生产需根据土壤养分丰缺状况施用中微量元素肥料，如硅肥、锌肥等。

（4）施肥方法。①肥料的分配。所有有机肥和磷肥全部用作基肥，钾肥按 6-4 的比例运筹施用，即基肥 60%，穗肥 40%。氮肥的分配采用基肥、蘖肥和穗肥的比重按 3-3-4 或 3-4-3 的比例运筹施用，即基肥 30%、蘖肥 30%、穗肥 40% 或者基肥 30%、蘖肥 40%、穗肥 30%。②肥料施用方法。基肥深施，在播种或移栽前，结合耕田、耗平时，先将所有的基地撒施田面，再翻耕。追肥撒施于田面。③肥料使用时间。对于直播、人工抛秧和人工移栽水稻，基肥在整田时施用，分蘖肥于移栽后 7 ～ 10 d 或直播稻播后 25 ～ 30 d 施用，且应在梅雨来临前一周（一般 6 月 10 日前）施用，穗肥于幼穗分化初期（晒田覆水时）进行，且应在梅雨结束后施用。

对机械插秧水稻，基肥应在插秧后 7 d 左右施用，分蘖肥应于插秧后 15 d 左右施用，而且分蘖肥应在梅雨来临前一周（一般 6 月 10 日）施用完毕，穗肥于幼穗分化初期（晒田覆水时）进行，且应在梅雨结束后施用。

每次施肥均应根据天气预报的结果来进行，要力求做到施肥后 7 天内无大雨及以上级别降雨发生。

8　水分管理

（1）分蘖前灌水管理。在播种或插秧后至分蘖前，实行浅水间歇灌溉，每次灌水后，待田面水自然落干，再灌浅水，一般灌水 1 ～ 2 d，通气 2 ～ 3 d，切忌深水长沤，通气不畅。

（2）有效分蘖期水分管理。要浅水勤灌，一般维持在田面 2 ～ 3 cm，并时时关注天气情况，如果有中雨及以上级别降雨，应提前 2 ～ 3 d 停止灌水，并将排水口高度调整至最高。

（3）无效分蘖期至拔节初期水分管理。当田间分蘖数达到 300 万苗 /hm² 时，打开排水口开始晒田。晒田应尽量在梅雨季结束后进行，且应尽可能自然落干后晒田。

（4）生长中后期水分管理。实行浅水间歇灌溉，干干湿湿，直至收获前 7 d 左右。每次灌水 3 ～ 4 cm，待自然落干至丰产沟（深 15 cm 左右）底无水 1 ～ 2 d 后，再灌新水。但当杨花期遇高温天气时，要深水降温，保持田面水 8 ～ 10 cm。

（5）收获前水分管理。收割前 7 d 开始不再灌溉，打开排水口自然晾干。

附录 L　双季稻田秸秆与绿肥联合利用技术规程

M1 范围

本文件规定了双季稻田秸秆与绿肥联合利用技术的术语和定义、早晚稻种植及秸秆利用、紫云英种植及利用等技术要求。本文件适用于湖南省双季稻区早晚稻秸秆和绿肥联合利用。

M2 规范性引用文件

下列文件对于本文件的应用是必不可少的。凡是注日期的引用文件，仅所注日期的版本适用于本文件。凡是不注日期的引用文件，其最新版本（包括所有的修改单）适用于本文件。

GB 8080—87　　　绿肥种子

NY 410—2000　　　根瘤菌肥料

M3 术语和定义

下列术语和定义适用于本文本。

M3.1 秸秆与绿肥联合利用。在同一个田块，由秸秆与绿肥两种不同有机物料配合，共同作为稻田培肥的主要有机肥源的还田方式。

M3.2 稻底套播。在水稻生育期内将紫云英种子套播在其行间的种植方式。

M4 双季稻种植及秸秆利用

M4.1 早稻种植。早稻按照当地常规方法种植，早稻氮、钾化肥用量可较常规种植减量20% ～ 40%，磷肥减量10% ～ 20%。

M4.2 早稻机械收获及秸秆利用。采用带粉碎装置的水稻联合收割机收获早稻，收获时留茬5 ～ 7 cm，秸秆全量还田。利用导流装置将秸秆均匀抛散在田面，同时均匀喷洒秸秆腐解剂。

M4.3 晚稻种植。晚稻按照当地常规方法种植，晚稻氮、磷化肥用量可较常规种植10%左右，钾肥减量20% ～ 40%。

M4.4 晚稻机械收获及秸秆利用。采用水稻联合收割机收获晚稻，收获时留茬高40 ～ 50 cm，秸秆全量还田，均匀抛散在田面。

M5 紫云英种植及利用

M5.1 田块准备。稻底套播田，于晚稻分蘖末期至齐穗期，保持田间含水量低于15%，成熟期排干水分。晚稻收获后播种田在晚稻种植期间按常规进行水分管理，成熟期排干水分。

M5.2 种子选择。选择符合国家规定的紫云英种子标准三级以上的紫云英种子。

M5.3 种子处理。紫云英播种前进行晒种、擦种、浸种和接种根瘤菌。①晒种与擦种。将紫云英种子在阳光下曝晒 1 ~ 2 d 后，按种子和细沙 2 : 1 的比例拌匀后装在编织袋中搓揉将紫云英种皮擦破。②浸种。将擦种后的种子用 15% 食盐水选种，去除杂质和菌核，选种后用清水洗出盐分。③接种根瘤菌。选择活菌个数达到 108 个 /mL 的液体或固体根瘤菌剂，在室内阴凉处将根瘤菌剂配成水溶液。1 kg 根瘤菌拌紫云英种子 16 kg，或按产品说明书操作使用。

M5.4 播种。①播种时期。适宜播期为 9 月下旬至 10 月中下旬。晚稻稻底套播田在晚稻分蘖末期至收获前 15 d 播种，晚稻收获后播种田于收获后 10 d 内播种。②播种方式。采用人工或电动播种机播种。③播种量。紫云英播种量 1.5 ~ 2.0 kg/ 亩。

M5.5 水肥管理。及时开沟。在田块四周开围沟，或居中开沟；土质黏重或面积较大的田块，四周开围沟，中间每隔 5 ~ 10 m 距离加开中沟，中沟与围沟相通。四周围沟深破犁底层，沟深 25 ~ 30 cm；中沟深至犁底层，沟深 15 ~ 20 cm，保证排水通畅，田面不积水。冬季如遇到干旱，出现土表发白，紫云英边叶发红发黄时，灌跑马水抗旱。秋冬季或开春后，如遇到大雨和连续降水，要及时清沟排渍。

播种时可每亩拌 5 ~ 15 kg 钙镁磷肥，也可不施肥。

M5.6 翻压利用。①翻压时期。于早稻移栽前 7 ~ 15 d、紫云英盛花期翻压。②翻压量。紫云英鲜草翻压量以 1500 ~ 2000 kg/ 亩为宜。③翻压方式。一般以直接耕翻为主。土壤质地轻松、排水良好的稻田，可深翻耕深沤田；土壤粘重、排水条件差的稻田则应浅翻耕浅沤田。

M5.7 注意事项。①在紫云英翻压后保持田面有水，且最高水位不高于 1.25 cm，沤 3 ~ 8 d 即可进行稻田耙平、施肥和早稻移栽的操作。②在紫云英翻压至早稻苗期，大约在紫云英翻压后 1 个月内，田间不排水。